Die Rolle Deutschlands im Kontext der Energiewende

AF173584

Friederike Henke

Die Rolle Deutschlands im Kontext der Energiewende

Eine ethische Untersuchung normativer Zielkonflikte unter besonderer Berücksichtigung des Braunkohleausstiegs

 Springer VS

Friederike Henke
Bochum, Deutschland

Die vorliegende Arbeit mit dem Titel „Die Rolle Deutschlands im Kontext der Energiewende. Eine ethische Untersuchung normativer Zielkonflikte unter besonderer Berücksichtigung des Braunkohleausstiegs" wurde von der Fakultät für Philosophie und Erziehungswissenschaft der Ruhr-Universität Bochum als Doktorarbeit im Fach Philosophie angenommen.

ISBN 978-3-658-39695-4   ISBN 978-3-658-39696-1 (eBook)
https://doi.org/10.1007/978-3-658-39696-1

Die Deutsche Nationalbibliothek verzeichnet diese Publikation in der Deutschen Nationalbiblio-grafie; detaillierte bibliografische Daten sind im Internet über http://dnb.d-nb.de abrufbar.

Planung/Lektorat: Stefanie Probst
Springer VS ist ein Imprint der eingetragenen Gesellschaft Springer Fachmedien Wiesbaden GmbH und ist ein Teil von Springer Nature.
Die Anschrift der Gesellschaft ist: Abraham-Lincoln-Str. 46, 65189 Wiesbaden, Germany

Danksagung

Während der letzten drei Jahre, in denen ich an diesem Dissertationsprojekt gearbeitet habe, habe ich die Unterstützung zahlreicher Menschen erfahren. Einige von ihnen möchte ich an dieser Stelle besonders hervorheben. Zuallererst bedanke ich mich bei meinem Erstbetreuer Klaus Steigleder. Prof. Steigleder hat mich nicht nur motiviert, dieses Dissertationsprojekt überhaupt zu starten, er hatte auch während des Prozesses immer ein offenes Ohr, stets Zeit und Muße zum inhaltlichen Austausch und zur Diskussion sowie allzeit ein passendes Buch parat.

Auch möchte ich mich bei meinem Zweitgutachter Philipp Richter für das viele hilfreiche Feedback bedanken.

Weiterhin möchte ich mich von Herzen bei allen bedanken, die im Rahmen des Doktorandenkolloquiums für gehaltvolle Diskussionen und hilfreiche Denkanstöße gesorgt haben. Den Austausch und das Miteinander mit euch und Ihnen habe ich immer als überaus gewinnbringend erlebt. Neben Prof. Steigleder und Prof. Richter möchte ich hier Vanessa Bieber, Leslye Días, Johannes Graf Keyserlingk, Andrea Klusch, Alina Pfleghardt, Raoul Scheppat, Tobias Vogel und Julia Weinheimer namentlich erwähnen. Auch Anna Luisa Lippold sei an dieser Stelle großer Dank ausgesprochen.

Außerdem danke ich allen Mitgliedern der Doctoral School Closed Carbon Cycle Economy (DS CCCE) der Ruhr-Universität Bochum, in deren Rahmen diese Arbeit entstanden ist, sowie den Projektpartnern von Fraunhofer UMSICHT und RWE Power AG. Die Möglichkeit zum interdisziplinären Austausch bei zahlreichen Gelegenheiten hat mir sehr geholfen, mich in Thematiken einzuarbeiten, die außerhalb der ethischen Disziplin liegen, für das Thema meiner Arbeit aber essenziell waren. Stellvertretend für alle Beteiligten also ein großer Dank an Nico

Schneider und Roland Span für die Verwirklichung und die Organisation dieser Formate.

Darüber hinaus habe ich auch aus meinem privaten Umfeld große Unterstützung erfahren. Zuvorderst danke ich meinen Eltern Sabine und Michael Asche. Danke, dass ihr mich in schwierigen Phasen habt durchhalten lassen und die kleinen Erfolge unterwegs mit mir gefeiert habt. Ohne euch hätte ich es nicht geschafft.

Daneben danke ich meinen beiden engsten Freundinnen: Meiner Schwester Lieselotte Asche sowie meiner längsten und besten Freundin Judith Knaub. Ihr seid mir stets Vorbild, Inspiration und Antrieb.

Zum Schluss möchte ich der Person danken, die eine der wichtigsten ist: Meinem Ehemann Bastian Henke. Das Schreiben über den Klimawandel wird nicht leichter, wenn zeitgleich eine Pandemie ausbricht. Du hast es trotz allem geschafft, immer wieder Ruhe, Zuversicht und Freude in meinen Alltag zu bringen. *Du bist meine Bank!*

Einleitung

Was ist angesichts des nicht mehr leugbaren anthropogenen Klimawandels zu unternehmen? Diese Frage, die Wissenschaft und Politik nun seit einigen Jahrzehnten umtreibt, beantwortet die Klimaaktivistin Luisa Neubauer im Juli 2019 im Deutschlandfunk so:

> *„In Deutschland wäre das ein gerechter, nachhaltiger, aber vor allem schneller Kohleausstieg. Das ist, was jetzt schnell gemacht werden kann, ohne große Kosten und mit großartigen Wirkungen."*[1]

Eine gerechte, nachhaltige, schnelle und machbare Maßnahme, die wirkungsvoll den Klimawandel bekämpft, klingt fast zu schön, um wahr zu sein, und wirft die Frage auf, warum selbst die neue, in Sachen Klimaschutz ambitionierter wirkende Bundesregierung den Kohleausstieg *„(…) [i]dealerweise (…)"*[2] erst auf das Jahr 2030 terminiert. Ganz zu schweigen von der Vorgängerregierung, die ein Ausstiegsdatum zwischen 2035 und 2038 anvisierte, welches nach wie vor geltendes Recht darstellt.[3]

---

[1] „Umweltaktivistin Luisa Neubauer/ ‚Der Kohleausstieg bis 2030 muss jetzt eingeleitet werden'", 07.07.2019, https://www.deutschlandfunk.de/umweltaktivistin-luisa-neubauer-der-kohleausstieg-bis-100.html (zugegriffen am 07.02.2022).

[2] SPD, Bündnis90/ Die Grüne, FDP: „Mehr Fortschritt wagen. Bündnis für Freiheit, Gerechtigkeit und Nachhaltigkeit. Koalitionsvertrag zwischen SPD, Bündnis90/ Die Grünen und FDP", 2021, S. 58.

[3] Vgl., Bundesregierung: „Gesetz zur Reduzierung und zur Beendigung der Kohleverstromung und zur Änderung weiterer Gesetze (Kohleausstiegsgesetz)", *Dokumentations- und Informationssystem für Parlamentsmaterialien (DIP)*, 08.08.2020, http://dipbt.bundestag.de/extrakt/ba/WP19/2587/258735.html (zugegriffen am 23.02.2022).

Wenn der Kohleausstieg gerecht, nachhaltig, schnell und wirkungsvoll umsetzbar ist, wie Neubauer suggeriert, warum ist dann eine Vorlaufzeit von einigen
Jahren notwendig? Und warum stößt das Vorhaben, aus der Kohle auszusteigen,
auf so viel Widerstand und löste eine derartig kontroverse Debatte in Deutschland aus?[4] Wie im Verlauf dieser Arbeit deutlich werden soll, liegt dies unter
anderem darin begründet, dass die Attribute, die Neubauer dem Kohleausstieg
in diesem Zitat zuschreibt, in einem gewissen Spannungsverhältnis zueinander
stehen: Ein *gerechter* Kohleausstieg ist möglicherweise – wenn Gerechtigkeits-
ansprüche auch für die Menschen gelten sollen, die vom Kohleausstieg betroffen
sind – nicht mehr *schnell* genug umsetzbar, um *wirkungsvoll* im Sinne des Klimaschutzes zu sein. Oder andersherum: Ein *nachhaltiger* – im Sinne von mit
den ökologischen Grenzen des Planeten vereinbarer – Kohleausstieg würde möglicherweise so drastisch ausfallen, dass er droht ungerecht zu werden. Kann ein
schnell umgesetzter Kohleausstieg wirklich *nachhaltig* – im Sinne anderer Parameter wie dem gesellschaftlichen Frieden oder der ökonomischen Stabilität der
betroffenen Regionen – sein? Und wie *wirkungsvoll* ist – selbst ein zügiger –
Kohleausstieg im größeren Kontext einer bisher noch ineffektiven Energiewende
insgesamt? Ist ein *gerechter, nachhaltiger, schneller und wirkungsvoller* Kohleausstieg – auch vor dem Hintergrund noch bestehender Wissenslücken in Bezug auf
alternative Formen der Energiegewinnung[5] – also wirklich *machbar*? Wie kann
und muss zwischen diesen verschiedenen Ansprüchen abgewogen werden? Und

---

[4] Siehe zum Beispiel: Spiegel Wirtschaft: „Sachsens Ministerpräsident ermuntert Gewerkschaften zu Protesten", 01.12.2021, https://www.spiegel.de/wirtschaft/kohleausstieg-mic
hael-kretschmer-ermuntert-gewerkschaften-zu-protesten-a-d956b525-8d41-4d20-9d9c-2e0
e3a3152a0 (zugegriffen am 07.02.2022); tagesschau: „Massiver Widerstand in der Union",
30.05.2019, https://www.tagesschau.de/inland/kohleausstieg-113.html (zugegriffen am
07.02.2022); Der Tagesspiegel: „Tausende demonstrieren gegen Ausstieg aus der Braunkohle", 24.10.2018, https://www.tagesspiegel.de/politik/vor-tagung-der-kohlekommission-
tausende-demonstrieren-gegen-ausstieg-aus-der-braunkohle/23223200.html (zugegriffen
am 07.02.2022); Handelsblatt: „Tausende protestieren bei Braunkohle-Demo gegen Kohleausstieg", 24.10.2018, https://www.handelsblatt.com/politik/deutschland/kohleausstieg-tau
sende-protestieren-bei-braunkohle-demo-gegen-kohleausstieg/23225466.html?ticket=ST-
11203323-ybvYxbiRIpAI3N0aS9vq-ap2 (zugegriffen am 07.02.2022).

[5] Mir ist bewusst, dass Energie nicht gewinn- sondern nur umwandelbar ist. Das folgt aus
dem ersten Satz der Thermodynamik. (Vgl., Universität Ulm (uulm): „IV. Die Hauptsätze
der Thermodynamik – 1. Hauptsatz = Energieerhaltungssatz der Thermodynamik", ohne
Datum, https://www.uni-ulm.de/fileadmin/website_uni_ulm/nawi.inst.251/Didactics/thermo
dynamik/INHALT/HS1.HTM (zugegriffen am 21.02.2022).) Im weiteren Verlauf der Arbeit
werde ich daher an einigen Stellen die Bezeichnung „Energiegenerierung" verwenden. Auch
dies ist unsauber. Da dies jedoch keine Arbeit mit ingenieurswissenschaftlichem Schwer-
punkt ist und im jeweiligen Kontext verständlich sein wird, worauf die Bezeichnung abzielt,

was bedeuten insbesondere die Bezeichnungen „machbar" und „wirkungsvoll" in diesem Kontext?

Ich möchte an dieser Stelle betonen, dass ich hier nicht die Arbeit und Erfolge der Klimabewegung, insbesondere der Aktivist:innen von *Fridays for Future*, zu denen auch Luisa Neubauer zählt, diskreditieren möchte. Dass die Bewegung es geschafft hat, das Thema Klimawandel als eine der obersten Prioritäten im gesamtgesellschaftlichen politischen Diskurs zu verankern, ist eine bemerkenswerte Leistung, die – gerade angesichts der teilweise noch sehr jungen Aktivist:innen – großen Respekt verdient. Aktivismus besteht aber auch immer darin, bestimmte Thematiken durch Überspitzung und Pointierung in den Fokus zu stellen und dabei andere Aspekte zu vernachlässigen. Differenzierungen und Abwägungen sind in der Regel schwer mit aufmerksamkeitsgenerierendem politischem Protest vereinbar und sollten daher an anderer Stelle stattfinden.

Aus dieser Motivation heraus ist die vorliegende wissenschaftliche Arbeit der ethischen Untersuchung der sich abzeichnenden Konflikte im Kontext der deutschen Energiewende und insbesondere des Kohleausstiegs gewidmet. Dafür werde ich zunächst ein moral-theoretisches Fundament legen, indem ich die rechtebasierten Moraltheorien von Alan Gewirth und Henry Shue vorstelle (Kapitel 1). Darauf aufbauend werde ich sowohl die moralische Bedeutung des Klimawandels (Kapitel 2) als auch wirtschaftlicher Aspekte (Kapitel 3) darstellen. Bevor ich im fünften Kapitel die Analyse der normativen Zielkonflikte vornehme, wird sich das vierte Kapitel zunächst mit der wirtschaftlichen und historischen Bedeutung der Kohleindustrie auseinandersetzen, sowie das grundsätzliche Gebot zum Kohleausstieg verteidigen. Im sechsten Kapitel werde ich dann mit dem Skizzieren von Herangehensweisen zur Lösung der Zielkonflikte schließen und die Arbeit mit einem Fazit beenden.

Bevor ich nun inhaltlich einsteige, möchte ich noch zwei Vorbemerkungen machen. Seit einiger Zeit besteht eine Debatte darüber, welche Terminologie in Bezug auf das Phänomen der Erderwärmung zu verwenden ist. Einige argumentieren, dass die Begriffe „Klimawandel" und „Erderwärmung" der Schwere des Problems nicht gerecht werden und eher euphemistisch wirken. Treffender seien Bezeichnungen wie „Klimakrise", „Klimakatastrophe" und „Erderhitzung". Ich habe mich trotzdem dazu entschieden, in dieser Arbeit von einem Klimawandel zu schreiben. Ich folge damit eher der gegenteiligen Argumentation, dass das zu bezeichnende Phänomen keinen kurzfristigen Ausnahmezustand darstellt, wie es

---

werde ich mir diese Ungenauigkeit zugunsten der flüssigeren und leser:innenfreundlicheren Formulierungen erlauben.

die Bezeichnung „Krise" suggerieren würde, sondern einen schleichenden Prozess, der zum Teil nicht mehr aufzuhalten ist und somit zu einem neuartigen Zustand führen wird – „Wandel" trifft diese Beschreibung besser.[6] Die Dramatik, die zweifellos mit dem Klimawandel und seinen Folgen verbunden ist, wird in dieser Arbeit hoffentlich durch meine Argumentation und die – vor allem im zweiten Kapitel – dargelegte Faktenlage deutlich.

Ich habe mich außerdem bemüht, in dieser Arbeit möglichst gendergerecht zu formulieren. Aus einer persönlichen ästhetischen Vorliebe heraus, habe ich mich dazu entschieden, die Bandbreite an Geschlechtsidentitäten durch die Verwendung des Doppelpunktes zu adressieren. Darauf greife ich immer dann zurück, wenn ich eine Personengruppe – zum Beispiel Arbeiter:innen – beschreibe. Wenn meine Ausführungen nicht-menschliche Entitäten wie beispielsweise Staaten oder andere Institutionen zum Gegenstand haben, habe ich auf die Verwendung dieser Markierung verzichtet. Mir ist bewusst, dass sowohl um die Notwendigkeit als auch um die korrekte Art und Weise der gendergerechten Sprache eine kontroverse Debatte rankt. Mein Entschluss in dieser Arbeit zu gendern, entspringt der Erkenntnis, dass es nicht mehr möglich ist, sich in dieser Debatte *nicht* zu positionieren – auch die Verwendung des generischen Maskulinums ist letztlich eine Entscheidung für eine Seite des Diskurses. Ich bin überzeugt, dass Sprache ein wichtiges Instrument sein kann, für inklusivere, weniger diskriminierende und somit gerechtere gesellschaftliche Verhältnisse zu sorgen und dass die Abkehr vom generischen Maskulinum daher sehr sinnvoll ist. Dabei hoffe ich, dass Menschen, die anderer Meinung sind, sich trotzdem auf meine Argumentation, die völlig unabhängig von dieser feministischen Debatte ist, einlassen können und wollen. Sie sind auf jeden Fall sehr herzlich dazu eingeladen.

---

[6] Siehe in diesem Zusammenhang beispielsweise: Pallinger, Jakob: „‚Klimawandel', ‚Klimakrise', ‚Klimakatastrophe': Wie es heißen sollte", *Der Standard*, 19.05.2021, https://www.derstandard.de/story/2000126601766/klimawandel-klimakrise-klimakatastrophe-wie-es-heissen-sollte (zugegriffen am 07.02.2022); klimafakten.de: „‚Klimawandel' oder ‚Klimakrise' – was sind angemessene Begriffe bei der Klima-Berichterstattung?", 17.09.2019, https://www.klimafakten.de/meldung/klimawandel-oder-klimakrise-was-sind-angemessene-begriffe-bei-der-klima-berichterstattung (zugegriffen am 07.02.2022).

Inhaltsverzeichnis

Abbildungsverzeichnis

Moralische Rechte 1

Das erste Kapitel dieser Arbeit soll als moraltheoretische Basis für den Rest meiner Argumentation dienen. Da ich die Analyse entstehender Zielkonflikte im Kontext der Energiewende und insbesondere des Braunkohleausstiegs auf einem rechtebasierten Ansatz aufbauen möchte, werde ich zunächst auf die Theorie Alan Gewirths eingehen, der in seinem Buch „Reason and Morality" den Beweis führt, dass handelnde Personen logisch gezwungen sind, moralische Rechte einzufordern und anzuerkennen (Abschnitt 1.1).

Im Kontext des Klimawandels und der Maßnahmen zu dessen Bekämpfung sind vor allem staatliche Akteure relevant.[1] Im Anschluss an die Grundlegung von Gewirth möchte ich daher zusätzlich auf die Theorie Henry Shues eingehen, der sich unter anderem mit der institutionellen Ebene von Rechtsverletzungen bzw. der Gewährleistung moralischer Rechte auseinandersetzt (1.2).

Wichtig in Bezug auf die Untersuchung normativer Zielkonflikte ist außerdem eine Hierarchisierung moralischer Rechte. Hier entwickeln beide Autoren interessante Ansätze, wobei im Rahmen dieser Arbeit vor allem Gewirths Konzept Beachtung findet.

1.1 Der Ansatz Alan Gewirths

Wie bereits angedeutet verfolgt Alan Gewirth in „Reason and Morality" zunächst das Ziel, ein universal geltendes, oberstes Moralprinzip herzuleiten, bevor er darauf aufbauend moralische Rechte und Pflichten und deren Hierarchisierung

---

[1] Siehe hierzu auch das zweite Kapitel dieser Arbeit.

F. Henke, *Die Rolle Deutschlands im Kontext der Energiewende*, https://doi.org/10.1007/978-3-658-39696-1_1

ableitet.[2] Um die Schlüssigkeit eines rechtebasierten Ansatzes, der in dieser Arbeit verfolgt wird, zu untermauern, möchte ich die Herleitung des obersten Moralprinzips und seine Anwendung nach Gewirth im Folgenden näher erläutern. Gewirths Vorgehen lässt sich als reflexives Begründungsargument mit dialektisch notwendigen Urteilen beschreiben.[3] Dabei führt eine Sequenz dialektisch notwendiger Urteile, die Handelnde über sich und ihre Handlungsfähigkeit logisch zwingend treffen müssen, zum obersten Moralprinzip.[4] Das Argument ist in drei Schritte unterteilt. Zunächst klassifiziert er Freiheit und Wohlergehen als notwendige Güter, die jede:r Handelnde zum Handeln benötigt.[5] Dabei ist zu beachten, dass auch eine Unterlassung als Handlung klassifiziert werden kann „(...), sofern *[sie] die Merkmale der Freiwilligkeit und der Intentionalität erfüllt.*"[6] Anschließend leitet er her, dass die notwendigen Güter Anspruchsrechte für die *jeweilig* handelnde Person darstellen.[7] In einem dritten Schritt zeigt Gewirth, dass dies für *alle* handelnden Personen gilt,[8] was schließlich zur Herleitung des obersten Moralprinzips führt, das Gewirth „*Principle of Generic Consistency (PGC)*" nennt.[9] Ich werde nun auf diese drei Schritte detaillierter eingehen, sowie die daraus folgenden Anwendungen näher erläutern.

Schritt 1: Freiheit und Wohlergehen als notwendige Güter
Gewirths Sequenz dialektisch notwendiger Urteile beginnt mit der Beobachtung, dass eine handelnde Person logisch zu folgender Argumentationskette gezwungen ist:

---

[2] Vgl., Gewirth, Alan: Reason and Morality, Chicago, London: The University of Chicago Press 1978, S. ix–xi.

[3] Vgl., Steigleder, Klaus: Grundlegung der normativen Ethik: Der Ansatz von Alan Gewirth, Freiburg, München: Alber 1999, S. 31–34, S. 127/128.

[4] Vgl., Gewirth: Reason and Morality, S. 43–47, S. 148.

[5] Vgl., ebd., S. 48–63.

[6] Steigleder: Grundlegung der normativen Ethik: Der Ansatz von Alan Gewirth, S. 29; Siehe auch: Gewirth: Reason and Morality, S. 219.

[7] Vgl., Gewirth: Reason and Morality, S. 63–103.

[8] Vgl., ebd., S. 104–128.

[9] Vgl., ebd., S. 129–198. Siehe auch: Steigleder: Grundlegung der normativen Ethik: Der Ansatz von Alan Gewirth, S. 35/36.

1) Ich tue meine Handlung H wegen des Ziels Z.

2) Ich will Z erreichen.

3) Z ist gut.

4) Z ist ein Gut.[10]

Wichtig zu beachten ist, dass diese Schlussfolgerung nur aus Sicht des Handelnden gültig ist. Z ist nicht unbedingt objektiv gut, sondern eine Person beurteilt Z im Augenblick der Handlung aus bestimmten Gründen als gut.[11]

Genauso wie die Ziele von Handlungen aus der Sicht des Handelnden als gut bewertet werden müssen, so müssen auch die *notwendigen Bedingungen für jedes und insbesondere erfolgreiches Handeln* als notwendig gut bewertet werden. Diese notwendigen Bedingungen nennt Gewirth *konstitutive Güter* („generic goods").[12] Aus der Definition des Begriffs der „Handlung" als *„(...) ein freiwilliges und zweck- bzw. zielgerichtetes (intentionales) Tun oder Lassen (...)"*[13] ergibt sich für Gewirth die Erkenntnis, dass *Freiheit* und *Wohlergehen* die notwendigen bzw. konstitutiven Güter für die Handlungsfähigkeit darstellen.[14]

Klaus Steigleder zeigt in seinem Buch „Grundlegung der normativen Ethik. Der Ansatz von Alan Gewirth", wie die Sequenz notwendiger Urteile fortzusetzen ist, um zu diesem Schluss zu gelangen. Da Z aus Sicht der handelnden Person und in Bezug auf bestimmte Kriterien als positiv bewertet wird, muss diese Person auch den Erfolg der Handlung H als erstrebenswert erachten.

„(5) »Ich will, dass H erfolgreich ist.«

(6) »Mein Handlungserfolg ist ein Gut.«

(7) »Meine Handlungsfähigkeit ist ein Gut.«"[15]

---

[10] Vgl., Steigleder: Grundlegung der normativen Ethik: Der Ansatz von Alan Gewirth, S. 38.

[11] Vgl., Gewirth: Reason and Morality, S. 49–52; Steigleder: Grundlegung der normativen Ethik: Der Ansatz von Alan Gewirth, S. 37–43.

[12] Vgl., Gewirth: Reason and Morality, S. 52.

[13] Steigleder: Grundlegung der normativen Ethik: Der Ansatz von Alan Gewirth, S. 28.

[14] Vgl., Gewirth: Reason and Morality, S. 27.

[15] Steigleder: Grundlegung der normativen Ethik: Der Ansatz von Alan Gewirth, S. 42.

Der Begriff der Handlungsfähigkeit bezeichnet hier „*(...) ganz allgemein und grundsätzlich* die notwendigen Bedingungen jeden Handelns *(...): also Freiheit und die (weiteren) Fähigkeiten und Voraussetzungen für Zweckverfolgung überhaupt.*"[16] So ergibt sich:

> „*(8)»Meine Freiheit und die (weiteren) grundsätzlichen Fähigkeiten und Voraussetzungen meiner Zweckverfolgung sind notwendige Güter.«*
>
> *(9)»Meine Freiheit ist ein notwendiges Gut«* und
>
> *(10)»Die (weiteren) grundsätzlichen Fähigkeiten meiner Zweckverfolgung sind notwendige Güter.«*"[17]

Später formuliert Steigleder (10) um in

> „*(11)»Mein ›Wohlergehen‹ ist ein notwendiges Gut.«*"[18]

Daraus ergibt sich dann also:

> „*(12)»Meine Freiheit und mein ›Wohlergehen‹ sind notwendige Güter«*"[19]

Das Gut der Freiheit bedeutet laut Gewirth, dass eine handelnde Person stets die Kontrolle über ihre Verhaltensweisen behält. Dies bezieht sich zum einen darauf, dass das konkrete Agieren nicht erzwungen werden darf, also von der handelnden Person frei gewählt wird und zum anderen darauf, dass sie auch auf längere Sicht fähig bleibt, diese Kontrolle über ihre Verhaltensweisen auszuüben. Gewirth unterscheidet hier zwischen „*(...) occurent and dispositional noninterference (...)*".[20]

Das Gut des Wohlergehens wird in drei Arten unterteilt. Zum einen die *elementaren Güter* („basic goods") „*(...), which are the general necessary preconditions of action (...)*".[21] Hierzu zählen beispielsweise Leben, Nahrung, Bekleidung, Obdach, seelisches Gleichgewicht und Selbstvertrauen.[22] Hiervon zu

---

[16] Ebd., S. 51, Betonung im Original.

[17] Ebd., S. 52, Betonungen im Original.

[18] Ebd., S. 56, Betonungen im Original.

[19] Ebd., S. 57, Betonungen im Original.

[20] Gewirth: Reason and Morality, S. 52.

[21] Ebd., S. 54.

[22] Ebd., S. 54.

unterscheiden sind *Güter zweiter Ordnung.* Diese bestehen zum einen in notwendigen *Nichtverminderungsgüter* („nonsubtractive goods"), die in den notwendigen Voraussetzungen dafür bestehen, bereits Erreichtes zu bewahren. Als Beispiele nennt Gewirth nicht belogen oder betrogen zu werden.[23] Zum anderen existieren als Güter zweiter Ordnung notwendige *Zuwachsgüter* („additive goods"), die sich auf die notwendigen Voraussetzungen beziehen, das Erreichte zu erweitern. Laut Gewirth zählen zu diesen Gütern u. a. Bildung und Selbstvertrauen.[24]

Das Gut der Freiheit sowie die elementaren Güter und Güter zweiter Ordnung des Wohlergehens, müssen aus logischen Gründen von allen handelnden Akteur:innen als notwendige Güter betrachtet werden, da sie erforderlich sind, um überhaupt absichtsvoll Handeln zu können.[25] Zu betonen ist an dieser Stelle noch einmal, dass sich Gewirth in seinen Ausführungen vor allem auf die allgemein-dispositionelle Ebene bezieht. Das bedeutet, dass Akteur:innen insbesondere die *Voraussetzungen* für zweckgerichtetes Handeln als notwendige Güter beurteilen müssen. Diese Voraussetzungen sind – im Gegensatz zu spezifischen Gütern, die von einer Person für ihre individuelle Zielverfolgung benötigt werden – verallgemeinerbar.

> „[G]oods viewed generically-dispositionally as the general capabilities of action are necessarily and objectively goods for all purposive agents."[26]

Schritt 2: Notwendige Güter als Anspruchsrechte

Nach der Identifizierung von Freiheit und Wohlergehen als konstitutive Güter, folgt der nächste Schritt, in dem Gewirth zeigt, dass Handeln neben dieser evaluativen Struktur auch eine normative Struktur besitzt.[27]

Um zweckorientiert handeln zu können, muss ein:e Akteur:in nicht nur Freiheit und Wohlergehen als konstitutive Güter anerkennen, sondern auch davon ausgehen, dass diese konstitutiven Güter ihm oder ihr zustehen und deshalb andere Akteur:innen diese Güter zumindest nicht aktiv einschränken dürfen. Also muss eine handelnde Person, zumindest implizit, ein Anspruchsrecht auf

---

[23] Vgl., ebd., S. 54.
[24] Vgl., ebd., S. 56.
[25] Vgl., ebd., S. 59/60.
[26] Ebd., S. 59.
[27] Vgl., ebd., S. 64.

diese Güter für sich geltend machen. Es handelt sich hierbei laut Gewirth um *konstitutive Anspruchsrechte* („generic rights").[28]

> „*They are generic in that they are rights to have the generic features of successful action characterize one's behavior: the right to freedom, consisting in noncoercion or noninterference by other persons, so that one's behavior is controlled by one's own unforced choice; and the right to well-being, consisting in the three kinds of good viewed generically-dispositionally, so that one has the general abilities and conditions required for maintaining and obtaining what one regards as good.*"[29]

Eine erste Form der Hierarchisierung zeichnet sich bereits an dieser Stelle ab, denn Gewirth verweist darauf, dass die konstitutiven Anspruchsrechte – also das Recht auf Freiheit und das Recht auf Wohlergehen – Vorrang gegenüber anderen Arten von Rechten haben. Daher seien sie auch als fundamentale oder Menschenrechte zu bezeichnen.[30] Den logischen Zwang, konstitutive Güter auch als konstitutive Rechte einzufordern, erkennt Gewirth darin, dass die Leugnung des Innehabens dieser Rechte in einem Selbstwiderspruch enden würde. Dieses zeigt er anhand folgender Argumentationskette:

Aus dem Urteil

1) *Ich habe kein Recht auf Freiheit und Wohlergehen.*

würde folgen:

2) *Alle anderen Personen sollen nicht zumindest darauf verzichten, meine Freiheit und mein Wohlergehen einzuschränken.*

Dies ist gleichbedeutend mit:

3) *Es ist nicht der Fall, dass andere Personen zumindest darauf verzichten sollen, meine Freiheit und mein Wohlergehen einzuschränken.*

Gleichzeitig gilt aber für jede:n Handelnde:n auch:

---

[28] Vgl., ebd., S. 63–66.
[29] Ebd., S. 64.
[30] Vgl., ebd., S. 64.

4) *Meine Freiheit und mein Wohlergehen sind notwendige Güter.* bzw. 4a) *Ich muss über Freiheit und Wohlergehen verfügen.*

(4) und (4a) stehen nun aber im Widerspruch zu (3). Da bereits im ersten Schritt gezeigt wurde, dass (4) gilt, muss (3) abgelehnt werden, was dazu führt, dass (1) ebenfalls nicht gilt.[31]

> „*Hence, from the agent's standpoint, the necessity of his having freedom and well-being entails the necessity of other persons' at least refraining from interference with his having them. The latter necessity is equivalent to a strict practical 'ought' that he implicitly addresses to all other persons, and hence is also equivalent to a claim that he has a right to the necessary goods of freedom and well-being.*"[32]

Schritt 3: Das oberste Moralprinzip
Um in einem letzten Schritt die Schlussfolgerungen aus Schritt 2 zu universalisieren und so schlussendlich zur Definition des obersten Moralprinzips zu gelangen, bezieht sich Gewirth zunächst auf das formale Prinzip der Universalisierbarkeit, das besagt, dass etwas, das richtig für eine Person ist, auch als richtig für jede andere Person in vergleichbaren Umständen sein muss.[33] Um Willkür in Bezug auf die Frage, welche Personen sich genau in vergleichbaren Umständen befinden, zu vermeiden, müssen nun laut Gewirth Kriterien für relevante Gemeinsamkeiten gefunden werden. So soll die Rechtfertigung unterschiedlicher Rechtsansprüche durch beispielsweise rassistische oder sexistische Grundlagen verhindert werden.[34] Da die Fähigkeit des zweckgerichteten Handelns aus Sicht jeder beliebigen einzelnen Person notwendigerweise dazu führt, dass sie Anspruchsrechte auf die konstitutiven Güter für sich reklamiert, sieht Gewirth eben in dem *Status des oder der prospektiven Handelnden* die relevante Gemeinsamkeit gegeben. Dies nennt er „*(...) the Argument from the Sufficiency of Agency (ASA) (...)*".[35] Aus dem Prinzip der Universalisierbarkeit und dem ASA folgt nun also, dass alle prospektiv zweckgerichtet Handelnde Anspruchsrechte auf Freiheit und Wohlergehen innehaben. Die Leugnung dieser Verallgemeinerung würde bedeuten, einen Selbstwiderspruch zu begehen.

---

[31] Vgl., ebd., S. 80/81. Für die Herleitung des direkten Argumentationswegs siehe: Steigleder: Grundlegung der normativen Ethik: Der Ansatz von Alan Gewirth, S. 68–74.

[32] Gewirth: Reason and Morality, S. 81.

[33] Ebd., S. 105.

[34] Vgl., ebd. S. 107/108.

[35] Ebd., S. 110.

„(…) [I]f the agent denies the generalization, then (…) he contradicts himself. For on the one hand in holding, as he logically must, that he has the rights of freedom and well-being because he is a prospective purposive agent, he accepts that being a prospective purposive agent is a sufficient condition of having these rights; but if he denies the generalization, then he holds that being a prospective purposive agent is not a sufficient condition of having these rights."[36]

Daraus folgt, dass jede:r Handelnde anerkennen muss, dass der oder die Emp-fänger:in der Handlung, ebenfalls Rechte auf Freiheit und Wohlergehen hat, die er oder sie durch die entsprechende Handlung nicht einschränken darf. Dies gilt sowohl zwischen zwei Einzelpersonen als auch zwischen zwei Gruppen von Per-sonen, sowie bei komplexen Handlungen, die globale Auswirkungen haben.[37] Auf Basis dieser Schlussfolgerungen ergibt sich nun das oberste Moralprinzip, das *Prinzip der konstitutiven Konsistenz* („Principle of Generic Consistency"; PGC):

„Act in accord with the generic rights of your recipients as well as of yourself."[38]

Bzw.:

„Every agent ought to act in accord with the generic rights of his recipients as well as of himself."[39]

Das PGC ist sowohl logisch zwingend, da die Leugnung des Prinzips einen Selbstwiderspruch darstellen würde, als auch kategorisch geboten, da es aus den notwendigen Bedingungen für die Handlungsfähigkeit abgeleitet wurde und daher nicht mit dem Verweis auf alternative Theorien oder andersartige Überzeugungen abgelehnt werden kann.[40] Es gewährleistet die Gleichheit der Rechte auf Freiheit und Wohlergehen. Weder darf sich ein:e Handelnde:r, durch das Verweigern von Hilfe oder direkte Schädigungen, höher stellen noch ist es geboten, sich schlechter zu stellen, wenn die Hilfe einem selbst erheblich schaden würde.[41]

Bemerkenswert ist, dass sich innerhalb Gewirths Begründung des obersten moralischen Prinzips ein Wandel von praktischen Urteilen hin zu moralischen vollzieht. Dieser Wandel ergibt sich aus Gründen der Logik: Da ein:e rationale:r

---

[36] Ebd., S. 112.
[37] Vgl., ebd., S. 130–134.
[38] Ebd., S. 135.
[39] Ebd., S. 151.
[40] Vgl., ebd., S. 135.
[41] Vgl., ebd., S. 140.

Akteur:in logisch gezwungen ist anzuerkennen, dass er oder sie Rechtsansprüche auf Freiheit und Wohlergehen innehat, folgt logisch auch, dass er oder sie
annehmen muss, dass andere Akteur:innen diese Anspruchsrechte ebenfalls besitzen. Der Übergang von praktischen zu moralischen Urteilen vollzieht sich hier,
da dies durch die sowohl evaluative als auch normative Struktur von Handlungen vorgegeben ist.[42] Hierbei ist wichtig zu beachten, dass – solange Gewirths
Argumentation in der Innenperspektive des oder der Handelnden verbleibt – die
Rechtsansprüche keine moralischen, sondern klugheitsmäßige Rechte („pruden-
tial rights") darstellen. Erst danach wird durch die Universalisierung gezeigt, dass
diese auch in Bezug auf andere Handelnde gelten, es sich hier also auch um
moralische Rechte handelt.[43]

Anwendung des PGC
Bei der Anwendung des obersten Moralprinzips unterscheidet Gewirth zwi-
schen der direkten und der indirekten Anwendung. Erstere bezieht sich auf
Fälle, in denen in Bezug auf die Interaktion zwischen zwei Individuen direkte
Handlungsanweisungen aus dem PGC abgeleitet werden. Zweitere beschreibt
Handlungsgebote, die durch soziale Regeln, wie Institutionen oder kollektive
Handlungen, diktiert werden. Wenn die sozialen Regeln selbst dem PGC genügen
oder durch dieses sogar gefordert werden, dann sind auch die sich daraus ergebenden gebotenen Handlungen gerechtfertigt, selbst wenn sie zunächst scheinbar
die Rechte auf Freiheit und Wohlergehen einschränken.[44]

In beiden Anwendungsformen ergeben sich die Handlungsgebote aus der
Gleichheit der konstitutiven Rechte. Auf der direkten Ebene setzt die Gleichheit
der Rechte Grenzen für die Handlungen einer Person, indem sie dazu verpflichtet wird, die Freiheit und das Wohlergehen aller anderen zu respektieren. Auf
der indirekten Ebene müssen soziale Regeln und Institutionen entstehen, die darauf ausgerichtet sind, die Gleichheit der Rechte aller betroffenen Personen zu
gewährleisten und wenn nötig wiederherzustellen.[45]

---

[42] Vgl., ebd., S. 147.
[43] Vgl., Gewirth: Reason and Morality, S. 145–150; Steigleder: Grundlegung der normativen
Ethik: Der Ansatz von Alan Gewirth, S. 75–77. Siehe auch die Diskussion von Einwänden:
Ebd., S. 77–108.
[44] Vgl., Gewirth: Reason and Morality, S. 200.
[45] Ebd., S. 206.

Direkte Anwendung: Pflichten in Bezug auf Wohlergehen
In der direkten Anwendung des PGCs ergeben sich Pflichten in Bezug auf das
Wohlergehen aus dem „(...) *principle of Common Good: every transaction must be
for the good of the recipient as well as of the agent.* "[46] Wie oben bereits erläutert
teilt sich das konstitutive Gut des Wohlergehens in drei Arten auf: Elementargüter, notwendige Nichtverminderungsgüter und notwendige Zuwachsgüter. Analog
entstehen für jede Kategorie Pflichten.

Pflichten in Bezug auf Elementargüter bestehen zum einen in der negativen Pflicht, Einschränkungen dieser Güter zu unterlassen. Verletzungen dieser
negativen Pflicht, klassifiziert Gewirth als *basale Schädigungen* und die korrespondierenden Rechte als *basale Rechte.* Dazu zählen physische Verletzungen,
wie Tötung, Verstümmelung, Vorenthaltung von Nahrung, Kleidung und Obdach,
psychischer Druck, wie Gehirnwäsche und Terror, sowie Umweltverschmutzung und das Versetzen von Nahrungsmitteln mit krebserregenden oder anderen
tödlichen Substanzen.[47]

Zum anderen entstehen neben den negativen Pflichten auch positive Pflichten:

> „(...) [W]henever some person knows that unless he acts in certain ways other per-
> sons will suffer basic harms, and he is proximately able to act in these ways with no
> comparable cost to himself, it is his moral duty to act to prevent these harms. "[48]

Dass eine Person nur unter der Voraussetzung der nicht vergleichbaren Kosten
zu Hilfeleistungen verpflichtet ist, ergibt sich aus der Gleichheit der konstitutiven Rechte. Müsste ein:e Helfende:r die eigenen konstitutiven Güter opfern,
um die anderer zu schützen, würde seinen Rechten weniger Gewicht beigemes-
sen. Genauso gilt, dass die Unterlassung der Hilfeleistung, um eigene Güter
zu schützen, die in der Hierarchisierung unterhalb der gefährdeten Güter der
hilfsbedürftigen Person stehen, nicht gerechtfertigt ist, da dies die Rechte der
gefährdeten Person herabstufen würde.[49] Gewirth nennt das Beispiel zweier Personen an einem Badesee. Eine Person droht zu ertrinken und könnte durch die
zweite Person gerettet werden, in dem diese der ertrinkenden Person ein Seil
zuwirft. Dafür müsste diese jedoch ihr entspannendes Sonnenbad unterbrechen.
In diesem Szenario ist die Person an Land dazu verpflichtet, der ertrinkenden

---

[46] Ebd., S. 211.

[47] Vgl., ebd. S. 212.

[48] Ebd., S. 217.

[49] Vgl., ebd., S. 218. Siehe auch: Steigleder: Grundlegung der normativen Ethik: Der Ansatz
von Alan Gewirth, S. 148/149.

Person zu helfen.[50] Sie wäre es nicht, wenn sie selbst bei dem Rettungsversuch drohen würde zu ertrinken.[51]

Auch in Bezug auf Nichtverminderungsgüter entstehen Pflichten, die mit Nichtverminderungs-Rechten korrelieren.[52] Verletzungen dieser Rechte bezeichnet Gewirth als *spezifische Schädigungen*.[53] Da Nichtverminderungsgüter im Gegensatz zu Elementargütern von Person zu Person recht individuell ausfallen, ist es in Bezug auf das Gebot, spezifische Schädigungen zu unterlassen wichtig, Willkür und Überforderung zu vermeiden. Spezifische Schädigungen beziehen sich daher, wie oben bereits ausgeführt, nicht auf jegliche spezifische Nichtverminderungsgüter einer Person, sondern auf die *Fähigkeit*, Nichtverminderungsgüter zu halten.

> „*The nonsubtractive goods, viewed occurrently, consist in not losing what one regards as good; but amid the immense variety of what one so regards, the nonsubtractive capabilities of action required for avoiding such losses are much more constant and are of a much more general order than those goods themselves. They have this greater generality because they are second-order goods and abilities: they consist in retaining undiminished one's capabilities for particular actions, including one's abilities to act for the purpose of retaining one's first-order goods or maintaining one's level of purpose-fulfillment, regardless of what one's particular purposes and goods may be. And it is when actions universally tend to attack or diminish these capabilities that they inflict nonarbitrary harms in the sphere of nonsubtractive goods, over and above the basic harms that come from having one's basic goods attacked.*"[54]*

So möchte Gewirth auch ausschließen, dass Einschränkungen in Bezug auf bestimmte Eigentümlichkeiten oder spezielle Überzeugungen als spezifische Schädigungen gewertet werden. Beispielsweise sollten religiöse Überzeugungen einzelner Menschen nicht dazu führen, dass andere Menschen ihr Leben und Handeln an die entsprechenden Dogmatiken anpassen müssen, auch wenn sich die religiöse Person dadurch eingeschränkt fühlt.[55]

---

[50] Vgl., Gewirth: Reason and Morality, S. 217–219.

[51] Vgl., Steigleder: Grundlegung der normativen Ethik: Der Ansatz von Alan Gewirth, S. 147–149.

[52] Vgl., ebd., S. 233.

[53] Vgl., ebd. S. 230.

[54] Ebd., S. 233.

[55] Vgl., ebd., S. 231/232.

Weiterhin gilt:

„(...) [T]he tendency to cause (...) adversity must be ascertainable by empirical methods publicly available to every intellectually normal person (...)"[56]

Diese empirischen Methoden müssen zum einen zur Anwendung kommen, um zu zeigen, dass die als schädigend empfundene Handlung tatsächlich in kausaler Relation zur negativen Betroffenheit steht und zum anderen muss auch die negative Betroffenheit empirisch überprüfbar sein. Der Verweis darauf, dass sündhafte Handlungen die Verdammnis zu Qualen im ewigen Höllenfeuer nach sich ziehen, dient also nicht dazu, diese Handlungen als spezifische Schädigungen zu qualifizieren, auch nicht wenn die Sorgen einer religiösen Person diesbezüglich tatsächlich vorhanden sind und kausal durch bestimmte Handlungen anderer verursacht wurden.[57] Als Beispiele für tatsächliche spezifische Schädigungen führt Gewirth Lügen, Betrug, Diebstahl, Verleumdung, Beleidigung, das Brechen von Versprechen, Verletzung der Privatsphäre und unnötig gefährliche, erniedrigende oder extrem belastende Arbeits-, Wohn-, oder andersartige Verhältnisse an.[58] Derartige Eingriffe hindern Personen daran, ihre individuellen Nichtverminderungsgüter zu halten.

Ausnahmen in der Betrachtung spezifischer Schädigung bilden Menschen, die in Verhältnissen leben, in denen sie kaum schlechter gestellt werden können. Dieser prekäre Zustand soll nicht dazu führen, dass ihnen weitere Schädigungen zugefügt werden, da diese vermeintlich dadurch gerechtfertigt werden könnten, dass sie keine spezifischen Schädigungen darstellen, da sie den Zustand der Geschädigten nicht weiter verschlimmern. Schädigungen, die innerhalb gerechtfertigter Institutionen auftreten, sind ebenfalls auszuklammern, da diese durch die indirekte Anwendung des PGCs gerechtfertigt sind. Außerdem sollten neben tatsächlichen Schädigungen auch Tendenzen zur Schädigung berücksichtigt werden. So ist es zunächst nicht gerechtfertigt, eine kleine Summe Geld zu stehlen, auch wenn es den oder die Bestohlene nicht weiter einschränkt.[59]

Auch im Kontext der Nichtverminderungsrechte existieren positive Pflichten. Da spezifische Schädigungen jedoch meist nicht so eklatant gefährdend für die Handlungsfähigkeit sind, wie basale Schädigungen, fallen auch die positiven Pflichten nicht so dringend aus. Es gilt:

---

[56] Ebd., S. 234.
[57] Vgl., ebd., S. 234.
[58] Vgl., ebd., S. 233.
[59] Vgl., ebd., S. 234/235.

„(...)[T]he more serious the harm and the less able its recipient is to ward it off, the greater is the obligation of another person to prevent it if he can do so without suffering comparable harm himself."[60]

Zentral in Bezug auf Pflichten bezüglich der Zuwachsgüter ist laut Gewirth der Sinn für den eigenen Wert und der Respekt vor dem Wert anderer.[61] Menschen dürfen demnach nicht abwertend behandelt werden. Das beinhaltet, dass sie nicht beleidigt, klein gehalten oder bevormundend und außerdem nicht diskriminiert werden dürfen. Die Pflichten in Bezug auf Zuwachsgüter verlangen, dass Menschen eine Attitüde gegenseitiger Akzeptanz und Toleranz entwickeln und bereit sind, sich gegenseitig zu unterstützen.[62] Damit zusammenhängend klassifiziert er die Tugenden Mut, Mäßigung und Klugheit als Zuwachsgüter.

„These are additive goods because they serve to ground and reinforce the agent's self-esteem and because, as deep-seated enduring dispositions that underlie and help motivate actions, they contribute to his effectiveness in acting to fulfil his purposes."[63]

Zur Entwicklung von Selbstwert und den damit zusammenhängenden Tugenden sind außerdem Bedingungen wie Freiheit, Wissen, Bildung, Wohlstand und Einkommen wichtig.[64] Genau wie die Rechte in Bezug auf Nichtverminderungsgüter, beziehen sich die Rechte auf Zuwachsgüter nicht in erster Linie darauf, dass Personen Rechte auf spezielle Güter innehaben, sondern darauf, dass jede Person ein Recht auf die Eigenschaften und Dispositionen hat, die sie braucht, um ihre jeweiligen Zuwachsgüter zu erreichen.[65]

Positive Pflichten bezüglich der Zuwachsgüter haben meist einen institutionellen Charakter.[66] Auf diese indirekte Anwendung des PGC werde ich weiter unten eingehen. Zunächst möchte ich aber noch die direkte Anwendung des PGC in Bezug auf Freiheitsrechte erläutern.

---

[60] Ebd., S. 237.

[61] Vgl., ebd., S. 241/242. Siehe in diesem Zusammenhang auch: Steigleder: Grundlegung der normativen Ethik: Der Ansatz von Alan Gewirth, S. 141–144.

[62] Vgl., Gewirth: Reason and Morality, S. 242.

[63] Ebd., S. 242.

[64] Vgl., ebd., S. 244.

[65] Vgl., ebd., S. 246.

[66] Vgl., ebd., S. 241.

Direkte Anwendung: Pflichten in Bezug auf Freiheit
Während, wie oben deutlich wurde, die Verletzung von Pflichten bezüglich des Wohlergehens bedeutet, dass bestimmte Ziele und Güter nicht erreicht, verfolgt oder besessen werden (können), bezieht sich eine Einschränkung von Freiheit auf den *Verlust von Kontrolle* über die eigenen Handlungen und Ziele. Ersteres bezieht sich also auf den substanziellen und zweckorientierten Aspekt und zweiteres auf den prozeduralen Aspekt von Handlungen.[67]
Analog zum principle of Common Good, verlangt das

> *„(...) principle of Equal Freedom (...) that both the agent and his recipient participate freely in the transactions in which they are involved. It is necessarily the case that the agent participates freely in the particular transaction. But whether the recipient also participates freely depends upon the agent, since he can and should refrain from acting on the recipient unless and until the latter gives his unforced consent. The agent hence has the duty to respect his recipient's freedom. If the agent violates this requirement by coercing or deceiving his recipients, then he contradicts himself and hence lacks rational justification for his actions, unless there are further considerations, themselves derived from the PGC, that justify such violation.“*[68]

Freiheit materialisiert sich also für die ausführende Person anders als für die Person, an die eine Handlung adressiert ist. Während davon ausgegangen werden kann, dass eine Person, die eine Handlung vollzieht über Freiheit verfügt – andernfalls würde ihre Tätigkeit nicht als Handlung klassifiziert werden können – ist dies in Bezug auf den oder die Empfänger:in der Handlung nicht der Fall. Erst wenn diese ihre unerzwungene Zustimmung („unforced consent") zur Teilhabe an der Interaktion gibt, agiert auch sie im Einklang mit ihrem konstitutiven Recht auf Freiheit.[69]

> *„The right to freedom, taken by itself, involves that the recipient's voluntary consent is the necessary and sufficient condition of a transaction's being morally justified, so that the agent must refrain from acting on his recipient unless such consent is given.“*[70]

Bei der Betrachtung von Freiheitsrechten und den resultierenden Pflichten muss beachtet werden, dass Freiheit bzw. deren Abwesenheit zum einen in konkreten, augenblicklichen Situationen gegeben sein kann, sich zum anderen aber

---

[67] Vgl., ebd., S. 251.
[68] Ebd., S. 250.
[69] Vgl., ebd., S. 250, S. 255–258. Siehe auch: Steigleder: Grundlegung der normativen Ethik: Der Ansatz von Alan Gewirth, S. 151.
[70] Gewirth: Reason and Morality, S. 256.

auch in einer längerfristigen Perspektive zeigen kann.[71] Diese beiden Perspektiven können sich wechselseitig bedingen oder aber auch in Konflikt miteinander geraten.[72]

Beeinträchtigungen der Freiheit bzw. Handlungsfähigkeit können zum einen durch Gewalt, Zwang, Nötigung und Betrug entstehen.[73] Diese Formen des Unrechts haben zwar auch Folgen für konkrete konstitutive Güter des Wohlergehens – zum Beispiel körperliche oder seelische Verletzungen – jedoch sind sie hier in ihrer Eigenschaft als einschränkend für die prozedurale Handlungsfähigkeit zu betrachten. Ist eine Person derartigen Zuständen ausgesetzt, ist sie nicht in der Lage, freiwillig und eigenverantwortlich zu handeln. Sie kann so nicht ihre unerzwungene Zustimmung zu den entsprechenden Interaktionen geben, da ihre Tätigkeit entweder erzwungen oder unter Vortäuschung falscher Tatsachen unzulässig beeinflusst wird. Neben diesen externen Freiheitseinschränkungen beschreibt Gewirth auch akteursinterne Beeinträchtigungen – beispielsweise physische oder psychische Krankheiten, die die Handlungsfähigkeit stark einschränken. Außerdem lassen sich auch selbstauferlegte Beeinträchtigungen als freiheitseinschränkend klassifizieren. Dazu zählen beabsichtigte Ignoranz, Selbstbetrug oder Abweichungen von den oben beschriebenen Tugenden.[74]

In bestimmten Fällen kann die unerzwungene Zustimmung auch übergangen werden. Dies ist dann der Fall, wenn Transaktionen oder Handlungen in Einklang mit sozialen Regeln sind, die selbst wieder dem PGC genügen[75] oder wenn davon ausgegangen werden kann, dass eine momentane Beeinträchtigung der Freiheit zum langfristigen Erhalt der Freiheit und des Wohlergehens führen kann. Letzteres ist dann der Fall, wenn die vermeintlich geschädigte Person zwar keine augenblickliche Zustimmung signalisiert, sie einer Freiheitseinschränkung vermutlich aber trotzdem zustimmen würde (dispositionelle Zustimmung). Gewirth nennt das Beispiel einer Person, die nicht merkt, dass ein Auto auf sie zurast. Eine solche Person dürfte von der Straße gestoßen werden, da davon ausgegangen werden kann, dass sie der augenblicklichen Freiheitseinschränkung zum Schutz ihres Lebens zustimmen würde.[76]

---

[71] Vgl., ebd., S. 249, S. 253/254.

[72] Vgl., ebd. S. 249. Möglichkeiten, wie im Falle von Konflikten eine Hierarchie aufgestellt werden kann, werden weiter unten in diesem Kapitel beschrieben.

[73] Vgl., ebd., S. 252.

[74] Vgl., ebd., S. 253.

[75] Siehe hierfür den nächsten Abschnitt zur indirekten Anwendung des PGCs.

[76] Vgl., Gewirth: Reason and Morality, S. 259/260.

Indirekte Anwendung
Wie bereits erwähnt kann das PGC auch in indirekter Form zur Anwendung
kommen, nämlich dann, wenn es durch soziale Regeln wirkt. Bei dieser Anwen-
dungsform, werden gebotene Handlungen nicht direkt aus dem PGC abgeleitet,
sondern zunächst aus Regeln, in dessen Kontext bestimmte Handlungen stattfinden – beispielsweise wird im Straßenverkehr nicht bei jeder Interaktion neu
evaluiert, wie Freiheit und Wohlergehen anderer Teilnehmer:innen geschützt werden können, sondern das Handeln in diesem Kontext wird durch Regeln und
Verordnungen vorgegeben. Da diese Regeln dann aber selbst wieder dem PGC
genügen müssen, kommt dieses indirekt zur Anwendung.[77]

In der indirekten Anwendung können Handlungen, die in der direkten Anwendung als moralisch falsch klassifiziert worden wären, gerechtfertigt werden – beispielsweise verschiedene Formen der Freiheitseinschränkungen durch staatliche
Institutionen.[78] Dass Regeln in bestimmten sozialen Kontexten Vorrang gegenüber der direkten Anwendung des PGCs haben, ergibt sich daraus, dass innerhalb
dieser Kontexte Personen bestimmte Rollen einnehmen, die auch unterschiedliche Behandlungen rechtfertigen. Oben wurde gezeigt, dass sich die Gleichheit der
Rechte daraus ergibt, dass die betroffenen Personen alle prospektive Handelnde
sind. In einem bestimmten sozialen Kontext gilt diese relevante Gleichheit aber
nicht mehr unbedingt. Zum Beispiel bei einer Interaktion zwischen Richter:in
und einer angeklagten Person. Wichtig ist aber, dass die sozialen Regeln selbst
durch das PGC gerechtfertigt sein müssen. Regeln, die sich aus Kontexten wie
der Sklaverei ergeben, können so also nicht gerechtfertigt werden.[79]

Soziale Regeln sind dann zulässig, wenn sie sich aus der Berücksichtigung
der konstitutiven Güter Freiheit und Wohlergehen ergeben. Entweder Personen
geben ihren unerzwungenen Konsens, Teil des Anwendungsbereichs der entsprechenden Regel zu sein bzw. Regeln werden durch Prozesse ermittelt, an denen
alle betroffenen Personen teilhaben können, oder soziale Regeln dienen dazu, das
allgemeine (basale) Wohlergehen zu schützen und zu erweitern.[80]

Gewirth unterscheidet zwischen freiwilligen und notwendigen Gruppierungen, die zu Anwendungsbereichen von sozialen Regeln werden können. Erstere
bestehen in Vereinen oder auch zwischenmenschlichen Beziehungen wie der
Ehe. Ihre Existenz ist nicht notwendig, daher ist auch eine Teilnahme freiwillig. Sobald eine Person sich jedoch entscheidet, Teil einer solchen Gruppierung

---

[77] Vgl., ebd. S. 272.

[78] Vgl., ebd., S. 277–279.

[79] Vgl., ebd., S. 277/278.

[80] Vgl., ebd., S. 281/282.

zu sein, muss sie bestimmte Regeln anerkennen und diese werden für sie handlungsweisend.[81] Wenn die Teilnahme an diesen optionalen Gruppierungen auf
Freiwilligkeit beruht, sie keine Schädigungen für Nicht-Mitglieder verursachen
und auch zwischen den involvierten Parteien (Vertragsschließende:r und Zustim-
mungsgebende:r) die zentralen Forderungen des PGCs erfüllt sind, sind sie durch
das PGC gerechtfertigt.[82] Im Gegensatz dazu ist die Teilnahme an notwendigen
Gruppierungen nicht freiwillig, da sie andernfalls konstitutive Rechte, insbesondere des Wohlergehens, nicht adäquat schützen könnten. Gewirth bezieht sich hier
vor allem auf den (Sozial-) Staat und seine Institutionen.[83] Er verweist darauf,
dass es sich bei der Zustimmungsform in Bezug auf notwendige Gruppierungen
um rationalen Konsens handelt, da der Staat und seine Institutionen notwendig
sind, um das PGC zu erfüllen. Ein:e rationale:r Akteur:in würde diesen Institutionen also zustimmen, da er oder sie dem PGC zustimmen muss. Praktisch
besteht für eine Person jedoch keine Wahlmöglichkeit bezüglich der Frage, ob
sie Teil des Staates sein möchte oder nicht.[84] Da die grundsätzliche Teilnahme
an notwendigen Gruppierungen nicht im Ermessen individueller Personen liegt,
ist es wichtig, dass innerhalb dieser Gruppierungen Entscheidungsfindungsstruk-
turen existieren, die die jeweiligen Betroffen auf umfangreiche Weise teilhaben
lassen. Innerhalb eines Staates muss es also eine Verfassung geben, die den Bür-
ger:innen verschiedene Formen der Partizipation ermöglicht. So müssen sie über
Gesetze oder die Besetzung von Posten mitbestimmen können.

> „(...) [W]hile the constitution is mandatory and hence is not itself subject to optional
> consent by individuals, it provides that such consent must be used as fully as possible
> within the political process itself for determining the laws and officials."[85]

Ein Staat hat dann die Aufgabe einerseits die Rechte seiner Bürger:innen zu
schützen und im Falle von Rechtsverletzungen die Gleichheit der Rechte wiederherzustellen. Beides gelingt durch das Strafrecht, das durch die Androhung von
Bestrafungen Rechtsverletzungen verhindern und durch tatsächliche Bestrafungen
eine Balance wiederherstellen kann.[86] Andererseits muss ein Staat auch dafür
Sorge tragen, dass der Status der Gleichheit der Rechte überhaupt erst einmal

---

[81] Vgl., ebd., S. 283–285.

[82] Vgl., ebd., S. 289/290.

[83] Vgl., ebd., S. 283/284, S. 290/291, S. 312/313. Siehe auch: Steigleder: Grundlegung der
normativen Ethik: Der Ansatz von Alan Gewirth, S. 167–175.

[84] Vgl., Gewirth: Reason and Morality, S. 304.

[85] Ebd., S. 306.

[86] Vgl., ebd., S. 290–304.

erreicht wird. Hierfür muss anerkannt werden, dass Menschen unterschiedliche Voraussetzung mitbringen, ihre konstitutiven Güter zu wahren und weniger privilegierte Menschen müssen durch den Staat unterstützt werden. Darüber hinaus sollte für einen allgemeinen Anstieg des Wohlstands gesorgt werden.[87]

Hierarchisierung moralischer Rechte
Aus dem PGC lassen sich nicht nur konkrete moralische Pflichten ableiten, es gibt auch Hinweise darauf, wie moralische Rechte und damit auch ihre korrespondierenden Pflichten zu hierarchisieren sind.

> „(...) [T]he PGC is a material as well as a formal principle, and as a material principle it is concerned with the necessary goods of action. Insofar as some goods are more necessary for action than others, the duty to respect persons' having the former goods takes precedence over the duty to respect their having the latter goods when the two duties conflict."[88]

Gewirth nennt drei Kriterien, mit deren Hilfe Konflikte zwischen verschiedenen Rechtsansprüchen zu lösen sind.

Das erste Kriterium bezieht sich auf die Vorbeugung oder die Beseitigung von Inkonsistenzen. Wenn Verletzungen von konstitutiven Rechten drohen bzw. bereits vollzogen wurden, ist es gestattet, den oder die Aggressor:in auch durch Zwang oder basale Schädigungen von dieser Handlung abzuhalten.[89] Das zweite Kriterium ist der Grad der Notwendigkeit für die Handlungsfähigkeit. Pflicht A ist höher zu werten als eine andere Pflicht B, wenn das Gut, das durch A erreicht werden soll, notwendiger für die Handlungsfähigkeit ist und dieses Gut nicht erreicht werden kann, ohne B zu verletzen.[90] Das dritte Kriterium sind die bereits erläuterten institutionellen Anforderungen. Soziale Regeln können Zwang und Gewalt rechtfertigen, wenn den Regeln selbst zugestimmt wurde (durch freiwilligen oder rationalen Konsens) und diese dem PGC genügen.[91]

---

[87] Vgl., ebd., S. 312–327. Siehe in diesem Zusammenhang auch das dritte Kapitel dieser Arbeit.

[88] Gewirth: Reason and Morality, S. 340.

[89] Vgl., ebd., S. 342/343.

[90] Vgl., ebd., S. 343.

[91] Vgl., ebd., S. 344/345.

Zusammenfassung

Abschließend möchte ich einige im Kontext dieser Arbeit wichtigen Aspekte der insgesamt sehr komplexen Theorie von Alan Gewirth zusammenfassend festhalten.

Gewirth zeigt auf, dass jede prospektiv handelnde Person logisch gezwungen ist, das PGC

„Jeder Handelnde soll stets in Übereinstimmung mit den konstitutiven Rechten der Empfänger seiner Handlung wie auch seiner selbst handeln."[92]

anzuerkennen und es letztlich moralisch geboten ist, dieses zu befolgen.

Menschen haben ein Recht darauf, persönliche Ziele zu definieren und zu verfolgen solange diese das PGC nicht verletzen. Sie dürfen dabei nicht wissentlich und willentlich in ihren Grundvoraussetzungen für erfolgreiches Handeln eingeschränkt werden. Dazu gehören konkrete Güter wie körperliche und seelische Unversehrtheit sowie prozedurale Aspekte, beispielsweise ohne Zwang interagieren zu können. Wichtig zu betonen ist jedoch, dass der letzte Aspekt, der sich auf das Recht auf Freiheit bezieht, nicht bedeutet, nicht durch das PGC oder soziale Regeln gebunden zu sein. Bestimmte Umstände und Anwendungsformen des PGCs rechtfertigen das Ausüben von Gewalt und Freiheitseinschränkungen. Die Gleichheit der Rechte verlangt, dass niemand seine eigenen Rechtsansprüche über die anderer stellen darf und dass im Falle einer Rechtsverletzung bzw. drohenden Rechtsverletzung bestimmte Maßnahmen zur Wiedergutmachung bzw. Verhinderung ergriffen werden dürfen.

So ergibt sich auch eine Begründung und Rechtfertigung des (Sozial-) Staats. Dessen Aufgaben bestehen darin, moralische Rechte der Bürger:innen zu gewährleisten und gegebenenfalls wiederherzustellen – hierunter fällt vor allem der Schutz der Güter des Wohlergehens und die Sorge für eine gerechtere Verteilung dieser. Gleichzeitig muss der Staat insbesondere die Freiheitsrechte der Bürger:innen respektieren, indem demokratische Prozesse so partizipativ wie möglich gestaltet werden.[93]

Gewirth zeigt überzeugend, dass auch Nichtverminderungsgüter und Zuwachsgüter wichtige Voraussetzungen für die Verfolgung von persönlichen Zielen sind. Daraus lässt sich auch ableiten, dass Menschen, die in den sogenannten Industriestaaten leben, ein Recht darauf haben, dass eine bestimmte Form des

---

[92] Steigleder: Grundlegung der normativen Ethik: Der Ansatz von Alan Gewirth, S. 123.

[93] Vgl., Gewirth: Reason and Morality, S. 304–327.

Status Quo erhalten bleibt. Errungenschaften der Industrialisierung wie Wohlstand, Demokratie und Rechtsstaatlichkeit sind elementar für die Erfüllung des
PGCs. Auch Möglichkeiten, ein Einkommen zu generieren und zu behalten, sowie
einen bestimmten Lebensstandard aufrechtzuerhalten, sind in diesem Zusammenhang zentrale Aspekte.[94] Sie werden vor allem wichtig, wenn zwischen
der Notwendigkeit zum Klimaschutz und den negativen Folgen von bestimmten Klimaschutzmaßnahmen abgewogen werden muss. Bevor ich in den nächsten
Kapiteln die moralische Relevanz sowohl des Klimawandels (Kapitel 2) als
auch wirtschaftlicher Aspekte (Kapitel 3) näher untersuche, möchte ich auf eine
weitere hilfreiche rechtebasierte Theorie eingehen.

1.2   Der Ansatz Henry Shues

Das Konzept moralischer und basaler Rechte
In „Basic Rights. Subsistence, Affluence, and U.S. Foreign Policy" entwirft Shue
ein Konzept moralischer Rechte, deren Hierarchisierung und der entsprechenden
Pflichten.

Moralische Rechte definiert Shue zunächst wie folgt: Sie liefern die rationale Grundlage für einen gerechtfertigten Anspruch darauf, dass das tatsächliche
Wahrnehmen des Rechtsinhalts, sozial gegen standardmäßige Bedrohungen abgesichert ist.[95] Diese Definition verweist auf drei wesentliche Aspekte eines
moralischen Rechts. Erstens, die rationale Basis, die eine Anspruchshaltung
gegenüber anderen rechtfertigt. Zweitens, den tatsächlichen Inhalt des Rechts,
der letztendlich von dem oder der moralischen Akteur:in praktiziert wird und
drittens, dass dieser Inhalt erst *als Recht* ausgeübt werden kann, wenn ein effektiver, gesellschaftlich garantierter Schutz gegen diejenigen Bedrohungen gegeben
ist, die Shue *standardmäßige Bedrohungen* („standard threats")[96] nennt. Der letzte
Punkt bedeutet vor allem, dass ein Recht erst dann vollumfänglich gewährleistet
ist, wenn Institutionen vorhanden sind, die verlässlichen Schutz gegen vermeidbare Bedrohungen bieten.[97] Das Recht auf körperliche Unversehrtheit zum
Beispiel, bedeutet demnach nicht, dass ein:e moralische:r Akteur:in jederzeit frei

---

[94] Dies wird in Abschnitt 5.2 noch einmal thematisiert werden.

[95] Vgl., Shue, Henry: Basic Rights. Subsistence, Affluence, and U.S. Foreign Policy, 2. Aufl.,
Princeton: Princeton University Press 1996, S. 13.

[96] Ich werde später in diesem Kapitel noch einmal genauer auf das Konzept der standard
threats eingehen.

[97] Vgl., Shue: Basic Rights. Subsistence, Affluence, and U.S. Foreign Policy, S. 13–18.

von körperlichem Schaden sein muss. Tragische Unfälle oder unheilbare Krankheiten stellen keine Rechtsverletzung dar. Anders ist dies in Bezug auf Gefahren wie willkürliche körperliche Angriffe, Folter oder aber auch vermeidbare, heilbare Krankheiten. Der entscheidende Punkt ist, dass letztere standardmäßige Bedrohungen dieses Rechts sind, denen durch Institutionen wie einen funktionierenden Rechtsstaat mit einer effektiven Exekutivmacht und einem verlässlichen Gesundheitssystem begegnet werden kann.[98]

Auf dieser Basis verteidigt Shue die Annahme, dass es gewisse Rechte gibt, die insofern grundlegend sind, als dass die Inanspruchnahme dieser Rechte eine notwendige Bedingung dafür darstellt, überhaupt irgendwelche Rechte genießen zu können.[99] Shue unterscheidet daher zwischen „basic rights" (im Folgenden basale Rechte) und „non-basic rights" (im Folgenden nicht-basale Rechte).

Basale Rechte: (körperliche) Sicherheit, Subsistenz und Freiheit

„Basic rights (…) are everyone's minimum reasonable demands upon the rest of humanity. They are the rational basis for justified demands the denial of which no self-respecting person can reasonably be expected to accept. Why should anything be so important? The reason is that rights are basic in the sense used here only if enjoyment of them is essential to the enjoyment of all other rights. (…) Therefore, if a right is basic, other, non-basic rights may be sacrificed, if necessary, in order to secure the basic right. But the protection of a basic right may not be sacrificed in order to secure the enjoyment of a non-basic right. (…) If the right sacrificed is indeed basic, then no right for which it might be sacrificed can actually be enjoyed in the absence of the basic right. The sacrifice would have proven self-defeating."[100]

Basale Rechte sind laut Shue diejenigen Rechte, ohne die ein Leben, das mit der Würde eines jeden Menschen vereinbar ist, nicht möglich ist. Sie repräsentieren einen Minimalanspruch, den jede:r moralische:r Akteur:in gegenüber allen anderen moralischen Akteur:innen hat. Sie sind anderen Rechten daher nicht übergeordnet, weil ihr Inhalt wertvoller oder erstrebenswerter ist, sondern weil ihre Existenz, den oder die moralische:n Akteur:in erst dazu befähigt andere – möglicherweise auch intrinsisch wertvollere – Rechte wahrzunehmen.[101] Aus diesem Grund muss im Fall eines Konflikts, die Erfüllung des basalen Rechts

---

[98] Vgl., ebd., S. 32/33. Letztlich ist es laut Shue eine empirische Frage, welche Bedrohungen als standardmäßig klassifiziert werden können. Er selbst führt das Beispiel an, dass heutzutage das Sterben an Malaria eine standardmäßige Bedrohung ist, während das Sterben an Krebs dieses (noch) nicht ist. Vgl., ebd., S. 33.

[99] Vgl., ebd., S. 19, S. 86.

[100] Ebd., S. 19.

[101] Vgl., ebd., S. 20.

gegenüber der Erfüllung eines nicht-basalen Rechts Vorrang haben. Da basale Rechte notwendig für die Ausübung anderer Rechte sind, ist es gar nicht möglich, basale Rechte zugunsten anderer Rechte aufzugeben, da in diesem Fall auch das nicht-basale Recht nicht mehr gewährleistet wäre.[102]

Shue diskutiert drei dieser basalen Rechte, wobei er darauf hinweist, dass diese Aufzählung möglicherweise nicht vollständig ist.[103] Er identifiziert und diskutiert als basale Rechte das Recht auf (körperliche) Sicherheit (im Folgenden nur noch Recht auf Sicherheit),[104] das Subsistenzrecht[105] sowie politische und ökonomische Partizipation und Bewegungsfreiheit als zwei Arten von Freiheitsrechten.[106]

Ein Anliegen Shues ist es, zu zeigen, dass Subsistenzrechte genauso grundlegend sein können wie das Recht auf Sicherheit. Letzteres ist in seiner Rolle als basales Recht bzw. grundlegendes Menschenrecht relativ unumstritten. Da basale Rechte auch für meine Argumentation entscheidend sein werden, möchte ich Shues Argumentation im Folgenden detaillierter darstellen.

Wie bereits erläutert definiert Shue basale Rechte als notwendig für die Gewährleistung aller anderen Rechte. Ist also eines der basalen Rechte nicht erfüllt, impliziert das, dass auch alle anderen Rechte nicht erfüllt sind oder andersherum das Innehaben eines nicht-basalen Rechts impliziert, dass alle basalen Rechte gewährleistet sind.[107] Um zu zeigen, dass ein Recht ein basales Recht ist, muss demnach gezeigt werden, dass die Nicht-Gewährleistung dieses Rechts zur Folge hat, dass keinerlei andere Rechte zufriedenstellend erfüllt sind.

Im Falle des Rechts auf Sicherheit lässt sich dies relativ intuitiv begründen.[108] Dieses Recht besteht darin, nicht Opfer von Mord, Folter, schwerer Körperverletzung, Vergewaltigung oder anderen Angriffen zu werden.[109] Eine Person, die jederzeit berechtigte Angst hat, Opfer von willkürlicher körperlicher Gewalt zu werden bzw. dieser tatsächlich ausgesetzt ist, kann die Inhalte ihrer weiteren Rechte nicht als Rechte praktizieren. Sie wird entweder durch die Angst oder

---

[102] Vgl., ebd., S. 19.

[103] Vgl., ebd., S. 65, S. 157.

[104] Vgl., ebd., S. 20–22.

[105] Vgl., ebd., S. 22–29.

[106] Vgl., ebd., S. 65–87.

[107] Vgl., ebd., S. 184–187 Fußnote 13.

[108] Siehe in diesem Zusammenhang auch Shues Erläuterungen in: Shue, Henry: „Bequeathing hazards: security rights and property rights of future humans", in: *Climate Justice. Vulnerability and Protection*, Oxford: Oxford University Press 2014, S. 162–179.

[109] Vgl., Shue: Basic Rights. Subsistence, Affluence, and U.S. Foreign Policy, S. 20.

durch tatsächliche Übergriffe davon abgehalten gewisse Rechtsinhalte wahrzunehmen – denkbar ist zum Beispiel, dass sie Angst hat das Haus zu verlassen, um zur Arbeit, in die Schule oder zu Freunden zu gelangen. Selbst wenn sie bestimmte Rechtsinhalte praktiziert, übt sie diese in einem solchen Szenario nicht *als Rechte* aus, weil die Ausübung einer gewissen Willkür ausgesetzt ist, also nicht garantiert ist.[110] Daraus folgt, dass wenn das Recht auf Sicherheit verletzt ist, gleichzeitig auch alle anderen Rechte verletzt werden. Hier ist wichtig zu betonen, dass ein basales Recht nicht als bloßes Mittel zum Zweck dient, sondern ein wesentlicher Bestandteil anderer Rechte ist.[111] Ein Recht auf Bildung beispielsweise impliziert, dass diejenige Person, die dieses Recht ausübt, währenddessen nicht in ständiger Gefahr ist, körperlich angegriffen zu werden.[112] Somit lässt sich das Recht auf Sicherheit als basales Recht klassifizieren.[113]

Shue argumentiert weiter, dass es sich im Falle von Subsistenzrechten ähnlich verhält.

> *„By minimal economic security, or subsistence, I mean unpolluted air, unpolluted water, adequate food, adequate clothing, adequate shelter, and minimal preventive public health care. (…) [T]he basic idea is to have available for consumption what is needed for a decent chance at a reasonably healthy and active life of more or less normal length (…).“*[114]

Unter Subsistenz versteht Shue also ein Minimum an ökonomischen Mitteln, die ein:e Akteur:in dazu befähigen, ein ausreichend gesundes, aktives und angemessen langes Leben führen zu können. Eine genaue Eingrenzung von absolut notwendigen materiellen Gütern nimmt er dabei nicht vor.[115] Für seine Argumentation ist es ausreichend, dass es eindeutige Fälle gibt, in denen Subsistenzrechte nicht erfüllt sind. So sei laut Shue zum Beispiel der Zugang zu Lebensmitteln als nicht ausreichend zu deklarieren, wenn die resultierende Ernährungsweise zu einem Leben führt, dessen Lebenserwartung bei 35 Jahren liegt und das durch von Fieberkrankheiten und Parasiten geprägter Teilnahmslosigkeit bestimmt ist.[116]

In diesen Fällen lässt sich analog zum Recht auf körperliche Unversehrtheit argumentieren, dass Menschen, die dieses Minimum an ökonomischer Sicherheit

---

[110] Vgl., ebd., S. 20–22, S- 26.

[111] Vgl., ebd., S. 26/27.

[112] Shue verwendet das Beispiel der Versammlungsfreiheit. Vgl., ebd., S. 26.

[113] Vgl., ebd., S. 20–22, S. 26.

[114] Ebd., S. 23.

[115] Vgl., ebd., S. 23.

[116] Vgl., ebd., S. 23.

nicht besitzen, in der Ausübung all ihrer Rechte behindert werden. Wer Hunger leidet oder keine Möglichkeiten hat, sich vor Krankheiten wie Malaria oder HIV zu schützen, kann seine Rechte nicht ausreichend wahrnehmen. Die ständige Angst vor körperlichem Schaden bzw. der bereits eingetretene körperliche Schaden verhindern, dass Menschen ihre Interessen, auf die sie ein Recht haben, verfolgen. Zum einen haben sie keine Ressourcen diese Rechte zu praktizieren, da sie sich im ständigen Kampf ums Überleben befinden, zum anderen führt ein erwartbares kurzes bzw. leidvolles Leben dazu, dass Interessen gar nicht erst gebildet und Rechte nicht wahrgenommen werden können. Wie oben gezeigt ist die Möglichkeit zur Ausübung eines Rechts aber wesentlicher Bestandteil dieses Rechts.

Darüber hinaus führt die Abwesenheit von Subsistenzgütern einen Zustand herbei, in dem sich die betroffenen Menschen theoretisch ständig in einer Zwangssituation befinden können. Ihre nicht-basalen Rechte sind deshalb nicht gewährleistet, da sie sie vermutlich direkt gegen die fehlenden Subsistenzgüter eintauschen würden, wenn ihnen diese Option geboten würde. Da es sich hierbei allerdings nicht um einen freiwilligen Tausch handelt, da das Überleben dieser Menschen auf dem Spiel steht, können moralische Rechte in einem Szenario von fehlender Subsistenz nicht effektiv geschützt werden. Dies stellt dann einen Widerspruch zu Shues drittem Aspekt moralischer Rechte dar – der Notwendigkeit sozialer Garantien um Rechtsinhalte als Rechte praktizieren zu können. Das Subsistenzrecht ist damit ein weiteres basales Recht.[117]

Im Anschluss an das Recht auf körperliche Unversehrtheit und das Subsistenzrecht diskutiert Shue zwei Arten von Freiheitsrechten und kommt zu dem Schluss, dass diese ebenfalls in die Kategorie der basalen Rechte fallen. Mit dieser Analyse widerspricht er insbesondere der These, dass es vor allem in armen Ländern gegebenenfalls sinnvoll oder sogar geboten ist, Freiheitsrechte einzuschränken, um so die Subsistenz der betroffenen Menschen zu wahren.[118] Das erste Freiheitsrecht, das auch ein basales Recht ist, ist das Recht auf Partizipation. Shue bleibt in der Definition, was genau unter Partizipation zu verstehen ist, vage. Er verweist jedoch auf drei essenzielle Punkte. Erstens bedeutet das Konzept der Partizipation, das er diskutiert, dass Menschen an *grundsätzlichen Entscheidungen* über soziale Institutionen und Politiken, die körperliche Unversehrtheit und Subsistenz kontrollieren, mitwirken können. Nur wenn eine Person direkt durch diese betroffen ist, soll sie auch die *Wirkungsweise* von Institutionen und die

---

[117] Vgl., ebd., S. 22–29, insb. S. 24–26.
[118] Vgl., ebd., S. 65.

Implementierung von politischen Konzepten beeinflussen können. Zweitens, Partizipation muss effektiv sein, in dem Sinne, dass sie tatsächlichen Einfluss auf die Ergebnisse bedeutet. Drittens, Partizipation ist nicht in einem streng politischen Sinne gemeint, sondern kann sich auch auf den wirtschaftlichen Kontext beziehen, da Wirtschaftsunternehmen ebenfalls großen Einfluss auf die Subsistenz und Sicherheit der Menschen haben.[119]

Um zu zeigen, dass Partizipation nötig ist, um den Inhalt von Rechten als Rechte zu genießen, diskutiert Shue das Beispiel des wohlwollenden Diktators. In diesem Gedankenexperiment leben Menschen in einer Diktatur, sie haben also nicht die Möglichkeit, ihre partizipatorischen Rechte auszuüben. Der Diktator in diesem Szenario sorgt aber dafür, dass die Bürger:innen seines Staates, ausreichend Nahrung und andere essenzielle Güter zur Verfügung haben und er garantiert außerdem für die (körperliche) Sicherheit der Menschen. Shues These ist, dass die Menschen in diesem Staat zwar *die Inhalte* ihrer Subsistenzrechte und des Rechts auf Sicherheit praktizieren, diese Inhalte allerdings nicht *als Rechte* ausüben, weil jederzeit die Gefahr besteht, dass der Diktator sich umentscheidet. In diesem Fall stünden keinerlei Mittel zur Verfügung, mit deren Hilfe die Menschen ihre Rechte schützen könnten.[120]

> „The dictator may of course provide security, subsistence, or both at any given time, but simply to provide something is not the same as to provide it as a right. To provide something as a right means to provide social guarantees for its enjoyment against standard threats (...)."[121]

Um den Inhalt von Rechten als Rechte zu genießen, ist es zwingend notwendig, dass Autoritäten nicht in der Lage sind, willkürliche Entscheidungen über die Träger:innen von Rechten zu treffen. Diese Willkür wird durch Partizipation verhindert. Partizipation ist also notwendig, um Rechte als Rechte zu genießen und ist daher als basales Recht zu klassifizieren.

> „(...) [T]o enjoy something only at the discretion of someone else, especially someone powerful enough to deprive you of it at will, is precisely not to enjoy a right to it. In the absence of participatory institutions that allow for the forceful raising of protest against the depredations of the authorities and allow for the at least sometimes successful requesting of assistance in resisting the authorities, the authorities become the authoritative judge of which rights there are and what it means to fulfill them, which

---

[119] Vgl., ebd., S. 71/72. Im fünften Kapitel (Abschn. 5.2) dieser Arbeit, diskutiere ich den Aspekt der sozialen Teilhabe als Teil des Subsistenzrechts.

[120] Vgl., ebd., S. 75/76.

[121] Ebd., S. 76.

is to say that there are no rights to anything, only benevolent or malevolent discretion, including the discretion to decide what counts as benevolent. "[122]

Ein ähnliches Argument ergibt sich für das zweite als basales Recht identifizierte Freiheitsrecht: Bewegungsfreiheit. Dieses definiert Shue wie folgt:

> „(...) [F]reedom of physical movement is the absence of arbitrary constraints upon parts of one's body, such as ropes, chains, and straitjackets on one's limbs, and the absence of arbitrary constraints upon the movement from place to place of one's whole body, such as imprisonment, house arrest, and pass-laws (as in South Africa), at least within regional boundaries. "[123]

Wichtig bei dieser Definition ist, dass sie sich ausschließlich auf willkürliche Einschränkungen der Bewegungsfreiheit bezieht. Wer innerhalb eines Rechtsstaat durch ein faires Gerichtsverfahren zu einer Gefängnisstrafe verurteilt wird und diese in einem Gefängnis verbüßt, in dem Standards wie ausreichend Nahrung, der Schutz der Gefangenen vor Übergriffen durch Wärter:innen oder andere Insass:innen, Religionsfreiheit, etc. gewährleistet sind, dessen Recht auf Bewegungsfreiheit ist nicht verletzt. Wer jedoch ohne Prozess oder ohne hinreichenden Grund eingesperrt ist oder wer in einer Umgebung lebt, in der diese Gefahr groß ist, ist derart eingeschränkt und der Willkür Dritter ausgesetzt, dass er den Inhalt andere Rechte nicht als Rechte wahrnehmen kann. Demnach ist auch das Recht auf Bewegungsfreiheit ein basales Recht.[124]

Basale Rechte sind also diejenigen Rechte, deren Gewährleistung notwendig für die Gewährleistung aller anderen moralischer Rechte ist. Wichtig zu betonen ist hierbei, dass die Gewährleistung eines Rechts nicht mit dem Praktizieren eines Rechts gleichzusetzen ist. Innerhalb Shues Theorie ist es durchaus möglich, dass basale Rechte garantiert sind, ohne dass jede einzelne Person den Inhalt dieser auch tatsächlich praktiziert.

Bis hierher habe ich Shues Argumentation bezüglich der Existenz von basalen Rechten und der Notwendigkeit diese durch das Bilden von Institutionen effektiv zu schützen rekonstruiert.[125] Trotzdem erkennt auch Shue an, dass es überfordernd und utopisch wäre, wenn die Rechtsinhalte von basalen Rechten

---

[122] Ebd., S. 78, Betonung im Original.

[123] Ebd., S. 78.

[124] Vgl., ebd., S. 78–81.

[125] Auf weitere Pflichten, die aus basalen Rechten und deren Verletzung folgen, werde ich weiter unten eingehen.

zu jeder Zeit ausgeübt werden können sollten. Daher führt er das Konzept der standardmäßigen Bedrohungen ein.

Das Konzept der standard threats

Shue argumentiert, dass der Anspruch auf einen Rechtsinhalt, beispielsweise körperliche Sicherheit, immer auch einen Anspruch darauf beinhaltet, gegen Schaden *geschützt* zu werden. Es ist also nicht ausreichend, dass bestimmte Handlungen unterlassen werden, sondern ein Rechtsanspruch beinhaltet auch immer Ansprüche auf aktive positive (Schutz-) Handlungen. Also beinhaltet, laut Shue, ein moralisches Recht auch einen Anspruch auf soziale Garantien gegen standardmäßige Bedrohungen.[126]

Standardmäßige Bedrohungen definiert Shue als Bedrohungen, die das Praktizieren eines Rechtsinhalts ernsthaft gefährden können, die aber durch das Etablieren von sozialen Garantien – meist in der Form bestimmter Institutionen – vermeidbar sind.[127] Welche Bedrohungen genau als standardmäßige Bedrohung klassifiziert werden können, ist laut Shue eine empirische Frage und verändert sich, durch zivilisatorische Errungenschaften wie der Bekämpfung bestimmter Krankheiten, im Laufe der Zeit.[128]

An dieser Stelle möchte ich noch auf den Begriff der Rechtsverletzung eingehen. Dies wird im Kontext des zweiten Kapitels wichtig werden. Aus Shues Definition eines moralischen Rechts folgt, dass eine Verletzung eines moralischen Rechts vorliegt, entweder wenn ein:e moralische Akteur:in direkt durch eine:n andere:n moralische:n Akteur:in in der Ausübung seiner oder ihrer Rechte gehindert wird, zum Beispiel durch einen körperlichen Angriff,[129] oder

---

[126] Vgl., Shue: Basic Rights. Subsistence, Affluence, and U.S. Foreign Policy, S. 38/39. Da insbesondere basale Rechte sowohl einen Anspruch auf Unterlassung als auch einen Anspruch auf aktive Handlungen beinhalten, lehnt Shue die Einteilung in positive und negative Rechte ab, diese Dichotomie wird erst für moralische Pflichten relevant. Vgl., ebd., S. 35–40, S. 51/52.

[127] Vgl., ebd., S. 17, S. 29, S. 32.

[128] Vgl., ebd., S. 33.

[129] Ausgenommen sind hier zunächst Fälle der Selbstverteidigung. Einige direkte Angriffe auf die Ausübung moralischer Rechte sind selbst wieder standardmäßige Bedrohungen. Zum Beispiel ist davon auszugehen, dass ohne eine funktionierende Exekutive und Judikative, sehr viel mehr Gewalttaten geschehen würden, die durch die entsprechenden Institutionen verhindert werden könnten. In dieser ersten Kategorie von Rechtsverletzungen beziehe ich mich auf Fälle von Rechtsverletzungen, die trotz der Existenz der entsprechenden Institutionen geschehen. So geschehen in Deutschland, trotz funktionierender Institutionen des Rechtsstaats, Raubüberfälle, Vergewaltigungen und Morde. Diese sind natürlich auch

der Rechtsinhalt nicht ausgeübt werden kann, weil soziale Garantien gegen standardmäßige Bedrohungen fehlen.[130]

Das Konzept der standardmäßigen Bedrohung hat zwei weitere wichtige Funktionen innerhalb Shues Theorie. Zum einen wirkt es dem Vorwurf der Überforderung entgegen.[131] Würde Shue verlangen, dass Rechtsinhalte gegen jede Art von Gefahr geschützt werden müssen, wäre dies ein unmöglich umzusetzender Ansatz. Zum Beispiel können moralische Akteur:innen nicht dazu verpflichtet werden, dass sie Institutionen bilden, die verhindern, dass Menschen während Naturkatastrophen[132] oder durch unheilbare Krankheiten sterben. Derartige Gefahren gehören nicht zu den standardmäßigen Bedrohungen, es existiert also keine Verpflichtung, andere moralische Akteur:innen gegen derartige Gefahren zu schützen.[133] An dieser Stelle wird noch einmal der Unterschied zwischen der Gewährleistung eines Rechts und dem tatsächlichen Praktizieren des Rechtsinhalts deutlich. In diesem Zusammenhang macht Shue jedoch selbst einen Fehler.

Er schreibt:

„(...) [T]he _substance_ of a basic right is something the deprivation of which is one standard threat to rights generally. The fulfillment of a basic right is a successful defense against a standard threat to rights generally."[134]

Wie wir jedoch festgestellt haben, ist es möglich, dass ein Rechtsinhalt nicht praktiziert werden kann, obwohl das Recht an sich gewährleistet ist. In einem funktionierenden Rechtsstaat ist das Recht auf Sicherheit insofern garantiert, als dass ich mich frei in der Öffentlichkeit bewegen kann, ohne akute Angst haben

---

Rechtsverletzungen obwohl bereits soziale Garantien gegen diese Art von Übergriffen etabliert sind. Zu diskutieren wäre, ob diese dann ausreichend gut funktionieren. Der Anspruch, jegliche Art des Gewaltverbrechens durch Institutionen zu verhindern, mündet jedoch vermutlich wieder in einer Überforderung.

[130] Es ist ebenfalls moralisch relevant, wenn der Rechtsinhalt, insbesondere von basalen Rechten, nicht ausgeübt werden kann, auch wenn die Ursache kein direkter Angriff und auch keine standardmäßige Bedrohung ist und somit strenggenommen nicht von einer Rechtsverletzung gesprochen werden kann – zum Beispiel in Fällen von Naturkatastrophen.

[131] Vgl., ebd., S. 30/31.

[132] Aufgrund der Folgen des menschengemachten Klimawandels, muss die Bewertung von Naturkatastrophen sicherlich differenzierter ausfallen.

[133] Das bedeutet nicht, dass im Fall des Eintretens einer Katastrophe keinerlei Pflichten folgen. Lediglich der Schutz vor derartigem Schaden kann im Vorhinein nicht verlangt werden.

[134] Shue: Basic Rights. Subsistence, Affluence, and U.S. Foreign Policy, S. 34, Betonung F.H.

zu müssen, dass ich überfallen, ermordet oder anderweitig angegriffen werde. Trotzdem kann es passieren, dass ich durch einen herabfallenden Ast verletzt werde. In diesem Moment übe ich nicht den Inhalt meines Rechts auf Sicherheit aus, da ich verletzt bin. Trotzdem wurden weder meine basalen Rechte noch meine nicht-basalen Rechte durch den Ast verletzt. Eindrücklicher, wenn auch kontroverser, wird dieses Beispiel, wenn wir uns vorstellen, dass ich nicht durch einen herabfallenden Ast, sondern durch einen Menschen mit akuter Psychose verletzt werde. In diesem Fall ist es fraglich, inwieweit ein derartig erkrankter Mensch meine Rechte verletzt oder ob er auch in einem moralischen Sinne für schuldunfähig erklärt werden kann. Trotzdem ist es zutreffend, dass es nahezu unmöglich ist, sich gegen jede Art derartiger Gefahren institutionell zu schützen, daher kann das Etablieren von Institutionen, die mich gegen herabfallende Äste oder gegen Angriffe psychisch erkrankter Menschen schützen, auch nicht verlangt werden bzw. nur zu einem gewissen Grad.

Dieser Fehler ist auf eine weitere Ungenauigkeit in Bezug auf die sozialen Garantien zurückführbar. Einerseits scheint Shue soziale Garantien im Blick zu haben, die etabliert werden *können*, weil sie standardmäßige Bedrohungen verhindern. Standardmäßige Bedrohungen sind gerade so definiert, dass es möglich ist, sie zu verhindern, indem bestimmte Institutionen (also soziale Garantien) etabliert werden. Dadurch, dass die Möglichkeit der Implementation gegeben ist und so Schäden vermieden werden können, ist dies auch gefordert.

Andererseits scheint er aber auch zu argumentieren, dass es bestimmte Bedrohungen gibt, gegen die soziale Garantien etabliert werden *müssen*, weil die Bedrohung derart fundamental ist. Dies ist in Bezug auf die Gefährdung basaler Rechte der Fall.

> „(...) [S]ecurity and subsistence <u>must</u> be socially guaranteed, if any rights are to be enjoyed. This makes them basic rights. "[135]

Soziale Garantien beziehen sich in Shues Argumentation aber stets auf die Abwehr standardmäßiger Bedrohungen.

> „(...) [T]he measure of successful prevention of thwarting by ordinary and serious but remediable threats [standard threats, F.H.] is not utopian. People are neither entitled to social guarantees against every conceivable threat, nor entitled to guarantees against ineradicable threats like eventual serious illness, accident, or death. "[136]

---

[135] Ebd., S. 30, Betonung F.H.
[136] Ebd., S. 32.

Da also basale Rechte sozial garantiert sein müssen und soziale Garantien gleichzeitig auf standardmäßige Bedrohungen abzielen, klassifiziert er den Mangel an
basalen Rechtsinhalten (also den Mangel an z. B. Sicherheit oder Subsistenz)
als standardmäßige Bedrohungen für alle anderen Rechte. Wenn jedoch Shues
ursprüngliche Definition einer standardmäßigen Bedrohung als ernste aber ver-
hinderbare Bedrohung weiterhin gelten soll, dann kann dieser Schluss nur gelten,
wenn zusätzlich gilt, dass es auch *möglich* ist, basale Rechtsinhalte durch soziale
Garantien zu schützen. In Bezug auf viele heute zu beobachtende Arten des
Mangels an beispielsweise Sicherheit und Subsistenz ist diese Prämisse sogar
haltbar. Problematisch wird es jedoch in Bezug auf Shues späteres Argument,
dass der Klimawandel eine standardmäßige Bedrohung darstellt. Darauf werde
ich im nächsten Kapitel detaillierter eingehen.

Die Unterscheidung zwischen machbarer (und daher moralisch geforderter)
und notwendiger (und daher geforderter) sozialer Garantien ergibt einen inter-
essanten Punkt. Wenn wir Shues Argumentation folgen und soziale Garantien als
Institutionen verstehen, die gegen standardmäßige Bedrohungen schützen, dann
folgt aus der Beobachtung, dass einige soziale Garantien notwendig sind, um alle
anderen Rechte zu gewährleisten, dass es geboten ist, bestimmte Bedrohungen zu
standardmäßigen Bedrohungen zu machen, selbst wenn sie (noch) schwer oder
nicht verhinderbar sind. Es reicht also nicht aus, zu untersuchen gegen welche
Bedrohungen wir uns kollektiv schützen *können* und dann diese Institutionen zu
etablieren, wir müssen ebenfalls antizipieren, welche Bedrohungen so fundamental ausfallen, dass Schutzmechanismen moralisch *geboten* sind. Dies rechtfertigt
beispielsweise die Erforschung und Entwicklung bestimmter Technologien gegen
absehbare Naturkatastrophen oder Krankheiten oder das politische Engagement
gegen Armut und Kriege. Solange keine gangbaren Lösungen in diesen Kontexten
gefunden sind, können sie strenggenommen nicht als standardmäßige Bedrohungen klassifiziert werden, da sie aber so gravierende Schäden nach sich ziehen,
sollten sie zu standardmäßigen Bedrohungen werden, indem Möglichkeiten zur
Bekämpfung dieser Bedrohungen gefunden werden.

Die zweite Funktion des Konzepts der standardmäßigen Bedrohungen ist,
dass hiermit der Fokus daraufgelegt wird, welche Rechtsverletzungen durch eine
Gesellschaft und nicht nur durch eine:n einzelne:n moralische:n Akteur:in verhindert werden können. Standardmäßige Bedrohungen sind Bedrohungen, die
zwar nicht von einem oder einer einzelnen Akteur:in verhindert werden können,
denen aber durch kollektive Vorkehrungen begegnet werden kann. Der Überforderungseinwand kann demnach nur erhoben werden, wenn Rechtsverletzungen
auch durch kollektives Handeln nicht verhindert werden können. Dieser Aspekt

wird im nächsten Abschnitt, der sich mit Shues Konzept moralischer Pflichten beschäftigt, noch einmal deutlicher.

Moralische Pflichten

Shue argumentiert, dass eine Unterteilung in *positiv* und *negativ* nur in Bezug auf moralische Pflichten sinnvoll ist.[137] Hier lässt sich klar unterscheiden zwischen negativen Pflichten, also Pflichten, gewisse Handlungen zu unterlassen, und positiven Pflichten, also Pflichten, gewisse Handlungen, wie Hilfsleistungen, auszuführen. Konsequenterweise lehnt Shue außerdem die These ab, dass jedes vermeintlich negative Recht eine negative Pflicht nach sich zieht, sowie jedes positive Recht eine positive Pflicht. Seiner Auffassung nach hat jedes Recht negative und positive Elemente und korreliert mit drei Arten von Pflichten.[138] Erstens, Pflichten, schädigende Handlungen zu unterlassen, zweitens, Pflichten, vor Schädigungen zu schützen und drittens Pflichten, bereits Geschädigten zu helfen.[139] Die zweite und dritte Art von Pflichten gliedert Shue in Bezug auf Subsistenzrechte in weitere Unterkategorien auf, so dass er schließlich folgende Systematik für Pflichten, die aus dem Recht auf Subsistenz folgen, herleitet.

I.   Nicht schädigen.
II. Vor Schädigungen schützen,
     1. durch das Erzwingen von Pflicht (I),
     2. durch das Bilden von Institutionen, die das Entstehen starker Anreize,
        Pflicht (I) zu verletzen, verhindern.
III. Geschädigten helfen,
     1. für die eine besondere Verantwortung besteht,
     2. die Opfer gesellschaftlichen Versagens, die Pflichten (I), (II-1) und (II-2)
        auszuführen, sind,
     3. die Opfer von Naturkatastrophen sind.[140]

Für die vorliegende Arbeit werden vor allem Pflicht (II-2) und Pflicht (III-2) von hoher Relevanz sein. Daher möchte ich auf diese im Folgenden noch einmal genauer eingehen.

---

[137] Vgl., ebd., S. 53.
[138] Vgl., ebd., S. 52.
[139] Vgl., ebd., S. 51.
[140] Vgl., ebd., S. 60.

Wie oben bereits erwähnt, identifiziert Shue eine negative Pflicht, die aus dem Subsistenzrecht folgt. Jede:r hat die Pflicht, darauf zu verzichten, anderen lebensnotwendige Güter zu nehmen bzw. Handlungen zu unterlassen, die dazu führen, dass andere nicht mehr fähig sind, für ihr eigenes Überleben zu sorgen, solange diese Handlungen nicht notwendig sind, die eigenen basalen Rechte zu erfüllen.[141] Würde jede:r diese erste negative Pflicht erfüllen, bräuchte es, laut Shue, die Pflichten (II) und (III) nicht mehr. In unserer aktuell gegeben Welt, sollte jedoch nicht davon ausgegangen werden, dass dieser Fall eintreten wird. Daher sind Personen (II-1) oder Institutionen (II-2) notwendig, die zusätzliche negative und positive Anreize geben, die Pflicht zur Unterlassung einzuhalten.[142] Letztere sind insbesondere daher wichtig, da es für einzelne Personen überfordernd wäre, die Pflicht, Subsistenzrechte global zu schützen, individuell erfüllen zu müssen. Pflicht (II-1) ist also eher eine sekundäre Pflicht, die aus dem Umstand folgt, dass wir in einer nicht-idealen Welt leben, in der Menschen ihre Unterlassungspflichten regelmäßig verletzen. Um dem vorzubeugen und die sekundären, individuellen Pflichten nicht zu anspruchsvoll werden zu lassen, bedarf es einer systematischen Anreizstruktur, die Pflichten zur Unterlassung einzuhalten. Dies ist unter Pflicht (II-2) gefasst.[143] Shue schließt hierfür zwar die Etablierung von Institutionen, die unabhängig von Regierungen agieren, nicht grundsätzlich aus, argumentiert aber, dass die naheliegendsten Institutionen für diesen Zweck die Exekutiven gegebener Regierungen sind. Staaten sollten so organisiert sein, dass sie die basalen Rechte ihrer eigenen Bevölkerung durch Institutionen effektiv schützen können.[144]

An dieser Stelle ist wichtig zu betonen, dass Shue nicht dafür argumentiert, dass sich Menschen mit derselben Nationalität gegenseitig bevorzugt behandeln sollten, wenn es um die Erfüllung von basalen Rechten geht. Basale Rechte sind universal, ihre Gültigkeit endet nicht an Staatsgrenzen. Der Vorschlag, dass für die Erfüllung von Pflicht (II-2) Staaten die geeignetsten Institutionen sind, ist ein praktisches Argument. Das bedeutet aber gerade nicht, dass eine Person nur dafür verantwortlich ist, dass der eigene Staat die eigene Bevölkerung schützt, sondern vielmehr, dass ein Zustand erreicht werden sollte, in dem jeder Mensch durch effektive Institutionen davor geschützt wird, dass seine oder ihre basalen Rechte verletzt werden. Wenn basale Rechte außerhalb des eigenen Staates verletzt werden, zieht das ebenfalls Pflichten für den Rest der Menschheit nach sich.

---

[141] Vgl., ebd., S. 55.

[142] Vgl., ebd., S. 55.

[143] Vgl., ebd., S. 59.

[144] Vgl., ebd., S. 56.

Zum Beispiel sollte dann der eigene Staat so konzipiert werden, dass er eingreift bzw. zusammen mit anderen funktionierenden Staaten Gemeinschaften bildet, um Verletzungen basaler Rechte auf internationaler Ebene verhindern zu können.[145] Außerdem greift in diesem Fall ebenfalls Pflicht (III-2).[146] Die Pflicht zu helfen, stellt laut Shue insofern eine besondere Pflicht dar, da sie in vielen Fällen die dringlichste der drei Arten von Pflichten ist. An dieser Stelle werde ich nicht weiter auf Pflicht (III-1), die sich auf z. B. Eltern-Kind-Beziehungen fokussiert, und Pflicht (III-3), die sich auf Ereignisse bezieht, für die niemand ursächlich verantwortlich ist, beziehen. Pflicht (III-2) ist daher interessant, da ihre Umsetzbarkeit und ihr Anspruchsgehalt stark davon abhängen, wie erfolgreich die ersten beiden Arten von Pflichten eingehalten werden.[147]

Anders als basale Rechte sind die zugehörigen Pflichten laut Shue nicht universal.[148] Daher ist es gerade für Hilfspflichten wichtig, Prinzipien aufzustellen, die zeigen, wer welche Hilfe leisten muss. Shue führt hierfür das *Prioritätsprinzip* ein.

Das Prioritätsprinzip
Shue identifiziert vier mögliche Absichten einer handelnden Person.

1) Die Erfüllung der eigenen basalen Rechte
2) Die Erfüllung der eigenen nicht-basalen Rechte
3) Kulturelle Bereicherung
4) Die Befriedigung von Präferenzen

Diese Handlungsabsichten sind hierarchisch geordnet. Die erste Absicht stellt die wichtigste dar, die vierte die am wenigsten wichtige. Das Prioritätsprinzip besagt nun, dass im Falle einer Verletzung eines basalen Rechts zunächst eine Pflicht entsteht, die Handlungen mit der Absicht der Kategorie (4) zu unterlassen, um stattdessen den betroffenen Menschen zu helfen. Ist dies nicht ausreichend, um die basalen Rechte der Menschen wiederherzustellen, müssen auch Handlungen mit der Absicht von Kategorie (3) und schließlich der Kategorie (2) aufgegeben werden. Die eigenen basalen Rechte für die Erfüllung der basalen Rechte anderer aufzugeben ist lediglich erlaubt, eventuell sogar verboten. Verboten ist, die eigenen basalen Rechte zugunsten der Erfüllung der weniger

---

[145] Vgl., ebd., S. 173–180.
[146] Vgl., ebd. S. 57.
[147] Vgl., ebd., S. 62/63.
[148] Vgl., ebd., S. 212 Fußnote 8, S. 120.

wichtigen Handlungsabsichten anderer aufzugeben. Alle anderen Abwägungen sind erlaubt.[149]

Dieses Prinzip sieht Shue darin begründet, dass einige Ungleichheiten zwischen Menschen entwürdigend sein können. Wichtig zu betonen ist, dass Shue nicht jegliche Art von Ungleichheiten ablehnt, sondern nur diejenigen Ungleichheiten, die für die benachteiligte Partei demütigend sind. Dies nennt Shue *Entwürdigungs-Verbot* („degradation prohibition").[150]

> „*The principle means only that inequalities that are incompatible with self-respect – that are humiliating – are impermissible. Inequality is not prohibited by the principle but limited.*"[151]

Wird nun noch einmal Shues Beschreibung von basalen Rechten als das absolute Minimum, das für ein menschenwürdiges Leben notwendig ist, rekapituliert, dann folgt daraus, dass Handlungen mit der Absicht (2)-(4) erst dann moralisch gerechtfertigt sind, wenn die basalen Rechte aller gewahrt werden.[152] Eine weitere Schlussfolgerung aus dem Prioritätsprinzip ist, dass vor allem wohlhabende Menschen für die Erfüllung der Hilfspflicht III-2 verantwortlich sind, denn Wohlstand definiert Shue als den Zustand, indem die meisten der einem zur Verfügung stehenden Ressourcen für die bloße Befriedigung von Präferenzen genutzt wird.[153]

> „*The affluent are those who spend absolutely large amounts in the satisfaction of mere preferences (their own or other people's). It is they upon whom duties to aid in the fulfilment of basic rights fall first (…).*"[154]

---

[149] Vgl., ebd., S. 114–119, insbesondere S. 115.

[150] Vgl., ebd., S. 119.

[151] Ebd., S. 120.

[152] Vgl., ebd., S. 114–119.

[153] Ich würde diese Umschreibung modifizieren. Wohlhabend ist jemand, der *fähig* ist die meisten seiner Ressourcen für Präferenzen auszugeben. Beschreibt man diese Personengruppe nur dadurch, dass sie dies auch tatsächlich ausführen, würde jemand, der seine Hilfspflicht erfüllt (indem er eben nicht mehr das Meiste zur Präferenzbefriedigung ausgibt, sondern z. B. spendet), in diesem Sinne nicht mehr verpflichtet sein, sobald er seine Pflicht erfüllt. Dies scheint mir absurd. Trotzdem halte ich Shues Beschreibung für brauchbar und sinnvoll, denn aktuell trifft dies wohl noch auf die meisten Menschen zu, die Shue hier im Sinn hat.

[154] Shue: Basic Rights. Subsistence, Affluence, and U.S. Foreign Policy, S. 119.

Zusammenfassung

Aus Shues Konzeption moralischer Rechte ergibt sich zusammenfassend folgendes. Moralische Rechte beinhalten zweierlei Ansprüche. Zum einen den konkreten Anspruch auf einen Rechtsinhalt gegen eine oder mehrere Personen. Zum anderen einen Anspruch auf gesellschaftlichen Schutz dieser Rechtsinhalte vor standardmäßigen Bedrohungen. Da es bestimmte Rechte gibt, die zur Gewährleistung aller anderen Rechte notwendig sind, sind diese Rechte als gesonderte Kategorie, nämlich als basale Rechte, zu betrachten. Die Gewährleistung der basalen Rechte hat Vorrang vor der Gewährleitung nicht-basaler Rechte. Shue identifiziert körperliche Unversehrtheit, Subsistenz und Freiheitsrechte als basale Rechte.

Im Kontext dieses Konzepts ist es wichtig, die Unterscheidung zwischen der Gewährleistung und dem Praktizieren eines moralischen Rechts im Blick zu behalten. Shue führt hierzu den Begriff der standardmäßigen Bedrohung ein. Ein Recht ist demnach gewährleistet, wenn der Rechtsinhalt strukturell gegen standardmäßige Bedrohungen gesichert ist. Praktiziert werden kann ein Rechtsinhalt allerdings erst, wenn zusätzlich keine unglücklichen Zufälle eintreten. Dadurch, dass Rechtsinhalte gegen standardmäßige Bedrohungen geschützt werden müssen, wird einerseits dem Überforderungseinwand entgegengewirkt, andererseits wird so auch ein Fokus auf das kollektiv Machbare gelegt. Positive Pflichten orientieren sich in Shues Theorie nicht daran, was ein einzelnes Individuum innerhalb gegebener äußerer Umstände leisten kann, sondern welche Strukturen innerhalb eines Kollektivs gebildet werden können, so dass diese über die Möglichkeiten des Einzelnen hinaus wirken.

Jedes moralische Recht zieht drei Arten von Pflichten nach sich, die sowohl positiv als auch negativ sind. Da basale Rechte universal sind, scheinen die zugehörigen Pflichten zunächst einmal sehr anspruchsvoll. Wichtig zu beachten ist aber, dass die zugehörigen Pflichten eben nicht universal sind. Das heißt nicht jede:r muss individuelle Anstrengungen unternehmen, die Rechte aller anderen Menschen zu schützen (Pflicht II). Die einzigen universalen Pflichten sind die negativen Pflichten, schädliche Handlungen zu unterlassen (Pflicht I). Da dies jedoch nicht ausreichend ist, die basalen Rechte aller zu schützen, ist es außerdem notwendig entsprechende Institutionen zu gründen, die in diesem Kontext effektive Anreize schaffen (Pflicht II-2). Werden basale Rechte trotzdem verletzt bzw. können die Inhalte dieser Rechte nicht ausgeübt werden, gilt es Hilfspflichten zu verteilen (Pflicht III). Sind diese Verletzungen die Folge von gesellschaftlichem Versagen, gilt das Prioritätsprinzip, das zunächst einmal wohlhabende Menschen zur Verantwortung zieht (Pflicht III-2).

1.3   Vergleich Alan Gewirth und Henry Shue

Um dieses Kapitel abzuschließen, lohnt ein Vergleich der beiden vorgestellten Theorien.

Zunächst lassen sich einige Gemeinsamkeiten identifizieren. Beide Autoren argumentieren für ein grundlegendes Recht auf Freiheit. Shue grenzt dies auf die Konzepte Partizipation und Bewegungsfreiheit ein. Auch Gewirth betont die Relevanz der Möglichkeit zur Partizipation, wenn er in der indirekten Anwendung des PGC die notwendigen Gruppierungen diskutiert, also diejenigen Organisationen, deren Mitgliedschaft nicht auf Freiwilligkeit sondern auf rationalem Konsens beruht und die daher durch partizipative Formen der Entscheidungsfindung charakterisiert sein müssen. Auch die Bewegungsfreiheit sieht Gewirth als Teil des Freiheitsrechts. Wichtiger in seiner Theorie scheint jedoch zu sein, dass das Recht auf Freiheit verlangt, dass Adressat:innen von Handlungen ihre unerzwungene Zustimmung zu bestimmten Interaktionen geben. Die Verletzung oder Einschränkung des Freiheitsrechts bedeutet bei Gewirth also stets einen Kontrollverlust der geschädigten Person über bestimmte Situationen. Das schließt Bewegungsfreiheit bzw. die Einschränkung dieser mit ein.[155] Auch Shue scheint den Aspekt der Notwendigkeit, Kontrolle über die eigene Situation sowie über Handlungen, die an einen selbst adressiert sind zu behalten, zu erkennen, wenn er argumentiert, dass die Verletzung von basalen Rechten dazu führt, dass Menschen machtlos werden.

> „Why (...) are security and subsistence basic rights? Each is essential to a normal healthy life. Because the actual deprivation of either can be so very serious – potentially incapacitating, crippling, or fatal – even the threatened deprivation of either can be a powerful weapon against anyone whose security or subsistence is not in fact socially guaranteed. People who cannot provide for their own security and subsistence and who lack social guarantees for both are very weak, and possibly helpless, against any individual or institution in a position to deprive them of anything else they value by means of threatening their security or subsistence."[156]

Obwohl also beide Autoren Freiheit für ein grundlegendes Recht halten, halten ebenfalls beide Einschränkungen der Freiheit in bestimmten Situationen für gerechtfertigt, zum Beispiel in Fällen der Selbstverteidigung oder wenn sie durch gerechtfertigte staatliche Institutionen ausgeübt wird.

---

[155] Vgl., Gewirth: Reason and Morality, S. 253/254.
[156] Shue: Basic Rights. Subsistence, Affluence, and U.S. Foreign Policy, S. 29/30.

Als zweites grundlegendes Recht bespricht Gewirth das Recht auf Güter des Wohlergehens in drei Ausprägungen: das Recht auf Elementargüter, das Recht auf notwendige Nichtverminderungsgüter und das Recht auf notwendige Zuwachsgüter. Die Rechtsinhalte, die Shue als basale Rechte diskutiert, sind größtenteils deckungsgleich mit Gewirths Kategorie der Elementargüter. Gewirth geht hier also weiter, indem er nicht nur auf einen Minimalstandard rekurriert, sondern auch darauf, diesen Standard zu erhalten und auszubauen. Eine weitere Gemeinsamkeit der beiden Autoren besteht darin, dass beide die Relevanz der Institutionalisierung für die Gewährleistung moralischer Rechte erkennen. Shue stellt hierbei soziale Garantien, die gegen Standardbedrohungen schützen können oder sollen, in den Fokus, während Gewirth soziale Normen diskutiert, die dann gerechtfertigt sind, wenn sie mit dem PGC in Einklang sind.

Es existieren jedoch auch einige markante Unterschiede. Shue konzentriert sich auf einen ethischen Minimalstandard und diskutiert daher lediglich basale Rechte, die in Gewirths Theorie in die Kategorie der Elementargüter fallen würden. In Bezug auf die Hierarchisierung von Rechten kann er daher auch nur ableiten, dass diese basalen Rechte Vorrang gegenüber anderen, nicht-basalen Rechten haben. Welche Konsequenzen in Fällen von Konflikten zwischen zwei basalen Rechten zu ziehen sind, kann er mit seiner Theorie nicht beantworten. Hier ist Gewirths Theorie ergiebiger, da er differenziertere Rechtsansprüche und konkretere Gebote zu deren Gewichtung herleiten kann. Sie ist außerdem insofern gehaltvoller, als dass Gewirth seine anwendungsbezogene Argumentation durch die Herleitung des obersten Moralprinzips stützen kann.

Was Shues Argumentation insbesondere wichtig und erkenntnisreich macht, sind seine Ausführungen zu standardmäßigen Bedrohungen und die Hervorhebung der Notwendigkeit, Rechte immer auch durch schützende Institutionen abzusichern. Dieser Fokus entlässt eine:n moralischen Akteur:in nicht aus der Verantwortung, auch wenn er oder sie aus der individuellen Perspektive durch Einzelhandlungen nicht in der Lage ist, die Rechte anderer Menschen zu schützen. Dass es bei der Herleitung konkreter Anspruchsrechte auch auf empirische Fragen des kollektiv Machbaren ankommt, ist vor allem vor dem Hintergrund heutiger globaler Herausforderungen wichtig zu beachten. Während Gewirth sehr stark auf Interaktionen zwischen Individuen bzw. auf den Einfluss von Institutionen auf Individuen fokussiert, erkennt Shue, dass diese Institutionen eben auch durch Individuen gestaltbar sind und hier eine individuelle Pflicht existiert, für notwendige Institutionen zu sorgen und aktiv auf kollektive Handlungen einzuwirken. Wichtig ist auch Shues Argumentation bezüglich der Frage, wer genau Verantwortung trägt, wenn es zu basalen Rechtsverletzungen kommt (Prioritätsprinzip).

In meiner folgenden Argumentation bezüglich normativer Zielkonflikte im Kontext der deutschen Energiewende wird Shues Theorie vor allem wichtig in Bezug auf die moralische Bedeutung des Klimawandels sein, die ich im anschließenden zweiten Kapitel darlegen werde. Gewirths Erkenntnisse hingegen sind wichtig, wenn es um eine Abwägung zwischen der Notwendigkeit zum Klimaschutz und weiteren moralisch relevanten Aspekten geht.

Die moralische Bedeutung des Klimawandels

2

Nachdem ich nun die Theorien von Alan Gewirth und Henry Shue vorgestellt habe, möchte ich expliziter auf die moralische Bedeutung des Klimawandels eingehen. In diesem Kapitel werde ich daher, insbesondere anhand der Theorie Shues, herausarbeiten, warum der Klimawandel hohe moralische Relevanz besitzt (Abschnitt 2.1) und dass es gleichzeitig schwierig aber trotzdem möglich ist, konkrete moralische Verantwortung in Form von moralischen Pflichten zuzuschreiben (Abschnitt 2.2).

2.1 Verletzungen moralischer Rechte im Kontext des Klimawandels

In diesem Teilkapitel möchte ich aufzeigen, dass und aus welchen Gründen der Klimawandel ein extrem dringliches moralisches Problem darstellt. Es soll gezeigt werden, dass er durch menschliches Handeln verursacht wird und im schlimmsten Fall zu katastrophalen Konsequenzen, in Form von Naturkatastrophen, Wildfeuern, nachteiligen Bedingungen für die Landwirtschaft, Auswirkungen auf die Wasservorkommnisse des Planeten, gesundheitlichen Folgen für Menschen und gewaltsamen Konflikten und Migrationsbewegungen, führen wird.

Die Konsequenzen des Klimawandels
Um das Phänomen des Klimawandels zu verstehen, ist es zunächst wichtig, die Wirkung des Treibhauseffekts zu erläutern. Vereinfacht ausgedrückt entsteht dieser dadurch, dass die einfallende, kurzwellige Strahlungsenergie der Sonne auf die Erdoberfläche trifft und so in langwellige Strahlung umgewandelt wird. Die langwellige Strahlung wird dann allerdings nicht direkt zurückgestrahlt, sondern teilweise von den sogenannten Treibhausgasen, die Teil der Atmosphäre sind,

F. Henke, *Die Rolle Deutschlands im Kontext der Energiewende*, https://doi.org/10.1007/978-3-658-39696-1_2

aufgenommen. Diese erwärmen sich und geben Strahlung in die Umgebung ab. So wird es auf dem Planeten wärmer.

Zunächst sorgt der Treibhauseffekt dafür, dass das Leben auf der Erde in seiner jetzigen Form möglich ist. Die durchschnittliche Temperatur lag zur vorindustriellen Zeit bei ca. 15 °C, während sie ohne Treibhauseffekt bei ca. −18 °C gelegen hätte.[1] Somit ist das Vorkommen und Wirken von Treibhausgasen aus menschlicher Sicht zunächst als positiv zu bewerten. Erhöht sich nun aber die Konzentration dieser Gase in der Atmosphäre, führt dies zu Anpassungsprozessen in Form der Erderwärmung. Da viele Spezies perfekt an die vorherrschenden Bedingungen des Planeten angepasst sind, wird eine Veränderung dieses Zustands langfristig für das Überleben vieler Arten problematisch werden.[2] Wie im Laufe dieses Teilkapitels noch deutlicher werden wird, ist insbesondere der Mensch darauf angewiesen, dass der Klimawandel auf ein akzeptables Maß reduziert wird.

Verglichen mit der vorindustriellen Zeit ist die globale Durchschnittstemperatur bisher um ca. 1°C angestiegen.[3] Diese Erwärmung ist – wie bereits angedeutet – durch die Erhöhung der Treibhausgaskonzentration in der Atmosphäre zu erklären. Dabei spielt vor allem das Treibhausgas Kohlenstoffdioxid (CO_2) eine zentrale Rolle. Auch wenn CO_2 einen deutlich geringeren Wirkungsgrad als andere Treibhausgase hat,[4] ist es insofern das relevanteste Treibhausgas

---

[1] Tatsächlich ist es sehr schwierig die exakte durchschnittliche Temperatur der Erde zu bestimmen, da dafür eine sehr engmaschige Datenerhebung notwendig wäre. Innerhalb der Klimawissenschaften und der Klimapolitik wird daher mit relativen Unterschieden gearbeitet, die leichter und zuverlässiger zu erfassen sind. Vgl., Rahmstorf, Stefan: „Verwirrspiel um die absolute globale Mitteltemperatur", *Spektrum.de Scilogs*, 12.02.2018, https://scilogs.spe ktrum.de/klimalounge/verwirrspiel-um-die-absolute-globale-mitteltemperatur/ (zugegriffen am 24.02.2022).

[2] Vgl., Raschke, Ehrhard: „Der Treibhauseffekt in der Erdatmosphäre", *Welt der Physik*, 22.11.2008, https://www.weltderphysik.de/gebiet/erde/atmosphaere/klimaforschung/tre ibhauseffekt/ (zugegriffen am 24.02.2022); Umweltbundesamt: „Wie funktioniert der Treibhauseffekt?", 11.08.2021, https://www.umweltbundesamt.de/service/uba-fragen/wie-funkti oniert-der-treibhauseffekt (zugegriffen am 24.02.2022).

[3] Vgl., IPCC: Climate Change 2021: The Physical Science Basis. Contribution of Working Group I to the Sixth Assessment Report of the Intergovernmental Panel on Climate Change, hg. von V. Masson-Delmotte u. a., Cambridge University Press. 2021, S. 36, S. 39. Das Umweltbundesamt geht von einer Erwärmung von 1,2°C im Zeitraum von 1880 bis 2020 aus. Vgl., Umweltbundesamt: „Beobachtete und künftig zu erwartende globale Klimaänderungen", 22.03.2021, https://www.umweltbundesamt.de/daten/klima/beobachtete-kuenftig-zu-erwartende-globale#-ergebnisse-der-klimaforschung- (zugegriffen am 23.02.2022).

[4] Wenn die Wirkung von CO_2 beim Faktor 1 festgelegt wird, dann liegt die von Methan, bei gleicher Gasmenge pro Volumeneinheit, bei 23 und die von Lachgas bei 140. Vgl., Raschke: „Der Treibhauseffekt in der Erdatmosphäre".

im Kontext des anthropogenen Klimawandels, als dass seine Verweildauer in der Atmosphäre deutlich länger ist als die der anderen Gase. Die Lebensdauer eines Treibhausgases wird als die Zeitspanne definiert, die es braucht, bis sich seine Anfangskonzentration um den Faktor e (2,71) verringert hat.[5] Für Methan liegt diese bei ca. 10 Jahren und für Lachgas bei ca. 100 Jahren. Die Lebensdauer von CO_2 ist schwerer zu bestimmen, da CO_2 durch verschiedene Prozesse, die verschieden zeitintensiv sind, abgebaut wird. Nach 1.000 Jahren befinden sich so immer noch Anteile (ca. 15 bis 40 %) einer Einheit an ausgestoßenem CO_2 in der Atmosphäre.[6]

Für den weiteren Verlauf des Klimawandels sind die kumulierten Treibhaus-gasemissionen ausschlaggebend, die sich im Laufe der Zeit in der Atmosphäre ansammeln. Wenn die Erderwärmung also auf eine bestimmte Gradzahl begrenzt werden soll, ergibt sich ein Budget für Treibhausgase. Dieses Budget wird meist nur für CO_2-Emissionen ausgedrückt. Je nachdem ob und welche weiteren Faktoren, die das Klima beeinflussen (z. B. andere Treibhausgase, Rückkopp-lungseffekte oder die Menge an bereits emittierten Treibhausgasen), in die Berechnungen mit aufgenommen werden, ergeben sich unterschiedliche Men-gen an CO_2, die noch emittiert werden können. In einer 2019 veröffentlichten Studie entwickeln Joeri Rogelj und Kollegen einen Ansatz, wie unterschiedli-che Berechnungen des CO_2-Budgets vergleichbar gemacht werden können. Die Autor:innen selbst geben ein CO_2-Budget von 480 Gt an, um die Erderwärmung mit 50 %iger Wahrscheinlichkeit auf 1,5°C zu begrenzen und 1.400 Gt., um mit derselben Wahrscheinlichkeit die 2°C-Grenze nicht zu überschreiten.[7] Ausgehend vom aktuellen Treibhausgasausstoß ist das Budget für die 2 °C-Grenze laut des

---

[5] Vgl., Deutsches Klima Konsortium: „Was würde mit dem zukünftigen Klima geschehen, wenn wir heute die Emissionen stoppen würden?", ohne Datum, https://www.deutsches-klima-konsortium.de/de/klimafaq-12-3.html (zugegriffen am 24.02.2022).

[6] Vgl., Archer, David und Victor Brovkin: „The millennial atmospheric lifetime of anthro-pogenic CO2", *Climatic Change* 90 (2008), S. 283–297; Hansen, James u. a.: „Assessing "dangerous climate change": required reduction of carbon emissions to protect young peo-ple, future generations and nature", *PLOS ONE* 8/12 (2013), S. 1–26, hier S. 10; Deutsches Klima Konsortium: „Was würde mit dem zukünftigen Klima geschehen, wenn wir heute die Emissionen stoppen würden?"

[7] Vgl., Rogelj, Joeri u. a.: „Estimating and tracking the remaining carbon budget for strin-gent climate targets", *Nature* 571/7765 (2019), S. 335–342; Siehe auch: Rogelj, Joeri u. a.: „Mitigation pathways compatible with 1.5°C in the context of sustainable development", in: V. Masson-Delmotte u. a. (Hrsg.): *Global warming of 1.5°C. An IPCC Special Report on the Impacts of global warming of 1.5 °C above pre-industrial levels and related global greenhouse gas emission pathways, in the context of strengthening the global response to the threat of climate change, sustainable development, and efforts to eradicate poverty*, 2018, S. 104–107.

Mercator Research Institute on Global Commons and Climate Change (MCC) in ca. 25 Jahren und das für die 1,5 °C Grenze in ca. sieben Jahren aufgebraucht.[8] Veränderungen der klimatischen Bedingungen auf der Erde sind an sich nicht ungewöhnlich. Im Laufe der Geschichte des Planeten hat es immer wieder kältere und wärmere Phasen gegeben. Zum Beispiel war es während des Pliozäns vor ca. 3–5 Mio. Jahren um ca. 2–3 °C wärmer, als dies heutzutage der Fall ist. Diese Epoche der Erdgeschichte ist besonders interessant, da die CO_2-Konzentration damals mit 360–400 ppm einen ähnlichen Wert hatte wie die heutige CO_2-Konzentration. Forschungen in Bezug auf das Pliozän zeigen, dass bereits scheinbar geringe Schwankungen in der Durchschnittstemperatur sehr starke Effekte auf die Lebensbedingungen des Planeten haben.[9]

Auch wenn Klimawandelskeptiker:innen die Tatsache, dass Veränderungen der klimatischen Bedingungen nicht außergewöhnlich sind, dazu nutzen, den aktuellen Klimawandel zu relativieren,[10] zeigt sich bei genauerer Betrachtung, dass die aktuellen Veränderungen trotzdem einzigartig und besorgniserregend sind.

Zunächst muss betont werden, dass die Geschwindigkeit, in der heute große Mengen an Treibhausgasen freigesetzt werden, in der Geschichte des Planeten vermutlich einzigartig ist.[11] Die resultierenden Veränderungen finden daher in einem Zeitraum von nur einigen Jahrzehnten statt, während sich bisherige Klimaänderungen über Jahrtausende hingezogen haben. Es ist außerdem davon

---

Mit der Unterzeichnung des Pariser Klimaabkommens verpflichten sich die unterzeichnenden Staaten, die Erderwärmung auf 2 °C, idealerweise auf 1,5 °C, zu begrenzen. Für eine detailliertere Diskussion der Ziele des Pariser Klimaabkommens siehe das dritte Kapitel dieser Arbeit.

[8] Vgl., Mercator Research Institute on Global Commons and Climate Change (MCC): „Verbleibendes CO2-Budget. So schnell tickt die CO2-Uhr", ohne Datum, https://www.mcc-ber lin.net/forschung/co2-budget.html (zugegriffen am 24.02.2022).

[9] Vgl., Lynas, Mark: 6 Grad mehr. Die verheerenden Folgen der Erderwärmung, Hamburg: Rowohlt 2021, S. 153–158.

[10] Siehe beispielhaft: Alternative für Deutschland (AfD): „Programm für Deutschland. Das Grundsatzprogramm der Alternative für Deutschland", 2016, S. 79; EIKE – Europäisches Institut für Klima & Energie: „Grundsatzpapier Klima", ohne Datum, https://eike-klima-ene rgie.eu/die-mission/grundsatzpapier-klima/ (zugegriffen am 21.02.2022).
Es muss an dieser Stelle ebenfalls beachtet werden, dass eine derartige Argumentationsstruktur beinahe ans Absurde grenzt, da gerade die Rückschlüsse, die wir aus früheren Klimaveränderungen ziehen können, darauf schließen lassen, dass die Bedingungen auf dem Planeten bereits bei einer Erwärmung um wenige Grad für den Menschen gefährlich werden. Die Tatsache, dass es bereits natürlich bedingte Veränderungen der klimatischen Bedingungen gegeben hat, bedeutet weder, dass wir aktuell wieder eine natürliche Veränderung erleben, noch dass die aktuellen Klimaveränderungen dadurch unbedenklicher werden.

[11] Vgl., Lynas: 6 Grad mehr. Die verheerenden Folgen der Erderwärmung, S. 316/317.

auszugehen, dass bisherige Klimaänderungen, die die Spezies Mensch miterlebt hat, meist lokal begrenzt waren und nie den gesamten Planeten betroffen haben, wie es im Zuge des heutigen Klimawandels der Fall ist.[12] Diese extrem schnelle und großflächige Veränderung führt dazu, dass sich viele Spezies, die aktuell auf dem Planeten leben, einschließlich des Menschen, nicht oder nur schwer an die neuen Bedingungen anpassen können.[13] Hinzukommt, dass die heutige Spezies Mensch bisher noch nie unter vergleichbaren Bedingungen gelebt hat. Zu Zeiten des Pliozäns existierten im heutigen Afrika lediglich Vorfahren des Menschen.[14]

Außerdem unterscheidet sich der aktuell zu beobachtende Klimawandel von bisherigen Veränderungen dadurch, dass die erhöhte Treibhausgaskonzentration in der Atmosphäre auf menschliches Handeln rückführbar ist – nämlich auf das massive Verbrennen fossiler Energieträger. Der heutige Klimawandel wird daher auch als anthropogener oder menschengemachter Klimawandel bezeichnet.[15] Das bedeutet, dass er weder aufgrund natürlicher Faktoren auftritt, noch dass es außerhalb unserer Macht steht, das Fortschreiten der Erderwärmung zu beeinflussen.[16]

An dieser Stelle kommt ein weiterer Punkt hinzu, der dafür spricht, den Klimawandel als gefährlich einzustufen. Die Erde steuert auf einen Zustand hin, in dem wir als Menschheit tatsächlich keinen Einfluss mehr auf weitere Klimaveränderungen haben. Das heißt, dass es sehr wahrscheinlich ist, dass sich der Prozess der Erderwärmung durch Rückkopplungseffekte verselbstständigt, wenn

---

[12] Vgl., Lynas: 6 Grad mehr. Die verheerenden Folgen der Erderwärmung, S. 24; Neukom, Raphael u. a.: „No evidence for globally coherent warm and cold periods over the preindustrial Common Era", *Nature* 571/7766 (2019), S. 550–554.

[13] Vgl., IPCC: „Climate Change 2014: Synthesis Report. Contribution of Working Groups I, II and III to the Fifth Assessment Report of the Intergovernmental Panel on Climate Change", in: Pachauri, R.K. und L.A. Meyer (Hrsg.), Geneva, Switzerland: IPCC 2014, S. 67.

[14] Vgl., Lynas: 6 Grad mehr. Die verheerenden Folgen der Erderwärmung, S. 153–158.

[15] Vgl., Cook, John u. a.: „Quantifying the consensus on anthropogenic global warming in the scientific literature", *Environmental Research Letters* 8 (2013), S. 1–7; Cook, John u. a.: „Consensus on consensus: a synthesis of consensus estimates on human-caused global warming", *Environmental Research Letters* 11 (2016), S. 1–7; IPCC: „Climate Change 2014: Synthesis Report. Contribution of Working Groups I, II and III to the Fifth Assessment Report of the Intergovernmental Panel on Climate Change", S. 54–49.

[16] Vgl., Roser, Dominic und Christian Seidel: Ethik des Klimawandels. Eine Einführung, Darmstadt: WBG 2013, S. 1/2.
Warum dies nicht so einfach ist wie es klingt, wird im weiteren Verlauf des Kapitels deutlich werden.

eine bestimmte Grenze überschritten ist.[17] Dies kann dann letztendlich zu für den Menschen lebensfeindlichen Bedingungen führen – menschliches Leben und menschliche Zivilisationen, so wie wir sie heute kennen, sind dann nicht mehr möglich.[18] Paradoxerweise hätte die Menschheit dann einen Zustand der Erde herbeigeführt, der für sie großes Leid verursacht, den sie dann jedoch nicht mehr beeinflussen kann.[19]

In seinem Buch „6 Grad mehr. Die verheerenden Folgen der Erderwärmung" beschreibt Mark Lynas sehr eindrücklich, welche katastrophalen Phasen die Menschheit und alles restliche Leben auf dem Planeten durchlaufen würde, bis schließlich bei einer Erderwärmung um 5 °C ein völliger Kontrollverlust erreicht wäre.[20] Auf einige Konsequenzen des Klimawandels, die zum Teil bereits zu beobachten sind, werde ich im Folgenden genauer eingehen.

Naturkatastrophen
Es ist schwierig, für bestimmte, tatsächlich auftretende Naturkatastrophen den Klimawandel als Ursache zu identifizieren, denn die Art dieser Ereignisse würde auch ohne Klimaveränderungen grundsätzlich stattfinden. Da die sogenannte Attributionsforschung in den letzten Jahren große Fortschritte gemacht hat, lässt sich trotzdem mittlerweile sicher sagen, dass eine Konsequenz der globalen Erderwärmung darin besteht, dass bestimmte Naturkatastrophen an Wahrscheinlichkeit

---

[17] Das Schmelzen von Permafrostböden setzt zum Beispiel Methan frei. Wenn wir eine Temperaturerhöhung erreicht haben, bei der das Schmelzen von Permafrostböden nicht mehr zu verhindern ist, dann können wir auch nicht verhindern, dass die dort gespeicherte Menge an Methan in die Atmosphäre gelangt und den Klimawandel noch verstärkt. Siehe beispielsweise: Lenton, Timothy M. u. a.: „Climate tipping points – too risky to bet against", *Nature* 575 (2019), S. 592–595; Hansen, James u. a.: „Ice melt, sea level rise and super-storms: evidence from paleoclimate data, climate modeling, and modern observations that 2 °C global warming could be dangerous", *Atmospheric Chemistry and Physics* 16/6 (2016), S. 3761–3812.

[18] Vgl., Steffen, Will u. a.: „Trajectories of the Earth System in the Anthropocene", *Proceedings of the National Academy of Sciences* 115/33 (2018), S. 8252–8259.

[19] Vgl., Henry Shue, *Basic Rights: Subsistence, Affluence, and U.S. Foreign Policy*, 40th Anniversary Edition (Princeton: Princeton University Press, 2020), S. 188.

[20] Vgl., Lynas: 6 Grad mehr. Die verheerenden Folgen der Erderwärmung, S. 263–267.

und Intensität zunehmen.[21] So werden folgende Phänomene stärker beziehungsweise immer häufiger auftreten: Hitzeperioden[22], Trockenheit und Dürre bedingt durch ausbleibenden Niederschlag,[23] Starkregen,[24] Überschwemmungen[25] und Stürme.[26] Gebiete, die besonders stark gefährdet sind, sind Küstengebiete, insbesondere kleine Inseln, Gebirgsregionen, Slums in sogenannten Entwicklungs- und Schwellenländern und außerdem Regionen, die sowieso bereits stark durch Naturkatastrophen und extreme klimatische Bedingungen belastet sind, wie zum Beispiel Länder in Afrika oder Asien.[27]

Es ist anzunehmen, dass der Schaden, der durch diese Extremwetterereignisse verursacht wird, stark von der Vulnerabilität der betroffenen Regionen und Menschen abhängt.[28] Reiche Industriestaaten sind also ebenfalls betroffen,

---

[21] Vgl., IPCC: Managing the Risks of Extreme Events and Disasters to Advance Climate Change Adaptation. A Special Report of Working Groups I and II of the Intergovernmental Panel on Climate Change, hg. von C.B. Field u. a., Cambridge, New York: Cambridge University Press 2012, S. 141, 149, 163; Meier, Friederike: „Klimawandel ist jetzt auch Wetterwandel – klimareporter°", ohne Datum, https://www.klimareporter.de/erdsystem/klimaw andel-ist-jetzt-auch-wetterwandel (zugegriffen am 21.02.2022); Stott, Peter: „How climate change affects extreme weather events", *Science* 352 (2016), S. 1517–1518; ETH Zürich: „Climate signals detected in global weather", *phys.org*, 2020, https://phys.org/news/2020-01-climate-global-weather.html (zugegriffen am 23.02.2022).

[22] Vgl., IPCC: Managing the Risks of Extreme Events and Disasters to Advance Climate Change Adaptation. A Special Report of Working Groups I and II of the Intergovernmental Panel on Climate Change, S. 133–135, S. 141; Seneviratne, S.I. u. a.: „Weather and Climate Extreme Events in a Changing Climate", in: Masson-Delmotte, V. u. a. (Hrsg.): *Climate Change 2021: The Physical Science Basis. Contribution of Working Group I to the Sixth Assessment Report of the Intergovernmental Panel on Climate Change*, Cambridge University Press 2021, S. 38–51.

[23] Vgl., Seneviratne u. a.: „Weather and Climate Extreme Events in a Changing Climate", S. 68–87.

[24] Vgl., IPCC: Managing the Risks of Extreme Events and Disasters to Advance Climate Change Adaptation. A Special Report of Working Groups I and II of the Intergovernmental Panel on Climate Change, S. 142–149; Seneviratne u. a.: „Weather and Climate Extreme Events in a Changing Climate", S. 51–63.

[25] Vgl., Seneviratne u. a.: „Weather and Climate Extreme Events in a Changing Climate", S. 63–68.

[26] Vgl., ebd., S. 87–106.

[27] Vgl., IPCC: Managing the Risks of Extreme Events and Disasters to Advance Climate Change Adaptation. A Special Report of Working Groups I and II of the Intergovernmental Panel on Climate Change, S. 76, S. 78/79.

[28] Vgl., ebd., S. 76–87.

können sich aber besser anpassen beziehungsweise erholen.[29] Zwar verdeutlichen jüngste Ereignisse, wie die Überschwemmungen nach starken Regenfällen in Teilen Deutschlands 2021, dass auch vergleichsweise wohlhabende Staaten und Personen sehr negativ durch die Konsequenzen des Klimawandels betroffen sein können,[30] trotzdem sind ärmere Staaten und Menschen sowie marginalisierte Gruppen einem größeren Risiko ausgesetzt, durch Extremwetterereignisse ernsthaften wirtschaftlichen und/oder physischen Schaden zu erleiden.[31] Zwischen 1970 und 2008 wurden über 95 % der durch Naturkatastrophen verursachten Todesfälle in Entwicklungsländern verzeichnet.[32] Entwicklungs- und Schwellenländer erleben außerdem im Falle einer Naturkatastrophe einen höheren wirtschaftlichen Verlust in Relation zu ihrem Bruttosozialprodukt, als dies in Industriestaaten der Fall wäre.[33] So setzt eine Art Teufelskreis ein, der Menschen, die durch eine Naturkatastrophe ernsthaften Schaden erleiden, noch gefährdeter in Bezug auf zukünftige Katastrophen zurücklässt.[34]

Wildfeuer

Eine besondere Art von Naturkatastrophen sind Wildfeuer. Zwar verursacht der Klimawandel diese nicht direkt, aber die aktuellen Klimaveränderungen begünstigen die Ausbreitung der Brände. Die Gründe für den Ausbruch eines Feuers sind meistens Landnutzungsaktivitäten wie Brandrodung, Blitzeinschläge, Brandstiftung oder Fahrlässigkeit. Durch den Klimawandel entstehen in einigen Regionen der Erde Bedingungen, die dazu führen, dass sich die Brände sehr schnell ausbreiten und oftmals schwer zu bekämpfen sind. Das sogenannte Brandwetter ist definiert durch hohe Temperaturen, niedrige Luftfeuchtigkeit,

---

[29] Vgl., ebd., S. 77/78, S. 85, S. 265/266 und S. 356/357.

[30] Vgl., Kreienkamp, Frank u. a.: „Rapid attribution of heavy rainfall events leading to the severe flooding in Western Europe during July 2021", World Weather Attribution, 2021.

[31] Vgl., IPCC: Managing the Risks of Extreme Events and Disasters to Advance Climate Change Adaptation. A Special Report of Working Groups I and II of the Intergovernmental Panel on Climate Change, S. 81 und S. 86/87.

[32] Vgl., ebd., S. 265.

[33] Vgl., ebd., S. 270.

[34] Vgl., ebd., S. 30; Hallegatte, Stephane u. a.: Shock Waves. Managing the Impacts of Climate Change on Poverty, Climate Change and Development Series, Washington, DC: World Bank 2016, S. 79/80.

geringe Niederschläge und oftmals starke Winde. Regionen, die in diesem Zusammenhang besonders betroffen sind, sind der Westen Nordamerikas, Südeuropa, Skandinavien, das Amazonasbecken, Sibirien und Australien.[35]

2019 wurden extreme Feuer zum Beispiel in Sibirien, im Amazonasbecken, in Afrika, Kalifornien und in Syrien verzeichnet.[36] Die extremsten Feuer traten in der Brandsaison 2019/2020 jedoch in Australien auf. Hier verbrannte eine Fläche von 186.000 km^2, über 30 Menschen und über eine Milliarde Tiere starben. Selbst für ein Land, das an Wald- und Buschbrände gewöhnt ist, sind dies überdurchschnittlich hohe Zahlen. Expert:innen gehen jedoch davon aus, dass derartige Sommer und Feuer in Australien schon ab 2040 regelmäßig auftreten werden, wenn der Klimawandel nicht verlangsamt wird.[37]

Unkontrollierbare Wildfeuer bedeuten nicht nur, dass zahlreiche Menschen sterben, gesundheitlichen Risiken ausgesetzt sind und ihre Häuser und Wohnungen verlieren und dass umso mehr Tiere verenden beziehungsweise ihr natürlicher Lebensraum massiv eingeschränkt wird. Das Abbrennen derartig großer Flächen hat auch zur Folge, dass große zusätzliche Mengen an Treibhausgasen freigesetzt werden, während gleichzeitig Pflanzen zerstört werden, die normalerweise als CO_2-Speicher fungieren. Deshalb bedrohen Wildfeuer nicht nur direkt Menschen und Tiere, sondern verschlimmern gleichzeitig auch den Klimawandel. Letzteres

---

[35] Vgl., Mrasek, Volker: „Klimawandel/ ‚Waldbrand-Risiko steigt mit jedem Grad Celsius'", *Deutschlandfunk*, 15.01.2020, https://www.deutschlandfunk.de/klimawandel-waldbrand-risiko-steigt-mit-jedem-grad-celsius.676.de.html?dram:article_id=467969 (zugegriffen am 23.02.2022); Spiegel Wissenschaft: „Forscher weisen ‚Brandwetter' in Australien nach", 14.01.2020, https://www.spiegel.de/wissenschaft/natur/australien-was-der-klimawandel-mit-den-braenden-zu-tun-hat-a-03acb3d9-5a54-4791-b54a-281dce931592 (zugegriffen am 23.02.2022).

[36] Vgl., Wille, Joachim: „Wo es 2019 brannte – klimareporter°", 29.12.2019, https://www.klimareporter.de/erdsystem/wo-es-2019-brannte (zugegriffen am 24.02.2022).

[37] Siehe zum Beispiel: Blawat, Katrin: „Warum die Waldbrände in Australien so verheerend ausfielen", *Süddeutsche Zeitung*, 02.03.2020, https://www.sueddeutsche.de/wissen/australien-waldbraende-feuer-flammen-1.4825223 (zugegriffen am 21.04.2020); Frey, Andreas: „Warum brannte Australien?", *Frankfurter Allgemeine Zeitung*, 22.03.2020, https://www.faz.net/aktuell/wissen/erde-klima/klimawandel-warum-brannte-australien-16684925.html#warum-brannte-australien (zugegriffen am 23.02.2022); Nature Climate Change: „In the line of fire" 10/169 (2020), (zugegriffen am 23.02.2022).

stellt einen Rückkopplungseffekt dar.[38] Während der Feuer in Australien wurden zwischen September 2019 und Februar 2020 ca. 830 Millionen Tonnen CO_2 freigesetzt, das ist mehr als Australien sonst in einem ganzen Jahr emittiert.[39]

Landwirtschaft

Veränderungen der klimatischen Bedingungen und Naturkatastrophen haben auch direkte Auswirkungen auf die Lebensumstände vieler Menschen. Ein Großteil der Bevölkerungen von Ländern, die jetzt schon stark von den Folgen des Klimawandels betroffen sind, leben entweder als Selbstversorger:innen oder erwirtschaften einen Teil oder ihre gesamte Lebensgrundlage im landwirtschaftlichen Sektor. Diese Menschen leben außerdem meist unterhalb oder nur knapp oberhalb der Armutsgrenze.[40] Da der Klimawandel verschiedene negative Konsequenzen für die Landwirtschaft hat, sind insbesondere diese Menschen existenziell bedroht.

Eine dieser Konsequenzen besteht in den grundsätzlichen Veränderungen der klimatischen Bedingungen. Höhere Temperaturen, unverlässlicher bzw. ausbleibender Niederschlag und veränderte Wetterphänomene führen dazu, dass Ernteerträge minimiert werden, dass bestimmte Regionen nicht mehr geeignet sind für die bisher dort kultivierten Nutzpflanzen und dass Futtermittel und Trinkwasser für Tierbestände knapp werden.[41] Außerdem werden punktuell auftretende extreme Wetterereignisse zunehmen. Die Menschen in den betroffenen Regionen

---

[38] Vgl., Tim Schauenberg, „Waldbrände weltweit: Klimawandel und Rodungen erhöhen das Risiko", 8. Januar 2020, https://www.dw.com/de/waldbr%C3%A4nde-weltweit-klimawandel-und-rodungen-erh%C3%B6hen-das-risiko/a-51925926; „Waldbrände | Umweltbundesamt", zugegriffen 27. Januar 2020, https://www.umweltbundesamt.de/daten/land-forstwirtschaft/waldbraende#textpart-1.

[39] Vgl., Zeit Online: „Buschbrände setzen 830 Millionen Tonnen Kohlendioxid frei", 22.04.2020, https://www.zeit.de/wissen/umwelt/2020-04/australien-buschbraende-kohlendioxid-treibhausgas-ausstoss (zugegriffen am 23.02.2022).

[40] Vgl., Allen, M.R. u. a.: „Framing and Context", in: Masson-Delmotte, V. u. a. (Hrsg.): *An IPCC Special Report on the impacts of global warming of 1.5 °C above pre-industrial levels and related global greenhouse gas emission pathways, in the context of strengthening the global response to the threat of climate change, sustainable development, and efforts to eradicate poverty*, 2018, S. 53; Hallegatte u. a.: Shock Waves. Managing the Impacts of Climate Change on Poverty, S. 49/50; Weltagrarbericht: „Bäuerliche und industrielle Landwirtschaft", ohne Datum, https://www.weltagrarbericht.de/themen-des-weltagrarberichts/baeuerliche-und-industrielle-landwirtschaft.html (zugegriffen am 23.02.2022).

[41] Vgl., Hallegatte u. a.: Shock Waves. Managing the Impacts of Climate Change on Poverty, S. 49–77, insbesondere S. 51/52 und S. 60–65. Für eine detaillierte Analyse bezüglich lang- und kurzfristiger Wetterphänomene für die afrikanische Region südlich der Sahara siehe auch: Azzarri, Carlo und Sara Signorelli: „Climate and poverty in Africa South of the Sahara", *World Development* 125 (2020), S. 1–19.

werden so – noch stärker als bisher – durch die Vernichtung landwirtschaftlicher Erträge, den Verlust von Vieh oder die Zerstörung von Utensilien wie Fischerbooten belastet.[42] So verschärfen die Folgen des Klimawandels auch bereits existierende Probleme und Ungerechtigkeiten. Es ist zum Beispiel davon auszugehen, dass die durch den Klimawandel induzierte Lebensmittelverknappung zu Preisanstiegen führt, was insbesondere diejenigen Menschen trifft, die einen Großteil des ihnen zur Verfügung stehenden Einkommens auf Nahrungsmittel verwenden.[43]

Die Folgen des Klimawandels betreffen aber nicht nur ärmere Menschen und Landwirt:innen. Auch in reicheren Regionen der Erde sind bestimmte Konsequenzen des Klimawandels, wie zum Beispiel eine erhöhte Durchschnittstemperatur und die Zunahme von Extremwetterereignissen, bereits spürbar.[44]

Diese Problematiken für die Landwirtschaft werden sich mit hoher Wahrscheinlichkeit bei zunehmender Erderwärmung verschärfen. Da außerdem weiterhin mit einem globalen Bevölkerungswachstum zu rechnen ist, werden sich diese Entwicklungen zunehmend negativ auf die weltweite Nahrungsmittelversorgung auswirken.[45] Während Industriestaaten und deren Bevölkerungen meist über Mittel und Ressourcen verfügen, mit deren Hilfe sie den schlimmsten Konsequenzen

---

[42] Vgl., Hallegatte u. a.: Shock Waves. Managing the Impacts of Climate Change on Poverty, S. 79–100, insbesondere S. 91–95.
Die gravierendste Konsequenz, wenn auch nicht für die Landwirtschaft, bleibt hier natürlich die hohe Anzahl an Menschen, die durch diese Ereignisse sterben oder verletzt werden. Siehe dazu den nächsten Abschnitt.

[43] Vgl., IPCC: „Climate Change 2014: Synthesis Report. Contribution of Working Groups I, II and III to the Fifth Assessment Report of the Intergovernmental Panel on Climate Change", S. 54; Hallegatte u. a.: Shock Waves. Managing the Impacts of Climate Change on Poverty, S. 53–55.

[44] Vgl., Europäische Umweltagentur: „Landwirtschaft und Klimawandel", ohne Datum, https://www.eea.europa.eu/de/signale/signale-2015/artikel/landwirtschaft-und-klimawandel (zugegriffen am 21.02.2022); Deutscher Bauernverband e. V.: „Die Auswirkungen des Klimawandels auf die Landwirtschaft", ohne Datum, https://www.bauernverband.de/topartikel/die-auswirkungen-des-klimawandels-auf-die-landwirtschaft (zugegriffen am 23.02.2022); Verband der Landwirtschaftskammern: „Klimawandel und Landwirtschaft. Anpassungsstrategien im Ackerbau", 2019. An dieser Stelle lasse ich außen vor, dass die Landwirtschaft in Industriestaaten nicht nur direkt vom Klimawandel betroffen ist, sondern diesen auch zu einem erheblichen Teil, durch das starke Emittieren von Treibhausgasen, mitverursacht.

[45] Vgl., Lynas: 6 Grad mehr. Die verheerenden Folgen der Erderwärmung, S. 106–111, S. 236–242; IPCC: „Climate Change 2014: Synthesis Report. Contribution of Working Groups I, II and III to the Fifth Assessment Report of the Intergovernmental Panel on Climate Change", S. 69.

einer Lebensmittelverknappung zumindest mittelfristig begegnen können, werden diese Entwicklungen für sehr viele Menschen in Entwicklungsländern den Abstieg in die extreme Armut bedeuten.[46]

Eine weitere negative Konsequenz für die Landwirtschaft entsteht aus dem Anstieg des Meeresspiegels. Dieser ist im Laufe des 20. Jahrhunderts bereits um rund 15 cm angestiegen.[47] Für die Landwirtschaft ist der Anstieg der Meeresspiegel vor allem aufgrund des Verlusts von Flächen und der Versalzung der Böden problematisch.[48] Da in Bezug auf die Wasservorkommnisse der Erde verschiedene Konsequenzen des Klimawandels zu beobachten sind, werde ich diese Thematik im Folgenden detaillierter betrachten.

Wasser

Ozeane fungieren, ähnlich wie Pflanzenbestände, als natürliche CO_2-Senken, das heißt, sie nehmen CO_2 aus der Atmosphäre auf.[49] Da durch die anthropogenen Treibhausgasemissionen zusätzliches CO_2 in den Kreislauf gerät und dieses im Wasser zu Kohlensäure reagiert, sinkt der PH-Wert der Ozeane.[50] Des Weiteren erwärmen sich die Ozeane, da sie die überschüssige Wärme des Erdsystems aufnehmen. Seit 1970 wurden über 90 % der gesamten Erwärmung des Klimasystems von den Ozeanen aufgenommen. Zwischen 1980 und 2015 ist die

---

[46] Vgl., Hallegatte u. a.: Shock Waves. Managing the Impacts of Climate Change on Poverty, S. 1–20.

[47] Vgl., Deutsches Klima Konsortium: „Zukunft der Meeresspiegel. Fakten und Hintergründe aus der Forschung", Berlin, 2019, S. 5.

[48] Vgl., Hallegatte u. a.: Shock Waves. Managing the Impacts of Climate Change on Poverty, S. 63/64.

[49] Vgl., Bindoff, N.L. u. a.: „Changing Ocean, Marine Ecosystems, and Dependent Communities", in: Pörtner, H. O. u. a. (Hrsg.): *IPCC Special Report on the Ocean and Cryosphere in a Changing Climate*, 2019, S. 467–469.

[50] Vgl., Abram, N. u. a.: „Framing and Context of the Report", in: Pörtner, H. O. u. a. (Hrsg.): *IPCC Special Report on the Ocean and Cryosphere in a Changing Climate*, 2019, S. 83; Bindoff u. a.: „Changing Ocean, Marine Ecosystems, and Dependent Communities", S. 469/470; Meredith, M. u. a.: „Polar Regions", in: Pörtner, H. O. u. a. (Hrsg.): *IPCC Special Report on the Ocean and Cryosphere in a Changing Climate*, 2019, S. 218/219.

Temperatur der oberen Wasserschicht so um ca. 0,5 °C gestiegen.[51] Aus der Versauerung, der Erwärmung und anderen menschlichen Einflüssen auf die Ozeane resultiert unter anderem, dass Korallen absterben und dass Fische und andere Meerestiere dezimiert werden bzw. abwandern.[52] Letzteres hat wiederum gravierende Auswirkungen auf Menschen, die von der Fischerei leben.[53] Diese Prozesse werden im Laufe des 21. Jahrhunderts weiter voranschreiten.[54]

Da sich wärmeres Wasser stärker ausdehnt, hängt dies mit einer weiteren Folge des Klimawandels zusammen: dem Anstieg des Meeresspiegels. Verschärft wird dieses Problem durch das Schmelzen von Gletschern, der grönländischen Eisdecke, dem antarktischen Eis und Permafrostböden.[55] Zwischen 1901 und 1990 stieg der globale mittlere Meeresspiegel um 1,38 mm pro Jahr an, zwischen 1970 und 2015 um 2,06 mm pro Jahr, zwischen 1993 und 2015 um 3,16 mm pro Jahr und zwischen 2006 und 2015 um 3,58 mm pro Jahr.[56] Diese Zahlen zeigen, dass wir nicht nur einen Anstieg des Meeresspiegels beobachten können, sondern dass dieser an Geschwindigkeit zunimmt. Prognosen darüber, wie stark der Meeresspiegelanstieg in den nächsten Jahren und Jahrzehnten ausfallen wird, sind schwierig, weil noch nicht absehbar ist, wie genau sich das

---

[51] Vgl., Abram u. a.: „Framing and Context of the Report", S. 80 und S. 99/100; Bindoff u. a.: „Changing Ocean, Marine Ecosystems, and Dependent Communities", S. 456–460; Cheng, Lijing u. a.: „Record-Setting Ocean Warmth Continued in 2019", *Advances in Atmospheric Sciences* 37/2 (2020), S. 137–142; klimafakten.de: „Klimawandel – eine Faktenliste", ohne Datum, https://www.klimafakten.de/meldung/klimawandel-eine-faktenliste (zugegriffen am 21.02.2022).

[52] Vgl., Bindoff u. a.: „Changing Ocean, Marine Ecosystems, and Dependent Communities", S. 478–484 und S. 497–498; Hansen u. a.: „Assessing "dangerous climate change": required reduction of carbon emissions to protect young people, future generations and nature", S. 7; IPCC: „Climate Change 2014: Synthesis Report. Contribution of Working Groups I, II and III to the Fifth Assessment Report of the Intergovernmental Panel on Climate Change", S. 67.

[53] Vgl., IPCC: „Climate Change 2014: Synthesis Report. Contribution of Working Groups I, II and III to the Fifth Assessment Report of the Intergovernmental Panel on Climate Change", S. 51.

[54] Vgl., Abram u. a.: „Framing and Context of the Report", S. 83; Bindoff u. a.: „Changing Ocean, Marine Ecosystems, and Dependent Communities", S. 457–460.

[55] Vgl., Hock, R. u. a.: „High Mountain Areas", in: Pörtner, H. O. u. a. (Hrsg.): *IPCC Special Report on the Ocean and Cryosphere in a Changing Climate*, 2019, S. 141–147; Meredith u. a.: „Polar Regions", S. 213–216, S. 236–242; Oppenheimer, M. u. a.: „Sea Level Rise and Implications for Low-Lying Islands, Coasts and Communities", in: Pörtner, H. O. u. a. (Hrsg.): *IPCC Special Report on the Ocean and Cryosphere in a Changing Climate*, 2019, S. 330–344.

[56] Vgl., Oppenheimer u. a.: „Sea Level Rise and Implications for Low-Lying Islands, Coasts and Communities", S. 336.

Schmelzen von Gletschern und Eisschilden auswirken wird.[57] Anhaltspunkte liefert der Vergleich mit Epochen, in denen die Durchschnittstemperatur sowie die CO_2-Konzentration der Atmosphäre schon einmal höher lag. Während der Eem-Warmzeit, in der die Durchschnittstemperatur ca. 2 °C höher als im Vergleich zum Zeitraum 1880–1920 lag, stieg der Meeresspiegel mit einer Geschwindigkeit von einem Meter pro Jahrhundert bis auf neun Meter über den jetzigen Stand. Während des bereits erwähnten Pliozäns lag der Meeresspiegel sogar um 15–25 m über dem heutigen Level.[58] Aufgrund der oben beschriebenen Besonderheiten des heutigen Klimawandels ist aber davon auszugehen, dass der damalige Anstieg des Meeresspiegels nur bedingt mit dem heutigen vergleichbar ist. Im Zuge des anthropogenen Klimawandels wird der Meeresspiegelanstieg schneller und sprunghafter ablaufen.[59] Darüber hinaus wird er sich aufgrund der Trägheit der entsprechenden Systeme[60] noch über Jahrtausende hinziehen. Einige Forscher:innen gehen daher davon aus, dass die aktuellen Schätzungen, wonach der Meeresspiegelanstieg bis zum Ende des Jahrhunderts einen bis zwei Meter beträgt,[61] zu optimistisch sind.[62]

Für Menschen ist dies problematisch, da viele Siedlungsgebiete in Küstennähe vorzufinden sind. Besonders gefährdet sind nicht nur Inselstaaten wie Indonesien, Kiribati, Tuvalu und Fidschi, sondern auch Megastädte wie Shanghai, Hongkong, Kalkutta und Mumbai. Laut IPCC lebten 2010 1,9 Mrd. Menschen in Regionen, die weniger als 100 km von einer Küste entfernt und weniger als 100 m über

---

[57] Vgl., Hansen u. a.: „Assessing "dangerous climate change": required reduction of carbon emissions to protect young people, future generations and nature", S. 6.

[58] Vgl., ebd., S. 6.

[59] Vgl., ebd., S. 4 und S. 6.

[60] Gemeint sind hier Systeme wie die Ozeane oder Gletscher. Diese reagieren mitunter nicht unmittelbar auf Veränderungen, sondern in verschieden langen Zeitintervallen. Heute in Gang gesetzte Prozesse entfalten so möglicherweise erst sehr viel später ihre volle Wirkung. Vgl., world ocean review: „Klimasystem", ohne Datum, https://worldoceanreview.com/de/wor-1/klimasystem/klimasystem-der-erde/ (zugegriffen am 21.02.2022).

[61] Siehe zum Beispiel: Grinsted, Aslak, J. Moore und S. Jevrejeva: „Reconstructing sea level from paleo and projected temperatures 200 to 2100AD", *Climate Dynamics* 34 (2009), S. 461–472; Oppenheimer u. a.: „Sea Level Rise and Implications for Low-Lying Islands, Coasts and Communities"; Vermeer, Martin und Stefan Rahmstorf: „Global Sea Level Linked to Global Temperature", *Proceedings of the National Academy of Sciences of the United States of America* 106 (2009), S. 21527–32.

[62] Hansen u. a.: „Assessing "dangerous climate change": required reduction of carbon emissions to protect young people, future generations and nature", S. 6.

dem Meeresspiegel lagen. Diese Menschen sind daher durch den Meeresspiegel-anstieg existenziell gefährdet.[63] Das Schmelzen von Eisvorkommen in der Arktis und Antarktis wirkt sich zudem negativ auf die dortige Biodiversität sowie die Lebensweise der ansässigen indigenen Bevölkerung aus.[64] Da beim Schmelzen von Permafrostböden CO_2 sowie Methan freigesetzt wird, stellt dies außerdem einen weiteren Rückkopplungseffekt dar.[65]

Nicht nur Menschen und Siedlungen in Küstennähe sind durch die Folgen des Klimawandels gefährdet, sondern auch Menschen, die in der Nähe von Flüssen leben. Durch die Erderwärmung beinhaltet das Klimasystem mehr Wärmeenergie, was den globalen Wasserkreislauf beschleunigt und paradoxerweise zugleich für mehr Dürren in südlichen Gebieten und zu einer verstärkten Hochwasser- und Überflutungsgefahr im Norden führt.[66]

Des Weiteren ist die menschliche Süßwasserversorgung negativ durch den Klimawandel betroffen.[67] Durch steigende Temperaturen und Dürren wird sich die Wasserknappheit in trockenen subtropischen Gebieten weiter verschärfen.[68] In einige Regionen der Erde, zum Beispiel in Indien, China, Nepal und Bhutan, versorgen aus Schmelzwasser gespeiste Flüsse die Menschen mit Süßwasser. Diese werden durch das Schmelzen und damit Verschwinden der Gletscher phasenweise zu viel Wasser führen und schließlich austrocknen.[69]

---

[63] Vgl., Abram u. a.: „Framing and Context of the Report", S. 77.

[64] Vgl., Hansen u. a.: „Assessing "dangerous climate change": required reduction of carbon emissions to protect young people, future generations and nature", S. 7; Meredith u. a.: „Polar Regions", S. 215, S. 226–230.

[65] Vgl., Lamarche-Gagnon, Guillaume u. a.: „Greenland melt drives continuous export of methane from the ice-sheet bed", *Nature* 565/7737 (2019), S. 73–77; Meredith u. a.: „Polar Regions", S. 213; Lynas: 6 Grad mehr. Die verheerenden Folgen der Erderwärmung, S. 199–201; IPCC: „Climate Change 2014: Synthesis Report. Contribution of Working Groups I, II and III to the Fifth Assessment Report of the Intergovernmental Panel on Climate Change", S. 67.

[66] Vgl., Lynas: 6 Grad mehr. Die verheerenden Folgen der Erderwärmung, S. 183–186.

[67] Vgl., ebd., S. 124/125, S. 223/224.

[68] Vgl., IPCC: „Climate Change 2014: Synthesis Report. Contribution of Working Groups I, II and III to the Fifth Assessment Report of the Intergovernmental Panel on Climate Change", S. 69.

[69] Vgl., Azam, Mohd Farooq u. a.: „Review of the status and mass changes of Himalayan-Karakoram glaciers", *Journal of Glaciology* 64/243 (2018), S. 61–74; Lottje, Christine: „Wasserkrisen durch Klimawandel. Wie der Klimawandel weltweit die Versorgung mit Wasser gefährdet", Oxfam, 2016, S. 4.

Darüber hinaus wird durch Überschwemmungen mit salzigem Meerwasser, zum Beispiel in Bangladesch, das Grundwasser kontaminiert, so dass es nicht mehr zum Trinken geeignet ist.[70]

Gesundheitliche Folgen für die Menschen
Steigende Temperaturen und ein sich änderndes Klima haben nicht nur Konsequenzen für die Lebensgrundlagen der Menschen, sondern auch direkte negative Auswirkungen auf ihre Gesundheit.[71] Besonders steigende Temperaturen und die damit einhergehenden Hitzewellen in den Sommermonaten wirken sich negativ auf die Gesundheit von älteren und kranken Menschen, von Säuglingen und Kleinkindern und von Personen, die im Freien körperliche Arbeit verrichten müssen, aus. Gesundheitliche Gefahren sind hier vor allem Hitzeschläge und Schäden der Nieren durch zu wenig Flüssigkeitsaufnahme. Auch steigt die Gewaltbereitschaft vieler Menschen bei sehr hohen Temperaturen.[72]

Laut einer 2019 erschienen Untersuchung ist Europa die in diesem Kontext gefährdetste Region, da hier eine zunehmend alternde Gesellschaft, eine starke Urbanisierung, sowie viele Menschen mit Herzkrankheiten und Diabetes vorzufinden sind.[73]

Ein weiteres gesundheitliches Problem gerade für Menschen, die in urbanen Räumen leben, ist die zunehmende Luftverschmutzung.[74] Beim Verbrennen fossiler Brennstoffe werden Luftschadstoffe, wie zum Beispiel Feinstaub, Ozon und Stickstoffoxide, freigesetzt. Bestandteile von Autoabgasen reagieren außerdem

---

[70] Vgl., Spiegel Wissenschaft: „Klimawandel bedroht Trinkwasser-Reserven", ohne Datum, https://www.spiegel.de/wissenschaft/natur/ueberflutete-kuesten-klimawandel-bedroht-tri nkwasser-reserven-a-515878.html (zugegriffen am 24.02.2022); IPCC: „Climate Change 2014: Impacts, Adaptation, and Vulnerability. Part A: Global and Sectoral Aspects. Contribution of Working Group II to the Fifth Assessment Report of the Intergovernmental Panel on Climate Change", in: Field, Christopher B. u. a. (Hrsg.), Cambridge, New York: Cambridge University Press 2014, S. 246.

[71] Vgl., IPCC: „Climate Change 2014: Synthesis Report. Contribution of Working Groups I, II and III to the Fifth Assessment Report of the Intergovernmental Panel on Climate Change", S. 69.

[72] Vgl., Levy, Barry S., Victor W. Sidel und Jonathan A. Patz: „Climate Change and Collective Violence", *Annual Review of Public Health* 38/1 (2017), S. 241–257.

[73] Vgl., Watts, Nick u. a.: „The 2019 report of The Lancet Countdown on health and climate change: ensuring that the health of a child born today is not defined by a changing climate", *The Lancet* 394/10211 (2019), S. 1836–1878, hier S. 1841.

[74] Vgl., Fischer, Linda: „Das Klima wird zur Gesundheitsgefahr", *Zeit Online*, 31.10.2017, https://www.zeit.de/wissen/2017-10/klimawandel-gesundheit-folgen-menschen/komplettansicht (zugegriffen am 23.02.2022).

bei intensiver Sonneneinstrahlung zu bodennahem Ozon und anderen Schadstoffen, die die Bildung von Smog verursachen. Luftschadstoffe verursachen Asthma und andere Atemwegserkrankungen. Allein die Verunreinigung der Außenluft führt zu ca. 4 Millionen frühzeitigen Todesfällen jährlich.[75]

Durch veränderte klimatische Bedingungen wird sich auch das Auftreten von Allergenen, wie Pollen, und Krankheitsüberträgern, wie Zecken und Stechmücken, ändern. Zum Beispiel breitet sich die Mückenart Aedes aegypti, die das Dengue-Virus übertragen kann, aus tropischen Gebieten weiter nach Südeuropa, in den Süden der USA und nach Australien aus. Das Dengue-Fieber kann im schlimmsten Fall für den Menschen tödlich enden.[76]

Weiterhin verursachen die durch den Klimawandel begünstigten Extremwetterereignisse, wie Hochwasser, Orkane bzw. Stürme, Infektionen sowie physische und psychische Schäden.[77] Dürren resultieren in Unterernährung, einer eingeschränkten hygienischen und sanitären Versorgung und vorzeitigen Todesfällen.[78] Die zunehmenden Wildfeuer können zu Rauchvergiftungen, Verbrennungen und Todesfällen führen.[79]

Migration und gewaltsame Konflikte
Viele Regionen der Erde werden so stark von den beschriebenen Folgen des Klimawandels betroffen sein, dass ein großer Teil der dort lebenden Menschen ihre

---

[75] Vgl., Institut für transformative Nachhaltigkeitsforschung (IASS Potsdam): „Luftverschmutzung und Klimawandel", ohne Datum, https://www.iass-potsdam.de/de/ergebnisse/dossiers/luftverschmutzung-und-klimawandel (zugegriffen am 24.02.2022); Europäische Umweltagentur: „Klimawandel und Luft", ohne Datum, https://www.eea.europa.eu/de/signale/signale-2013/artikel/klimawandel-und-luft (zugegriffen am 21.02.2022); Carl von Ossietzky Universität Oldenburg Fakultät V – Mathematik und Naturwissenschaften Institut für Physik: „Bodennahes Ozon", ohne Datum, https://uol.de/physik/forschung/ehemalige/uwa/ozon/bodennahes-ozon (zugegriffen am 23.02.2022); Umweltbundesamt: „Atmosphärische Treibhausgas-Konzentrationen", ohne Datum, https://www.umweltbundesamt.de/daten/klima/atmosphaerische-treibhausgas-konzentrationen#kohlendioxid- (zugegriffen am 23.02.2022).

[76] Vgl., Fischer: „Das Klima wird zur Gesundheitsgefahr"; Lynas: 6 Grad mehr. Die verheerenden Folgen der Erderwärmung, S. 102–106; Watts u. a.: „The 2019 report of The Lancet Countdown on health and climate change: ensuring that the health of a child born today is not defined by a changing climate", S. 1845–1647.

[77] Vgl., Watts u. a.: „The 2019 report of The Lancet Countdown on health and climate change: ensuring that the health of a child born today is not defined by a changing climate", S. 1844.

[78] Vgl., ebd., S. 1844, zum Thema Unterernährung siehe auch S. 1847.

[79] Vgl., ebd., S. 1842.

Heimaten verlassen müssen, um ihr Überleben zu sichern.[80] Eine Mehrheit von
ihnen wird vermutlich innerhalb des eigenen Staates migrieren.[81] Die Weltbank
schätzt die Zahl der Menschen, die bis 2050 aufgrund des Klimawandels zu Bin-
nenmigrant:innen werden, auf 143 Millionen.[82] Veränderungen der klimatischen
Bedingungen können aber auch dazu führen, dass vermehrt Migrationsbewegungen von Entwicklungsländern in reiche Industriestaaten entstehen.[83]

Große Migrationsbewegungen innerhalb eines Staates, können dazu führen,
dass die Zielregionen, durch den massiven Zuwachs der Bevölkerung destabili-
siert werden. Überbevölkerung, Arbeitslosigkeit und wachsende Ungleichheit in
Zusammenhang mit politischer Ineffektivität der zuständigen Institutionen kann
zu Unruhen und gewaltsamen Konflikten führen. Diese Konflikte resultieren dann
wiederum darin, dass Menschen auch in andere Staaten fliehen.[84]

Auf welche Art und Weise der Klimawandel letztendlich zu großen internationalen Fluchtbewegungen führen kann möchte ich am Beispiel des Syrien-
Konflikts näher erläutern.

Von 2007 bis 2010 herrschte in Syrien eine Dürre, deren Auftreten ohne
den anthropogenen Klimawandel sehr unwahrscheinlich gewesen wäre.[85] Durch
die zusätzliche Wasserknappheit entstand ein mehrjähriger Ernteausfall. Dies
wiederum veranlasste einen großen Teil der Landbevölkerung, die in der
Landwirtschaft arbeitete, in städtische Gebiete zu ziehen. Der urbane Bevöl-
kerungsanteil stieg somit von 8 Millionen Menschen 2002 auf 13,8 Millionen
Menschen 2010.[86] Dies führte zu Problemen wie Arbeitslosigkeit und wachsen-
der Ungleichheit, die vom syrischen Diktator Baschar al Assad weitestgehend
ignoriert wurden. Die zunehmende Unzufriedenheit innerhalb der Bevölkerung

---

[80] Vgl., Lynas: 6 Grad mehr. Die verheerenden Folgen der Erderwärmung, S. 101/102,
S. 169–171, S. 213/214, S. 221/222, S. 339–341; Kumari Rigaud, Kanta u. a.: „Groundswell:
Preparing for Internal Climate Migration", Washington DC: The World Bank, 2018, S. 23/24;
IPCC: „Climate Change 2014: Synthesis Report. Contribution of Working Groups I, II and
III to the Fifth Assessment Report of the Intergovernmental Panel on Climate Change", S. 73.

[81] Vgl., Kumari Rigaud u. a.: „Groundswell: Preparing for Internal Climate Migration",
S. 28.

[82] Vgl., ebd., S. xix.

[83] Vgl., Missirian, Anouch und Wolfram Schlenker: „Asylum applications respond to temperature fluctuations", *Science* 358/6370 (2017), S. 1610–1614.

[84] Vgl., Abel, Guy J. u. a.: „Climate, conflict and forced migration", *Global Environmental
Change* 54 (2019), S. 239–249, hier S. 239 und S. 241.

[85] Vgl., Kelley, Colin u. a.: „Climate Change in the Fertile Crescent and Implications of the
Recent Syrian Drought", *Proceedings of the National Academy of Sciences* 112 (2015); Abel
u. a.: „Climate, conflict and forced migration", S. 241.

[86] Vgl., Abel u. a.: „Climate, conflict and forced migration", S. 241.

löste dann im Zuge des Arabischen Frühlings politische Unruhen und schließlich den syrischen Bürgerkrieg aus.[87] Dieser führte wiederum dazu, dass bis Ende 2018 6,7 Millionen Menschen aus dem Land flohen.[88]

Gegen diese Darstellung der Ursachen des Syrien-Konflikts gibt es auch Einwände. Kritiker:innen betonen vor allem die komplexen Kausalzusammenhänge, die es letztlich schwierig machen, bestimmte Migrationsbewegungen zu erklären.[89]

Jüngere Veröffentlichungen zeigen jedoch, dass die Konsequenzen des Klimawandels direkt und indirekt Zustände wie Armut, Ernährungsunsicherheit und Ungleichheiten in der Bevölkerung verstärken. In Zusammenhang mit politischem Versagen bzw. ineffektiven Institutionen können daraus im Extremfall gewaltsame Konflikte entstehen, wie das Beispiel Syriens zeigt.[90] Derartige Konflikte sind dann wiederum eine Fluchtursache, womit der Klimawandel zumindest indirekt auch Migration und Flucht über Staatsgrenzen hinweg mitverursacht.[91] Laut einer Einschätzung von Klima- und Konfliktexpert:innen, steigt das Risiko gewaltsamer Konflikte mit dem voranschreitenden Klimawandel.[92] Bereits heute habe der Klimawandel Einfluss auf die Entstehung bewaffneter Konflikte, indem er unter bestimmten Umständen andere Konfliktursachen verschärft.[93]

Alles in allem sind die Zusammenhänge zwischen dem Klimawandel, Migration und gewaltsamen Konflikten derart komplex, dass ich sie an dieser Stelle nicht im Detail diskutieren kann. Festzuhalten ist aber, dass der Klimawandel in Zukunft Fluchtursachen verstärken kann und dass für viele Menschen Migration der einzige Weg sein wird, sich an veränderte klimatische Bedingungen anzupassen. Außerdem werden durch die Verknappung von Ressourcen und Territorium Konfliktpotentiale geschaffen oder verstärkt, die in Zusammenhang

---

[87] Vgl., ebd., S. 241.

[88] Vgl., Lynas: 6 Grad mehr. Die verheerenden Folgen der Erderwärmung, S. 68/69; UNHCR: „Global Trends. Forced Displacement in 2018", 2019, S. 14.

[89] Siehe zum Beispiel: Becker, Paul und Christiane Fröhlich: „Klimawandel und Migration am Beispiel Dürre", Deutsches Klima Konsortium, 2016; Selby, Jan u. a.: „Climate change and the Syrian civil war revisited", *Political Geography* 60 (2017), S. 232–244.

[90] Vgl., Abel u. a.: „Climate, conflict and forced migration", S. 239 und S. 246.

[91] Vgl., Ebd., S. 246; IPCC: „Climate Change 2014: Synthesis Report. Contribution of Working Groups I, II and III to the Fifth Assessment Report of the Intergovernmental Panel on Climate Change", S. 73.

[92] Vgl., Mach, Katharine J. u. a.: „Climate as a risk factor for armed conflict", *Nature* 571/7764 (2019), S. 193–197, hier S. 194.

[93] Vgl., ebd., S. 195.

mit anderen Faktoren, wie unzureichenden Institutionen, in gewaltsamen Konflikten eskalieren können. Flucht, Vertreibung und Gewalt bringen dann erneut basale Rechtsverletzungen mit sich.[94] 2020 wurde der Klimawandel daher vom Menschenrechtsausschuss der UN grundsätzlich als Asylgrund anerkannt.[95]

Eine weitere Problematik in diesem Zusammenhang ist der Effekt, den Migrationsbewegungen auf die Destinationsstaaten haben. Zum einen kann ein zu großer Zuwachs der Bevölkerung bestehende Sozial- und Wirtschaftssysteme destabilisieren. Dies trifft jedoch eher auf Destinationsstaaten zu, die in die Kategorie der Schwellen- und Entwicklungsländer fallen, wohingegen in Industriestaaten, zum Beispiel innerhalb der EU, der demografische Wandel hin zu einer Überzahl an älteren Menschen dafür sorgt, dass der Zuzug von (jungen) Menschen eher eine Entlastung für die Arbeitsmärkte und Rentensysteme darstellt.[96] Zum anderen wird die Aufnahme von Flüchtenden von rechtsgerichteten politischen Akteur:innen dazu genutzt, Ängste in der Bevölkerung zu schüren und so fremdenfeindliche Ressentiments zu verstärken. Der Rechtsruck in vielen europäischen Gesellschaften, der nach dem Anstieg der Zahl der Asylsuchenden 2015 stattfand, zeigt, dass letzteres aktuell ein relevantes Problem für Industriestaaten darstellt.[97]

Schlussbemerkungen
Durch die oben beschriebenen Folgen des Klimawandels werden also mehr Menschen ihr Leben oder ihre Lebensgrundlage verlieren als dies in einem Szenario ohne den anthropogenen Klimawandel der Fall wäre. Außerdem werden sehr viele gezwungen sein, ihre Heimaten zu verlassen. Die zu erwartenden Migrationsbewegungen können zur Destabilisierung politischer Systeme und gewaltsamen

---

[94] Für eine detaillierte ethische Betrachtung des Themas klimabedingter Migration siehe: Keyserlingk, Johannes Graf: Immigration Control in a Warming World. Realizing the Moral Challenges of Climate Migration, Exeter: Imprint Academic 2018. Siehe auch: IPCC: „Climate Change 2014: Impacts, Adaptation, and Vulnerability. Part A: Global and Sectoral Aspects. Contribution of Working Group II to the Fifth Assessment Report of the Intergovernmental Panel on Climate Change".

[95] Vgl., Zeit Online: „Klimaflüchtlinge können Anspruch auf Asyl haben", 21.01.2020, https://www.zeit.de/gesellschaft/zeitgeschehen/2020-01/un-menschenrechtsausschuss-kli mafluechtlinge-asylrecht (zugegriffen am 23.02.2022).

[96] Vgl., Aresin, Jana u. a.: „Europa als Ziel? Die Zukunft der globalen Migration", Berlin: Berlin-Institut für Bevölkerung und Entwicklung, 2019, S. 6.

[97] Vgl., Fabritius, Franziska: „Umweltmigration: Eine sicherheitspolitische Herausforderung", 43, Konrad Adenauer Stiftung (KAS), kurzum, 2019; Reuveny, Rafael: „Climate change-induced migration and violent conflict", *Political Geography* 26/6 (2007), S. 656–673. Siehe in diesem Zusammenhang auch das vierte Kapitel dieser Arbeit.

Konflikten führen. Zu betonen ist in diesem Zusammenhang auch, dass jedes vermiedene Grad Erderwärmung einen Unterschied in Bezug auf drohende Rechtsverletzungen macht. Selbst wenn das Pariser Ziel, die Erderwärmung auf maximal 2 °C zu begrenzen, nicht gelingt, lohnt es sich, wenigstens 3 °C oder 4 °C nicht zu überschreiten.[98]

Im Anbetracht dieses existierenden und sich vermutlich verschlimmernden menschlichen Leids, ist der Klimawandel eindeutig als moralisch relevant zu klassifizieren. Hinzukommt, dass dieses Leid, anders als in Bezug auf natürlich auftretende Naturkatastrophen, nicht als bloßer Schicksalsschlag zu werten ist.[99] Vielmehr besteht seit Jahren ein wissenschaftlicher Konsens dazu, dass die Ursache des aktuell zu beobachtenden Klimawandels das Emittieren von Treibhausgasen durch den Menschen ist.[100] Es finden hier also Verletzungen positiver sowie negativer moralischer Rechte statt.

Da vor allem das Überleben, die körperliche Sicherheit sowie die Gesundheit vieler Menschen bedroht sind, fallen die betroffenen Rechte in die Kategorie, die Gewirth als konstitutive Rechte auf Elementargüter und Shue als basale Rechte definiert. Von Shues basalen Rechten sind vor allem das Subsistenzrecht sowie das Recht auf körperliche Sicherheit betroffen. Da der Klimawandel und damit auch seine Konsequenzen durch menschliches Handeln verursacht werden, lassen sich diese Betroffenheiten in der Regel als Rechtsverletzungen klassifizieren. Es entsteht hier also dringender Handlungsbedarf, die grundlegenden Rechte der betroffenen Menschen zu schützen und wiederherzustellen.

An dieser Stelle möchte ich noch auf das, in der 2020 erschienenen Neuauflage von „Basic Rights" hinzugefügte, Kapitel „Basic Rights and Climate Change" eingehen. Shue argumentiert hier, dass sich der Klimawandel zu einer der größten Bedrohungen für basale Rechte entwickelt hat.

„The greatest threat to basic rights in the twenty-first century (...) is most likely uncontrolled climate change."[101]

---

[98] Vgl., Lynas: 6 Grad mehr. Die verheerenden Folgen der Erderwärmung.

[99] Damit möchte ich nicht sagen, dass im Falle von Naturkatastrophen, die nicht durch den Klimawandel verursacht wurden, keine moralischen Pflichten entstehen. Da an dem entstehenden menschlichen Leid jedoch niemand kausal verantwortlich ist, sind die Pflichten in diesem Kontext als positive Hilfspflichten zu klassifizieren.

[100] Siehe dazu die Verweise zum Abschnitt „der Klimawandel als menschenverursachtes Problem" weiter oben.

[101] Ebd., S. 182.

Diese gefährde diejenigen menschlichen Interessen, die notwendig sind, um überhaupt Rechte wahrnehmen und ausüben zu können. Somit ist sie laut Shue als
standardmäßige Bedrohung einzustufen.[102] Diese Schlussfolgerung Shues möchte
ich im Folgenden etwas differenzierter diskutieren.

Wie im ersten Kapitel erläutert, definiert Shue standardmäßige Bedrohungen als solche Bedrohungen, die absehbar und gravierend, aber vermeidbar
sind.[103] Vermeidbarkeit zeichnet sich entweder durch die Möglichkeit des einfachen Unterlassens einer gewissen Handlung aus oder dadurch, dass Vorkehrungen
getroffen werden können, die dann dafür sorgen, dass diese Handlungen unterlassen werden. Letzteres beinhaltet insbesondere das Etablieren von Institutionen.[104]

Nun sind die Gefahren, die der Klimawandel mit sich bringt, sicherlich als
gravierend zu bezeichnen. Jedoch wird im weiteren Verlauf dieses Kapitels und
der vorliegenden Arbeit insgesamt deutlich werden, dass es fraglich ist, ob der
Klimawandel zum jetzigen Zeitpunkt per se als vermeidbar einzuordnen ist. Für
die Zweifel an dieser These existieren verschiedene Gründe, auf einige wird noch
genauer einzugehen sein.

Zum einen ist wie oben gezeigt, eine Erwärmung der Erde bereits eingetreten
und diese wird auch noch einige Zeit anhalten. Dies verursacht bereits negative
Konsequenzen, die zunächst nicht mehr verhindert werden können. In Bezug auf
diese Konsequenzen besteht nur noch die Möglichkeit der Adaption. Shue müsste
also zumindest genauer erläutern, was es im Kontext des Klimawandels bedeutet,
dass eine Gefahr verhinderbar („remedial") ist. Bedeutet es, die Konsequenzen
des Klimawandels durch Mitigationsmaßnahmen[105] zu verhindern – eine Erderwärmung samt ihren negativen Konsequenzen also gar nicht erst entstehen zu
lassen – oder heißt es, Menschen mithilfe von Adaption gegen eben jenen zu
schützen?

Außerdem ist nicht genau bekannt, was wann durch den Klimawandel
verursacht wird. Zwar existieren verschiedene Modelle, Vorhersagen und Berechnungen. Diese können aber nicht genau vorhersagen, wann welche Kipppunkte

---

[102] Vgl., ebd., S. 183/184.

[103] „(…) common, or ordinary, and serious but remediable threats or 'standard threats(…)'"
Shue: Basic Rights. Subsistence, Affluence, and U.S. Foreign Policy, S. 32.

[104] Vgl., ebd., S. 32/33.

[105] Mitigation bezeichnet das Bestreben, den Klimawandel, durch die Reduzierung der Treibhausgasemissionen, einzudämmen. Während Adaption darauf bezogen ist, Anpassungen an
den bereits eingetretenen Klimawandel vorzunehmen. Vgl., IPCC: „Glossary", *Data Distribution Centre*, ohne Datum, https://www.ipcc-data.org/guidelines/pages/glossary/index.html
(zugegriffen am 21.02.2022).

erreicht werden, wie schnell negative Entwicklungen vorangehen oder wo genau Naturkatastrophen, verursacht durch den Klimawandel, entstehen. Des Weiteren ist ebenfalls unbekannt, wie genau der Klimawandel aufgehalten werden kann. Beispielsweise besteht zum jetzigen Zeitpunkt Uneinigkeit darüber, auf welche mutmaßlich nachhaltigen Technologien gesetzt werden sollte. Zur Debatte stehen unter anderem die E-Mobilität, eine Wasserstoffwirtschaft oder auch Carbon Capture and Storage-Technologien.[106]

Ist der Klimawandel also keine standardmäßige Bedrohung, da sie das Kriterium der Vermeidbarkeit nicht erfüllt? Es lohnt an dieser Stelle zu rekapitulieren, welche Gefahren aus Shues Sicht *keine* standardmäßigen Bedrohungen darstellen. Keine standardmäßigen Bedrohungen sind zum einen unvorhersehbare Ereignisse wie Unfälle, unvorhersehbare Naturkatastrophen[107] oder Schicksalsschläge, die niemand zu verantworten hat. Zum anderen sind Ereignisse, über die wir kein ausreichendes Wissen zur Verfügung haben, wie zum Beispiel im Falle von (bisher) unheilbaren Krankheiten, ebenfalls keine standardmäßigen Bedrohungen.[108]

In die erste Kategorie der nicht-standardmäßigen Bedrohungen fallen die Konsequenzen des Klimawandels zumindest nicht vollständig. Da es seit Jahrzehnten verlässliche wissenschaftliche Erkenntnisse darüber gibt, dass durch das Emittieren von Treibhausgasen eine Erderwärmung verursacht wird, die fatale Konsequenzen haben wird, sind die aktuellen Entwicklungen weder zufällig noch gänzlich unvorhersehbar. Schwieriger wird es in Bezug auf die zweite Kategorie. Wie ich oben bereits angedeutet habe und wie noch detaillierter aufgezeigt werden wird, fehlt tatsächlich in vielen Bereichen ausreichendes Wissen, um dem Klimawandel begegnen zu können.

Hier ist jedoch folgender Punkt wichtig. Aufgrund des jahrelangen Konsenses über die Existenz und Tragik des Klimawandels, ist anzunehmen, dass wir über mehr Wissen verfügen könnten, wenn die Prioritäten innerhalb der Politik, der Wirtschaft und der Forschung dementsprechend gesetzt worden wären. Das ändert zwar nichts daran, dass dieses Wissen de facto heute nicht zur Verfügung steht, dennoch sollte zwischen entschuldbarer und unentschuldbarer Unwissenheit unterschieden werden. Ich möchte an dieser Stelle dafür argumentieren, dass unentschuldbare Unwissenheit selbst wiederum eine standardmäßige Bedrohung darstellt. Es ist in diesem Fall nämlich durchaus denkbar, dass wir dieses Wissen

---

[106] Siehe in diesem Zusammenhang auch Abschnitt 6.2 dieser Arbeit.

[107] In diesem Kontext vor allem Naturkatastrophen, die nicht Folge des Klimawandels sind, wie zum Beispiel Vulkanausbrüche oder Erdbeben.

[108] Vgl., Shue: Basic Rights. Subsistence, Affluence, and U.S. Foreign Policy, S. 32/33.

relativ schnell generieren könnten, indem zum Beispiel Forschungsgelder für die entsprechenden Projekte zur Verfügung gestellt werden.

Viele der Konsequenzen des Klimawandels sind also zwar noch mit einigen Ungewissheiten verbunden, viele dieser Ungewissheiten könnten und sollten aber beseitigt werden, so dass diese Bedrohungen dann auch standardmäßige Bedrohungen darstellen. Es kann zum aktuellen Stand jedoch auch nicht ausgeschlossen werden, dass einige der Konsequenzen des Klimawandels tatsächlich als nicht-standardmäßige Bedrohungen einzuordnen sind.

Trotzdem zeigt zum Beispiel der Umstand, dass Bewohner:innen von Industriestaaten mehr Adaptionsmöglichkeiten zur Verfügung stehen als Bewohner:innen ärmerer Länder, dass gewisse Bedrohungen bereits mit dem heutigen Wissensstand vermeidbar sind. Die Niederlande zum Beispiel schafft es, den Folgen des Meeresspiegelanstiegs und den Konsequenzen von Überschwemmungen entgegenzuwirken[109], während Bewohner:innen von ärmeren Staaten wie Indonesien oder Bangladesch durch den steigenden Meeresspiegel bereits existenziell bedroht sind.[110] Außerdem weisen Wirtschaftswissenschaftler:innen darauf hin, dass durch bestimmte Marktmechanismen Anreize zur Einsparung von Treibhausgasen gesetzt werden könnten.[111] Durch konkrete ordnungspolitische

---

[109] Siehe zum Beispiel: Hoferichter, Andrea: „Wie das Bröckeln der Küsten gestoppt wird", *Süddeutsche Zeitung*, 01.03.2017, https://www.sueddeutsche.de/wissen/kuestenschutz-sand-ans-meer-1.3400744-0#seite-2 (zugegriffen am 23.02.2022); Steinberger, Petra: „Nah am Wasser gebaut", *Süddeutsche Zeitung*, 03.08.2013, https://www.sueddeutsche.de/wissen/die-niederlande-und-der-klimawandel-nah-am-wasser-gebaut-1.1737270-0 (zugegriffen am 24.02.2022).

[110] Siehe zum Beispiel: Gebauer, Matthias: „In der Todeszone des Klimawandels", *Spiegel Wissenschaft*, 23.04.2007, https://www.spiegel.de/wissenschaft/natur/bangladesch-in-der-todeszone-des-klimawandels-a-477669.html (zugegriffen am 23.02.2022); Putz, Ulrike: „Eine Metropole versinkt im Meer", *Spiegel Wissenschaft*, 20.10.2018, https://www.spiegel.de/wissenschaft/natur/jakarta-in-indonesien-eine-millionen-metropole-versinkt-im-meer-a-1232208.html (zugegriffen am 24.02.2022).

[111] Siehe zum Beispiel: Edenhofer, Ottmar und Christoph M. Schmidt: „Eckpunkte einer CO2-Preisreform", 01.12.2018, http://www.rwi-essen.de/media/content/pages/publikationen/rwi-positionen/pos_072_eckpunkte_einer_co2-preisreform.pdf; Frondel, Manuel: „Globales Preisabkommen für Treibhausgase: ein Weg zu effektivem Klimaschutz?", *Wirtschaftsdienst. Zeitschrift für Wirtschaftspolitik* 99/3 (2019), S. 167–171; Kemfert, Claudia u. a.: „Umweltwirkungen der Ökosteuer begrenzt, CO2-Bepreisung der nächste Schritt", *DIW Wochenbericht* 13 (2019), S. 215–222; Kemfert, Claudia und Jochen Diekmann: „Förderung erneuerbarer Energien und Emissionshandel: wir brauchen beides", *DIW Wochenbericht* 76 (2009), S. 169–174.

Maßnahmen, wie Beschränkungen in Bezug auf Inlandsflüge und Kreuzfahrten oder die Einführung von Tempolimits, könnten ebenfalls Treibhausgase eingespart und so der Klimawandel zumindest verlangsamt werden.[112]

Im sechsten Kapitel werde ich noch einmal genauer auf Lösungsskizzen eingehen. An dieser Stelle ist wichtig festzuhalten, dass zumindest das Worst-Case-Szenario im Kontext des Klimawandels eine standardmäßige Bedrohung darstellt, die wir durch das Etablieren von Institutionen verhindern können. Auch scheint sehr viel Leid, das vor allem ärmere Menschen aktuell betrifft, durch Maßnahmen, die reicheren Menschen bereits zur Verfügung stehen, vermeidbar zu sein. Außerdem sind wir in der Lage, unseren Wissensstand bezüglich der Bekämpfung des Klimawandels weiter auszubauen, so dass weitere Bedrohungen im Kontext des Klimawandels zu standardmäßigen Bedrohungen werden. Dies lässt sich ebenfalls durch das Etablieren oder Verändern von Institutionen erreichen.[113]

In Abschnitt 1.2 habe ich aufgezeigt, dass Shues Ausführungen bezüglich der Etablierung sozialer Garantien gegen standardmäßige Bedrohungen auf zweierlei Weise verstanden werden können: Zum einen können soziale Garantien geboten sein, weil es *machbar* ist, sie zu etablieren oder zum anderen, weil es aufgrund basaler Rechtsverletzungen *notwendig* ist sie zu etablieren. Im Falle des Klimawandels scheint es eher so zu sein, dass dieser eine Gefährdung basaler Rechte darstellt und daher zur standardmäßigen Bedrohung werden *sollte*, in dem Sinne, dass wirksame Institutionen, Politiken und andere Maßnahmen gefunden werden müssen, die gegen die schlimmsten Konsequenzen schützen – dies kann sich sowohl auf Mitigation als auch auf Adaption beziehen. Einige Konsequenzen

---

[112] Siehe zum Beispiel: Freitag, Jan: „Mehr Druck, mehr Verbote!", *Zeit Online*, 30.12.2018, https://www.zeit.de/kultur/2018-12/klimawandel-umgang-konsumverhalten-regeln-einweg plastik-veganismus/komplettansicht (zugegriffen am 23.02.2022); Höhne, Valerie: „Verbietet doch einfach mehr", *Spiegel*, 30.07.2019, https://www.spiegel.de/politik/deutschland/ klimaschutz-wir-brauchen-mehr-verbote-a-1279540.html (zugegriffen am 23.02.2022); Wüllenweber, Walter: „Warum wir ohne Verbote nicht mehr auskommen werden", *Stern*, 27.07.2019, https://www.stern.de/politik/deutschland/klimawandel---warum-wir-ohne-ver bote-nicht-mehr-auskommen-werden-8814376.html (zugegriffen am 24.02.2022).

[113] Zum Beispiel müsste der Einfluss gewisser Lobbygruppen verringert werden, Forschungsgelder sollten vermehrt an Projekte fließen, die in Bereichen zum Thema Nachhaltigkeit forschen und nachhaltige Bildung sollte in die Lehrpläne aufgenommen werden (letzteres ist auch ein Ziel, das im Rahmen der Sustainable Development Goals unter „Hochwertige Bildung" definiert wurde. Vgl. „SDG 4 – Hochwertige Bildung", *SDG-Portal*, ohne Datum, https://sdg-portal.de/de/ueber-das-projekt/17-ziele/hochwertige-bildung (zugegriffen am 22.02.2022).

des Klimawandels sind zwar bereits heute als standardmäßige Bedrohungen einzuordnen, jedoch nicht alle und insbesondere nicht der Klimawandel bzw. die
Erderwärmung an sich. Trotzdem ist diese Bedrohung derart gravierend, dass es
geboten ist, funktionierende Lösungen zu finden.

Shue selber scheint davon auszugehen, dass diese Lösungen für den Klimawandel bekannt sind und nur noch implementiert werden müssten.

„The current global energy regime is a social institution that is causing harms its
builders mostly did not foresee or intend. In order to protect basic rights, now that we
understand the mushrooming magnitude of the harms that are in fact being caused by
this institution, we must replace it with institutions that do not undercut the capacity of
ordinary people to enjoy their basic rights – with energy systems that do not undermine
the planet's climate. Smart electricity grids, wind turbines, solar power farms, modified
agricultural techniques, electric cars – these and many other such possibilities are
matters of technology policy and energy policy. It may seem genuinely weird to suggest
that they are matters of human rights as well. But they are.”[114]

Wenn dies zuträfe, müsste der Klimawandel an sich tatsächlich als standardmäßige Bedrohung eingestuft werden. Wie ich in dieser Arbeit anhand des
Braunkohleausstiegs zeigen werde, stellt sich die Situation jedoch komplexer dar.
Wie und ob der Wechsel hin zu einem nachhaltigen Energiesystem gelingen kann,
ist nicht so eindeutig, wie Shue es hier darstellt. Hinzukommt, dass im Zuge
dieser Transformation ebenfalls grundlegende Rechte verletzt werden können.[115]
Trotzdem bleibt die Dringlichkeit, akzeptable Lösungen für den Klimawandel
zu finden, aufgrund der andernfalls zwangsläufigen Verletzung grundlegender
Rechte, bestehen.

Die moralische Notwendigkeit, auf das durch den Klimawandel entstehende
menschliche Leid zu reagieren, wird dadurch verschärft, dass die Problematik
des Klimawandels auch durch erhebliche Ungerechtigkeiten geprägt ist. In der
Regel verhält es sich so, dass reichere Menschen und Staaten stärker zur kau-
salen Verursachung des Klimawandels beitragen als ärmere. Dies ist zum einen
historisch bedingt, da heutige reiche Industriestaaten früher als andere mit einem
Industrialisierungsprozess begonnen haben und so bereits seit Jahrzehnten Treibhausgase in die Atmosphäre emittieren.[116] Zum anderen liegt dies darin begründet,

---

[114] Henry Shue, *Basic Rights: Subsistence, Affluence, and U.S. Foreign Policy*, 40th Anniversary Edition (Princeton: Princeton University Press, 2020), S. 186/187.

[115] Siehe in diesem Zusammenhang auch Kapitel 5 und 6 dieser Arbeit.

[116] Siehe beispielsweise: Gardiner, Stephen M.: A Perfect Moral Storm. The Ethical Tragedy
of Climate Change, New York: Oxford University Press 2011, S. 119; Jamieson, Dale: „Adaptation, Mitigation, and Justice", in: *Perspectives on Climate Change: Science, Economics,*

dass reichere Menschen treibhausgasintensive Tätigkeiten in einem vergleichsweise hohen Maße praktizieren. Zu nennen sind hier beispielsweise Fernreisen
unternehmen, schwere Autos fahren oder große Wohnflächen bewohnen.[117] Die
Nutzen des Emittierens von Treibhausgasen – wirtschaftliches Wachstum bzw.
das Konsumieren von (Luxus-) Gütern – liegen dabei bei den Emittenten selbst.
Die Kosten in Form des Klimawandels treten jedoch global auf und treffen
darüber hinaus Staaten in ärmeren Teilen der Welt früher und härter.

Es kommt außerdem eine zeitliche Komponente hinzu: Das heutige Emittieren
von Treibhausgasen schadet insbesondere zukünftig lebenden Menschen. Wenn
heute keine Mitigationsmaßnahmen implementiert werden, wird der Schaden, den
die Konsequenzen des Klimawandels verursachen, absehbar so hoch sein, dass er
mutmaßliche positive Aspekte des Emittierens von Treibhausgasen überwiegt. Da
zukünftige Menschen, die von dieser Situation betroffen sein werden, keinerlei
Einfluss auf heutige Handlungen nehmen können, stellt dies eine gravierende
Form der intergenerationellen Ungerechtigkeit dar.[118]

Wie sich im weiteren Verlauf dieser Arbeit zeigen wird, ist das Problem des
Klimawandels mittlerweile zeitlich so drängend, dass nicht ausreichend Rücksicht

---

Politics, Ethics. Advances in the Economics of Environmental Resources, Bd. 5, 2005, S. 217–
248, hier S. 223–226; IPCC: „Climate Change 2001: Impacts, Adaptation, and Vulnerability.
Contribution of Working Group II to the Third Assessment Report of the Intergovernmental Panel on Climate Change", in: McCarthy, James J. u. a. (Hrsg.), Cambridge, New York:
Cambridge University Press 2001, S. 893–898.

[117] Siehe beispielsweise: Bunge, Christiane und Antje Katzschner: „Umwelt, Gesundheit
und soziale Lage. Studien zur sozialen Ungleichheit gesundheitsrelevanter Umweltbelastungen in Deutschland", Berlin: Umweltbundesamt, 2009; Kraemer, Klaus: „Umwelt und
soziale Ungleichheit", *Leviathan* 3 (2007); Planergemeinschaft Kohlbrenner eG: „Umweltgerechtigkeit in der Sozialen Stadt. An Schnittstelle von Umwelt, Gesundheit und Sozialer
Lage. Endbericht", Berlin: Bundesinstitut für Bau-, Stadt- und Raumforschung (BBSR) im
Bundesamt für Bauwesen und Raumordnung (BBR), 2016.

[118] Siehe beispielsweise: Birnbacher, Dieter: Klimaethik. Nach uns die Sintflut?, Stuttgart:
Reclam 2016, S. 70–94; Caney, Simon: „Cosmopolitan Justice, Rights and Global Climate
Change", *Canadian Journal of Law and Jurisprudence* 19 (2006), S. 255–278, hier S. 255–
257; Shue, Henry: „Responsibility to future generations and the technological transition",
in: *Climate Justice. Vulnerability and Protection*, Oxford: Oxford University Press 2014,
S. 225–243; Shue, Henry: „Deadly delays, saving opportunities: creating a more dangerous
world?", in: *Climate Justice. Vulnerability and Protection*, Oxford: Oxford University Press
2014, S. 263–286; Shue, Henry: „Human rights, climate change, and the trillionth ton", in:
Climate Justice. Vulnerability and Protection, Oxford: Oxford University Press 2014, S. 297–
318, hier S. 298/299, S. 303/304, S. 308/309. Siehe auch die entsprechenden Verweise im
nächsten Abschnitt.

auf diese Gerechtigkeitsaspekte genommen werden kann. Um effektive Lösungen zu implementieren, müssen wahrscheinlich auch Staaten und Menschen, die wenig oder weniger als andere zum Klimawandel beigetragen haben, harte Einschnitte in ihre Lebensrealitäten akzeptieren. Andernfalls werden die Konsequenzen zu noch erheblicheren Rechtsverletzungen und somit Ungerechtigkeiten führen.

2.2 Moralische Pflichten im Kontext des Klimawandels

Wie bereits erwähnt, ergeben sich bei der Zuschreibung moralischer Pflichten im Kontext des Klimawandels moral-theoretische Schwierigkeiten, obwohl die zu beobachtenden und absehbaren Rechtsverletzungen sehr eindeutig und gravierend sind. Einige relevante Aspekte im Kontext dieser Debatte sollen im Folgenden umrissen werden, bevor ich mit Hilfe von Shues Theorie einen Lösungsversuch unternehme.

Wer ist im Kontext des Klimawandels moralisch verantwortlich?
Bevor ich auf drei Prinzipien eingehe, anhand derer Verantwortung im Kontext des Klimawandels zugeschrieben werden soll, möchte ich einleitend den Unterschied zwischen prospektiver und retrospektiver Verantwortung verdeutlichen. Prospektive Verantwortung ist in die Zukunft gerichtet und beschreibt Pflichten, die ein:e Akteur:in erfüllen soll. Retrospektive Verantwortung ist rückwärtsgewandt und bezieht sich somit auf Handlungen, die bereits ausgeführt wurden. Retrospektive Verantwortung wird meist dann relevant, wenn Pflichten verletzt wurden und es um die Frage des oder der Schuldigen geht. Wichtig hierbei ist, dass sich retrospektive Verantwortung aus der prospektiven Verantwortung ergibt. Das heißt ein:e Akteur:in ist dann retrospektiv verantwortlich, wenn er oder sie zuvor auch prospektiv verantwortlich war. Lob und Tadel werden retrospektiv ausgesprochen, wenn ein:e Akteur:in seiner oder ihrer prospektiven Verantwortung tatsächlich nachgekommen ist bzw. diese verletzt hat. Aus retrospektiver Verantwortung folgen dann wieder zukunftsgerichtete Pflichten, zum Beispiel Pflichten der Wiedergutmachung. Da also die Zuschreibung und die Art der retrospektiven Verantwortung von der Zuschreibung und Art der prospektiven

Verantwortung abhängig ist, ist es vor allem zentral, die Frage nach der Verantwortung im prospektiven Sinne zu beantworten.[119] Wer trägt Verantwortung dafür, Maßnahmen zur Bekämpfung des Klimawandels zu übernehmen? Wie sich im weiteren Verlauf des Kapitels zeigen wird, kann dies auch unmittelbar damit zusammenhängen, wer retrospektive Verantwortung für den Klimawandel trägt, wer also den bisherigen prospektiven Verantwortlichkeiten nicht nachgekommen ist. Ich werde zwei Prinzipien, die sich auf retrospektive Verantwortung beziehen, das Verursacher- und das Nutznießerprinzip, und ein Prinzip, das sich auf prospektive Verantwortung bezieht, das Leistungsfähigkeitsprinzip, diskutieren.

Das Verursacher- und das Nutznießerprinzip
Im Kontext der Klimaethik werden verschiedene Prinzipien diskutiert, mit deren Hilfe moralische Verantwortung für die Konsequenzen des Klimawandels zugeschrieben werden soll. Das intuitivste dieser Prinzipien ist vermutlich **das Verursacherprinzip**. Es besagt, dass diejenigen für die Folgen des Klimawandels verantwortlich sind, die diesen kausal verursacht haben.[120] Hier wird also zunächst retrospektive Verantwortung zugeschrieben, die dann als Grund für die Zuschreibung prospektiver Verantwortung dient. Zu beachten ist jedoch, dass sich die Zuschreibung retrospektiver Verantwortung daraus ergibt, dass zuvor Verantwortlichkeiten im prospektiven Sinne versäumt wurden. Zumindest seit die schädlichen Wirkungen von Treibhausgasemissionen bekannt sind, bestehen in die Zukunft gerichtete Pflichten, negativen Konsequenzen des Klimawandels vorzubeugen. Dies ist nur unzureichend geschehen, sodass verschiedene Akteur:innen, die wissentlich zum Klimawandel beigetragen haben nun als Verursacher:innen klassifiziert werden können. Um das Verursacherprinzip anzuwenden, muss also die empirische Frage beantwortet werden, wer den Klimawandel wissentlich kausal verursacht hat.

Vertreter:innen dieses Prinzips haben dabei meist Bewohner:innen von Industriestaaten sowie die Staaten selbst als verantwortliche Akteur:innen im Blick.

---

[119] Vgl., Steigleder, Klaus: „Deontologische Theorien der Verantwortung", in: Heidbrink, L., C. Langbehn und J. Loh (Hrsg.): *Handbuch Verantwortung*, Springer Reference Sozialwissenschaften, Wiesbaden: Springer 2017, S. 3/4.

[120] Vgl., Birnbacher: Klimaethik. Nach uns die Sintflut?, S. 105/106 und S. 114–118; Gardiner: A Perfect Moral Storm. The Ethical Tragedy of Climate Change, S. 415; Jamieson: „Adaptation, Mitigation, and Justice", S. 229; Neumayer, Eric: „In defense of historical accountability for greenhouse gas emissions", *Ecological Economics* 33/2 (2000), S. 185–192, hier S. 7; Roser/Seidel: Ethik des Klimawandels. Eine Einführung, S. 93–101; Shue, Henry: „Global environment and international inequality", in: *Climate Justice. Vulnerability and Protection*, Oxford: Oxford University Press 2014, S. 180–194, hier S. 182/183.

Denkbar sind außerdem Unternehmen und internationale Institutionen.[121] Dass viele dieser Akteur:innen kausal verantwortlich für die Konsequenzen des Klimawandels sind, scheint zunächst recht plausibel zu sein. Der anthropogene Klimawandel ist eindeutig auf die menschlichen Aktivitäten seit der industriellen Revolution rückführbar.[122] Damals begannen einige Staaten, fossile Brennstoffe für die Energiegewinnung zu nutzen. Auf diese Weise erlebten diese Länder ein starkes wirtschaftliches Wachstum. Noch heute sind die Wirtschaftssysteme dieser sogenannten Industriestaaten von einem Energiesystem abhängig, das große Mengen Treibhausgase produziert.[123] Es kann also argumentiert werden, dass bestimmte Handlungen von Industriestaaten und deren Bewohner:innen die Ursache des Klimawandels sind.

Bei genauerer Betrachtung dieser potentiell moralisch verantwortlichen Akteur:innen stellt sich jedoch heraus, dass es ebenfalls einige Gründe gibt, die dagegen sprechen, ihnen moralische Verantwortung im retrospektiven Sinn im Kontext des Klimawandels zuzuschreiben. Zu Beginn der industriellen Revolution konnten die damaligen Akteur:innen nicht wissen, welche Auswirkungen ihre Entscheidungen haben werden. Da im Falle von Unwissenheit, keine moralische Verantwortung zugeschrieben werden kann,[124] kann also nicht argumentiert werden, dass die Menschen zur damaligen Zeit moralisch verpflichtet waren, einen anderen Weg der Energiegewinnung einzuschlagen.[125] Des Weiteren wird der heutige Klimawandel durch die kumulierten Treibhausgasemissionen unserer Vorfahren und unserer Generation verursacht.[126] Da also ein Teil der Emissionen, die

---

[121] Vgl., Caney, Simon: „Cosmopolitan Justice, Responsibility, and Global Climate Change", *Leiden Journal of International Law* 18 (2005), S. 747–775, hier S. 754/755.

[122] Siehe dazu Abschnitt 2.1 dieser Arbeit.

[123] Vgl., Ritchie, Hannah und Max Roser: „CO2 and Greenhouse Emissions", *OurWorldInData.org*, 2020, https://ourworldindata.org/co2-and-other-greenhouse-gas-emissions# (zugegriffen am 24.02.2022), siehe insbesondere die Abschnitte „Per capita CO2 emissions" und „Global inequalities in CO2 emissions".

[124] Ausgenommen sind hier Fälle von Ignoranz oder Uninformiertheit.

[125] Erst in den 1959ern/1960ern Jahren wurde der Zusammenhang zwischen dem Treibhauseffekt und den zunehmenden CO_2-Emissionen erforscht, 1990 erschien der erste IPCC Bericht. Siehe zum Beispiel: Weart, Spencer: „History of Climate Science", *OSS Open Source Systems, Science, Solutions*, ohne Datum, http://ossfoundation.us/projects/environment/global-warming/climate-science-history (zugegriffen am 22.02.2022).

[126] Das liegt daran, dass vor allem CO_2 sehr lange in der Atmosphäre wirkt. Siehe dazu den entsprechenden Abschnitt in Abschnitt 2.1. Aus einer eher politischen Perspektive ließe sich noch argumentieren, dass vorherige Generationen politische Entscheidungen getroffen haben, die zu unserer heutigen Abhängigkeit von Treibhausgasen führten. Somit sind die wahren Verursacher:innen eben die Mitglieder dieser vorherigen Generationen. Vgl., Caney:

den heutigen Klimawandel verursachen, von unseren Vorfahren emittiert wurden, ist es schwierig, eine direkte Kausalkette zwischen dem heutigen Emittieren von Treibhausgasen und den heute stattfindenden Rechtsverletzungen herzustellen. Ein Teil der Verursacher:innen kann also nicht moralisch verantwortlich gemacht werden, da sie nicht wussten, dass ihre Handlungen schädigend sind, zudem leben diese Menschen nicht mehr, während heute lebende Emittenten streng genommen nicht bzw. nicht alleine kausal für den Klimawandel verantwortlich sind. Aus diesen Gründen kann argumentiert werden, dass die Kausalkette zwischen dem heutigen Emittieren von Treibhausgasen und der Entstehung des Klimawandels nicht existiert bzw. unvollständig ist. Im Sinne des Verursacherprinzips kann dann auch keine moralische Verantwortung zugeschrieben werden.[127]

Da es jedoch sehr kontraintuitiv ist, heutigen Bewohner:innen von Industriestaaten keinerlei moralische Verantwortung im Kontext des Klimawandels zuzuschreiben, ist es naheliegend, das Verursacherprinzip durch **das Nutznie-ßerprinzip** zu ergänzen. Dieses besagt, dass diejenigen für die Folgen des Klimawandels verantwortlich sind, die von dessen Verursachung profitiert haben.[128] Das trifft auf heutige Bewohner:innen von Industriestaaten zu. Denn diese Staaten haben im Laufe der Zeit Entwicklungsprozesse durchlaufen, die zu Wohlstand, Demokratie und Rechtsstaatlichkeit führten. Das wäre ohne wirtschaftliches Wachstum, das wiederum auf die Nutzung fossiler Brennstoffe rückführbar ist, nicht in dieser Form möglich gewesen.[129]

Somit profitieren heutige Bewohner:innen von Industriestaaten von den Emissionen ihrer Vorfahren sowie vom eigenen Emittieren von Treibhausgasen. Sie profitieren also von der Verursachung des Klimawandels und tragen damit, laut

---

„Cosmopolitan Justice, Responsibility, and Global Climate Change", S. 756; Gardiner: A Perfect Moral Storm. The Ethical Tragedy of Climate Change, S. 33/34.

[127] Siehe in diesem Kontext beispielsweise: Caney: „Cosmopolitan Justice, Responsibility, and Global Climate Change", S. 756; Gardiner: A Perfect Moral Storm. The Ethical Tragedy of Climate Change, S. 415/416 und S. 418/419; Shue, Henry: „Historical Responsibility, Harm Prohibition, and Preservation Requirement: Core Practical Convergence on Climate Change", *Moral Philosophy and Politics* 2/1 (2015), S. 7–31, hier S. 14–16.

[128] Vgl., Birnbacher: Klimaethik. Nach uns die Sintflut?, S. 105/106; Gardiner: A Perfect Moral Storm. The Ethical Tragedy of Climate Change, S. 418; Neumayer: „In defense of historical accountability for greenhouse gas emissions", S. 10/11; Roser/Seidel: Ethik des Klimawandels. Eine Einführung, S. 102–109; Shue: „Historical Responsibility, Harm Prohibition, and Preservation Requirement: Core Practical Convergence on Climate Change", S. 11–14; Siehe auch: Shue: „Global environment and international inequality", S. 185/186.

[129] Siehe zum Beispiel: Aye, Goodness C. und Prosper Ebruvwiyo Edoja: „Effect of economic growth on CO2 emission in developing countries: Evidence from a dynamic panel threshold model", *Cogent Economics & Finance* 5/1 (2017), (zugegriffen am 14.09.2017);

des Nutznießerprinzips, moralische Verantwortung für die Konsequenzen des Klimawandels.

Ein Einwand gegen das Nutznießerprinzip ist, dass es ungerecht ist, heute lebende Menschen für die Handlungen ihrer Vorfahren verantwortlich zu machen.[130] Es stellt sich jedoch die Frage, ob es tatsächlich eine gerechtere Alternative gibt. Shue schreibt:

> *„It is unfortunate that anyone must pay, but granted that some must, the best that we can do is to assign the costs to those whom it is fairest to charge from among those who are in fact available to be charged. (…) [I]t would be outrageously unfair if those of us who thus far in our lives may have inadvertently captured the benefits of our industrial society while continuing generally to disburse the harms should now knowingly continue to grasp as much as possible of the benefits from massive carbon emissions while inflicting as much as possible of the harms on people generally by refusing to bear a substantial share of the costs (…)."*[131]

Auch wenn der Einwand, dass heutige Bewohner:innen von Industriestaaten durch die Anwendung des Nutznießerprinzips ungerecht behandelt werden entkräftet, werden kann, lässt sich an dieser Stelle ein weiteres, grundlegenderes Argument gegen die These, dass vor allem sie für die Folgen des Klimawandels verantwortlich sind, einwenden: Wird der individuelle Treibhausgasausstoß einer einzigen Person betrachtet, dann ist der einzelne Beitrag dieser Person so gering, dass er für sich genommen keinen Einfluss auf die klimatischen Bedingungen des Planeten hat. Somit lässt sich nicht argumentieren, dass der Klimawandel von Individuen verursacht wurde bzw. wird. Das bedeutet im Umkehrschluss auch, dass Individuen nicht in der Lage sind, das Problem zu lösen, unabhängig davon, ob sie davon profitieren oder nicht.[132] Auf individueller Ebene scheinen das Verursacher- und das Nutznießerprinzip also nicht ausreichend,

---

Ciesielski, Anna und Jana Lippelt: „Kurz zum Klima: Kohleabbau, Wachstum und Klimawandel in Europa – eine historische Betrachtung", *ifo Schnelldienst* 15 (2012), S. 62–66; Hamilton, Clive und Hal Turton: „Determinants of emissions growth in OECD countries", *Energy Policy* 30/1 (2002), S. 63–71. https://www.tandfonline.com/doi/pdf/10.1080/23322039.2017.1379239?needAccess=true.

[130] Siehe in diesem Kontext beispielsweise: Caney: „Cosmopolitan Justice, Responsibility, and Global Climate Change", S. 760; Siehe auch: Shue: „Global environment and international inequality", S. 185/186.

[131] Shue: „Historical Responsibility, Harm Prohibition, and Preservation Requirement: Core Practical Convergence on Climate Change", S. 18.

[132] Vgl., Sinnott-Armstrong, Walter: „It's not my fault: global warming and individual moral obligations", in: *Perspectives on Climate Change: Science, Economics, Politics, Ethics. Advances in the Economicy of Environmental Research*, Bd. 5, 2005, S. 293–315; Zum

um verantwortliche Akteur:innen im Kontext des Klimawandels eindeutig zu identifizieren.[133] Trotzdem lässt sich noch argumentieren, dass kollektive Akteure im Sinne des Verursacherprinzips moralische Verantwortung tragen. Zwar konnte zu Beginn der industriellen Revolution, aufgrund der Unwissenheit um die negativen Konsequenzen, nicht verlangt werden, dass ein Staat das Emittieren von Treibhausgasen unterlässt, mittlerweile ist allerdings ausreichendes Wissen verfügbar. Ein:e Akteur:in, der oder die im Laufe der Zeit erfährt, dass er oder sie die Ursache für Rechtsverletzungen ist, muss ihr Verhalten ändern, auch wenn sie zu Beginn der entsprechenden Handlungen nicht wusste, dass er oder sie falsch handelt.[134] Wenn ein demokratischer Staat wie Deutschland moralische Verantwortung im Kontext des Klimawandels trägt, dann lassen sich daraus auch Pflichten für die Büger:innen dieses Staats ableiten.

Nun kann eingewendet werden, dass es sich bei den heutigen Industriestaaten und den Staaten zu Beginn der industriellen Revolution nicht um dieselben Akteure handelt, dementsprechend ist es falsch zu argumentieren, dass ein heutiger staatlicher Akteur seit der industriellen Revolution Rechtsverletzungen ausführt. Vielmehr verhält es sich, wie auf der individuellen Ebene, so, dass die Entscheidungen und Handlungen eines früheren Akteurs zu den heutigen negativen Konsequenzen geführt haben.[135]

Im Anbetracht der Wandlungen, die Staaten seit der industriellen Revolution in Bezug auf Herrschaftsformen und territorialer Ausdehnungen vollzogen

---

Problem minimaler Beiträge siehe auch: Birnbacher: Klimaethik. Nach uns die Sintflut?, S. 140–149.

[133] Caney erhebt zwei weitere Kritikpunkte gegen das Nutznießerprinzip in Caney: „Cosmopolitan Justice, Responsibility, and Global Climate Change".: 1) Er argumentiert, dass das Verursacher- und Nutznießerprinzip sich gegenseitig ausschließen, da es sein kann, dass eine bestimmte Person zwar unter das Nutznießerprinzip fällt, nicht aber unter das Verursacherprinzip. (vgl., ebd., S. 757) 2) Caney argumentiert außerdem, dass ein modifiziertes Nicht-Identitäts-Prinzip gegen die Plausibilität des Nutznießerprinzips spricht, da heutige Profiteur:innen der früheren Treibhausgasemissionen ohne diese Emissionen nicht in Existenz gekommen wären. (vgl., ebd., S. 757/758). Beide Einwände sind nicht überzeugend. Zu 1) Die beiden Prinzipien schließen sich nicht aus, sondern erweitern bloß die Menge an Verantwortlichen. Es ist daher kein Widerspruch, wenn bloß eins der Prinzipien auf eine Person zutrifft. Zu 2) Die Tatsache, dass ungerechte Strukturen zur eigenen Existenz geführt haben, ist kein Argument dafür, diese ungerechten Strukturen aufrecht zu erhalten und weiterhin von ihnen zu profitieren.

[134] Vgl., Shue: „Global environment and international inequality", S. 185/186; Siehe auch: Caney: „Cosmopolitan Justice, Responsibility, and Global Climate Change", S. 758.

[135] Auf diesen Punkt wurde ich von Tobias Vogel aufmerksam gemacht.

haben, ist dieses Gegenargument durchaus berechtigt. Jedoch ist der heutige staatliche Akteur Deutschland beispielsweise nicht auf die gleiche Art und Weise von
Deutschland zu Beginn der industriellen Revolution zu unterscheiden, wie ein:e
heutige:r Deutsche:r von einem oder einer Deutschen zur damaligen Zeit. Verändert ein Staat seine Form, zum Beispiel durch Verkleinerung oder Vergrößerung
seines Territoriums, durch die Abkopplung von einem Staatenbund oder durch
den Zusammenschluss mehrerer Staaten, ist dieser Prozess im Völkerrecht durch
die Staatensukzession geregelt.[136] Das heißt, dass der neu entstehende staatliche
Akteur die Rechtsnachfolge des zuvor bestehenden Akteurs übernimmt. So entsteht eine Kontinuität zwischen dem früheren Staat und dem heutigen Staat, die
so für zwei Individuen nicht gegeben ist. In den meisten Fällen hat sich also
der heutige staatliche Akteur aus dem damaligen staatlichen Akteur entwickelt.
Wenn es um die Frage geht, welcher Akteur für die Fehler einer früheren Ver-
sion Deutschlands verantwortlich ist, dann ist das heutige Deutschland aus diesen
Gründen zumindest der naheliegendste Kandidat.[137] Genauso können Unternehmen oder andere nicht-staatliche Institutionen moralisch verantwortlich sein, auch
wenn sie bei ihrer Gründung noch nichts von den negativen Konsequenzen des
Emittierens von Treibhausgasen gewusst haben.

Hier greift jedoch ein analoges Gegenargument zur individuellen Ebene: Ein
kollektiver Akteur allein ist weder kausal für den heutigen Klimawandel verantwortlich noch steht es in seiner Macht, etwas zu dessen Bekämpfung beizutragen,
wenn andere Akteure nicht kooperieren. Auf staatlicher Ebene kommt hinzu, dass
sich der Verzicht auf das Emittieren von Treibhausgasen in der heutigen Welt sehr
nachteilig auf die Wettbewerbsfähigkeit auswirken würde, wenn andere Staaten
so weiter agieren würden wie bisher.[138] In einem solchen Szenario wären dann
auch grundlegende Rechte der betroffenen Bewohner:innen des Staates betroffen,
der eine solche Entscheidung trifft.[139] Es ist also fraglich, ob kollektive Akteure
die Kausalbedingung für die Anwendung des Verursacherprinzips erfüllen bzw.

---

[136] Vgl., Fiedler, Winfried: „Staatensukzession und Menschenrechte", in: Ziemska, Burkhardt (Hrsg.): *Staatsphilosophie und Rechtspolitik: Festschrift für Martin Kriele zum 65.
Geburtstag*, München: Beck 1997, S. 1371–1391.

[137] So trägt Deutschland zum Beispiel als Kollektiv auch Verantwortung aufgrund der Ver-
brechen der Nationalsozialist:innen, auch wenn viele der heutigen Bewohner:innen Deutschlands keine individuelle Schuld tragen.

[138] Vgl., Bardt, Hubertus und Thilo Schaefer: „Deutschlands Rolle für den globalen Klimaschutz", *Wirtschaftsdienst. Zeitschrift für Wirtschaftspolitik* 99/3 (2019), S. 163–167;
Gardiner: A Perfect Moral Storm. The Ethical Tragedy of Climate Change, S. 30 und S. 97–
101.

[139] Siehe hierzu auch Kapitel 3 und Abschnitt 5.1 dieser Arbeit.

ob sie darüber hinaus überhaupt fähig sind, dieser scheinbaren Verantwortung nachzukommen.

In Bezug auf das Verursacherprinzip und das Nutznießerprinzip ergeben sich also zwei Hauptprobleme. Erstens ist es in Bezug auf einige Akteur:innen, die mit Hilfe dieser Prinzipien zur Verantwortung gezogen werden sollen, fraglich, ob sie tatsächlich als Verursacher:innen klassifiziert werden können.[140] Zweitens zeigt sich, dass selbst wenn kausale Verantwortung zugeschrieben werden kann und somit das Verursacherprinzip erfüllt ist, eine weitere notwendige Bedingung für die Zuschreibung moralischer Verantwortung nicht erfüllt ist und zwar die Bedingung, dass der oder die verantwortlich:e Akteur:in fähig sein muss, die mutmaßlich moralisch richtige Handlung als solche zu erkennen und auszuführen.[141]

Bevor ich im nächsten Teilabschnitt ein weiteres Prinzip diskutiere, das auf diesen Aspekt der Fähigkeit fokussiert ist, ist es sinnvoll zu rekapitulieren, warum sich die Zuschreibung moralischer Verantwortung mit Hilfe des Verursacher- und Nutznießerprinzips als derart schwierig herausstellt. Der anthropogene Klimawandel ist ein Phänomen, das durch *aggregierte* individuelle Handlungen verursacht wird. Daher besteht eine Idee davon, welche Art von Handlungen das Problem verursacht, jedoch gibt es keine klar definierbaren Akteur:innen, die als Hauptursache des Problems identifiziert werden können. Das heißt, dass jede Handlung für sich betrachtet weder eine notwendige noch eine hinreichende Bedingung ist, um den Klimawandel zu verursachen. Dieser Logik folgend wäre also auch der individuelle Verzicht auf das Emittieren von Treibhausgasen in dem Sinne sinnlos, als dass dies scheinbar nicht zur Lösung des Problems beiträgt. Das heißt, selbst wenn die lose Kausalbeziehung zwischen einigen Akteur:innen und dem Klimawandel als Erfüllung der Kausalitätsbedingung akzeptiert würde, ist aufgrund der Machtlosigkeit dieser Akteur:innen eine weitere Bedingung für die Zuschreibung moralischer Verantwortung nicht erfüllt. Besonders stark ist dieser Einwand auf individueller Ebene, aber auch ein einzelner kollektiver Akteur kann das Problem nicht allein lösen, indem er auf das Emittieren von Treibhausgasen verzichtet. Wenn Shue und Gewirth argumentieren, dass aus der Verletzung grundlegender Rechte zunächst einmal die negative Pflicht folgt, dass das entstehende Leid vermieden werden soll,[142] dann ist im Kontext des Klimawandels also zunächst unklar, wer genau welche Aktivitäten unterlassen soll.

---

[140] Vgl., Caney: „Cosmopolitan Justice, Responsibility, and Global Climate Change", S. 760/761.

[141] Vgl., ebd., S. 761/762.

[142] Vgl., Shue: Basic Rights. Subsistence, Affluence, and U.S. Foreign Policy, S. 60.

Das Leistungsfähigkeitsprinzip

Bis hierher habe ich gezeigt, welche moral-theoretischen Schwierigkeiten in Bezug auf die Anwendung des Verursacher- und des Nutznießerprinzips im Kontext des Klimawandels auftreten. Im Folgenden werde ich auf ein weiteres Prinzip eingehen, mit dessen Hilfe Verantwortung für die Folgen des Klimawandels zugeschrieben werden soll. **Das Leistungsfähigkeitsprinzip** besagt, dass Akteur:innen, die über ausreichend Ressourcen zur Lösung des Problems verfügen, für die Folgen des Klimawandels moralisch verantwortlich sind.[143] Dieses Prinzip fokussiert sich auf prospektive Verantwortung, da die Zuschreibung der Verantwortung nicht von Handlungen in der Vergangenheit abhängig ist. Im Kontext des Klimawandels sollte jedoch beachtet werden, dass die Generierung des Wohlstands derjenigen, die heutzutage ausreichend Mittel zur Bekämpfung des Klimawandels zur Verfügung haben, meist mit der kollektiven Herbeiführung des Klimawandels einherging.

Die Hauptadressaten dieses Prinzips sind erneut Bewohner:innen von Industriestaaten bzw. kollektive Akteure wie reiche Staaten oder Unternehmen. Da diese Akteur:innen über sehr viel Wissen, Macht und finanzielle Mittel verfügen, ist es zunächst nicht abwegig zu vermuten, dass sie über ausreichend Ressourcen verfügen, um für die Folgen des Klimawandels verantwortlich zu sein. Zusätzlich lassen sich mit diesem Prinzip auch wohlhabende Menschen in armen Staaten zur Verantwortung ziehen.

Es ergeben sich jedoch zwei Schwierigkeiten. Erstens bleiben ähnliche Einwände, die bereits in Bezug auf die obigen Prinzipien erhoben wurden, zunächst bestehen. Es existiert kein:e wohlhabende:r Akteur:in, weder auf individueller noch auf kollektiver Ebene, der oder die alleine die Lösung des Problems des Klimawandels herbeiführen *kann*. Damit ist es fraglich, ob selbst die Superreichen und Mächtigsten der Mächtigen als fähig, den Klimawandel zu bekämpfen, definiert werden können. Zweitens, angenommen die Mittel der fähigen Akteur:innen

---

[143] Vgl., Birnbacher: Klimaethik. Nach uns die Sintflut?, S. 105/106 (Birnbacher argumentiert, dass das Leistungsfähigkeitsprinzip ein sekundäres Prinzip ist, das dann zur Anwendung kommt, wenn die primären Verantwortlichen ihrer Verantwortung nicht nachkommen wollen oder können.); Roser/Seidel: Ethik des Klimawandels. Eine Einführung, S. 110–117; Shue: „Global environment and international inequality", S. 186 ff.; Shue: „Historical Responsibility, Harm Prohibition, and Preservation Requirement: Core Practical Convergence on Climate Change", S. 16/17; siehe in diesem Zusammenhang auch Shues Pflicht III, das priority principle und die Wohlhabenden als Verantwortliche: Shue: Basic Rights. Subsistence, Affluence, and U.S. Foreign Policy, S. 114–119.

Hier muss beachtet werden, dass dieses Prinzip für sich genommen nur vorwärtsgewandte Verantwortung zuschreiben kann. Fragen nach der Ursache des Problems und nach den Schuldigen werden hier nicht beachtet.

reichen aus, um den Klimawandel effektiv zu bekämpfen.[144] Dann stellt sich trotzdem noch die Frage, was genau diese Akteur:innen mit Hilfe ihrer Ressourcen erreichen sollen. Das Problem an dieser Stelle ist, dass aktuell kaum ganzheitliche und praktikable Ideen bestehen, wie Visionen von nachhaltigeren Gesellschaften realisiert werden können.[145] Da also aktuell niemand wirklich weiß, welche Handlungen genau moralisch gefordert sind, bleibt die Bedingung, dass moralische Akteur:innen fähig sein müssen, gebotene Handlungen auszuführen, doch unerfüllt.[146]

An dieser Stelle möchte ich nicht dafür argumentieren, dass aufgrund dieser Überlegungen niemand Pflichten im Anbetracht des Klimawandels besitzt. Denn zu behaupten, dass wir über keinerlei Wissen verfügen, auf dem wir aufbauen können, ist genauso falsch wie zu behaupten, dass wir alle nötigen Informationen besitzen. Wir wissen, dass wir den Klimawandel nicht aufhalten und sogar verschlimmern, wenn wir weiterhin in dem Maße und auf die Art und Weise Treibhausgase emittieren wie bisher. Außerdem wissen wir, dass dies gravierende Verletzungen grundlegender Rechte zur Folge hätte und den Planeten langfristig für Menschen unbewohnbar machen würde. Am Status Quo festzuhalten, ist also aufgrund dieses Wissens nicht gerechtfertigt.

Trotzdem haben die hier aufgeführten Einwände Einfluss auf den Inhalt der entstehenden Pflichten. Sie können nicht allein in der schlichten Aufforderung bestehen, klimaschädliche Tätigkeiten zu unterlassen. Vielmehr muss begleitend ein Prozess angestoßen werden, bestehende Wissenslücken zu schließen, um moralische Akteur:innen in die Lage zu versetzen, moralische Pflichten zu identifizieren und im nächsten Schritt auch zu befolgen. Ich möchte an dieser Stelle dafür argumentieren, dass hier vor allem Shues Ansatz hilfreich ist, um zu konkretisieren, worin die entsprechenden moralischen Pflichten bestehen.[147]

---

[144] Zum Beispiel könnte argumentiert werden, dass jede:r Akteur:in alleine nicht über ausreichend Mittel verfügt, dass sie die vorhanden Mittel aber bündeln könnten.

[145] Siehe in diesem Zusammenhang insbesondere auch Kapitel 6.

[146] Vgl., Steigleder, Klaus: „The Tasks of Climate Related Energy Ethics – The Example of Carbon Capture and Storage", *Jahrbuch für Wissenschaft und Ethik* 21/1 (2017), S. 121–146, hier S. 121–125.

[147] Auch in Shues Theorie zu basalen Rechten lässt sich ein Rückschluss auf die drei diskutierten Prinzipien ziehen. Im Kontext des Prioritätsprinzips argumentiert Shue zum Beispiel, dass zunächst wohlhabende Menschen verantwortlich sind (Leistungsfähigkeitsprinzip), Pflichten I und II implizieren, dass es zumindest Verursacher:innen eines Problems gibt, die ihr schädliches Verhalten unterlassen müssen. Er bezieht sich außerdem in verschiedenen Aufsätzen auf Formen dieser Prinzipien, siehe zum Beispiel: Shue: „Historical Responsibility, Harm Prohibition, and Preservation Requirement: Core Practical Convergence on Climate Change"; Shue: „Global environment and international inequality".

Welche moralischen Pflichten entstehen im Kontext des Klimawandels?
Wie in Abschnitt 1.2 gezeigt, korrelieren laut Shue moralische Rechte sowohl mit negativen als auch mit positiven Pflichten:

I   Nicht schädigen.
II Vor Schädigungen schützen,
    1. durch das Erzwingen von Pflicht (I),
    2. durch das Bilden von Institutionen, die das Entstehen starker Anreize, Pflicht (I) zu verletzen, verhindern.
III Geschädigten helfen,
    1. für die eine besondere Verantwortung besteht,
    2. die Opfer gesellschaftlichen Versagens, die Pflichten (I), (II-1) und (II-2) auszuführen, sind,
    3. die Opfer von Naturkatastrophen sind.[148]

Wie im vorherigen Teilkapitel (Abschn. 2.1) deutlich wurde, sind offensichtlich moralische Rechte durch die Folgen des Klimawandels betroffen bzw. werden durch diese bereits verletzt. Da der Klimawandel, wie ebenfalls dort gezeigt, durch menschliche Aktivitäten verursacht wird, wird der ersten Pflicht, schädigendes Handeln zu unterlassen, nicht ausreichend nachgekommen. Es greifen also nun, Shue folgend, Pflichten II und III.

Das Unterlassen schädigender Handlungen zu erzwingen (Pflicht II-1) ist im Kontext des Klimawandels nur bedingt zielführend. Zwar ist es denkbar, dass überzeugte Einzelpersonen auch ihre Mitmenschen zu klimafreundlicherem Verhalten motivieren, jedoch kann die Absicht, andere bewusst zum Unterlassen von beispielsweise Autofahrten oder Fleischkonsum zu bewegen, schnell kontraproduktiv werden. In der direkten Auseinandersetzung zwischen Individuen führen Bestrebungen, Einfluss auf das Verhalten einer anderen Person zu nehmen, oftmals zu Ablehnung, einem Gefühl der Bevormundung und somit nicht selten zu Trotzreaktionen.[149] Das Bilden von Institutionen, die durch bestimmte Anreizstrukturen Verhaltensänderungen herbeiführen (Pflicht II-2), scheint hier sinnvoller zu sein.

Da durch den Klimawandel Rechtsverletzungen bereits eingetreten sind bzw. absehbar eintreten werden, sind Hilfspflichten in diesem Kontext ebenfalls relevant (Pflicht III). Im Kontext dieser Arbeit werden diese aber ausgeklammert, da sie sich vor allem auf Adaptions- und Kompensationsmaßnahmen beziehen.

---

[148] Vgl., Shue: Basic Rights. Subsistence, Affluence, and U.S. Foreign Policy, S. 60.
[149] Siehe in diesem Zusammenhang auch den Exkurs in Abschnitt 6.4.

Da ich mich mit der Energiewende und speziell dem Kohleausstieg beschäftigen werde, die wiederum Mitigationsmaßnahmen darstellen, scheint also vor allem Pflicht II-2, das Etablieren von geeigneten Institutionen, interessant zu sein. Die Fragen, die sich hier unmittelbar stellen, sind, welche Arten von Institutionen genau von wem etabliert werden müssen und welche Aufgaben und Funktionen diese leisten sollen? Diese Fragen werde ich in dieser Arbeit nicht vollumfänglich beantworten können. Dafür ist das Problem des Klimawandels und der entsprechend benötigten Institutionen zu komplex. Festzuhalten ist aber, dass Institutionen sowohl auf globaler, nationaler und lokaler Ebene benötigt werden und sehr verschiedenartig ausgestaltet werden müssen. So sind sowohl globale, sehr komplex organisierte Institutionen wie die Klimarahmenkonvention der Vereinten Nationen (UNFCCC) als auch lokal agierende und lose organisierte Institutionen wie Bürger:inneninitiativen notwendig, um alle relevanten Ansatzpunkte im Kontext der Bekämpfung des Klimawandels zu adressieren. Wie sich anhand des Beispiels der UNFCCC zeigt, existieren bereits einige Institutionen zur Bekämpfung des Klimawandels. Hier muss, in Anbetracht der Tatsache, dass noch keine ausreichenden Lösungen implementiert sind und Rechtsverletzungen durch die Konsequenzen des Klimawandels nach wie vor stattfinden, über Reformen oder andere Verbesserungsmöglichkeiten in Bezug auf die jeweiligen Institutionen nachgedacht werden. Neben Institutionen, die speziell das Ziel der Bekämpfung des Klimawandels verfolgen, wird auch das Engagement anderer Institutionen, wie beispielsweise von Staaten oder Unternehmen, entscheidend sein. Diese müssen Bestrebungen zum Klimaschutz in ihr Handeln integrieren oder die Institutionen selbst müssen entsprechend strukturell reformiert werden.

Es zeigt sich also, dass sich sowohl Pflichten für Individuen ergeben, Einfluss auf bestehende Institutionen zu nehmen bzw. diese zu etablieren – beispielsweise durch Wahlen, politisches Engagement, Firmen- oder Vereinsgründungen. Daneben entstehen auch Pflichten für organisierte Kollektive (Institutionen) selbst, im Sinne der von Shue identifizierten Pflichten zu handeln.

An dieser Stelle kommen nun erneut die Schwierigkeiten der Machtlosigkeit der verantwortlichen Akteur:innen durch beschränkte Einflussmöglichkeiten und das Fehlen konkreter Ziele zum Tragen. Die beschränkten Einflussmöglichkeiten sind vor allem für staatliche kollektive Akteure problematisch, weil es auf internationaler Ebene keine vergleichbaren Möglichkeiten der Partizipation gibt, wie dies innerhalb eines demokratischen Staates für ein:e Büger:in der Fall ist. Die Möglichkeiten der gegenseitigen Zusammenarbeit und Beeinflussung sind außerdem stark durch Faktoren wie die staatliche Souveränität oder marktwirtschaftlichen Wettbewerb begrenzt.[150]

Das heißt, dass durch Individuen etablierte kollektive Akteure, die so gestaltet sind, dass sie den Klimawandel effektiv bekämpfen könnten, auf die Kooperation einer Mehrheit von anderen kollektiven Akteuren angewiesen sind, ohne dass sie direkte Einflussmöglichkeiten auf das Handeln der anderen Akteure haben. Daraus lässt sich folgern, dass das Etablieren von Institutionen nicht nur eine Aufgabe von Individuen ist, sondern auch eine von kollektiven Akteuren.[151] Denn die Wirkmächtigkeit von Individuen in demokratischen Staaten entsteht nicht dadurch, dass die Individuen sich untereinander gut beeinflussen können, sondern auch durch Strukturen, die es jedem und jeder Einzelne:n ermöglicht, seine und ihre Interessen in den kollektiven Entscheidungsfindungsprozess miteinzubringen.[152] Konkret bedeutet das, dass ein Staat oder ein Unternehmen verpflichtet ist, auf globaler Ebene für Prozesse und Strukturen zu sorgen, die einen effektiven Kampf gegen den Klimawandel ermöglichen. Die Klimarahmenkonvention der Vereinten Nationen (UNFCCC) ist ein Beispiel für eine derartige globale Institution.[153] Ähnlich wie auf individueller Ebene verschiebt der Begriff der standardmäßigen Bedrohung den Fokus von der Frage, was ein einzelner Akteur (in diesem Fall ein kollektiver Akteur) leisten kann, hin zu der Frage, was kollektiv (in diesem Fall durch ein Kollektiv aus kollektiven Akteuren) machbar ist und was ein einzelner Akteur zum Erreichen dieser kollektiven Handlung leisten kann.[154]

---

[150] Siehe in diesem Zusammenhang auch das dritte Kapitel dieser Arbeit.

[151] An dieser Stelle wende ich Shues Argumentation auf kollektive Akteure an, auch wenn sich seine Theorie zunächst nur auf individuelle Pflichten bezieht. Ich gehe in dieser Arbeit von der These aus, dass Kollektive, die eine Entscheidungsfindungsstruktur aufweisen, ebenfalls handlungsfähige Akteure sind, die moralische Verantwortung tragen können. Siehe dazu zum Beispiel: List, Christian und Philip Pettit: Group agency. the possibility, design, and status of corporate agents, Oxford: Oxford University Press 2011; May, Larry: Sharing Responsibility, Chicago, London: The University of Chicago Press 1992.

[152] Beispielsweise durch das Wählen entsprechender Parteien oder aber auch durch das Organisieren von Demonstrationen, Unterschriftenaktionen, Bürger:innenversammlungen, etc.

[153] Die Existenz dieser Institution zeigt, dass es grundsätzlich möglich ist, globale Institutionen zur Bekämpfung des Klimawandels zu etablieren. Der fortschreitende Klimawandel wiederum zeigt, dass die beteiligten Akteure, ihren entsprechenden Pflichten noch nicht ausreichend nachgekommen sind. Siehe in diesem Zusammenhang auch: Gardiner: A Perfect Moral Storm. The Ethical Tragedy of Climate Change, S. 28/29; Shue: „Human rights, climate change, and the trillionth ton", S. 300–303.

[154] Im sechsten (6.1) Kapitel werde ich näher auf bereits etablierte internationale Institutionen im Kontext des Kohleausstiegs eingehen.

Die zweite Schwierigkeit, das Fehlen konkreter Ziele, ist insofern für die individuelle Ebene am gravierendsten, als dass sie hier zu Akzeptanz- und Motivationsproblemen führt, was wiederum das Etablieren von geeigneten Institutionen bereits im Ansatz verhindert oder zumindest erschwert. Klimaschutzmaßnahmen sind verbunden mit Einschnitten in die gewohnten Lebensrealitäten von Menschen und führen häufig auch zu einer gefühlten Verringerung der Lebensqualität oder zu echten sozialen Härten.[155] Wenn dann nicht eindeutig kommuniziert wird, wofür diese Härten in Kauf genommen werden müssen und wieso diese letztendlich doch sinnvoll sind, ist es nicht verwunderlich, wenn sich viele Menschen ungerecht behandelt fühlen und Einschnitte in ihre persönliche Freiheit beklagen. Daher müssen insbesondere realistische Strategien und Zukunftsvisionen entwickelt werden, um den Prozess der Bekämpfung des Klimawandels zu begleiten.[156]

Schlussbemerkungen

In den vorherigen beiden Abschnitten wurde deutlich, dass es in Bezug auf die Zuschreibung moralischer Verantwortung sowie die inhaltliche Bestimmung moralischer Pflichten im Kontext des Klimawandels drei Hauptschwierigkeiten gibt: Erstens gibt es *keine eindeutigen Kausalketten* zwischen den Handlungen bestimmter Akteur:innen und der Entstehung des Klimawandels. Zweitens sind mutmaßlich verantwortliche Akteur:innen isoliert betrachtet, aufgrund ihrer *beschränkten Wirkmacht*, unfähig, den Klimawandel zu bekämpfen. Drittens wird der Eindruck der Machtlosigkeit durch das *Fehlen konkreter Ziele* verstärkt. Ich möchte dafür argumentieren, dass alle drei Probleme lösbar sind.

Es ist richtig, dass es keine Einzelhandlungen gibt, weder eines individuellen noch eines kollektiven Akteurs, die eine direkte Ursache des Klimawandels sind. Wie oben bereits erwähnt, ist der Klimawandel das Resultat von aggregierten Einzelhandlungen. Dennoch existiert ein *Kausalzusammenhang* zwischen Handlungen, die Treibhausgase produzieren, und dem Klimawandel. Da dieser Kausalzusammenhang wissenschaftlich belegt ist,[157] kann von rationalen Akteur:innen erwartet werden, dass sie verstehen und akzeptieren, dass eine Form von Kausalität zwischen emissionsintensiven Handlungen und dem Klimawandel besteht, auch wenn sich diese von einer typischen Ursache-Wirkung-Relation unterscheidet.

---

[155] Siehe in diesem Zusammenhang Abschnitt 5.2 dieser Arbeit.

[156] Siehe in diesem Zusammenhang auch Kapitel 6 dieser Arbeit.

[157] Siehe dazu Abschnitt 2.1 und die entsprechenden Verweise.

Ich habe oben auch argumentiert, dass aktuell niemand wissen kann, was genau im Angesicht des Klimawandels zu unternehmen ist. Trotzdem kann erwartet werden, dass ein:e rationale:r Akteur:in versteht, dass Lösungen des Klimawandels, um effektiv zu sein, zum einen kollektive Handlungen darstellen müssen, insofern sie auf Veränderungen globaler Systeme abzielen müssen, zum anderen aber auch zu individuellen Verhaltensänderungen führen müssen.

Wenn Walter Sinnott-Armstrong argumentiert, dass SUV-Fahrten an einem sonnigen Sonntagnachmittag zum reinen Vergnügen moralisch gerechtfertigt sind, weil keine direkte Ursache-Wirkung-Relation zwischen der Autofahrt und menschlichem Leid, verursacht durch den Klimawandel, besteht,[158] dann verkennt er, dass hier eine andere Art der Kausalität vorliegt. Wenn wir diesen Kausalzusammenhang anerkennen, dann wird gleichzeitig deutlich, dass Sinnott-Armstrongs Ansatz nicht zielführend ist. Er geht an den aktuell klärungsbedürftigen Fragestellungen vorbei. Wir müssen unsere Art zu leben systematisch ändern. Das impliziert individuelle Verhaltensänderungen, nimmt diese jedoch nicht als Ausgangs-, sondern als Zielpunkt. Daher gilt es Argumente zu finden, die darauf ausgerichtet sind, wie und warum wir unsere Systeme ändern müssen und nicht darauf, wie konkrete Einzelhandlungen zu bewerten sind.[159]

Dafür müssen wir eine Perspektive einnehmen, die anerkennt, dass verschiedene individuelle Handlungen zusammenhängen, dass es lose Kausalzusammenhänge zwischen verschiedenen Weltzuständen gibt und dass bestimmte Handlungen Teil des Problems sind, ohne dieses direkt zu verursachen. Sinnott-Armstrong fokussiert zu sehr auf die Einzelhandlung an sich. In einer globalisierten Welt wie unserer ist es aber schon fast zynisch, Handlungen nicht in einem größeren Zusammenhang zu betrachten.[160]

Moralische Verantwortung muss sich an sich ändernde Weltzustände anpassen. Bei der Beurteilung von Einzelhandlungen müssen auch veränderte Kausalzusammenhänge in einer globalisierten Welt und mehr Möglichkeiten der Wissensgenerierung berücksichtigt werden. Vor diesem Hintergrund ist auch das Argument der beschränkten Wirkmacht nur zulässig, wenn ein:e Akteur:in (kollektiv oder individuell) isoliert betrachtet wird. Dies verkennt jedoch, dass es durchaus

---

[158] Vgl., Sinnott-Armstrong: „It's not my fault: global warming and individual moral obligations".

[159] Siehe in diesem Zusammenhang auch: Lippold, Anna Luisa: Climate Change and Individual Moral Duties. A Plea for the Promotion of a Collective Solution, Paderborn: mentis 2020, S. 23–25, S. 31–47.

[160] Vgl., Jamieson, Dale: „Ethics, Public Policy, and Global Warming", *Science, Technology, & Human Values* 17/2 (1992), S. 139–153, hier S. 149/150.

Handlungen gibt – vor allem für und in wohlhabenden, funktionierenden Demokratien – die Teil von Prozessen sind, die durchaus einen Unterschied bewirken können. Diese Handlungen bestehen nicht darin, dass jede:r Akteur:in den eigenen Treibhausgasausstoß verringert und damit seinen oder ihren Teil getan hat, sondern darin, systematische Veränderungen herbeizuführen – beispielsweise durch politisches Engagement, durch Wissensgenerierung oder Vermittlung. Isolierte Anstrengungen Treibhausgasemissionen einzusparen, sind dabei natürlich aus Gründen der Authentizität nützlich und es sollte stets im Blick behalten werden, dass der veränderte Konsum von treibhausgasintensiven Gütern und Dienstleistungen letztlich Teil der Gesamtlösung sein muss, zum jetzigen Zeitpunkt sind dies jedoch nicht die Handlungen, die im Fokus der Verpflichtungen im Kontext des Klimawandels stehen sollten.[161]

Es ist außerdem wichtig zu beachten, dass es im Kontext des Klimawandels nicht um die Frage geht, *ob* jemand im Sinne der Kostenübernahme für die Konsequenzen des Klimawandels verantwortlich ist, sondern auf *wen* diese Bürde fällt. Kosten im Zusammenhang mit dem Klimawandel entstehen in jedem Fall. Wenn bestimmte Akteur:innen heute Verantwortung für die Bekämpfung des Klimawandels übernehmen, entstehen für diese Akteur:innen Kosten zum Beispiel dadurch, dass bestimmte Strukturen und Verhaltensweisen verändert werden müssen. Wenn wir so weiter machen wie bisher, manifestieren sich die Kosten in Form der in Abschnitt 2.1 beschriebenen Konsequenzen des Klimawandels. Die Einbußen und Schwierigkeiten, die im ersten Fall entstehen, sind keinesfalls trivial, letztere wären jedoch Kosten, die hauptsächlich von denjenigen getragen würden, die sehr viel weniger zur Entstehung des Problems beigetragen haben, kaum von dem Nutzen profitieren und somit sowieso schon von Armut betroffen sind. Für eine moralisch akzeptable Lösung des Klimawandels ist es also erforderlich, dass diese Art der Kosten durch die Verantwortungsübernahme anderer Akteur:innen vermieden wird. Auch wenn die obige Diskussion gezeigt hat, dass es durchaus Einwände gegen das Verursacher-, das Nutznießer- und das Leistungsfähigkeitsprinzip gibt, scheinen diese Prinzipien unter den gegebenen Umständen die gerechteste Art und Weise zu sein, Verantwortung im Kontext des Klimawandels zuzuschreiben. Die Alternativen wären zumindest eindeutig zutiefst ungerecht. Da reiche Industriestaaten und deren Bewohner:innen durch

---

[161] Anna Luisa Lippold zeigt dies überzeugend auf: Lippold: Climate Change and Individual Moral Duties. A Plea for the Promotion of a Collective Solution.

jedes der drei Prinzipien adressiert werden, können diese in jedem Fall zu den verantwortlichen Akteur:innen im Kontext des Klimawandels gezählt werden.[162]

Als einer der reichsten Staaten der Welt, dessen Industrialisierungsprozess um 1840 anfing, der also somit schon Jahrzehnte zum Klimawandel beiträgt und von dessen Verursachung profitiert[163], fallen Deutschland sowie seine Bürger:innen eindeutig unter diejenigen Akteur:innen, die Verantwortung für den Klimawandel übernehmen sollten.

Um an dieser Stelle noch einmal auf Shue zu rekurrieren, sollten sowohl individuelle als auch kollektive Akteur:innen, ihre Pflichten im Kontext des Klimawandels anerkennen und befolgen. Dazu gehört Tätigkeiten, die offensichtlich schädigend sind und die unterlassen werden *können*, einzustellen und Antworten auf die Herausforderungen und Wissenslücken zu finden, die sich in diesem Kontext ergeben. Es bestehen nach wie vor Unklarheiten in Bezug auf die Frage, wie Verantwortlichkeiten mit Inhalten zu füllen sind. Diese Unklarheiten zu beseitigen und effektive Lösungen zu finden, muss Teil der sich ergebenden moralischen Pflichten sein – und spricht keineswegs für eine Abmilderung der Verantwortlichkeiten.

In dieser Arbeit möchte ich mich auf die Frage nach der Rolle Deutschlands im Kontext der Energiewende und speziell auf den deutschen Braunkohleausstieg fokussieren. Die Energiewende und die in diesem Zusammenhang beschlossenen Maßnahmen lassen sich als Versuch klassifizieren, auf nationaler Ebene der negativen Pflicht nachzukommen, Schädigungen zu unterlassen. Für die erfolgreiche Umsetzung dieser Vorhaben ist es gleichzeitig aber auch notwendig, dass individuelle Handlungen unternommen werden, die diese Prozesse mit Inhalten und Systematiken füllen. Auf weitere im Kontext des Klimawandels verantwortliche Akteur:innen werde ich nicht näher eingehen. Weitere Pflichten Deutschlands werden als Ergänzung zum Kohleausstieg vor allem im Kapitel 6 diskutiert.

---

[162] Vgl., Roser/Seidel: Ethik des Klimawandels. Eine Einführung, S. 125; Shue: „Historical Responsibility, Harm Prohibition, and Preservation Requirement: Core Practical Convergence on Climate Change", S. 9–18; Shue, Henry: „Climate", in: *Climate Justice. Vulnerability and Protection*, Oxford: Oxford University Press 2014, S. 195–207, hier S. 204–206. Ich möchte nicht dafür argumentieren, dass dies die einzigen Verantwortlichen sind. Unter das Leistungsfähigkeitsprinzip fallen zum Beispiel sicherlich auch reiche Menschen aus armen Staaten.

[163] Es sollte beachtet werden, dass dies nicht heißen soll, dass es seit der Industriellen Revolution einen linearen Anstieg an Wohlstand innerhalb von Industriestaaten gegeben hat. Insbesondere Wirtschaftskrisen und zwei Weltkriege bedeuteten für viele Menschen extreme Entbehrungen, Armut und Hunger. Trotzdem lässt sich sagen, dass die heutigen vorteilhaften Bedingungen auf den Industrialisierungsprozess und das Emittieren von Treibhausgasen zurückführbar sind.

2.3 Fazit des zweiten Kapitels

In diesem Kapitel habe ich die moralische Bedeutung des Klimawandels diskutiert. Dafür habe ich zunächst gezeigt, dass grundlegende moralische Rechte von Menschen durch die Folgen des Klimawandels bedroht sind und auch bereits verletzt werden. Entscheidend ist außerdem, dass die Ursache des Klimawandels durch menschliches Verhalten zu erklären ist. Trotz dieser eindeutig moralisch problematischen Situation ist es, aufgrund uneindeutiger Kausalketten, durch begrenzte Einflussmöglichkeiten und der durch limitiertes Wissen bedingten Ohnmacht der verschiedenen Akteur:innen, schwierig, konkreten moralischen Akteur:innen Verantwortung in Form moralischer Pflichten zuzuschreiben. Die Problematiken bei der Zuschreibung moralischer Verantwortung können durch den globalen, kollektiven und zeitlich verschobenen Charakter des Klimawandels erklärt werden.

Diese Feststellung resultiert jedoch nicht in einer verminderten Verantwortlichkeit moralischer Akteur:innen, sondern beeinflusst zunächst bloß den Inhalt aktuell relevanter moralischer Pflichten. Des Weiteren lässt sich feststellen, dass einige Akteur:innen eindeutig zu der Gruppe der Verantwortlichen zählen, auch wenn die genaue Zusammensetzung dieser Gruppe hier nicht abschließend geklärt werden kann. Deutschland trägt als reicher, frühzeitig industrialisierter Staat eindeutig moralische Verantwortung im Kontext des Klimawandels. Da Deutschland ein demokratischer Staat ist, folgen daraus insbesondere auch individuelle Pflichten der deutschen Büger:innen.

Was die Zuschreibung moralischer Verantwortung im Kontext des Klimawandels konkret bedeutet, habe ich mit Hilfe der Theorie Henry Shues genauer erläutert. Shues Argumentation folgend resultieren die im Kontext des Klimawandels entstehenden Rechtsverletzungen vor allem in der Pflicht, funktionierende Institutionen zu bilden, die dem entstehenden Leid entgegenwirken. Da wir nicht genau wissen, wie diese Institutionen aussehen und funktionieren sollen, ist die Klärung dieser Frage Teil der Pflicht.

In diesem Kontext ist auch das Anliegen dieser Arbeit zu betrachten. Indem ich die Umsetzung des Kohleausstiegs als Teil der notwendigen deutschen Energiewende detailliert untersuche und beurteile, möchte ich einen Beitrag leisten, offene Fragen und Umsetzungsproblematiken in diesem Zusammenhang zu identifizieren und so im Idealfall zu deren Lösung beitragen. Denn obwohl es unbestritten ist, dass die Kohleverstromung schnellstmöglich beendet werden muss, ergeben sich verschiedene Zielkonflikte und andere Schwierigkeiten.

Um zu verstehen, warum sich der Kohleausstieg in Deutschland – trotz seiner Notwendigkeit für den Kampf gegen den Klimawandel – als derart umstritten und kompliziert zu verwirklichen herausstellt, ist es notwendig sich der wirtschaftlichen Bedeutung der Kohleindustrie bewusst zu werden. Bevor ich darauf genauer eingehe, möchte ich noch auf die ethische Relevanz wirtschaftlicher Aspekte im Allgemeinen eingehen. Diese werden nicht nur aber auch im Kontext des Braunkohleausstiegs als vermeintliche Hindernisse für erfolgreichen Klimaschutz dargestellt.

Wirtschaftliche Aspekte 3

Bisher habe ich gezeigt, dass der Kampf gegen den Klimawandel moralisch sehr dringlich ist. Die klimapolitischen Anstrengungen in Deutschland werden dieser Dringlichkeit bisher nicht gerecht.[1] Dies resultiert auch daraus, dass Klimaschutzmaßnahmen oft in einem vermeintlichen Widerspruch zu wirtschaftlichen Interessen stehen. In diesem Kapitel möchte ich kurz umreißen, warum diese ebenfalls moralisch relevante sein können.

3.1 Wettbewerb

Oft werden Klimaschutzmaßnahmen mit dem Verweis auf die schädigenden Auswirkungen auf die Wettbewerbsfähigkeit Deutschlands[2] abgelehnt bzw. kritisiert.[3] Um diese Kritik verstehen und einordnen zu können, möchte ich mich im Folgenden mit der Definition und der Notwendigkeit von Wettbewerb bzw. Wettbewerbsfähigkeit auseinandersetzen.

---

[1] Siehe Kapitel 5 und 6.

[2] Da es in dieser Arbeit um die deutsche Energiewende geht, konzentriere ich mich auf die Debatte innerhalb Deutschlands. Ähnliche Argumente tauchen sicherlich auch in anderen Staaten auf.

[3] Siehe zum Beispiel: Bardt, Hubertus: „Klimaschutz darf nicht zu Protektionismus führen", *Handelsblatt*, 16.09.2019, https://www.handelsblatt.com/meinung/gastbeitraege/gas tbeitrag-klimaschutz-darf-nicht-zu-protektionismus-fuehren/25019570.html (zugegriffen am 15.03.2022); Felbermayr, Gabriel: „CO2-Klimapaket der Bundesregierung – Das wird ökonomisch sehr teuer", *Cicero*, 14.10.2019, https://www.cicero.de/wirtschaft/co2-klimapaket-bundesregierung-luft-energie-export-import (zugegriffen am 23.02.2022).

F. Henke, *Die Rolle Deutschlands im Kontext der Energiewende*, https://doi.org/10.1007/978-3-658-39696-1_3

Im Gabler Wirtschaftslexikon wird Wettbewerb wie folgt definiert:

> *„Unter Wettbewerb ist das Streben von zwei oder mehr Personen bzw. Gruppen nach einem Ziel zu verstehen, wobei der höhere Zielerreichungsgrad des einen i. d. R. einen geringeren Zielerreichungsgrad des (der) anderen bedingt (z. B. sportlicher, kultureller oder wirtschaftlicher Wettkampf)."*[4]

Angewendet auf die Wirtschaft bedeutet dies die

> *„(1) Existenz von Märkten mit*
>
> *(2) mind. zwei Anbietern oder Nachfragern,*
>
> *(3) die sich antagonistisch (im Gegensatz zu kooperativ) verhalten, d. h. durch Einsatz eines oder mehrerer Aktionsparameter ihren Zielerreichungsgrad zulasten anderer Wirtschaftssubjekte verbessern wollen;*
>
> *(4) damit ist eine Komplementarität von Anreiz- und Ordnungsfunktion gegeben, die im sog. sozialistischen Wettbewerb (sozialistische Marktwirtschaft) fehlt."*[5]

In Bezug auf Unternehmen lässt sich also schließen, dass diejenigen Akteure wettbewerbsfähig sind, die sich auf dem Markt gegen ihre Konkurrenten durchsetzen bzw. am Markt bestehen können.[6]

Durch das sogenannte *Gesetz von Angebot und Nachfrage*[7] stellt sich auf einem idealen Markt,[8] der durch Wettbewerb geprägt ist, ein *Gleichgewichtspreis* ein.

> „Beim Gleichgewichtspreis ist die Menge, die Nachfrager kaufen wollen und können, genau gleich der Menge, die Anbieter verkaufen wollen und können. *Manchmal wird der Gleichgewichtspreis auch* Markträumungspreis *genannt, weil zu diesem Preis*

---

[4] Mecke, Ingo, Nick Lin-Hi und Andreas Suchanek: „Wettbewerb", *Gabler Wirtschaftslexikon*, ohne Datum, https://wirtschaftslexikon.gabler.de/definition/wettbewerb-48719/version-271969 (zugegriffen am 21.02.2022).

[5] Ebd.

[6] Vgl., Bundeszentrale für politische Bildung (bpb): „Wettbewerb", *kurz&knapp Das Lexikon der Wirtschaft*, ohne Datum, https://www.bpb.de/nachschlagen/lexika/lexikon-der-wirtschaft/21127/wettbewerb (zugegriffen am 24.02.2022).

[7] *„Der Preis eines beliebigen Guts passt sich in der Weise an, dass dadurch Angebots- und Nachfragemengen zur Übereinstimmung gelangen."* Mankiw, N. Gregory und Mark P. Taylor: Grundzüge der Volkswirtschaftslehre, 5. Aufl., Stuttgart: Schäffer-Poeschel 2012, S. 95.

[8] Auf einem idealen Markt unterscheiden sich die angebotenen Güter nicht und es gibt eine Vielzahl an Anbieter:innen und Nachfrager:innen, so dass Einzelne keine Wirkmacht besitzen. Vgl., ebd., S. 78.

jeder Marktteilnehmer zufrieden und der Markt »geräumt« ist: Nachfrager haben ihre Kaufabsichten verwirklicht, Anbieter haben ihre Verkaufspläne erfüllt. "[9]

Wettbewerb sorgt also im Idealfall dafür, dass Produkte und Dienstleistungen so effizient, kostengünstig und qualitativ hochwertig wie möglich hergestellt und angeboten werden.[10] Märkte, die durch Wettbewerb geprägt sind, laufen außerdem keine Gefahr, von ineffizienten Monopolen beherrscht zu werden, die über ausreichend Macht verfügen, Preise unnötig hoch zu halten und über die Qualität und Quantität bestimmter Produkte zu bestimmen.[11] Die Aufrechterhaltung eines funktionierenden Wettbewerbs ist deshalb auch eine Frage der Gerechtigkeit, da so sichergestellt werden kann, dass die konkret erbrachte Leistung und nicht eine wie auch immer erreichte Machtposition über den wirtschaftlichen Erfolg eines Unternehmens entscheidet.[12]

Unternehmen, die so wirtschaften, dass sie neben ihren Konkurrenten am Markt bestehen können, werden als wettbewerbsfähige Unternehmen definiert.[13] Sie sorgen zum einen dafür, dass nachgefragte Güter produziert und Dienstleistungen angeboten werden und zum anderen schaffen sie Arbeitsplätze. So sichern sie einerseits die Lebensgrundlage ihrer Angestellten und tragen andererseits zur Sicherung der Lebensgrundlage ihrer Kund:innen bei.

Die Kritik an Klimaschutzmaßnahmen bezieht sich nun jedoch auf die Wettbewerbsfähigkeit *eines Staates*. Da ein Staat kein Wirtschaftsunternehmen ist, ist zunächst unklar, was gemeint ist, wenn zum Beispiel von der Wettbewerbsfähigkeit Deutschlands die Rede ist. Worauf bezieht sich also diese Kritik?

---

[9] Ebd., S. 93, Betonungen im Original.

[10] Vgl., Tolksdorf, Michael: Dynamischer Wettbewerb. Einführung in die Grundlagen der deutschen und internationalen Wettbewerbspolitik, 1. Aufl., Wiesbaden: Gabler 1994, S. 56–58.

[11] Vgl., Mankiw/Taylor: Grundzüge der Volkswirtschaftslehre, S. 378–383; Tolksdorf: Dynamischer Wettbewerb. Einführung in die Grundlagen der deutschen und internationalen Wettbewerbspolitik, S. 11–16.

[12] Vgl., Schlösser, Hans-Jürgen: „Staatliche Handlungsfelder in einer Marktwirtschaft", *Informationen zur politischen Bildung/ izpb. Staat und Wirtschaft* 294 (2007); Siehe auch Homann, Karl und Christoph Lütge: Einführung in die Wirtschaftsethik, 3. Aufl., Berlin/Münster: LIT 2013, S. 30–34 zu Wettbewerb als moralisch begrüßenswerte Dilemmastruktur.

[13] Vgl., Aiginger, Karl: „Wettbewerbsfähigkeit von Firmen, Regionen und Ländern", *Die Volkswirtschaft* (01.03.2008), S. 19–22, hier S. 19/20.

Im Zuge der Globalisierung haben sich Märkte zunehmend über Staats-grenzen hinweg ausgedehnt.[14] So stehen mittlerweile viele Unternehmen im internationalen Wettbewerb. Internationale Wettbewerbsfähigkeit ist definiert als die

> *„Wettbewerbsfähigkeit von Unternehmen oder eines Landes (verstanden als die Gesamtheit [sic] seiner exportierenden Unternehmen) auf ausländischen Märkten im Hinblick auf Preise sowie nicht preisliche Aktionsparameter. Die Determinanten der internationalen Wettbewerbsfähigkeit sind dabei nur z. T. unternehmensgrößenabhän-gig."*[15]

In Bezug auf die Wettbewerbsfähigkeit eines Staates heißt es weiter:

> *„Der Begriff der internationalen Wettbewerbsfähigkeit ist (...) unternehmensbezo-gen zu interpretieren. Die internationale Wettbewerbsfähigkeit eines Landes ergibt sich demnach aus der Aggregation der Wettbewerbsfähigkeit der Unternehmen des betreffenden Landes."*[16]

Internationaler Wettbewerb findet also laut dieser Definition zwischen Unter-nehmen statt, die auf Märkten operieren, die sich über Staatsgrenzen hinaus ausdehnen. Meist agieren hier Unternehmen verschiedener Herkunftsstaaten. Die Wettbewerbsfähigkeit eines Staates ergibt sich dann aus der Wettbewerbfähigkeit ansässiger Unternehmen.

Die Definition des Begriffs der staatlichen Wettbewerbsfähigkeit ist jedoch nicht eindeutig geklärt und es existiert eine Debatte darum, ob die Verwendung des Begriffs überhaupt sinnvoll ist. Beispielhaft sind hier die Arbeiten Michael E. Porters,[17] der die Produktivität eines Staates als Parameter für dessen Wettbe-werbsfähigkeit definiert,[18] und Paul Krugmans,[19] der den Begriff der staatlichen

---

[14] Vgl., Steigleder, Klaus: „Weltwirtschaft und Finanzmärkte", in: Mieth, C., A. Goppel und C. Neuhäuser (Hrsg.): *Handbuch Gerechtigkeit*, Stuttgart/ Weimar: Metzler 2016, S. 472–477, hier S. 471.

[15] Mecke, Ingo: „internationale Wettbewerbsfähigkeit", *Gabler Wirtschaftslexikon*, ohne Datum, https://wirtschaftslexikon.gabler.de/definition/internationale-wettbewerbsfaehigk eit-39671/version-263073 (zugegriffen am 23.02.2022).

[16] Ebd.

[17] Porter, Michael E.: „The Competitive Advantage of Nations", *Harvard Business Review* 68/2 (1990), S. 73–93.

[18] Vgl., ebd., S. 76.

[19] Krugman, Paul: „Competitiveness: A Dangerous Obsession", *Foreign Affairs* 73/2 (1994), S. 28–44.

Wettbewerbsfähigkeit gänzlich ablehnt, zu nennen.[20] Nichtsdestotrotz werden Staaten anhand ihrer Wettbewerbsfähigkeit gemessen. So veröffentlichen zum Beispiel das Weltwirtschaftsforum (World Economic Forum, WEF) und das IMD World Competitiveness Center jährliche Ranglisten, in denen Staaten in Bezug auf ihre Wettbewerbsfähigkeit in eine hierarchische Relation gesetzt werden. Das WEF schreibt auf seiner Internetseite:

> *„What is economic competitiveness? (…) The World Economic Forum, which has been measuring countries' competitiveness since 1979, defines it as: 'the set of institutions, policies and factors that determine the level of productivity of a country.'"*[21]

Für die Berichte und Ranglisten des WEFs wird die Wettbewerbsfähigkeit der verschiedenen Staaten auf Basis eines Indexes gemessen, der aus 103 Indikatoren besteht, die Einfluss auf die Produktivität eines Landes haben. Diese Indikatoren sind erneut in zwölf Bereiche eingeteilt: Institutionen, Infrastruktur, Integration von Informations- und Kommunikationstechnik (IKT), makroökonomische Stabilität, Gesundheit, Qualifizierungen, Gütermarkt, Arbeitsmarkt, Finanzsystem, Marktgröße, Geschäftsdynamik, Innovationsfähigkeit.[22] Ähnlich geht auch das IMD World Competitiveness Center vor. Hier wird die Wettbewerbsfähigkeit der Staaten anhand der Kriterien Wirtschaftsleistung, Effizienz der Regierung, unternehmerische Effizienz und Infrastruktur gemessen. Diese Kriterien sind jeweils in 5 Unterkategorien aufgeteilt.[23]

Festzuhalten ist also, dass die Definition der staatlichen Wettbewerbsfähigkeit nicht eindeutig bestimmt ist. Trotzdem werden Staaten anhand dieses Konzepts

---

[20] Zur Debatte um den Begriff der internationalen Wettbewerbsfähigkeit siehe unter anderem: Alexandros, Psofogiorgos N. und Theodore Metaxas: „,Porter vs Krugman': History, Analysis and Critique of Regional Competitiveness", *Journal of Economics and Political Economy* 3 (2016); Feurer, Rainer und Kazem Chaharbaghi: „Defining Competitiveness: A Holistic Approach", *Management Decision* 32/2 (1994), S. 49–58; Hay, Colin: „The ‚dangerous obsession' with cost competitiveness … and the not so dangerous obsession with competitiveness", *Cambridge Journal of Economics* 36 (03.2012), S. 463–479; Straubhaar, Thomas: „Internationale Wettbewerbsfähigkeit einer Volkswirtschaft: Was ist das?", *Wirtschaftsdienst* 74/10 (1994), S. 534–540.

[21] World Economic Forum: „What is competitiveness?", ohne Datum, https://www.weforum. org/agenda/2016/09/what-is-competitiveness/ (zugegriffen am 24.02.2022).

[22] Vgl., Schwab, Klaus: „The Global Competitiveness Report 2019", World Economic Forum, 2019, S. vii.

[23] Siehe die verlinkte Kriterienliste auf: IMD World Competitiveness Center: „World Competetiveness Rankings 2020 Results", ohne Datum.

bewertet und miteinander verglichen. Wichtig ist aber, dass sich die Wettbewerbsfähigkeit von Staaten von der Wettbewerbsfähigkeit von Unternehmen
unterscheidet.[24]

Anders als in Bezug auf Unternehmen ist die Existenz eines Staates nicht von
seiner Wettbewerbsfähigkeit abhängig. Staaten, die in den Ranglisten des WEFs
oder des World Competitiveness Centers einen niedrigen Platz belegen, bleiben
trotzdem staatliche Akteure, die mit anderen staatlichen Akteuren interagieren.
Ein weiterer Unterschied ist, dass der wirtschaftliche Erfolg eines Staates nicht
unbedingt der Nachteil eines anderen Staates ist. Staaten stehen nicht auf die
gleiche Art und Weise in Konkurrenz wie Unternehmen, die auf demselben Markt
operieren. Im Gegenteil können Staaten durch Kooperation vom Erfolg anderer
Staaten profitieren.[25] *„International trade (…) is not a zero-sum game. "*[26]

Die Definition der staatlichen Wettbewerbsfähigkeit ist also komplexer als die
Definition unternehmerischer Wettbewerbsfähigkeit. Während sich letztere lediglich auf die Frage bezieht, ob ein Unternehmen auf einem Markt bestehen kann,
beinhaltet erstere auch Aspekte der Lebensverhältnisse der Bevölkerung.

An dieser Stelle ist eine wichtige Interdependenz zwischen den Konzepten der
unternehmerischen und staatlichen Wettbewerbsfähigkeit festzuhalten: Ein Staat
schafft durch seine Wettbewerbspolitik die Rahmenbedingungen für wirtschaftliche Akteure und Märkte.[27] Somit hat ein Staat Macht darüber, welche Industrien
oder Unternehmen, die unter seinem Einfluss stehen, erfolgreich sein können und
welche nicht. Da ein Staat nur unmittelbare Macht über heimische Unternehmen
ausüben kann, ergeben sich auf internationalen Märkten verschiedene Regelungen
für Unternehmen unterschiedlicher Herkunftsstaaten. Beschließt nun ein einzelner Staat Klimaschutzmaßnahmen, die zum Beispiel die Herstellung bestimmter
Produkte teurer werden lassen, kann das nachteilig für Unternehmen sein, die
mit anderen Unternehmen, für die diese Regelungen nicht gelten, in Konkurrenz
stehen. Das Hauptproblem ist, dass in einem solchen Szenario unterschiedliche
Bedingungen für die Akteure eines gemeinsamen Marktes herrschen.[28]

---

[24] Vgl., Aiginger: „Wettbewerbsfähigkeit von Firmen, Regionen und Ländern".

[25] Vgl., Krugman: „Competitiveness: A Dangerous Obsession", S. 28–35.

[26] Ebd., S. 34.

[27] Siehe zum Beispiel: Porter: „The Competitive Advantage of Nations", S. 78/79; Tolksdorf:
Dynamischer Wettbewerb. Einführung in die Grundlagen der deutschen und internationalen
Wettbewerbspolitik, S. 71–80; Siehe auch: Homann/Lütge: Einführung in die Wirtschaft-
sethik, S. 46–56.

[28] Vgl., Homann/Lütge: Einführung in die Wirtschaftsethik, S. 17–23. Wenn Klimaschutzmaßnahmen für alle beteiligten Akteur:innen gelten, können auch Wettbewerbnachteile für

Der Nachteil der eingeschränkten Wettbewerbsfähigkeit für ein einzelnes Unternehmen liegt offensichtlich darin, dass es so unter Umständen nicht mehr bestehen kann bzw. weniger Gewinne einfährt. Da oben aber bereits deutlich wurde, dass die Existenz eines Staates nicht von seiner Wettbewerbsfähigkeit abhängig ist, stellt sich nun die Frage, was genau derart nachteilig an der eingeschränkten staatlichen Wettbewerbsfähigkeit ist bzw. worin der Wert der staatlichen Wettbewerbsfähigkeit liegt.

Wenn ein Staat wettbewerbsfähig ist, heißt dies, dass dort Bedingungen herrschen, die zum einen der Wettbewerbsfähigkeit zumindest einiger Unternehmen zugutekommen und zum anderen für zufriedenstellende Lebensverhältnisse der Bevölkerung sorgen. Diese beiden Zustände bedingen sich im Idealfall gegenseitig, denn wie oben bereits erwähnt, stellen wettbewerbsfähige Unternehmen Arbeitsplätze, die Menschen ein Einkommen sichern, welches wiederum in Konsumgüter investiert werden kann, was dann die Wirtschaft stärkt. Die Wettbewerbsfähigkeit eines Staates ist also eng verknüpft mit dem Wohlstand der entsprechenden Bevölkerung. Wie Shue in seinen Ausführungen zu basalen Rechten zeigt, ist ein bestimmtes Minimum an Wohlstand ein basales moralisches Recht. Auch Gewirth zählt Elemente wie Obdach, Nahrung und Bekleidung zu den Elementargütern.[29] Da ein Staat die Aufgabe innehat, für Bedingungen zu sorgen, die die Gegenstände moralischer Rechte seiner Bürger:innen gewährleisten, sollte dieser also zumindest so wettbewerbsfähig sein, dass er die grundlegenden Rechte seiner Bevölkerung sichern kann. Auf vergleichbare Art und Weise kann auch in Bezug auf wirtschaftliches Wachstum argumentiert werden. Im nächsten Abschnitt werde ich daher zunächst auf das Konzept des wirtschaftlichen Wachstums eingehen, bevor ich mich anschließend näher mit dem damit zu erreichenden Ziel des Wohlstands auseinandersetze.

3.2 Wachstum

Ähnlich wie der wirtschaftliche Wettbewerb wird auch wirtschaftliches Wachstum als Mittel zur Generierung von Wohlstand und verbesserten Lebensbedingungen betrachtet.[30] Vor allem eine historische Betrachtung der letzten Jahrhunderte

---

Unternehmen entstehen, die umweltschädlich agieren. Genau dieser Effekt ist zum Beispiel durch die Erhebung einer CO_2-Steuer intendiert.

[29] Siehe hierfür das erste Kapitel dieser Arbeit.

[30] Siehe zum Beispiel: Kemfert, Claudia: „Warum wir Wachstum für Wohlstand brauchen", *claudiakemfert*, 27.12.2010, https://www.claudiakemfert.de/warum-wir-wachstum-fuer-woh lstand-brauchen/ (zugegriffen am 23.02.2022).

zeigt, dass wirtschaftliches Wachstum mit einer gesteigerten Qualität der Lebensbedingungen einhergeht.[31] Laut des Instituts der deutschen Wirtschaft meint *„Wirtschaftswachstum (…) die Zunahme des Bruttoinlandsprodukts, also des Wertes aller in einem Jahr produzierten Waren und Dienstleistungen. Wirtschaftswachstum steigert die Einkommen der Menschen und damit deren Lebensstandard. "*[32] Die Lebensbedingungen der Menschen innerhalb einer wachsenden Wirtschaft werden aber nicht nur durch Einkommenssteigerungen verbessert.

„So erleichtert Wachstum den Schuldendienst der öffentlichen Haushalte, ermöglicht die fortwährende Verbesserung des Gesundheitssystems und die Aufrechterhaltung eines hohen Rentenniveaus trotz des demographischen Wandels. Zudem korreliert die Höhe des Bruttoinlandsprodukts im internationalen Vergleich sehr gut mit vielen Maßen des materiellen Wohlstands. "[33]

Darüber hinaus kann eine Steigerung der Produktivität auch dazu führen, *„(…) dass wir uns mehr Bildung, Kunst oder Denkmalpflege leisten (…) "*.[34]
    Trotzdem werden das Konzept und die Fokussierung auf Wirtschaftswachstum durchaus kontrovers diskutiert. Vor allem der mit einer wachsenden Wirtschaft einhergehende Ressourcenverbrauch und damit die ökologischen Auswirkungen werden in diesem Zusammenhang kritisiert.[35] Ein weiterer kritischer Punkt ist,

---

[31] Vgl., Hirata, Johannes: „Wirtschaftswachstum und gute Entwicklung. Was ist dran an der Wachstumskritik?", 12, München: RHI-Position, 2012, S. 10. Für eine Kritik an dieser Darstellung siehe: Jackson, Tim: Wohlstand ohne Wachstum. Leben und Wirtschaften in einer endlichen Welt, hg. von Heinrich-Böll-Stiftung, München: oekom 2011, S. 67–77.

[32] Institut der deutschen Wirtschaft (iw Köln): „Wachstum", ohne Datum, https://www. iwkoeln.de/themen/wachstum-und-konjunktur/wirtschaftswachstum.html (zugegriffen am 24.02.2022). Siehe auch die Definitionen in: Hirata: „Wirtschaftswachstum und gute Entwicklung. Was ist dran an der Wachstumskritik?", S. 9; Schäfer, Andreas: „Wachstum", *Gabler Wirtschaftslexikon*, ohne Datum, https://wirtschaftslexikon.gabler.de/definition/wac hstum-48617/version-271868 (zugegriffen am 22.02.2022).

[33] Carstensen, Kai u. a.: „Wohlstand und Wachstum", *Ifo Schnelldienst* 66/15 (2013), S. 3–32, hier S. 4; Siehe auch: Bundeszentrale für politische Bildung (bpb): „Wirtschaftswachstum", *kurz&knapp Das Lexikon der Wirtschaft*, ohne Datum, https://www.bpb.de/nachschla gen/lexika/lexikon-der-wirtschaft/21136/wirtschaftswachstum (zugegriffen am 24.02.2022).

[34] Hirata: „Wirtschaftswachstum und gute Entwicklung. Was ist dran an der Wachstumskritik?", S. 11. Für eine Diskussion der Gründe, die für Wirtschaftswachstum sprechen siehe: ebd., S. 14–22; Jackson: Wohlstand ohne Wachstum. Leben und Wirtschaften in einer endlichen Welt, S. 66–80.

[35] Siehe zum Beispiel: Hirata: „Wirtschaftswachstum und gute Entwicklung. Was ist dran an der Wachstumskritik?", S. 24–26; Jackson: Wohlstand ohne Wachstum. Leben und Wirtschaften in einer endlichen Welt, S. 52/53; Ludewig, Damian: „Wirtschaft, Wohlstand und

dass in die Berechnungen des BIP – und damit in die Berechnungen des Wirtschaftswachstums – auch die rein wirtschaftlich gesehen positiven Auswirkungen von zum Beispiel Unfällen oder Naturkatastrophen einfließen. In diesen Fällen korreliert Wirtschaftswachstum gerade nicht mit einer Verbesserung der Lebensbedingungen.[36] Auf den Umstand, dass die Lebensqualität und wirtschaftliches Wachstum nicht zwangsläufig zusammenhängen, verweist auch das Argument, dass ab einem gewissen Wohlstandsniveau ein Zuwachs nicht mehr zu einer Steigerung der Zufriedenheit führt. Dieses Argument zielt vor allem darauf ab, den Wachstumszwang in industrialisierten Gesellschaften zu kritisieren bzw. wirtschaftliches Wachstum als nicht unbedingt erstrebenswert darzustellen.[37]

Tim Jackson argumentiert in seinem Buch „Wohlstand ohne Wachstum", dass ein zu starker Fokus auf Wachstum ohne eine Berücksichtigung der möglichen Folgen einerseits zu Konsequenzen wie der Weltwirtschaftskrise 2008 führen kann.[38] Andererseits kann eine starke Verringerung des wirtschaftlichen Wachstums aber auch zu einer Rezessionsspirale führen, was ebenfalls erhebliche negative Auswirkungen auf die Lebensbedingungen der betroffenen Menschen hätte.[39]

Wachstum", *Heinrich-Böll-Stiftung*, 15.07.2010, https://www.boell.de/de/navigation/oekologische-marktwirtschaft-wirtschaft-wohlstand-wachstum-ludewig-9731.html (zugegriffen am 23.02.2022); Steigleder: „Weltwirtschaft und Finanzmärkte", S. 472; Welzer, Harald: Alles könnte anders sein. Eine Gesellschaftsutopie für freie Menschen, Frankfurt am Main: Fischer 2019, S. 24–26.

Für eine detaillierte Diskussion der ökologischen Wachstumskritik siehe: Vogel, Tobias: Grundlegung einer Kritischen Theorie des Wirtschaftswachstums. Normative Maßstäbe und kausale Zurechenbarkeit von Wachstumsproblemen, Marburg: Metropolis-Verlag 2020, S. 147–252.

[36] Siehe zum Beispiel: Hirata: „Wirtschaftswachstum und gute Entwicklung. Was ist dran an der Wachstumskritik?", S. 23/24; Jackson: Wohlstand ohne Wachstum. Leben und Wirtschaften in einer endlichen Welt, S. 133/134 und das Vorwort von Jürgen Trittin ebd., S. 9.

Für eine detaillierte Diskussion des Zusammenhangs von Wachstum und Glück bzw. dem Konzept des guten Lebens siehe: Vogel: Grundlegung einer Kritischen Theorie des Wirtschaftswachstums. Normative Maßstäbe und kausale Zurechenbarkeit von Wachstumsproblemen, S. 65–114.

[37] Vgl., Carstensen u. a.: „Wohlstand und Wachstum", S. 11–13; Jackson: Wohlstand ohne Wachstum. Leben und Wirtschaften in einer endlichen Welt, S. 54–65. Für eine Diskussion kritischer Punkte in Bezug auf Wirtschaftswachstum siehe: Hirata: „Wirtschaftswachstum und gute Entwicklung. Was ist dran an der Wachstumskritik?", S. 23–28.

[38] Vgl., Jackson: Wohlstand ohne Wachstum. Leben und Wirtschaften in einer endlichen Welt, S. 38–53.

[39] Vgl., ebd., S., 77–80.

Eine gegensätzliche Argumentation entwirft der Ökonom Benjamin Friedman in seinem Buch „The Moral Consequences of Economic Growth". Friedman vertritt die These, dass eine wachsende Wirtschaft zu besseren Lebensbedingungen der Menschen und so auch zur Etablierung bestimmter moralischer Werte wie Toleranz, Fairness und Demokratie führt. Er kritisiert, dass Moral und wirtschaftliches Wachstum oftmals als gegensätzlich betrachtet werden. Letzteres wird dabei meist lediglich mit persönlichem Wohlbefinden assoziiert. So wird übersehen, dass Wirtschaftswachstum auch einen Wert für die gesellschaftliche Ebene hat.[40]

> „The value of a rising standard of living lies not just in the concrete improvements it brings to how individuals live but in how it shapes the social, political, and ultimately the moral character of a people. Economic growth – meaning a rising standard of living for the clear majority of citizens – more often than not fosters greater opportunity, tolerance of diversity, social mobility, commitment to fairness, and dedication to democracy."[41]

Es verhält sich laut Friedman sogar so, dass Wirtschafts*wachstum* nicht nur dazu führt, dass Verbesserungen auch auf einer moralischen Ebene der gesellschaftlichen Werte stattfinden, sondern dass eine *Stagnation* oder im schlimmsten Fall *Schrumpfung* der Wirtschaft zu gegenteiligen Effekten führen. So hängen das Aufkommen von rassistischen und nationalistischen Ressentiments in einer Gesellschaft stark mit einer unzureichenden wirtschaftlichen Entwicklung zusammen.[42] Dies kann dann insbesondere auch für reiche, bereits etablierte Demokratien ein Risiko darstellen .

> „(...) [M]erely being rich is no bar to a society's retreat into rigidity and intolerance once enough of its citizens lose the sense that they are getting ahead."[43]

Wie in diesem Zitat bereits anklingt, ist es wichtig, dass Menschen Vertrauen in ihr eigenes Vorwärtskommen und besonders das ihrer Nachkommen

---

[40] Vgl., Friedman, Benjamin M.: The Moral Consequences of Economic Growth, New York: Vintage Books 2005, S. 3–6.

[41] Ebd., S. 4.

[42] Vgl., ebd., S. 5–9, S. 16. Friedman zeigt dies auch durch die Betrachtung der historischen Entwicklungen der USA (vgl., ebd., S. 105–215), Großbritanniens (vgl., ebd. S. 219–243), Frankreichs (vgl., ebd., S. 244–266) und Deutschlands (vgl., ebd., S. 267–294).

[43] Ebd., S. 5.

haben, damit in einer Gesellschaft moralische Werte wie Offenheit, Großzügigkeit, Toleranz und Freiheit kultiviert werden und erhalten bleiben. Dafür ist Wirtschaftswachstum essenziell.[44]

Zu diesem Schluss gelangt Friedman, indem er feststellt, dass Menschen ihre aktuellen Lebensverhältnisse entweder mit ihrem eigenen familieninternen früheren Status vergleichen oder mit dem ihres sozialen Umfelds.[45] Wirtschaftswachstum führt zu Einkommenssteigerungen – „(...) [R]ising incomes are (...) what economic growth is all about (...)"[46] – und damit zu eben jenem Gefühl des Vorwärtskommens und der stetigen Verbesserung der eigenen Verhältnisse. Wenn nun der Fall eintritt, dass Menschen das Vertrauen verlieren, dass es ihnen und ihren Kindern in Zukunft besser gehen wird, weil die Wirtschaft schrumpft oder stagniert, fangen Menschen an die zweite Vergleichsoption, die sich auf das soziale Umfeld bezieht, zu fokussieren. „(...)[T]hese two ways of gauging of economic well-being are substitutes for each other (...)."[47] So rückt für die Meisten unweigerlich in den Fokus, dass es anderen deutlich besser geht. Dies wiederum schürt Ressentiments und Missgunst in einer Gesellschaft .

„By continually giving most people a sense of living better than they or their families have in the not very distant past, sustained economic growth reduces the intensity of their desire to live better than one another. Economic growth satisfies the form of people's aspiration for 'more' that is possible for everyone to fulfill."[48]

Wirtschaftswachstum führt also dazu, dass Menschen ein Gefühl des Vorwärtskommens und der Verbesserung haben, ohne sich dabei zu sehr mit anderen zu vergleichen. Menschen in Gesellschaften, die wirtschaftliches Wachstum verzeichnen und die dieses Vertrauen in eine stetige Verbesserung besitzen, stehen nicht in einer Art Konkurrenzverhältnis zueinander, wie es in einer stagnierenden Wirtschaft der Fall wäre. Hier würde der Erfolg einer Person oder Personengruppe bei anderen zu dem Schluss führen, dass dieser Erfolg automatisch ihre eigenen Chancen verringert. In einer wachsenden Wirtschaft kann also ein Großteil der Menschen erfahren, dass es ihnen *besser* geht, da sie sich mit diesem Urteil auf ihren eigenen Lebensweg beziehen können, während sich in einer stagnierenden oder schrumpfenden Wirtschaft der Bezugspunkt hin zu anderen Gesellschaftsmitgliedern verschiebt. *Besser* im Vergleich zum restlichen sozialen Umfeld kann

---

[44] Vgl., ebd., S. 79–102.
[45] Vgl., ebd., S. 81.
[46] Ebd., S. 82.
[47] Ebd., S. 91.
[48] Ebd., S. 92, Betonung im Original.

es aber nur einer kleinen Gruppe innerhalb dieses Umfelds gehen. In einer von
Wirtschaftswachstum geprägten Gesellschaft lassen sich also Diskriminierungen
viel leichter abbauen, da die Gleich- und damit Besserstellung von bestimmten
Personengruppen bei anderen Gesellschaftsmitgliedern nicht als Gefahr für ihr
eigenes Vorwärtskommen gewertet wird. Menschen in wachsenden Wirtschaften
sind außerdem eher bereit, Kosten und Risiken zu tragen, die mit der Anerken-
nung der Rechte aller Gesellschaftsmitglieder einhergeht – beispielsweise in Form
von größerer Konkurrenz auf Arbeitsmärkten, Investitionen in Bildungssysteme
zur Förderung von weniger privilegierten Schüler:innen und Studierenden oder
auch der Etablierung eines effizienten Gesundheitssystems.[49]

Der Rückgang des Wirtschaftswachstums stellt also insbesondere in reichen
Industriestaaten, in denen demokratische Institutionen bereits etabliert sind, eine
Gefahr für den Erhalt und weiteren Ausbau der Errungenschaften der Demokratie
dar. In sogenannten Entwicklungsländern[50] wird Wirtschaftswachstum hingegen
benötigt, um die grundlegendsten moralischen Rechte der Menschen überhaupt
erst einmal herzustellen.[51]

Friedman geht in einem eigenen Kapitel auch auf die Thematik Wachstum und
Umwelt und den vermeintlichen Widerspruch dieser beiden Aspekte ein. Laut
Friedman verhält es sich jedoch so, dass sich Wirtschaftswachstum langfristig
positiv auf die Umwelt und das Klima auswirken kann. In Bezug auf umwelt-
bzw. klimaschädliche Verhaltensweisen werden zwei Problemstränge identifiziert,
für die eine wachsende Wirtschaft jeweils Lösungen bereithält.

Zum einen können sich Menschen in ärmeren Staaten klima- oder umwelt-
freundlichere Technologien, beispielsweise zum Kochen oder Heizen, oft nicht
leisten, so dass sie hierfür auf veraltete Handhabungen, wie die Nutzung von
Holz, Kohle oder Torf, zurückgreifen müssen. Dabei schaden sie sich in erster Linie aber selbst. Somit haben diese Menschen ein starkes Eigeninteresse, zu
anderen Formen der Energienutzung zu wechseln. Wirtschaftliches Wachstum und
damit ein höherer Lebensstandard wird in diesen Fällen also höchst wahrscheinlich dazu führen, dass Menschen klimafreundlichere Handlungsoptionen wählen
(können).[52] Zwar führen Wirtschaftswachstum und Modernisierung kurzfristig
dazu, dass die Verschmutzungsproblematiken zunehmen, es sei jedoch langfristig
zu beobachten, dass diese in moderneren und wohlhabenderen Gesellschaften

---

[49] Vgl., ebd., S. 95/96.
[50] Friedman betont, dass das größte Problem dieser Staaten ist, dass sie sich gerade nicht
entwickeln. Vgl., ebd., S. 302.
[51] Vgl., ebd., S. 297/298.
[52] Vgl., ebd., S. 381.

rückläufig seien.[53] Laut Friedman bestehe außerdem die Hoffnung, dass die Übergangsphase, in der die Verschmutzung zunächst zunimmt, für heutige sich entwickelnde Staaten verkürzt werden könne, da diese von den Errungenschaften und bereits etablierten Technologien der Industriestaaten profitieren können.[54]

Trotzdem lässt sich insbesondere das Problem des Klimawandels nicht allein dadurch lösen, arme Staaten zu modernisieren. Denn der zweite von Friedman analysierte Problemstrang besteht darin, dass Umweltverschmutzung, Klimawandel und Biodiversitätsverluste klassische Beispiele für Marktversagen sind, die durch externalisierte Kosten ausgelöst werden – „(...) that is, by social consequences of private action (...)."[55] Das Problem ist hier also, dass Staaten, Individuen und Unternehmen, die zum Klimawandel und anderen Umweltproblemen beitragen, nur einen sehr kleinen Teil der Kosten tragen, da sich die negativen Konsequenzen meist global auswirken und sich so auf die gesamte Menschheit verteilen, aber trotzdem die gesamten Vorteile der emissionsintensiven bzw. umweltbelastenden Tätigkeiten genießen.[56] Es besteht also kein Eigeninteresse, klimafreundlichere Handlungsalternativen zu wählen. In diesen Fällen muss auf kollektiver Ebene beschlossen werden, dass die gesellschaftlichen Kosten emissionsintensiver oder umweltschädigender Handlungen zu hoch sind. Reiche Gesellschaften können es sich (finanziell) leisten, zugunsten des allgemeinen Wohlbefindens, Technologien zu nutzen, die zwar mehr kosten, dafür aber weniger (anderen) Schaden verursachen. Da dies, wie bereits erwähnt, keine individuelle, sondern eine kollektive Entscheidung ist, muss diese in Form politischer Entscheidungen und Regularien getroffen und umgesetzt werden.

> *„Just as families who have sufficient incomes typically choose not to live with smoke created by cooking indoors over an open fire,* societies *where living standards are high can afford to bear some cost for limiting pollution, and most choose to do so. As a result, their incomes as conventionally measured are usually smaller than would otherwise be the case. But because they care about the air they breathe and the water they drink, and perhaps also about global climate and the preservation of species, they are nonetheless better-off."*[57]

---

[53] Vgl., ebd., S. 382, S. 386.

[54] Vgl., ebd., S. 387/388.

[55] Ebd., S. 377.

[56] Vgl., ebd., S. 378. Siehe in diesem Zusammenhang auch Abschnitt 2.1 und Abschnitt 6.3 dieser Arbeit.

[57] Friedman: The Moral Consequences of Economic Growth, S. 382, Betonung im Original.

Regularien und politisches Handeln spielen also eine zentrale Rolle, um ungewollte Anreizstrukturen durch Externalitäten zu durchbrechen und so auf einer
kollektiven Ebene zu insgesamt größeren Vorteilen und stärkerem Wohlbefinden
zu gelangen. Den Grund dafür, dass insbesondere CO_2-Emissionen noch zu hoch
sind, sieht Friedman darin, dass in Bezug auf diese Externalitäten noch keine
ausreichend wirksamen Regularien in Kraft sind.[58] Kollektive Interessen, die
u. U. einigen individuellen Präferenzen widersprechen, lassen sich laut Friedman
am besten in einem demokratischen Entscheidungsfindungsprozess durchsetzen.[59]
Wie zuvor bereits gezeigt, ist für die Herstellung und den Erhalt der Demokratie
Wirtschaftswachstum zentral.

Wachstum führt also nicht, wie einige Kritiker:innen behaupten, dazu, dass
Umweltverschmutzung und Klimawandel immer schlimmer werden (Friedman
kritisiert hier insbesondere den Bericht des Club of Romes),[60] sondern kann,
ergänzt durch sinnvolle politische Maßnahmen, genau das Gegenteil herbeiführen. Während die Abkehr von Wirtschaftswachstum zu einer Gefährdung der
Demokratie führt.[61]

Alles in allem lässt sich also feststellen, dass wirtschaftliches Wachstum so
lange zu begrüßen ist, als dass es die Lebensqualität der Menschen in einer
Volkswirtschaft verbessert bzw. stabilisiert. Wirtschaftliche Aktivitäten besitzen
demnach keinen intrinsischen Wert, sondern sollten als Mittel, um zufriedenstellende Lebensbedingungen zu erhalten oder zu steigern, betrachtet werden.
Demnach sind wirtschaftlicher Wettbewerb und Wachstum nicht als grundsätzlich
positiv oder negativ zu bewerten, sondern müssen im Hinblick auf die konkreten
Bedingungen und Auswirkungen in einer Gesellschaft beurteilt werden.[62]

Im Hinblick auf den vermeintlichen Konflikt zwischen Klimaschutz und
wirtschaftlichen Aspekten ist an dieser Stelle folgende interessante Beobachtung zu machen: Heutige Klimaschutzmaßnahmen zielen vor allem darauf ab,
den Wohlstand und damit die Voraussetzungen für ein erfülltes Leben für
zukünftige Generationen zu sichern. So erhalten sie ihre moralische Rechtfertigungsgrundlage. Der Appell, den Wettbewerb und das Wirtschaftswachstum

---

[58] Vgl., ebd., S. 384–386. Das Kyoto Protokoll ist im Erscheinungsjahr von „The Moral Consequences of Economic Growth" 2005 in Kraft getreten. Friedman scheint Hoffnungen in
dieses zu setzen. Vgl., ebd., S. 390.

[59] Vgl., ebd., S. 385.

[60] Vgl., ebd., S. 372–377.

[61] Dass sich dies dann auch negativ auf das Vorhaben des Klimaschutzes auswirken kann,
werde ich in Abschnitt 5.4 erläutern.

[62] Vgl., Friedman: The Moral Consequences of Economic Growth, S. 14; Welzer: Alles
könnte anders sein. Eine Gesellschaftsutopie für freie Menschen, S. 86–89.

nicht zu gefährden, bezieht sich hingegen eher auf die Interessen heute lebender Menschen.[63] Zunächst sollte betont werden, dass es sich bei beiden Ansprüchen um gleichwertig moralisch relevante Interessen handelt, wenn wir voraussetzen, dass alle Menschen die gleichen moralischen Rechte innehaben. Des Weiteren lässt sich feststellen, dass es sich bei diesen Gruppen nicht mehr zwangsläufig um unterschiedliche Adressat:innen handelt. Heute lebende junge Menschen sind sowohl von Wohlstandseinbußen aufgrund verfehlter Wirtschaftspolitik als auch in Zukunft durch die Folgen unzureichender Klimapolitik betroffen. Hier zeigt sich, dass sowohl eine Eindämmung des Klimawandels als auch die Aufrechterhaltung eines funktionierenden Wirtschaftssystems erreicht werden muss. Eine grundsätzliche Abkehr vom Konzept des Wachstums ist nicht ratsam. Vielmehr sollte eine Transformation des Wirtschaftssystems angestrebt werden, sobald Wachstum zu moralisch problematischen Konsequenzen führt.[64]

Wie bis hierher deutlich wurde, wird der wirtschaftliche Wettbewerb wie auch das wirtschaftliche Wachstum mit der Generierung von Wohlstand auf eine möglichst effiziente und gerechte Art und Weise gerechtfertigt.[65] Im nächsten Teilkapitel werde ich daher näher auf das Konzept des Wohlstands eingehen.

3.3 Wohlstand

Wohlstand ist „(…) im ökonomischen Sinn der Grad der Versorgung von Personen, privaten Haushalten oder der gesamten Gesellschaft mit Gütern und Dienstleistungen. Dieser materielle Wohlstand oder Lebensstandard wird für eine Volkswirtschaft meist anhand einer Sozialproduktgröße (z. B. Bruttoinlandsprodukt oder Pro-Kopf-Einkommen) gemessen."[66] Dieser Wohlstandsbegriff bezieht sich auf materiellen Wohlstand, der meist – und wie in obigem Zitat deutlich wird – durch das BIP quantifiziert wird. Im letzten Abschnitt habe ich auf einige Kritikpunkte aufmerksam gemacht, die sich auf diese Verknüpfung zwischen Wohlstand und BIP

---

[63] Ich danke Klaus Steigleder, der mich auf diesen Aspekt aufmerksam gemacht hat.

[64] Vgl., Vogel: Grundlegung einer Kritischen Theorie des Wirtschaftswachstums. Normative Maßstäbe und kausale Zurechenbarkeit von Wachstumsproblemen, S. 253–259.

[65] Vgl., Hirata: „Wirtschaftswachstum und gute Entwicklung. Was ist dran an der Wachstumskritik?", S. 7–9. Hirata spricht an dieser Stelle nicht von „Wohlstand" sondern von „Wohlergehen".

[66] Bundeszentrale für politische Bildung (bpb): „Wohlstand", *kurz&knapp Das Lexikon der Wirtschaft*, ohne Datum, https://www.bpb.de/nachschlagen/lexika/lexikon-der-wirtschaft/21170/wohlstand (zugegriffen am 24.02.2022).

beziehen.[67] Es ist an dieser Stelle anzumerken, dass dieser Kritik scheinbar eine weitere, nicht rein materielle Definition des Begriffs „Wohlstand" zugrunde liegt. So schreibt Jackson:

> *„Wohlstand ist letzten Endes mehr als die Befriedigung materieller Bedürfnisse. Er weist über materielle Interessen hinaus. Er ist tief in der Lebensqualität, der Gesundheit und dem Glück unserer Familien verankert. Er ist gegenwärtig in der Stärke unserer Beziehungen und in unserem Vertrauen in die Gemeinschaft. Er kommt zum Ausdruck, wenn wir bei der Arbeit zufrieden sind, wenn wir dieselben Werte und Ziele mit anderen teilen. Er hängt von unserer Fähigkeit ab, voll und ganz am gesellschaftlichen Leben teilzunehmen."*[68]

Dieses Zitat verweist darauf, dass Wohlstand auch als eine Idee des guten Lebens verstanden werden kann. Dies schließt für viele Menschen zwar einen gewissen Grad an materiellem Wohlstand ein, beschränkt sich aber nicht auf diesen.[69]

An dieser Stelle wird nun auch die moralische Relevanz eines funktionierenden Wirtschaftssystems deutlich. Wohlstand als Folge von Wachstum und Wettbewerb schafft Bedingungen dafür, dass Menschen ihre Vorstellungen des guten Lebens verfolgen können. Zu diesen Bedingungen gehören zum Beispiel demokratische Freiheitsrechte, funktionierende Institutionen und effektive Sozial- und Gesundheitssysteme. Ein funktionierendes Wirtschaftssystem trägt also entscheidend dazu bei, dass moralische Rechte von Menschen gewährleistet werden – auch diejenigen Rechte, die Shue und Gewirth als grundlegende Rechte klassifizieren.[70] Gleichzeitig stellt ein Rückgang von Wirtschaftswachstum und

---

[67] Für eine Kritik am BIP siehe auch: Jackson: Wohlstand ohne Wachstum. Leben und Wirtschaften in einer endlichen Welt, S. 182.

[68] Ebd., S. 37.

[69] Vgl., Hirata: „Wirtschaftswachstum und gute Entwicklung. Was ist dran an der Wachstumskritik?", S. 7/8; Jackson: Wohlstand ohne Wachstum. Leben und Wirtschaften in einer endlichen Welt, S. 54–65 und S. 150; Welzer: Alles könnte anders sein. Eine Gesellschaftsutopie für freie Menschen, S. 59/60.

[70] Zu Shues Konzept der basalen Rechte und zur Theorie der konstitutiven Rechten von Gewirth siehe das erste Kapitel dieser Arbeit. Siehe auch: Hüther, Michael: „Die Corona-Krise lässt manche auf den Untergang des Kapitalismus hoffen", *Der Tagesspiegel*, 22.03.2020, https://www.tagesspiegel.de/kultur/wiederentdeckung-des-starken-staates-die-corona-krise-laesst-manche-auf-den-untergang-des-kapitalismus-hoffen/25666864.html (zugegriffen am 23.02.2022); Steigleder: „Weltwirtschaft und Finanzmärkte", S. 471/472 und S. 474/475.

der damit einhergehende Verlust an Arbeitsplätzen und von (materiellem) Wohlstand ein Risiko für die Demokratie dar, weil derartige Prozesse „(...) *offenbar leicht zu sozialen Spannungen und politischen Verwerfungen führen können.*"[71] An dieser Stelle ist es wichtig, noch einmal festzuhalten, dass ungezügelter Kapitalismus und eine Volkswirtschaft, die wirtschaftliches Wachstum als Selbstzweck handhabt, ebenfalls negative Effekte haben können.[72] Dass eine bestimmte Form des Wirtschaftens erhebliche Rechtsverletzungen zur Folge hat, heißt aber nicht, dass die zugehörigen Mechanismen grundsätzlich abgelehnt werden sollten. Vielmehr zeigt sich in diesem Umstand, dass der Staat durch eine geeignete Wirtschaftspolitik Rahmenbedingungen setzen muss, die dafür sorgen, dass das Wirtschaftssystem als Mittel zum Wohl der Menschen funktioniert.[73]

3.4 Fazit des dritten Kapitels

Wie oben bereits erwähnt, werden wirtschaftliche Aktivitäten oft mit dem Einwand kritisiert, dass sie durch einen nicht-nachhaltigen Ressourcenverbrauch eine Belastung für die Umwelt darstellen. Andersherum werden Klimaschutzmaßnahmen oft mit dem Verweis auf wirtschaftliche Nachteile abgelehnt. Wie in diesem und im zweiten Kapitel deutlich wurde, ist es aber, um grundlegende moralische Rechte zu gewährleisten, sowohl notwendig, ein funktionierendes Wirtschaftssystem aufrechtzuerhalten als auch den Klimawandel zu begrenzen. Um diese beiden vermeintlichen Gegensätze zu vereinbaren, existiert bereits eine Reihe

---

[71] Steigleder: „Weltwirtschaft und Finanzmärkte", S. 472.

[72] Vgl., Jackson: Wohlstand ohne Wachstum. Leben und Wirtschaften in einer endlichen Welt, S. 38–53.

[73] Vgl., Hirata: „Wirtschaftswachstum und gute Entwicklung. Was ist dran an der Wachstumskritik?", S. 7–9; Homann/Lütge: Einführung in die Wirtschaftsethik, S. 34–38 und S. 57–70; Steigleder: „Weltwirtschaft und Finanzmärkte", S. 474–476. Siehe in diesem Zusammenhang auch die Definitionen von sozialer Marktwirtschaft: Suchanek, Andreas, Nick Lin-Hi und Dirk Sauerland: „Soziale Marktwirtschaft", *Gabler Wirtschaftslexikon*, ohne Datum, https://wirtschaftslexikon.gabler.de/definition/soziale-marktwirtschaft-42184/version-265538 (zugegriffen am 22.02.2022); Bundeszentrale für politische Bildung (bpb): „soziale Marktwirtschaft", *kurz&knapp*, ohne Datum, https://www.bpb.de/nachschlagen/lexika/lexikon-der-wirtschaft/20642/soziale-marktwirtschaft (zugegriffen am 22.02.2022). Siehe außerdem: Hüther, Michael: „Marktwirtschaft + Öko", *Futurzwei* (09.09.2019), https://futurzwei.org/article/1228 (zugegriffen am 23.02.2022).

an Theorien dazu, wie Wirtschaft in Zukunft nachhaltig und mit den gegebenen ökologischen Grenzen vereinbar gestaltet werden kann.[74] An dieser Stelle würde es zu weit führen, diese im Einzelnen zu diskutieren. Festzuhalten ist aber, dass diese Art der Forschung in Zukunft intensiviert und priorisiert werden muss.[75] Aufgrund der Auswirkungen, die die Konsequenzen des Klimawandels auf die zukünftige Lebensqualität der Menschen haben werden, müssen diese Aspekte stärker bei der Messung der internationalen Wettbewerbsfähigkeit berücksichtigt werden. Sinnvolle klimapolitische Maßnahmen sollten der staatlichen Wettbewerbsfähigkeit nicht abträglich sein, da dies sowohl dem Verständnis dieser widerspricht als auch – aufgrund erwartbarer Wohlstandsverluste durch den Klimawandel – eine zu kurzfristige Perspektive darstellt.

Ich werde mich im Folgenden auf die deutsche Energiewende und den Kohleausstieg konzentrieren. Vor dem Hintergrund der Erkenntnisse dieses Kapitels werden dabei auch immer wieder Überlegungen eine Rolle spielen, wie diese Ambitionen innerhalb unseres gegebenen Wirtschaftssystems zu bewerkstelligen sind, ohne dieses dabei zu stark zu belasten.

In diesem Kapitel habe ich skizziert, dass ein funktionierendes Wirtschaftssystem aus vergleichbaren moralischen Gründen anzustreben ist wie eine effektive Bekämpfung des Klimawandels. Im größeren Kontext dieser Arbeit dienen die ersten drei Kapitel nun als moral-theoretische Basis zur weiteren Untersuchung der Rolle Deutschlands im Kontext der Energiewende. Bevor ich mich im fünften Kapitel mit den normativen Zielkonflikten beschäftige, die in diesem Zusammenhang entstehen, möchte ich im vierten Kapitel zunächst die Bedeutung der Kohleindustrie in Deutschland thematisieren und zeigen, warum der Kohleausstieg grundsätzlich ethisch gefordert ist.

---

[74] Siehe zum Beispiel: Felber, Christian: Gemeinwohl-Ökonomie, 4. Aufl., Wien: Piper 2018; Göpel, Maja: Unsere Welt neu denken. Eine Einladung, 6. Aufl., Berlin: Ullstein 2020; Jackson: Wohlstand ohne Wachstum. Leben und Wirtschaften in einer endlichen Welt; Raworth, Kate: Die Donut-Ökonomie. Endlich ein Wirtschaftsmodell, das den Planeten nicht zerstört, 3. Aufl., London/ München: Hanser 2020; Schneidewind, Uwe: Die große Transformation. Eine Einführung in die Kunst gesellschaftlichen Wandels, Frankfurt am Main: S. Fischer Verlag 2018.

[75] Siehe auch: Kolmar, Martin: „Immer mehr Wachstum wird unser Leben zerstören", *Zeit Online*, 14.06.2019, https://www.zeit.de/wirtschaft/2019-04/industriepolitik-umstieg-klimapolitik-digitalisierung-globalisierung-nachhaltigkeit/komplettansicht (zugegriffen am 23.02.2022).

Die Kohleindustrie in Deutschland 4

In diesem Kapitel soll zunächst die wirtschaftliche und historische Bedeutung, die die Kohleindustrie auf nationaler, aber insbesondere auch auf lokaler Ebene hat und hatte herausgestellt werden (Abschn. 4.1). Anschließend werde ich aufzeigen, warum der Braunkohleausstieg trotzdem moralisch gefordert ist (Abschn. 4.2).

4.1 Wirtschaftliche und historische Entwicklung

Ich möchte an dieser Stelle zunächst einen groben Überblick über die wirtschaftliche und historische Entwicklung der deutschen Kohleindustrie erstellen. Dies dient dazu, die nach wie vor besondere Bedeutung dieser Branche und die in Teilen sehr polarisierte Debatte rund um den Kohleausstieg besser einordnen zu können. Nach einigen allgemeinen Aspekten zur Kohleindustrie insgesamt und zur Braunkohleindustrie im Speziellen möchte ich dieses Teilkapitel mit einer Beschreibung des Rheinischen Braunkohlereviers schließen, da dieses im Fokus meiner nachfolgenden Betrachtungen stehen wird.

Allgemeines
Sowohl die Stein- als auch die Braunkohleindustrie in Deutschland und Europa sind und waren lange Zeit geprägt durch schwierige und prekäre Arbeitsbedingungen auf der einen Seite und den Status der wirtschaftlichen Unersetzlichkeit auf der anderen Seite. Für die Arbeiter:innen[1] bedeutete dies zum einen einen

---

[1] Tatsächlich haben phasenweise auch immer wieder sehr viele Frauen unter und über Tage in der Kohleindustrie gearbeitet. Vgl., Brüggemeier, Franz-Josef: Grubengold. Das Zeitalter der Kohle von 1750 bis heute, München: C.H.Beck 2018, S. 71/72.

© Der/die Autor(en), exklusiv lizenziert an Springer Fachmedien Wiesbaden GmbH, ein Teil von Springer Nature 2022
F. Henke, *Die Rolle Deutschlands im Kontext der Energiewende*,
https://doi.org/10.1007/978-3-658-39696-1_4

gefährlichen und kräftezehrenden Arbeitsalltag, in dem Verletzungen und tödliche Unfälle nichts Ungewöhnliches waren, zum anderen verfügten sie aber auch phasenweise über sehr viel gesellschaftlichen Einfluss, da die Kohlegewinnung sich zu einem essentiellen Mittel der Deckung des Energiebedarfs entwickelte. So kam es gerade in der Kohleindustrie immer wieder zu größeren Streiks und zur Bildung von Gewerkschaften, die für bessere Arbeitsbedingungen kämpften. Hier wurden also auch maßgebliche Erfolge in Bezug auf die Demokratisierung Europas errungen. Der Zugang zu günstiger Energie durch die Verbrennung von Kohle hat langfristig für wirtschaftliche Entwicklung und Wohlstand gesorgt.[2]

Im Zuge der europäischen Neuordnung nach dem Zweiten Weltkrieg wurde schließlich – angeregt durch den damaligen französischen Außenminister Robert Schuman – 1952 die „Europäische Gemeinschaft für Kohle und Stahl" (kurz: EGKS oder „Montanunion") gegründet, „(…) um Zölle abzuschaffen und dafür zu sorgen, dass die knappen Mengen an Kohle und Stahl gerecht auf die Mitgliedsländer verteilt wurden."[3] Sie stellte die Kohle- und Stahlproduktion unter eine gemeinsame Aufsichtsbehörde. Da diese beiden Industrien die zentralen Säulen der europäischen Schwerindustrie darstellten, konnte durch eine derartige Institution verhindert werden, dass einzelne Mitgliedsstaaten heimlich erneut aufrüsteten. Neben Deutschland und Frankreich schlossen sich auch Belgien, die Niederlande, Luxemburg und Italien der Montanunion an. Aus der EGKS entwickelte sich im Laufe der Zeit die heutige Europäische Union (EU).[4]

Franz-Josef Brüggemeier schreibt in Bezug auf diese Phase der Kohleindustrie:

„Wenn die These von der «Carbon Democracy»[5] eine Berechtigung hat, dann für die Jahre nach dem Zweiten Weltkrieg – allerdings unter ganz besonderen Bedingungen. Ohne die Erfahrungen des erneuten Kriegs, ohne den elementaren Mangel an Kohle, ohne die große Bedeutung der Bergleute und ohne die Diskreditierung der Unternehmen hätte es in Großbritannien und Frankreich keine Verstaatlichung und

---

[2] Vgl., ebd., S. 168–213, S. 228–232.

[3] Vgl., ebd., S. 346.

[4] Vgl., Stratenschulte, Eckart D.: „Gründung der Europäischen Gemeinschaften", Bundeszentrale für politische Bildung (bpb), 01.04.2014, https://www.bpb.de/internationales/europa/europaeische-union/42989/europaeische-gemeinschaften?p=0 (zugegriffen am 24.02.2022).

[5] Der Begriff „Carbon Democracy" wurde von Timothy Mitchell in seinem gleichnamigen Buch geprägt. Brüggemeier schreibt diesbezüglich: „Der Nahosthistoriker Timothy Mitchell hat 2013 einen Zusammenhang zwischen Kohle und Demokratie hergestellt und von einer «Carbon Democracy» gesprochen. Für ihn hatten Gesellschaften, in denen der Steinkohlebergbau eine große Rolle spielt, besonders gute Voraussetzungen, demokratische Strukturen zu entwickeln." Brüggemeier: Grubengold. Das Zeitalter der Kohle von 1750 bis heute, S. 212.

in Deutschland keine Mitbestimmung gegeben. Und ohne die besondere Konstellation der Nachkriegszeit wären die beteiligten Staaten wohl nicht bereit gewesen, die Montanunion zu begründen und anschließend die nächsten Schritte zu einem geeinten Europa zu unternehmen. Wohl zu keinem anderen Zeitpunkt waren der politische und vor allem der positive Einfluss von Kohle und Bergbau so groß wie in diesen Jahren."[6]

An dieser Stelle muss jedoch ebenfalls noch kritisch erwähnt werden, dass insbesondere während des ersten und zweiten Weltkriegs Kriegsgefangene und Zwangsarbeiter:innen unter unmenschlichen Bedingungen zur Arbeit in den Kohleminen gezwungen wurden. Die Energiequelle Kohle treibt in diesen Zeitspannen vor allem die Kriegsmaschinerie an und steht so demokratie- und wohlstandsfördernden Prozessen eher im Weg.[7]

In den 1970er und 1980er Jahren rückten zunehmend die umweltschädlichen Auswirkungen der Kohleverstromung in den Fokus. Im Zuge dessen sank die gesellschaftliche Akzeptanz der Kohleförderung. Auch in der Politik wurde der Notwendigkeit der Bekämpfung des Klimawandels immer größere Aufmerksamkeit geschenkt. Mit der Verabschiedung des Kyoto Protokolls 1997[8] setzte sich Deutschland erstmals verbindliche nationale Klimaschutzziele, um den nationalen Treibhausgasausstoß zu reduzieren. Die Debatte bezüglich eines deutschen Kohleausstiegs setzte in den 2010er Jahren ein.[9] Schließlich wurde die endgültige und vollständige Beendigung der Kohlenutzung Anfang 2020 von der sogenannten Kohlekommission für das Jahr 2038 empfohlen und einige Monate später, am 8. August 2020, im „Gesetz zur Reduzierung und zur Beendigung der Kohleverstromung" (kurz: „Kohleausstiegsgesetz") von der Bundesregierung beschlossen, welches am 14. August 2020 in Kraft trat.[10] Aktuell bestehen seitens der seit Dezember 2021 neu vereidigten Bundesregierung Bestrebungen, den Kohleausstieg *„[i]dealerweise (…) bis 2030 (…)"*[11] bereits umzusetzen. Ob und wie dieses

---

[6] Ebd., S. 347/ 348, Betonung im Original.

[7] Vgl., ebd., S. 235–237, S. 246–253, S. 277–306.

[8] In der nachfolgend zitierten Quelle für diesen Absatz heißt es fälschlicherweise, dass das Kyoto Protokoll 1995 verabschiedet wurde. Richtig ist aber 1997. 2005 ist es dann in Kraft getreten. Vgl., UNFCCC: „What is the Kyoto Protocol?", ohne Datum, https://unfccc.int/kyoto_protocol (zugegriffen am 01.03.2022).

[9] Vgl., Sandau, Fabian u. a.: „Daten und Fakten zu Braun- und Steinkohlen. Stand und Perspektiven 2021", Dessau-Roßlau: Umweltbundesamt, 2021, S. 16/17.

[10] Vgl., Bundesregierung: „Gesetz zur Reduzierung und zur Beendigung der Kohleverstromung und zur Änderung weiterer Gesetze (Kohleausstiegsgesetz)".

[11] SPD, Bündnis90/ Die Grüne, FDP: „Mehr Fortschritt wagen. Bündnis für Freiheit, Gerechtigkeit und Nachhaltigkeit. Koalitionsvertrag zwischen SPD, Bündnis90/ Die Grünen und FDP", S. 58.

Ziel erreicht werden kann, ist zum Zeitpunkt der Verfassung dieser Arbeit, insbesondere vor dem Hintergrund des durch Russland initiierten Kriegs in der Ukraine und der damit zusammenhängenden drohenden Energiekrise, noch nicht absehbar. Wie sehr die deutsche Energieversorgung noch von der Kohleverbrennung abhängig ist, ist umstritten. Ihr Anteil am deutschen Strommix nimmt seit wenigen Jahren ab.[12] Trotzdem sollte betont werden, dass die Kohleindustrie gerade auf lokaler Ebene in den Braunkohlerevieren nach wie vor eine große regionalwirtschaftliche und identitätsstiftende Rolle spielt.[13]

Braunkohle
Der erste Braunkohletagebau wurde 1751 im Rheinischen Revier in Betrieb genommen. Zuvor erfolgte die Braunkohlegewinnung eher unsystematisch durch Bäuer:innen und Tagelöhner:innen.[14] Lange Zeit war der Wert der Braunkohle zudem unbekannt. Sie diente maximal als minderwertiger Ersatz für den Brennstoff Holz oder die teurere, weil heizkräftigere, Steinkohle und wurde daher eher von ärmeren Menschen genutzt. Außerdem wurde sie als Farberde in der Malerei verwendet.[15] Im Zuge der Industrialisierung und dem damit verbundenen erhöhten Strombedarf wuchs die Bedeutung der Braunkohle.[16] Im Jahr 1899 wurde das erste Elektrizitätswerk zur Verstromung der Braunkohle gegründet, das 1905 von RWE übernommen wurde.[17] In dieser Zeit entwickelte sich die Braunkohle vom „(…) Brennstoff (…) der Armen (…)"[18] hin zu einer gesellschaftlich akzeptierten Art der Energiegewinnung und „(…) zum zentralen Pfeiler der Energieversorgung (…)".[19]

---

[12] Siehe Abschnitt 5.1.

[13] Siehe in diesem Zusammenhang auch den Teilabschnitt zum Rheinischen Revier in diesem Kapitel und das Abschnitt 5.2.

[14] Vgl., Kriener, Manfred: „Teutschlands neue Goldgrube", *klimareporter°*, 02.01.2019, https://www.klimareporter.de/deutschland/teutschlands-neue-goldgrube (zugegriffen am 23.02.2022).

[15] Kleinebeckel, Arno: Unternehmen Braunkohle. Geschichte eines Rohstoffs, eines Reviers, einer Industrie im Rheinland, hg. von Rheinische Braunkohlenwerke AG, Köln: Greven Verlag 1986, S. 27–39, S. 64/65.

[16] Vgl., Baum, Carla: „Flöze, Gruben, Schächte – Geschichte der Braunkohle in Deutschland", *böll thema*, ohne Datum, https://www.boell.de/de/2018/12/27/floeze-gruben-schaechte-geschichte-der-braunkohle-deutschland (zugegriffen am 23.02.2022).

[17] Vgl., Kriener: „Teutschlands neue Goldgrube".

[18] Ebd.

[19] Ebd.

Nach dem Ersten Weltkrieg wurde Deutschland zu hohen Reparationszahlungen verpflichtet, die auch die Abgabe von Steinkohle betrafen. Durch den so entstehenden (Stein-)Kohlemangel wuchs die Bedeutung der Braunkohle insbesondere für die Stromerzeugung weiter.[20] Die Braunkohle wurde fortan hauptsächlich zum Heizen und zur Stromgewinnung genutzt – während die Steinkohle in der Stahlindustrie benötigt wurde.[21] Als die Nationalsozialist:innen in Deutschland an die Macht kamen, strebten sie eine staatliche Autarkie und die Wiederaufrüstung Deutschlands an. Die Braunkohleproduktion, die aufgrund der Weltwirtschaftskrise Einbrüche erlebt hatte, wurde aus diesen Gründen wieder erhöht. Außerdem wurde Braunkohle in verflüssigter Form auch als Benzin und Schmieröl verwendet.[22]

Eine ihrer bedeutendsten Phasen erreichte die Förderung von Braunkohle nach dem zweiten Weltkrieg vor allem in der damaligen Deutschen Demokratischen Republik (DDR). 1985 stammte 30 % der weltweiten Braunkohleproduktion von dort.[23] Aber auch in der Bundesrepublik Deutschland (BRD) war insbesondere zwischen 1960 bis Mitte der 1980er Jahre ein starker Zuwachs der installierten Leistung der Braunkohlekraftwerke zu beobachten.[24] In einer Studie des Thinktanks Agora Energiewende heißt es diesbezüglich:

„Von 1960 bis zur Mitte der 1980er-Jahre wuchs die installierte Leistung der Braunkohlekraftwerke sowohl in der Bundesrepublik als auch in der DDR kräftig an. In der Bundesrepublik betrug der Kapazitätszuwachs von 1960 bis 1975 etwa acht Gigawatt (brutto), in der DDR wurde die Kapazität der Braunkohlekraftwerke im gleichen Zeitraum um etwa sieben Gigawatt (brutto) erweitert."[25]

---

[20] Vgl., Kleinebeckel: Unternehmen Braunkohle. Geschichte eines Rohstoffs, eines Reviers, einer Industrie im Rheinland, S. 152.

[21] Vgl., Sandau u. a.: „Daten und Fakten zu Braun- und Steinkohlen. Stand und Perspektiven 2021", S. 15/16.

[22] Vgl., Brüggemeier: Grubengold. Das Zeitalter der Kohle von 1750 bis heute, S. 280/281.; Kleinebeckel: Unternehmen Braunkohle. Geschichte eines Rohstoffs, eines Reviers, einer Industrie im Rheinland, S. 169–174.

[23] Vgl., Baum: „Flöze, Gruben, Schächte – Geschichte der Braunkohle in Deutschland".

[24] Vgl., Öko-Institut: „Die deutsche Braunkohlenwirtschaft. Historische Entwicklungen, Ressourcen, Technik, wirtschaftliche Strukturen und Umweltauswirkungen.", Studie im Auftrag von Agora Energiewende und der European Climate Foundation, 2017, S. 66/67; Siehe auch: Kleinebeckel: Unternehmen Braunkohle. Geschichte eines Rohstoffs, eines Reviers, einer Industrie im Rheinland, S. 259, S. 270/271.

[25] Öko-Institut: „Die deutsche Braunkohlenwirtschaft. Historische Entwicklungen, Ressourcen, Technik, wirtschaftliche Strukturen und Umweltauswirkungen.", S. 66.

In den 1950er Jahren lösten zunehmend Erdöl und -gas die zentrale Rolle der
(Braun-)Kohle für den privaten Verbrauch in der BRD ab. Nach der Wieder-
vereinigung Deutschlands nahm deren Nutzung auch in der ehemaligen DDR
ab.[26]

Wie hier bereits angedeutet ist, sind die verschiedenen Braunkohlereviere auch
aufgrund der unterschiedlichen Entwicklungen während der Phase des geteilten
Deutschlands nur bedingt vergleichbar. Da ich mich in dieser Arbeit auf das
Rheinische Braunkohlerevier konzentriere, möchte ich dieses hier noch etwas
detaillierter vorstellen.

Rheinisches Revier

Das Gebiet des Rheinischen Braunkohlereviers (kurz: Rheinisches Revier)
erstreckt sich im Westen Nordrhein-Westfalens, zwischen Mönchengladbach,
Aachen und dem Ballungsraum Köln, über eine Fläche von 3.000 qkm.[27] Die
Förderung der Braunkohle begann hier Mitte des 19. Jahrhunderts und gewann im
Zuge des technischen Fortschritts immer mehr an Bedeutung.[28] Nach dem zweiten Weltkrieg erlebte Deutschland auch dank der Kohleindustrie einen starken
wirtschaftlichen Aufschwung. In der damaligen DDR wurde zwar mehr Braunkohle produziert als in der BRD, trotzdem wurde auch im Rheinischen Revier die
Braunkohleförderung ausgebaut, bis sie in den 1980er Jahren ihren Höhepunkt
erreichte.[29] 1980 wurden im Rheinland 118 Mio. Tonnen Braunkohle gefördert,
das entsprach einem Anteil von 30 % an der gesamtdeutschen Fördermenge von
388 Mio. Tonnen.[30] 1990 betrug der Anteil der Braunkohle an der deutschen
Bruttostromerzeugung rund 31,1 %.[31]

---

[26] Vgl., Sandau u. a.: „Daten und Fakten zu Braun- und Steinkohlen. Stand und Perspektiven
2021", S. 16.

[27] Vgl., Kulenovic, Dino: „Das Rheinische Braunkohlerevier", in: Reinkemeier, Peter und
Ansgar Schanbacher (Hrsg.): *Schauplätze der Umweltgeschichte in Nordrhein-Westfalen*,
Göttingen: Universitätsverlag Göttingen 2016, S. 91.

[28] Vgl., ebd., S. 91.

[29] Vgl., Baum: „Flöze, Gruben, Schächte – Geschichte der Braunkohle in Deutschland";
Siehe auch: Öko-Institut: „Die deutsche Braunkohlenwirtschaft. Historische Entwicklungen,
Ressourcen, Technik, wirtschaftliche Strukturen und Umweltauswirkungen.", S. 26–29.

[30] Vgl., Öko-Institut: „Die deutsche Braunkohlenwirtschaft. Historische Entwicklungen,
Ressourcen, Technik, wirtschaftliche Strukturen und Umweltauswirkungen.", S. 28.

[31] Vgl., Umweltbundesamt: „Erneuerbare und konventionelle Stromerzeugung", 17.01.2022,
https://www.umweltbundesamt.de/daten/energie/erneuerbare-konventionelle-stromerze
ugung#zeitliche-entwicklung-der-bruttostromerzeugung (zugegriffen am 01.03.2022).

Heute sind in NRW noch drei Tagebaue in Betrieb: Hambach, Inden und Garzweiler.[32] Der Anteil der Braunkohle beträgt laut Bundesverband Braunkohle (DEBRIV) noch 16,1 % an der deutschen Bruttostromerzeugung.[33] Von den insgesamt 107,4 Mio. Tonnen Braunkohle, die 2020 in Deutschland gefördert wurden, entfielen 47,8 %, das sind 51,3 Mio. Tonnen, auf das Rheinische Revier.[34] Laut DEBRIV arbeiten im Rheinischen Revier im Dezember 2020 9.418 Menschen in der Braunkohleindustrie.[35] Damit ist das Rheinische Revier mittlerweile das größte und produktivste Braunkohlerevier in Deutschland. Gemessen an den Bodenvorräten könnte in den rheinländischen Tagebauen noch bis ca. 2050 Braunkohle abgebaut werden.[36]

Neben einer starken Umweltbelastung, die durch die Kohleverstromung entsteht, ist die Gewinnung von Braunkohle auch deshalb problematisch, weil sie, anders als die Steinkohle, im Tagebau gefördert wird. Diese Tagebaue werden als ausladende Gruben in den Boden gegraben.[37] Auf der einen Seite dieser Grube wird der Boden abgetragen, um die darin enthaltene Kohle zu gewinnen. Der Rest des Erdreichs wird auf der anderen Seite wieder aufgeschüttet. Auf diese Art und Weise „wandern" die Tagebaue durch die braunkohlehaltige Landschaft.[38] Das hat zum einen negative Auswirkung auf ökologische Aspekte wie die Biodiversität und das Grundwasserlevel.[39] Zum anderen sind die Menschen, die vor Ort

---

[32] Vgl., Kulenovic: „Das Rheinische Braunkohlerevier", S. 91.

[33] Vgl., Maaßen, Uwe und Hans-Wilhelm Schiffer: „Die deutsche Braunkohleindustrie im Jahr 2020", *World of Mining – Surface & Underground* 73/3 (2021), S. 141–153, hier S. 141.

[34] Vgl., ebd., S. 142, S. 144.

[35] Vgl., ebd., S. 147.

[36] Vgl., Kulenovic: „Das Rheinische Braunkohlerevier", S. 91.

[37] Der Tagebau Hambach ist heute der größte noch aktive Tagebau. Braunkohle wird hier in bis zu.
400 Metern Tiefe abgetragen, die Betriebsfläche beläuft sich 2018 auf 43 qkm. Vgl., RWE: „Tagebau Hambach. Rückgrat einer sicheren Stromversorgung", ohne Datum.

[38] Vgl., RWE: „Braunkohle. Gewinnung", ohne Datum, https://www.rwe.com/unser-portfolio-leistungen/rohstoffe-energietraeger/braunkohle/braunkohle-gewinnung (zugegriffen am 15.02.2022).

[39] Vgl., BUND: „Braunkohle und Landschaftszerstörung. Das Beispiel des Hambacher Waldes", *BUND Landesverband Nordrhein-Westfalen*, ohne Datum, https://www.bund-nrw.de/themen/braunkohle/hintergruende-und-publikationen/braunkohle-und-umwelt/braunkohle-und-landschaftszerstoerung-das-beispiel-hambacher-wald/ (zugegriffen am 21.02.2022); BUND: „Braunkohlentagebaue und Gewässerschutz", *BUND Landesverband Nordrhein-Westfalen*, ohne Datum, https://www.bund-nrw.de/themen/braunkohle/hintergruende-und-publikationen/braunkohle-und-umwelt/braunkohle-und-wasser/ (zugegriffen am 15.02.2022).

leben, insofern betroffen, als dass durch den Tagebau ganze Dörfer umgesiedelt werden müssen, wenn auf ihrem Gebiet Braunkohle gewinnbar ist.[40]

Ist der Kohlevorrat eines Tagebaus bzw. eines Bodenabschnitts erschöpft, bemüht sich RWE laut eigenen Angaben um die Rekultivierung des Gebiets. Dies kann in drei verschiedenen Formen geschehen. Die erste Option, die schon im laufenden Betrieb möglich ist, ist die Wiederaufforstung der genutzten und wieder aufgeschütteten Fläche. Beispielhaft zu nennen ist hier das Naherholungsgebiet Sophienhöhen am Tagebau Hambach.[41] Die zweite Option ist die landwirtschaftliche Rekultivierung. Diese gestaltet sich allerdings oft schwierig, da es auf den Gebieten der ehemaligen Tagebaue zu Bodenabsenkungen und Wasserstau kommen kann. Außerdem wird die genutzte Erde meist nicht in ihrer ursprünglichen Schichtung wieder aufgetragen, was sich auch auf die Qualität des Bodens auswirken kann.[42] Die dritte Option bezieht sich auf die endgültige Stilllegung eines Tagebaus. Die Gruben werden meist geflutet, so dass künstliche Seen und somit Naherholungsgebiete entstehen.[43]

Zwar ist ein zügiger Kohleausstieg im Hinblick auf die klimapolitischen Ziele der Landes- und Bundesregierung sowie der Einhaltung des Pariser Klimaabkommens überaus dringend, trotzdem bedeutet das Ende der Kohleförderung für die betroffenen Regionen im Rheinland einen umfänglichen und risikoreichen Strukturwandel. Laut einer Studie von Arepo Consult im Auftrag der Grünen aus dem Jahr 2016 existieren im Rheinischen Revier 8.960 Stellen, die direkt mit der Braunkohleförderung in Verbindung stehen. Des Weiteren kommen indirekte Stellen, die durch den Braunkohleabbau generiert werden, um den Faktor 2,11 hinzu. Insgesamt sind im Rheinischen Revier, laut dieser Studie, also 18.905,6 Stellen direkt oder indirekt der rheinischen Braunkohleindustrie zuzuordnen und

---

[40] Zu den unterschiedlichen Standpunkten in diesem Zusammenhang siehe: RWE: „Umsiedlungen im Rheinland. Partnerschaft sichert Sozialverträglichkeit", Essen/ Köln, ohne Datum; BUND: „Verheizte Heimat", *BUND Landesverband Nordrhein-Westfalen*, ohne Datum, https://www.bund-nrw.de/themen/braunkohle/hintergruende-und-publikationen/ver heizte-heimat/ (zugegriffen am 24.02.2022).

[41] Vgl., Kulenovic: „Das Rheinische Braunkohlerevier", S. 93/94.

[42] Vgl., Kulenovic: „Das Rheinische Braunkohlerevier" S. 94/95; BUND: „Kunstlandschaften statt Natur", *BUND Landesverband Nordrhein-Westfalen*, ohne Datum, https://www. bund-nrw.de/themen/braunkohle/hintergruende-und-publikationen/braunkohle-und-umwelt/ braunkohle-und-rekultivierung/ (zugegriffen am 23.02.2022).

[43] Vgl., Müller, Valérie: „Baden in der Braunkohlegrube", *Süddeutsche Zeitung*, 07.07.2014, https://www.sueddeutsche.de/wirtschaft/renaturierung-baden-in-der-braunkohlegrube-1.200 4029 (zugegriffen am 23.02.2022).

somit vom Ausstieg aus der Braunkohle bedroht.[44] Im „Wirtschafts- und Strukturprogramm 1.0" der Zukunftsagentur Rheinisches Revier wird von einer Anzahl von 15.000 direkt oder indirekt Beschäftigten ausgegangen.[45] Die Autor:innen der Studie von Arepo Consult gehen davon aus, dass bundesweit etwa 20.000 Menschen direkt in der Braunkohleindustrie beschäftigt sind.[46] Auch die Kommission für Wachstum, Strukturwandel und Beschäftigung geht von dieser Anzahl aus.[47]

Unabhängig von der genauen Anzahl der bedrohten Arbeitsplätze, stellt der Wegfall der Braunkohleindustrie für viele ansässige Menschen einen erheblichen Einschnitt in ihren Alltag und ihre Lebensplanung dar.[48] Zwar stehen für die Transformation von den 40 Mrd. Euro Strukturhilfe verteilt über 20 Jahre 15 Mrd. für das Rheinische Revier zur Verfügung.[49] Wie genau mithilfe dieser Gelder eine sozialverträgliche Transformation gestaltet werden kann, wird aktuell auf verschiedenen Ebenen jedoch noch kontrovers diskutiert. Die bisherige politische Begleitung des Strukturwandels wird dabei oftmals stark kritisiert.[50] Die fehlende Ausgestaltung und Konkretisierung der anstehenden Veränderungen ist insofern problematisch, als dass sie nicht nur bedeutet, dass der Strukturwandel für die betroffenen Menschen vermutlich härter ausfallen wird, als es der Fall mit einer langfristigen und vorausschauenden Planung gewesen wäre, sondern auch weil ohne eine verlässliche Zukunftsperspektive Ängste innerhalb der Bevölkerung entstehen, die von populistischen Parteien, insbesondere der rechtspopulistischen Partei „Alternative für Deutschland" (AfD), für ihre Zwecke genutzt werden kann.[51]

---

[44] Vgl., Wörlen, Christine, Lisa Keppler und Gisa Holzhausen: „Arbeitsplätze in Braunkohleregionen – Entwicklungen in der Lausitz, dem Mitteldeutschen und Rheinischen Revier", Berlin: Arepo Consult, 2017, S. 12–15.

[45] Vgl., Zukunftsagentur Rheinisches Revier: „Wirtschafts- und Strukturprogramm für das Rheinische Zukunftsrevier 1.0", Jülich, 2020, S. 13.

[46] Vgl., Wörlen/Keppler/Holzhausen: „Arbeitsplätze in Braunkohleregionen – Entwicklungen in der Lausitz, dem Mitteldeutschen und Rheinischen Revier", S. 6/7.

[47] Vgl., Kommission „Wachstum, Strukturwandel und Beschäftigung" (Kohlekommission): „Kommission ‚Wachstum, Strukturwandel und Beschäftigung' Abschlussbericht", 2019, S. 52.

[48] Siehe Abschnitt 5.2.

[49] Vgl., Höning, Antje und Birgit Marschall: „NRW erhält 15 Milliarden für Kohle-Reviere", RP ONLINE, 23.05.2019, https://rp-online.de/nrw/landespolitik/nrw-erhaelt-15-milliarden-fuer-kohle-reviere_aid-38972525 (zugegriffen am 23.02.2022).

[50] So kritisieren zum Beispiel die lokalen Bürgermeister die Planung und Umsetzung des Strukturwandels. Vgl., „Positionspapier der Tagebauanrainer und Kraftwerksstandorte. Das Kernrevier sind wir!", Eschweiler, 13.05.2019.

[51] Siehe hier auch Abschnitt 5.3.

4.2   Ethische Bewertung des Braunkohleausstiegs

Neben den oben skizzierten insgesamt positiven Auswirkungen auf demokrati-
sche Entwicklungen, Wachstum und Wohlstand, die die Nutzung von Kohle zur
Energiegenerierung mit sich brachte, muss nun aber auch die klimaschädliche
Wirkung, die diese Energiequelle verursacht, aufgezeigt werden.

Zahlen des Umweltbundesamts zufolge emittierte Deutschland 2019[52] insgesamt 810 Millionen Tonnen Treibhausgase, davon entfiel der Großteil mit
711 Millionen Tonnen auf Kohlenstoffdioxid (CO_2). Das sind rund 88 %.[53]
Von den 711 Millionen Tonnen CO_2 -Emissionen 2019 in Deutschland ent-
stammten 222 Millionen Tonnen aus der Stromerzeugung insgesamt und 113
Millionen Tonnen aus der Verstromung von Braunkohle. Damit waren 2019 rund
51 % der CO_2-Emissionen der Stromproduktion auf die Verbrennung von Braunkohle zurückzuführen. Das sind rund 16 % der gesamten CO_2-Produktion in
Deutschland.[54]

Diese Zahlen legen, vor dem Hintergrund der basalen Rechtsverletzungen, die
durch die Folgen des Klimawandels drohen bzw. bereits eintreten,[55] nahe, dass
der Braunkohleausstieg moralisch dringend geboten ist. Auch wenn der Braunkohleausstieg mit zahlreichen Hindernissen und Schwierigkeiten verknüpft ist,[56]
kann dies nicht zu der Schlussfolgerung führen, dass der Kohleausstieg grundsätzlich abzulehnen ist. Ohne eine Beendigung der Kohleverstromung ist die Chance,
den Klimawandel auf ein akzeptables Maß zu reduzieren, gering, wenn nicht
sogar unmöglich. Um den Klimawandel zu bekämpfen und so grundlegende
Rechte von Menschen zu schützen, ist der Braunkohleausstieg also essenziell
wichtig. Er wäre lediglich in Gänze abzulehnen, wenn gezeigt werden könnte,
dass der Braunkohleausstieg in jeder erdenklichen Umsetzung ebenfalls dazu

---

[52] Ich verwende hier Zahlen aus dem Jahr 2019, da die Treibhausgasemissionen im Jahre
2020 vor allem bedingt durch die Covid19-Pandemie erheblich zurückgegangen sind. Da dieser Rückgang jedoch nicht auf Klimaschutzbemühungen rückführbar ist, eignet sich das Jahr
2020 nicht zur Beurteilung des Treibhausgasausstoßes. Zahlen aus dem Jahr 2021 liegen auf
der Website des Umweltbundesamts zum Zeitpunkt des Verfassens dieses Textes noch nicht
vor.

[53] Vgl., Umweltbundesamt: „Treibhausgas-Emissionen in Deutschland", 24.01.2022, https://
www.umweltbundesamt.de/daten/klima/treibhausgas-emissionen-in-deutschland#emissions
entwicklung (zugegriffen am 02.02.2022).

[54] Vgl., Icha, Petra: „Entwicklung der spezifischen Kohlendioxid-Emissionen des deutschen
Strommix in den Jahren 1990–2020", Dessau-Roßlau: Umweltbundesamt, 2021, S. 21, S. 26.

[55] Siehe in diesem Zusammenhang das zweite Kapitel dieser Arbeit.

[56] Auf diese werde ich vor allem im fünften Kapitel detaillierter eingehen.

führt, dass grundlegende Rechte von Menschen verletzt werden. Dies ist jedoch gerade in einem reichen Sozialstaat wie Deutschland nicht der Fall.[57] Abgesehen von der klimaschädlichen Wirkung der Braunkohleverstromung sollte an dieser Stelle auch hinzugefügt werden, dass durch den Abbau, die Verarbeitung und Nutzung von Kohle die meisten Todesfälle im Vergleich zu Öl, Biomasse, Gas und Kernkraft zu verzeichnen sind.[58] Auch in dieser Hinsicht werden grundlegende Rechte von Menschen durch die Kohleverstromung verletzt.

Abgesehen von der moralischen Verpflichtung, Alternativen zur Braunkohleverstromung zu finden, kann Deutschland nur durch einen konsequenten Kohleausstieg seine selbstgesteckten Ziele und die Verpflichtungen im Kontext des Pariser Klimaabkommens erfüllen. Die aktuellen Bemühungen sind hier sogar noch zu gering.[59] Der Braunkohleausstieg ist also sowohl moralisch als auch rechtlich geboten.

Die entscheidende ethische Frage in Bezug auf den Braunkohleausstieg lautet also nicht, *ob* dieser stattfinden sollte, sondern *wie* dieser moralisch möglichst einwandfrei umgesetzt werden kann. Dies ist letztlich viel schwieriger zu beantworten, als die bloße Notwendigkeit des Kohleausstiegs herzuleiten. Trotzdem finden Fragen der Umsetzung in der Klimaethik nicht genügend Beachtung. Hier scheint eine Art Missverständnis vorzuliegen. Nur weil der Klimawandel und seine Konsequenzen eindeutig schädigend und damit moralisch hoch problematisch sind und damit auch eindeutig Tätigkeiten, bei denen klimaschädliche Gase freigesetzt werden – wie eben die Kohleverstromung –, schnellstmöglich beendet werden sollten, folgt daraus noch nicht, dass dies einfach oder unproblematisch umzusetzen ist.

An dieser Stelle sollte auf einen weiteren Punkt aufmerksam gemacht werden. Die Kohleverstromung allein verursacht nicht die katastrophalen Konsequenzen des Klimawandels. Die Beendigung der Kohlenutzung stellt somit auch nicht die alleinige Lösung des Problems dar. Eine direkte Gegenüberstellung der Optionen Kohleausstieg oder Klimawandel wäre daher verkürzt. Mit dem Verweis auf

---

[57] Diese Behauptung wird durch meine weiteren Ausführungen in den folgenden Kapiteln hoffentlich hinreichend belegt.

[58] Vgl., Gates, Bill: Wie wir die Klimakatastrophe verhindern. Welche Lösungen es gibt und welche Fortschritte nötig sind, München: Piper 2021, S. 111.

[59] Vgl., Oei, Pao-Yu u. a.: „Klimaschutz statt Kohleschmutz: Woran es beim Kohleausstieg hakt und was zu tun ist", Berlin: DIW, 2020, S. 10–12; Siehe auch die entsprechenden Verweise im zweiten Kapitel dieser Arbeit. Dieses Urteil muss gegebenenfalls in Bezug auf die Bemühungen der neuen Bundesregierung abgemildert werden. Zum Zeitpunkt des Verfassens dieses Kapitels sind die genauen Entwicklungen jedoch noch nicht absehbar und somit auch nicht bewertbar.

Rechtsverletzungen, die durch den Klimawandel verursacht werden, lässt sich nur eine insgesamt effektive Bekämpfung des Klimawandels rechtfertigen, von der der Kohleausstieg ein Teil sein muss. Ohne ergänzende sinnvolle Maßnahmen zur Eindämmung des Klimawandels, lässt sich der Kohleausstieg also nicht rechtfertigen, auch nicht mit dem Verweis auf die klimaschädliche Wirkung der Kohlenutzung.[60]

Vor dem Hintergrund der notwendigen vollständigen Dekarbonisierung *aller* treibhausgasintensiven Industrien stellen sich kritische Fragen der Verteilungsgerechtigkeit. In ihrem Aufsatz „Whose carbon is burnable? Equity considerations in the allocation of a right to extract" verweisen Kartha et al darauf, wie entscheidend Gerechtigkeitsüberlegungen in Bezug auf nationale und internationale Klimapolitik sind, damit der Kampf gegen den Klimawandel nicht als Bedrohung wahrgenommen wird und somit auf Inakzeptanz stößt.

> „(...) [E]quity questions have proven to be politically salient, and their neglect has led important constituencies to see climate change mitigation – more so than climate change itself – as a threat to their livelihoods, their access to energy, and their freedoms."[61]

Laut den Autor:innen seien zwei Arten von Klimapolitik zu unterscheiden. Zum einen kann sie darauf ausgelegt sein, die Nachfrage nach emissionsintensiven Gütern und Dienstleistungen zu reduzieren, beispielsweise durch den Einsatz negativer Anreize in Form einer CO_2-Bepreisung (Fokus auf Emissionseinsparungen). Zum anderen kann sie aber auch das Angebot an klimaschädlichen Optionen adressieren, beispielsweise durch die forcierte Beendigung fossiler Industrien (Fokus auf den Ausstieg aus fossilen Energiequellen). Beides wirft Fragen nach einer gerechten Verteilung auf. Wer darf noch wie viel emittieren bzw. wer darf wie viel fossilen Brennstoff abbauen? Kartha et al kritisieren, dass der Fokus ethischer Überlegungen in diesem Zusammenhang zu stark darauf gerichtet ist, wie das restliche Budget an Treibhausgasemissionen gerecht aufgeteilt werden kann. Der damit zusammenhängenden Frage nach einer gerechten Verteilung der Kosten, die durch die Reduzierung des Abbaus fossiler Rohstoffe entstehen, wird dabei zu wenig Aufmerksamkeit geschenkt. Laut Kartha et al soll diese Verteilungsfrage eher durch den Markt geregelt werden, was laut den Autor:innen zu moralisch problematischen Konsequenzen führen kann.[62]

---

[60] Siehe in diesem Zusammenhang auch Kapitel 5 und Kapitel 6.

[61] Kartha, Sivan u. a.: „Whose carbon is burnable? Equity considerations in the allocation of a "right to extract"", *Climatic Change* 150/1 (2018), S. 117–129, hier S. 118.

[62] Vgl., ebd., S. 119.

„To neglect equity ramifications of curbing emissions and extraction comes with serious risks. Clearly, it raises the moral risk of advancing pathways toward global decarbonization that are inequitable. It also risks advancing pathways that are simply unviable."[63]

Kartha et al verweisen hier auf zwei – auch im Kontext dieser Arbeit – wichtige Punkte. Erstens ist es trotz der dringenden moralischen Notwendigkeit, Treibhausgasemissionen drastisch zu reduzieren, möglich, bei der Umsetzung dieses Vorhabens moralische Rechte zu verletzen. Nicht jede Maßnahme, die eine Dekarbonisierung zum Ziel hat, kann mit dem Kampf gegen den Klimawandel gerechtfertigt werden. Zweitens sind Maßnahmen, die darauf zielen, den Abbau fossiler Brennstoffe zu beenden, nur dann praktikabel, wenn sich die betroffenen Menschen nicht ungerecht behandelt fühlen.[64]

Aus diesen Gründen entwickeln Kartha et al eine Skizze, wie eine gerechte Verteilung in Bezug auf den Ausstieg aus dem Abbau fossiler Rohstoffe hergeleitet werden kann. Verteilungsfragen beziehen sich hier auf zwei Bereiche: Erstens stellt sich die Frage, wer wie viel von einem verbleibenden Budget an abbaubaren fossilen Rohstoffen aufbrauchen darf und zweitens müssen die Kosten der Beendigung des Abbaus verteilt werden.

In Bezug auf die erste Frage verweisen Kartha et al auf das Recht ärmerer Staaten auf wirtschaftliche Entwicklung und die nach wie vor zentrale Bedeutung fossiler Brennstoffe in diesem Zusammenhang.

„(...) [T]o the extent that fossil fuel extraction is for the sake of domestic energy consumption (as opposed to export markets), it is critical that countries maintain access to energy services even while their extraction declines. Provision of basic energy services (cooking fuel, household lighting, etc.) are so indisputably associated with progress in poverty eradication and human development that any disruption to basic energy services would be intolerable from the equity standpoint. And certainly, if any temporary or permanent energy scarcities arise, basic energy services should trump energy for ,luxury` consumption."[65]

An dieser Stelle möchte ich anmerken, dass das Budget an abbaubaren fossilen Brennstoffen, das mit einer effektiven Bekämpfung des Klimawandels im Einklang ist, vermutlich nicht so groß ist, dass alle sogenannten Entwicklungsländer

---

[63] Ebd., S. 118.

[64] Ich werde beide Aspekte im Kontext des Kohleausstiegs vor allem in Abschnitt 5.2 und 5.3 diskutieren.

[65] Kartha u. a.: „Whose carbon is burnable? Equity considerations in the allocation of a "right to extract"', S. 124, Betonung im Original.

der extremen Armut entkommen können.[66] Kartha et al haben Recht, wenn sie
darauf verweisen, dass es einen moralischen Unterschied macht, wofür fossile
Brennstoffe gebraucht werden – zur Sicherung bzw. Herstellung basaler Güter
oder für Luxusgüter. Trotzdem müssen hier – realistisch betrachtet – auch die
Fragen gestellt werden, wie damit umgegangen werden soll, dass die wirtschaftliche Entwicklung extrem armer Staaten dazu führt, dass der Klimawandel auf
inakzeptable Weise voranschreitet (selbst wenn Industriestaaten ihre Emissionen
für Luxusgüter komplett einstellen würden – was kein realistisches Szenario darstellt) bzw. was es bedeutet, dass arme Staaten aufgrund der Notwendigkeit, den
Klimawandel zu minimieren, in ihrer wirtschaftlichen Entwicklung behindert werden. Dies sind schwierige Abwägungsfragen, die nicht allein mit dem Verweis
auf den unterschiedlichen moralischen Status verschiedener Zwecke für Treibhausgasemissionen gelöst werden können. Letztlich werden sowohl Industrie- als
auch Entwicklungsländer den Abbau fossiler Rohstoffe zur Energiegewinnung
drastisch reduzieren bzw. komplett einstellen müssen.

Vor diesem Hintergrund wird die zweite Verteilungsfrage, wer muss welche Kosten der Transformationen der Energiesysteme tragen, zur entscheidenden
Frage. In diesem Zusammenhang plädieren Kartha et al dafür, dass Verursacher-
und das Leistungsfähigkeitsprinzip auch auf diese Art von Verteilungsfrage
anzuwenden.[67] Ersteres bedeutet :

*„A greater obligation to curb extraction, and to provide support to others who must
curb extraction, should be borne by those who have been responsible for the extraction
of fossil fuels in the past. "*[68]

Zweiteres

*„(…) should be interpreted to include both the capacity to bear the costs of curbing
extraction in its own society and the capacity to provide support to others coping with
their transitional costs. "*[69]

---

[66] Vgl., Steigleder: „The Tasks of Climate Related Energy Ethics – The Example of Carbon
Capture and Storage", S. 123, S. 128/129; Steigleder, Klaus und Robert Heeger: „Climate
change and energy ethics", Ms., Bochum/ Utrecht, 2021, S. 2, S. 4/5.

[67] Vgl., Kartha u. a.: „Whose carbon is burnable? Equity considerations in the allocation of
a "right to extract"", S. 122–123.

[68] Ebd., S. 122.

[69] Ebd., S. 123.

Wie bis hierher und insbesondere im vorherigen Kapitel (4.1) deutlich geworden sein sollte, erfüllt Deutschland in Bezug auf den Kohleabbau das Verursacherprinzip zweifelsfrei. Schwieriger wird es in Bezug auf das Leistungsfähigkeitsprinzip. Es kann hier nämlich argumentiert werden, dass es aufgrund der historischen Bedeutung und der zumindest regionalwirtschaftlichen Relevanz der Kohleindustrie,[70] für Deutschland vergleichsweise herausfordernd ist, den Ausstieg aus der Kohle zu bewerkstelligen. Widerspricht dieser Einwand bereits dem Leistungsfähigkeitsprinzip? Ich möchte an dieser Stelle dagegen argumentieren.

Deutschland sollte aufgrund seines Wohlstands, seiner Stellung im internationalen Kontext und seiner funktionierenden staatlichen Institutionen als grundsätzlich befähigt gelten, auch anspruchsvolle Klimaschutzbemühungen zu beschließen und umzusetzen. Ich habe oben bereits argumentiert, dass das Festhalten an der Kohlenutzung keine moralisch gerechtfertigte Option darstellt. Es gilt also für alle Staaten, die noch von der Kohleindustrie abhängen, Wege zu finden, wie diese möglichst schnell beendet werden kann, Alternativen zur Energiegenerierung zu finden und den Strukturwandel in den Kohlerevieren zu begleiten. Dies wird Deutschland vergleichsweise schwer fallen. Trotzdem ist es aufgrund der beschriebenen institutionellen und finanziellen Ressourcen, die es mitbringt, in der Lage, auch herausfordernde Maßnahmen umzusetzen. Entscheidend in Bezug auf derart komplizierte klimapolitische Maßnahmen ist, wie diese in den größeren Kontext der nationalen Klima-, Wirtschafts- und Sozialpolitik eingebettet werden können.[71] Der Umstand, dass insbesondere der Kohleausstieg für Deutschland herausfordernd ist, sollte also nicht zu der Schlussfolgerung führen, dass dieser Schritt für Deutschland nicht gefordert ist, sondern lediglich Auswirkungen auf die Frage nach der konkreten Umsetzung haben. Hier erscheinen mir die folgenden Ansatzpunkte als zentral:

Im Kontext herausfordernder politischer Maßnahmen, die sich unter Umständen negativ auf bestimmte Bevölkerungsgruppen auswirken, ist eine geeignete **Kommunikationsstrategie** wichtig. Der Fokus sollte hier auf einer authentischen Einschätzung der Sachlage liegen. Es sollten also sowohl Schwierigkeiten, Gefahren und ungelöste Problematiken klar benannt werden, als auch nachvollziehbar erklärt werden, warum die Umsetzung trotzdem notwendig ist und dass die Alternativen noch gravierender ausfallen würden. Damit zusammenhängend sollten Entscheidungsträger:innen deutlich machen, dass ein Ausstieg aus der Kohleverstromung für Deutschland eine **besondere Herausforderung** darstellt. Die

---

[70] Siehe Abschnitt 4.1.

[71] Siehe in diesem Zusammenhang auch das sechste Kapitel dieser Arbeit.

aktuellen Bemühungen von politischer Seite, Deutschland als Klimaschutzvor-
reiter zu stilisieren und hier auch Rekurs auf den beschlossenen Kohleausstieg zu
nehmen, halte ich für verfehlt.[72] Vielmehr sollte sowohl an die Bevölkerung als
auch an die Staatengemeinschaft kommuniziert werden, dass Deutschland zwar
gewillt ist, diesen Schritt zu gehen, dabei aber auf die Unterstützung anderer
Staaten angewiesen ist. Diese Unterstützung sollte primär in Form **internationaler Kooperation** geschehen. Insbesondere mit anderen Staaten, die vor ähnlichen
Herausforderungen stehen, sollte Deutschland versuchen zusammenzuarbeiten. In
diesem Zusammenhang ist meiner Meinung nach auch sinnvoll zu überlegen,
ob die Umsetzung des Kohleausstiegs nicht rein national, sondern vielmehr im
Kontext der verschiedenen Kohlereviere gedacht werden sollte. Gerade die Problematiken, die sich in den ostdeutschen Kohlerevieren ergeben, sind vermutlich
eher vergleichbar mit Herausforderungen, die ein polnischer Kohleausstieg mit
sich bringen würde, und weniger mit den Problematiken im Rheinischen Revier.
Dies hätte auch den Vorteil, dass sich nicht die Absurdität ergeben würde, dass
in der Lausitz Kohlekraftwerke vom Netz gehen, während in unmittelbarer Nähe
auf der anderen Seite der polnischen Grenze der Betrieb sogar noch ausgebaut
wird.[73] Insgesamt muss der Kohleausstieg, wie bereits erwähnt und später noch
mal genauer ausgeführt werden wird, Teil einer effektiven ganzheitlichen Klima-
schutzstrategie in Deutschland und global sein. Auch hier genügt es nicht, sich
auf nationale und sektorspezifische Bemühungen zu berufen.

In diesem Zusammenhang muss im Blick behalten werden, dass sich der Kohleausstieg – ob er nun Teil einer effektiven ganzheitlichen Klimapolitik ist oder
nicht – unmittelbar negativ auf die Menschen in den betroffenen Kohlerevieren
auswirken wird. Darauf verweisen auch Kartha et al in oben erwähntem Aufsatz:

> *„Even when the overall share of extraction-based employment in a national economy
> is small. Or when a transition to alternative energy sources can in principle yield a
> net positive contribution to employment, the localized and short-run disruption can be
> severe."*[74]

---

[72] Siehe hier auch Abschnitt 6.1 und 6.5.
[73] Vgl., tagesschau: „EuGH verurteilt Polen zu 500.000 Euro täglich", 20.09.2021, https://
www.tagesschau.de/ausland/europa/polen-tagebau-turow-schliessung-101.html (zugegriffen
am 03.02.2022); tagesschau: „Unsicherheit bei den Kumpeln", 27.08.2020, https://www.tag
esschau.de/kohleausstieg-sachsen-lausitz-101.html (zugegriffen am 24.02.2022).
[74] Kartha u. a.: „Whose carbon is burnable? Equity considerations in the allocation of a "right
to extract"", S. 121.

Um diesen entstehenden Einschnitten gerecht zu werden, ist es essenziell auch die lokale Perspektive zu berücksichtigen. Darauf werde ich vor allem in Abschnitt 5.2 detaillierter eingehen. An dieser Stelle möchte ich Folgendes aber bereits vorwegnehmen.

Auf lokaler Ebene sind Fragen der (empfundenen) Gerechtigkeit zentral. Wenn Beschäftigten der Kohleindustrie soziale Härten, mit dem Verweis auf die Bekämpfung des Klimawandels, zugemutet werden, die zum Beispiel Menschen, die in der Automobilindustrie arbeiten, nicht zugemutet werden, dann wird dies nachvollziehbarerweise als ungerecht empfunden.[75] Dieses Empfinden ist deshalb legitim, da eine insgesamt ineffektive Klimapolitik, innerhalb derer aber trotzdem der Kohleausstieg umgesetzt wird, den Betroffenen schadet, ohne dass diese Schädigungen ausreichend gerechtfertigt werden können. Der Verweis auf die geringen Beschäftigungszahlen in der Kohleindustrie, der oft auf Seiten der Umweltbewegung vorgebracht wird, ist in diesem Kontext dann auch kein valides Argument. Ungerechtfertigtes Leid muss vermieden werden, auch wenn eine kleine Personengruppe betroffen ist.

Alles in allem steht Deutschland also in der moralischen Verantwortung, einen Kohleausstieg anzustreben. Somit ist der politische Beschluss dazu auch aus ethischer Sicht grundsätzlich gutzuheißen. Eine diesbezügliche Debatte sollte sich nicht auf die Frage des Obs sondern des Wies konzentrieren. In der praktischen Umsetzung ergeben sich nämlich moralisch relevante Schwierigkeiten. Dies liegt zum einen daran, dass – wie bereits angeklungen ist – die tatsächliche Umsetzung des Kohleausstiegs zu kritisieren ist und auch daran, dass es auch in der theoretischen Betrachtung zu normativen Zielkonflikten kommt, die nicht trivial sind und einer intensiven Abwägung bedürfen. Beides gilt es im Folgenden genauer zu untersuchen.

---

[75] Vgl., Köster, Jakob u. a.: „Nach der Braunkohle. Konflikte um Energie und regionale Entwicklung in der Lausitz", in: Dörre, Klaus u. a. (Hrsg.): *Abschied von Kohle und Auto? Sozial-ökologische Transformationskonflikte um Energie und Mobilität*, Frankfurt: Campus Verlag 2020, S. 71–127, hier S. 123/124.

Normative Zielkonflikte im Kontext der Energiewende – Beispiel Braunkohleausstieg

5

„Auch wenn die Rede von der Energiewende die Vorstellung einer einmaligen Richtungsänderung nahelegt, handelt es sich doch um ein facettenreiches, äußerst komplexes und langfristig angelegtes Transformationsprojekt. Es besteht gerade nicht *in der abrupten Änderung eines mit der Nutzbarmachung des Feuers beginnenden, Jahrtausende alten fossilen Energiepfades. Vielmehr ist von einer Vielzahl kleiner und kleinster Schritte auszugehen, die letztlich zu einem fundamental anders strukturierten, regenerativen Energiesystem hinführen sollen. Wie es letztlich aussehen soll, welche ökonomischen und lebensweltlichen Vorstellungen daran geknüpft werden, und wie dieser Prozess weiterhin verlaufen könnte, bleibt im politischen Diskurs merkwürdig ausgeblendet (...).“*[1]

Dieses Zitat aus einem Text von Roland Czada und Jörg Radtke bringt einige Problematiken im Kontext der Energiewende auf den Punkt, die auch Teil meiner folgenden Ausführungen sein werden. Das sind zum einen die enormen Komplexitäten, die das Projekt Energiewende aufweist, und zum anderen die nach wie vor herrschende Ungewissheit, wie genau das zukünftige Energiesystem, das aus der Energiewende resultieren soll, ausgestaltet ist. Hinzu kommt eine diesbezügliche destruktive, weil unvollständige politische Kommunikation und gesamtgesellschaftliche Debatte.

In den vorangegangenen Kapiteln habe ich gezeigt, dass der Klimawandel ein drängendes moralisches Problem ist. Der Umstand, dass grundlegende moralische Rechte durch die Folgen des Klimawandels bedroht sind bzw. bereits verletzt werden, zeigt, dass Handlungen, die die schlimmsten Konsequenzen des Klimawandels abwenden können, dringend moralisch geboten sind (Kapitel 2). Auf

---

[1] Czada, Roland und Jörg Radtke: „Governance langfristiger Transformationsprozesse. Der Sonderfall ‚Energiewende‘“, in: Radtke, Jörg und Norbert Kersting (Hrsg.): *Energiewende. Politikwissenschaftliche Perspektiven*, Wiesbaden: Springer VS 2018, S. 45–75, hier S. 46, Betonung im Original.

© Der/die Autor(en), exklusiv lizenziert an Springer Fachmedien Wiesbaden GmbH, ein Teil von Springer Nature 2022
F. Henke, *Die Rolle Deutschlands im Kontext der Energiewende*,
https://doi.org/10.1007/978-3-658-39696-1_5

der anderen Seite habe ich deutlich gemacht, dass wirtschaftliche Aspekte wie Wirtschaftswachstum und Wettbewerbsfähigkeit ebenfalls moralisches Gewicht haben, insofern dass sie basale und nicht-basale Rechte von Menschen effektiv gewährleisten (Kapitel 3).

Da der Klimawandel durch das Emittieren von Treibhausgasen verursacht wird und letztendlich nur durch eine drastische Reduzierung der entsprechenden Emissionen minimiert werden kann, ist auf der einen Seite nun also eine umfangreiche Dekarbonisierung gefordert. Auf der anderen Seite sind industrialisierte Staaten stark von einem Wirtschaftssystem abhängig, das auf dem Emittieren von Treibhausgasen basiert. Außerdem werden auch sogenannte Entwicklungsländer ihren Treibhausgasausstoß verstärken müssen, um wirtschaftlich zu wachsen und der extremen Armut ihrer Bevölkerungen zu entkommen.[2] Es entstehen also Konflikte zwischen dem Gebot, die schlimmsten Konsequenzen des Klimawandels abzuwenden, und der moralischen Relevanz von wirtschaftlichen Aspekten.

In diesem Kapitel möchte ich mich mit drei Arten der vor diesem Hintergrund entstehenden Zielkonflikte beschäftigen. Dafür werde ich zunächst näher auf das sogenannte energiepolitische Zieldreieck eingehen, das das konfligierende Verhältnis zwischen den Bereichen Klimaschutz, Versorgungssicherheit und Wirtschaftlichkeit versinnbildlicht (Abschnitt 5.1), danach untersuche ich Zielkonflikte die durch die Entstehung sozialer Härten im Zuge des Braunkohleausstiegs entstehen (Abschnitt 5.2). Abschließend werden mögliche negative gesellschaftliche Konsequenzen, wie das Erstarken von populistisch geprägten Meinungsbildern, untersucht (Abschnitt 5.3). Die entsprechenden Lösungsstrategien werden erst im anschließenden sechsten Kapitel diskutiert.

5.1   (Ziel-) Konflikte im Kontext des energiepolitischen Zieldreiecks

In diesem Kapitel möchte ich mich zunächst mit Zielkonflikten beschäftigen, die im Kontext des Spannungsverhältnisses zwischen Geboten des Klimaschutzes, der Versorgungssicherheit und der Wirtschaftlichkeit entstehen. Alle drei Aspekte zu gewährleisten ist erklärtes politisches Ziel. Wie sich im Laufe des Kapitels zeigen wird, herrschen unter Expert:innen aber auch der breiteren Bevölkerung große Zweifel, ob und wie diese Ziele gleichzeitig erreicht werden können.

---

[2] Vgl., Steigleder: „The Tasks of Climate Related Energy Ethics – The Example of Carbon Capture and Storage", S. 128/129; Steigleder/Heeger: „Climate change and energy ethics", S. 9/10.

Im ersten Abschnitt des ersten Paragraphen des Energiewirtschaftsgesetzes heißt es:

„Zweck des Gesetzes ist eine möglichst sichere, preisgünstige, verbraucherfreundliche, effiziente und umweltverträgliche leitungsgebundene Versorgung der Allgemeinheit mit Elektrizität und Gas, die zunehmend auf erneuerbaren Energien beruht."[3]

Daraus lassen sich drei Kernziele ableiten: Versorgungssicherheit, Wirtschaftlichkeit und Umweltverträglichkeit.[4] Um das Spannungsverhältnis dieser drei Ziele zu symbolisieren, werden sie oftmals als das sogenannte Zieldreieck der Energiepolitik beschrieben.[5]

Welche Rolle spielt der Kohleausstieg im Kontext dieser Ziele und den damit zusammenhängenden Konflikten? Die Beendigung der Kohleverstromung in Deutschland ist Teil der Energiewende.[6] Diese zielt auf die Transformation der Energiesysteme hin zur Treibhausgasneutralität ab und ist damit als Beitrag zum Kernziel der Umweltverträglichkeit einzuordnen.[7] Für das Gelingen dieser Transformation sind vor allem Innovationen beispielsweise in Bezug auf die Energiegewinnung, die Netzinfrastruktur, Speicherkapazitäten und die Sektorenkopplung[8] notwendig. Gleichzeitig müssen aber auch die Prozesse der Beendigung der bisherigen fossilen Technologien und Institutionen gestaltet werden. Diese Begleitung wird auch als Exnovation bezeichnet.[9] In diesen Kontext fällt

---

[3] Bundesministerium der Justiz (BfJ): „Gesetz über Elektrizitäts- und Gasversorgung (Energiewirtschaftsgesetz – EnWG)", ohne Datum, Para. 1, Abs. 1, http://www.gesetze-im-int ernet.de/enwg_2005/__1.html (zugegriffen am 23.02.2022).

[4] Vgl., Bundesministerium Wirtschaft und Klimaschutz (BMWK): „Eine Zielarchitektur für die Energiewende: Von politischen Zielen bis zu Einzelmaßnahmen", ohne Datum, https://www.bmwi.de/Redaktion/DE/Artikel/Energie/zielarchitektur.html (zugegriffen am 23.02.2022).

[5] Vgl., Praetorius, Barbara: „Grundlagen der Energiepolitik", in: Radtke, Jörg und Weert Canzler (Hrsg.): *Energiewende. Eine sozialwissenschaftliche Einführung*, Wiesbaden: Springer VS 2019, S. 29–68, hier S. 42/43; Siehe auch: Czada/Radtke: „Governance langfristiger Transformationsprozesse. Der Sonderfall ,Energiewende'", S. 48/49.

[6] Vgl., Ohlhorst, Dörte: „Biographie der Energiewende im Stromsektor", in: Radtke, Jörg und Weert Canzler (Hrsg.): *Energiewende. Eine sozialwissenschaftliche Einführung*, Wiesbaden: Springer VS 2019, S. 97–122.

[7] Vgl., Bundesregierung: „Energiewende im Überblick", ohne Datum, https://www.bundes regierung.de/breg-de/themen/energiewende/energiewende-im-ueberblick-229564 (zugegriffen am 23.02.2022).

[8] Siehe hierfür auch das nachfolgende Teilkapitel „Versorgungssicherheit".

[9] Vgl., Schneidewind: Die große Transformation. Eine Einführung in die Kunst gesellschaftlichen Wandels, S. 144/145 und S. 194/195.

der Kohleausstieg – in Deutschland zurzeit insbesondere der Braunkohleausstieg (Abb. 5.1). Als Teil der Energiewende, die wiederum einen Beitrag zum Kernziel der Umweltverträglichkeit darstellt, entstehen im Kontext des Kohleausstiegs also Konflikte mit Aspekten der anderen beiden Kernziele Versorgungssicherheit und Wirtschaftlichkeit.

Dieter Helm verweist in „Net Zero. How We Stop Causing Climate Change" auf einen weiteren kritischen Aspekt:

> „It [die Energiewende; F.H.] has not decarbonised very much; it has been very expensive; and it has provided an industrial strategy boost for China, not Germany. No developing country would want to follow Germany's example. "[10]

Helm vertritt hier also die These, dass die Energiewende nicht einmal als sinnvoller Beitrag zu mehr Klimaschutz zu werten ist.

Es stellen sich nun zwei Fragen: Erstens, welche konkreten Konflikte entstehen zwischen dem Kohleausstieg als Beitrag zur Säule der Umweltverträglichkeit und den beiden anderen Säulen Versorgungssicherheit und Wirtschaftlichkeit? Zweitens, welche Konflikte oder Unstimmigkeiten entstehen durch die Umsetzung der Energiewende bzw. des Kohleausstiegs in Bezug auf ihre Funktionen im Kontext der Umweltverträglichkeit. Ich werde zunächst die zweite Frage diskutieren, bevor ich mich mit der ersten beschäftige.

Klimaschutz

In diesem Teilabschnitt möchte ich auf einige Aspekte eingehen, die darauf abzielen, die Energiewende und den Braunkohleausstieg in ihren Funktionen als Klimaschutzmaßnahmen zu kritisieren.

Um energiebedingte Treibhausgasemissionen deutlich zu reduzieren, hat die Energiewende zum Ziel, die Energieversorgung weitestgehend durch erneuerbare Energien zu gewährleisten. Diese weisen jedoch Eigenschaften auf, die sie laut einigen Autor:innen und Expert:innen als ungeeignet für eine sichere Energieversorgung kennzeichnen. Die Umwandlung von Energie aus Solar- oder Windkraftanlagen ist beispielsweise von äußeren Faktoren abhängig. Wenn kein Wind weht und die Sonne nicht scheint, produzieren diese Anlagen auch keinen Strom. Im Gegensatz dazu kann mit fossilen Energieträgern, unabhängig von externen Faktoren, Energie stets in einem weitestgehend beliebigen Umfang und zu jeder gewünschten Zeit umgewandelt werden.

---

[10] Helm, Dieter: Net Zero. How We Stop Causing Climate Change, London: William Collins 2020, S. 77.

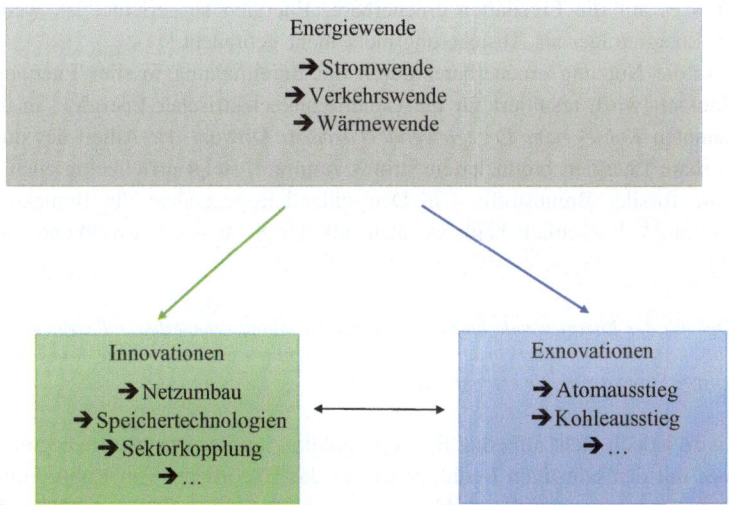

Abbildung 5.1 Deutsche Energiewende und die Rolle des Kohleausstiegs darin. (Eigene Darstellung)

Aufgrund dessen kritisiert zum Beispiel Michael Shellenberger in „Apocalypse Never. Why environmental alarmism hurts us all", dass die Nutzung volatiler erneuerbarer Energien durch die Bereithaltung fossiler Energien abgesichert werden muss.[11] Um den Klimaschutz voranzubringen, werden also vermehrt erneuerbare Energien in das Energiesystem integriert. Um die Versorgungssicherheit nicht zu gefährden, werden fossile Energieträger jedoch als Absicherung beibehalten. Wenn dies dauerhaft der Fall sein muss, kann der Ausbau erneuerbarer Energien nicht zu einer ausreichenden Dekarbonisierung des Energiesystems beitragen.

Auch der Thinktank Agora Energiewende erklärt, dass fossile Energieträger aktuell nötig sind, damit eine gesicherte Energieversorgung gewährleistet werden kann. Es wird allerdings betont, dass fossile Energien nur noch für eine begrenzte Übergangszeit benötigt werden. Sobald das Energiesystem so weit transformiert

---

[11] Vgl., Shellenberger, Michael: Apocalypse Never. Why Environmental Alarmism Hurts Us All, 1. Aufl., New York: HarperCollins 2020, S. 183–185 und S. 190–192. Siehe auch: Freiesleben, Hartwig: „Wie sicher ist die Stromversorgung in Deutschland?", *Energiewirtschaftliche Tagesfragen* (09.10.2020); Trofimova, Arina: „Ohne Kohle und Gas keine Energiewende", *Energieratgeber. WIe man effizient Kosten und Ressourcen sparen kann* (18.06.2015).

ist, dass es auf die Eigenarten erneuerbarer Energien ausgerichtet ist, werden fossile Energieträger als Absicherung nicht mehr gebraucht.[12]

Dass die Nutzung erneuerbarer durch die Bereithaltung fossiler Energieträger flankiert wird, resultiert für die Generierung elektrischer Energie[13] in dem sogenannten *Kohle- oder Energiewende-Paradox*: Obwohl der Anteil des durch erneuerbare Energien produzierten Stroms zunimmt, steigt gleichzeitig auch die Nutzung fossiler Brennstoffe – in Deutschland insbesondere die Braunkohleproduktion.[14] Tatsächlich heißt es auch auf der Seite des Umweltbundesamts (UBA):

> *„Der mit der Energiewende anvisierte wachsende Anteil erneuerbarer Energien im deutschen Stromnetz führte in der Vergangenheit nicht wie gewünscht dazu, dass dafür weniger Strom aus Kohle erzeugt wurde. "*[15]

Dies wird jedoch nicht mit einer Backup-Funktion fossiler Brennstoffe begründet, sondern mit den günstigen Bedingungen für das Exportieren von Kohlestrom.[16] Während also innerhalb Deutschlands mehr regenerativer Strom genutzt wird,

---

[12] Vgl., Agora Energiewende: „Stromerzeugung", ohne Datum, https://www.agora-energi ewende.de/themen/stromerzeugung/ (zugegriffen am 22.02.2022).

[13] Da Braunkohle vor allem zur Generierung von Strom genutzt wird, werde ich mich im Folgenden immer wieder auf diesen Sektor fokussieren. Dabei muss stets im Blick behalten werden, dass die Energiewende erst erfolgreich ist, wenn auch die Sektoren Wärme und Verkehr vollständig dekarbonisiert sind.

[14] Siehe beispielsweise: Agora Energiewende: „Das deutsche Energiewende-Paradox: Ursachen und Herausforderungen. Eine Analyse des Stromsystems von 2010 bis 2030 in Bezug auf Erneuerbare Energien, Kohle, Gas, Kernkraft und CO2-Emissionen", Berlin, 2014; Dambeck, Holger: „Musterschüler mit schlechten Noten", *Spiegel Wissenschaft*, 07.08.2017, https://www.spiegel.de/wissenschaft/natur/klima-deutsche-politik-nein-zur-ato mkraft-ja-zur-braunkohle-a-1158545.html (zugegriffen am 23.02.2022); Monyei, Chukwuka G. u. a.: „Justice, poverty, and electricity decarbonization", *The Electricity Journal* 32 (2019), S. 47–51, hier S. 48/49; Morton, Tom und Katja Müller: „Lusatia and the coal conundrum: The lived experience of the German Energiewende", *Energy Policy* 99 (2016), S. 277–287, hier S. 278; Schultz, Stefan: „New Coal Fired Plants Could Be Key to German Energy Revolution", *Spiegel International* (07.09.2012), https://www.spiegel.de/internati onal/germany/new-coal-fired-plants-could-be-key-to-german-energy-revolution-a-854335. html (zugegriffen am 24.02.2022).

[15] Umweltbundesamt: „Energiebedingte Emissionen", 02.06.2021, https://www.umweltbun desamt.de/daten/energie/energiebedingte-emissionen#energiebedingte-emissionen-durch-str omerzeugung (zugegriffen am 23.02.2022).

[16] Vgl., ebd. Zur Thematik Stromimporte siehe auch den Abschnitt „Wirtschaftlichkeit" in diesem Teilkapitel.

wird gleichzeitig weiterhin Kohlestrom produziert, um diesen in Nachbarstaaten zu verkaufen.[17] Auch wenn das Kohleparadox hierin begründet liegt, würde dies bedeuten, dass die deutsche Energiewende erst dann eine effektive Klimaschutzmaßnahme darstellt, wenn eine Lösung für diese verfehlte Anreizstruktur gefunden wird.

Es existieren also drei Erklärungsansätze für das Energiewendeparadox: Zum einen wird argumentiert, dass erneuerbare Energien grundsätzlich nicht für eine sichere Energieversorgung geeignet sind und daher fossile Energiequellen unverzichtbar bleiben. Zum anderen wird die Annahme vertreten, dass dies bloß für eine Übergangsphase der Fall ist und dass das zukünftige Energiesystem mit den Eigenarten der erneuerbaren Energien umgehen kann. Eine weitere Erklärung für steigende Treibhausgasemissionen trotz des Ausbaus der erneuerbaren Energien besteht darin, dass günstige Bedingungen herrschen, Kohlestrom ins Ausland zu verkaufen. In Bezug auf das Energiewendeparadox scheinen alle drei Punkte relevant zu sein und bestimmte Wechselwirkungen zu entfalten.

Braunkohle weist die geringsten Grenzkosten[18] aller fossilen Brennstoffe auf. Dies führt dazu, dass diese zuerst genutzt wird, um Versorgungslücken zu schließen. Zu niedrige CO_2-Zertifikatspreise[19] waren lange der Grund dafür, dass sich hier keine Lenkungswirkungen hin zum weniger emissionsintensiven Erdgas entfalten.[20] Eine weitere Ursache für das Festhalten an der Braunkohleverstromung liegt darin, dass Braunkohlekraftwerke in der Regel unflexibel sind. Das heißt, dass diese nicht problemlos hoch- und runtergefahren werden können. Daher kann es sinnvoll sein, Braunkohlekraftwerke laufen zu lassen, obwohl dies zunächst wirtschaftlich unrentabel zu sein scheint. Wenn dann der Fall eintritt, dass zusätzlich sehr viel Strom aus erneuerbaren Energien erzeugt wird, beispielsweise wenn es sehr windig und sonnig ist, kommt es zu einem insgesamt sehr hohen Stromangebot. Dadurch sinken die Börsenstrompreise und es entstehen ideale Bedingungen, Strom ins Ausland zu exportieren. Durch diesen Stromhandel bleibt

---

[17] Siehe in diesem Zusammenhang auch den Abschnitt „Emissionsverlagerungen ins Ausland" weiter unten in diesem Kapitel.

[18] Als Grenzkosten werden die Kosten bezeichnet, die für eine zusätzliche Einheit eines Produkts anfallen. Für eine genaue Erläuterung siehe den Abschnitt „Wirtschaftlichkeit" in diesem Kapitel.

[19] CO_2-Zertifikatspreise sind Teil des EU-Emissionshandelssystem. Siehe hierfür Abschnitt 6.3 in dieser Arbeit.

[20] Vgl., Erlach, Berit u. a.: „Warum sinken die CO2-Emissionen in Deutschland nur langsam, obwohl die erneuerbaren Energien stark ausgebaut werden? (Kurz erklärt!)", Akademieprojekt „Energiesysteme der Zukunft" (ESYS), 2019, S. 3.

es weiterhin attraktiv, Kohlestrom zu produzieren, auch wenn dieser nicht innerhalb Deutschlands konsumiert wird. Das zeigt, dass eine höhere Stromproduktion
aus erneuerbaren Energien nicht unbedingt dazu führt, dass die Produktion aus
fossilen Quellen abnimmt.[21]

In Bezug auf die Frage, ob die Energiewende einen effektiven Beitrag zum
Klimaschutz leistet, ist folgende Beobachtung aber ebenfalls wichtig festzuhalten: Die Emissionen, die der deutsche Stromsektor verursacht, sind in den letzten
Jahren gesunken.[22] Der Anteil erneuerbarer Energien am deutschen Strommix
nimmt zu, während der Anteil nicht-erneuerbarer Energien abnimmt. Der Anteil
der Braunkohle innerhalb letzterem nimmt allerdings erst seit 2018 deutlich ab
(Abbildung 5.2). Daraus lässt sich zumindest eine Entwicklung in die mutmaßlich
richtige Richtung ableiten. Fraglich bleibt aber, ob eine *sichere* Energieversorgung, die *vollständig* auf erneuerbaren Energien basiert technisch, wirtschaftlich
und gesellschaftlich machbar ist.

Neben dem grundsätzlichen Einwand, dass die Energiewende bisher nicht dazu
geführt hat, dass die Treibhausgasemissionen sinken, entsteht auch Kritik an den
konkreten Zielsetzungen der Energiewende.

Dieter Helm argumentiert in „Net Zero. How We Stop Causing Climate Change", dass der *Ausstieg aus der Atomverstromung* ein Fehler ist, da die dadurch
wegfallenden Kapazitäten durch fossile Brennstoffe wie Kohle ersetzt werden.[23]
Dies scheint teilweise richtig, jedoch etwas verkürzt dargestellt. Die Nationale Akademie der Wissenschaften Leopoldina zusammen mit der Deutschen
Akademie der Technikwissenschaften (acatech) und der Union der deutschen
Akademien der Wissenschaften erklären:

> „Wäre die weggefallene Stromproduktion der Kernkraft vollständig durch Braun-
> kohle ersetzt worden, würden zusätzlich 74 Millionen Tonnen CO_2 pro Jahr emittiert
> werden."[24]

---

[21] Vgl., ebd. S. 5. Siehe in diesem Zusammenhang auch: Agora Energiewende: „Das deutsche Energiewende-Paradox: Ursachen und Herausforderungen. Eine Analyse des Stromsystems von 2010 bis 2030 in Bezug auf Erneuerbare Energien, Kohle, Gas, Kernkraft und
CO2-Emissionen".

[22] Vgl., Umweltbundesamt: „Energiebedingte Emissionen".

[23] Vgl., Helm: Net Zero. How We Stop Causing Climate Change, S. 78–79. Siehe auch: Freiesleben: „Wie sicher ist die Stromversorgung in Deutschland?"; Shellenberger: Apocalypse
Never. Why Environmental Alarmism Hurts Us All, S. 153–155; Sinn, Hans-Werner: „Buffering volatility: A study on the limits of Germany's energy revolution", *European Economic
Review* 99 (2017), S. 130–150, hier S. 131/132.

[24] Erlach u. a.: „Warum sinken die CO2-Emissionen in Deutschland nur langsam, obwohl die
erneuerbaren Energien stark ausgebaut werden? (Kurz erklärt!)", S. 4.

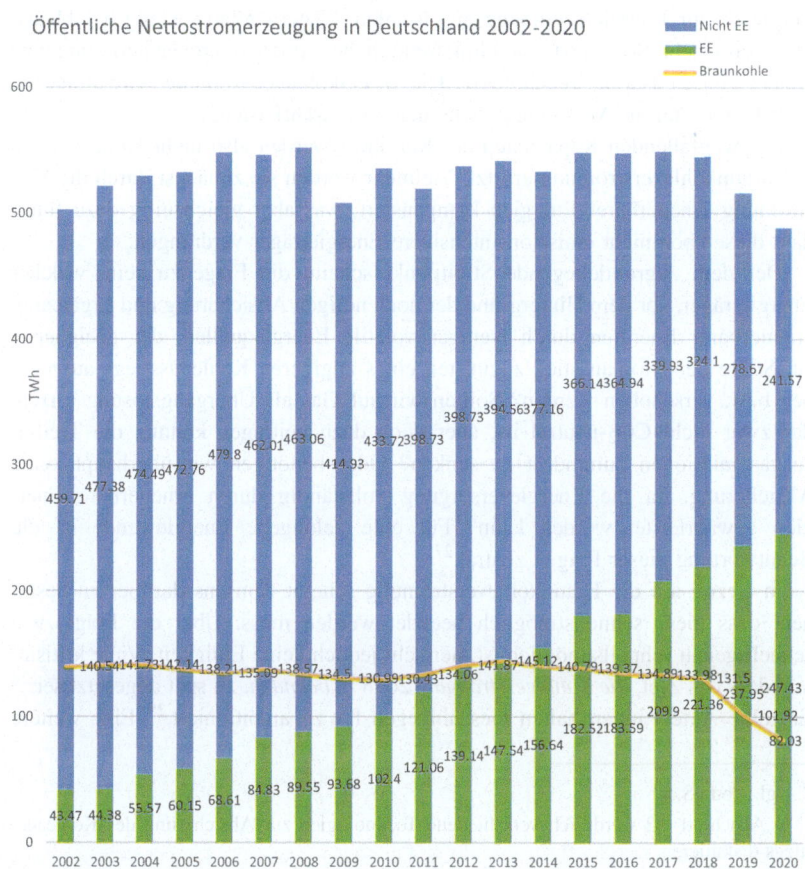

Abbildung 5.2 Öffentliche Nettostromerzeugung in Deutschland 2002 bis 2020 in TWh. (Eigene Darstellung)[25]

Trotzdem sorgt der Atomausstieg indirekt dafür, dass die Braunkohleverstromung weiterhin Bestand hat. Denn der steigende Anteil der erneuerbaren Energien wird zunächst durch die wegfallenden Kapazitäten der Kernkraft neutralisiert, die im

---

[25] Die Daten sind entnommen aus: Fraunhofer ISE: „Öffentliche Nettostromerzeugung in Deutschland", *Energy-Charts*, ohne Datum, https://energy-charts.info/charts/energy_pie/chart.htm?l=de&c=DE (zugegriffen am 24.02.2022).

Vergleich zur Energiegewinnung aus fossilen Trägern relativ wenig Treibhausgase verursacht. So ersetzt eine klimafreundliche Art der Energiegenerierung eine andere emissionsarme Technologie. Die Braunkohleverstromung wird hingegen beibehalten, um die Versorgungssicherheit zu gewährleisten.[26]

Die wegfallenden Kapazitäten der Kernkraft werden also nicht einfach durch die Braunkohleverstromung ersetzt. Vielmehr werden sie zunächst durch die Verstromung erneuerbarer Energien kompensiert, was aber gleichzeitig dazu führt, dass diese eben nicht emissionsintensivere Energieträger verdrängen.

Der dem zugrundeliegende Streitpunkt scheint die Frage zu sein, welcher Energieträger, vor dem Hintergrund der noch nötigen Absicherung und Ergänzung erneuerbarer Energien durch weniger volatile Energiequellen, der geeignetste ist. Sollte der Atomausstieg zugunsten eines zügigeren Kohleausstiegs aufgegeben bzw. verschoben werden? Sollten wir auf Gas als Übergangslösung setzen, das zwar nicht CO_2-neutral ist, aber doch dazu beitragen könnte, die Treibhausgasemissionen zumindest zu senken? Oder benötigen wir überhaupt keine Absicherung, da die Energieversorgung vollständig durch erneuerbare Energien gewährleistet werden kann? Für eine gelungene Energiewende ist die Beantwortung dieser Fragen zentral.[27]

In Bezug auf die Braunkohleverstromung scheint Konsens darüber zu bestehen, dass diese schnellstmöglich beendet werden muss. Über die Frage, wie schnell genau schnellstmöglich ist, herrscht jedoch keine Einigkeit. Viele kritisieren, dass das Ziel, *die Kohleverstromung 2038 zu beenden,* zu spät angesetzt sei.[28] Einzelne Akteur:innen halten dies hingegen für zu ambitioniert.[29] Eine weitere

---

[26] Vgl., ebd., S. 4.

[27] In Abschnitt 6.2 werde ich verschiedene Technologien zur Absicherung des Kohleausstiegs diskutieren.

[28] Siehe beispielsweise: Bündnis 90/ Die Grünen Bundestagsfraktion: „Kohleausstieg", ohne Datum, https://www.gruene-bundestag.de/themen/kohleausstieg (zugegriffen am 21.02.2022); Graichen, Patrick, Philipp Litz und Nga Ngo Thuy: „Warum Deutschlands neue Klimaziele den Kohleausstieg bis 2030 besiegeln", *Agora Energiewende,* 15.06.2021, https://www.agora-energiewende.de/blog/warum-deutschlands-neue-klimaziele-den-kohlea usstieg-bis-2030-besiegeln/ (zugegriffen am 23.02.2022); Helm: Net Zero. How We Stop Causing Climate Change, S. 79; International Energy Agency (IEA): „Net Zero by 2050. A Roadmap for the Global Energy Sector", 2021; Oei u. a.: „Klimaschutz statt Kohleschmutz: Woran es beim Kohleausstieg hakt und was zu tun ist".

[29] Siehe beispielsweise: Zeit Online: „Bundestag beschließt Kohleausstieg bis spätestens 2038", 03.07.2020, https://www.zeit.de/wirtschaft/2020-07/bundestag-kohle-ausstieg-bis-spaetestens-2038 (zugegriffen am 23.02.2022); Welt: „RWE lehnt Kohleausstieg bis 2038 ab", 15.09.2018, https://www.welt.de/regionales/nrw/article181546684/RWE-lehnt-Kohleausstieg-bis-2038-ab.html (zugegriffen am 24.02.2022).

kontroverse Zielsetzung ist die des zukünftigen Anteils erneuerbarer Energien im Strommix. Dieser Anteil impliziert nämlich gleichzeitig, welche Annahme bezüglich des Strombedarfs insgesamt getroffen wird.[30] 2030 soll der Anteil der erneuerbaren Energien im deutschen Strommix bei 65 % liegen. Im Klimaschutzprogramm wird dies in absoluten Zahlen mit 372 bis 382 TWH beziffert. Damit hat die Bundesregierung für 2030 eine Bruttostromnachfrage von 572 bis 587 TWh angesetzt.[31] Dies würde bedeuten, dass der Strombedarf unverändert bleibt oder sogar sinkt. Diese Annahme ist im Angesicht einer zunehmenden Elektrifizierung des Verkehrs- und Wärmesektors jedoch eher unwahrscheinlich.[32] Diese scheinbare Fehleinschätzung in Zusammenhang mit Entscheidungen, die den *Ausbau der Erneuerbaren* verzögern,[33] führt laut einigen Expert:innen dazu, dass in Zukunft zu wenig klimafreundlicher Strom zur Verfügung stehen wird, um die klimapolitischen Ziele der Bundesregierung zu erreichen (*Ökostromlücke*).[34]

All diese Unzulänglichkeiten und noch zu bewerkstelligenden Herausforderungen motivieren einige Kommentator:innen zu einer grundsätzlichen *Kritik an der politischen Umsetzung* der Energiewende. Um diese so zu gestalten, dass

---

[30] Dieser Aspekt ist eng verknüpft mit der Thematik der Versorgungssicherheit, auf die ich im nächsten Abschnitt dezidiert eingehe. Dort wird jedoch die Energieversorgung insgesamt und nicht der Anteil der Erneuerbaren im deutschen Strommix im Vordergrund stehen.

[31] Vgl., Bundesregierung: „Klimaschutzprogramm 2030 der Bundesregierung zur Umsetzung des Klimaschutzplans 2050", 2019, S. 39.

[32] Vgl., Gierkink, Max und Tobias Sprenger: „Auswirkungen des EEG 2021 auf den Anteil erneuerbarer Energien an der Stromnachfrage 2030", Köln: Energiewirtschaftliches Institut an der Universität zu Köln (EWI), 2021.

[33] Kritisiert werden in diesem Zusammenhang zum Beispiel immer wieder die Abstandsregelungen für Windkraftanlagen. Vgl., Agora Energiewende und Wattsight: „Die Ökostromlücke, ihre Strommarkteffekte und wie sie gestopft werden kann. Effekte der Windenergiekrise auf Strompreise und CO2-Emissionen sowie Optionen, um das 65-Prozent-Erneuerbare-Ziel 2030 noch zu erreichen.", Studie im Auftrag von Agora Energiewende, 2020, S. 14; Miosga, Manfred: „Systemtransformation in Zeiten eines zunehmenden Populismus. Soziale Innovationen als Elemente einer erfolgreichen Gestaltung der umkämpften Energiewende vor Ort", in: Radtke, Jörg u. a. (Hrsg.): *Energiewende in Zeiten des Populismus*, Wiesbaden: Springer VS 2019, S. 101–141, hier S. 111–113.

[34] Vgl., Agora Energiewende und Wattsight: „Die Ökostromlücke, ihre Strommarkteffekte und wie sie gestopft werden kann. Effekte der Windenergiekrise auf Strompreise und CO2-Emissionen sowie Optionen, um das 65-Prozent-Erneuerbare-Ziel 2030 noch zu erreichen."; Bundesverband Erneuerbarer Energien e. V. (BEE): „Das ‚BEE-Szenario 2030'. 65 % Erneuerbare Energien bis 2030 – Ein Szenario des Bundesverbands Erneuerbarer Energien (BEE). Stromverbrauch, Stromerzeugung und jährliche Installation Erneuerbarer Energien bis 2030", Berlin, 2019.

sie effektiv wirken kann, fehle es beispielsweise an geeigneten Institutionen.[35] Außerdem sei der Einfluss von Lobbygruppen der fossilen Industrien zu stark.[36] So entsteht auch immer wieder Kritik an den ordnungspolitischen Entscheidungen, die die Energiewende in Deutschland gesetzlich regeln sollen. Viele halten Regelungen wie das Klimaschutzgesetz, das Erneuerbare-Energien-Gesetz (EEG) oder das Kohleausstiegsgesetz für zu unambitioniert.[37] Czada und Radtke betonen, dass im Kontext der Energiewende *„Etappenziele[..]“* nicht aufeinander bzw. auf ein *„Fernziel“* abgestimmt seien, so dass es hierbei zu *„Eigendynamiken der Teilschritte“* kommen kann.[38]

> *„Trotz eines weltweit schnellsten und stärksten Ausbaues erneuerbarer Energien verfehlt Deutschland seine Klimaschutzziele vor allem deshalb, weil Kernenergieausstieg, Kohleverstromung, Wind- und Solarenergieausbau und die Strompreisentwicklung nicht so wie in anderen Ländern von vornherein aufeinander abgestimmt betrieben wurden - die Etappen wurden nicht aufeinander abgestimmt.“*[39]

---

[35] Vgl., Czada/Radtke: „Governance langfristiger Transformationsprozesse. Der Sonderfall ‚Energiewende‘“, S. 61, S. 63/64; Dohmen, Frank u. a.: „German Failure on the Road to a Renewable Future“, *Spiegel International*, 13.05.2019, https://www.spiegel.de/internati onal/germany/german-failure-on-the-road-to-a-renewable-future-a-1266586.html (zugegriffen am 23.02.2022); DW: „Vernichtende Kritik an deutscher Energiewende“, 28.09.2018, https://p.dw.com/p/35ceP (zugegriffen am 24.02.2022).

[36] Vgl., Rueter, Gero: „Warum verfehlt Deutschland seine Klimaziele?“, *DW*, 06.01.2018, https://p.dw.com/p/30l74 (zugegriffen am 24.02.2022).

[37] Für eine Übersicht ordnungspolitischer Maßnahmen siehe: Bundesregierung: „Was tut die Bundesregierung für den Klimaschutz?“, ohne Datum, https://www.bundesregierung. de/breg-de/themen/klimaschutz/bundesregierung-klimapolitik-1637146 (zugegriffen am 05.02.2021). Für Kritik siehe zum Beispiel: Klima Allianz Deutschland: „Umweltausschuss – Umfassende Kritik an Klimapaket und Klimaschutzgesetz“, 06.11.2019, https:// www.klima-allianz.de/presse/meldung/umweltausschuss-umfassende-kritik-an-klimapaket-und-klimaschutzgesetz/ (zugegriffen am 24.02.2022); Miosga: „Systemtransformation in Zeiten eines zunehmenden Populismus. Soziale Innovationen als Elemente einer erfolgreichen Gestaltung der umkämpften Energiewende vor Ort“, S. 109–11; Wille, Joachim: „Klimaschutz-Gesetz: Umweltexpertin übt scharfe Kritik an Regularien für Windkraft“, *Frankfurter Rundschau*, 15.11.2019, https://www.fr.de/wirtschaft/klimaschutz-energie-umw eltexpertin-kritisiert-gesetz-13220858.html (zugegriffen am 24.02.2022); Zeit Online: „Das ist nicht unser Klimapaket“, 23.09.2019, https://www.zeit.de/politik/deutschland/2019-09/ klimapolitik-klimaschutz-klimapaket-bundesregierung-kritik (zugegriffen am 23.02.2022).

[38] Vgl., Czada/Radtke: „Governance langfristiger Transformationsprozesse. Der Sonderfall ‚Energiewende‘“, S. 60.

[39] Ebd., S. 60/61.

Da die Inhalte und Funktionsweisen des EEGs noch an weiteren Stellen in diesem Kapitel relevant sind, möchte ich dieses im Folgenden näher erläutern. Das im April 2000 in Kraft getretene EEG soll den Ausbau der erneuerbaren Energien regeln. Damit ist es als ordnungspolitische Maßnahme im Bereich des Klimaschutzes anzusehen. Das EEG beinhaltet drei Kernaspekte: (1) Netzbetreiber sind verpflichtet, erneuerbare Energien-Anlagen vorrangig ans Netz anzuschließen, (2) außerdem muss der Strom aus erneuerbaren Energien prioritär abgenommen, übertragen und verteilt werden (Einspeisevorrang), (3) zudem müssen sie diesen Strom fest vergüten oder eine Marktprämie zahlen.[40] Für diesen dritten Punkt werden erneuerbare Energien-Anlagen in zwei Gruppen unterschieden. Diejenigen, die sich in der Direktvermarktung befinden, das sind Anlagen, die ab dem 01. Januar 2016 in Betrieb genommen wurden und eine installierte Leistung von mindestens 100 kW aufweisen, und diejenigen, die sich nicht in der Direktvermarktung befinden.

Letztere erhalten von den Übertragungsnetzbetreibern einen festgelegten Vergütungssatz (EEG-Vergütung). Da die Übertragungsnetzbetreiber aber möglicherweise mit dem regenerativen Strom weniger erwirtschaften und so Verluste machen würden, wird die eventuell entstehende Differenz in Form der EEG-Umlage auf die Stromkund:innen verteilt und so ausgeglichen. Anlagen, die sich in der Direktvermarktung befinden, erhalten keine fixe Vergütung. Sie handeln ihren Strom direkt auf dem Markt. Damit sie aber trotzdem Planungssicherheit haben, wird eine individuelle Förderung für die Anlagen festgelegt. Die Förderhöhe wird durch ein Gebotsverfahren der Bundesnetzagentur bestimmt. Dabei wird der sogenannte Anzulegende Wert ermittelt, dieser war bis 2017 gesetzlich festgeschrieben und entsprach der zuvor erhaltenen EEG-Vergütung. Seit 2017 müssen sich die Anlagenbetreiber in der Direktvermarktung auch zur Ermittlung des Anzulegenden Werts einem wettbewerblichen Verfahren in Form einer Auktion stellen. Die Marktprämie stockt dann den tatsächlich erzielten Börsenerlös auf den Anzulegenden Wert auf. Auch die Marktprämie wird als EEG-Umlage

---

[40] Vgl., Bundesministerium Wirtschaft und Klimaschutz (BMWK): „Das Erneuerbare-Energien-Gesetz", *Informationsportal Erneuerbare Energien*, ohne Datum, https://www. erneuerbare-energien.de/EE/Redaktion/DE/Dossier/eeg.html?cms_docId=132292 (zugegriffen am 23.02.2022); Bundesministerium für Wirtschaft und Klimaschutz (BMWK): „Förderung der erneuerbaren Energien (Kurzvorstellung des EEG)", *Informationsportal Erneuerbare Energien*, ohne Datum, https://www.erneuerbare-energien.de/EE/Redaktion/DE/Standardartikel/gesetze.html (zugegriffen am 23.02.2022).

auf Stromkund:innen verteilt. Bestimmte Stromgroßkunden sind jedoch von der EEG-Umlage befreit, um ihre Wettbewerbsfähigkeit nicht zu gefährden.[41]

Dass eine solche verlässliche Vergütung für erneuerbare Energien-Anlagen überhaupt nötig ist, liegt daran, dass sich diese Anlagen durch hohe Investitionskosten und geringe laufende Kosten, also auch niedrige Grenzkosten, auszeichnen. Da sich der Strommarkt aber an den Grenzkosten der Kraftwerke orientiert,[42] würden sich Investitionen in erneuerbare Energien-Anlagen ohne diese Maßnahmen nicht lohnen.[43]

Die in diesem Kapitel skizzierten Argumentationen und Kritiken an der Energiewende und dem Kohleausstieg in Bezug auf ihre Effektivität im Kampf gegen den Klimawandel sind wichtige Diskussionsbeiträge, um die entsprechenden Prozesse sinnvoll zu gestalten. Sie stellen jedoch keine Zielkonflikte dar.

Ein Zielkonflikt zeichnet sich dadurch aus, dass zwei oder mehrere erstrebenswerte Ziele im Widerspruch zueinander stehen, dass sie also nicht beide gleichzeitig erreicht werden können. Die Problematik, die sich aus den in diesem Teilkapitel dargestellten Argumentationen ergibt, besteht aber vielmehr darin, dass der Energiewende und dem Kohleausstieg die Rechtfertigungsgrundlage fehlt, wenn sie keinen geeigneten Beitrag zur Säule „Klimaschutz" im energiepolitischen Zieldreieck darstellen. Wenn durch die Umsetzung der Energiewende keine Verringerung der Konzentration der Treibhausgase in der Atmosphäre erreicht wird, dann können Einschränkungen, die durch die Veränderungsprozesse zwangsläufig entstehen werden, nicht mehr mit dem Verweis auf Rechtsverletzungen, die durch den Klimawandel entstehen, gerechtfertigt werden. Eine im Sinne

---

[41] Vgl., next: „Direktvermarktung von Strom aus Erneuerbaren Energien", ohne Datum, https://www.next-kraftwerke.de/wissen/direktvermarktung (zugegriffen am 23.02.2022); next: „Was ist der Anzulegende Wert?", ohne Datum, https://www.next-kraftwerke. de/wissen/anzulegender-wert (zugegriffen am 24.02.2022); next: „Was ist die EEG-Umlage?", ohne Datum, https://www.next-kraftwerke.de/wissen/eeg-umlage (zugegriffen am 24.02.2022); next: „Was ist die Marktprämie?", ohne Datum, https://www.next-kraftw erke.de/wissen/marktpraemie (zugegriffen am 24.02.2022); Siehe auch: Möst, Dominik u. a.: „Märkte und Regulierung der Elektrizitätswirtschaft", in: Radtke, Jörg und Weert Canzler (Hrsg.): *Energiewende. Eine sozialwissenschaftliche Einführung*, Wiesbaden: Springer VS 2019, S. 125–170, hier S. 145/146, S. 148/149.

[42] Siehe hierzu die Erklärungen der Thematik der Merit-Order im Abschnitt „Positive Auswirkungen der Energiewende" im Teilkapitel „Wirtschaftlichkeit".

[43] Vgl., Bundesregierung: „Erneuerbare-Energien-Gesetz", ohne Datum, https://www.bun desregierung.de/breg-de/themen/energiewende/erneuerbare-energien-gesetz-614668 (zugegriffen am 22.02.2022); Möst u. a.: „Märkte und Regulierung der Elektrizitätswirtschaft", S. 143.

des Klimaschutzes ineffektive Energiewende ist also auch aus moralischen Gründen vermutlich abzulehnen und stellt kein mit anderen Aspekten konfligierendes Ziel dar. Erst eine effektive Umsetzung der Energiewende kann vollständig moralisch gerechtfertigt sein und somit mit anderen moralischen Geboten in Konflikt geraten.

An dieser Stelle möchte ich kurz auf ein Argument, das der These, Klimaschutzmaßnahmen seien nur dann gerechtfertigt und zu begrüßen, wenn sie effektiv etwas zur Reduzierung der Treibhausgaskonzentration beitragen, entgegengehalten werden kann. Demnach sei die Umstellung auf regenerative Energiequellen auch dann vorteilhaft, wenn eine Klimaschutzfunktion außer Acht gelassen wird, da zum Beispiel gesundheitliche Vorteile durch weniger Schadstoffbelastung und somit eine höhere Lebensqualität erreicht werden können. Selbst wenn das Problem des Klimawandels nicht existieren würde, wäre eine Dekarbonisierung demnach sinnvoll.[44]

Auch wenn es zutreffen mag, dass in einem Szenario, in dem die Energieversorgung vollständig dekarbonisiert verläuft, derartige Vorteile entstehen, so werden doch zwei wesentliche Punkte übersehen. Zum einen wird vorausgesetzt, dass die Möglichkeiten und Art und Weisen der Energienutzung in bestimmten Hinsichten unverändert bleiben. Damit die verbesserte Lebensqualität in einem dekarbonisierten System im Vergleich zum heutigen System zum Tragen kommt, müssten alle Vorteile des Status Quos, also beliebige Mengen Energie, die jederzeit zur Verfügung stehen, bestehen bleiben und ergänzt werden durch gesundheitliche Vorteile, saubere Luft, weniger Lärmbelastung, etc. Wie aber im nächsten Teilkapitel deutlich wird, ist dies im Hinblick auf die Energiesicherheit und Wirtschaftlichkeit nicht unbedingt der Fall. Eine unsichere Energieversorgung schmälert nicht nur die Lebensqualität, sondern kann auch zu erheblichen Rechtsverletzungen führen. Inwieweit sich dies mit den genannten Vorteilen eines dekarbonisierten Energiesystems aufwiegen lässt, bleibt dann wieder fraglich.

Zum anderen wird hier eine Gesamtbilanzierung vorgenommen. *Insgesamt* bringt ein dekarbonisiertes Energiesystem Vorteile mit sich, wenn die zuvor angesprochenen Nachteile nicht eintreten werden. Trotzdem wird es auch im Zuge einer erfolgreichen Umstellung auf erneuerbare Energien Menschen geben, die in ihren Rechten, ihr Leben nach ihren Wünschen und Vorstellungen zu gestalten, eingeschränkt werden. Damit diese Rechtseinschränkungen nicht zu Rechtsverletzungen werden, bedarf es einer starken und fundierten Rechtfertigung der entsprechenden Maßnahmen. Der Verweis auf etwaige, zukünftige Vorteile in der Gesamtschau reicht hier nicht aus. Darüber hinaus ist es fraglich, ob es

---

[44] Vgl., Welzer: Alles könnte anders sein. Eine Gesellschaftsutopie für freie Menschen, S. 48.

zulässig ist, Einzelschicksale auf diese Art und Weise gegen das große Ganze gegenzurechnen.[45]

Eine detaillierte Analyse der Energiewende in Bezug auf ihre Effektivität kann ich an dieser Stelle nicht leisten. Da der Fokus dieser Arbeit auf dem Braunkohleausstieg, also nur einem Teilaspekt der Energiewende liegt, möchte ich im Folgenden aber für diesen zwei Szenarien, das eines ineffektiven und das eines effektiven Ausstiegs, diskutieren.

Szenario 1: Ineffektiver Braunkohleausstieg

Wie oben bereits erläutert, stellt die Möglichkeit eines, in Bezug auf die Energiewende und die Bekämpfung des Klimawandels, ineffektiven Kohleausstiegs ein Risiko dar, das es auch aus ethischer Sicht zu vermeiden gilt. Wie im zweiten Kapitel deutlich wurde, ist der Klimawandel eine globale Herausforderung. Einzelne Maßnahmen von Individuen oder kollektiven Akteuren wie Staaten sind wirkungslos, wenn sie nicht durch Maßnahmen anderer Akteur:innen ergänzt werden. Der Klimawandel scheint zudem ein derart komplexes Problem zu sein, dass nicht nur aggregierte Klimaschutzmaßnahmen verschiedener Einzelner nötig sind, sondern ein kollektives Konzept, um die verschiedenen Herangehensweisen zu koordinieren.

Wenn die deutsche Energiewende nicht in eine internationale Strategie zur Eindämmung des Klimawandels eingebettet wird, scheinen zwei Aspekte besonders problematisch zu sein: Erstens besteht die Gefahr, dass nationale Maßnahmen wirkungslos bleiben, wenn andere Staaten nicht mitziehen. Zweitens wird eine Verlagerung der Treibhausgasemissionen ins Ausland befürchtet, was die Treibhausgaskonzentration in der Atmosphäre unter Umständen sogar noch erhöht. Auf beide Aspekte möchte ich anhand des Beispiels des Braunkohleausstiegs nun im Folgenden näher eingehen.

Unkoordinierte nationale Einzelmaßnahmen

Deutschland fördert und verbraucht im globalen Vergleich am meisten Braunkohle.[46] Wenn jedoch andere Staaten, die ebenfalls Braunkohle fördern wie

---

[45] Siehe hierzu auch die Betonung der Partikularisierung von Gewirth: Gewirth: Reason and Morality, S. 201/202. Siehe auch das Kapitel „»Würde« als Fundament der Rechtsansprüche" von Steigleder: Steigleder: Grundlegung der normativen Ethik: Der Ansatz von Alan Gewirth, S. 141–144.

[46] Vgl., Gaedicke, Christoph u. a.: „BGR Energiestudie 2019. Daten und Entwicklungen der deutschen und globalen Energieversorgung", Bundesanstalt für Geowissenschaften und Rohstoffe (BGR), 2018, S. 30, S. 159, S. 161/162.

China, Russland, die USA oder Polen[47], auf eine Reduzierung verzichten oder ihren Verbrauch sogar noch steigern, wird der deutsche Braunkohleausstieg keinen nennenswerten Effekt auf den weltweiten Treibhausgasausstoß haben.[48] Ein gefährlicher Klimawandel wird dann trotzdem stattfinden.

Es kann nun eingewandt werden, dass es nicht konstruktiv ist, Verantwortlichkeiten hin und herzuschieben und dass letztendlich jeder braunkohlefördernde Staat diese Energiequelle aufgeben muss. Deutschland sollte zum einen als ein vergleichsweise wohlhabender und einflussreicher Staat seiner Vorbildfunktion nachkommen. Ein Scheitern Deutschlands würde eine abschreckende Wirkung auf andere haben, während ein gelungener Braunkohleausstieg in Deutschland andere Staaten darin bestärken könnte, dass ein solcher Schritt machbar und vorteilhaft sein kann. Zum anderen trägt Deutschland als früh industrialisierter Staat historische Verantwortung. Es ist also nicht angebracht, auf das Fehlverhalten anderer Staaten zu verweisen. Außerdem ist es, um andere Staaten wie China zu einem Braunkohleausstieg zu bewegen, unabdingbar, diesen Schritt im eigenen Land ebenfalls zu vollziehen.[49]

Vertreter:innen dieser Position haben einen Punkt. Aufgrund der historischen Verantwortung und Deutschlands Machtposition im globalen und europäischen Kontext,[50] wäre es unauthentisch und geradezu überheblich, würde Deutschland von China oder Polen fordern, aus der Kohleverstromung auszusteigen, ohne erkennbare eigene Ambitionen ebenfalls diesen Weg zu beschreiten. Daraus folgt

---

[47] Vgl., Heinrich-Böll-Stiftung, Bund für Umwelt und Naturschutz Deutschland (BUND): „Kohleatlas. Daten und Fakten über einen globalen Brennstoff", 2015, S. 15.

[48] Wenn darüber hinaus die Förderung und der Verbrauch von Stein- und Braunkohle zusammengenommen betrachtet wird, dann ist China mit Abstand der sowohl größte Förderer (3.743 Mt) als auch der größte Verbraucher (3.830 Mt) von Kohle. Deutschland belegt hier sowohl in Bezug auf die Förderung mit 105 Mt als auch in Bezug auf den Verbrauch mit 138 Mt den 8. Platz. Vgl., Enerdata: „Förderung von Kohle und Braunkohle", *Globales Energie- und Klimastatistik-Jahrbuch 202*, ohne Datum, https://energiestatistik.enerdata.net/kohle-braunkohle/kohle-produktion-data.html (zugegriffen am 23.02.2022); Enerdata: „Heimischer Verbrauch von Kohle und Braunkohle", *Globales Energie- und Klimastatistik-Jahrbuch 2021*, ohne Datum, https://energiestatistik.enerdata.net/kohle-braunkohle/kohle-welt-verbrauch-data.html (zugegriffen am 21.02.2022).

[49] Vgl., Arens, Christof u. a.: „Die Debatte um den Klimaschutz. Mythen, Fakten, Argumente", Friedrich Ebert Stiftung, 2019, S. 11/12, S. 14; Flauger, Jürgen: „Deutschland muss beim Klimaschutz Vorbild bleiben", *Handelsblatt*, 19.09.2019, https://www.handelsblatt.com/meinung/kommentare/kommentar-deutschland-muss-beim-klimaschutz-vorbild-bleiben/25027442.html?ticket=ST-4768152-EpVNVefi0HpuPDvNE15l-ap1 (zugegriffen am 23.02.2022).

[50] Siehe in diesem Zusammenhang auch Kapitel 2 dieser Arbeit.

aber nicht, dass Deutschland einen Kohleausstieg anstreben sollte, ohne dabei gleichzeitig andere Staaten aktiv zu derselben Entscheidung zu motivieren.

Die Zeit, die verbleibt, effektive Maßnahmen gegen einen katastrophalen Klimawandel einzuleiten, ist zu knapp, um nun allein auf symbolische Akte der Wiedergutmachung zu setzen und zu hoffen, dass andere Staaten irgendwann ähnliche Entscheidungen treffen. Die drohenden Konsequenzen sind zu verheerend, um an idealistischen Ideen der Gerechtigkeit auf Kosten der Effektivität festzuhalten.[51] Wenn große Emittenten wie China und andere Schwellen- und Entwicklungsländer nicht so schnell wie möglich beginnen, ihre Treibhausgasemissionen drastisch zu reduzieren, dann sind die Bemühungen von anderen Staaten insofern sinnlos, als dass sie den Klimawandel nicht aufhalten werden.

Ähnlich argumentiert auch Dieter Helm. Er verweist darauf, dass es nicht zielführend oder sogar schädlich ist, wenn sich einzelne Akteur:innen darauf konzentrieren, ihre eigene Treibhausgasproduktion zu minimieren. Vielmehr sollte der Fokus auf dem Konsum von treibhausgasintensiven Gütern liegen. Er schreibt:

> *„While of course production has to decarbonise, there is much more to the climate change problem - and net zero - than this simplistic approach indicates. The right place to start is with consumption and us the consumers, and only then should we look to*

---

[51] Wie auch in Kapitel 2 deutlich wird, beinhaltet dieser Ansatz Ungerechtigkeiten: Einige wenige Staaten haben über Jahre, einen für andere Staaten unvorstellbaren Reichtum angehäuft. Dabei haben sie so sehr in die ökologischen Prozesse des Planeten eingegriffen, derart exzessiv Ressourcen verbraucht und die Machtverhältnisse zwischen den Staaten so zu ihren Gunsten gestaltet, dass nun die Lebensrealität aller aktuell lebender und zukünftiger Menschen so aussieht, dass die Menschheit in Form des Klimawandels einer schier unlösbaren Herausforderung gegenübersteht. Nicht nur, dass diese wenigen reichen Staaten diese Katastrophe verursacht haben, sie sind auch diejenigen, die heute genug Ressourcen und Macht zur Verfügung haben, sich gegen die schlimmsten Konsequenzen vorerst abzusichern, während viele Bewohner:innen armer Staaten, die nichts Nennenswertes zum Klimawandel beigetragen haben oder dies erst seit Kurzem tun, bereits massiv unter Hitze, Dürre, Überschwemmungen und anderen Konsequenzen des Klimawandels leiden. Dass die Konsequenzen des Klimawandels mächtige Industriestaaten bisher verhältnismäßig schwach treffen, ist höchst wahrscheinlich auch ein Grund dafür, dass bisher noch keine geeigneten Maßnahmen eingeleitet wurden. All das ist zutiefst ungerecht und wäre in einer idealen Welt nicht vorgekommen. Doch wenn die Lebensbedingungen auf dem Planeten für zukünftige Menschen erträglich bleiben sollen, dann müssen nun alle Staaten handeln. Der Klimawandel kann nur noch auf ein erträgliches Maß reduziert werden, wenn nun ein realistischer und auf Effektivität fokussierter Ansatz verfolgt wird. Die besondere Verantwortung von Industriestaaten sollte dabei nicht vergessen werden, sie sollte aber auch aktuell nicht so sehr im Fokus stehen, dass sie ambitioniertes kollektives Handeln verhindert. Wiedergutmachungsmaßnahmen, Demut und Entschuldigungen wären nichtsdestotrotz angemessene Verhaltensweisen.

the producers. We have to remember that all this stuff that is made with fossil fuels, and thus causes carbon emissions, is made for us. "[52]

Und weiter:

„Now the radical implication. It is not enough to clean up our own backyard. This does not stop us contributing to global warming. It is a fantasy (...) that if we could only get to net zero for our own territorial emissions – for our carbon production *– that would mean that we would have crossed the Rubicon and no longer be causing any further global warming. It is an extremely dangerous delusion.* "[53]

Helm argumentiert, dass Entscheidungen, die lediglich darauf abzielen, die eigene Treibhausgasproduktion zu minimieren, oftmals dazu führen, dass die entsprechenden Treibhausgase bloß an anderer Stelle produziert und dann trotzdem noch *konsumiert* werden. Wenn sich Deutschland also entscheidet den Abbau von Kohle auf dem eigenen Staatsgebiet zu beenden, werden dementsprechend keine Treibhausgase mehr durch die deutsche Kohleindustrie *produziert*. Wenn nun aber andere Staaten nicht auf die Produktion von Kohlestrom verzichten, können in Deutschland nach wie vor Güter *konsumiert* werden, die durch Kohle oder Kohlestrom hergestellt wurden. Auch direkte Stromimporte von ausländischen Kohlestromanbietern sind denkbar.[54]

„From a global climate change perspective, it does not much matter where the energy-intensive production takes place. If Europe's production goes down, this is only a global emissions win if it does not go up somewhere else. "[55]

Nationale Klimaschutzmaßnahmen müssen also an ihrem Effekt auf die globale Treibhausgaskonzentration hin bemessen werden. Da aktuell nicht erkennbar ist, dass der deutsche Braunkohleausstieg in eine internationale Strategie zur globalen oder zumindest europäischen Beendigung der Braunkohleverstromung eingebettet ist, besteht die erhebliche Gefahr, dass er keinen ausreichenden derartigen

---

[52] Helm: Net Zero. How We Stop Causing Climate Change, S. 3, Betonungen im Original.

[53] Ebd., S. 7, Betonung im Original. Siehe auch: Ebd., S. 7/8, S. 60, S. 80.

[54] Vgl., ebd., S. 7/8. Siehe auch: Helm, Dieter: The Carbon Crunch. Revised and updated, New Haven und London: Yale University Press 2015, S. 50, S. 70–73. Carbon Crunch S. 50, S. 70–73.

[55] Helm: Net Zero. How We Stop Causing Climate Change, S. 73.

Effekt haben wird.[56] Es ist sogar zu befürchten, dass der deutsche Kohleausstieg das Problem des Klimawandels noch verschärfen könnte. Dies werde ich im Folgenden näher beleuchten.

Emissionsverlagerungen ins Ausland

In einer Untersuchung aus dem Jahr 2019 kommen Michael Pahle und Kollegen zu dem Ergebnis, dass durch den deutschen Kohleausstieg die Emissionen EU-weit zunehmen könnten.[57] Die Gründe dafür bestehen in dem Zusammenwirken des sogenannten Rebound-Effekts und des Wasserbett-Effekts. Ersterer beschreibt die Möglichkeit, dass durch das Abschalten einiger Kohlekraftwerke, andere Kraftwerke mehr Strom und Emissionen produzieren.[58] Dies erklärt sich dadurch, dass Kohlekraftwerke, die auf dem Strommarkt agieren, nicht voll ausgelastet sind. Sie produzieren also weniger Strom, als sie könnten. Wenn nun einige Kraftwerke stillgelegt werden, den Markt also verlassen, bedeutet das, dass das Angebot auf dem Strommarkt sinkt, folglich steigt der Strompreis. Durch den steigenden Strompreis verbessern sich nun aber die Bedingungen für die nicht stillgelegten und nicht voll ausgelasteten Kraftwerke, die rentabler werden. So entstehen Anreize für die Betreiber:innen dieser Kraftwerke, mehr Strom zu produzieren. Damit emittieren diese Kraftwerke auch eine größere Menge an

---

[56] Vgl., Radtke, Jörg u. a.: „Die Energiewende in Deutschland – zwischen Partizipationschance und Verflechtungsfalle", in: Radtke, Jörg und Norbert Kersting (Hrsg.): *Energiewende. Politikwissenschaftliche Perspektiven*, Wiesbaden: Springer VS 2018, S. 17–43, hier S. 30–33.

[57] Pahle, Michael u. a.: „Die unterschätzten Risiken des Kohleausstiegs", *Energiewirtschaftliche Tagesfragen*, 2019.

[58] Der Rebound-Effekt lässt sich auch in Bezug auf Maßnahmen der Effizienz-Steigerung beobachten: Werden Autos so gebaut, dass sie sparsamer (also weniger CO_2 und Schadstoffe ausstoßen) und somit günstiger werden, werden gleichzeitig größere Autos nachgefragt und produziert, mit denen mehr gefahren wird. Wohnhäuser haben zwar eine immer bessere Wärmedämmung, gleichzeitig steigt aber der Wohnraum (und somit die zu beheizende Fläche) pro Kopf. Siehe zum Beispiel: Umweltbundesamt: „Rebound-Effekte", 17.09.2019, https://www.umweltbundesamt.de/themen/abfall-ressourcen/oekonomische-rec htliche-aspekte-der/rebound-effekte (zugegriffen am 24.02.2022).

Treibhausgasen und der vermeintliche Einsparungseffekt durch die Stilllegung bestimmter Kraftwerke kann zunichte gemacht werden.[59]

Der zweite Effekt bezieht sich auf ein Phänomen, das innerhalb von Emissionshandelssystemen auftreten kann. Das Emissionshandelssystem innerhalb der EU (EU-ETS) funktioniert vereinfacht dargestellt auf folgende Art und Weise. Die Grundidee ist, dass ein Markt für Treibhausgasemissionen diese mit einem Preis versieht, was eine möglichst effiziente Reduktion der entsprechenden Emissionen ermöglicht. Dafür wird zunächst eine Obergrenze (Cap) definiert, die vorgibt, wie groß die Menge der auf dem Markt zur Verfügung stehenden Emissionen ist. Eine Tonne CO_2 wird durch ein CO_2-Zertifikat repräsentiert. Staaten können CO_2-Zertifikate entweder kostenlos an Unternehmen vergeben oder diese versteigern. Unternehmen, die eine bestimmte Menge Tonnen CO_2 emittieren wollen, müssen also die entsprechende Menge an Zertifikaten erwerben. Akteure, die weniger als die ihnen zur Verfügung stehenden Mengen an CO_2 emittieren, können ihre Zertifikate verkaufen oder sparen (trade). Durch eine stetig sinkende Obergrenze, soll eine zunehmende Verknappung an CO_2-Zertifikaten erreicht werden. Problematisch wird das System, wenn der Verbrauch der CO_2-Zertifikate geringer ist als das Cap, da so das Angebot größer als die Nachfrage ist und die Preise für Treibhausgasemissionen folglich fallen. Wenn die Preise für CO_2-Zertifikate zu gering sind, besteht kein Anreiz mehr, Emissionen einzusparen. Diese Situation wird vor allem durch unvorhersehbare Faktoren wie Wirtschaftskrisen oder dem Zerfall von Staatengemeinschaften wie der ehemaligen Sowjetunion ausgelöst. Dadurch hat sich im EU-ETS ein Überschuss an Zertifikaten angesammelt, der das System zunächst unwirksam macht.[60]

Um diesen ungewünschten Effekten entgegenzuwirken, wurde 2018 eine Reform des EU-ETS implementiert. Unter anderem soll die sogenannte Marktstabilitätsreserve (MSR) dafür sorgen, dass überschüssige Zertifikate aus dem Markt

---

[59] Vgl., Edenhofer, Ottmar: „Raus aus der Kohle – aber smart", *Süddeutsche Zeitung*, 03.02.2019, https://www.sueddeutsche.de/politik/aussenansicht-raus-aus-der-kohle-aber-smart-1.4314551 (zugegriffen am 23.02.2022); Pahle u. a.: „Die unterschätzten Risiken des Kohleausstiegs", S. 1.

[60] Vgl., Europäische Kommission: „EU-Emissionshandelssystem (EU-EHS)", *Climate Action*, ohne Datum, https://ec.europa.eu/clima/policies/ets_de (zugegriffen am 11.01.2021); Umweltbundesamt: „Der Europäische Emissionshandel", 12.07.2021, https://www.umwelt bundesamt.de/daten/klima/der-europaeische-emissionshandel#teilnehmer-prinzip-und-ums etzung-des-europaischen-emissionshandels (zugegriffen am 23.02.2022).

genommen werden.[61] Ab 2019 wird die Versteigerungsmenge der Zertifikate eines Jahres um 24 % der Überschussmenge verringert, wenn dieser Überschuss 833 Mio. Zertifikate übersteigt. Diese Zertifikate werden in die MSR überführt und stehen so auf dem Markt nicht mehr zur Verfügung.[62] Wenn diese Menge weniger als 400 Mio. Zertifikate beträgt, werden 100 Mio. aus der MSR wieder freigegeben.[63] Ab 2023 wird die MSR dann auf ein Volumen begrenzt, das der Versteigerungsmenge des Vorjahres entspricht, der Rest der Zertifikate wird endgültig gelöscht.[64]

Ohne die MSR würden nationale Maßnahmen von Staaten, die in das EU-ETS integriert sind, wirkungslos bleiben, da die Zertifikate, die durch die Maßnahme in dem einen Staat nicht verbraucht würden, an anderer Stelle für Emissionen genutzt werden würden.[65] Dieses Phänomen ist der sogenannte Wasserbett-Effekt: Die Gesamtmenge der Emissionen wird durch die Obergrenze bestimmt, nationale Maßnahmen führen insgesamt nicht zu einer Reduktion der Treibhausgasemissionen, sondern lediglich zu einer Verschiebung. Genauso wie bei einem Wasserbett das Wasser in der Matratze nicht weniger wird, wenn sich jemand darauf setzt, sondern nur verdrängt wird.

Allerdings ist, wie Pahle et al anmerken, die Einführung der MSR noch kein Garant dafür, dass zusätzliche nationale Anstrengungen zu einer tatsächlichen Einsparung an Treibhausgasemissionen führen. In Bezug auf die Emissionen, die in Deutschland durch den Kohleausstieg eingespart werden, befürchten die

---

[61] Vgl., Europäische Kommission: „Strukturelle Reform des EU-Emissionshandelssystems", *Climate Action*, ohne Datum, https://ec.europa.eu/clima/policies/ets/reform_de (zugegriffen am 24.02.2022).

[62] Vgl., Bundesministerium für Wirtschaft und Klimaschutz (BMWK): „EU-Klimaschutzpolitik", ohne Datum, https://www.bmwi.de/Redaktion/DE/Artikel/Industrie/klimaschutz-eu-klimaschutzpolitik.html (zugegriffen am 23.02.2022); European Commission: „ETS Market Stability Reserve to reduce auction volume by over 330 million allowances between September 2020 and August 2021", *Climate Action*, 08.05.2020, https://ec.europa.eu/clima/news/ets-market-stability-reserve-reduce-auction-volume-over-330-million-allowances-between_en (zugegriffen am 23.02.2022).

[63] Vgl., Mauer, Eva-Maria, Samuel J Okullo und Michael Pahle: „Evaluating the performance of the EU ETS MSR", Potsdam Institut für Klimafolgenforschung (PIK), 2019, S. 2.

[64] Vgl., ebd., S. 2; European Commission: „Market Stability Reserve", *Climate Action*, ohne Datum, https://ec.europa.eu/clima/policies/ets/reform_en (zugegriffen am 21.02.2022); Perino, Grischa: „New EU ETS Phase 4 rules temporarily puncture waterbed", *Nature Climate Change* 8 (04.2018), S. 260–271.

[65] Vgl., Perino, Grischa, Robert A. Ritz und Arthur A. van Benthem: „Understanding overlapping policies: Internal carbon leakage and the punctured waterbed", University of Cambridge I Energy Policy Research Group, 2019, S. 2.

Autor:innen, dass diese Einsparung eher wirkungslos bleibt oder sie zu spät kommt, um durch die MSR gedeckt zu werden.[66]

Die meisten Kohlekraftwerke werden im Zuge des Kohleausstiegs ab 2030 abgeschaltet. Die Höhe der abzuschaltenden Kapazitäten ist gesetzlich vorgegeben und somit bekannt. Die Marktakteur:innen wissen also, dass ein Rückgang der Nachfrage nach Zertifikaten zu erwarten ist. Das verringert die Notwendigkeit, Emissionszertifikate zu sparen, weil die Bedingungen, Zertifikate zu erwerben und zu verbrauchen absehbar tendenziell besser werden. Das Sparen für schlechte Zeiten lohnt sich also nicht. Dadurch werden in der Gegenwart mehr Zertifikate und damit Emissionen verbraucht. Das wiederum verringert aber den Überschuss an Zertifikaten im Markt, der sich ja dadurch ergibt, dass weniger Zertifikate als erlaubt verbraucht werden. Da die MSR wie oben erläutert erst ab einem Überschuss von 833 Millionen Zertifikaten wirkt, besteht die Gefahr, dass diese Grenze 2030 bereits unterschritten ist. Da unterhalb dieser Grenze keine Zertifikate mehr in die MSR überführt werden, besteht hier wieder eine starre Obergrenze, die den Wasserbett-Effekt begünstigt. Nationale Maßnahmen wie der Kohleausstieg hätten dann also keinen Effekt auf die insgesamt emittierten Treibhausgase in der EU. Hinzukommt, dass durch den oben beschriebenen Rebound-Effekt die Einsparungen durch das Stilllegen von Kohlekraftwerken geringer ausfallen als antizipiert. So lassen sich die stillgelegten Leistungen nicht 1:1 in Überschüsse übersetzen, die in die MSR verlagert werden können.[67]

Es ergeben sich nach Pahle et al zwei Risiken: Die Klimaziele der Energiewirtschaft für 2030 könnten nicht erreicht werden und Emissionsreduktionen, die durch den Kohleausstieg erreicht werden, könnten sich verlagern, anstatt zu einer effektiven Treibhausgasreduktion zu führen.[68] Die Risikofaktoren bestehen vor allem in dem historisch beobachtbaren sinkenden Kohlepreis, der Kohle gegenüber emissionsärmeren Alternativen wettbewerbsfähig macht, in einer steigenden Stromnachfrage durch die steigende Elektrifizierung, die zu einer steigenden Nachfrage von fossilen Energieträgern führen kann, in sinkenden Preisen im EU-ETS – Einbrüche der Zertifikatspreise sind bereits vorgekommen und in Zukunft nicht auszuschließen – dies würde fossile Brennstoffe ebenfalls wettbewerbsfähiger machen, und darin, dass die MSR den Wasserbett-Effekt nicht neutralisieren wird.[69]

---

[66] Vgl., Pahle u. a.: „Die unterschätzten Risiken des Kohleausstiegs", S. 1/2.

[67] Vgl., Perino, Grischa: „Kohleausstieg: Teuer und mit ungewisser Klimawirkung", *Centrum für Erdsystemforschung und Nachhaltigkeit (CEN)*, 18.03.2020.

[68] Vgl., Pahle u. a.: „Die unterschätzten Risiken des Kohleausstiegs", S. 1.

[69] Vgl., ebd. S. 2/3.

Alles in allem kommen Pahle und Kollegen zu dem Schluss, dass der Kohleausstieg für sich alleine betrachtet eine emissionsmindernde Wirkung hat, jedoch
ist noch nicht abzusehen, ob und wie die beiden oben beschriebenen Effekte wirken. Es besteht hier die Gefahr, dass sie die Einsparungen des Kohleausstiegs in
der EU-weiten Bilanz neutralisieren oder die Emissionen sogar ansteigen werden.
Außerdem ist der Kohleausstieg noch keine Garantie dafür, dass die Klimaziele
für 2030 tatsächlich erreicht werden.[70]

Im Zusammenhang von Emissionsverlagerungen ins Ausland sollte ein weiterer Aspekt angesprochen werden: Vor dem Hintergrund des Kohle- und Atomausstiegs in Deutschland sowie der angestrebten Elektrifizierung des Wärme- und des
Verkehrssektors, sind zunehmende Stromimporte nicht unwahrscheinlich.[71] Dies
bringt zwei Problematiken mit sich. Zum einen könnte Strom teurer werden, was
schädlich für Endverbraucher:innen und die Wettbewerbsfähigkeit Deutschlands
wäre. Auf diese Aspekte gehe ich weiter unten noch einmal genauer ein. Zum
anderen besteht die Gefahr, dass der importierte Strom ebenfalls aus unerwünsch-
ten Quellen stammt – beispielsweise Kohlestrom aus Polen oder auch Atomstrom
aus Frankreich.[72]

Dieser letzte Punkt würde nicht nur bedeuten, dass der deutsche Braunkohleausstieg wirkungslos in Bezug auf den Kampf gegen den Klimawandel
bleibt, sondern auch, dass damit eine oft kritisierte Logik des globalen kapitalistischen Systems fortgeführt würde. Es lässt sich beobachten, dass reiche
früh industrialisierte Staaten zunehmend weniger Emissionen direkt emittieren,
sondern treibhausgasintensive Prozesse in ärmere Staaten verlagern, um anschließend lediglich die gewünschten Produkte zu importieren. Auf diese Art und
Weise können bestimmte Güter in Industriestaaten nach wie vor konsumiert
werden, während die mit negativen Begleiterscheinungen behaftete Herstellung
dieser Güter woanders stattfindet. Beispielhaft zu nennen ist hier die Herstellung
von Kleidungsstücken, die sowohl mit rechtsverletzenden Arbeitsbedingungen als
auch mit schädlichen ökologischen Konsequenzen in den herstellenden Gebieten einhergeht.[73] Wenn nun der Braunkohleabbau in Deutschland beendet wird

---

[70] Vgl., ebd., S. 2/3.

[71] Vgl., Arens u. a.: „Die Debatte um den Klimaschutz. Mythen, Fakten, Argumente", S. 15.

[72] Vgl., ebd., S. 15.

[73] Vgl., Helm: Net Zero. How We Stop Causing Climate Change, S. 83–90; Klein, Naomi:
Warum nur ein Green New Deal unseren Planeten retten kann, Hamburg: Hoffmann und
Campe 2020, S. 100, S. 176–181; Lessenich, Stephan: Neben uns die Sintflut. Wie wir auf
Kosten anderer leben, 3. Aufl., München: Piper 2018, S. 96–111; Schneidewind: Die große
Transformation. Eine Einführung in die Kunst gesellschaftlichen Wandels, S. 79–81.

und sich als Konsequenz ins Ausland verlagert, bestehen hier ähnliche Gefah-
ren. Zum einen werden anfallende Emissionen dann anderen Staaten angelastet.
Dies mag sich positiv auf die deutsche Klimabilanz auswirken, macht aber im
Kampf gegen den Klimawandel keinen Unterschied. Zum anderen müssen weitere
Umweltbelastungen und -zerstörungen sowie gefährliche und gesundheitsschädliche Arbeitsbedingungen dann von Menschen in anderen Staaten getragen werden.
Im schlimmsten Fall herrschen in diesen Staaten geringere Standards in Bezug auf
Umwelt- und Arbeitsschutz als in Deutschland. Während in Deutschland in einem
solchen Szenario also weiterhin Strom aus der Verbrennung von Braunkohle
konsumiert wird, verlagern sich alle damit einhergehenden negativen Konsequenzen wie das Emittieren von Treibhausgasen, die Umweltzerstörungen und die
gesundheitlichen Belastungen durch den Tagebau in andere Staaten.

   An dieser Stelle ist jedoch auch wichtig zu betonen, dass Deutschland aktuell mehr Strom exportiert als importiert. Dies ist auch darauf zurückzuführen,
dass mit dem Ausbau der erneuerbaren Energien nicht einherging, dass entsprechende Leistungen an fossilen Energien abgeschaltet wurden. Vielmehr wird
der produzierte Stromüberschuss ins Ausland exportiert.[74] Durch den Kohleausstieg wegfallende Leistungen könnten also zunächst auch mit einem Exportabbau
und einem weiteren Ausbau der erneuerbaren Energien ausgeglichen werden, so
dass Stromimporte zunächst nur in geringem Maße notwendig sind. Dies beinhaltet sogar die Chance, den Strommix auch im Ausland treibhausgasärmer zu
gestalten,[75] da zum einen die vergleichsweise günstigere deutsche Braunkohle
nicht mehr in Konkurrenz zu lokalen klimafreundlicheren Energiequellen steht[76]
und/ oder statt des deutschen Kohlestroms Strom aus erneuerbaren Quellen von
anderen Staaten importiert werden könnte.[77]

   Trotzdem sollte Deutschland, um die Gefahr zu vermeiden, durch die Verlagerung der Kohleproduktion ins Ausland und damit verbundenen Stromimporten,
nationale Maßnahmen wirkungslos, kontraproduktiv und schädigend werden zu

---

[74] Siehe hierzu die Ausführungen oben zum Kohle- oder Energiewendeparadox und die
entsprechenden Referenzen dort.

[75] Vgl., Arens u. a.: „Die Debatte um den Klimaschutz. Mythen, Fakten, Argumente",
S. 15/16.

[76] Vgl., Rueter, Gero: „Deutschlands Stromexporte sind für Klimaziele ein Problem", *DW*,
01.02.2018, https://p.dw.com/p/2qr4r (zugegriffen am 24.02.2022).

[77] Vgl., Arens u. a.: „Die Debatte um den Klimaschutz. Mythen, Fakten, Argumente",
S. 15/16.

lassen, die eigenen Ambitionen mit Nachbarländern und anderen braunkohlefördernden Staaten abstimmen.[78]

Zusammenfassend lässt sich also sagen, dass einige ernstzunehmende Risiken
bestehen, dass der Braunkohleausstieg in Deutschland ineffektiv bleibt. Insbesondere eine zu starke Fokussierung auf das rein nationale Geschehen kann zur
Folge haben, dass Emissionen, die in Deutschland eingespart werden, entweder
keinen nennenswerten Effekt auf die Bekämpfung des Klimawandels haben oder
durch Emissionsverlagerungen sogar dazu führen, dass letztendlich mehr emittiert wird. In diesem Szenario eines ineffektiven Braunkohleausstiegs fallen durch
den Braunkohleausstieg soziale Härten an, da vermutlich Arbeitsplätze wegfallen
und die Menschen vor Ort von einem herausfordernden Strukturwandel betroffen
sind,[79] ohne dass diese durch einen positiven Effekt auf die globale Treibhausgaskonzentration gerechtfertigt werden können. Das, was den Menschen vor Ort
widerfährt, ist dann in doppelter Hinsicht schädigend. Zum einen sind sie durch
die Einschnitte in ihre gewohnten Lebensrealitäten negativ betroffen. Zum anderen werden sie auch durch die Folgen des Klimawandels betroffen sein, der in
diesem Szenario nicht aufgehalten wird.

Ein Braunkohleausstieg, der derartige Konsequenzen nach sich zieht, ist moralisch problematisch und sollte aus ethischer Sicht vermieden werden. An dieser
Stelle ist es nun wichtig zu betonen, dass aus dem bisher Ausgeführten nicht folgen soll, dass der Braunkohleausstieg abzulehnen ist. In Abschnitt 4.2 habe ich
ausführlich argumentiert, warum der Braunkohleausstieg grundsätzlich gefordert
ist. Trotzdem muss kritisiert werden, dass die Umsetzungspläne des Braunkohleausstiegs nicht ausreichend sind, um die deutschen Klimaschutzziele zu
erreichen, welche wiederum nicht ausreichen, um die Pariser Vorgaben zu erfüllen und außerdem keine klar erkennbare internationale Strategie zur Beendigung
der Kohleverstromung erkennbar ist.[80] Aus diesen Gründen steuert die deutsche Klimapolitik aktuell tatsächlich eher auf das hier umrissene Szenario eines
ineffektiven Kohleausstiegs zu. Hier muss also dringend nachgebessert werden.

---

[78] Vgl., Agora Energiewende, IDDRI: „Die Energiewende und die französische Transition
énergétique bis 2030 – Fokus auf den Stromsektor. Deutsch-französische Wechselwirkungen bei den Entscheidungen zu Kernenergie und Kohleverstromung vor dem Hintergrund des
Ausbaus der Erneuerbaren Energien", 2018; Koenig, Hanns u. a.: „Modernising the European lignite triangle. Towards a safe, cost-effective and sustainable energy transition", Forum
Energii, Agora Energiewende, 2020. Siehe auch Abschnitt 7.1 in dieser Arbeit.

[79] Siehe Abschnitt 5.2.

[80] Vgl., Radtke u. a.: „Die Energiewende in Deutschland – zwischen Partizipationschance
und Verflechtungsfalle", S. 30–33. Siehe auch Abschnitt 6.1.

Wie sähe ein Szenario aus, das einen moralisch vertretbaren und somit gebotenen Braunkohleausstieg beinhaltet?

Szenario 2: Effektiver Braunkohleausstieg
Zunächst ist zu betonen, dass auch ein solches Szenario eines effektiven Kohleausstiegs denk- und umsetzbar ist. Wichtig dabei ist, dass auch bei der Umsetzung nationaler Maßnahmen der internationale Kontext nicht aus dem Blick gerät. Durch die Novellierungen des EU-ETS können diese nationalen Maßnahmen durchaus eine Wirkung entfalten. Beispielsweise ist es möglich, dass Regierungen Zertifikate löschen, die der Menge an national eingesparten Treibhausgasen durch die Abschaltung von Kraftwerken entspricht.[81] Diese Regelung könnte auch auf andere nationale Klimaschutzmaßnahmen ausgeweitet werden.[82] Die direkte Löschung von CO_2-Zertifikaten hat den Vorteil, dass sich nationale Einsparungen direkt in eine entsprechende Minderung der zur Verfügung stehenden Zertifikate übersetzen lassen und nicht den Umweg über die MSR mit ihren oben beschriebenen Schwierigkeiten nehmen müssen.[83] Allerdings bedeutet eine Löschung der eigenen Zertifikate auch, dass Staaten darauf verzichten, durch den Handel mit überschüssigen Zertifikaten, Gewinne zu generieren. Hier muss also ein klarer politischer Wille vorhanden sein, im Sinne des Klimaschutzes auf eigene Vorteile zu verzichten.[84] Deutschland sollte, um den Kohleausstieg so effektiv wie möglich zu gestalten, von dieser Regelung Gebrauch machen. Im Kohleausstiegsgesetz heißt es dazu:

> *„Im Falle des Verbots der Kohleverfeuerung (…) werden Berechtigungen aus der zu versteigernden Menge an Berechtigungen in dem Umfang gelöscht, der der zusätzlichen Emissionsminderung durch die Stilllegung der Stromerzeugungskapazitäten entspricht, soweit diese Menge dem Markt nicht durch die (…) Marktstabilitätsreserve*

---

[81] Vgl., Agora Energiewende und Öko-Institut: „Vom Wasserbett zur Badewanne. Die Auswirkungen der EU-Emissionshandelsreform 2018 auf CO2-Preis, Kohleausstieg und den Ausbau der Erneuerbaren", 2018, S. 28.

[82] Vgl., ebd., S. 28.

[83] Vgl., ebd., S. 28.

[84] Vgl., Kreuter-Kirchhof, Charlotte: „Klimaschutz und Kohleausstieg", *Energiewirtschaftliche Tagesfragen* 69/7/8 (2019), S. 25–29, hier S. 26; Schrader, Christoph: „Klimanationalisten im Wasserbett. Ist forcierter Klimaschutz – zum Beispiel ein deutscher Kohleausstieg – sinnlos? Eine Analyse", *Riff Reporter*, 30.10.2018, https://www.riffreporter.de/klimasocial/schrader-klimanationalisten/ (zugegriffen am 24.02.2022).

entzogen wird (...). Diese Menge wird für das jeweils vorangegangene Kalenderjahr ermittelt und durch Beschluss der Bundesregierung festgestellt."[85]

Einwände, wie Perino und Pahle et al sie vorbringen, müssen bei diesem Prozess unbedingt berücksichtigt werden.

Des Weiteren ist es denkbar, dass das EU-ETS und die MSR erneut reformiert werden, so dass sich, anders als Pahle et al befürchten, auch die Kohlekraftwerks-stilllegungen ab 2030 effektiv bemerkbar machen und mit dem Emissionshandelssystem vereinbar sind.[86] Insgesamt lassen sich die Reformen des EU-ETS so deuten, dass auf EU-Ebene der Wille da ist, nationale Maßnahmen und ein EU-weites Emissionshandelssystem in Einklang miteinander zu bringen.[87] Wenn hier die EU und die einzelnen Mitgliedsstaaten koordiniert zusammenarbeiten und das EU-ETS weiter verbessern, können nationale Klimaschutzmaßnahmen in Zukunft sehr wirkungsvoll sein und den Marktmechanismus der EU ergänzen. Vor diesem Hintergrund sind Maßnahmen wie der Kohleausstieg dann effektiv und somit auch moralisch gerechtfertigt und geboten.

An dieser Stelle möchte ich kurz auf einen weiteren Einwand eingehen, der im Zusammenhang mit dem EU-ETS oft gemacht wird. Dieses Argument besagt, dass der politische Beschluss zum Kohleausstieg sinnlos ist, da die Kohleverstromung durch das EU-ETS sowieso in ein paar Jahren nicht mehr wettbewerbsfähig gewesen wäre. Durch die jetzige gesetzliche Forcierung wird der Prozess möglicherweise sogar verzögert und zudem teurer als nötig, da den Kraftwerksbetreiber:innen nun Entschädigungszahlungen zustehen.[88]

Es ist denkbar, dass dieser Einwand zutrifft. Allerdings beruht er – genau wie die gegenteilige Annahme – mehr oder weniger auf Spekulationen. Was gewesen wäre, wenn in Bezug auf den Kohleausstieg allein auf das EU-ETS vertraut worden wäre, lässt sich im Nachhinein nicht sicher beantworten. Marktmechanismen wie das Emissionshandelssystem sind immer ein Stück weit unberechenbar. Die Entwicklungen, die zu den extremen Zertifikatsüberschüssen geführt haben,

---

[85] Bundesregierung: „Gesetz zur Reduzierung und zur Beendigung der Kohleverstromung und zur Änderung weiterer Gesetze (Kohleausstiegsgesetz)", Art. 2, Para. 8, S. 1848.

[86] Vgl., Agora Energiewende und Öko-Institut: „Vom Wasserbett zur Badewanne. Die Auswirkungen der EU-Emissionshandelsreform 2018 auf CO2-Preis, Kohleausstieg und den Ausbau der Erneuerbaren", S. 27/28.

[87] Vgl., ebd., S. 29/30.

[88] Vgl., Lindner, Christian: „Die Empfehlungen der Kohlekommission sind pure Ideologie", *Handelsblatt*, 04.02.2019, https://www.handelsblatt.com/meinung/gastbeitraege/gastkommentar-die-empfehlungen-der-kohlekommission-sind-pure-ideologie/23943464.html (zugegriffen am 23.02.2022).

wurden in der Vergangenheit nicht vorhergesehen, es ist also denkbar, dass Vergleichbares erneut geschieht. Daher ist es nicht *sicher*, dass die Kohleverstromung alleine durch derartige Mechanismen zu einem Ende gefunden hätte. Hinzu kommt, dass viele Kritiker:innen des zügigen Kohleausstiegs annehmen, dass die Kohleverstromung nötig ist, um Defizite der Erneuerbaren auszugleichen – beispielsweise die Volatilität, die eine Gefahr für die Versorgungssicherheit zu sein scheint.[89] Wenn diese Einwände zutreffen und keine Anreize gesetzt werden, diese Defizite zu beheben, dann wäre die Kohleverstromung nötig und vermutlich auch wettbewerbsfähig geblieben.

Wie oben dargelegt, können nationale Maßnahmen das EU-ETS sinnvoll ergänzen. Aufgrund der Unsicherheiten, die mit dem System des Emissionshandelssystem verbunden sind, ist es sinnvoll, mit politischen Beschlüssen Fakten in Bezug auf bestimmte Entwicklungen zu schaffen. Das sorgt für Planungssicherheit und kann zudem Machtstrukturen durchbrechen, die sich im Laufe der Zeit etabliert haben.[90] Wenn allen relevanten Akteur:innen bewusst ist, *dass* und *bis spätestens wann* die Kohleverstromung endet, wird dies auch bei Investitionsentscheidungen berücksichtigt, es macht Forschung in Bezug auf Alternativen zur Kohleverstromung notwendig und es hat zudem einen wichtigen symbolischen Charakter, zu bestimmen, welche Technologien in einer treibhausgasneutralen Gesellschaft Zukunft haben und welche nicht.

Hinzukommt, dass es zum jetzigen Zeitpunkt nicht mehr hilfreich ist, darauf zu verweisen, was gewesen wäre, wenn andere Entscheidungen getroffen worden wären. Dass die Beendigung der Kohleverstromung grundsätzlich sinnvoll ist, scheint im Kontext dieses Arguments nicht in Zweifel gezogen zu werden. Die bisherigen politischen Prozesse und Beschlüsse lassen sich nur schwer und mit großen Verlusten rückgängig machen. Es gilt nun konstruktive Debatten darüber zu führen, wie der Kohleausstieg und der Strukturwandel gestaltet werden können.

Nehmen wir an dieser Stelle also ein Szenario eines effektiven Kohleausstiegs an. Das Gebot, aus der Braunkohleverstromung auszusteigen, um dem Klimawandel zu begegnen, gerät hier mit anderen moralischen Geboten in Konflikt. Wie sich im weiteren Verlauf meiner Argumentation noch deutlicher zeigen wird, sind diese Konflikte nicht trivial. Sie sind vor allem nicht allein mit dem Verweis auf den Schutz basaler Rechte, die durch die Konsequenzen des Klimawandels bedroht sind, zu lösen.

---

[89] Siehe dazu den Abschnitt „Versorgungssicherheit" in diesem Kapitel.
[90] Siehe in diesem Zusammenhang auch Abschnitt 6.3.

Diese entstehenden Zielkonflikte möchte ich im weiteren Verlauf dieses Kapitels untersuchen. Dabei ist stets zu beachten, dass sie erst in einem Szenario relevant werden, in dem der Braunkohleausstieg tatsächlich effektiv zum Kampf gegen den Klimawandel beiträgt. Bei der Umsetzung des Kohleausstiegs muss also auf zweierlei geachtet werden: Zum einen muss sichergestellt werden, dass der Ausstieg zu den globalen Anstrengungen der Treibhausgasreduktion beiträgt und zum anderen muss auf nationaler Ebene den entstehenden Zielkonflikten begegnet werden. Ersteres wird Thema des nachfolgenden sechsten Kapitels werden. Bevor ich in diesem Kapitel die entstehenden Zielkonflikte analysiere, möchte ich kurz auf einige Besonderheiten derartiger Konflikte eingehen.

Bei den zu untersuchenden Konflikten handelt es sich nicht um rein moralische Problematiken. Die Unklarheiten, Komplexitäten und Debatten haben keinen ausschließlich ethischen Ursprung, sondern ergeben sich auch aufgrund politischer, wirtschaftlicher und soziologischer Aspekte, die dann wiederum ethisch relevant werden. Neben moralischen sind also auch andere normative Gesichtspunkte zu beachten und zu bewerten.

Im Gegensatz zu anderen moralischen Konflikten ergeben sich die strittigen Situationen gerade daraus, dass wir in gewisser Hinsicht wissen, was zu tun ist. Wir müssen die Braunkohleverstromung beenden, um den Klimawandel einzudämmen. Diese Handlungsabsicht kann aber mit anderen gebotenen Zielvorgaben in Konflikte geraten, beispielsweise damit, Wohlstand und Arbeitsplätze zu erhalten. Obwohl wir also wissen, *was* langfristig erreicht werden muss, wissen wir nicht, *wie* wir dieses Ziel erreichen können, ohne dabei andere wichtige Ziele zu gefährden. Die hier betrachteten normativen Zielkonflikte sind also vor allem Umsetzungsprobleme, die aus verschiedenen normativ relevanten Aspekten heraus entstehen.

Der Vollständigkeit halber sei an dieser Stelle ergänzt, dass Probleme, die derart komplex sind wie der Braunkohleausstieg, in den Gesellschaftswissenschaften auch als „wicked problems" (tückische Probleme) bezeichnet werden. Die Besonderheit dieser Art von Problemen liegt darin, dass eines der Schlüsselelemente zur Lösung des Problems darin besteht, das Problem überhaupt in Gänze zu verstehen. Damit unterscheiden sich wicked problems von Problemen, die klar definiert sind und systematisch gelöst werden können (sogenannte tamed problems sind beispielsweise mathematische Gleichungen).[91] Eine detaillierte

---

[91] Siehe zum Beispiel: Crowley, Kate und Brian W. Head: „The enduring challenge of 'wicked problems': revisiting Rittel and Webber", *Policy Sciences* 50/4 (2017), S. 539–547; Levin, Kelly u. a.: „Overcoming the tragedy of super wicked problems: constraining our future selves to ameliorate global climate change", *Policy Sciences* 45/2 (2012), S. 123–152;

Analyse der Theorien zu wicked problems und die Einbettung des Braunkohleausstiegs in diese Theorien würde an dieser Stelle zu weit führen. Festzuhalten ist, dass es verschiedene Ansätze gibt, komplexe Herausforderungen wie den Braunkohleausstieg zu systematisieren. Letztlich führen aber alle darauf hinaus, dass das Problem an sich inhaltlich genau analysiert werden muss. Dies soll nun im Folgenden weiter verfolgt werden.

Zwischenfazit Klimaschutz

Alles in allem lässt sich also festhalten, dass die Energiewende und der Kohleausstieg nur moralisch gerechtfertigt sein können, wenn sie einen effektiven Beitrag zur Reduzierung der Treibhausgase in der Atmosphäre leisten. In diesem Kapitel habe ich gezeigt, dass das Risiko besteht, dass das Gegenteil eintritt.

Zunächst lässt sich das sogenannte Kohle- oder Energiewendeparadox beobachten. Dies bezeichnet das Phänomen, dass die Treibhausgasemissionen trotz des Ausbaus der erneuerbaren Energien nicht abnehmen. Dafür existieren verschiedene Erklärungsmodelle, die vermutlich alle gemeinsam wirken: Die Eigenarten der erneuerbaren Energien sorgen dafür, dass fossile Back-Up-Kapazitäten notwendig sind. Diskutiert wird, ob dies dauerhaft der Fall sein muss oder ob das Stromsystem nach einer Übergangsphase an diese Eigenarten angepasst sein wird.[92] Hinzukommt, dass der Export von Kohlestrom attraktiv bleibt.

Darüber hinaus habe ich Kritiken an den Zielen der Energiewende dargelegt. Diese sind in den Augen einiger zu unambitioniert oder falsch gesetzt, um einen effektiven Beitrag zum Klimaschutz zu leisten. Zum Beispiel kritisieren einige den Atomausstieg als falsch, da Kernenergie eine verlässliche und emissionsarme Form der Energie darstellt, die die Schwächen der erneuerbaren Energien ausgleichen könnte. Das Ende der Kohleverstromung auf das Jahr 2038 zu datieren ist in den Augen einiger zu spät, andere halten es für zu früh angesetzt. Außerdem wird der zukünftige Strombedarf unterschätzt, während der Ausbau der erneuerbaren Energien verzögert wird. So könnte eine Ökostromlücke entstehen. Allgemein scheint die Gesetzgebung, die den Klimaschutz voranbringen soll, zu unambitioniert und zu sehr durch Lobbygruppen der fossilen Energien beeinflusst.

Szenarien, in denen die Energiewende bzw. der Kohleausstieg keine geeigneten Klimaschutzmaßnahmen darstellen, sind auch aus moralischen Gründen

---

Rittel, Horst W. J. und Melvin M. Webber: „Dilemmas in a General Theory of Planning", *Policy Sciences* 4/2 (1973), S. 155–169.

[92] Siehe in diesem Zusammenhang auch den nächsten Abschnitt „Versorgungssicherheit" in diesem Kapitel.

abzulehnen. Tatsächliche Zielkonflikte ergeben sich also erst, wenn die Energiewende effektiv zur Säule des Klimaschutzes beiträgt. Diese Zielkonflikte möchte
ich nun im Folgenden diskutieren.

Versorgungssicherheit
Bis hierher habe ich gezeigt, dass die Folgen des Klimawandels grundlegende
moralische Rechte bedrohen oder bereits verletzen. Eine weltweite Dekarbonisierung aller Energiesysteme ist also dringend moralisch geboten. Im vorherigen
Abschnitt wurde deutlich, dass die Effektivität von Klimaschutzmaßnahmen
essenziell für ihre moralische Rechtfertigung ist. Im folgenden Teilkapitel möchte
ich auf einen weiteren Aspekt eingehen, der eine zentrale Rolle für die ethische
Abwägung spielt: Eine sichere und verlässliche Energieversorgung ist ebenfalls
notwendig, um grundlegende moralische Rechte zu schützen. Bestrebungen zur
Dekarbonisierung dürfen also nur bedingt zu Lasten der Versorgungssicherheit
geschehen.

In stark industrialisierten Staaten wie Deutschland ist das Funktionieren der
Wirtschaft und damit auch der Gesellschaft zu einem großen Teil von einer
verlässlichen Energieversorgung abhängig. Dies wird auch durch regional und
zeitlich begrenzte Stromausfälle[93] in der Vergangenheit ersichtlich, wie etwa 2005
im Münsterland.[94] Das sogenannte „Münsterländer Schneechaos" bedingte durch
ungewöhnlich starke Schneefälle am 25. November 2005 einen bis zu 6 Tage
andauernden Stromausfall, von dem bis zu 25.000 Menschen betroffen waren.
Um die Nahrungsmittel- und Wärmeversorgung der Menschen zu gewährleisten, mussten zentrale Zufluchtsstellen eingerichtet werden. Insgesamt entstand
ein Schaden von 100 Mio. Euro. Das Handelsblatt resümiert ein Jahr später:

> *„Unternehmen konnten nicht produzieren, in privaten Haushalten wurden die Kühl-
> schränke warm, Fütterungsanlagen von Bauern gaben ihren Geist auf."*[95]

---

[93] Eine gesicherte Energieversorgung besteht ebenfalls aus einer adäquaten Wärme- und
Treibstoffversorgung. Da Braunkohle aber vor allem zur Generierung von Strom genutzt
wird, werde ich mich im Folgenden vor allem mit der Frage nach einer ausreichenden Stromversorgung beschäftigen. Im Kontext der Energiewende ist diese Frage außerdem zentral, da
auch die Sektoren Wärme und Verkehr elektrifiziert werden sollen.

[94] Vgl., Spiegel Panorama: „25.000 Menschen droht vierte Nacht ohne Strom", 28.11.2005,
https://www.spiegel.de/panorama/stromchaos-im-muensterland-25-000-menschen-droht-vie
rte-nacht-ohne-strom-a-387234.html (zugegriffen am 23.02.2022).

[95] Kammler, Sara: „Lehren aus dem Schnee-Desaster", *Handelsblatt*, 25.11.2006, https://
www.handelsblatt.com/unternehmen/industrie/ein-jahr-nach-dem-stromausfall-im-muenst
erland-lehren-aus-dem-schnee-desaster/2737478.html?ticket=ST-2625498-BahI3LELAe3g
JKiweCrm-ap6 (zugegriffen am 23.02.2022); Siehe auch: Loy, Johannes: „Als die spröden

Längerfristige und großflächigere Ausfälle können in einer Katastrophe enden, wenn beispielsweise das Gesundheitssystem oder die Nahrungsmittelversorgung komplett zusammenbricht. So heißt es in der Einleitung eines Berichts des Ausschusses für Bildung, Forschung und Technikfolgenabschätzung:

> *„Aufgrund der nahezu vollständigen Durchdringung der Lebens- und Arbeitswelt mit elektrisch betriebenen Geräten würden sich die Folgen eines langandauernden und großflächigen Stromausfalls zu einer Schadenslage von besonderer Qualität summieren. Betroffen wären alle Kritischen Infrastrukturen, und ein Kollaps der gesamten Gesellschaft wäre kaum zu verhindern."*[96]

Hier wird deutlich, dass, bezogen auf die Theorie Gewirths, unmittelbar während eines längeren Stromausfalls vor allem Elementargüter betroffen sind. Wenn beispielsweise die Nahrungsmittel- und Gesundheitsversorgung nicht mehr aufrechterhalten werden kann, sind die betroffenen Menschen in ihrem grundlegenden Recht auf körperliche Unversehrtheit verletzt. Festzuhalten und zu betonen ist an dieser Stelle also, dass großflächige und langanhaltende Stromausfälle die gleiche Art von Rechten gefährden wie die Konsequenzen des Klimawandels.

Wenn darüber hinaus das Vertrauen in eine verlässliche Energieversorgung schwindet, wenn Stromausfälle oder andersartige Engpässe also nicht mehr als seltene und besondere Zustände, sondern als standardmäßig wahrgenommen werden, dann sind, der Theorie Gewirths folgend, zusätzlich Güter zweiter Ordnung betroffen: Nichtverminderungsgüter, weil drohende Engpässe in der Energieversorgung zu Unruhen, Ängsten und Verunsicherungen in der Bevölkerung führen können, eine verlässliche Zukunftsplanung und der Erhalt der bisher erreichten Lebensstandards sind dann unter Umständen schwer aufrechtzuerhalten. Darüber hinaus sind Zuwachsgüter betroffen, da beispielsweise viele Industrien und somit Arbeitsplätze von einer sicheren Energieversorgung abhängen.

Gleichzeitig ist aber auch noch einmal zu betonen, dass diese Güter ebenfalls durch die Konsequenzen des Klimawandels gefährdet sind. Hier muss auf die

---

Masten brachen: Die große Chronik", *Westfälische Nachrichten*, 23.11.2015, https://www. wn.de/specials/schneechaos-2005/als-die-sproden-masten-brachen-die-grosse-chronik-176 5742 (zugegriffen am 13.01.2022); Deutschländer, T. und B. Wichura: „Das Münsterländer Schneechaos am 1. Adventswochenende 2005", Deutscher Wetterdienst, 2005.

[96] Deutscher Bundestag: „Bericht des Ausschusses für Bildung, Forschung und Technikfolgenabschätzung (18. Ausschuss) gemäß § 56a der Geschäftsordnung Technikfolgenabschätzung (TA) TA-Projekt: Gefährdung und Verletzbarkeit moderner Gesellschaften – am Beispiel eines großräumigen und langandauernden Ausfalls der Stromversorgung", 27.04.2011, S. 4.

Prinzipien der Hierarchisierung Gewirths verwiesen werden, wonach es gerechtfertigt ist, Nichtverminderungs- und Zuwachsgüter zugunsten der Elementargüter zumindest zeitweise zurückzustellen.[97] Wichtig zu betonen ist aber, dass durch eine unsichere Energieversorgung in industrialisierten Gesellschaften vor allem auch Elementargüter gefährdet sein können.

Die Frage, die sich nun stellt, ist, ob mit der Energiewende und dem Kohleausstieg tatsächlich ein Risiko derartiger Versorgungslücken einhergeht. Im Kontext dieser Debatte sind zwei Lager identifizierbar. Einige Expert:innen gehen davon aus, dass eine Energieversorgung, die zu 100 % auf erneuerbaren Energiequellen basiert, möglich, sicher und bezahlbar ist (im Folgenden *100 % EE-Lager*). Andere sind aus verschiedenen Gründen diesbezüglich skeptisch und plädieren für eine Absicherung durch nicht-regenerative Energiequellen wie beispielsweise die Kernenergie (im Folgenden *Absicherungs-Lager*).

Obwohl es in Deutschland seit Jahren keine flächendeckenden Stromausfälle mehr gegeben hat,[98] befürchten Vertreter:innen des Absicherungs-Lagers also, dass die Energiewende genau diese Gefahr erhöhen wird.[99] Hans-Werner Sinn argumentiert in diesem Zusammenhang, dass die erwartbare Stromlücke zwar praktisch vermutlich nicht zu größeren Stromausfällen führt, jedoch dazu, dass der Import-Bedarf in Deutschland wächst und Strom somit teurer und – durch die Abhängigkeit von Drittstaaten – unsicherer[100] wird.[101]

---

[97] Siehe hierzu Kapitel 1 „Hierarchisierung moralischer Rechte" dieser Arbeit.

[98] Vgl., Flauger, Jürgen: „Das Stromnetz ist so ausfallsicher wie noch nie – trotz Energiewende", *Handelsblatt*, 22.10.2020, https://www.handelsblatt.com/unternehmen/energie/bilanz-der-bundesnetzagentur-das-stromnetz-ist-so-ausfallsicher-wie-noch-nie-trotz-energiewende/26297992.html?ticket=ST-6559524-WacGw7PAOJgxwUG7Q5AV-ap2 (zugegriffen am 23.02.2022).

[99] Siehe zum Beispiel: Huber, Peter: „Wirtschaftsfaktor Stromausfall: Wenn es dunkel wird", *Die Presse*, 11.05.2011, https://www.diepresse.com/660601/wirtschaftsfaktor-stromausfall-wenn-es-dunkel-wird (zugegriffen am 23.02.2022); Petersdorff, Winand von: „Der große Stromausfall kommt", *Frankfurter Allgemeine Zeitung*, 28.02.2011, https://www.faz.net/aktuell/wirtschaft/wirtschaftspolitik/netzueberlastung-der-grosse-stromausfall-kommt-1592887.html (zugegriffen am 24.02.2022).

[100] Sinn argumentiert, dass der zu importierende Strom hauptsächlich aus Atomstrom bestehen wird und dass Kernkraftwerke, die im Ausland betrieben werden im Zweifel geringeren Sicherheitsstandards genügen müssen.

[101] Vgl., Sinn, Hans-Werner: Das Grüne Paradoxon. Plädoyer für eine illusionsfreie Klimapolitik, Sargans, Schweiz: Weltbuch 2020, S. 294–320; Siehe auch: Monyei u. a.: „Justice, poverty, and electricity decarbonization", S. 48.

Der Grund für diese Sorgen ist, dass die nachhaltige Energieversorgung in Deutschland in Zukunft vor allem durch Windkraft und Solarenergie gewährleistet werden soll. Diese Energiequellen weisen jedoch, wie oben bereits erwähnt, einige Eigenschaften auf, die sie zunächst im Vergleich zu fossilen und nuklearen Alternativen nachteilig erscheinen lassen. Zum einen generieren sie nicht jederzeit beliebig viel Energie. Wenn die Sonne nicht scheint und der Wind nicht weht, wird auch kein Strom durch Windkraft- oder Photovoltaikanlagen zur Verfügung gestellt. Dies wird als Volatilität bezeichnet. Zum anderen weisen erneuerbare Energien eine geringere Leistungsdichte[102] auf als fossile und nukleare. Das bedeutet, dass entsprechend mehr Raum für die Energiegewinnung benötigt wird bzw. mit dem zur Verfügung stehenden Platz eben keine zuverlässige Energiegewinnung gewährleistet werden kann.

An dieser Stelle sollte festgehalten werden, dass Solarenergie und Windkraft nicht die einzigen erneuerbaren Energien sind. Biomasse, Wasserkraft und Geothermie werden ebenfalls zu den regenerativen Energieformen gezählt.[103] In Deutschland liegt der Fokus auf der Solar- und Windkraft, da der Ausbau dieser Technologien in Relation zu anderen regenerativen Energiequellen am kostengünstigsten bewerkstelligt werden kann.[104]

Den Einwänden und Befürchtungen des Absicherungs-Lagers steht die Argumentation des 100 % EE-Lagers gegenüber. Vertreter:innen dieser Position verweisen darauf, dass eine Vollversorgung durch erneuerbare Energien theoretisch möglich sei und dass diese aufgrund ökologischer, klimatischer und wirtschaftlicher Aspekte zu präferieren sei. Dafür müsse jedoch die Energieversorgung und das Nutzungsverhalten systematisch verändert werden.[105]

Im Folgenden werde ich auf die nun zusammengetragenen Aspekte, die mit der Versorgungssicherheit konfligieren können, genauer eingehen. Dabei werde ich die bisher nur skizzierten unterschiedlichen Positionen in Bezug auf verschiedene Aspekte gegenüberstellen. Der Anspruch, die Debatte hier abschließend

---

[102] Für eine genau Definition dieses Begriffs siehe den Abschnitt „Leistungsdichte" in diesem Kapitel.

[103] Vgl., Bundesministerium für Wirtschaft und Klimaschutz (BMWK): „Technologien", *Informationsportal Erneuerbare Energien*, ohne Datum, https://www.erneuerbare-energien. de/EE/Navigation/DE/Technologien/technologien.html (zugegriffen am 21.02.2022).

[104] Vgl., Bundesministerium für Wirtschaft und Klimaschutz (BMWK): „Solarenergie", ohne Datum, https://www.erneuerbare-energien.de/EE/Navigation/DE/Technologien/Solarenergie-Photovoltaik/solarenergie-photovoltaik.html (zugegriffen am 24.02.2022).

[105] Für Referenzen zu diesem Argumentationsstrang siehe die entsprechenden Verweise im weiteren Verlauf dieses Kapitels.

zu klären, wäre vermessen. Ich möchte stattdessen eine ethische Bewertung der gegebenen Situation vornehmen.

Volatilität und fehlende Grundlastfähigkeit
Ein entscheidender Unterschied zwischen fossilen und erneuerbaren Energiequellen ist der, dass letztere nicht grundlastfähig sind. Als Grundlast wird die Strommenge bezeichnet, die jederzeit mindestens zur Verfügung stehen muss, da die Nachfrage niemals unter diesen Wert sinkt. Die Grundlast muss also jederzeit im Netz verfügbar sein.[106] Dementsprechend wird die Grundlastfähigkeit als Fähigkeit von Kraftwerken bezeichnet, dieses Nachfrageminimum zuverlässig bereitzustellen. Das allzeit zur Verfügung stehende Minimum wird regelmäßig und absehbar überschritten. Dieser Strombedarf, der meist im Zuge alltäglicher Tagesabläufe auftritt, wird als Mittellast bezeichnet.[107] Darüber hinaus können einzelne Belastungsspitzen auftreten, wenn der Strombedarf überdurchschnittlich hoch ist.[108]

Im bisherigen Stromsystem wurden vor allem Braunkohlekraftwerke als Grundlastkraftwerke verwendet, da sie günstige Energie generieren, aber schwer regelbar sind. Das heißt, dass es zu aufwendig und zu teuer ist, diese Kraftwerke je nach Bedarf hoch- und runterzufahren. Also wurden sie bisher permanent betrieben und haben so die konstante Nachfrage nach Energie kostengünstig befriedigt.[109] Da im Zuge der Energiewende die grundlastfähigen Braunkohlekraftwerke nach und nach abgeschaltet werden, stellt sich also die Frage, ob erneuerbare Energien diese Funktion kompensieren können.

Problematisch in diesem Zusammenhang ist die oben bereits erwähnte Volatilität von Solar- und Photovoltaikenergie und der damit einhergehende Umstand, dass der Strom nicht unbedingt dann zur Verfügung steht, wenn er gebraucht wird. Strom kann also zunächst nicht mehr *nachfrageorientiert* zur Verfügung

---

[106] Vgl., Grünwald, Reinhard u. a.: „Regenerative Energieträger zur Sicherung der Grundlast in der Stromversorgung", Büro für Technikfolgen-Abschätzung beim deutschen Bundestag (TAB), 2012, S. 29; RP-Energie-Lexikon: „Grundlast", ohne Datum, https://www.energie-lexikon.info/grundlast.html (zugegriffen am 21.02.2022).

[107] Vgl., RP-Energie-Lexikon: „Mittellast", ohne Datum, https://www.energie-lexikon.info/mittellast.html (zugegriffen am 21.02.2022).

[108] Vgl., RP-Energie-Lexikon: „Spitzenlast", ohne Datum, https://www.energie-lexikon.info/spitzenlast.html (zugegriffen am 22.02.2022).

[109] Vgl., Quaschning, Volker: „Grundlastkraftwerke: Krücke oder Brücke?", *Sonne Wind & Wärme* (05.2010), S. 10–15; Umweltbundesamt: „Kraftwerke: konventionelle und erneuerbare Energieträger", 17.01.2022, https://www.umweltbundesamt.de/daten/energie/kraftwerke-konventionelle-erneuerbare#kraftwerkstandorte-in-deutschland (zugegriffen am 23.02.2022).

gestellt werden.[110] Wenn es sonnig und/oder windig ist, steht sehr viel Strom zur Verfügung, auch wenn der Bedarf gering ist (bspw. in einer stürmischen Nacht). Gleichzeitig kann trotz hoher Nachfrage wenig Strom verfügbar sein, wenn es dunkel und windstill ist. Laut einer Studie von McKinsey gehen Übertragungsnetzbetreiber davon aus, dass der Kohle- und Atomausstieg bis 2023 zu einer fehlenden gesicherten Leistung von 16,6 GW führen wird.[111]

Benjamin Heard und Kollegen haben in einem 2017 erschienenen Aufsatz, 24 Studien untersucht, die für die Machbarkeit einer zu 100 % auf erneuerbaren Energien basierende Elektrizitätsversorgung plädieren. Heard et al kommen zu dem Ergebnis, dass die meisten dieser Studien nicht den, von ihnen definierten, Kriterien der Machbarkeit („feasibility"[112]) genügen.[113]

Um zu zeigen, dass eine Elektrizitätsversorgung, die vollständig auf Basis erneuerbarer Energien erfolgt, als machbar eingestuft wird, müssen laut Heard et al folgende Bedingungen erfüllt sein.

1) In den Studien müssen realistische Annahmen zur Nachfrage nach Elektrizität getroffen werden. Die Autor:innen betonen in diesem Zusammenhang, dass diese Nachfrage steigen wird und dass Studien, die gegenteilige Annahmen treffen als unrealistisch einzustufen sind.[114]
2) Die Untersuchungen müssen aufzeigen, wie und dass der generierte Strom über bestimmte Zeitintervalle zuverlässig an die sich ständig verändernde Nachfrage angepasst werden kann. Hierbei muss auch die Möglichkeit von Extremereignisse und außergewöhnlichen klimatischen Bedingungen berücksichtigt werden.[115]
3) Die notwendigen Übertragungs- und Verteilungsinfrastrukturen müssen untersucht werden.[116]

---

[110] Vgl., Ueckerdt, Falko und Ruud Kempener: „From Baseload to Peak: Renewables Provide a Reliable Solution", International Renewable Energy Agency (IRENA), 2015, S. 5.

[111] Vgl., Vahlenkamp, Thomas u. a.: „Energiewende am Scheideweg", *Energiewirtschaftliche Tagesfragen* (04.09.2019), S. 17–22, hier S. 4.

[112] Machbarkeit definieren Heard et al als das physikalisch Mögliche. Dabei wird noch nicht untersucht, ob dies auch realistisch unter Berücksichtigung wirtschaftlicher oder gesellschaftlicher Aspekte ist (feasibility vs. viability). Vgl., Heard, B. P. u. a.: „Burden of proof: A comprehensive review of the feasibility of 100 % renewable-electricity systems", *Renewable and Sustainable Energy Reviews* 76 (2017), S. 1122–1133, hier S. 1123.

[113] Vgl., ebd., S. 1125.

[114] Vgl., ebd., S. 1123/ 1124.

[115] Vgl., ebd., S. 1124.

[116] Vgl., ebd., S. 1124/ 1125.

4) Außerdem sollte in den Studien die Relevanz von Spannungs- und Frequenz-
überwachung in den Netzen berücksichtigt werden.[117]

Heard et al kommen schließlich zu dem Ergebnis, dass keine der Studien all
diesen Kriterien genügt. Vor allem kritisieren sie, dass in den meisten Studien
nicht auf die notwendige Netzinfrastruktur der neuartigen Systeme eingegangen
wird, genauso wenig wie ausreichende Lastflussberechnungen aufgestellt werden.
Dies erachten die Autor:innen als besonders problematisch aufgrund der Volatilität der präferierten Energiequellen und der damit einhergehenden fehlenden
Grundlastfähigkeit bzw. der Notwendigkeit der vollständigen Regelbarkeit – also
der Notwendigkeit, die Produktion der einzelnen Kraftwerke durch Hoch- oder
Runterfahren an die Stromnachfrage anzupassen.[118]

Ein weiterer problematischer Aspekt, den die Autor:innen identifizieren,
besteht in der Annahme einiger Studien, dass die Nachfrage nach Primärenergie
sinken wird. Dies erachten Heard et al vor dem Hintergrund des andauernden Bevölkerungswachstums und der notwendigen wirtschaftlichen Entwicklung
armer Länder, um die extreme Armut zu überwinden, als unrealistisch.[119] Weiterhin stellen die Autor:innen fest, dass in vielen der untersuchten Studien
Technologien (Speichertechnologien, aber auch Technologien der Elektrizitäts-
gewinnung wie Gezeitenenergie oder Geothermie) verwendet werden, die heute
noch nicht großflächig einsatzbereit sind. Es ist daher fraglich, ob diese in
Zukunft so verwendet werden können, wie es in den untersuchten Studien
angenommen wird.[120]

Im Allgemeinen kritisieren Heard et al, dass emissionsarme Technologien,
die eine verlässliche und gleichzeitig emissionsarme Stromversorgung garantieren könnten, in den Studien von vornherein ausgeschlossen werden und verweisen
in diesem Zusammenhang explizit auf die Kernenergie sowie CCS-Technologien.
Sie argumentieren, dass ein solcher Ausschluss bestimmter Technologien vor dem
Hintergrund der Dringlichkeit des Problems des Klimawandels und anderer globaler Herausforderungen wie der extremen Armut eine sehr starke Annahme
darstellt und die Beweispflicht der Zulässigkeit dieses Ausschlusses auf Seiten
derer liegt, die diese Annahme treffen.[121]

---

[117] Vgl., ebd., S. 1125.

[118] Vgl., ebd., S. 1124, S. 1126/ 1127, S. 1129.

[119] Vgl., ebd., S. 1125/ 1126, S. 1128.

[120] Vgl., ebd., S. 1126/ 1127, S. 1128.

[121] Vgl., ebd. S. 1123.

Den von vielen Befürworter:innen einer 100 %igen erneuerbaren Strom-
versorgung angestrebten Paradigmenwechsel in Bezug auf die menschliche
Energieversorgung halten Heard et al für riskant.[122] Es sei unklar, ob ein solches
Vorhaben funktionieren kann. Sie schreiben:

> *„Our sobering results show that a 100% renewable electricity supply would, at the
> very least, demand a reinvention of the entire electricity supply-and-demand system to
> enable renewable supplies to approach the reliability of current systems. This would
> move humanity away from known, understood and operationally successful systems
> into uncertain futures with many dependencies for success and unanswered challenges
> in basic feasibility."*[123]

Und etwas später:

> *„The reality is that 100% renewable electricity systems do not satisfy many of
> the characteristics of an urgent response to climate change: highest certainty and
> lowest risk-of-failure pathways, safeguarding human development outcomes, having
> the potential for high consensus and low resistance, and giving the most benefit at the
> lowest cost."*[124]

Demgegenüber steht die Argumentation, dass das Konzept der Grundlast im
zukünftigen System überholt sein wird. Das soll nicht heißen, dass keine Grundlast mehr nachgefragt wird, sondern dass sich die Art und Weise, wie das System
dieser Nachfrage nachkommt, grundsätzlich ändern wird.

Falko Ueckerdt und Ruud Kempener stellen in einem gemeinsamen Bericht
für die Internationale Organisation für erneuerbare Energien (IRENA) dementsprechend fest:

> *„Providing baseload power with a single plant should not been seen as an end in
> itself."*[125]

Vertreter:innen dieser These visieren eine komplette Transformation des Stromsystems an, das durch die Kombination dezentraler, kleiner Anlagen, Smart-Grids

---

[122] Vgl., ebd., S., 1128.

[123] Ebd., S. 1130.

[124] Ebd., S. 1130.

[125] Ueckerdt/Kempener: „From Baseload to Peak: Renewables Provide a Reliable Solution",
S. 6.

und Speichermöglichkeiten jederzeit ausreichend Strom zur Verfügung stellen kann. Dezidierte Grundlastkraftwerke sind dann überflüssig.[126]

Mario Kendziorski und Kollegen verweisen in einer Studie des Deutschen Instituts für Wirtschaftsforschung (DIW) in diesem Zusammenhang darauf, dass im Zuge der Ausgestaltung eines regenerativen Energiesystems vor allem Dezentralität angestrebt werden sollte. Den Ausbau der erneuerbaren Energien dort voranzutreiben, wo der Bedarf – und nicht unbedingt der Ertrag – hoch ist, führe zu weniger Netzengpässen und weniger Netzausbaubedarf. Da ein dezentraler Ansatz laut den Autor:innen Kosten minimieren kann und die Energieerzeugung nicht länger in der Verantwortung weniger Großunternehmer:innen, sondern in Bürger:innen-Hand liegt, kann so außerdem die Akzeptanz für die Energiewende gesteigert werden.[127]

Während Heard et al also einen grundlegenden Paradigmenwechsel gerade auch aus gesellschaftlicher Sicht für problematisch einschätzen, sehen Kandziorski et al hier eine Chance, die Akzeptanz zu steigern. Letztlich ist dies eine empirische Frage, die erst nach der Einführung eines neuartigen Energiesystems abschließend beantwortet werden kann. Ich möchte an dieser Stelle trotzdem dafür argumentieren, dass einiges für den eher pessimistischen Ansatz von Heard et al spricht. Bereits heute lassen sich starke regionale Proteste gegen beispielsweise den Bau von Windparks beobachten. Viele Menschen sind der Energiewende zwar grundsätzlich positiv gegenüber eingestellt, wenn Ausbauprojekte jedoch direkt in ihrer näheren Umgebung realisiert werden, lehnen sie diese oftmals ab.[128] Ein dezentraler Ansatz wie ihn Kendziorski et al anstreben, würde bedeuten, dass sehr viele Regionen und Menschen mit dem Bau von erneuerbaren

---

[126] Vgl., Grünwald u. a.: „Regenerative Energieträger zur Sicherung der Grundlast in der Stromversorgung"; McMahon, Jeff: „,Baseload Is Poison' And 5 Other Lessons From Germany's Energy Transition", *Forbes*, 10.06.2018, https://www.forbes.com/sites/jeffmc mahon/2018/06/10/baseload-is-poison-and-5-other-lessons-from-germanys-energy-transi tion/?sh=63ee556a6f88 (zugegriffen am 23.02.2022); Sterchele, Philip u. a.: „Wege zu einem klimaneutralen Energiesystem. Die deutsche Energiewende im Kontext gesellschaftlicher Verhaltensweisen", Freiburg: Fraunhofer-Institut für Solare Energiesysteme ISE, 2020, S. 30; Deutsches Klima Konsortium: „Auch ohne Kohle und Atom ist die Grundlast-Energieversorgung gesichert", ohne Datum, https://www.deutsches-klima-konsortium.de/de/klima-debatten/8-grundlast.html (zugegriffen am 23.02.2022).

[127] Vgl., Kendziorski, Mario u. a.: „100 % erneuerbare Energie für Deutschland unter besonderer Berücksichtigung von Dezentralität und räumlicher Verbrauchsnähe: Potenziale, Szenarien und Auswirkungen auf Netzinfrastrukturen", Berlin: Deutsches Institut für Wirtschaftsforschung (DIW), 2021, S. 29–31.

[128] Siehe in diesem Zusammenhang auch Abschnitt 5.3 „Wahrnehmung der Energiewende in der Gesellschaft" dieser Arbeit.

Energien-Anlagen konfrontiert wären. Aktuelle gesellschaftliche Beobachtungen lassen eher darauf schließen, dass dies zu Protesten und Widerständen führen würde, die das Vorhaben zumindest zeitlich sehr verzögern würden. Dass ein alternatives System kostenintensiver wäre und Großunternehmer:innen begünstigen würde, wäre dann in der gegebenen Situation wahrscheinlich wenig greifbar und somit auch wenig überzeugend.[129]

In diesen und ähnlichen Studien wird also für ein Energiesystem argumentiert, das vollständig auf erneuerbaren Energien basiert und nicht länger durch zentrale, grundlastfähige Großkraftwerke geprägt ist. Ein derartig transformiertes Energiesystem wird zum einen durch die Speicherung von elektrischer Energie bestimmt. In Phasen, in denen mehr Strom zur Verfügung steht als nachgefragt wird, ist es theoretisch machbar, den Überschuss zu speichern, um ihn in Phasen, in denen die Nachfrage das Angebot übersteigt, zu verwenden.[130] Zum anderen ist es Teil des angestrebten Paradigmenwechsels, dass die Nachfrage nach Strom flexibilisiert wird. Eine Option in diesem Zusammenhang besteht darin, durch Smart-Grids (intelligente Stromnetze) die Nachfrage nach Strom besser an das Angebot anzupassen. Beispielsweise könnten Haushaltsgeräte so programmiert werden, dass sie, sofern dies ohne Einschränkungen für die Verbraucher:innen möglich ist, ihre Funktionen an den zur Verfügung stehenden Strom anpassen. Ein Beispiel wäre eine Waschmaschine, die ihr Programm genau dann startet, wenn viel Strom zur Verfügung steht. Ähnliches ist auch in Bezug auf E-Autos oder einige Industrieprozesse realisierbar.[131] Eine weitere Flexibilisierungsmaßnahme stellt die sogenannte Sektorenkopplung dar. Damit wird das Vorhaben bezeichnet, die Sektoren Wärme und Verkehr zu elektrifizieren, sie also mit dem Stromsektor zu verknüpfen. Einerseits sollen diese beiden Bereiche so leichter dekarbonisiert werden, andererseits bietet diese Methode auch die Möglichkeit, die Stromversorgung effizienter zu gestalten.[132] Aus dieser Effizienzsteigerung

---

[129] Wie komplex das Thema der Akzeptanz in Bezug auf den Ausbau der Windkraft ist zeigt zum Beispiel: Wolsink, Maarten: „Planning of renewables schemes: Deliberative and fair decision-making on landscape issues instead of reproachful accusations of non-cooperation", *Energy Policy* 35/5 (2007), S. 2692–2704.

[130] Zur Speicherung von Strom siehe den entsprechenden Abschnitt weiter unten.

[131] Vgl., Ministerium für Umwelt, Klima und Energiewirtschaft Baden-Württemberg: „Lastmanagement: intelligent verbrauchen, flexibel produzieren", ohne Datum, https://ene rgiewende.baden-wuerttemberg.de/themen/netze/lastmanagement-intelligent-verbrauchen-flexibel-produzieren (zugegriffen am 21.02.2022); RP-Energie-Lexikon: „Lastmanagement", ohne Datum, https://www.energie-lexikon.info/lastmanagement.html (zugegriffen am 21.02.2022).

[132] Zur Flexibilisierung der Nachfrage siehe den entsprechenden Abschnitt weiter unten.

schlussfolgern Vertreter:innen des 100 % EE-Lagers, dass der Primärenergie-verbrauch perspektivisch sinkt.[133] Dies deckt sich nicht mit den Erkenntnissen der Internationalen Energieagentur (IEA). Diese diskutiert im World Energy Out-look 2021 drei verschiedene Szenarien: das *Stated Policies* Szenario (STEPS), das *Announced Pledges* Szenario (APS) und das *Net Zero Emissions* Szenario (NZE). Ersteres untersucht energiebezogene Entwicklungen unter den aktuell gegebenen politischen Verhältnissen, zweiteres untersucht selbiges unter der Voraussetzung, dass klimapolitische Versprechungen eingehalten werden und letzteres geht davon aus, dass die Klimaneutralität bis 2050 erreicht wird.[134] Lediglich im NZE Sze-nario geht die Nachfrage nach Energie zurück, allerdings wird in diesem Szenario von der Nutzung von Kernenergie ausgegangen.[135]

Diese Lösungsmöglichkeiten für das Problem der fehlenden Grundlastfähig-keit erneuerbarer Energien sind aktuell technisch teilweise noch nicht ausge-reift.[136] Die Annahme ihrer großflächigen Nutzung heutzutage in Modelle zu integrieren, ist im besten Fall optimistisch, im schlimmsten Fall spekulativ und führt insgesamt dazu, dass die Argumentationen wenig verlässlich sind.[137]

Ein weiterer Aspekt, der hier Erwähnung finden sollte, ist der, dass Bemü-hungen zur Dekarbonisierung weltweit stattfinden müssen, um den Klimawandel effektiv zu bekämpfen. In vielen armen Teilen der Welt steht jedoch nicht die Frage nach der Transformation von Energiesystemen im Vordergrund, vielmehr muss hier eine ausreichende Versorgung mit Energie zunächst einmal hergestellt werden. Das drängendste Problem für die Menschen in diesen armen Staaten ist die extreme Armut, die dort vorherrscht, dessen Lösung, allen Erfahrungen nach, die die Menschheit im Zuge der Industrialisierung gesammelt hat, in wirt-schaftlicher Entwicklung besteht. Bisher hat sich noch kein Staat dieser Erde auf Basis einer vollständig regenerativen Energieversorgung wirtschaftlich aus extremer Armut hinaus entwickelt und es bleibt fraglich, ob dies möglich sein wird.[138]

---

[133] Vgl., Sterchele u. a.: „Wege zu einem klimaneutralen Energiesystem. Die deutsche Ener-giewende im Kontext gesellschaftlicher Verhaltensweisen", S. 22.

[134] Vgl., International Energy Agency (IEA): „World Energy Outlook 2021", 2021, S. 27.

[135] Vgl., ebd., S. 39, S. 180–182.

[136] Siehe in diesem Zusammenhang auch die Diskussion zu Wasserstoff in Abschnitt 6.2 dieser Arbeit, siehe auch die Abschnitte „Speicherung" und „Transport, Handel, Flexibili-sierung" in diesem Kapitel.

[137] Vgl., Heard u. a.: „Burden of proof: A comprehensive review of the feasibility of 100 % renewable-electricity systems".

[138] Vgl., Egli, Florian, Bjarne Steffen und Tobias S. Schmidt: „Bias in energy system models with uniform cost of capital assumption", *Nature Communications* 10/1 (2019), S. 1–3;

Andere Vertreter:innen des 100 % EE-Lagers argumentieren, dass kein dramatischer Paradigmenwechsel stattfinden muss. Vielmehr existieren erneuerbare Energiequellen, die ebenfalls grundlastfähig sind. Zu nennen sind hier Wasserkraft, Biomasse, Geothermie und konzentrierte Solarenergie.[139]

In Bezug auf diese Energiequellen sind jedoch auch jeweils differenzierte Anmerkungen zu machen. Wasserkraft steht in der Kritik, hohe Umweltbelastungen mit sich zu bringen und insbesondere für betroffene Fischbestände schädlich zu sein. In Deutschland ist das Potential der Wasserkraft außerdem bereits weitestgehend ausgeschöpft.[140] Die Beurteilung der Nutzung von Biomasse ist komplex aufgrund der unterschiedlichen einsetzbaren Rohstoffe. Die Energiegewinnung pauschal als nachhaltig einzustufen ist dementsprechend nicht sinnvoll. Weiterhin ist die sogenannte „Teller oder Tank"-Problematik aus ethischer Sicht relevant. Diese bezieht sich darauf, dass die Nutzung von Anbauflächen für Bioenergie in direktem Konflikt mit der Nutzung dieser Flächen für die Nahrungsmittelgewinnung stehen kann. Wenn der Anbau von Rohstoffen für die Generierung von Bioenergie dazu führt, dass die Hunger-Problematik in armen Teilen der Welt verschärft wird, stellt dies keine moralisch akzeptable Form der

---

Heard u. a.: „Burden of proof: A comprehensive review of the feasibility of 100 % renewable-electricity systems"; Für Positionen, die dies für machbar halten siehe beispielhaft: Diesendorf, Mark und Ben Elliston: „The feasibility of 100 % renewable electricity systems: A response to critics", *Renewable and Sustainable Energy Reviews* 93 (2018), S. 318–330; Jacobson, Mark Z. u. a.: „100 % Clean and Renewable Wind, Water, and Sunlight All-Sector ENergy Roadmaps for 139 Countries of the World", *Joule* 1 (2017), S. 108–121; Löffler, Konstantin u. a.: „Designing a Model for the Global Energy System – GENeSYS-MOD: An Application of the Open-Source Energy Modeling System (OSeMOSYS)", *Energies* 10/10 (2017), S. 1–28.

[139] Vgl., Matek, Benjamin und Karl Gawell: „The Benefits of Baseload Renewables: A Misunderstood Energy Technology", *The Electricity Journal* 28/2 (2015), S. 101–112; Ueckerdt/Kempener: „From Baseload to Peak: Renewables Provide a Reliable Solution", S. 7.Als konzentrierte Solarthermie (englisch: Concentrated Solar Power (CSP)) wird eine neben der Photovoltaik-Technik weitere Möglichkeit bezeichnet, aus Solarenergie Strom zu erzeugen. Dabei werden die Sonnenstrahlen durch Spiegel gebündelt, so wird über die Wärmenutzung Strom erzeugt. Vgl., Regenerative Zukunft: „Konzentrierte Solarthermie", ohne Datum, http://www.regenerative-zukunft.de/joomla/erneuerbare-energien-menu/solart hermie-csp (zugegriffen am 25.02.2022).

[140] Vgl., Lewicki, Pawel: „Energie aus Wasserkraft", *Umweltbundesamt*, 27.11.2014, https://www.umweltbundesamt.de/themen/klima-energie/erneuerbare-energien/energie-aus-wasser kraft (zugegriffen am 23.02.2022).

Energiegenerierung dar.[141] Die Geothermie bietet zwar große Potentiale, sie ist jedoch noch nicht großflächig im Einsatz und somit noch nicht erprobt. Ein Risiko stellen in diesem Zusammenhang vor allem Bohrungen dar, die Erdbeben auslösen können.[142] Solarthermie kann vor allem in sehr sonnenreichen Gebieten der Erde wettbewerbsfähig betrieben werden. Ein Beitrag zur deutschen Stromversorgung ist in diesem Zusammenhang zwar auch mittels Importen denkbar. Hier gestalten sich jedoch der notwendige Netzausbau und die Kooperation mit eher fragilen afrikanischen Staaten als schwierig.[143]

In Bezug auf den Kohleausstieg stellt sich nun die Frage, ob Braunkohlekraftwerke zum aktuellen Stand noch als Grundlastkraftwerke gebraucht werden, um eine zuverlässige Minimalversorgung mit Strom zu garantieren. Wenn die Vertreter:innen des 100 % EE-Lagers, die für eine grundlegende Transformation des Energiesystems plädieren, richtig liegen, dann werden Grundlastkraftwerke nicht mehr gebraucht und insbesondere Braunkohlekraftwerke sind dann kein sinnvoller Teil des Energiesystems mehr. Wenn das Absicherungs-Lager Recht behält, dann stellt sich trotzdem die Frage, ob die Braunkohleverstromung tatsächlich die geeignetste Art der Energiegenerierung zur Befriedigung der Grundlast-Nachfrage darstellt oder ob in einem solchen Fall nicht auf weniger treibhausgasintensive Alternativen wie Gas oder Kernenergie zurückgegriffen werden sollte.

Diese Fragen werden immer noch kontrovers diskutiert. Sollten Braunkohlekraftwerke tatsächlich essenziell für eine gesicherte Energieversorgung sein, dann muss *vor dem Ausstieg* sichergestellt werden, dass diese Funktion durch andere Techniken ausreichend kompensiert werden kann. Ein Experimentieren mit einer sicheren Energieversorgung sollte aufgrund der gravierenden Konsequenzen in Bezug auf Güter des Wohlergehens vermieden werden. Die Debatte in diesem Zusammenhang muss schnellstmöglich abschließend geklärt werden. Der Braunkohleausstieg ist aber in diesem Zusammenhang erst dann unvertretbar, wenn Braunkohlekraftwerke die einzige Option sind, eine gesicherte Energieversorgung zu garantieren. Vor dem Hintergrund weniger treibhausgasintensiver Alternativen scheint dies jedoch höchst unplausibel. Das Argument der Versorgungssicherheit spricht also nicht explizit gegen die Beendigung der Braunkohleverstromung.

---

[141] Vgl., Umweltbundesamt: „Bioenergie", 26.06.2020, https://www.umweltbundesamt.de/themen/klima-energie/erneuerbare-energien/bioenergie#bioenergie-ein-weites-und-komplexes-feld- (zugegriffen am 23.02.2022).

[142] Vgl., Quaschning, Volker: Erneuerbare Energien und Klimaschutz. Hintergründe – Techniken und Planung – Ökonomie und Ökologie – Energiewende, 6. Aufl., München: Hanser 2021, S. 275–288.

[143] Vgl., ebd., S. 222–224.

Vielmehr stellt es den in Deutschland im Zuge der Energiewende ebenfalls anvisierten Atomausstieg und die Ablehnung von CCS-Technologien in Frage.

Leistungsdichte
Die Volatilität und die damit einhergehende Problematik der Grundlast stellen aber nicht die einzigen Herausforderungen für die Versorgungssicherheit dar, die sich im Zuge der Energiewende zeigen. Eine weitere Problematik ist die geringe Leistungsdichte von Solar- bzw. Windkraft. Als Leistungsdichte wird die Leistung pro Flächeneinheit oder Volumeneinheit bezeichnet, sie ist also ein Maß dafür, wie viel Energie auf einer bestimmten Fläche durch unterschiedliche Quellen generiert werden kann.[144]

Die Leistungsdichte für fossile Energieträger wird auf 500–10.000 Watt pro Quadratmeter (W/m^2) beziffert, während in Bezug auf Solarenergie Angaben um die 10 W/m^2 zu finden sind. Die Leistungsdichte der Windkraft wird mit ca. 1 W/m^2 angegeben.[145] Um also die gleiche Strommenge, die heutzutage auch mithilfe fossiler Kraftwerke produziert wird, auch in Zukunft durch Erneuerbare zur Verfügung stellen zu können, erhöht sich der Flächenbedarf. Hinzukommt, dass es sehr wahrscheinlich ist, dass sich durch die angestrebte Elektrifizierung des Wärme- und Verkehrssektors gleichzeitig auch der Strombedarf noch erhöhen wird. Problematisch dabei ist, dass vor allem Windkraftanlagen Umweltbelastungen mit sich bringen, zum Beispiel dadurch, dass durch die Anlagen eine große Zahl an Vögeln, Fledermäusen und Insekten getötet wird.[146] Dies in Kombination mit ästhetischen Aspekten führt oft zu erheblichen Widerständen gegen den Bau von Solar- oder Windkraftanlagen. Es besteht also die Gefahr,

---

[144] Vgl., RP-Energie-Lexikon: „Leistungsdichte", ohne Datum, https://www.energie-lex ikon.info/leistungsdichte.html (zugegriffen am 21.02.2022).

[145] Vgl., Gates: Wie wir die Klimakatastrophe verhindern. Welche Lösungen es gibt und welche Fortschritte nötig sind, S. 76; Kleidon, Axel: „Sonne statt Flaute", *Physik in unserer Zeit* 50/3 (2019), S. 120–127, hier S. 123; Miller, Lee M. und Axel Kleidon: „Wind speed reductions by large-scale wind turbine deployments lower turbine efficiencies and set low generation limits", *Proceedings of the National Academy of Sciences* 113/48 (2016), S. 13570; Stierstadt, Klaus: „Genug Platz an der Sonne", *Physik in unserer Zeit* 50/3 (2019), S. 128–131, hier S. 128; van Zalk, John und Paul Behrens: „The spatial extent of renewable and non-renewable power generation: A review and meta-analysis of power densities and their application in the U.S.", *Energy Policy* 123 (2018), S. 83–91.

[146] Vgl., Ohlhorst: „Biographie der Energiewende im Stromsektor", S. 115/116.

dass in Zukunft nicht ausreichend Wind- und Solaranlagen zur Verfügung stehen, um die wegfallenden Kapazitäten der Braunkohle- und Atomkraftwerke zu
kompensieren.[147]

Auch wenn theoretisch ausreichend Fläche für den Ausbau erneuerbarer
Energien zur Verfügung steht,[148] kann der hohe Raumbedarf von Solar- und
Photovoltaikanlagen in Kombination mit den Umweltbelastungen und Akzeptanzproblemen, die diese verursachen, dazu führen, dass die nötige Menge
an Kraftwerken, die für eine gesicherte und nachhaltige Energieversorgung
notwendig sind, faktisch nicht zur Verfügung stehen werden.[149] Bei gleichzei-
tigem Kohle- und Atomausstieg ergeben sich hier Probleme für eine gesicherte
Energieversorgung.

Eine weitere Problematik, die sich in diesem Zusammenhang ergibt und die
hier nur kurz Erwähnung finden soll, ist die des Materialeinsatzes für die Produktion erneuerbarer Energieanlagen. Für diese sind seltene Erden, Mineralien
und Metalle notwendig, die zum einen nicht unbegrenzt zur Verfügung stehen
und zum anderen unter problematischen Bedingungen für die Umwelt und den
Schutz von Menschenrechten abgebaut werden.[150] Erneuerbare Energieanlagen
und Technologien schneiden in einer Lebenszyklusanalyse zwar immer noch besser ab als die herkömmlichen fossilen,[151] trotzdem wird hier deutlich, dass auch

---

[147] Vgl., Allianz Umweltstiftung: „Informationen zum Thema ‚Erneuerbare Energien‘: Hintergründe, Fakten und Perspektiven“, 2015, S. 10 und S. 26; Shellenberger: Apocalypse
Never. Why Environmental Alarmism Hurts Us All, S. 183–185 und S. 190–192; van
Zalk/Behrens: „The spatial extent of renewable and non-renewable power generation: A
review and meta-analysis of power densities and their application in the U.S.“

[148] Vgl., Henning, Hans-Martin und Andreas Pfalzer: „100 % Erneuerbare Energien für
Strom und Wärme in Deutschland“, Freiburg: Fraunhofer-Institut für Solare Energiesysteme ISE, 2012; Stierstadt: „Genug Platz an der Sonne“; Tröndle, Tim, Stefan Pfenninger und Johan Lilliestam: „Home-made or imported: On the possibility for renewable electricity autarky on all scales in Europe“, *Energy Strategy Reviews* 26 (2019),
S. 1–13; mdr Wissen: „Wind und Sonne können Europa zu 100 Prozent versorgen“,
21.10.2019, https://www.mdr.de/wissen/umwelt/studie-iass-erneuerbare-energien-koennen-
europa-versorgen-100.html (zugegriffen am 24.02.2022).

[149] Vgl., Diesendorf/Elliston: „The feasibility of 100 % renewable electricity systems: A
response to critics“; Sterchele u. a.: „Wege zu einem klimaneutralen Energiesystem. Die
deutsche Energiewende im Kontext gesellschaftlicher Verhaltensweisen“.

[150] Vgl., International Energy Agency (IEA): „The Role of Critical Minerals in Clean Energy
Transitions“, Paris, 2021.

[151] Vgl., Gibon, Thomas, Anders Arvesen und Edgar G. Hertwich: „Life cycle assessment
demonstrates environmental co-benefits and trade-offs of low-carbon electricity supply options“, *Renewable and Sustainable Energy Reviews* 76 (2017), S. 1283–1290.

in einem System, das größtenteils oder sogar vollständig auf regenerativen Energien basiert, Treibhausgasemissionen anfallen und sowohl Aspekte des Umwelt- als auch Klimaschutzes im Blick behalten werden müssen.

Damit der Braunkohleausstieg vor dem Hintergrund der geringeren Leistungsdichte regenerativer Energien nicht mit der Versorgungssicherheit in Konflikt gerät, muss also sichergestellt werden, dass tatsächlich ausreichend Kapazitäten für erneuerbare Energien zur Verfügung stehen. Zusätzlich müssen Speichertechnologien und andere Flexibilisierungsoptionen verbessert werden. Je effizienter Energie genutzt werden kann, desto geringer ist der Flächen- und Materialbedarf für zusätzliche Kraftwerke. Untersuchungen, die sich mit der Frage nach dem Flächen- und Ausbaubedarf beschäftigen, müssen insbesondere auch das erwartbare Akzeptanzverhalten betroffener Menschen berücksichtigen. Auch wenn die meisten Menschen die Energiewende grundsätzlich begrüßen, ist es absehbar, dass konkrete lokale Ausgestaltungen auf ablehnendes Verhalten stoßen und so gerade nicht akzeptanzfördernd wirken.[152] Auch wenn es in den meisten Fällen vermutlich moralisch geboten wäre, Mitigationsmaßnahmen mitzutragen, müssen bestimmte Formen des Widerstands und damit die Verzögerung der Umsetzung der Energiewende aus praktischen Gründen als gegeben angesehen werden. Es stellt sich hier also die Frage, wie ein konstruktiver Umgang mit diesem ablehnenden Verhalten gefunden werden kann.

Auch im Kontext der Leistungsdichte-Problematik verweisen einige Expert:innen auf die Kernkraft als mögliche Lösung, da sie zum einen weniger treibhausgasintensiv als fossile Energieträger ist und zum anderen eine höhere Leistungsdichte als erneuerbare Energien aufweist.[153] Ähnlich wie in Bezug auf die fehlende Grundlastfähigkeit lässt sich hier also wieder feststellen, dass das Argument der geringen Leistungsfähigkeit eher den Atomausstieg problematisch erscheinen lässt. Auch hier muss jedoch auf die erheblichen Akzeptanzprobleme innerhalb Deutschlands verwiesen werden, die einen großflächigen Einsatz von Kernenergie hierzulande als tatsächliche Option nahezu ausschließen.

Nachdem ich nun auf die Problematiken, die sich im Kontext der deutschen Energiewende in Bezug auf die Aspekte Grundlastfähigkeit und Leistungsdichte ergeben, eingegangen bin, möchte ich im Folgenden die Debatten rund um die bereits erwähnten Lösungsmöglichkeiten darstellen. In den nächsten beiden

---

[152] Siehe auch den Abschnitt „Wahrnehmung der Energiewende in der Gesellschaft" in Abschnitt 5.3.

[153] Siehe zum Beispiel: Gates: Wie wir die Klimakatastrophe verhindern. Welche Lösungen es gibt und welche Fortschritte nötig sind, S. 108–112; Shellenberger: Apocalypse Never. Why Environmental Alarmism Hurts Us All, S. 151–155; Sinn: Das Grüne Paradoxon. Plädoyer für eine illusionsfreie Klimapolitik, S. 324–327.

Abschnitten werden also die Themenkomplexe der Speichermöglichkeiten und anschließend des Transports, Handels, Flexibilisierung genauer untersucht.

Speicherung

Um Strom aus erneuerbaren Energien nachfrageorientiert zur Verfügung stellen zu können, müssen mittel- bis langfristig Optionen zur Speicherung der Energie geschaffen werden. Die Kontroverse, die rund um die Speichertechnologien geführt wird, möchte ich in diesem Abschnitt detaillierter darstellen.

Es ist zunächst festzuhalten, dass unterschiedliche Arten von Speichern existieren. Kurzfristspeicher speichern Energie für einige Minuten bis hin zu wenigen Stunden, hierzu zählen beispielsweise Batterien. Im Bereich von Stunden und Tagen kann Energie in Mittelfristspeichern konserviert werden, zum Beispiel in Pumpspeichern und Wasserreservoiren. Langfristig kann die Nutzung von Energie für mehrere Wochen durch zum Beispiel Power-to-X-Verfahren oder große Wasserspeicher verschoben werden (Langfristspeicher).[154]

Fraglich scheint zu sein, wie groß der Speicherbedarf tatsächlich ist, welche Speichertechnologien also wie ausgereift sein müssen, um die Energiewende voranzubringen und wie gravierend die dementsprechende Problematik der Versorgungssicherheit ist. Die Internationale Energieagentur schreibt in einer Pressemitteilung 2020:

„*According to the IEA's Sustainable Development Scenario, for the world to meet climate and sustainable energy goals, close to 10 000 gigawatt-hours of batteries and other forms of energy storage will be required worldwide by 2040 – 50 times the size of the current market.*"[155]

---

[154] Vgl., Gates: Wie wir die Klimakatastrophe verhindern. Welche Lösungen es gibt und welche Fortschritte nötig sind, S. 117–121; Kemfert, Claudia, Clemens Gerbaulet und Christian von Hirschhausen: „Stromnetze und Speichertechnologien für die Energiewende: Eine Analyse mit Bezug zur Diskussion des EEG 2016", Berlin: DIW Berlin, 2016; Bundesministerium für Wirtschaft und Klimaschutz (BMWK): „Speichertechnologien", ohne Datum, https://www.bmwi.de/Redaktion/DE/Textsammlungen/Energie/speichertechnologien.html?cms_artId=241522 (zugegriffen am 22.02.2022).

[155] International Energy Agency (IEA): „A rapid rise in battery innovation is playing a key role in clean energy transitions", 22.09.2020, https://www.iea.org/news/a-rapid-rise-in-battery-innovation-is-playing-a-key-role-in-clean-energy-transitions (zugegriffen am 15.01.2022).

Der Ökonom und ehemalige Präsident des ifo Instituts Hans-Werner Sinn verweist darauf, dass während der kurzfristige Speicherbedarf durch Flexibilisierungsoptionen[156] angepasst werden kann, vor allem die langfristige Speicherung problematisch ist.[157]

> *„Indeed, there is a lot of potential flexibility on the demand side. (…) Unfortunately, however, (…) the storage requirement results from long-term seasonal fluctuations rather than short-term frequencies of a few hours or days. It would be necessary to store energy from August to the winter months through March, in other words for nearly 7 months, to address the volatility issue. (…) Obviously, short-term demand management would hardly affect storage requirements."*[158]

Um diese fehlenden langfristigen Speicheroptionen auszugleichen, sind laut Sinn aktuell immer noch fossile Kraftwerke nötig.[159]

Dieser Analyse Sinns wird explizit von Forscher:innen des DIW widersprochen.[160] Sie kritisieren unter anderem, dass Sinn nicht berücksichtigt, dass die Speicherproblematik mit Hilfe der Ergänzung von Flexibilisierungsoptionen, wie Smart-Grids, Nachfragemanagement und Sektorenkopplung, entschärft werden kann. So ergibt sich laut Schill et al in Sinns Analyse ein zu hoher Speicherbedarf.[161] Sinn scheint, wie oben bereits beschrieben, diese Flexibilisierungsoptionen jedoch für ungeeignet zu halten, um das Problem der *langfristigen*

---

[156] Siehe hierzu auch den nächsten Abschnitt „Transport, Handel, Flexibilisierung".

[157] Vgl., Sinn: „Buffering volatility: A study on the limits of Germany's energy revolution", S. 136; Siehe auch: Gates: Wie wir die Klimakatastrophe verhindern. Welche Lösungen es gibt und welche Fortschritte nötig sind, S. 97–102. In Bezug auf Kurzfristspeicher wird zudem ein Durchbruch in den 2020er Jahren prognostiziert, da die Technik der Lithium-Ionen-Batterien im Zuge der stärkeren Nachfrage nach E-Mobilität verbessert und massentauglicher gestaltet wird. Vgl., Witsch, Kathrin: „Energiespeicher stehen kurz vor dem Durchbruch", *Handelsblatt*, 30.07.2019, https://www.handelsblatt.com/unternehmen/ energie/gruener-strom-energiespeicher-stehen-kurz-vor-dem-durchbruch/24849232.html?tic ket=ST-66128-n5hEyUozvcvRGjQlxfJl-ap5 (zugegriffen am 24.02.2022).

[158] Sinn: „Buffering volatility: A study on the limits of Germany's energy revolution", S. 136.

[159] Vgl., ebd., S. 137. Siehe auch die Diskussion zu möglichen Brückentechnologien in Abschnitt 6.1.

[160] Vgl., Schill, Wolf-Peter u. a.: „Die Energiewende wird nicht an Stromspeichern scheitern", 11, DIW aktuell, Berlin: Deutsches Institut für Wirtschaftsforschung (DIW), 2018; Zerrahn, Alexander, Wolf-Peter Schill und Claudia Kemfert: „On the economics of electrical storage for variable renewable energy sources", *European Economic Review* 108 (2018), S. 259–279.

[161] Vgl., Schill u. a.: „Die Energiewende wird nicht an Stromspeichern scheitern", S. 2/3.

Speicherung von Energie zu lösen.[162] Vertreter:innen des DIW sind hingegen der Auffassung, dass „(...) *viele Speichertechnologien, welche einen sicheren System-betrieb selbst bei 100 % Erneuerbaren ermöglichen können, bekannt [sind].*"[163] Dazu ist aber anzumerken, dass die Technologien zwar bekannt sind, dass jedoch, laut Bundesregierung, „*[d]ie Energiespeicherung (...) eine der größten Herausforderungen der Energieforschung [ist].*"[164] Zusätzlich argumentieren die Expert:innen des DIW, dass die Problematik der Speicher überschätzt wird und dass der tatsächliche Speicherbedarf aufgrund weiterer Flexibilisierungsoptionen aktuell noch nicht „*systemkritisch*" sei.[165] Damit ist gemeint, dass die Spei-cherung von Energie nur eine von vielen Optionen ist, auf die Volatilität der erneuerbaren Energien zu reagieren. Als weitere Optionen werden die Reserve-kapazitäten konventioneller Kraftwerke, der Stromaustausch mit dem Ausland und die Sektorenkopplung aufgeführt.[166]

Die erste Option sollte langfristig vermieden werden, da sie, wie im erste Abschnitt dieses Teilkapitels gezeigt, nicht unbedingt dazu führt, Treibhausga-semissionen zu vermeiden. Wie im nächsten Abschnitt deutlich werden wird, kann auch der Stromhandel mit dem Ausland problematisch sein. Die Sektoren-kopplung hingegen scheint ein geeignetes Mittel zu sein, Nachfragemanagement zu betreiben. Trotzdem ist es unwahrscheinlich, dass Speichertechnologien in Zukunft keine zentrale Rolle einnehmen müssen, um ein nachhaltiges Strom-system zu gewährleisten.[167] Es besteht also große Uneinigkeit darüber, ob und welche Speichertechnologien zur Verfügung stehen und in welchem Umfang diese überhaupt benötigt werden.

Diese Debatte kann in dieser Arbeit nicht abschließend geklärt werden. Trotzdem lässt sich feststellen, dass die Kontroverse nicht bloß aus fachlichen

---

[162] Vgl., Sinn: „Buffering volatility: A study on the limits of Germany's energy revolution", S. 136 und S. 146. Zu Sinns Reaktion auf die Kritik des DIW siehe: Sinn, Hans-Werner: „Le-serbrief von Prof. Hans-Werner Sinn an das DIW zum Thema Stromspeicher", ohne Datum, https://www.hanswernersinn.de/de/Brief_DIW_08062018 (zugegriffen am 24.02.2022).

[163] Kemfert/Gerbaulet/von Hirschhausen: „Stromnetze und Speichertechnologien für die Energiewende: Eine Analyse mit Bezug zur Diskussion des EEG 2016", S. 17.

[164] Bundesregierung: „Neue Speicher für ein stabiles Stromnetz entwickeln", ohne Datum, https://www.bundesregierung.de/breg-de/themen/energiewende/energie-transportieren/ neue-speicher-fuer-ein-stabiles-stromnetz-entwickeln-483098 (zugegriffen am 22.02.2022).

[165] Vgl., Kemfert/Gerbaulet/von Hirschhausen: „Stromnetze und Speichertechnologien für die Energiewende: Eine Analyse mit Bezug zur Diskussion des EEG 2016", S. 17 und S. 19.

[166] Vgl., ebd., S. 17–24.

[167] Vgl., Arens u. a.: „Die Debatte um den Klimaschutz. Mythen, Fakten, Argumente", S. 19/20; Freiesleben: „Wie sicher ist die Stromversorgung in Deutschland?"

Unstimmigkeiten resultiert, sondern auch auf verschiedene Umgänge mit Unsicherheiten zurückzuführen ist. Aus dem Umstand, dass aktuell keine geeigneten Speichertechnologien zur Verfügung stehen, schlussfolgert die eine Seite, dass die Umsetzung der Energiewende nicht ideal läuft und dass hier dringend nachgebessert werden muss. Die andere Seite plädiert dafür, weitere Schritte in die mutmaßlich richtige Richtung einzuleiten, obwohl aktuell nicht gewährleistet werden kann, dass das Projekt insgesamt gelingt. Vertreter:innen der verschiedenen Positionen stehen sich aktuell als Kontrahent:innen gegenüber, obwohl sie dasselbe Ziel verfolgen. Hier ist ein konstruktiver, ideologiefreier Austausch dringend geboten.

Um die Energiewende erfolgreich zu gestalten, ist ein Konsens darüber nötig, wie viel und welche Speichertechnologien in Zukunft gebraucht werden. Entsprechend müssen hier Forschungs- und Entwicklungsschwerpunkte gelegt werden. Mit der Frage nach Backup-Optionen für den Kohleausstieg werde ich mich in Abschnitt 6.2 näher beschäftigen.

Transport, Handel, Flexibilisierung
Wie oben bereits angedeutet wurde, kann die dargelegte Speicherproblematik abgeschwächt werden, indem die zur Verfügung stehende Energie effizient und angebotsorientiert genutzt wird. Dies kann einerseits dadurch erreicht werden, dass die in Deutschland oder der EU zur Verfügung stehende Energie optimal genutzt wird, indem Transport- und Handelsinfrastrukturen verbessert werden. Zum anderen müssen Speichertechnologien durch Flexibilisierungsoptionen flankiert werden, um den Speicherbedarf so gering wie möglich zu halten. Dies läuft auf eine komplette Transformation der Art und Weise hinaus, wie Energie generiert und genutzt wird.[168] Auch in diesem Zusammenhang existieren noch zahlreiche Meinungsverschiedenheiten und Unsicherheiten.

Um die insgesamt in Deutschland zur Verfügung stehende Energie aus Solar- und Windkraft optimal zu nutzen, ist es nicht nur notwendig Energie bei einem hohen Angebot zu speichern, um sie bei einem niedrigen Angebot zu nutzen, sondern auch, Transportwege so zu konstruieren, dass Energie aus Gebieten, in denen viel produziert wird, in Gebieten mit hoher Nachfrage genutzt werden kann – beispielsweise Windstrom aus dem Norden in Industriezentren im Süden und Westen Deutschlands.[169]

---

[168] Vgl., Arens u. a.: „Die Debatte um den Klimaschutz. Mythen, Fakten, Argumente", S. 21; Ueckerdt/Kempener: „From Baseload to Peak: Renewables Provide a Reliable Solution", S. 12.

[169] Vgl., Arens u. a.: „Die Debatte um den Klimaschutz. Mythen, Fakten, Argumente", S. 20/21.

Diese Praxis ist auch über Außengrenzen hinweg denkbar, so dass Angebotstiefs auch durch Importe aus dem (EU-)Ausland ausgeglichen werden könnten.[170] Der Im- und Export von Strom kann aber, wie oben dargestellt, einerseits problematisch für den Klimaschutz sein, wenn er aus fossilen Quellen stammt, andererseits entstehen Problematiken in Zusammenhang der erneuerbaren Energien (Volatilität, geringe Energiedichte) auch außerhalb Deutschlands. Daher kann es für die Versorgungssicherheit riskant sein, sich auf Stromimporte zu verlassen. Vor diesem Hintergrund ist es sinnvoll, die Netzinfrastruktur *innerhalb* Deutschlands auszubauen, um Ineffizienzen und Abhängigkeiten zu vermeiden.[171] Dementsprechend machen laut Bundesministerium für Wirtschaft und Energie

> *„[d]ie ambitionierten Ziele des Koalitionsvertrages zum Ausbau erneuerbarer Energien, der optimale wirtschaftliche Einsatz konventioneller Kraftwerke und der verstärkte grenzüberschreitende Stromhandel (…) Optimierung und Ausbau des Stromnetzes in Deutschland dringend erforderlich."*[172]

Der Aktionsplan Stromnetz sieht daher Folgendes vor: Die bestehenden Netze sollen durch kurzfristige technische Verbesserungen, langfristigere Möglichkeiten, die sich durch die Digitalisierung ergeben, und ein effizienteres Engpassmanagement optimiert und stärker ausgelastet werden.[173] Außerdem soll der Netzausbau durch Monitoring, Anpassungen des gesetzlichen Rahmens und wirtschaftliche Anreize ausgeweitet werden.[174] Bisher wurden von den erforderlichen 7.700 km im Übertragungsnetz bloß 1.100 km gebaut. Hindernisse stellen vor allem ein zu hoher bürokratischer Aufwand sowie Akzeptanzprobleme der Netzanlagen dar.[175]

---

[170] Vgl., ebd., S. 15 und S. 21.

[171] Vgl., Eckert, Vera: „Gehen nach der Energiewende in Deutschland die Lichter aus?", *Reuters*, 19.07.2019, https://www.reuters.com/article/deutschland-energie-idDEKCN1UE0GU (zugegriffen am 18.02.2021); Vahlenkamp u. a.: „Energiewende am Scheideweg", S. 3; Umweltbundesamt: „Netzausbau", 22.12.2020, https://www.umweltbundesamt.de/themen/ klima-energie/energieversorgung/netzausbau#notwendigkeit-des-netzausbaus (zugegriffen am 24.02.2022).

[172] Bundesministerium für Wirtschaft und Energie (BMWi): „Aktionsplan Stromnetz", 2018.

[173] Vgl., ebd., S. 1–3.

[174] Vgl., ebd., S. 3/4.

[175] Vgl., WirtschaftsWoche: „Stromnetz-Ausbau kommt voran – aber nicht schnell genug", 14.08.2019, https://www.wiwo.de/technologie/umwelt/verzoegerungen-beim-netzausbau-stromnetz-ausbau-kommt-voran-aber-nicht-schnell-genug/24901444.html (zugegriffen am 24.02.2022); Siehe auch: Bundesministerium für Wirtschaft und Klimaschutz (BMWK):

Auf der anderen Seite wird von einigen argumentiert, dass die Notwendigkeit zum Netzausbau überschätzt wird und dass dieser sogar kontraproduktiv sein kann.[176] Da erneuerbare Energien immer mehr Strom ins Netz einspeisen, während, wie oben erläutert, die Produktivität fossiler Kraftwerke nicht entsprechend stark zurückgeht, sind die Netze aktuell sehr hoch ausgelastet. Daraus wird geschlussfolgert, dass die Abschaltung von Kohlekraftwerken unproblematisch und sogar vorteilhaft sein kann. Ein zusätzlicher Netzausbau ist demnach zunächst nicht notwendig.[177]

Aus diesen Gründen ging die Denkfabrik Agora Energiewende bereits 2017 davon aus, dass die 20 „dreckigsten" Braunkohlekraftwerke bereits Anfang 2020 hätten abgeschaltet werden können, ohne dass ein Netzausbau für die weitere Stromversorgung nötig gewesen wäre.[178] Laut des DIW kann ein Ausbau der Netzinfrastruktur sogar kontraproduktiv für den Klimaschutz sein. Es bestehe die Gefahr, dass sich der Ausbau nicht an den Bedürfnissen eines zukünftigen Systems orientiert, sondern bestehende Lock-in-Effekte weiter manifestiert.[179]

„Größere HGÜ- oder AC-Ausbauleitungen werden benötigt um trotz ausreichender Erzeugungskapazitäten, z. B. in Stunden mit viel Wind, auch den fossil erzeugten Strom vollständig abtransportieren zu können."[180]

Stattdessen sollte der Fokus auf die Transformation des gesamten Systems gelegt werden. Zentral hierbei ist die Implementierung sogenannter intelligenter Netze

---

„Ein Stromnetz für die Energiewende", ohne Datum, https://www.bmwi.de/Redaktion/DE/Dossier/netze-und-netzausbau.html (zugegriffen am 23.02.2022); Bundesministerium für Wirtschaft und Energie (BMWi): „Der Netzausbau schreitet voran", 2020.

[176] Vgl., Kendziorski u. a.: „100 % erneuerbare Energie für Deutschland unter besonderer Berücksichtigung von Dezentralität und räumlicher Verbrauchsnähe: Potenziale, Szenarien und Auswirkungen auf Netzinfrastrukturen".

[177] Vgl., Schultz, Stefan: „Weniger Kohlemeiler könnten Stromversorgung sicherer machen", *Spiegel Wirtschaft*, 15.11.2017, https://www.spiegel.de/wirtschaft/soziales/kohleausstieg-weniger-kohlmeiler-machen-laut-bmwi-stromnetz-stabiler-a-1178178.html (zugegriffen am 24.02.2022).

[178] Vgl., Agora Energiewende: „Kohleausstieg, Stromimporte und -exporte sowie Versorgungssicherheit", 2017; siehe auch: Kemfert/Gerbaulet/von Hirschhausen: „Stromnetze und Speichertechnologien für die Energiewende: Eine Analyse mit Bezug zur Diskussion des EEG 2016", S. 5/6.

[179] Vgl., Kemfert/Gerbaulet/von Hirschhausen: „Stromnetze und Speichertechnologien für die Energiewende: Eine Analyse mit Bezug zur Diskussion des EEG 2016", S. 14–16.

[180] Ebd., S. 15.

(*Smart Grids*), die mit Hilfe von Informations- und Kommunikationstechnologien die Erzeugung, Speicherung und den Verbrauch von Strom aufeinander abstimmen. Die Übermittlung von Verbrauchs- und Erzeugungsdaten an die Netzbetreiber:innen ermöglicht es diesen, die Stromversorgung koordinierter, effizienter und kostengünstiger zu gestalten. So soll ein optimaler Ausgleich zwischen Lastspitzen und -tälern erwirkt werden.[181]

Intelligente Netze sind also die Voraussetzung für ein ideales Lastmanagement (*Demand Side Management*). Damit wird die gezielte Steuerung der Stromnachfrage durch Preissignale bezeichnet. So bietet es sich für einige Abläufe an, sie genau dann zu vollziehen, wenn der dafür nötige Strom besonders günstig ist. Dies ist der Fall, wenn viel Strom im Netz ist. Auf diese Art und Weise können also Stromkund:innen ihren Verbrauch kostengünstiger gestalten, während gleichzeitig Volatilitäten effizient ausgeglichen werden. Das Lastmanagement markiert eine Art Paradigmenwechsel: Die Stromproduktion der Kraftwerke richtet sich nicht mehr nach dem Bedarf der Verbraucher:innen (siehe Grundlastkraftwerke), sondern der Verbrauch wird auf das Produktionsverhalten der verschiedenen Kraftwerke ausgerichtet.[182]

Nicht nur die Stromproduktion und der -verbrauch sollen mithilfe intelligenter Netze optimiert werden, sondern die Nutzung von Energie insgesamt. Wie bereits dargelegt muss die Energiewende zusätzlich zur Stromwende auch eine erfolgreiche Wärme- und Verkehrswende beinhalten. Dafür ist die sogenannte *Sektorenkopplung* notwendig. Das bedeutet, dass die Bereiche (Sektoren) Strom, Transport und Wärme in Bezug auf ihren Energieverbrauch miteinander verflochten werden sollen. So soll Wärme in Zukunft nicht mehr direkt mithilfe fossiler Brennstoffe erzeugt werden, sondern durch die Nutzung von nachhaltig erzeugtem Strom (Power-to-Heat). Ein prominentes Beispiel stellen hier die

---

[181] Vgl., Bundesministerium für Wirtschaft und Klimaschutz (BMWK): „Intelligente Netze", ohne Datum, https://www.bmwi.de/Redaktion/DE/Artikel/Energie/intelligente-netze.html (zugegriffen am 21.02.2022); Umweltbundesamt: „Was ist ein ‚Smart-Grid'?", 03.08.2013, https://www.umweltbundesamt.de/service/uba-fragen/was-ist-ein-smart-grid (zugegriffen am 24.02.2022).

[182] Vgl., Gates: Wie wir die Klimakatastrophe verhindern. Welche Lösungen es gibt und welche Fortschritte nötig sind, S. 123/124; Sterchele u. a.: „Wege zu einem klimaneutralen Energiesystem. Die deutsche Energiewende im Kontext gesellschaftlicher Verhaltensweisen", S. 5, S. 30; Bundesministerium für Wirtschaft und Klimaschutz (BMWK): „Was ist eigentlich ‚Demand Side Management'?", ohne Datum, https://www.bmwi-ene rgiewende.de/EWD/Redaktion/Newsletter/2017/01/Meldung/direkt-erklaert.html (zugegriffen am 24.02.2022); Deutsche Energie-Agentur (dena): „Mehr Flexibilität durch Lastmanagement", ohne Datum, https://www.dena.de/themen-projekte/energiesysteme/flexibilitaet-und-speicher/demand-side-management/ (zugegriffen am 21.02.2022).

Wärmepumpen dar. Genauso sollen Kraftfahrzeuge in Zukunft elektrifiziert oder mithilfe von Wasserstoff betrieben werden. Letzterer wird durch das Verfahren der Elektrolyse erzeugt, die wiederum im Idealfall auf der Nutzung von Strom aus erneuerbaren Energien basiert (Power-to-Gas).[183]

Alles in allem zeigt sich, dass die Entscheidung aus der Braunkohleverstromung auszusteigen nicht für sich stehen kann, sondern zahlreiche Konsequenzen mit sich zieht. Da einige Vorteile, die die Braunkohleverstromung mit sich bringt (Grundlastfähigkeit) zugunsten der erheblichen Nachteile (Treibhausgasemissionen) wegfallen müssen, muss eine Transformation des gesamten Stromsystems stattfinden. Flexiblere Kraftwerke müssen in ein intelligentes Stromnetz integriert werden, indem sich die Nutzung des Stroms stärker am Angebot orientiert. Außerdem müssen auch die Sektoren Wärme und Transport mit klimafreundlichem Strom versorgt werden. Dies scheint theoretisch technisch umsetzbar zu sein, entscheidende Aspekte wurden de facto jedoch noch nicht realisiert. Nach wie vor herrscht eine Debatte darum ob, wie und wann diese Schritte getätigt werden können. Hier besteht dringender politischer Handlungs- und Forschungsbedarf, damit der Braunkohleausstieg nicht zu (moralisch) problematischen Konsequenzen führt.[184]

Zwischenfazit Versorgungssicherheit
Der Braunkohleausstieg kommt also mit der Versorgungssicherheit in Konflikt, da die Braunkohleverstromung innerhalb des herkömmlichen Stromsystems eine essenzielle Rolle spielt. Da sich dieses System an der Nachfrage nach Strom orientiert, muss sichergestellt werden, dass jederzeit ein bestimmtes Minimum an Strom in den Netzen zur Verfügung steht. In ihrer Funktion als Grundlastkraftwerke haben dies bisher die Braunkohlekraftwerke garantiert. Wenn die Versorgung auf regenerativen Quellen basieren soll, muss aufgrund der Volatilität von Wind- und Solarkraft, die gesamte Logik unserer heutigen Energieversorgung transformiert werden: Kraftwerke müssen dezentraler und flexibler werden, Netze müssen digitalisiert werden, Speichertechnologien müssen implementiert werden

---

[183] Vgl., Bundesministerium für Wirtschaft und Klimaschutz (BMWK): „Was bedeutet ‚Sektorkopplung'?", ohne Datum, https://www.bmwi-energiewende.de/EWD/Redaktion/Newsle tter/2016/14/Meldung/direkt-erklaert.html (zugegriffen am 24.02.2022); Deutsche Energie-Agentur (dena): „Sektorkopplung: Alles mit allem verbinden", ohne Datum, https://www. dena.de/themen-projekte/energiesysteme/sektorkopplung/ (zugegriffen am 22.02.2022).

[184] Siehe in diesem Zusammenhang auch: VDE Verband der Elektrotechnik Elektronik Informationstechnik e. V.: „VDE Position. Gefährdet der Kohleausstieg die Stromversorgung in Deutschland?", 2019.

und die Sektoren Wärme und Transport müssen mit dem Stromsektor verflochten werden. In einem solchen System werden Grundlastkraftwerke nicht mehr gebraucht.

Die Transformation des einen Systems in das andere System ist noch nicht abgeschlossen und Expert:innen sind sich uneins, wie genau sich die Energiewende auf die Versorgungssicherheit auswirken wird. Ich habe gezeigt, dass das diesbezügliche Meinungsbild grob in zwei Lager unterteilt werden kann. Das 100 % EE-Lager ist überzeugt, dass eine Vollversorgung mit erneuerbaren Energien sowohl möglich als auch am sinnvollsten ist, da Vertreter:innen dieser Position die Verwendung von fossilen Energiequellen, Kernenergie oder CCS-Technologien als zu umwelt- und klimaschädlich, teuer und gefährlich ausschließen. Somit bleiben erneuerbare Energiequellen als einzig gangbare Option und ein grundlegender Paradigmenwechsel in Bezug auf das gesamte Energiesystem scheint unumgänglich. Argumentationen dieses Lagers verfolgen meist die Logik vom Ziel her zu denken. Sie berechnen, welche Energiemengen mit Hilfe regenerativer Energiequellen erzeugt werden können und versuchen dann Pfade zu entwerfen, wie sich Gesellschaften an dieses Angebot anpassen können. Dabei wird oft angenommen, dass der Energiebedarf durch Effizienz- und Suffizienzmaßnahmen gesenkt werden kann bzw. muss. Dies wird, wie ich gezeigt habe, vor allem in einer globalen Betrachtung ethisch höchst problematisch und zusätzlich unrealistisch. Aber auch in Industriestaaten wird dies vermutlich mit Akzeptanzproblemen einhergehen.

Der Ansatz des Absicherungs Lagers scheint hingegen einer anderen Logik zu folgen. Hier wird meist zunächst der absehbare Energiebedarf berechnet, um dann Zweifel daran zu äußern, dass ein auf erneuerbaren Energien basierendes Energiesystem diese Nachfrage befriedigen kann. Die beiden Beobachtungen, dass sowohl der Klimawandel ein drängendes Problem darstellt als auch der Energiebedarf aufgrund anderer Faktoren wie dem Bevölkerungswachstum und der anhaltenden wirtschaftlichen Entwicklung perspektivisch weiter steigen wird, führen dann meist zu der Konklusion, dass auf weniger treibhausgasintensive und trotzdem ertragreichere Technologien zurückgegriffen werden muss. Die Kernkraft stellt hier eine Alternative dar, da sie erlauben würde, Energiesysteme weitestgehend zu dekarbonisieren, ohne dabei den Energiebedarf zu drosseln bzw. einen kompletten Paradigmenwechsel in der Energieversorgung in die Wege leiten zu müssen. Trotzdem muss auch hier kritisch angemerkt werden, dass auch die Nutzung von Kernenergie mit erheblichen Akzeptanzproblemen konfrontiert ist und zudem kritische Fragen in Bezug auf die Sicherheit und die Endlagerung aufwirft.[185] Letztlich weist die Umsetzung beider Wege sowohl Vor- als auch Nachteile auf. Beide Herangehensweisen sind mit erheblichen gesellschaftlichen Konflikten konfrontiert und zeigen Herausforderungen auf, die einer Lösung bedürfen. Einerseits scheint es technisch machbar zu sein, die oben skizzierte Transformation zu vollziehen.[186] Darin sehen einige einen Erfolg und die Bestätigung, dass die Energiewende erfolgreich verlaufen wird und dass insbesondere der Braunkohleausstieg richtig ist. Andererseits sind die dafür nötigen Technologien und Umstrukturierungen de facto aktuell noch nicht vorhanden, was andere an der Effektivität der Energiewende und der Sinnhaftigkeit des Braunkohleausstiegs zweifeln lässt.

Festgehalten werden sollte, dass beide Seiten auf wichtige Tatsachen verweisen, die für sich alleine aber noch nichts darüber aussagen, ob die Energiewende oder der Braunkohleausstieg gelingen oder scheitern werden. Aspekte beider Seiten sollten berücksichtigt werden und in eine ganzheitliche Bewertung und Planung der Energiewende einfließen. Dass der Kampf gegen den Klimawandel moralisch geboten und es überaus erstrebenswert ist, dass die Energiewende gelingt, sollte nicht dazu führen, dass das Problem der Versorgungssicherheit heruntergespielt wird. Andererseits sollte der Status Quo auch nicht als nicht veränderbar oder als Wert an sich selbst dargestellt werden.

In der Debatte, ob und in welchem Ausmaß, die Energiewende die Versorgungssicherheit gefährdet, geht oft unter, dass eine gesicherte Energieversorgung auch elementare bzw. basale Rechte von Menschen gewährleistet. Bei der Abwägung zwischen Rechtsverletzungen durch die Konsequenzen des Klimawandels und einer unsicheren Energieversorgung handelt es sich also nicht um eine Abwägung zwischen Rechten, die sich grundsätzlich und eindeutig hierarchisch zueinander verhalten, sondern zum Teil auch um Rechte, die derselben Gruppierung angehören und damit dieselbe Relevanz besitzen. Es kann nicht gerechtfertigt sein, die grundlegenden Rechte der einen Gruppe von Rechtsinhaber:innen zugunsten der grundlegenden Rechte einer anderen Gruppe als weniger prioritär zu behandeln.

Aktuell ist sowohl das Szenario einer gewährleisteten wie auch einer unsicheren zukünftigen Energieversorgung denkbar, wobei es sich hier nicht um ein

---

[185] Siehe in diesem Zusammenhang auch die Diskussion zum Thema Kernkraft im sechsten Kapitel (Abschn. 6.2) dieser Arbeit.

[186] Siehe auch: Gerbert, Philip u. a.: „Klimapfade für Deutschland", The Boston Consulting Group (BCG), prognos, 2018, S. 10–12, S. 58–69.

Entweder-Oder handelt, sondern um einen gesellschaftlichen Abwägungsprozess, welche Risiken wir für welche Zukunftsszenarien bereit sind einzugehen. Wenn ein solches Ziel definiert wurde, müssen auf Basis der gebündelten Fakten aller Seiten realistische Pfade zur Zielerreichung entwickelt werden. Dabei muss das Maximum des technisch Machbaren ausgereizt werden, genauso wie unumwunden zugegeben werden sollte, welche Technologien und Strukturen nicht bzw. unzureichend vorhanden sind. Der alleinige Verweis auf eines der Argumente ohne die Berücksichtigung des anderen ist nicht zielführend und entweder zu optimistisch oder zu pessimistisch.[187]

Die Abwägungen der jeweiligen Risiken ist eine gesamtgesellschaftliche Aufgabe, die politisch moderiert und begleitet werden muss. In Bezug auf diese Aufgabe muss an dieser Stelle kritisiert werden, dass im Rahmen der deutschen Klimapolitik Problematiken und alternative Handlungsoptionen nicht ausreichend kommuniziert und diskutiert werden. So entsteht keine konstruktive Debatte und die Energiewende scheitert im schlimmsten Fall an einer zu einseitigen Fokussierung auf die Vorteile der erneuerbaren Energien, die so paradoxerweise dann nicht mehr ausreichend zum Tragen kommen.

Festzuhalten ist auch, dass das Eintreten eines Szenarios, in dem die Versorgungssicherheit nicht mehr gegeben ist, nicht allein aus dem Braunkohleausstieg resultieren würde. Die Ursachen sind dann auf der übergeordneten Ebene der Energiewende zu suchen. Wie in diesem Teilkapitel deutlich wurde, existieren Möglichkeiten, den Braunkohleausstieg zu kompensieren: Ein System, das auf der Idee der Grundlast basiert, könnte mit der (temporären Weiter-) Nutzung von Kernenergie oder der Implementierung von CCS-Technologien aufrechterhalten werden und erneuerbare Energien könnten im Zusammenhang mit Flexibilisierungsoptionen wie Speichertechnologien ein neues Paradigma etablieren. Die Problematik der Versorgungssicherheit spricht also nicht explizit gegen den Kohleausstieg, sondern zeigt, dass dieser in Kombination mit anderen Versäumnissen oder falschen Entscheidungen zu Versorgungsengpässen führen kann. Die Bewertung des Braunkohleausstiegs im Hinblick auf die Versorgungssicherheit hängt also auch von den Fortschritten der Energiewende insgesamt ab.[188]

In Deutschland würde ein Energiesystem, das durch größere Unsicherheiten geprägt ist, vermutlich nicht dazu führen, dass es tatsächlich immer wieder zu

---

[187] Zu Indikatoren, welche Ziele wie realistisch zu erreichen sind siehe: McKinsey & Company: „Energiewende-Index", ohne Datum, https://www.mckinsey.de/branchen/chemie-ene rgie-rohstoffe/energiewende-index (zugegriffen am 23.02.2022).

[188] Siehe hierfür auch das sechste Kapitel dieser Arbeit.

Stromausfällen kommt, sondern eher dazu, dass diese Unsicherheiten durch Back-Up Optionen oder Stromimporte ausgeglichen werden. So wäre dann zwar die Versorgung gewährleistet, allerdings würde diese teurer ausfallen als nötig. Dies leitet zum nächsten Teilabschnitt über.

Wirtschaftlichkeit
Die Energiewende und der Braunkohleausstieg stellen nicht nur Herausforderungen für die Versorgungssicherheit dar, sondern auch für die dritte Säule des energiepolitischen Zieldreiecks – die Wirtschaftlichkeit. Dies soll Thema dieses Abschnitts sein. Ich werde mich dabei an dieser Stelle auf die Kosten der Energiewende konzentrieren. Weitere wirtschaftliche Aspekte wie Arbeitsplatzverluste werden in Abschnitt 5.2 diskutiert. Die moralische Relevanz wirtschaftlicher Aspekte habe ich im dritten Kapitel dargelegt.

Ähnlich wie im Kontext der anderen beiden Säulen, existiert auch hier eine Debatte darum, ob und wie stark die Energiewende bzw. der Braunkohleausstieg mit wirtschaftlichen Aspekten in Konflikt gerät. Wieder lassen sich grob zwei Lager identifizieren. Zum einen wird argumentiert, dass die *Nutzung* erneuerbarer Energien die kostengünstigste Art und Weise ist, Strom zu generieren.[189] Insbesondere, wenn die Schäden, die die Verbrennung fossiler Energiequellen verursachen, mitberechnet werden, zeigt sich, dass die Energiewende auch aus wirtschaftlicher Sicht rational ist.[190] Demgegenüber steht die Auffassung, dass der *Umstieg* auf erneuerbare Energien sehr kostenintensiv ist und dass, aus einem rein wirtschaftlichen Kalkül heraus, fossile Energiequellen nach wie vor zu präferieren seien.

Im folgenden Abschnitt möchte ich nun diesen Themenbereich detaillierter darstellen. Dazu werde ich zunächst darauf eingehen, warum die Energiewende bzw. der Kohleausstieg steigende Kosten verursachen können und anschließend auf die daraus entstehenden Konsequenzen eingehen. Abschließend möchte ich auf die gegenteilige Argumentation, die Energiewende sei wirtschaftlich sinnvoll, eingehen.

Ursachen für die Möglichkeit steigender Kosten
Der Ökonom Hans-Werner Sinn argumentiert, dass für die Nutzung erneuerbarer Energien, **Back-up-Kapazitäten** zur Verfügung stehen müssen. Das folgert er

---

[189] Vgl., Kemfert/Gerbaulet/von Hirschhausen: „Stromnetze und Speichertechnologien für die Energiewende: Eine Analyse mit Bezug zur Diskussion des EEG 2016", S. 3/4.

[190] Siehe dazu die entsprechenden Verweise im Abschnitt „Positive Auswirkungen der Energiewende" in diesem Kapitel.

aus seiner, oben bereits dargestellten, Argumentation, dass Technologien zur langfristigen Speicherung von Strom fehlen und sich so ohne Backup Probleme für
die Versorgungssicherheit ergeben würden. In Deutschland wird diese Backup-
Funktion durch konventionelle Kraftwerke erfüllt, was gleichzeitig bedeutet, dass
doppelte Strukturen aufrechterhalten werden müssen. Es existiert also sowohl
eine Infrastruktur für erneuerbare Energien als auch eine für konventionelle, was
teurer ist, als ein einziges funktionierendes System zu betreiben.[191]

> „While the German buffering strategy works, it is expensive, as it involves double
> structures with double fixed costs. (…) While the German double-structure strategy
> aims at contributing to the solution of a worldwide public-goods problem, it is uneco-
> nomical from a national point of view. The reason is that, without taking ecological
> considerations into account, wind and solar plants pay off if, and only if, their average
> cost is below the marginal cost of producing electricity from fossil fuels. Given that
> conventional plants are needed as buffers, their fixed costs cannot be spared. It is only
> their running hours, i.e., the marginal production costs including the direct energy
> cost that can be reduced by wind and solar power to the extent that this power is
> available.“[192]

Sepulveda et al gehen ähnlich wie Sinn davon aus, dass die fluktuierenden erneuerbaren Energien mit verlässlicheren Alternativen ergänzt werden müssen. Sie
stellen jedoch das Ziel der Dekarbonisierung in den Fokus und schließen in ihrer
Studie die Nutzung fossiler Energien als Option von vornherein aus, vielmehr
argumentieren sie, dass der kostengünstigste Dekarbonisierungs-Pfad derjenige
ist, bei dem fluktuierende Erneuerbare mit der Nutzung von Kernenergie oder
Carbon Capture and Storage (CCS) Technologien kombiniert werden.[193]
    Im Kontext Sinns Kritik gerät nicht der Braunkohleausstieg an sich mit
der Wirtschaftlichkeit in Konflikt, sondern die deutsche Strategie, den Ausbau
der erneuerbaren Energien durch fossile Backups abzusichern. Problematisch
ist also eher, dass die Verstromung fossiler Energieträger beibehalten wird.
Wenn es gelänge, ein nachhaltiges System, das nicht auf eine Absicherung
angewiesen ist, zu etablieren, wäre der Braunkohleausstieg folgerichtig und
auch wirtschaftlich sinnvoll. Die Analyse von Sepulveda et al zeigt, dass es

---

[191] Vgl., Sinn: „Buffering volatility: A study on the limits of Germany's energy revolution",
S. 137/138; Siehe auch: Helm: The Carbon Crunch. Revised and updated, S. 82–84.

[192] Ebd., S. 137, Betonungen im Original.

[193] Vgl., Sepulveda, Nestor A. u. a.: „The Role of Firm Low-Carbon Electricity Resources in
Deep Decarbonization of Power Generation", Joule 2/11 (2018), S. 2403–2420. Auch Sinn
diskutiert dies kurz: Vgl., Sinn: „Buffering volatility: A study on the limits of Germany's
energy revolution", S. 146/147.

neben fossilen Energieträgern auch Alternativen gibt, die für eine verlässliche und emissionsarme Energieversorgung sorgen können. Die Nutzung von sowohl CCS-Technologien als auch von Kernenergie stoßen jedoch, wie im vorherigen Abschnitt bereits erwähnt, insbesondere in Deutschland auf erhebliche Akzeptanzprobleme. Darüber hinaus ist insbesondere die CCS-Technologie noch nicht ausreichend erforscht und entwickelt, um sie im großen Maßstab anzuwenden. Außerdem ist sie mit erheblichen Risiken behaftet.[194] Aus diesen Gründen ist es fraglich, wie und ob diese Alternativen ausreichend schnell implementiert werden können, um die Energiewende wirtschaftlicher zu gestalten.[195]

Eine weitere Kostenquelle, die im transformierten Stromsystem befürchtet wird, sind **Stromimporte**. Unternehmensberater:innen von Oliver Wyman kommen in einer Analyse zu dem Ergebnis, dass Stromimporte, gerade nach der vollständigen Stilllegung aller Braunkohlekraftwerke nach 2038, zunehmen werden. Sie werden so lange auf einem hohen Niveau bleiben, bis Speichertechnologien ausgereift sind oder der Umstieg auf eine Wasserstoffwirtschaft gelungen ist.[196] Anders argumentieren Wissenschaftler:innen des DIW. Zwar gehen auch hier Expert:innen davon aus, dass ab 2030 vermehrt Strom nach Deutschland importiert werden muss. Allerdings wird hier die Ursache nicht darin gesehen, dass das Stromsystem auf erneuerbaren Energien basiert, sondern vielmehr darin, dass diese zu langsam ausgebaut werden, dass die Energiewende also nicht ambitioniert genug umgesetzt wird.[197]

Auch Vertreter:innen des Wuppertal Instituts gehen davon aus, dass eine zügigere Energiewende Stromimporte verhindert, anstatt sie zu verursachen:

„Damit so wenig wie möglich Atom- und Kohlestrom importiert werden muss, müssen die wichtigen Weichen für ein Gelingen der deutschen Energiewende gestellt werden: zügiger Ausbau der Erneuerbaren und, wo nötig, Netzkapazitäten und Flexibilitäten schaffen sowie Energieeffizienz stärker nutzen."[198]

---

[194] Vgl., Steigleder: „The Tasks of Climate Related Energy Ethics – The Example of Carbon Capture and Storage", S. 134–143.

[195] Vgl., Sinn: „Buffering volatility: A study on the limits of Germany's energy revolution", S. 146/147.

[196] Vgl., Stäglich, Jörg und Thomas Fritz: „Auswirkungen des Kohleausstiegs auf den deutschen Erzeugungsmarkt", Oliver Wyman, 2019. Siehe in diesem Zusammenhang auch die Diskussion zu Wasserstoff im sechsten Kapitel (Abschn. 6.2) dieser Arbeit.

[197] Vgl., Oei u. a.: „Klimaschutz statt Kohleschmutz: Woran es beim Kohleausstieg hakt und was zu tun ist", S. 12.

[198] Arens u. a.: „Die Debatte um den Klimaschutz. Mythen, Fakten, Argumente", S. 18.

Das Problem ist jedoch, dass, wie oben bereits deutlich wurde, diese Weichen aktuell noch nicht in ausreichender Art und Weise gestellt sind und es fraglich ist, ob dies in Zukunft geschehen wird, wohingegen der Kohle- und Atomausstieg mit großer Wahrscheinlichkeit in naher Zukunft eintreten werden.

An dieser Stelle muss aber noch einmal betont werden, dass Deutschland aktuell sehr viel Strom, insbesondere Braunkohlestrom, exportiert. Das heißt, dass der Kohleausstieg zunächst einmal durch eine Reduzierung der Exportaktivitäten ausgeglichen werden kann.[199] Darüber hinaus importiert Deutschland vor allem fossile Energieträger – hauptsächlich Mineralöle, darüber hinaus Erdgas, Steinkohle und Energieträger für die Kernenergie. Durch die Energiewende, die im Idealfall zu einem Energiesystem führt, das primär auf heimischen erneuerbaren Energien basiert, könnte hier mehr Unabhängigkeit vom Ausland erreicht werden.[200]

Um sowohl die Steigerung der Kosten durch teure Backup-Kapazitäten als auch durch die eventuelle Notwendigkeit von Stromimporten abzufedern, zeigt sich erneut, dass die Entwicklung von geeigneten Speichertechnologien besonders wichtig ist. Um insgesamt mehr erneuerbaren Strom im eigenen Land generieren zu können und so die obigen Kostenpunkte zu minimieren ist außerdem der Netz- und Anlagenausbau wichtig. Diese Aspekte bedeuten aber selbst wiederum, dass zusätzliche Kosten anfallen.

Damit die Energiewende gelingt, sind also **Investitionen** notwendig. Zum einen müssen die Möglichkeiten geschaffen werden, dass bereits vorhandene Innovationen (großflächiger) etabliert werden können. Dazu gehört zum Beispiel der Aus- und Umbau der Netzinfrastruktur und der Kraftwerksanlagen für erneuerbare Energien, das Implementieren einer Wasserstoffwirtschaft oder die Elektrifizierung des Verkehrs- und Wärmesektors.[201] Zum anderen müssen diese Prozesse gleichzeitig durch intensive Forschungsarbeit begleitet werden, für die

---

[199] Vgl., DIW Berlin, Wuppertal Institut, ecologic: „Phasing Out Coal in the German Energy Sector. Interdependencies, Challenges and Potential Solutions", Berlin, Wuppertal, 2019, S. 25.

[200] Vgl., Gerbert u. a.: „Klimapfade für Deutschland", S. 107–109; Radtke u. a.: „Die Energiewende in Deutschland – zwischen Partizipationschance und Verflechtungsfalle", S. 24; Sterchele u. a.: „Wege zu einem klimaneutralen Energiesystem". Die deutsche Energiewende im Kontext gesellschaftlicher Verhaltensweisen", S. 33.

[201] Vgl., Agora Energiewende, Stiftung 2°, Roland Berger: „Klimaneutralität 2050: Was die Industrie jetzt von der Politik braucht. Ergebnis eines Dialogs mit Industrieunternehmen", 2021, S. 19/20; Bundesministerium für Wirtschaft und Energie (BMWi): „Energieministertreffen legte Schwerpunkte auf Netzausbau und verstärkte Investitionen in Energiewende", *Bundesministerium für Wirtschaft und Klimaschutz (BMWK)*, 05.05.2020, https://www.bmwi.de/Redaktion/DE/Pressemitteilungen/2020/20200505-energieministertreffen-legte-schwerpunkte-auf-netzaubau-und-energiewende.html (zugegriffen am 23.02.2021); Gerbert u. a.: „Klimapfade für Deutschland", S. 17.

ebenfalls Gelder zur Verfügung gestellt werden müssen. Ziel dieser Forschung muss sein, bestehende Unsicherheiten zu beseitigen, politische Entscheidungen durch wissenschaftliche Erkenntnisse zu stützen und Fehlentscheidungen zu verhindern. Wichtig sind beispielsweise Umweltbilanzen (englisch: Life Cycle Assessment; LCA) von Kraftwerken oder E-Fahrzeugen, die Aufschluss darüber geben, wie viele Treibhausgasemissionen für ein Produkt über seinen gesamten Lebenszyklus betrachtet anfallen. Dies ist sinnvoll, weil oft lediglich die Emissionen, die während des *Gebrauchs* zweier Optionen anfallen, miteinander verglichen werden. Die Fahrt mit einem E-Auto, das mit Strom aus regenerativen Quellen geladen wurde, stößt zum Beispiel weniger CO_2 aus als ein herkömmlicher Benziner. Wenn nun aber der gesamte Lebenszyklus dieser beiden Fahrzeuge betrachtet wird – vom Bau, über den Gebrauch bis hin zur Entsorgung – kann sich dieses Urteil verschieben.[202] Da es stets wichtig ist, wie viel CO_2 *insgesamt* in die Atmosphäre gelangt, sind diese Erkenntnisse essenziell, um fundierte, kluge und letztlich erfolgsversprechende Entscheidungen treffen zu können. Auch die steten Verbesserungen von vorhandenen Technologien sollten einen Forschungsbereich darstellen.[203] Außerdem dürfen geistes- und gesellschaftswissenschaftliche Forschungsergebnisse hier nicht aus dem Blick geraten. Erkenntnisse über Bedingungen von Akzeptanz, Gerechtigkeitsaspekte, Funktionsweisen der Psyche oder auch wirtschaftliche Zusammenhänge müssen die naturwissenschaftliche und technische Forschung begleiten, wenn ein derartig herausforderndes gesamtgesellschaftliches Projekt wie die Energiewende gelingen soll.[204]

Zusätzlich zu dieser begleitenden Forschungsarbeit müssen Gelder für Grundlagenforschung und die Entwicklung neuer Technologien bereitgestellt werden.[205]

---

[202] Siehe beispielhaft: Ritthoff, Michael und Otto Schallaböck: „Ökobilanzierung der Elektromobilität. Themen und Stand der Forschung", Wuppertal: Wuppertal Institut, Modellregionen Elektromobilität, 2012.

[203] Als simples Beispiel wäre hier die Erkenntnis zu nennen, dass das Streichen eines Flügelblatts einer Windkraftanlage in schwarzer Farbe, den Vogelschlag deutlich verringern kann. Vgl., May, Roel u. a.: „Paint it black: Efficacy of increased wind turbine rotor blade visibility to reduce avian fatalities", *Ecology and Evolution* 10/16 (2020), S. 8927–8935.

[204] Vgl., Fischedick, Manfred, Katja Witte und Daniel Vallentin: „Die Energiewende – Zwischen Erfordernis und Ereignis", in: Kamlage, Jan-Hendrik und Steven Engler (Hrsg.): *Dezentral, partizipativ und kommunikativ – Zukunft der Energiewende*, Nordhausen: Traugott Bautz 2019, S. 35–55.

[205] Vgl., Agora Energiewende, Stiftung 2°, Roland Berger: „Klimaneutralität 2050: Was die Industrie jetzt von der Politik braucht. Ergebnis eines Dialogs mit Industrieunternehmen", S. 26.

Wie bereits deutlich wurde, fehlen uns schlicht bestimmte technische Voraussetzungen, um unser Energiesystem vollständig zu dekarbonisieren. Als besonders wichtig hat sich hier die Entwicklung von langfristigen Speicheroptionen für erneuerbare Energie herausgestellt. Denkbar in diesem Bereich sind aber auch neue Erkenntnisse zu Möglichkeiten der Kreislaufwirtschaft, CCS-Technologien und Ähnlichem.[206]

All dies kostet Geld. Die Bundesregierung geht davon aus, dass bis 2050 Investitionen von bis zu 550 Milliarden Euro notwendig sind. Das sind jährliche Zusatzinvestitionen von 0,5 % des Bruttoinlandprodukts (BIP).[207] Eine Studie, die im Auftrag des Bundesverbands der Deutschen Industrie (BDI) erstellt wurde, kommt zu dem Ergebnis, dass bis 2050 sogar Mehrinvestitionen von 1,5 bis 2,3 Billionen Euro nötig sind. Das sind jährlich 1,2 bis 1,8 % des deutschen BIP.[208]

Die Denkfabrik Agora Energiewende verweist in diesem Kontext darauf, dass die Berechnungen von *Mehr*investitionen, ausgehend von einem Business-As-Usual-Szenario irreführend sind, da ein solches angesichts des drohenden Klimawandels keine erstrebenswerte Option darstellt. Vielmehr sind heutige Investitionen unumgänglich, um nachhaltige Systeme zu etablieren und so eine lebenswerte Zukunft zu gestalten. Investitionen sind aus dieser Perspektive also keine Zusatzkosten, sondern verhindern, dass die Kosten des Klimawandels langfristig untragbar werden.[209] Dies ist ein sehr wichtiger Hinweis. Investitionen in Klimaschutzmaßnahmen sollten nicht in Relation zum Status Quo verrechnet werden, sondern in Bezug auf ein Szenario eines ungebremsten oder nicht ausreichend gebremsten Klimawandels. Die verschiedenartigen Kosten, die in einem solchen Szenario drohen, sind um ein Vielfaches höher als heutige Investitionen

---

[206] Als Kreislaufwirtschaft wird eine Wirtschaftsform bezeichnet, die darauf ausgelegt ist, Wertstoffe in einem Kreislauf zu verwenden, anstatt sie nach dem Gebrauch eines Produkts zu entsorgen. Dafür müssen Techniken, Infrastrukturen und nicht zuletzt geeignet konzipierte Produkte entwickelt werden. Vgl., Agora Energiewende Stiftung 2°, Roland Berger: „Klimaneutralität 2050: Was die Industrie jetzt von der Politik braucht. Ergebnis eines Dialogs mit Industrieunternehmen", S. 21–23. Siehe auch: Gates: Wie wir die Klimakatastrophe verhindern. Welche Lösungen es gibt und welche Fortschritte nötig sind, S. 229–231, S. 249–253.

[207] Vgl., Bundesregierung: „Was bringt, was kostet die Energiewende", ohne Datum, https://www.bundesregierung.de/breg-de/themen/energiewende/was-bringt-was-kostet-die-energiewende-394146 (zugegriffen am 24.02.2022).

[208] Vgl., Gerbert u. a.: „Klimapfade für Deutschland", S. 7, S. 12/13, S. 85–89.

[209] Vgl., Prognos, Öko-Institut, Wuppertal-Institut: „Klimaneutrales Deutschland. Zusammenfassung im Auftrag von Agora Energiewende, Agora Verkehrswende und Stiftung Klimaneutralität", 2020, S. 8–10.

in Klimaschutzmaßnahmen – vorausgesetzt diese entfalten einen ausreichenden Effekt.[210]

Wichtig zu beachten ist auch, dass das privatwirtschaftliche Investitionsverhalten durch staatliches Handeln beeinflusst werden kann. Zum Beispiel kann durch Marktmechanismen, wie eine CO_2-Bepreisung, dafür gesorgt werden, dass sich Investitionen in herkömmliche Energiesysteme nicht mehr lohnen[211] und vermehrt Gelder in nachhaltige Technologien und Prozesse fließen.[212] Auch das staatliche Investitionsverhalten selbst kann weitere private Investitionen nach sich ziehen und so die Effekte der eigenen Investitionen verstärken.[213]

Im Kontext von Investitionen hat der Staat also mehrere Aufgaben. Zunächst muss er ausreichend Gelder aus seinem eigenen Haushalt für den Ausbau von Infrastrukturen und Forschung und Entwicklung bereitstellen. Hierzu gehört auch, geeignete Prozesse zu finden, die die Gelder an die gewinnbringendsten Projekte und Vorhaben vergeben. Außerdem muss er die wirtschaftlichen Rahmenbedingungen so setzen, dass sich auch private Investor:innen zunehmend dazu entscheiden, Geld in nachhaltige Optionen zu investieren.[214] Problematisch ist aktuell, dass sich Investitionen in nicht-nachhaltige Technologien nicht

---

[210] Vgl., Khan, Matthew E. u. a.: „Long-Term Macroeconomic Effects of Climate Change: A Cross-Country Analysis", International Monetary Fund, 2019; Kikstra, Jarmo S. u. a.: „The social cost of carbon dioxide under climate-economy feedbacks and temperature variability", *Environmental Research Letters* 16/9 (2021), S. 1–33; Shindell, Drew u. a.: „Temporal and spatial distribution of health, labor, and crop benefits of climate change mitigation in the United States", *Proceedings of the National Academy of Sciences (PNAS)* 118/46 (2021), S. 1–8.

[211] Vgl., Rueter, Gero: „Kohle wird unrentabel, Solar und Wind gewinnen", *DW*, 13.08.2020, https://p.dw.com/p/3eBK9 (zugegriffen am 24.02.2022). Siehe in diesem Zusammenhang auch Abschnitt 6.3 dieser Arbeit.

[212] Vgl., Handelsblatt: „Mehr als nur grüne Geldanlage", 23.01.2020, https://www.handel sblatt.com/adv/financetoday/nachhaltig-investieren-mehr-als-nur-gruene-geldanlage/254 31036.html (zugegriffen am 23.02.2022); Europäische Kommission: „Mitteilung der Kommission an das Europäische Parlament, den Europäischen Rat, den Rat, die Europäische Zentralbank, den Europäischen Wirtschafts- und Sozialausschuss und den Ausschuss der Regionen. Aktionsplan: Finanzierung nachhaltigen Wachstums", 08.03.2018.

[213] Vgl., Belitz, Heike u. a.: „Öffentliche Investitionen als Triebkraft privatwirtschaftlicher Investitionstätigkeit", Berlin: Deutsches Institut für Wirtschaftsforschung (DIW), 2020, S. 6–22; Dreger, Christian und Hans-Eggert Reimers: „Welcher Zusammenhang besteht zwischen öffentlichen und privaten Investitionen?", *DIW Wochenbericht* 18 (2016), S. 404–411.

[214] Vgl., Agora Energiewende, Stiftung 2°, Roland Berger: „Klimaneutralität 2050: Was die Industrie jetzt von der Politik braucht. Ergebnis eines Dialogs mit Industrieunternehmen", S. 11.

mehr lohnen, während sich Investitionen in nachhaltige Technologien noch nicht auszahlen.[215]

Zum Schluss möchte ich auf zwei Kostenpunkte eingehen, die direkt durch den beschlossenen Kohleausstieg verursacht werden.

Im Zuge der Beschlüsse zur Beendigung der Kohleverstromung wurde auch vereinbart, dass zum einen die vom Kohleausstieg betroffenen Regionen **Gelder zur Bewältigung des Strukturwandels** erhalten. Diese Zahlungen können sich insgesamt auf bis zu 14 Milliarden Euro bis 2038 belaufen. Zusätzlich werden auch über den Bund *„Maßnahmen zugunsten der Braunkohleregionen"* finanziert. Diese Leistungen belaufen sich auf bis zu 26 Milliarden Euro bis 2038.[216] Von den insgesamt zur Verfügung stehenden 40 Milliarden Euro erhält NRW 14,8 Milliarden.[217] Zum anderen erhalten betroffene Kraftwerksbetreiber **Entschädigungszahlungen**. Für RWE im Rheinischen Revier belaufen sich diese auf 2,6 Milliarden Euro. Die ostdeutschen Betreiber erhalten 1,75 Milliarden Euro.[218] Insbesondere letztere Kostenpunkte sind umstritten. Müssen die betroffenen Unternehmen tatsächlich dafür entschädigt werden, dass sie gezwungen werden, rentable Kraftwerke abzuschalten, oder wäre die Energiegewinnung durch die Verbrennung von Kohle in einigen Jahren, aufgrund der CO_2-Bepreisung beispielsweise, sowieso unwirtschaftlich geworden?[219]

---

[215] Vgl., ebd., S. 8, S. 11, S. 31.

[216] Vgl., Presse- und Informationsamt der Bundesregierung (BPA): „Bund-/Länder-Einigung zum Kohleausstieg", *Die Bundesregierung*, 16.01.2020, https://www.bundesregierung.de/breg-de/themen/buerokratieabbau/bund-laender-einigung-zum-kohleausstieg-1712774 (zugegriffen am 23.02.2022).

[217] Vgl., Höning/Marschall: „NRW erhält 15 Milliarden für Kohle-Reviere"; Landesregierung Nordrhein-Westfalen: „Nordrhein-Westfalen begrüßt Beschluss der Gesetze zum Kohleausstieg", 03.07.2020, https://www.land.nrw/de/pressemitteilung/nordrhein-westfalen-beg ruesst-beschluss-der-gesetze-zum-kohleausstieg (zugegriffen am 24.02.2022).

[218] Vgl., Wacket, Markus u. a.: „Kohleausstieg kostet Steuerzahler Milliardensummen", *Reuters*, 16.01.2020, https://www.reuters.com/article/deutschland-energie-kohlekommiss ion-idDEKBN1ZF0JA (zugegriffen am 24.02.2022).

[219] Siehe zum Beispiel: Götze, Susanne: „Der vergoldete Kohleausstieg", *Spiegel Wissenschaft*, 24.06.2020, https://www.spiegel.de/wissenschaft/mensch/milliarden-fuer-kohle-kon zerne-der-vergoldete-kohle-exit-a-c25df9ad-3895-4d5d-bb96-cdf1be3d25bd (zugegriffen am 23.02.2022); Schrems, Isabel und Swantje Fiedler: „Wozu so viel Entschädigung für die Braunkohle?", *klimareporter°*, 06.02.2020, https://www.klimareporter.de/deutschland/ wozu-so-viel-entschaedigung-fuer-die-braunkohle (zugegriffen am 24.02.2022); Wacket u. a.: „Kohleausstieg kostet Steuerzahler Milliardensummen"; Zaremba, Nora Marie und Jakob Schlandt: „Was kostet der Kohleausstieg?", *Der Tagesspiegel*, 29.01.2019, https:// www.tagesspiegel.de/wirtschaft/energiewende-was-kostet-der-kohleausstieg/23920412. html (zugegriffen am 24.02.2022); energiezukunft: „Zweifelhafte Milliarden für RWE und

Ich möchte an dieser Stelle nicht weiter auf die Debatte, ob und welche Zahlungen den Unternehmen und Regionen zustehen, eingehen. Dass diese Beträge gezahlt werden, ist politisch beschlossen. Eine Änderung oder Rücknahme dieser Versprechungen wäre weder realistisch noch sinnvoll, da dies höchstwahrscheinlich Unmut und Unverständnis mit unabsehbaren politischen Konsequenzen provozieren würde.

Konsequenzen steigender Kosten
Nun stellt sich möglicherweise die Frage, warum steigende Kosten durch die Energiewende problematisch sind. Wenn der Umstieg auf erneuerbare Energien ein gewünschtes Ziel ist und die Erreichung dieses Ziels nun einmal eine bestimmte Summe kostet, sollten wir uns dies als reiche Gesellschaft nicht einfach leisten? Sollten wir die steigenden Kosten nicht hinnehmen, wenn dadurch der Klimawandel begrenzt werden kann?

Um aufzuzeigen, welche Problematiken sich aus einer durch die Energiewende verursachte Kostensteigerung ergeben können, möchte ich nun noch detaillierter auf die Konsequenzen steigender Kosten eingehen. Steigen die Kosten der Energiegewinnung steigen auch die **Strompreise**.[220] Diese liegen in Deutschland für Haushalte bereits 45 % über dem europäischen Durchschnitt. Die Gründe dafür sind vor allem höhere Umlagen und höhere Steuern.[221]

Im Rahmen der Verhandlungen der sogenannten Kohlekommission legten der Bundesverband der Deutschen Industrie (BDI) und der Deutsche Industrie- und Handelskammertag (DIHK) eine Kurzstudie vor, in der Zusatzkosten von bis zu 54 Milliarden Euro durch den Kohleausstieg prognostiziert wurden. Diese

---

LEAG", 02.07.2020, https://www.energiezukunft.eu/politik/zweifelhafte-milliarden-fuer-rwe-und-leag/ (zugegriffen am 24.02.2022).

[220] Ich konzentriere mich im Folgenden wieder auf den Stromsektor. Durch höhere Kosten der Energiewende steigen aber u. U. auch die Preise für Elemente der Sektoren Wärme und Verkehr.

[221] Vgl., Epkes, Matthias: „Steigende Energiepreise – Haushalte zahlen Großteil der Energiewende", *Energieverbraucherportal*, 01.10.2019, https://www.energieverbraucherportal. de/energie-magazin/politik/politik-detail/steigende-energiepreise-haushalte-zahlen-grosst eil-der-energiewende (zugegriffen am 23.02.2022); Möst u. a.: „Märkte und Regulierung der Elektrizitätswirtschaft", S. 164–166; Sinn: „Buffering volatility: A study on the limits of Germany's energy revolution", S. 137; Vahlenkamp u. a.: „Energiewende am Scheideweg", S. 4.
Für einen Überblick, wie sich der Strompreis in Deutschland zusammensetzt siehe: Möst u. a.: „Märkte und Regulierung der Elektrizitätswirtschaft", S. 159–162.

würde vor allem die Stromkund:innen stark belasten.[222] Diese Studie wurde aufgrund zu drastischer und unrealistischer Annahmen kritisiert. Beispielsweise wurde angenommen, dass die Gaspreise ansteigen, während es kaum zu Ausbau der erneuerbaren Energien kommt. Des Weiteren wird zwar ein negatives Szenario diskutiert, jedoch keine Untersuchung möglicher Chancen des Kohleausstiegs vorgenommen. Ein solches kann nämlich auch ergeben, dass ein beschleunigter Kohleausstieg preissenkende Effekte entfalten kann.[223]

Ein differenzierteres Bild ergibt sich aus einer Untersuchung der Unternehmensberatung Oliver Wyman. Die Autor:innen sagen Preissprünge in den Ausstiegsjahren 2022 bis 2038 voraus, die 2021 und 2022 durch den Atomausstieg noch einmal verschärft werden. Sie halten einen Preisanstieg von über 65 Euro pro Megawattstunde für möglich. Langfristig wird der Kohleausstieg aber keinen nennenswerten Effekt auf die Strompreise haben, die sich nach der Ausstiegszeit wieder stabilisieren werden.[224]

Höhere Strompreise sind zunächst einmal nachteilig für die Industrie.[225] Vor allem Unternehmen der energieintensiven Industrien (Papier, Chemie, Aluminium, Automobilzulieferer, Glas, …) sind auf günstigen Strom angewiesen und können durch steigende Strompreise in ihrer **Wettbewerbsfähigkeit** gefährdet werden.[226] Hinzukommt die Gefahr der instabilen Versorgungssicherheit, die ich im vorherigen Abschnitt dargelegt habe. Dort habe ich vor allem

---

[222] Vgl., Aurora Energy Research: „Auswirkungen der Schließung von Kohlekraftwerken auf den deutschen Strommarkt. Analyse im Auftrag des BDI und des DIHK", 2019; Siehe auch: Zeit Online: „Wirtschaft fordert Milliardenzuschüsse wegen steigender Strompreise", ohne Datum, https://www.zeit.de/wirtschaft/2019-01/kohleausstieg-steigende-strompreise-haushalte-unternehmen-bdi-energiewende (zugegriffen am 24.02.2022).

[223] Vgl., Rueter, Gero: „Täuschen Industrieverbände Kohlekommission und Öffentlichkeit?", *DW*, 25.01.2019, https://p.dw.com/p/3CBZY (zugegriffen am 24.02.2022).

[224] Vgl., Stäglich/Fritz: „Auswirkungen des Kohleausstiegs auf den deutschen Erzeugungsmarkt"; Siehe auch: Gerbert u. a.: „Klimapfade für Deutschland", S. 95.

[225] Vgl., Energiewirtschaftliches Institut an der Universität zu Köln (EWI): „Stromkosten der NE-Metallindustrie – Eine Sensivitätsanalyse. Im Auftrag von WirtschaftsVereinigung Metalle e. V.", Köln, 2019; Lutz, Christian u. a.: „Wettbewerbsfähigkeit und Energiekosten der Industrie im internationalen Vergleich", GWS, Ecofys, Fraunhofer-ISI, 2015; Verband der Industriellen Energie- & Kraftwirtschaft: „VIK-Position zur Abschaffung der EEG-Umlage", Berlin, 2022.

[226] Vgl., Kohler, Stephan, Stella Matsoukas und Ralph Diermann: „Die Energiewende – das neue System gestalten. Das deutsche Energiesystem im Jahr 2050: klimafreundlich, sicher und wirtschaftlich. Die Deutsche Energie-Agentur GmbH (dena) skizziert den Weg.", Deutsche Energie-Agentur (dena), 2013, S. 40/41; Vahlenkamp u. a.: „Energiewende am Scheideweg", S. 5. Für die ethische Relevanz der Wettbewerbsfähigkeit siehe Kapitel 3 in dieser Arbeit.

argumentiert, dass eine gesicherte Energieversorgung relevant für die Aufrechterhaltung grundlegender Rechte von Menschen ist. An dieser Stelle kommt zum Tragen, dass insbesondere energieintensive Unternehmen auf eine zuverlässige Energieversorgung angewiesen sind.[227]

Insbesondere die Braunkohleverstromung war für diese Unternehmen bisher ein Garant für die Bereitstellung von sicherem und günstigem Strom. Aufgrund des Braunkohleausstiegs und der Unsicherheiten bezüglich möglicher Konsequenzen wie der mangelnden Versorgungssicherheit und steigender Preise wird Deutschland als Wirtschaftsstandort unattraktiver für diese Unternehmen.[228] Hier besteht also nicht nur die Gefahr, dass vereinzelte Unternehmen nicht mehr rentabel wirtschaften können, sondern auch die, dass ganze Industriezweige abwandern. Wenn energieintensive Industrien ihren Standort von Deutschland in andere Staaten mit für sie günstigeren Bedingungen verlegen, hat das aber erstens keinen positiven Effekt auf das Klima, da es egal ist, wo genau anfallende Treibhausgase ausgestoßen werden (der Effekt der Emissionsverlagerung wird auch als „carbon leakage" bezeichnet[229]) und zweitens schadet dies der Wettbewerbsfähigkeit Deutschlands.[230]

Auch die Denkfabrik Agora Energiewende erkennt Gefahren für die Wettbewerbsfähigkeit von Unternehmen im Zuge der Energiewende. Diese sollte aber unbedingt bewahrt werden, was unter bestimmten Bedingungen auch möglich sei.[231]

---

[227] Vgl., Eckert: „Gehen nach der Energiewende in Deutschland die Lichter aus?"; Küpper, Moritz: „Versorgungssicherheit/ Firmen fürchten die Energiewende", *Deutschlandfunk*, 24.04.2019, https://www.deutschlandfunk.de/versorgungssicherheit-firmen-fuerchten-die-energiewende.1773.de.html?dram:article_id=447012 (zugegriffen am 23.02.2022).

[228] Vgl., Bundesverband der Deutschen Industrie (BDI): „Auf Kosten der Industrie kann die Energiewende nicht gelingen", 11.03.2019, https://bdi.eu/artikel/news/mit-einer-starken-wir tschaft-durch-die-energiewende/ (zugegriffen am 23.02.2022).

[229] Vgl., Zenke, Ines: „Carbon Leakage", *Gabler Wirtschaftslexikon*, ohne Datum, https://wir tschaftslexikon.gabler.de/definition/carbon-leakage-54393 (zugegriffen am 22.02.2022).

[230] Siehe zum Thema Industrie und Energiewende auch: Bundesverband der Deutschen Industrie (BDI), Deutsche Energie-Agentur (dena), Energiesystem der Zukunft (ESYS): „Presseinformation. Energiewendestudien: Jetzt langfristige Rahmenbedingungen gestalten und technologieoffene Anreize setzen", 20.02.2019. Siehe im Zusammenhang der Bedeutung der Wettbewerbsfähigkeit auch Kapitel 4 dieser Arbeit.

[231] Vgl., Agora Energiewende, Stiftung 2°, Roland Berger: „Klimaneutralität 2050: Was die Industrie jetzt von der Politik braucht. Ergebnis eines Dialogs mit Industrieunternehmen", S. 13.

„Klimaschutz, industrielle Transformation und wirtschaftlicher Erfolg können bei passenden politisch-ökonomischen Rahmenbedingungen Hand in Hand gehen."[232]

Um dies zu erreichen ist laut den Autor:innen ein *„Instrumentenmix entlang der industriellen Wertschöpfungskette"* notwendig.[233] Dazu gehören der Ausbau der erneuerbaren Energien, der Ausbau der entsprechenden Infrastruktur, Importkooperationen und die Etablierung einer Wasserstoff- und Kreislaufwirtschaft, um den Zugang zu ausreichend und günstiger regenerativer Energie zu gewährleisten.[234] Außerdem sind ökonomische Maßnahmen erforderlich, die den EU-Emissionshandel ergänzen und das Phänomen des carbon leakage verhindern können.[235] Darüber hinaus müssen sich Investitionen in nachhaltige Produkte und Technologien lohnen und deren Nachfrage gesteigert werden. Dies kann zum Beispiel durch die Implementierung von Labeln, der Fokussierung auf Nachhaltigkeit bei der öffentlichen Beschaffung und Änderungen bestimmter Regularien erreicht werden.[236]

Es bleibt jedoch fraglich, ob und wenn ja wie schnell ein derartig umfangreicher Instrumentenmix wirksam implementiert werden kann. Auf einige Aspekte wie die Etablierung einer Wasserstoffwirtschaft und marktwirtschaftliche Instrumente wie die CO_2-Bepreisung gehe ich im nachfolgenden sechsten Kapitel noch einmal detaillierter ein.

Durch steigende Strompreise können nicht nur Wirtschaftsunternehmen negativ betroffen sein. Auch Privathaushalte müssen unter Umständen mehr für die Nutzung von Strom aufbringen. Daraus ergibt sich auch ein moralisches Problem in Form eines Konflikts zwischen Klima- und **Energiegerechtigkeit**. Innerhalb von Industriestaaten ist ein energieintensiver Lebensstil unvermeidbar. Der eingeschränkte Zugang zu Energie in Form von Strom oder Mobilität wäre in allen Lebensbereichen nachteilig. André Schaffrin, Christian Smigiel und Katrin Großmann schreiben in ihrer Einleitung zu einem von ihnen herausgegebenen Sammelband zum Thema „Energie und soziale Ungleichheit":

„Energie ist eine materielle Ressource, die soziale Praktiken und soziale Teilhabe ermöglicht. Sie ist darüber hinaus ein Element der Grunddaseinsvorsorge,

---

[232] Ebd., S. 8.

[233] Vgl., ebd., S. 15.

[234] Vgl., ebd., S. 15, S. 17–23.

[235] Vgl., ebd., S. 15, S. 23/24.

[236] Vgl., ebd., S. 15, S. 25, S. 27–29.

dessen Bedeutung auch aufgrund zunehmender Technisierung und Beschleunigung alltäglicher Lebenswelten zunimmt. "[237]

Wenn die Energiepreise stark ansteigen droht ein Szenario, in dem nur noch wohlhabendere Menschen problemlos Zugang zu Energie finanzieren können und somit am gesellschaftlichen Leben partizipieren können.[238] Vorstellbar ist, dass manche Menschen schlicht Strom bzw. Energie sparen müssen, da er ihnen zu teuer ist. Dies kann dann darin resultieren, dass sie auf die Nutzung elektrisch betriebener technischer Geräte, wie Fernseher, Mobiltelefone oder Computer verzichten. Alternativ könnte der Fall eintreten, dass einige Menschen so viel ihres Budgets für ihre Energieversorgung ausgeben müssen, dass sie sich andere Formen der gesellschaftlichen Teilhabe nicht mehr leisten können. Eine solche Entwicklung wäre ungerecht und würde sich vermutlich sehr nachteilig auf den gesellschaftlichen Frieden auswirken.[239]

Bezogen auf die Theorie Gewirths[240] sind in einem solchen Szenario vor allem Nichtverminderungs- und Zuwachsgüter betroffen, da sich der Erhalt sowie die Erweiterung des Wohlergehens durch einen eingeschränkten Zugang zu Energie schwierig gestaltet. Beispielsweise wird der Zugang zu Bildung und/oder Erwerbsarbeit erschwert, wenn bestimmte technische Geräte nicht zur Verfügung stehen oder die Fortbewegung eingeschränkt ist. In einigen extremen Fällen, wenn zum Beispiel nicht mehr ausreichend geheizt oder gekocht werden kann, sind ebenfalls Elementargüter betroffen. Zu betonen ist außerdem die Betroffenheit

---

[237] Schaffrin, André, Christian Smigiel und Katrin Großmann: „Energie und soziale Ungleichheit in Deutschland und Europa – eine Einführung", in: Großmann, Katrin, André Schaffrin und Christian Smigiel (Hrsg.): *Energie und soziale Ungleichheit. Zur gesellschaftlichen Dimension der Energiewende in Deutschland und Europa*, Wiesbaden: Springer VS 2017, S. 1–26, hier S. 4.

[238] An dieser Stelle muss der Vollständigkeit halber erwähnt werden, dass Energiearmut aus einem Zusammenspiel verschiedener Faktoren entsteht, dazu gehört auch aber nicht ausschließlich die Höhe der Energiepreise. (Siehe zum Beispiel: Bouzarovski, Stefan: „Geographies of energy poverty and vulnerability in the European Union", in: Großmann, Katrin, André Schaffrin und Christian Smigiel: *Energie und soziale Ungleichheit. Zur gesellschaftlichen Dimension der Energiewende in Deutschland und Europa*, Wiesbaden: Springer VS 2017, S. 29–53; Großmann, Katrin: „Energiearmut als multiple Deprivation vor dem Hintergrund diskriminierender Systeme", in: Großmann, Katrin, André Schaffrin und Christian Smigiel (Hrsg.): *Energie und soziale Ungleichheit. Zur gesellschaftlichen Dimension der Energiewende in Deutschland und Europa*, Wiesbaden: Springer VS 2017, S. 55–78.

[239] Vgl., Kopatz, Michael: Energiewende. Aber fair! Wie sich die Energiezukunft sozial tragfähig gestalten lässt, München: oekom 2013, siehe insbesondere S. 40–50, S. 62/63, S. 202/203. Siehe auch Abschnitt 5.2 dieser Arbeit.

[240] Siehe hierzu Abschnitt 1.1 dieser Arbeit.

des Guts der Freiheit, denn durch einen eingeschränkten Zugang zu Energie sind auch Formen der Partizipation, Bewegungsfreiheit und Mobilität erschwert.

Es lässt sich nun argumentieren, dass durch den Klimawandel in erster Linie Elementargüter gefährdet sind und daher steigende Energiekosten durch Klimaschutzmaßnahmen gerechtfertigt sind, da durch letzteres zunächst einmal Nichtverminderungs- und Zuwachsgüter betroffen sind. Der Verweis darauf, dass der Klimawandel – insbesondere aus einer globalen Perspektive heraus – vor allem grundlegende Rechte gefährdet ist wichtig, um das dringende moralische Handlungsgebot in diesem Kontext herzuleiten. Dies habe ich im zweiten Kapitel dieser Arbeit ausführlich dargelegt. Auf Basis dessen sämtliche Rechtseingriffe zu rechtfertigen, die keine grundlegenden Rechte betreffen, greift jedoch zu kurz. Durch die hier betrachteten Preissteigerungen beispielsweise sind vor allem ärmere Menschen in Industriestaaten betroffen und somit in ihren Rechten eingeschränkt bzw. verletzt. Hier muss im Sinne der Gerechtigkeit *innerhalb* der industrialisierten Gesellschaft also auch ein Vergleich zwischen allen, die von der Preissteigerung betroffen sind, vorgenommen werden. Es ist nicht ersichtlich, warum gerade weniger privilegierte Menschen zuvorderst unter Klimaschutzmaßnahmen leiden sollten, wenn Bevölkerungsteile existieren, die über weitaus mehr Ressourcen und Möglichkeiten verfügen, Verantwortung in diesem Kontext zu übernehmen.[241]

Ein Szenario, in dem vor allem arme Menschen durch Preissteigerungen negativ in ihren konstitutiven Rechten betroffen sind, wohingegen reichere Menschen dies nicht sind, sollte also aus Gründen der Gerechtigkeit vermieden werden. Fraglich bleibt, ob ein solches Worst-Case-Szenario überhaupt zutreffend ist. Im nächsten Abschnitt werde ich daher auf mögliche positive Auswirkungen der Energiewende eingehen.

Positive Auswirkungen der Energiewende
Nachdem ich nun dezidiert auf mögliche Kostensteigerungen durch die Energiewende und den Kohleausstieg und die entsprechenden Konsequenzen eingegangen bin, möchte ich abschließend noch auf einige Argumentationen eingehen, die zeigen, dass die Energiewende und der Kohleausstieg keinen wirtschaftlichen Nachteil bedeuten müssen.

Matthes et al weisen in einer Studie des Öko-Instituts darauf hin, dass davon auszugehen sei, dass der Kohleausstieg isoliert betrachtet keinen allzu starken Effekt auf die Stromkosten haben wird. Die Preisentwicklungen auf dem

---

[241] Siehe in diesem Kontext auch Shues Prioritätenansatz in Kapitel 1 und die Ausführungen zum Fähigkeitenansatz in Kapitel 2.

Strommarkt sollten aber immer in einem größeren Kontext betrachtet werden, da hier mehrere Faktoren ausschlaggebend sind.[242] Im Folgenden werde ich mich also auf die Frage konzentrieren, wie die gesamte Energiewende positive wirtschaftliche Effekte entfalten kann.

Bereits 2011 veröffentlichte Germanwatch die Analyse „Warum sich die Energiewende rechnet".[243] Die Autor:innen gehen darin auch auf die oben beschriebenen Kosten ein. Sie klassifizieren Ausgleichs- und Regulierungskosten – also die Kosten, die laut Sinn durch die Backup-Funktion fossiler Energiequellen entstehen, Personal- und Verwaltungskosten durch einen größeren bürokratischen Aufwand der erneuerbaren Energien und Kosten, die durch den Netzausbau entstehen, als indirekte Kosten des Ausbaus der erneuerbaren Energien.[244]

Den Grund für steigende Strompreise sehen sie aber eher darin, dass fossile Rohstoffe wie Öl, Kohle und Gas teurer werden. Die Beschaffungskosten dieser machen im Gegensatz zur EEG-Umlage[245] einen relativ großen Teil des Strompreises aus.[246] Die erneuerbaren Energien haben hingegen durch den Merit-Order-Effekt eine preissenkende Wirkung.[247] Die Merit-Order ist die Reihenfolge, in der Kraftwerke in das Stromnetz einspeisen. Begonnen wird mit denjenigen, die die niedrigsten Grenzkosten aufweisen. Danach werden Kraftwerke in aufsteigender Reihenfolge der Grenzkosten zugeschaltet, bis die Nachfrage gedeckt ist. Die Grenzkosten ergeben sich durch die Summe der pro erzeugten elektrischen Megawattstunde entstehenden Kosten.[248] Sie „(...)

---

[242] Vgl., Matthes, Felix Chr., Hauke Hermann und Vanessa Cook: „Strompreis- und Stromkosteneffekte eines geordneten Ausstiegs aus der Kohleverstromung", Öko-Institut, 2019.

[243] Tietjen, Oliver u. a.: „Warum sich die Energiewende rechnet. Eine Analyse von Kosten und Nutzen der erneuerbaren Energien in Deutschland", Germanwatch, 2011.

[244] Vgl., ebd., S. 15.

[245] Für einen groben Überblick über die Inhalte und Funktionsweisen des EEG siehe die entsprechenden Ausführungen im Teilkapitel „Klimaschutz" weiter oben.

[246] Vgl., Tietjen u. a.: „Warum sich die Energiewende rechnet. Eine Analyse von Kosten und Nutzen der erneuerbaren Energien in Deutschland", S. 9.

[247] Vgl., ebd., S. 11.

[248] Vgl., Dossow, Patrick und Serafin von Roon: „Merit Order der konventionellen Kraftwerke in Deutschland (2018)", *Forschungsgesellschaft für Energiewirtschaft mbH (FfE)*, 18.01.2019, https://www.ffegmbh.de/aktuelles/veroeffentlichungen-und-fachvortraege/ 828-merit-order-der-konventionellen-kraftwerke-in-deutschland-2018 (zugegriffen am 21.02.2022).

beschreiben die Kosten, welche durch die Produktion einer zusätzlichen Mengeneinheit eines Produktes entstehen. "[249] Der Börsenstrompreis orientiert sich dann an dem Kraftwerk mit den höchsten Grenzkosten, das zur Befriedigung der Nachfrage noch notwendig war. Wichtig zu beachten ist, dass die Merit-Order ein Erklärungsmodell für den Börsenstrompreis und keine gesetzliche Regelung ist.[250] Als Merit-Order-Effekt wird vor diesem Hintergrund das Phänomen bezeichnet, dass Kraftwerke mit geringen Grenzkosten andere mit hohen Grenzkosten aus dem Markt verdrängen und so den Börsenstrompreis senken.[251]

Erneuerbare Energien werden zunächst einmal unabhängig von der Merit-Order vorrangig aufgrund des Einspeisevorrangs berücksichtigt.[252] Gleichzeitig weisen erneuerbare Energien aber auch geringe Grenzkosten auf. Sie würden in der Merit-Order ganz zu Anfang stehen. So verdrängen sie Kraftwerke mit höheren Grenzkosten, die in der Merit-Order zuletzt stehen und den Preis bestimmen würden. Anders ausgedrückt: Es ist gesetzlich festgelegt, dass Strom aus erneuerbaren Energien vorrangig in das Netz eingespeist wird. Diese bevorzugten Kraftwerke weisen gleichzeitig geringe Grenzkosten auf. Also ist das Kraftwerk, das ausschlaggebend für den Börsenstrompreis ist, weiterhin ein fossiles. Da aber die obligatorischen Kapazitäten aus den regenerativen Kraftwerken zwangsläufig andere Kapazitäten verdrängen, fallen der Logik der Merit-Order zufolge, diejenigen Kraftwerke mit den höchsten Grenzkosten weg. Der Börsenstrompreis orientiert sich dann also an einem weniger teuren fossilen Kraftwerk.[253]

---

[249] Möst u. a.: „Märkte und Regulierung der Elektrizitätswirtschaft", S. 137.

[250] Vgl., next: „Was bedeutet Merit-Order?", ohne Datum, https://www.next-kraftwerke.de/wissen/merit-order (zugegriffen am 24.02.2022).

[251] Vgl., Genoese, Massimo: „Merit-Order Effekt", *Gabler Wirtschaftslexikon*, ohne Datum, https://wirtschaftslexikon.gabler.de/definition/merit-order-effekt-53696/version-276766 (zugegriffen am 21.02.2022); Möst u. a.: „Märkte und Regulierung der Elektrizitätswirtschaft", S. 139.

[252] Vgl., IASS Potsdam, Plattform Energiewende TPEC: „Warum wird Regenerativstrom vorrangig abgenommen?", 2012. Siehe auch die Erläuterungen zum EEG weiter oben im Teilkapitel „Klimaschutz".

[253] Es stellt sich hier möglicherweise die Frage, warum der Einspeisevorrang gesetzlich festgeschrieben wird, wenn EE-Anlagen in der Merit-Order zuvorderst stehen und somit nach der Logik des Strommarkts sowieso als erste in das Stromnetz einspeisen dürften. Die Notwendigkeit eines gesetzlichen Einspeisevorrangs ergibt sich aus folgenden Gründen: Die Merit-Order ist im Gegensatz zum EEG eben kein Gesetz, sondern ein ökonomisches Erklärungsmodell, das heißt, es ist durchaus möglich, dass der Einspeisevorrang gelegentlich auch nach anderen oder ergänzenden Logiken verläuft. Modelle spiegeln nicht unbedingt die gesamte Realität wider. Da die etablierten Strommarkt-Akteure kein Interesse daran

Hier muss kritisch angemerkt werden, dass dies gleichzeitig verursacht, dass die EEG-Umlage steigt. Wie oben beschrieben, dient diese dazu, die Differenz zwischen dem erzielten Börsenstrompreis und der garantierten Fördersumme auszugleichen. Ein niedrigerer Börsenstrompreis bedeutet, dass diese Differenz größer wird und somit die EEG-Umlage steigt, was sich wiederrum auf den Strompreis auswirkt.[254]

In der Studie von Germanwatch wird als weiterer lohnender Aspekt der Energiewende angeführt, dass der Strommix, durch die Integration regenerativer Quellen, diverser als zuvor gestaltet wird, dies regt den Wettbewerb zwischen den Marktakteur:innen an und kommt letztlich den Stromkund:innen zugute.[255] Alles in allem ändern die Kosten der erneuerbaren Energien laut den Autor:innen von Germanwatch nicht den insgesamt positiven Effekt der Energiewende. Zum einen bringt sie monetär messbare Vorteile und zum andern führt sie zu nicht-monetären positiven Konsequenzen durch die Vermeidung von Umweltschäden.[256]

Dieser letzte Punkt wird auch von Lutz et al in der Studie „Vorteile der Energiewende über die gesamtwirtschaftlichen Effekte hinaus – eine literaturbasierte Übersicht" betont.[257] Als zusätzliche nicht-monetäre Kosten,[258] die durch die Energiewende vermieden werden können, identifizieren sie Luftschadstoffemissionen, Gesundheitskosten, vorzeitige Todesfälle, Ernteausfälle, Verluste an Natur und in der Biosphäre, Gebäudeschäden, Gefahren atomarer Unfälle und Lärm durch Verbrennungsmotoren.[259] Auch in dieser Studie wird darauf verwiesen, dass die Energiewende eindeutig wirtschaftliche Vorteile mit sich bringt.

---

haben, einen Konkurrenten in den Markt zu integrieren, der Vorteile in Bezug auf das Prozedere der Einspeisung aufweist, könnten sie zum Beispiel ihre Marktmacht ausnutzen, um EE-Anlagenbetreiber zu benachteiligen. Für die vom EEG anvisierte Planungs- und Investitionssicherheit für EEG-Anlagen ist ein gesetzlich angeordneter Einspeisevorrang also trotz der Merit-Order wichtig. Vgl., Ebd.; next: „Was bedeutet Merit-Order?".

[254] Vgl., Möst u. a.: „Märkte und Regulierung der Elektrizitätswirtschaft", S. 166.

[255] Vgl., Tietjen u. a.: „Warum sich die Energiewende rechnet. Eine Analyse von Kosten und Nutzen der erneuerbaren Energien in Deutschland", S. 11/12.

[256] Vgl., ebd., S. 16–22.

[257] Lutz, Christian u. a.: „Vorteile der Energiewende über die gesamtwirtschaftlichen Effekte hinaus – eine literaturbasierte Übersicht. Studie im Auftrag des Bundesministeriums für Wirtschaft und Energie", GWS, Fraunhofer ISI, 2018.

[258] Diese Kosten bzw. deren Vermeidung haben auch Auswirkungen auf klar messbare wirtschaftliche Faktoren, z. B. die Produktivität von Arbeiter:innen.

[259] Lutz u. a.: „Vorteile der Energiewende über die gesamtwirtschaftlichen Effekte hinaus – eine literaturbasierte Übersicht. Studie im Auftrag des Bundesministeriums für Wirtschaft und Energie", S. 29–34.

So sinken durch den Ausbau der erneuerbaren Energien die Technologiekosten für Photovoltaik und offshore Windkraft und durch die Einspeisevergütung wird die Erzeugung regenerativen Stroms rentabel.[260] Auch der Strompreis und die Kosten für Speichertechnologien sinken durch den Ausbau der erneuerbaren Energien.[261] Die Wettbewerbsfähigkeit sehen die Autor:innen ebenfalls nicht bedroht, da die Energiewende Innovationen hervorbringen und beschleunigen wird. Diese können sich in einer Staatengemeinschaft, die alle eine Dekarbonisierung ihrer Wirtschaftssysteme anstreben, als Wettbewerbsvorteil erweisen.[262] Gesamtgesellschaftlich und -wirtschaftlich hat die Transformation des Energiesektors laut Lutz et al also positive Auswirkungen, auch wenn einzelne Branchen nachteilig getroffen sind.[263]

Aus einer holistischen Perspektive heraus, kann die Energiewende also insgesamt wirtschaftliche Vorteile mit sich bringen. Es ist überaus wichtig diesen Punkt zu betonen und in politischen Entscheidungsprozessen zu berücksichtigen. Trotzdem möchte ich an dieser Stelle die These vertreten, dass eine derartige Argumentation, die auf einer allgemeinen und distanzierten Ebene verweilt, nicht ausreichend ist, die negativen Konsequenzen, die einzelne Menschen erfahren, zu rechtfertigen. Positive Effekte und Vorteile, die bei einer Außenbetrachtung bestimmter Prozesse zu beobachten sind, können nicht alle Formen der negativen Betroffenheit rechtfertigen. Nur weil eine Maßnahme insgesamt zu einem wünschenswerten Ergebnis führt, dürfen bei der Implementierung dieser Maßnahme andere Gerechtigkeitsüberlegungen nicht unberücksichtigt bleiben. Diesen Punkt werden ich im nächsten Teilkapitel (5.2) für das Beispiel des Braunkohleausstiegs expliziter machen.

Zwischenfazit Wirtschaftlichkeit
Bei der Betrachtung der unterschiedlichen Einschätzungen der wirtschaftlichen Auswirkungen der Energiewende und des Kohleausstiegs fällt auf, dass Befürworter:innen meist betonen, dass ein *transformiertes* Energiesystem wirtschaftlich rentabel ist und sogar Vorteile in sowohl monetärer als auch nicht-monetärer Form mit sich bringt. Kritiker:innen verweisen hingegen eher darauf, dass der *Prozess* hin zu diesem neuartigen System problematisch verläuft. Zum Beispiel betont Sinn die notwendige Doppelstruktur, die während der Umstellung auf erneuerbare

---

[260] Vgl., ebd., S. 3–7.

[261] Vgl., ebd., S. 8 und S. 10–12.

[262] Vgl., ebd., S. 22–24.

[263] Vgl., ebd., S. 13–22. Siehe auch: Gerbert u. a.: „Klimapfade für Deutschland", S. 96–104, S. 107–111.

Energien notwendig ist, während Expert:innen des Ökoinstituts die zusätzlichen Vorteile eines nachhaltigen Energiesystems durch die vermiedenen Umweltkosten betonen. Festzuhalten ist, dass diese beiden Ansichten keinen Widerspruch bilden. Es ist nicht undenkbar, dass ein Energiesystem, dass auf emissionsarmen Energiequellen basiert, wirtschaftlich funktioniert und gesellschaftlich akzeptiert und gutgeheißen wird. Die Frage, die sich dann stellt, ist aber, wie der Wechsel zwischen dem aktuellen, etablierten System in das neuartige System vollzogen werden kann und was dies kostet. Im sechsten Kapitel werde ich Vorschläge für die Gestaltung eines solchen Wechsels im Kontext einer effektiven Klimapolitik skizzieren.

Alles in allem lässt sich auch in Bezug auf die Säule der Wirtschaftlichkeit festhalten, dass die Entstehung und das Ausmaß des Konflikts mit der Energiewende und dem Kohleausstieg davon abhängen, wie genau das zukünftige Energiesystem ausgestaltet sein muss und wie schnell und mithilfe welcher Maßnahmen und Technologien dies erreicht werden soll. Auch wenn die Entwicklung dieser Technologien mit finanziellem Aufwand verbunden sind, sind derartige Investitionen jetzt notwendig, um zukünftige Schäden abzuwenden. Bei dieser Kostenabwägung müssen auch zukünftige und eventuell nicht-monetäre Schäden, die durch die Verbrennung fossiler Energieträger entstehen, berücksichtigt werden.

Neben den Fragen in Bezug auf Speichertechnologien, Nachfragemanagement und anderen Flexibilisierungsmaßnahmen und -technologien, die bereits im vorherigen Abschnitt zur Versorgungssicherheit diskutiert wurden, ist in Bezug auf die Wirtschaftlichkeit vor allem die Frage zentral, ob und wenn ja welche Back-Up-Technologien notwendig sind. Vor dem Hintergrund des notwendigen und trotzdem sehr ambitionierten deutschen Kohleausstiegs verdichten sich die Hinweise, dass der ebenfalls im Zuge der Energiewende beschlossene Atomausstieg möglicherweise zu übereilt stattfindet. Auf die Möglichkeit die Kernkraft als Absicherung für den Kohleausstieg zu nutzen werde ich im sechsten Kapitel noch einmal genauer eingehen.

In diesem Abschnitt hat sich auch gezeigt, dass das Austarieren des Konflikts zwischen Klimaschutz und Wirtschaftlichkeit letztlich eine Abwägungsfrage ist. Wie wichtig ist uns als Gesellschaft der Klimaschutz und wie viel sind wir bereit dafür zu bezahlen? Dabei kann die Dringlichkeit der Bekämpfung des Klimawandels höhere Strompreise und weniger Wirtschaftswachstum durchaus rechtfertigen. Beachtet werden muss jedoch, dass eine derartige Abwägung nicht in Ungerechtigkeiten und der Verletzung grundlegender moralischer Rechte resultieren darf. Diese Gefahr besteht in beide Richtungen. Einerseits kann eine

Vernachlässigung des Klimaschutzes erhebliche moralische Schäden verursachen, auf der anderen Seite kann eine Fokussierung auf die Bekämpfung des Klimawandels dazu führen, dass andere wichtige moralische Aspekte, zum Beispiel in Bezug auf die Energiegerechtigkeit oder eine sichere Energieversorgung, ausgeklammert werden, dies kann ebenfalls zu erheblichen Rechtsverletzungen führen.

Schlussbemerkungen
In Bezug auf moralische Konflikte, die sich im Kontext des energiepolitischen Zieldreiecks ergeben, lassen sich zwei Problemstränge identifizieren. Zum einen kann kritisiert werden, dass die Möglichkeit besteht, dass die Energiewende bzw. der Kohleausstieg nicht oder nicht ausreichend stark zur Säule des Klimaschutzes beitragen. Das ist auch aus moralischer Sicht höchst problematisch, da in diesem Fall der Klimawandel und somit auch die resultierenden Rechtsverletzungen in diesem Zusammenhang nicht aufgehalten werden und gleichzeitig erhebliche, als nachteilig zu bewertende Einschnitte für die von der Energiewende Betroffenen zu erwarten sind. Da diesen Einschnitten in diesem Szenario die Rechtfertigungsgrundlage fehlt, sind auch sie als Rechtsverletzungen einzustufen. Wichtig ist aber, dass es sich hierbei strenggenommen nicht um Zielkonflikte handelt.

Diese werden erst im Kontext des zweiten Problemstrangs relevant. Hier geraten die Energiewende und der Kohleausstieg *als Klimaschutzmaßnahmen* mit Aspekten und Zielen der anderen beiden Säulen „Versorgungssicherheit" und „Wirtschaftlichkeit" in Konflikt. Im Laufe des Kapitels hat sich gezeigt, dass unter Expert:innen und betroffenen Akteur:innen nach wie vor Debatten geführt werden, ob und wie gravierend diese Zielkonflikte auftreten.

Oftmals scheinen diese Debatten aber nicht Ausdruck davon zu sein, dass die Konfliktparteien grundsätzlich unterschiedlicher Auffassung sind. Vielmehr *interpretieren* sie die Faktenlage auf unterschiedliche Art und Weise und sind uneins, wie das übergeordnete Ziel der Dekarbonisierung des Energiesektors erreicht werden kann – *dass* dieses Ziel erreicht werden *muss,* wird nur von wenigen angezweifelt.[264]

Um das Spannungsverhältnis zwischen den Säulen *Klimaschutz, Versorgungssicherheit* und *Wirtschaftlichkeit* zu befrieden, hat sich gezeigt, dass die

---

[264] Vgl., Löhr, Meike: „Grüne Umstellung, Energiewandel und Energiewende – Akteure in den Energiesystemtransformationsprozessen in Dänemark, Frankreich und Deutschland", in: *Energiewende. Politikwissenschaftliche Perspektiven,* Wiesbaden: Springer VS 2018, S. 79–129, hier S. 110–117. Das prominenteste Beispiel ist hier die rechtspopulistische Partei AfD. Die Gefahren, die von populistischen und anti-demokratischen Bewegungen für die Energiewende ausgehen, werde ich in Abschnitt 5.3 diskutieren.

Entwicklung von langfristigen Speichermöglichkeiten für regenerativ erzeugte Energie von größter Dringlichkeit ist. Des Weiteren muss sowohl technisch als auch im Denken der Bevölkerung ein Paradigmenwechsel hin zu einem Stromsystem stattfinden, dass angebotsorientiert funktioniert. Für diese Transformation sind größere Investitionen und verstärkte Anstrengungen im Bereich der Forschung und Entwicklung notwendig. Überdies sollte schnellstmöglich ein Konsens gefunden werden, mit Hilfe welcher Back-Up-Technologien eine Übergangsphase gestaltet werden kann. Diese muss sich neben ihrer Zuverlässigkeit durch eine möglichst geringe Treibhausgasintensität auszeichnen. Die Braunkohleverstromung weiterhin zu nutzen scheidet aus diesen Gründen aus.

Daraus lässt sich auch schlussfolgern, dass der Braunkohleausstieg an sich nicht in Konflikte mit Aspekten der Versorgungssicherheit oder Wirtschaftlichkeit gerät, da er isoliert betrachtet zu wichtig für die Säule des Klimaschutzes ist. Problematisch ist aber, dass die gesamte Energiewende inkonsequent gestaltet und Konfliktfelder nicht ausreichend berücksichtigt werden. Wenn die Energiewende scheitert, wird es auch schwierig, den Braunkohleausstieg zu rechtfertigen.

In diesem Zusammenhang ist es wichtig zu betonen, dass die Gestaltung der Energiewende auch ein Abwägungsprozess zwischen den drei Säulen des energiepolitischen Zieldreiecks ist. Ob sie als erfolgreich beurteilt wird, hängt also auch von der Prioritätensetzung ab. Dies muss in einem gesamtgesellschaftlichen Prozess ausgehandelt werden.[265]

Können ethische Überlegungen in diesem Kontext helfen? Alle drei Säulen des energiepolitischen Zieldreiecks garantieren auch basale bzw. elementare Rechte – nach Shue insbesondere das Subsistenzrecht und das Recht auf Sicherheit und nach Gewirth elementare Güter des Wohlergehens.[266] Wie im ersten Kapitel deutlich wurde, sind basale Rechte elementar wichtig, um ein Leben führen zu können, das mit der Würde des Menschen vereinbar ist. Bei einem Aushandlungsprozess über die Prioritätensetzung in Bezug auf Aspekte des energiewirtschaftlichen Zieldreiecks muss also stets beachtet werden, dass basale Rechte – auch von Menschen außerhalb der entsprechenden Gesellschaft – starre Grenzen definieren bzw. einen Rahmen vorgeben, innerhalb dessen verhandelt und abgewogen werden kann. Eine der Säulen dabei so weit zu vernachlässigen, dass in der Folge basale Rechtsverletzungen stattfinden, ist dabei keine zulässige Option.

---

[265] Vgl., Radtke u. a.: „Die Energiewende in Deutschland – zwischen Partizipationschance und Verflechtungsfalle", S. 19.

[266] Es werden auch Nichtverminderungs- und Zuwachsgüter garantiert, jedoch möchte ich hier vor allem betonen, dass die grundlegendsten aller moralischen Rechte betroffen sind.

Wenn nun lediglich basale Rechte garantiert werden, bedeutet das gege-benenfalls sehr harte Einschnitte für Menschen in reichen Staaten, denn hier empfinden viele Güter und Dienstleistungen als selbstverständlich, die weit über die Gewährleistung eines Minimalstandards hinausgehen. Haben Menschen wirk-lich ein Recht darauf, ein Auto für jedes Familienmitglied zu besitzen und zu nutzen, mehrere Streamingdienste auf einem übergroßen Fernseher zu konsumie-ren oder bestimmte Ereignisse auf Social-Media-Plattformen mit Bekannten zu teilen? Diese Verhaltensweisen und Annehmlichkeiten sind für viele Menschen in reichen Staaten alltäglich geworden. Ihr Wegfallen würden viele vermutlich als inakzeptabel empfinden. Doch sie verbrauchen auch sehr viel Energie und Ressourcen, die möglicherweise in dieser Form nicht mehr zur Verfügung ste-hen, wenn tatsächlich die grundlegenden Rechte *aller* Menschen gewährleistet werden sollen.[267]

An dieser Stelle muss jedoch auch betont werden, dass energieintensive Hand-lungen teilweise so essentiell für die Partizipation am gesellschaftlichen Leben in Industriestaaten sind, dass sie, auch wenn sie nicht zu den Gewirthschen Ele-mentargütern gezählt werden können, trotzdem als Nichtverminderungs- oder Zuwachsgüter klassifiziert werden können. Es muss hier sehr genau abgewogen werden, welche Handlungen oder Gebrauchsgegenstände als verzichtbarer Luxus und welche noch als konstitutive Güter des Wohlergehens eingestuft werden müssen.

Es muss dabei auch im Blick behalten werden, dass Versorgungssicherheit und der Zugang zu bezahlbarer Energie nicht nur Rechte von Menschen in reichen Gesellschaften sind, sondern auch für Menschen, die in Staaten leben, in denen dies noch nicht gegeben ist.

In der Klimaethik wird oft und zurecht auf die erheblichen Rechtsverletzun-gen, die durch die Konsequenzen des Klimawandels in sogenannten Entwick-lungsländern entstehen, verwiesen. Dies sind gleichzeitig aber auch Staaten, deren Bevölkerung meist unter extremer Armut und Energiearmut leiden. Auch um diese Probleme zu lösen ist es wichtig, dass privilegierte Gesellschaften Lösungen finden, die allen drei Aspekten des energiewirtschaftlichen Zieldreiecks gerecht werden. Die Idee, dass eine oder zwei Säulen zu vernachlässigen seien, resultiert wohl eher daraus, mit dem Privileg aufgewachsen zu sein, diese als selbstver-ständlich zu betrachten, ohne sich der erheblichen problematischen Konsequenzen des Wegfalls dieser Säulen bewusst zu sein.

---

[267] Vgl., Lessenich: Neben uns die Sintflut. Wie wir auf Kosten anderer leben, siehe insbe-sondere S. 18–30.

In der Klimaethik müssen also stärker Aspekte der Wirtschaftlichkeit und der Versorgungssicherheit berücksichtigt werden, da auch diese elementar sind, um grundlegende Rechte von Menschen zu bewahren. Klima- und Energieethik muss hier stärker zusammengedacht werden.[268]

Wichtig in diesem Zusammenhang ist, dass nicht nur ein Vergleich zwischen den Rechten der Menschen in sogenannten Entwicklungsländern, die von den Konsequenzen des Klimawandels betroffen sind, und den Menschen in reichen Staaten, die lediglich auf vermeintliche Annehmlichkeiten verzichten müssten, gezogen werden sollte, sondern auch genauer zwischen den Betroffenheiten innerhalb der reicheren, von Klimaschutzmaßnahmen betroffenen Gesellschaften differenziert werden muss. Wer welche Einschränkungen akzeptieren muss, ist auch eine Frage der Gerechtigkeit auf nationaler Ebene. Wenn hier zunächst ärmere Menschen negativ betroffen sind, kann dies nicht mit dem Verweis auf basale Rechte von anderen armen Menschen gerechtfertigt werden. Zunächst müssten hier die privilegiertesten Gruppen zur Verantwortung gezogen werden, da sie am wenigsten in ihren konstitutiven Rechten eingeschränkt werden. Auch sollten Güter, die Gewirth als Nichtverminderungs- und Zuwachsgüter klassifiziert, nicht in ihrer Relevanz unterschätzt werden.

Bei einer holistischen Betrachtung und den vermutlichen Vorteilen für viele Menschen, die die Dekarbonisierung von Energiesystemen mit sich bringt, darf nicht aus dem Blick geraten, was die Umgestaltungsprozesse der Energiewende für einzelne Menschen und Regionen bedeutet.[269] Dies soll Thema des nächsten Kapitels sein.

5.2 Kohleausstieg oder die Vermeidung sozialer Härten?

In der öffentlichen Debatte rund um die Energiewende und den Kohleausstieg wird immer wieder auf erhebliche negative Konsequenzen für die, von speziellen Maßnahmen betroffenen, Menschen und Regionen verwiesen. Im Kontext des Braunkohleausstiegs wird zum Beispiel betont, dass durch den Wegfall der entsprechenden Industrien in den Kohleregionen zahlreiche Arbeitsplätze

---

[268] Vgl., Steigleder: „The Tasks of Climate Related Energy Ethics – The Example of Carbon Capture and Storage".

[269] Vgl., Radtke u. a.: „Die Energiewende in Deutschland – zwischen Partizipationschance und Verflechtungsfalle", S. 21–23; Radtke, Jörg und Norbert Kersting: „Energiewende in Deutschland. Lokale, regionale und bundespolitische Perspektiven", in: Radtke, Jörg und Norbert Kersting (Hrsg.): *Energiewende. Politikwissenschaftliche Perspektiven*, Wiesbaden: Springer VS 2018, S. 3–16, hier S. 8.

verschwinden und dass die Regionen vor einem sehr nachteiligen Strukturwandel stünden. In diesem Kapitel möchte ich untersuchen, inwieweit diese
Befürchtungen gerechtfertigt sind und ob sie möglicherweise Rechtsverletzungen
der Betroffenen nach sich ziehen. Dabei werde ich zunächst auf die drohenden Arbeitsplatzverluste eingehen, damit zusammenhängend werden psychische
Belastungen und der Verlust der gesellschaftlichen Teilhabe diskutiert. Anschließend werde ich auf den drohenden negativen Strukturwandel und auf den Aspekt
des Identitätsverlusts eingehen.

Arbeitsplatzverluste
Es gibt unterschiedliche Aussagen dazu, wie viele Arbeitsstellen durch den
Braunkohleausstieg bedroht sind. Die Schätzungen reichen von bundesweit
20.000 bis 40.000 Stellen. Im Rheinischen Revier existieren insgesamt ca. 15.000
Arbeitsstellen, die direkt oder indirekt von der Braunkohleförderung abhängen.[270]
An dieser Stelle ist die genaue Anzahl der bedrohten Arbeitsplätze nicht ausschlaggebend. Wichtig ist, dass die Braunkohleindustrie in ihrer bisherigen Form
einer der größten und prägendsten Arbeitgeber im Rheinischen Revier war.[271]
Nun stellt sich die Frage, was genau moralisch problematisch an wegfallenden Arbeitsplätzen ist. Zunächst scheint der Verlust des Arbeitsplatzes ein zu
akzeptierendes Risiko zu sein, das ein:e Arbeitnehmer:in auf dem Arbeitsmarkt
eingehen muss. Die Besonderheit in diesem Fall ist jedoch, dass die Arbeitsplatzverluste im Zuge des Braunkohleausstiegs nicht durch wettbewerbsbedingte
Marktmechanismen entstehen, sondern durch den politischen Entschluss, diesen Wirtschaftszweig in seiner jetzigen Form zu beenden. Das Risiko derartiger
Arbeitsplatzverluste ist nicht Teil der Spielregeln eines Marktes.
    Nun könnte eingewandt werden, dass der Staat die Rahmenbedingungen des
Marktgeschehens vorgeben kann und soll und dass der Beschluss, die Braunkohleverstromung und den zugehörigen Industriezweig aufzugeben eine weitere
Rahmenbedingung ist, die keiner gesonderten Rechtfertigung bedarf. Die Rahmenbedingungen des Marktgeschehens, die der Staat vorgibt, sollen einen fairen
Wettbewerb garantieren.[272] Durch eben diesen Wettbewerb zeigt sich dann, welche wirtschaftlichen Akteure am Markt bestehen können und welche nicht. Wenn
der Staat nun aber entscheidet, dass sich ein bestimmter Akteur dem Wettbewerb

---

[270] Vgl., Zukunftsagentur Rheinisches Revier: „Wirtschafts- und Strukturprogramm für das
Rheinische Zukunftsrevier 1.0", S. 13. Siehe auch das vierte Kapitel dieser Arbeit.
[271] Vgl., Zukunftsagentur Rheinisches Revier: „Wirtschafts- und Strukturprogramm für das
Rheinische Zukunftsrevier 1.0", S. 13–15.
[272] Siehe hierzu Kapitel 3 dieser Arbeit.

gar nicht mehr stellen darf, dann muss das gesondert gerechtfertigt werden. Dieser Akteur setzt sich nicht einfach nur nicht im Wettbewerb durch, sondern er ist am Markt als Akteur unerwünscht. Die Spielregeln des Marktes sollen bestimmte Verhaltensweisen von Marktakteuren unterbinden (z. B. das Bilden von Kartellen), sie sollen aber zunächst nicht von vornherein bestimmten Akteuren an sich den Zugang zum Markt verbieten. Durch den Braunkohleausstieg werden wettbewerbsfähige Unternehmen gezwungen, den Markt zu verlassen. Hier handelt es sich nicht mehr um das Setzen von Rahmenbedingungen, sondern um einen direkten Eingriff in das Marktgeschehen.

Für das politisch forcierte Ausscheiden eines wettbewerbsfähigen Akteurs aus dem Markt, muss es gute Gründe geben, die die negativen Konsequenzen einer solchen Entscheidung aufwiegen. Die Abwägung zwischen den Gründen für den Braunkohleausstieg und den negativen Konsequenzen soll im Folgenden vorgenommen werden. Dabei werde ich in diesem Abschnitt zunächst auf die Problematik der drohenden Arbeitsplatzverluste eingehen, da dies in einer kapitalistisch geprägten Gesellschaft direkt mit einer Gefährdung der Lebensgrundlage der Betroffenen zusammenhängt und außerdem auch im öffentlichen Diskurs ein prominentes Argument gegen einen zügigen Braunkohleausstieg darstellt.

Eine Person mit einer sicheren Arbeitsstelle verfügt über ein regelmäßiges Einkommen und über Planungssicherheit, da sie sich meist auf ihr Einkommen verlassen kann. Basierend auf dem Gehalt und der Gewissheit, dass dieses regelmäßig gezahlt wird, werden also auch Investitionen getätigt oder Kredite aufgenommen. Mit dem plötzlichen und unvorhergesehenen[273] Verlust der Arbeitsstelle geht somit die Gefahr einher, dass Menschen ihre Lebensgrundlage verlieren, den gewohnten Lebensstandard drastisch reduzieren müssen und aufgenommene Kredite möglicherweise nicht mehr bedienen können. Die hier beschriebenen drohenden Verluste lassen sich somit, nach Gewirth, als Einschränkungen der konstitutiven Rechte auf Nichtverminderungs- und Zuwachsgüter klassifizieren.

---

[273] Es kann an dieser Stelle eingewendet werden, dass der Kohleausstieg nicht wirklich plötzlich und unvorhergesehen kommt, da sich eine Beendigung der Kohleverstromung schon seit längerer Zeit abzeichnet. Ich danke Julia Weinheimer für diesen Punkt. Von dem oder der einzelnen Arbeiter:in sollte aber nicht verlangt werden, politische Entscheidungen wie den Kohleausstieg vorauszusehen und auf Basis dessen Lebensentscheidungen wie die Wahl des Berufes zu treffen. Richtig ist, dass auf Unternehmensebene wahrscheinlich eher Maßnahmen eingeleitet hätten werden können, die die Notwendigkeit zum Klimaschutz stärker berücksichtigen. Für die direkt betroffenen Menschen kommt der Kohleausstieg, auch bedingt durch ihre Ohnmacht in Bezug auf derartige Prozesse, trotzdem plötzlich und unvorhergesehen.

Im zweiten Kapitel wurde deutlich, dass durch die Folgen des Klimawandels basale Rechte bzw. konstitutive Rechte auf Elementargüter von einigen Menschen bedroht und sogar schon verletzt werden. Die Garantie bzw. Wiederherstellung von derart grundlegenden Rechten ist so wichtig, dass dafür auch nicht-basale Rechte bzw. Rechte zweiter Ordnung eingeschränkt werden dürfen.[274] Wenn sich nun aber zeigt, dass durch den Braunkohleausstieg ebenfalls die grundlegendsten Rechte tangiert werden, dann könnte argumentiert werden, dass dies nicht mit dem Kampf gegen den Klimawandel zu rechtfertigen ist.[275]

Ich werde im Folgenden zunächst untersuchen, ob durch Arbeitsplatzverluste im Kontext des Kohleausstiegs, basale Rechte verletzt werden. Dabei werde ich mich zunächst auf Shues Theorie konzentrieren. Da Shues basale Rechte mit Gewirths konstitutiven Rechten auf Elementargüter vergleichbar sind, lassen sich für diese Fragestellung in Bezug auf Gewirths Theorie analoge Schlussfolgerungen ziehen. Auf Konsequenzen in Bezug auf Nichtverminderungs- und Zuwachsgüter werde ich im Anschluss gesondert eingehen.

Shue definiert das Subsistenzrecht nicht eindeutig. Er beschreibt es aber als minimale wirtschaftliche Sicherheit.

„By minimal economic security, or subsistence, I mean unpolluted air, unpolluted water, adequate food, adequate clothing, adequate shelter, and minimal preventive public health care.“[276]

Es ist unwahrscheinlich, dass der Arbeitsplatzverlust in Deutschland dazu führt, dass dieses Minimum nicht mehr gegeben ist. Zum einen sind bereits Hilfegelder in Milliardenhöhe zugesagt worden, um die betroffenen Regionen finanziell zu unterstützen.[277] Außerdem wird durch verschiedene Projekte und Anreize versucht, andere Unternehmen in der Region anzusiedeln, so dass neue Arbeitsplätze entstehen.[278] Zum anderen existiert mit dem Arbeitslosengeld in Deutschland ein

---

[274] Vgl., Gewirth: Reason and Morality, S. 343; Shue: Basic Rights. Subsistence, Affluence, and U.S. Foreign Policy, S. 19.

[275] Vgl., Shue: Basic Rights. Subsistence, Affluence, and U.S. Foreign Policy, S. 19 und die zugehörige Fußnote Nr. 13 S. 184 ff. Siehe hierzu auch Kapitel 2.

[276] Ebd., S. 23.

[277] Vgl., Bundesregierung: „Von der Kohle hin zur Zukunft“, ohne Datum, https://www. bundesregierung.de/breg-de/themen/klimaschutz/kohleausstieg-1664496 (zugegriffen am 24.02.2022).

[278] Beispielhaft ist hier die Arbeit der Zukunftsagentur Rheinisches Revier zu nennen: Zukunftsagentur Rheinisches Revier: „Zukunft ist unser Revier!“, ohne Datum, https://www. rheinisches-revier.de/ (zugegriffen am 24.02.2022).

vergleichsweise stabiles soziales Auffangnetz für Menschen, die ihre Arbeit verlieren.[279] Auch für Menschen, die sich verschuldet haben, existieren Angebote und Maßnahmen, die diese Menschen unterstützen.[280]

Es existieren also Institutionen, die bewirken sollen, dass arbeitslose und verschuldete Menschen zumindest nicht unter ein Existenzminimum rutschen. Um basale Rechte angemessen zu schützen, müssen diese Institutionen jedoch auch effektiv funktionieren.

Auch in Deutschland scheint Arbeitslosigkeit die Gefahr zu verarmen zu erhöhen.[281] Das kann ein Indiz dafür zu sein, dass die Mechanismen, die verhindern sollen, dass erwerbslose Personen unter ein Existenzminimum geraten, nicht funktionieren.[282] Wichtig hierbei zu beachten ist aber, dass Armut in Deutschland anhand von relativer Armut gemessen wird. Das heißt, dass eine Person als arm gilt, sobald ihr weniger als 60 % des mittleren Einkommens zu Verfügung stehen.[283] Dies ist insofern sinnvoll, als dass ein relativer Armutsbegriff mehr über Aspekte der gesellschaftlichen Teilhabe aussagt als eine absolute Messung. Außerdem deckt er sich stärker mit der Empfindung von Menschen, die ihren eigenen Status eher mit Personen in ihrer näheren Umgebung vergleichen.[284] Wenn es in einer reichen Gesellschaft einen hohen Anteil an relativ

---

[279] Siehe zum Beispiel: Benz, Benjamin u. a.: „Sozialpolitik und soziale Sicherung", *Informationen zur politischen Bildung/ izpb. Sozialpolitik* 327/3 (2015), S. 36–53; Bundesministerium für Arbeit und Soziales: „Soziale Sicherung im Überblick", 2021.

[280] Siehe zum Beispiel: Diakonie Deutschland: „Hilfe bei Schulden", ohne Datum, https://hilfe.diakonie.de/hilfe-bei-schulden (zugegriffen am 21.02.2022); Caritas Deutschland: „Schulden", ohne Datum, https://www.caritas.de/hilfeundberatung/ratgeber/schulden/sch ulden (zugegriffen am 22.02.2022); Schuldnerberatung.de: „Schuldnerberatung – Hilfe aus der Schuldenfalle", ohne Datum, https://www.schuldnerberatung.de/ (zugegriffen am 22.02.2022).

[281] Vgl., Bäcker, Gerhard und Jennifer Neubauer: „Arbeitslosigkeit und Armut: Defizite von sozialer Sicherung und Arbeitsförderung", in: Huster, Ernst-Ulrich, Jürgen Boeckh und Hildegard Mogge-Grotjahn (Hrsg.): *Handbuch Armut und Soziale Ausgrenzung*, 2. Aufl., Wiesbaden: Springer 2008, S. 624–643.

[282] Vgl., Ebd., S. 624–626.

[283] Vgl., Goebel, Jan und Peter Krause: „Einkommensschichtung und relative Armut", *Bundeszentrale für politische Bildung (bpb) kurz&nkapp*, 10.03.2021, https://www.bpb. de/kurz-knapp/zahlen-und-fakten/datenreport-2021/private-haushalte-einkommen-und-kon sum/329945/einkommensschichtung-und-relative-armut/ (zugegriffen am 23.02.2022).

[284] Siehe zum Beispiel: Bundeszentrale für politische Bildung (bpb): „Armut", *kurz&knapp Das Lexikon der Wirtschaft*, ohne Datum, https://www.bpb.de/nachschlagen/lexika/lex ikon-der-wirtschaft/18705/armut (zugegriffen am 23.02.2022); Friedman: The Moral Consequences of Economic Growth, S. 81.

Armen gibt, dann kann das auch ein Zeichen dafür sein, dass ungerechte Verhältnisse zu diesem Umstand führen.[285] All diese Aspekte sind sehr wichtig für das gesellschaftliche Zusammenleben. Trotzdem sagt der relative Armutsbegriff, aus einer globalen Perspektive heraus, eher weniger darüber aus, ob die betroffenen Menschen unter- oder oberhalb des Existenzminimums leben. Denn in einer sehr armen Umgebung leben möglicherweise sogar einige oder alle relativ wohlhabenden Menschen unterhalb des Existenzminimums, während in einer sehr reichen Gesellschaft ein Existenzminimum auch für relativ Arme gewährleistet sein kann. In Bezug auf die Gewährleistung minimaler wirtschaftlicher Sicherheit ist der absolute Armutsbegriff aussagekräftiger, da sich dieser gerade darauf bezieht, ob Menschen ihre Grundbedürfnisse befriedigen können oder nicht.[286] Von dieser Art der Armut sind in Deutschland nur die Wenigsten betroffen.[287] In dieser Hinsicht scheinen die entsprechenden Institutionen also ausreichend gut zu funktionieren.

Wie bereits im vorherigen Teilkapitel deutlich wurde, reicht die Untersuchung basaler Rechte auf globaler Ebene nicht aus, um in Bezug auf Maßnahmen, die vor allem lokale Auswirkungen haben, eine ausreichende ethische Bewertung der gegebenen Situation vorzunehmen. Für eine feinere Analyse der Frage, inwieweit Arbeitsplatzverluste im Kontext des Braunkohleausstiegs durch den Kampf gegen den Klimawandel gerechtfertigt werden können, bietet es sich nun an, dies in Bezug auf die Hierarchisierung verschiedener konstitutiver Güter nach Gewirth noch einmal genauer zu untersuchen.

Laut Gewirth gilt:

> „(…) [O]ne duty takes precedence over another if the good that is the object of the former duty is _more necessary for the possibility of action_, and if the right to that good cannot be protected without violating the latter duty.“[288]

---

[285] Vgl., Dietz, Alexander: „Die Armut bedroht den gesellschaftlichen Frieden", _Tagesspiegel Causa_, 10.02.2017, https://causa.tagesspiegel.de/wirtschaft/hat-deutschland-ein-armutsproblem/die-armut-bedroht-den-gesellschaftlichen-frieden.html (zugegriffen am 23.02.2022).

[286] Vgl., Bundesministerium für wirtschaftliche Zusammenarbeit und Entwicklung (BMZ): „Armut", ohne Datum, https://www.bmz.de/de/service/glossar/A/armut.html (zugegriffen am 23.02.2022).

[287] Vgl., Roser, Max und Esteban Ortiz-Ospina: „Global Extreme Poverty", _OurWorldInData.org_, 2013, ‚https://ourworldindata.org/extreme-poverty‘ (zugegriffen am 02.03.2022); World Population Review: „Poverty Rate by Country 2022", 2022, https://worldpopulation review.com/country-rankings/poverty-rate-by-country (zugegriffen am 02.03.2022).

[288] Gewirth: Reason and Morality, S. 343, Betonungen F.H.

Zwei Punkte sind hier wesentlich. Erstens eine Pflicht muss wichtiger für die Erhaltung der Handlungsfähigkeit sein und zweitens die Einschränkung der weniger wichtigen Pflicht ist notwendig, um die zu priorisierende Pflicht zu erfüllen.

Die Pflichten, die hier in einem Konflikt miteinander stehen sind: (A) Die Pflicht, aus fossilen Industrien auszusteigen bzw. diese zu transformieren, um eine Dekarbonisierung der Wirtschaftssysteme zu erreichen und so konstitutive Rechte auf Elementar-, Nichtverminderungs- und Zuwachsgüter zu schützen, und (B) die Pflicht, Arbeitsplätze und wettbewerbsfähige Industrien zu erhalten, um den nationalen Wohlstand und die Verfolgung individueller Lebensentwürfe, also konstitutive Nichtverminderungs- und Zuwachsgüter, nicht zu gefährden.

Für die Aufrechterhaltung von Handlungsfähigkeit ist eindeutig Pflicht A notwendiger. Wie bereits gezeigt, lassen sich katastrophale Folgen des Klimawandels ohne eine umfangreiche Dekarbonisierung nicht aufhalten. Dies würde letztendlich die gesamte Weltbevölkerung betreffen, also auch Menschen, an die Pflicht B adressiert ist. Pflicht B lässt sich ohne Pflicht A also gar nicht erfüllen und sollte somit Vorrang genießen. Um dies abschließend folgern zu können, muss aber noch gezeigt werden, dass Pflicht A nur mithilfe der Einschränkung von Pflicht B zu erfüllen ist. Hier ergibt sich eine differenziertere Argumentation. Arbeitsplätze in treibhausgasintensiven Industrien, in denen keine Möglichkeiten zur Anpassung der technischen Abläufe beispielsweise durch die Substitution fossiler Brennstoffe oder der Implementierung von CCS/CCU-Technologien bestehen, lassen sich nicht aufrechterhalten, wenn die Dekarbonisierung effektiv sein soll. Das heißt aber nicht, dass zwangsläufig alle Angestellten in diesen Industrien durch Arbeitslosigkeit oder relative Armut in ihren konstitutiven Rechten verletzt werden. Ihre konstitutiven Nichtverminderungs- und Zuwachsgüter hängen nicht von der, in diesem Fall, Anstellung in der Kohleindustrie ab, sondern von einer angemessenen Arbeitsstelle oder einem Einkommen generell. Das vermeintliche Recht, sich in der Kohleindustrie zu verwirklichen und ein Leben auf einer Karriere dort aufzubauen, muss also zugunsten von Pflicht A aufgegeben werden. Trotzdem muss der Kohleausstieg so gestaltet werden, dass die betroffenen Menschen nicht in ihren konstitutiven Rechten verletzt werden. Am Ende dieses Teilkapitels findet sich eine Auflistung möglicher gebotener Maßnahmen diesbezüglich.

Psychische Belastungen und der Verlust gesellschaftlicher Teilhabe

Mit dem Verlust der Arbeit gehen nicht nur finanzielle Einbußen einher, Arbeitslosigkeit führt oft auch zu psychischen Schäden der Betroffenen.[289] Diese psychischen Belastungen resultieren zum Beispiel daraus, dass die Betroffenen durch den Mangel an finanziellen Ressourcen nicht mehr in der Lage sind, ihre individuellen Ziele zu verfolgen und ihre Zukunft zu planen.[290] Außerdem erfüllt Erwerbsarbeit in unserer Gesellschaft weitere Funktionen, die wichtig für die psychische Gesundheit sind. Dazu gehören Zeitstruktur, Aktivität, sozialer Status, Sozialkontakte und Teilhabe an gemeinschaftlichen, als sinnvoll empfundenen Zielen.[291] Diese Aspekte, die ich unter dem Begriff der gesellschaftlichen bzw. sozialen Teilhabe sammeln werde, scheinen im Kontext sozialer Härten, die durch den Braunkohleausstieg entstehen, besonders relevant.

Bei Shues Beschreibung des Subsistenzrechts heißt es weiter:

> „(...) [T]he basic idea is to have available for consumption what is needed for a decent chance at a reasonably healthy _and active_ life of more or less normal length."[292]

Hier scheint Shue auch eine Form der gesellschaftlichen Teilhabe[293] in das Konzept des Subsistenzrechts zu integrieren.[294] Auch Gewirth zählt Aspekte wie das seelische Gleichgewicht und Selbstvertrauen zu den Elementargütern.[295] Diese scheinen durch den Mangel an gesellschaftlicher Teilhabe gefährdet. Die

---

[289] Vgl., Paul, Karsten, Andrea Zechmann und Klaus Moser: „Psychische Folgen von Arbeitsplatzverlust und Arbeitslosigkeit", WSI-Mitteilungen, Wirtschafts- und Sozialwissenschaftliches Institut, 2016.

[290] Vgl., ebd., S. 374.

[291] Vgl., ebd., S. 373; Bäcker/Neubauer: „Arbeitslosigkeit und Armut: Defizite von sozialer Sicherung und Arbeitsförderung", S. 625.

[292] Shue: Basic Rights. Subsistence, Affluence, and U.S. Foreign Policy, S. 23, Betonung F.H.

[293] Ich danke an dieser Stelle Alina Pfleghart, die mich auf den Aspekt der sozialen Teilhabe aufmerksam gemacht hat.

[294] Shue definiert Partizipation sogar als eigenständiges basales Recht. (Vgl., Shue: Basic Rights. Subsistence, Affluence, and U.S. Foreign Policy, S. 71–78. Siehe auch den Abschnitt „Basale Rechte: (körperliche) Sicherheit, Subsistenz und Freiheit" in Abschnitt 1.2.) Allerdings scheint er sich hier eher auf grundlegende Möglichkeiten zur politischen Mitbestimmung und Teilhabe zu fokussieren. Diese Form der Partizipation ist in Deutschland auch für von Armut betroffenen Menschen möglich, obwohl es für finanziell abgesicherte Menschen immer noch einfacher ist, sich in politische Prozesse, zum Beispiel in Form ehrenamtlicher Parteiarbeit, einzubringen.

[295] Vgl., Gewirth: Reason and Morality, S. 211/212.

Möglichkeit zur sozialen Teilhabe ist anders als ein wirtschaftliches Existenzminimum sehr wohl durch Arbeitslosigkeit und das Abrutschen in relative Armut bedroht.[296]

Gerhard Bäcker und Jennifer Neubauer schreiben in einem Sammelbandbeitrag:

> *„Aus Sicht eines auf die* realisierte Lebenslage *bezogenen Armutsansatzes begrenzt der erzwungene Ausschluss aus dem Arbeitsmarkt die Teilhabemöglichkeit in einem elementaren Bereich des gesellschaftlichen Lebens. Erwerbsarbeit ist in modernen Gesellschaften mehr als nur die Voraussetzung zur Erzielung eines eigenständigen Einkommens. Sie ist nach wie vor von zentraler Bedeutung für die persönliche Entwicklung jedes einzelnen Menschen, seine soziale und gesellschaftliche Stellung und seine Lebenschancen. Vor allem für die große Gruppe der Langzeitarbeitslosen (...) wirkt sich der Ausschluss aus dem Arbeitsmarkt belastend für ihre Lebenslage aus. Das Risiko ist groß, dass die Arbeitsmarktexklusion zu einer gesellschaftlichen Exklusion führt."*[297]

Wie sich im Abschnitt zuvor gezeigt hat, bedeutet der Arbeitsplatzverlust an sich in Deutschland insofern keine Verletzung eines basalen Rechts, als dass er in der Regel nicht dazu führt, dass die Betroffenen unterhalb eines Existenzminimums leben müssen, denn es existieren Institutionen, die gewährleisten, dass der Verlust des Arbeitsplatzes nicht in eine Bedrohung der eigenen Existenz und das Abrutschen in absolute Armut resultiert. Es zeigt sich aber, dass trotz dieser Institutionen die Gefahr, in relative Armut zu geraten, mit dem Zustand der Arbeitslosigkeit erhöht wird. Dies wird dann problematisch, wenn damit einhergeht, dass die Teilhabe am gesellschaftlichen Leben erschwert wird.

Dieser Aspekt scheint insbesondere für die Betroffenen des Braunkohleausstiegs problematisch zu sein, da sich ihr *gewohnter* Lebensstandard durch den Verlust ihrer Arbeitsstelle verändern kann. Geraten diese Menschen durch Arbeitslosigkeit tatsächlich in relative Armut, müssen sie sich neue und ungewohnte Formen der gesellschaftlichen Teilhabe erschließen, möglicherweise

---

[296] Vgl., Bäcker/Neubauer: „Arbeitslosigkeit und Armut: Defizite von sozialer Sicherung und Arbeitsförderung", S. 624/625; Huster, Ernst-Ulrich, Jürgen Boeckh und Hildegard Mogge-Grotjahn: „Armut und soziale Ausgrenzung – ein multidisziplinäres Forschungsfeld", in: Huster, Ernst-Ulrich, Jürgen Boeckh und Hildegard Mogge-Grotjahn (Hrsg.): *Handbuch Armut und Soziale Ausgrenzung*, 2. Aufl., Wiesbaden: Springer 2008, S. 13–42, hier S. 27; Kaiser, Lutz C.: „Poor Working: Soziale (Des-)Integration und Erwerbsarbeit", in: Huster, Ernst-Ulrich, Jürgen Boeckh und Mogge-Grotjahn (Hrsg.): *Handbuch Armut und Soziale Ausgrenzung*, 2. Aufl., Wiesbaden: Springer 2008, S. 305–318, hier S. 306.

[297] Bäcker/Neubauer: „Arbeitslosigkeit und Armut: Defizite von sozialer Sicherung und Arbeitsförderung", S. 625, Betonung im Original.

müssen sie sich ein anderes soziales Netz aufbauen, andere Freizeitaktivitäten praktizieren und bestimmte Formen des Engagements aufgeben.[298]

All dies sind wichtige und ernstzunehmende Aspekte, die bei der Umsetzung des Braunkohleausstiegs unbedingt beachtet werden müssen. Es sind aber keine hinreichenden Gründe, den Braunkohleausstieg in Gänze aufzugeben oder auf defensivere Art und Weise umzusetzen. Es ist nämlich ebenfalls wichtig zu beachten, dass sich hier nicht einfach unabhängige basale Rechte, derjenigen, die vom Kohleausstieg, und derjenigen, die vom Klimawandel betroffen sind, gegenüberstehen. Vielmehr stellt das Praktizieren der einen Rechte (Subsistenzsicherung durch das Arbeiten in der Braunkohleindustrie) gerade die Verletzung anderer basaler Rechte dar (Verursachung der Konsequenzen des Klimawandels).[299]

Shue gibt keinen Hinweis darauf, wie mit derartig konfligierenden basalen Rechten umzugehen ist. Er argumentiert, dass basale Rechte nicht zum Schutz anderer basaler Rechte verletzt werden dürfen.[300] Fraglich ist aber, wie damit umgegangen werden sollte, wenn das Ausüben eines basalen Rechts selbst die Rechtsverletzung eines anderen basalen Rechts darstellt. An dieser Stelle ist die Argumentation von Gewirth aufschlussreicher.

> *„If one person or group violates or is about to violate the generic rights of another and thereby incurs transactional inconsistency, action to prevent or remove the inconsistency may be justified."*[301]

In Bezug auf dieses Zitat ist zunächst wichtig zu betonen, dass Gewirth hier zunächst Fälle von (Selbst-) Verteidigung und die Androhung bzw. Ausführung von Bestrafungen im Sinn hat. Auch wenn keine individuelle Person absichtlich und auf bösartige Art und Weise andere durch seine oder ihre Arbeit schädigt, lässt sich die Situation auf einer kollektiven, institutionellen Ebene trotzdem so darstellen, dass die Verfolgung und Aufrechterhaltung des nationalen Wohlstands, zu dem auch das Wohlstandsniveau der individuellen Bürger:innen zählt, durch

---

[298] Ich denke hierbei zum Beispiel daran, dass mit dem Verlust der Anstellung möglicherweise auch das Engagement in Gewerkschaften wegfällt. Auch ehrenamtliche Tätigkeiten im politischen Bereich könnten durch verknappte finanzielle Ressourcen nicht mehr möglich sein. Das Mitwirken in Vereinen oder religiösen Gemeinschaften kann ebenfalls gefährdet sein. Durch einen möglicherweise nötigen Umzug fallen auch gewohnte soziale Kontakte und Netzwerke weg.

[299] Ich danke Johannes Graf Keyserlingk für diesen Punkt.

[300] Vgl., Shue: Basic Rights. Subsistence, Affluence, and U.S. Foreign Policy, S. 184 (Fußnote 13).

[301] Gewirth: Reason and Morality, S. 342.

das Betreiben fossiler Industrien zu Rechtsverletzungen führen, die durch die Konsequenzen des Klimawandels entstehen. Diese Inkonsistenz kann und muss dadurch gelöst werden, dass besagter Wohlstand auf eine andere Art und Weise generiert wird. Dies kann in einer Übergangsphase zu Schädigungen führen, ist aber notwendig, um die Gleichheit der Rechte aller Menschen wiederherzustellen und langfristig gewährleisten zu können.

Im Kontext der gegebenen Situation im Rheinischen Revier ist es dementsprechend zu hart und auch zu kurzgegriffen zu argumentieren, dass die Menschen, die in der Braunkohleindustrie arbeiten, durch ihre Tätigkeit grundlegende Rechte verletzen. Das Problem und die Rechtsverletzung sind systemischer Natur und nicht darauf zurückzuführen, dass sich einzelne Menschen bewusst dazu entscheiden, einen Arbeitsinhalt aufzunehmen, der anderen Menschen schadet.[302] Trotzdem muss dem Umstand, dass die konfligierenden Rechte hier in einer besonderen Wechselwirkung zueinander stehen, Rechnung getragen werden, indem die Rechtsverletzungen, die durch die Konsequenzen des Klimawandels stattfinden, zu dessen Verursachung auch die Braunkohleverstromung beiträgt, so schnell wie möglich unterbunden werden.

Dass die Rechtsverletzungen der vom Klimawandel Betroffenen handlungsweisend sind, wird auch von einem weiteren Aspekt unterstützt: Die verletzten Rechte von Menschen, die vom Klimawandel betroffen sind, lassen sich nur dadurch wiederherstellen und langfristig garantieren, dass der Klimawandel entschieden bekämpft wird. Die Beendigung der Kohleverstromung ist hier ein essenzieller Teil. Wohingegen die Rechte der Menschen, die durch den Kohleausstieg bedroht sind, nicht abhängig von der genauen Art der Arbeit der Menschen sind. Es ist denkbar, dass diese Menschen neue Arbeitsstellen finden, die ihnen ein vergleichbares Einkommen sichern oder dass sie früher verrentet werden, was ihren Lebensstandard ebenfalls nicht drastisch senken sollte. Für andere müssen andere Systeme der sozialen Sicherung, die auch die Aspekte der gesellschaftlichen Teilhabe berücksichtigen, gefunden werden, die aber in einem

---

[302] Würde diese Beschreibung das Problem der Verursachung des Klimawandels und der entstehenden Rechtsverletzungen adäquat wiedergeben, wäre die ethische Beurteilung des gesamten Problems sehr viel eindeutiger und einfacher. Siehe in diesem Zusammenhang auch den Exkurs in Abschnitt 6.4 dieser Arbeit.

reichen Sozialstaat wie Deutschland nicht abwegig sind.[303] Es scheint also machbar durch den Braunkohleausstieg einen Teil dazu beizutragen, dass die Rechte der Menschen, die vom Klimawandel betroffen sind, wiederhergestellt werden und dass dabei gleichzeitig keine basalen oder konstitutiven Rechte von Menschen, die vom Braunkohleausstieg betroffen sind, verletzt werden. Um letzteres zu erreichen, sollte ein besonderes Augenmerk nicht nur auf die Existenzsicherung gelegt werden, diese ist in Deutschland institutionell gut etabliert, sondern vor allem auch auf die Gefahren der eingeschränkten gesellschaftlichen Teilhabe.

Durch den Braunkohleausstieg sind jedoch nicht nur Menschen betroffen, die direkt in dieser Branche angestellt sind, sondern auch diejenigen, deren Arbeitsplatz indirekt von der Braunkohleindustrie abhängt oder die lediglich in der Region des Rheinischen Reviers leben.

Strukturwandel

Der Braunkohleabbau und die damit zur Verfügung stehende günstige Energieversorgung hat Regionen wie das Rheinische Revier auch für andere Industrien, die auf eine solche sichere und günstige Energieversorgung angewiesen sind, attraktiv gemacht.[304] Die Unternehmen, die aufgrund dieser Rahmenbedingungen, im Rheinischen Revier angesiedelt sind, könnten nun durch den Wegfall der Braunkohleindustrie einen Standortwechsel in Betracht ziehen. Es drohen hier also weitere Arbeitsplatzverluste sowie ein insgesamt nachteiliger Strukturwandel in der Region.

Das Verschwinden einer Industrie, die vergleichsweise hohe Löhne zahlt, wie es in der Kohleindustrie der Fall ist, bedeutet auch, dass Arbeitnehmer:innen bei Verhandlungen von Tarifabschlüssen eine schwächere Position einnehmen als zuvor. So besteht die Gefahr, dass die Löhne auch für Menschen, die nicht in der Braunkohleindustrie arbeiten, sinken.[305] Die Qualität und Quantität von Arbeitsplätzen in einer Region können auch darüber entscheiden, wie attraktiv

---

[303] Vgl., Creutzburg, Dietrich: „Rente mit 55 für Braunkohle-Beschäftigte?", *Frankfurter Allgemeine Zeitung*, 16.01.2019, https://www.faz.net/aktuell/wirtschaft/kohleausstieg-rente-mit-55-fuer-braunkohle-beschaeftigte-15991032.html?printPagedArticle=true#pageIndex_3 (zugegriffen am 23.02.2022). Auf konkrete Lösungsvorschläge gehe ich am Ende des Kapitels detaillierter ein.

[304] Vgl., IHK Mittlerer Niederrhein: „Rheinisches Revier. Wirtschaftsstruktur und Standortqualität", 179, Krefeld, 2020, S. 6; Zukunftsagentur Rheinisches Revier: „Wirtschafts- und Strukturprogramm für das Rheinische Zukunftsrevier 1.0", S. 14.

[305] Vgl., Holtemöller, Oliver und Christoph Schult: „Zu den Effekten eines beschleunigten Braunkohleausstiegs auf Beschäftigung und regionale Arbeitnehmerentgelte", *Wirtschaft im Wandel* 25/1 (2019), S. 5–9, hier S. 8/9.

der Standort als Lebensmittelpunkt für Menschen ist. Regionen, in denen es ausreichend Arbeitsstellen gibt und die daher von vielen verschiedenen Menschen auch als Wohnort gewählt werden, verfügen meist über diverse Möglichkeiten der Freizeitgestaltung, zum Beispiel in Form von Sportvereinen, Kulturangeboten oder auch religiösen Gemeinschaften.[306]

Einer Region, die über wenig Arbeitsplätze verfügt und in der die Lebensqualität stetig abnimmt, droht ein demografischer Wandel, da viele junge Leute wegziehen werden und sich auch kaum neue Bewohner:innen ansiedeln werden.[307] Mit dem Wegfall der Braunkohleindustrie drohen also negative Veränderungen in Bezug auf die zur Verfügung stehenden Arbeitsplätze über die Braunkohleindustrie hinaus und die Höhe der gezahlten Löhne, die Attraktivität des Umfelds als Lebensmittelpunkt und die demografische Entwicklung der Region.

Es ist zunächst sehr verständlich, dass Menschen es als ungerecht empfinden, wenn sie sich durch politische Entscheidungen gezwungen sehen, ihren präferierten Wohnort zu verlassen, um anderswo ihren Lebensunterhalt bestreiten zu können. Es sollte an dieser Stelle jedoch auch betont werden, dass ähnliche Folgen in schwerwiegenderer Form auch durch die Folgen des Klimawandels verursacht werden.[308] In diesem Fall werden ganze Regionen unbewohnbar und die sowieso schon (extrem) arme Bevölkerung wird zur Migration oft auch über Landesgrenzen hinaus gezwungen.[309] Ähnlich wie im Kontext der gesellschaftlichen Teilhabe gilt auch hier, dass die Gewährleistung und Wiederherstellung der Rechte der Menschen, die von den Folgen des Klimawandels betroffen sind, nur geschehen kann, wenn Energie- und Wirtschaftssysteme dekarbonisiert werden. Damit wird der Braunkohleausstieg essenziell. Dagegen lassen sich für die Menschen, die vom Braunkohleausstieg betroffen sind, Lösungen finden, die ihr

---

[306] Vgl., Habekuß, Fritz: „Regionale Auswirkungen des demografischen Wandels", *Bundeszentrale für politische Bildung (bpb)*, 10.07.2017, https://www.bpb.de/politik/innenpolitik/demografischer-wandel/195358/regionale-auswirkungen (zugegriffen am 23.02.2022).

[307] Vgl., Swiaczny, Frank: „Regionale Muster des demografischen Wandels", *Bundeszentrale für politische Bildung (bpb)*, 28.01.2014, https://www.bpb.de/gesellschaft/migration/kurzdossiers/176234/regionale-muster (zugegriffen am 24.02.2022); Bundesministerium des Innern und für Heimat (BMI): „Demografie-Radar", ohne Datum, https://www.bmi.bund.de/DE/themen/heimat-integration/demografie/demografie-radar/demografie-radar-node.html (zugegriffen am 23.02.2022).

[308] Siehe hierzu das zweite Kapitel dieser Arbeit.

[309] Wem die Gegenüberstellung dieser Schicksale zu weit hergeholt erscheint, der sei darauf verwiesen, dass auch innerhalb Deutschlands Menschen negativ von den Konsequenzen des Klimawandels betroffen sind, so dass sie ihre gewohnten Lebensrealitäten, wie Beruf oder Wohnort anpassen müssen, zum Beispiel Menschen, die in der Landwirtschaft arbeiten.

Leid lindern können. Beispielsweise können andere, nachhaltigere Wirtschafts-
zweige in der Region angesiedelt werden oder das Pendeln in andere Gebiete
könnte attraktiver und einfacher gestaltet werden, so dass Wohn- und Arbeitsort
räumlich separiert werden können.[310] Da insbesondere der Braunkohleabbau in
Form der Notwendigkeit der Umsiedlungen oder der Schadstoffbelastung auch
Unannehmlichkeiten für die Menschen vor Ort mit sich bringt, lässt sich der
Strukturwandel, durch eine kluge politische Begleitung, sogar so gestalten, dass
er positive Auswirkungen für die entsprechenden Regionen mit sich bringt. Trotzdem muss der Prozess des Strukturwandels konstruktiv politisch begleitet werden,
um vermeidbare, aber trotzdem denkbare, negative Konsequenzen zu verhindern.

Im Zusammenhang mit der Thematik des Strukturwandels wird auch der
Aspekt der lokalen Identität relevant, den ich im nächsten Teilabschnitt näher
untersuchen möchte.

Identitätsverlust

Auch wenn die Braunkohleindustrie im Rheinischen Revier nicht so prägend für
die regionale Identität war wie in den ostdeutschen Revieren oder die Steinkoh-
leförderung im Ruhrgebiet,[311] so spielt eine Art Identitätsverlust trotzdem eine
Rolle. Im Wirtschafts- und Strukturprogramm (WSP) 1.0 der Zukunftsagentur
Rheinisches Revier heißt es:

> *„Die Braunkohle war für das Rheinische Revier über Jahrzehnte Garant für sichere*
> *und gutbezahlte, industrielle Arbeitsplätze. Sie hat das Revier zu einem weit über die*
> *Grenzen Nordrhein-Westfalens bedeutenden Energiezentrum gemacht.“*[312]

Lange Zeit wurde die Kohleindustrie als wirtschaftlicher Motor und essenziell für
die deutsche Energieversorgung dargestellt. Nun ändert sich dieses Narrativ, da
im Kontext des Kohleausstiegs vor allem die klimaschädlichen Eigenschaften der

---

[310] Insbesondere im Rheinischen Revier mit seiner Nähe zu Ballungsgebieten wie Düsseldorf, Aachen und Köln ist dies denkbar. Auch werden im Zuge der Corona-Pandemie
Homeoffice-Konzepte zunehmend erschlossen.

[311] Vgl., Fischer, Konrad und Andreas Macho: „Kohleausstieg: So verschläft RWE den
Strukturwandel“, *WirtschaftsWoche*, 12.09.2018, https://www.wiwo.de/unternehmen/indust
rie/kohleausstieg-so-verschlaeft-rwe-den-strukturwandel/23009766.html (zugegriffen am
04.11.2020); Wehnert, Timon u. a.: „Strategische Ansätze für die Gestaltung des Strukturwandels in der Lausitz. Was lässt sich aus den Erfahrungen in Nordrhein-Westfalen und
dem Rheinischen Revier lernen?“, Wuppertal Institut, 10.02.2016, S. 11.

[312] Zukunftsagentur Rheinisches Revier: „Wirtschafts- und Strukturprogramm für das Rheinische Zukunftsrevier 1.0“, S. 13.

Kohleindustrie in den Vordergrund gestellt werden. Das prägt auch das Selbstbild der Menschen, die im Braunkohlerevier leben und arbeiten. Die Arbeit der Angestellten in der Braunkohleindustrie, die zunächst als gesellschaftlich wertvoller Beitrag dargestellt und empfunden wurde, verändert sich in der öffentlichen Wahrnehmung hin zu einer zukunftsgefährdenden Praxis, die im Interesse aller so schnell wie möglich beendet werden muss.[313] Hinzuzufügen ist aber auch, dass der Braunkohleabbau nie von der gesamten Bevölkerung im Rheinischen Revier befürwortet wurde. Viele Menschen vor Ort sind und waren durch die nötigen Umsiedlungen negativ betroffen und begrüßen den Kohleausstieg daher. Sie sehen ihre lokale Identität gerade durch den Braunkohleabbau bzw. durch die Umsiedlungen ihrer Dörfer bedroht und nicht durch den Kohleausstieg.[314] Ich werde im Folgenden nicht näher auf die von Umsiedlungen betroffenen Menschen eingehen. Festzuhalten ist aber, dass diese unterschiedlichen Wahrnehmungen und Meinungsbilder zur Braunkohleindustrie und zum Kohleausstieg die Debatten rund um diese Thematiken noch kontroverser und die Umsetzung des Strukturwandels noch herausfordernder gestalten.

Ein (gefühlter) Verlust der Identität ist auch deswegen problematisch, weil sich Menschen so in ihrer Würde verletzt fühlen können. Diesen Aspekt beleuchtet Francis Fukuyama in seinem Buch „Identität. Wie der Verlust der Würde unsere Demokratie gefährdet".

> *„Identität erwächst vor allem aus einer Unterscheidung zwischen dem wahren inneren Selbst und einer Außenwelt mit gesellschaftlichen Regeln und Normen, die den Wert oder die Würde des inneren Selbst nicht adäquat anerkennt. "*[315]

Wie Fukuyama außerdem herausstellt, vergleichen sich Menschen eher mit ihrem direkten Umfeld als mit ihnen weiter entfernten Menschen. Das Abrutschen in relative Armut, wie es ja, wie ich gezeigt habe, auch im Kontext des

---

[313] Vgl., Baum, Carla: „Die Region braucht ein neues Leitbild", *böll thema*, ohne Datum, https://www.boell.de/de/2018/12/27/die-region-braucht-ein-neues-leitbild (zugegriffen am 23.02.2022).

[314] Vgl., Morton/Müller: „Lusatia and the coal conundrum: The lived experience of the German Energiewende"; Siehe auch: Leue, Vivien: „Tagebau Hambach/ Kohle statt Kirche", *Deutschlandfunk*, 23.05.2019, https://www.deutschlandfunk.de/tagebau-hambach-kohle-statt-kirche.886.de.html?dram:article_id=449414 (zugegriffen am 23.02.2022).

[315] Fukuyama, Francis: Identität. Wie der Verlust der Würde unsere Demokratie gefährdet, 4. Aufl., Hamburg: Hoffmann und Campe 2019, S. 26.

Braunkohleausstiegs droht, kann also auch als Verlust der Würde empfunden werden.[316]

> *„Wirtschaftliche Not wird von Individuen oftmals nicht als materielle Entbehrung, sondern als Identitätsverlust empfunden. "*[317]

Im hier untersuchten Fall des Kohleausstiegs kommen also zwei Aspekte zusammen. Zunächst erleben die Menschen das Risiko des wirtschaftlichen Abstiegs durch den Verlust ihrer Arbeitsstelle und eines negativen Strukturwandels. Hinzukommt dann, dass die Arbeit in der Kohleindustrie mittlerweile anders wahrgenommen wird als noch vor einigen Jahren.

> *„(...) [Ö]konomische Ärgernisse [werden] noch weitaus intensiver empfunden, wenn sie mit Gefühlen der Erniedrigung und Missachtung verbunden sind. "*[318]

Dieses Gefühl des Verlusts der Würde bzw. Identität kann von Populist:innen ausgenutzt werden. Fukuyama nennt dies die *„Politik des Unmuts"*.

> *„In zahlreichen Fällen gelingt es politischen Führern, ihre Anhänger mit Hilfe der Vorstellung zu mobilisieren, dass die Würde der Gruppe beleidigt, herabgesetzt oder sonst wie missachtet worden sei. "*[319]

Die Gefahren, die im Kontext des Kohleausstiegs durch populistische und demokratiegefährdende Strömungen entstehen, werde ich im nächsten Teilkapitel (Abschn. 5.3) thematisieren.

Schlussbemerkungen
Die in diesem Teilkapitel diskutierten sozialen Härten stehen alle in Wechselwirkung zueinander. Besonders zu betonen sind hier die drohenden Arbeitsplatzverluste, die dazu führen können, dass die Betroffenen in ihrem Recht auf gesellschaftliche Teilhabe eingeschränkt werden. Dies wiederum kann psychische Belastungen sowohl verursachen als auch durch diese verstärkt werden. Der Rückzug anderer ansässiger Unternehmen und der demografische Wandel können sich gegenseitig bedingen und einen negativen Strukturwandel zur Folge haben. Wenn sich die öffentliche Wahrnehmung des Rheinischen Reviers von

---

[316] Vgl., ebd., S. 108/109.

[317] Ebd., S. 114.

[318] Ebd., S. 27.

[319] Ebd., S. 23.

einer für die Gesellschaft essenziell wichtigen Region hin zu einer unattraktiven und strukturschwachen entwickelt, kann das das Selbstbild und die Identität der dort Ansässigen beschädigen. All dies kann erhebliche Auswirkungen auf die Lebensqualität der Menschen haben, die im Rheinischen Revier leben. Ihre Sorgen und Ängste sind also nicht unbegründet. Alles in allem sind die vom Braunkohleausstieg betroffenen Menschen trotz aller negativen Konsequenzen, die sie zu befürchten haben, aber zumindest nicht zwangsläufig in ihren grundlegenden moralischen Rechten verletzt. Trotzdem besteht die Gefahr, dass diese Menschen erhebliche, nicht-triviale Schädigungen erleiden werden – zu betonen sind hier insbesondere die Nichtverminderungs- und Zuwachsgüter, die Gewirth benennt.

Sind diese Schädigungen, auch wenn es sich nicht um basale Rechtsverlet-zungen handeln sollte, mit dem Kampf gegen den Klimawandel zu rechtfertigen? Wenn davon ausgegangen wird, dass der Kohleausstieg effektiv etwas zum Kli-maschutz beiträgt, dann könnte argumentiert werden, dass das Leid der vom Kohleausstieg betroffenen Menschen zwar existent und bedauerlich ist, aber dass dies in Kauf zu nehmen ist, weil auf diese Art und Weise als gewichtiger zu wer-tende basale Rechte geschützt werden. Ich halte diese Argumentation aus drei Gründen für nicht angemessen.

Erstens finden bei einer derartigen Argumentation Gerechtigkeitsaspekte auf nationaler und lokaler Ebene zu wenig Beachtung. Wenn durch die lokalen nachteiligen Auswirkungen von Klimaschutzmaßnahmen vor allem weniger pri-vilegierte Menschen betroffen sind, dann stellt dies eine Ungerechtigkeit dar, selbst wenn insgesamt in Bezug auf den Klimaschutz Fortschritte gemacht werden können.

Zweitens sind die, durch den Braunkohleausstieg drohenden, sozialen Härten nicht trivial. Es kann nicht gerechtfertigt sein, jegliches Ausmaß dieser sozia-len Härten mit dem Verweis auf den Schutz grundlegender Rechte in Kauf zu nehmen. Vermeidbares menschliches Leid lässt sich nicht moralisch recht-fertigen, auch nicht mit dem Schutz elementarer Rechte. Dies wird durch den Umstand verstärkt, dass im Kontext des Kohleausstiegs vor allem auch kon-stitutive Nichtverminderungs- und Zuwachsgüter betroffen sind. Diese Güter des Wohlergehens sind laut Gewirth notwendig, um ein erfolgreiches und ziel-gerichtetes Leben zu führen und dürfen nur in Ausnahmefällen vorenthalten werden.

Drittens wird der Kohleausstieg am wirkungsvollsten sein, wenn er nicht gegen den erheblichen Widerstand der Betroffenen durchgesetzt werden muss. Nur wenn eine Mehrheit derjenigen Menschen, die letztendlich die gravierendsten Konse-quenzen tragen müssen, von der Richtigkeit des Ausstiegs überzeugt ist, kann ein effektiver und konstruktiver Prozess des Strukturwandels gestaltet werden. Das Gegenteil kann sogar demokratieschädigend sein, wie das nächste Teilkapitel zeigen wird.

Bei der Umsetzung des Braunkohleausstiegs muss also sowohl aus moralischen als auch aus praktischen Gründen darauf geachtet werden, dass die Entstehung vermeidbarer sozialer Härten verhindert wird und dass er so durch eine möglichst breite Unterstützung der Bevölkerung getragen wird. Wie kann das funktionieren? An dieser Stelle möchte ich abschließend Maßnahmen skizzieren, die dazu führen könnten, vermeidbare negative Konsequenzen des Braunkohleausstiegs zu verhindern. Ganzheitlichere Lösungsstrategien werden im sechsten Kapitel diskutiert.

Vermeidbare soziale Härten zu verhindern ist insofern herausfordernd, als dass sie als solche schwierig zu bestimmen sind. Es gibt keine Kriterien dafür, welche sozialen Härten *vermeidbar* sind. Zwei Extrempositionen, die das Meinungsspektrum begrenzen, bestehen auf der einen Seite darin zu argumentieren, dass *alle* sozialen Härten vermeidbar sind, einfach dadurch, dass der Kohleausstieg nicht vollzogen wird. Auf der anderen Seite kann dafür plädiert werden, dass alle entstehenden sozialen Härten in Kauf genommen werden müssen, da sie mit dem Kampf gegen den Klimawandel gerechtfertigt werden können. Ich habe oben bereits dafür argumentiert, warum beide Extreme abgelehnt werden sollten. Eine Orientierung, welche sozialen Härten zu vermeiden sind und welche in Kauf genommen werden müssen, sollte die Effektivität der entsprechenden Maßnahmen geben. Sobald soziale Härten entstehen, ohne dass gleichzeitig ein messbarer Beitrag zur deutschen und internationalen Klimastrategie geleistet wird, ist die entsprechende Maßnahme abzulehnen.[320] In Fällen, in denen eine Maßnahme effektiv ist, sollte genau geprüft werden, ob dasselbe Ergebnis auch auf eine Art erreicht werden könnte, die weniger Leid verursacht. Außerdem sollte stets überprüft werden, ob Maßnahmen, durch die soziale Härten entstehen, durch zusätzliche Maßnahmen ergänzt werden können, die diese Härten wiederum abfedern. Begleitend muss stets darauf geachtet werden, dass die konstitutiven Rechte auf Elementar-, Nichtverminderungs- und Zuwachsgüter der betroffenen Menschen nicht zu stark eingeschränkt werden.

Klima- und Sozialpolitik sollten also stärker aufeinander ausgerichtet werden und sich gegenseitig ergänzen. Die soziale Absicherung von Menschen, die durch klimapolitische Entscheidungen negativ betroffen sind, dient nicht nur dem Schutz der Rechte dieser Menschen, sondern kann auch als Beitrag zur

---

[320] Siehe in diesem Zusammenhang den Abschnitt „Szenario 1: Ineffektiver Braunkohleausstieg" in Abschnitt 5.1 dieser Arbeit.

Mitigation und Adaption verstanden werden, weil Betroffene, die keine Zukunftsängste haben müssen, sich in einem Veränderungsprozess eher konstruktiv oder zumindest nicht destruktiv verhalten. So lassen sich wirtschaftliche und politische Transformationen schneller und wirksamer umsetzen.[321]

Dass Entwicklungen des Arbeitsmarkts im Angesicht des Klimawandels politisch begleitet werden sollten, ergibt sich auch aus dem Umstand, dass sich der Klimawandel ohne ein entsprechendes Gegensteuern negativ auf die dortigen Bedingungen auswirken wird. Beispielsweise sind Infrastrukturen und Siedlungen durch Extremwetterereignisse bedroht, Arbeitsplätze in der Landwirtschaft sind ebenfalls durch die Konsequenzen des Klimawandels gefährdet, durch stärkere Hitzeperioden und die Ausbreitung von Krankheiten kann die Produktivität der Arbeitnehmer:innen abnehmen und der Fachkräftemangel in einigen Regionen wird durch Migration verstärkt.[322] Der Gewerkschafter Brian Kohler bringt es 1996 in einer Rede folgendermaßen auf den Punkt:

„The real choice is not jobs or environment. It is both or neither."[323]

Auch wenn eine Entschärfung des Klimawandels also im Allgemeinen dafür sorgt, dass die Bedingungen für Arbeitnehmer:innen besser sind als in einem Business-As-Usual-Szenario, sind einige Branchen, wie die Kohleindustrie, durch politische Beschlüsse zur Dekarbonisierung insofern negativ betroffen, als dass fossile Industrien in ihrer heutigen Form nicht zukunftsfähig sind und die dortigen Arbeitsplätze zum großen Teil wegfallen müssen.[324]

Vor allem in diesen Bereichen muss auf die Art und Weise der Implementierung der Klimaschutzmaßnahmen geachtet werden.[325] In diesem Zusammenhang sollte über folgende konkrete Maßnahmen nachgedacht und diskutiert werden:[326]

---

[321] Vgl., Rosemberg, Anabella: „Building a Just Transition. The linkages between climate change and employment", *Climate change and labour: The need for a „just transition"* 2/2 (2010), S. 125–161, hier S. 128.

[322] Vgl., ebd., S. 130–134.

[323] Kohler, Brian: „Sustainable development: a labor view", *San Diego Earth Times*, 05.12.1996, https://www.sdearthtimes.com/et0597/et0597s4.html (zugegriffen am 23.02.2022).

[324] Vgl., Rosemberg: „Building a Just Transition. The linkages between climate change and employment", S. 135.

[325] Vgl., ebd., S. 140/141.

[326] Diese Vorschläge erheben weder Anspruch auf Ausgereiftheit noch auf Vollständigkeit.

Schaffung von Alternativen zu aktuellen Arbeitsstellen in der Braunkohleindustrie

– Arbeiter:innen aus der Braunkohleindustrie sind meist sehr gut ausgebildet, dies in Kombination mit dem aktuell herrschenden Fachkräftemangel sollte dazu führen, dass die Menschen, die durch den Kohleausstieg ihren Beruf verlieren, eine neue Arbeitsstelle finden.[327] Hier gilt es Wege zu finden, Arbeitssuchende und suchende Arbeitgeber:innen zusammenzubringen.[328]

– Ergänzend müssen Beschäftigten in der Braunkohleindustrie unbürokratische und leicht zugängliche Möglichkeiten der Umschulungen und Weiterbildung angeboten werden. Auf diese Art und Weise könnte der Wegfall von Arbeitsplätzen durch das Zugänglichmachen von Alternativen, zum Beispiel im Bereich der erneuerbaren Energien, kompensiert werden.[329]

Schaffung neuer Arbeitsstellen durch Ansiedlung von Unternehmen und Ausbau der Verkehrsinfrastruktur

– Es sollte stärker in nachhaltige Unternehmen und Industrien investiert werden und es müssen Anreize gesetzt werden, dass sich diese Unternehmen auch in den ehemaligen Braunkohleregionen ansiedeln und so neue Arbeitsstellen

---

[327] Vgl., Jansen, Anika und Sebastian Schirner: „Die Fachkräftesituation in Deutschlands Kohleregionen", Institut der deutschen Wirtschaft – Kompetenzzentrum Fachkräftesicherung, 2020.

[328] Beispielsweise bewerben sich einige Arbeitgeber bei speziellen Veranstaltungen bereits um Auszubildende anstatt andersherum. (Siehe beispielsweise: Heizmann, Sonja: „Arbeitskultur im Wandel – Wie deutsche Firmen um Mitarbeiter kämpfen", *Deutschlandfunk Kultur*, 30.10.2018, https://www.deutschlandfunkkultur.de/arbeitskultur-im-wandel-wie-deutsche-firmen-um-mitarbeiter.976.de.html?dram:article_id=431849 (zugegriffen am 23.02.2022); Lang, Joachim: „Unternehmen bewerben sich um Mitarbeiter", *Linked in*, ohne Datum, https://de.linkedin.com/pulse/unternehmen-bewerben-sich-um-mitarbeiter-joachim-lang (zugegriffen am 24.02.2022).) Formate dieser Art wären auch für die Braunkohleregionen denkbar, so dass den Menschen dort bereits jetzt Alternativen zu ihrem jetzigen Beruf aufgezeigt werden könnten. So könnte auch dem Eindruck entgegengewirkt werden, dass die Betroffenen keinen sinnvollen gesellschaftlichen Beitrag mehr leisten.

[329] Vgl., Collins, Bryony: „Sunnier times ahead for coal workers in renewables, tech", *Powering Past Coal Alliance*, 11.12.2018, https://www.poweringpastcoal.org/insights/economy/sunnier-times-ahead-for-coal-workers-in-renewables-tech (zugegriffen am 23.02.2022); Levin u. a.: „Overcoming the tragedy of super wicked problems: constraining our future selves to ameliorate global climate change", S. 25; Rosemberg: „Building a Just Transition. The linkages between climate change and employment", S. 144.

schaffen.[330] So werden weitere Alternativen auf dem regionalen Arbeitsmarkt geschaffen und die Regionen bleiben als Wirtschaftsstandort erhalten.

– Das Rheinische Revier befindet sich in unmittelbarer Nähe zu Ballungsgebieten wie Aachen oder Köln. Durch den Ausbau von Verkehrsinfrastrukturen[331] kann es den Menschen ermöglicht werden, eine neue Arbeitsstelle in diesen Großstädten anzunehmen und gleichzeitig im Rheinischen Revier wohnen zu bleiben.[332] Laut der IHK Mittlerer Niederrhein besteht vor allem in Bezug auf den Ausbau des öffentlichen Nahverkehrs im Rheinischen Revier Handlungsbedarf.[333] Konkret wird die Einrichtung einer S-Bahn-Verbindung zwischen Mönchengladbach und Köln und das Etablieren einer sogenannten „Revierbahn" zwischen Düsseldorf, Köln und Aachen gefordert.[334] In diesem Zusammenhang sollte auch über Homeoffice-Konzepte nachgedacht werden, um die Belastung, die das Pendeln mit sich bringen würde, gering zu halten. Hier müssen insbesondere Mängel in Bezug auf die Informations- und Kommunikationsinfrastruktur behoben werden.[335]

Investitionen

– Die Region Rheinisches Revier muss als Lebensstandort attraktiv bleiben. Es muss sichergestellt werden, dass die aktuellen Pläne, aus den ehemaligen Tagebauen Seen entstehen zu lassen, den jetzigen Bewohner:innen des Rheinischen

---

[330] Vgl., Rosemberg: „Building a Just Transition. The linkages between climate change and employment", S. 142.
Ein nicht ganz unumstrittenes Beispiel für die Ansiedlung von derartigen Unternehmen ist die Errichtung eines Werks des Unternehmens Tesla, das auf die Produktion von E-Autos, Stromspeichern und PV-Anlagen spezialisiert ist, in Brandenburg. Siehe: Tesla Deutschland: „Gigafactory Berlin-Brandenburg", ohne Datum, https://www.tesla.com/de_de/giga-berlin (zugegriffen am 22.02.2022).

[331] Zu nachhaltigen Infrastrukturkonzepten siehe: Helm: Net Zero. How We Stop Causing Climate Change, S. 125–142. Für spezielle Ziele im Rheinischen Revier siehe beispielsweise: Zukunftsagentur Rheinisches Revier: „Wirtschafts- und Strukturprogramm für das Rheinische Zukunftsrevier 1.0", S. 133 ff.; Zukunftsagentur Rheinisches Revier: „Infrastruktur und Mobilität der Zukunft", https://www.rheinisches-revier.de/themen/revierknoten-infrastruktur-und-mobilitaet (zugegriffen am 21.02.2022).

[332] Vgl., Kommission „Wachstum, Strukturwandel und Beschäftigung" (Kohlekommission): „Kommission ‚Wachstum, Strukturwandel und Beschäftigung' Abschlussbericht", S. 55.

[333] Vgl., IHK Mittlerer Niederrhein: „Rheinisches Revier. Wirtschaftsstruktur und Standortqualität", S. 14/15.

[334] Vgl., ebd., S. 26.

[335] Vgl., ebd., S. 15, S. 27.

Reviers zugutekommen. Insbesondere muss eine Gentrifizierung verhindert werden, die nicht unwahrscheinlich ist, wenn eine ehemalige Bergbauregion in ein Naherholungsgebiet transformiert wird.

– Die Zahlungen, die die betroffenen Regionen unterstützen sollen, müssen spürbar bei den Menschen ankommen. Beispielsweise könnten sie genutzt werden, um Freizeit- und Kulturangebote aufrechtzuerhalten bzw. neu zu etablieren.

Die Entstehung sozialer Härten im Kontext eines derart komplexen und tiefgreifenden Strukturwandels, wie ihn der Kohleausstieg im Rheinischen Revier verursacht, ist unvermeidbar. Jedoch gibt es verschiedene Arten und Weisen, wie der Kohleausstieg umgesetzt werden kann, mit entsprechend verschiedenen Ausprägungen an sozialen Härten. Hier gilt es einen Weg zu finden, der möglichst wenig Leid verursacht – insbesondere müssen die konstitutiven Nichtverminderungs- und Zuwachsgüter der Menschen geschützt werden. Die Verhinderung sozialer Härten darf jedoch nicht auf Kosten der Effektivität des Kohleausstiegs geschehen, da ihm dies einerseits seine Rechtfertigungsgrundlage entzieht und andererseits die Ablehnung der Betroffenen provoziert.[336] Letzteres führt dann schnell dazu, dass der Kohleausstieg noch ineffektiver gestaltet wird.

5.3   Kohleausstieg und negative gesellschaftliche Konsequenzen?

Auch wenn die Energiewende und der dafür nötige Braunkohleausstieg auf gesamtgesellschaftlicher Ebene und über einen längeren Zeitraum betrachtet positive Effekte entfalten können,[337] können auf lokaler Ebene erhebliche soziale Härten entstehen.[338] Diese führen eventuell dazu, dass sich Widerstände gegen Maßnahmen wie den Kohleausstieg formieren, die dann wiederrum Auswirkungen auf die Gestaltung und die Effektivität der Energiewende haben. Auch gesamtgesellschaftliche Auswirkungen wie das Erstarken rechtspopulistischer Parteien sind denkbar. In diesem Teilkapitel möchte ich mich mit diesen negativen gesellschaftlichen Konsequenzen beschäftigen. Es soll gezeigt werden, dass bei der Umsetzung der Energiewende eine zu starke Fokussierung auf eine übergeordnete Ebene, die die speziellen Nöte der direkt betroffenen Menschen ausklammert bzw. aufgrund eines Netto-Nutzens als sekundär einordnet, letztlich dazu führen

---

[336] Siehe auch Abschnitt 5.3 dieser Arbeit.

[337] Siehe Abschnitt 5.1 dieser Arbeit.

[338] Siehe Abschnitt 5.2 dieser Arbeit.

kann, dass die Energiewende aufgrund von Akzeptanzproblemen scheitert bzw. weniger effektiv ausfällt, als sie könnte. Durch die Gefahr erstarkender rechtspopulistischer Parteien entsteht außerdem ein Zielkonflikt zwischen ambitioniertem Klimaschutz und dem Schutz der Demokratie. Zur Erläuterung dieser Thesen werde ich zunächst auf die Wahrnehmung der Energiewende und des Kohleausstiegs in der Gesellschaft eingehen, anschließend werde ich die Konzepte der Akzeptanz und der Akzeptabilität diskutieren und in ein Verhältnis setzen. Abschließend wird gezeigt, warum das Thema der Energiewende von Populist:innen besetzt wird und wie sie von Widerständen gegen Maßnahmen der Energiewende profitieren können.

Wahrnehmung der Energiewende in der Gesellschaft
Forscher:innen des Instituts für transformative Nachhaltigkeitsforschung (IASS) kommen im 2019 erschienenen „Sozialen Nachhaltigkeitsbarometer der Energiewende" zu dem Ergebnis, dass eine große Mehrheit der Menschen (82 %) die Energiewende grundsätzlich unterstützt.[339] Auch dem Kohleausstieg gegenüber sind 64 % der Befragten positiv eingestellt, während ihn nur 14 % ablehnen.[340] Die konkrete Umsetzung der Energiewende wird jedoch weniger positiv bewertet. *„Unverändert zum Vorjahr fällt bei etwa der Hälfte der Befragten (47 %) die Gesamtbewertung der Energiewende negativ aus."*[341] Sogar über die Hälfte der Menschen empfindet die Energiewende als ungerecht.[342] Die Autor:innen verweisen auch auf die *„(...) deutlichen Meinungsunterschiede im parteipolitischen Spektrum (...)"*[343] Die niedrigste Zustimmungsrate zur Energiewende herrscht demnach unter AfD-Anhänger:innen (46 %).[344] Innerhalb dieses Personenkreises befürchten 31 % negative Auswirkungen durch die Transformation auf ihren persönlichen Lebensbereich.[345]

Unabhängig von parteipolitischen Präferenzen verweisen Radtke et al wenig überraschend darauf, dass Widerstände gegen Maßnahmen der Energiewende insbesondere innerhalb der negativ betroffenen Bevölkerungsgruppen – z. B. in der Automobil- und Kohleindustrie, den energieintensiven Industrien oder

---

[339] Vgl., Wolf, Ingo: „Soziales Nachhaltigkeitsbarometer der Energiewende 2019", Potsdam: Institut für transformative Nachhaltigkeitsforschung (IASS), 2020, S. 8.

[340] Vgl., ebd., S. 10.

[341] Ebd., S. 12.

[342] Vgl., ebd., S. 12, S. 14.

[343] Ebd., S. 9.

[344] Vgl., ebd., S. 8.

[345] Vgl., ebd., S. 16.

der Luftfahrt – zu finden sind.[346] Dies resultiert vermutlich auch aus einem Aspekt, auf den Czada und Radtke verweisen: Der Begriff der Energiewende wird von verschiedenen Akteur:innen ungleich wahrgenommen und es werden unterschiedliche Aspekte damit assoziiert.

> „Tatsächlich sieht es so aus, als sei die Politik der Energiewende weniger ein Projekt geteilten Wissens und einheitlicher Zielrichtung als ein Bündel von Maßnahmen, die ganz unterschiedliche Assoziationen auslösen. Ingenieure verbinden damit eine technologische Herausforderung, Landwirte Bodenwertsteigerungen, Verwaltungen eine Planungsaufgabe, Verbraucher Strompreiserhöhungen, Umweltaktivisten die Rettung des Weltklimas, Hersteller und Betreiber von Windrädern und Solarpanels eine Erwerbschance. "[347]

Dies erklärt möglicherweise auch die Ergebnisse des Sozialen Nachhaltigkeitsbarometers 2019. Der Begriff „Energiewende" scheint nicht ausreichend definiert, offen für Interpretationen, individuelle Assoziationen und Wunschvorstellungen. Damit bleibt er aber inhaltsleer.[348] Erst durch die Realisierung konkreter Maßnahmen, werden Inhalte und Konsequenzen greifbar und stoßen somit auch auf Ablehnung.

Doch was bedeutet dies für die ethische Bewertung der Energiewende? In den vorigen Kapiteln wurde deutlich, dass die Energiewende und insbesondere der Braunkohleausstieg notwendig sind, um moralische Rechte von Menschen zu schützen. Haben Widerstände gegen zuvor als moralisch gerechtfertigte Maßnahmen dann selbst wieder moralisches Gewicht? Oder sollten sie einfach als moralisch falsch abgelehnt werden, ohne sie in der Analyse der gegebenen Situation zu berücksichtigen? Um diese Fragen zu beantworten, werde ich mich im weiteren Verlauf des Kapitels zunächst mit der Wechselwirkung zwischen Akzeptanz und Akzeptabilität auseinandersetzen und anschließend auf die politischen Gefahren eingehen, die Widerstände gegen Maßnahmen der Energiewende mit sich bringen.

Akzeptanz und Akzeptabilität
Im Folgenden werde ich zunächst auf die verschiedenen Bedeutungen der Begriffe „Akzeptanz" und „Akzeptabilität" eingehen. Anschließend werde ich

---

[346] Vgl., Radtke u. a.: „Die Energiewende in Deutschland – zwischen Partizipationschance und Verflechtungsfalle", S. 25.

[347] Czada/Radtke: „Governance langfristiger Transformationsprozesse. Der Sonderfall ‚Energiewende'", S. 45/46.

[348] Vgl., ebd., S. 46.

zeigen, wie sich diese beiden Konzepte gegenseitig beeinflussen und was dies für die Energiewende bzw. den Kohleausstieg bedeutet. Der Begriff „Akzeptanz" wird deskriptiv verwendet. Er bezieht sich darauf, ob bestimmte Sachverhalte de facto akzeptiert werden.[349] Wichtig zu beachten ist, dass das Ausführen einer bestimmten Tätigkeit noch keine Rückschlüsse auf korrespondierende Akzeptanz zulässt, da es denkbar ist, dass äußere Zwänge ausschlaggebend für die Ausführung sind.[350] Es existieren unterschiedliche Definitionen des Begriffs der Akzeptanz, die verschieden weit gefasst sind und jeweils andere Maßstäbe für das Vorliegen derselben ansetzen.[351] Die definitorischen Feinheiten des Phänomens sind für meine Arbeit jedoch zweitrangig. Ich möchte den Begriff „Akzeptanz" als die Abwesenheit von Widerstand definieren. Insofern

---

[349] Vgl., Grunwald, Armin: „Zur Rolle von Akzeptanz und Akzeptabilität von Technik bei der Bewältigung von Technikkonflikten", *Technikfolgenabschätzung – Theorie und Praxis* 14/3 (2005), S. 54–60, hier S. 54; Meyer, Thomas: „Zur ethischen Relevanz von Akzeptanz und Akzeptabilität für eine nachhaltige Energiewende", in: Fraune, Cornelia u. a. (Hrsg.): *Akzeptanz und politische Partizipation in der Energietransformation. Gesellschaftliche Herausforderungen jenseits von Technik und Ressourcenausstattung*, Wiesbaden: Springer VS 2019, S. 45–60, hier S. 46; Wolkenstein, Andreas F.X.: „Akzeptanz und Akzeptabilität im Kontext der Angewandten Ethik", in: Quinn, Regina Ammicht (Hrsg.): *Sicherheitsethik*, Wiesbaden: Springer VS 2014, S. 225–239, hier S. 225–229.

[350] Vgl., Fraune, Cornelia u. a.: „Einleitung: Akzeptanz und politische Partizipation – Herausforderungen und Chancen für die Energiewende", in: Fraune, Cornelia u. a. (Hrsg.): *Akzeptanz und politische Partizipation in der Energietransformation. Gesellschaftliche Herausforderungen jenseits von Technik und Ressourcenausstattung*, Wiesbaden: Springer VS 2019, S. 6; Wolkenstein: „Akzeptanz und Akzeptabilität im Kontext der Angewandten Ethik", S. 230.

[351] Vgl., Brohmann, Bettina: „Der Beitrag von Akteurskooperationen zur Akzeptanzentwicklung in der Energiewende", in: Fraune, Cornelia u. a. (Hrsg.): *Akzeptanz und politische Partizipation in der Energietransformation. Gesellschaftliche Herausforderungen jenseits von Technik und Ressourcenausstattung*, Wiesbaden: Springer VS 2019, S. 251–273, hier S. 252, S. 257–259; Dütschke, Elisabeth u. a.: „Soziale Akzeptanz als erweitertes Verständnis des Akzeptanzbegriffs – eine Bestimmung der Akteure für den Prozess der Energiewende", in: Fraune, Cornelia u. a. (Hrsg.): *Akzeptanz und politische Partizipation in der Energietransformation. Gesellschaftliche Herausforderungen jenseits von Technik und Ressourcenausstattung*, Wiesbaden: Springer VS 2019, S. 211–230, hier S. 215–217; Gölz, Sebastian u. a.: „Akzeptanz und Konflikte als Zustände regionaler sozialer Prozesse. Anwendung eines transdisziplinären Analyserahmens", in: Fraune, Cornelia u. a. (Hrsg.): *Akzeptanz und politische Partizipation in der Energietransformation. Gesellschaftliche Herausforderungen jenseits von Technik und Ressourcenausstattung*, Wiesbaden: Springer VS 2019, S. 85–108, hier S. 87–91; Meyer: „Zur ethischen Relevanz von Akzeptanz und Akzeptabilität für eine nachhaltige Energiewende", S. 46; Wüstenhagen, Rolf, Maarten Wolsink und Mary Jean Bürer: „Social acceptance of renewable energy innovation: An introduction to the concept", *Energy Policy* 35 (2007), S. 2683–2691.

ist davon auszugehen, dass akzeptierte Maßnahmen zumindest keine Handlungen nach sich ziehen, die der Umsetzung dieser Maßnahmen im Wege stehen.[352] Wie sich im weiteren Verlauf des Kapitels zeigen wird, ist die Vermeidung von erheblichen Widerständen essenziell für die effektive Umsetzung der Energiewende und des Kohleausstiegs sowie zum Schutz vor populistischen Bestrebungen, von Maßnahmen der Energiewende zu profitieren.

Wie Thomas Meyer darlegt, stellt die Akzeptabilität im Gegensatz zur Akzeptanz zunächst ein modales Konzept dar. Das heißt, sie bezieht sich darauf, dass es *möglich* ist, etwas zu akzeptieren.[353] Meist wird dies normativ verstanden, dann *darf* oder *sollte* eine Maßnahme, die über Akzeptabilität verfügt, akzeptiert werden.[354]

Die Akzeptabilität einer Maßnahme bezieht sich also entweder darauf, dass sie akzeptabel und/oder darauf, dass sie zu akzeptieren ist. Die erste Zuschreibung ist praktisch und die zweite normativ zu verstehen. Eine akzeptable Maßnahme *kann* akzeptiert werden, beispielsweise weil sie keine Rechte verletzt, die Interessen des betroffenen Individuums nicht betrifft oder die betroffenen Personen Wahlmöglichkeiten haben. So kann eine Maßnahme akzeptabel sein, ohne dass sie auch zu akzeptieren ist. Zum Beispiel ist für einige Menschen eine Organspende nach ihrem Ableben akzeptabel. Ein solcher Vorgang ist aber nicht zu akzeptieren, das heißt, dass es auch die Möglichkeit geben muss, einer Organspende zu widersprechen. Wenn eine Maßnahme zu akzeptieren ist, also die faktische Akzeptanz normativ eingefordert wird, setzt dies voraus, dass sie auch akzeptabel ist. Dies heißt aber nicht, dass sie dann auch faktisch akzeptiert wird. Die Regeln des Straßenverkehrs beispielsweise sind zu akzeptieren, weil sie nur so die volle positive Wirkung für alle Beteiligten entfalten. Da diese Regeln die allgemeine Sicherheit stärken (sollen) und keine übermäßigen Freiheitseinschränkungen bedeuten, sind sie akzeptabel. Aus dem tatsächlichen Verhalten einiger Verkehrsteilnehmer:innen lässt sich jedoch ableiten, dass insbesondere Geschwindigkeitsbegrenzungen faktisch oft nicht akzeptiert werden.

Hieraus lassen sich auch einige Schlussfolgerungen für Formen der Ablehnung ziehen. Eine Maßnahme kann gerechtfertigterweise abgelehnt werden, wenn sie

---

[352] Vgl., Wolkenstein: „Akzeptanz und Akzeptabilität im Kontext der Angewandten Ethik", S. 226.

[353] Vgl., Meyer: „Zur ethischen Relevanz von Akzeptanz und Akzeptabilität für eine nachhaltige Energiewende", S. 47.

[354] Vgl., Grunwald: „Zur Rolle von Akzeptanz und Akzeptabilität von Technik bei der Bewältigung von Technikkonflikten", S. 54; Meyer: „Zur ethischen Relevanz von Akzeptanz und Akzeptabilität für eine nachhaltige Energiewende", S. 47; Wolkenstein: „Akzeptanz und Akzeptabilität im Kontext der Angewandten Ethik", S. 225–227.

akzeptabel aber nicht zu akzeptieren ist, zum Beispiel indem auf das Ausüben der Maßnahme verzichtet wird. Des Weiteren können Maßnahmen abgelehnt werden, die weder akzeptabel noch zu akzeptieren sind. Diese sollten sogar auf Widerstand stoßen und rechtfertigen auch stärkere Protestformen, die darauf abzielen, die entsprechende Maßnahme rückgängig zu machen oder zu verändern.

Im weiteren Verlauf dieses Teilkapitels wird vor allem die normative Akzeptabilität im Fokus stehen. In diesem Zusammenhang werde ich mich mit der Frage beschäftigen, inwieweit die faktische Akzeptanz Einfluss auf die normative Akzeptabilität hat und wie mit Protesten gegen zu akzeptierende Maßnahmen umzugehen ist.

Um darüber zu entscheiden, welche Sachverhalte über normative Akzeptabilität verfügen – also zu akzeptieren sind – muss ein zugehöriges Normensystem zugrunde gelegt werden.[355] Vor diesem Hintergrund finden sich verschiedene Arten, Akzeptabilität zu begründen. Der rationalitätstheoretische Ansatz besagt, dass eine Maßnahme dann zu akzeptieren ist, wenn Maßnahmen mit vergleichbaren negativen Konsequenzen ebenfalls akzeptiert werden. Es wird hier also von den betroffenen Personen verlangt, dass ihr Akzeptanzverhalten Konsistenz aufweist.[356] Dem gegenüber steht der von Armin Grunwald verteidigte demokratietheoretische Ansatz. Dieser macht die Akzeptabilität einer Maßnahme davon abhängig, dass sie durch einen demokratisch legitimierten Prozess entstanden ist.[357] Das bedeutet auch, dass bestimmte Maßnahmen zu akzeptieren sind, obwohl sie nicht mit individuellen Interessen übereinstimmen.

„Der Kern von Demokratie als Entscheidungssystem besteht gerade nicht darin, dass jede demokratisch legitime Entscheidung auf vollständige Akzeptanz in dem Sinne stoßen muss, dass sie verträglich mit den Präferenzen und Interessen aller Betroffenen sein soll. Demokratische Entscheidungen müssen Probleme mit Gewinnern und Verlierern und einer entsprechenden Zumutungsproblematik bewältigen können."[358]

---

[355] Vgl., Meyer: „Zur ethischen Relevanz von Akzeptanz und Akzeptabilität für eine nachhaltige Energiewende", S. 47.

[356] Vgl., Grunwald: „Zur Rolle von Akzeptanz und Akzeptabilität von Technik bei der Bewältigung von Technikkonflikten", S. 55; Meyer: „Zur ethischen Relevanz von Akzeptanz und Akzeptabilität für eine nachhaltige Energiewende", S. 50/51.

[357] Vgl., Grunwald: „Zur Rolle von Akzeptanz und Akzeptabilität von Technik bei der Bewältigung von Technikkonflikten", insb. S. 58–60; Siehe auch: Meyer: „Zur ethischen Relevanz von Akzeptanz und Akzeptabilität für eine nachhaltige Energiewende", S. 54; Wolkenstein: „Akzeptanz und Akzeptabilität im Kontext der Angewandten Ethik".

[358] Grunwald: „Zur Rolle von Akzeptanz und Akzeptabilität von Technik bei der Bewältigung von Technikkonflikten", S. 58/59.

Diese beiden Ansätze fokussieren auf die Zumutbarkeit von Risiken. Meyer argumentiert an dieser Stelle, dass die Zumutbarkeit von Risiken eine ethische Frage ist. Zusätzlich lässt sich beobachten, dass weitere ethische Aspekte, insbesondere Gerechtigkeitsfragen, existieren, die das Ausbleiben von Akzeptanz begründen sollen. Diese stellen also neben der (Un-) Zumutbarkeit von Risiken weitere Kandidaten dar, die über die Akzeptabilität einer Maßnahme entscheiden können. Daher führt Meyer den Begriff der ethischen Akzeptabilität ein und schlägt vor, hierunter weitere ethisch relevante Kriterien der Akzeptabilität zu fassen und den Fokus nicht allein auf die Abwägung von Risiken zu setzen.[359]

Er verweist in diesem Zusammenhang auch darauf, dass die Fokussierung auf die Zumutbarkeit von Risiken den Aspekt der demokratischen Legitimation übersieht.

„Denn die Rede von einem Akzeptanzproblem verweist anstatt auf Fragen der Zumutbarkeit auf ein Problem demokratischer Legitimation. Ganz unabhängig davon, ob nun eine geplante Maßnahme zumutbar ist oder nicht, besteht im Ausbleiben der Akzeptanz das Problem, dass diese Maßnahme möglicherweise ihrer demokratischen Legitimation entbehrt."[360]

Grunwald scheint genau auf diesen Aspekt anzuspielen, wenn er argumentiert, dass das faktische Ausbleiben von erwarteter Akzeptanz dazu führen muss, dass die entsprechenden *„(...) Prozeduren selbst in einem gesellschaftlichen Lernprozess zu ändern [sind] (...)."*[361] Werden Maßnahmen, die innerhalb eines demokratischen Prozesses entstehen, von vielen abgelehnt, sind also die demokratischen Prozesse zu ändern, die dazu geführt haben, dass die letztlich inakzeptable Maßnahme umgesetzt wurde. Dies ist insofern bemerkenswert, als dass die Gültigkeit des Kriteriums, das darüber bestimmt, ob eine Maßnahme zu akzeptieren ist oder nicht (demokratischer Prozess führt zu Akzeptabilität), selbst wiederum davon abhängt, ob diese Akzeptanz faktisch eintritt (Änderung des demokratischen Prozesses bei erheblicher Inakzeptanz). Grunwald scheint hier also davon auszugehen, dass demokratische Prozesse dann legitimiert sind, wenn sie zu Entscheidungen führen, die von einer Mehrheit akzeptiert werden. Eine Maßnahme verfügt also dann über Akzeptabilität, wenn diese von einer Mehrheit

---

[359] Vgl., Meyer: „Zur ethischen Relevanz von Akzeptanz und Akzeptabilität für eine nachhaltige Energiewende", S. 55.

[360] Ebd., S. 57.

[361] Grunwald: „Zur Rolle von Akzeptanz und Akzeptabilität von Technik bei der Bewältigung von Technikkonflikten", S. 59.

akzeptiert wird. Dies lässt auf einen direktdemokratischen Ansatz schließen.[362] Vor allem bei sehr komplexen Problemstellungen ist ein solcher jedoch problematisch, da viele Menschen möglicherweise nicht über genug Fachkenntnisse verfügen, um eine fundierte Meinung zu entwickeln. Wenn Entscheidungen wie der Kohleausstieg dann auch noch darauf abzielen, den Status Quo zu verändern und viele Menschen sehr stark persönlich betroffen sind, sollte nicht allein das Akzeptanzverhalten der Mehrheit darüber entscheiden, welche Maßnahmen über Akzeptabilität verfügen.

An dieser Stelle stellt sich die Frage, wie sich die Konzepte Akzeptanz und Akzeptabilität genau zueinander verhalten, welche Wechselwirkungen hier möglicherweise existieren und welche Bedingungen neben dem faktischen Akzeptanzverhalten Einfluss auf die Akzeptabilität einer Maßnahme haben. Meyer verweist in diesem Kontext darauf, dass die Existenz einer der beiden Phänomene Akzeptanz und Akzeptabilität keine hinreichende Bedingung für das jeweils andere Phänomen darstellt. Weder kann aus dem Akzeptieren einer Maßnahme auf ihre Akzeptabilität geschlossen werden noch hat die Akzeptabilität automatisch Akzeptanz zur Folge.[363] Jedoch lässt das *Ausbleiben* von faktischer Akzeptanz Rückschlüsse auf mangelnde Legitimation und somit fehlende Akzeptabilität zu.

„Wenn eine Maßnahme als akzeptable ausgewiesen ist und dennoch keine Akzeptanz findet, dann ist dies ein Indiz dafür, dass der Nachweis ihrer Akzeptabilität fehlerhaft ist. Insofern hat auch die faktische Akzeptanz, bzw. das erwartete Akzeptanzverhalten Betroffener eine ethische Relevanz. Umgekehrt mag daher der Nachweis der Akzeptabilität einer Maßnahme ihre Akzeptanz erhöhen."[364]

Meyer verweist hier auf zwei wichtige Punkte. Erstens ist es auch für die ethische Bewertung bestimmter Maßnahmen nicht ausreichend, lediglich auf ihre mutmaßliche Akzeptabilität zu verweisen. Zunächst scheint es naheliegend, anhand abstrakter ethischer Prinzipien, Bedingungen für die Akzeptabilität aufzustellen, die dann darüber entscheiden, ob eine Maßnahme moralisch gerechtfertigt ist oder nicht. Wenn diese dann von den Betroffenen abgelehnt wird, scheint dies ein Zeichen dafür zu sein, dass sich die entsprechenden Personen unmoralisch oder irrational verhalten. Aus der faktischen Inakzeptanz in größerem Maßstab bestimmter Sachverhalte gegenüber, sollte aber in erster Linie nicht etwas über diejenigen Menschen abgeleitet werden, die ihren Unmut zum Ausdruck bringen,

---

[362] Vgl., ebd., S. 59/60.

[363] Vgl., Meyer: „Zur ethischen Relevanz von Akzeptanz und Akzeptabilität für eine nachhaltige Energiewende", S. 57.

[364] Ebd., S. 58.

sondern zunächst muss kritisch geprüft werden, ob dies die Akzeptabilität und damit auch ethische Rechtfertigungsgrundlage schmälert.

Wichtig ist aber, dass fehlende Akzeptanz lediglich ein „*Indiz*" für mangelhafte Akzeptabilität darstellt. Es ist also denkbar, dass die Überprüfung einer Maßnahme, die auf erhebliche Inakzeptanz stößt, trotzdem zu dem Ergebnis kommt, dass die entsprechende Maßnahme über Akzeptabilität verfügt. Eine solche Maßnahme ist dann für viele inakzeptabel, sie ist aber trotzdem zu akzeptieren. Dies kann der Fall sein, wenn Rechte von Minderheiten gegen eine Mehrheit durchgesetzt werden müssen, wenn der Status Quo zu Ungerechtigkeiten führt und daher verändert werden sollte oder auch wenn sich einige der nachteilig Betroffenen nicht an der Debatte beteiligen können (beispielsweise wenn Rechte von zukünftigen Generationen oder räumlich sehr weit entfernter Menschen betroffen sind) und so nur scheinbare Mehrheitsverhältnisse entstehen. Gerechtigkeitsaspekte und der Schutz grundlegender moralischer Rechte können also die Akzeptabilität einer Maßnahme rechtfertigen, auch wenn sie nicht auf die Akzeptanz der Mehrheit stößt. Es zeigt sich also, dass das Durchsetzen einer Maßnahme gegen den Mehrheitswillen durch besonders dringende ethische Anliegen gerechtfertigt werden muss. Das bedeutet im Umkehrschluss auch, dass das faktische Akzeptanzverhalten in Bezug auf Maßnahmen, die diese ethischen Minimalanforderungen nicht tangieren, eine entscheidende Rolle spielt. In Bezug auf Maßnahmen, die sich innerhalb eines Rahmens, der durch besagte Gerechtigkeitsaspekte und die Wahrung basaler Rechte abgesteckt ist, bewegen, müssen demokratische Elemente wie Abstimmungen, Mehrheitsentscheide, Beteiligungsverfahren, das kontroverse Ausfechten von Debatten und der Gebrauch der Meinungsfreiheit und des Demonstrationsrechts einen entscheidenden Einfluss auf die Frage haben, ob diese Maßnahmen über Akzeptabilität verfügen oder nicht.

Der zweite wichtige Punkt, den Meyer benennt, ist, dass die Akzeptanz dadurch erhöht oder hergestellt werden kann, dass nachvollziehbar vermittelt wird, dass eine bestimmte Maßnahme über Akzeptabilität verfügt. Dies verfestigt dann aber auch wieder die Akzeptabilität selbst. Wenn also nachvollziehbar kommuniziert wird, warum bestimmte Maßnahmen notwendig sind, um für gerechtere Verhältnisse zu sorgen oder welche basalen Rechte ohne die Umsetzung der entsprechenden Maßnahme gefährdet sind, dann kann das dazu führen, dass eine größere Anzahl an Menschen, diese Maßnahme für akzeptabel hält, auch wenn sie ihren direkten eigenen Interessen möglicherweise entgegensteht. Dies kann dazu führen, dass die Akzeptabilität nicht aufgrund der fehlenden demokratische Legitimation angezweifelt wird und gesondert gerechtfertigt werden muss. Dadurch wird die Umsetzung der Maßnahme einfacher, effektiver und kann so insgesamt stärker ihre anvisierten positiven Wirkungen entfalten, was sie dann im Nachhinein zu einer Maßnahme macht, die über eine fundiertere Akzeptabilität verfügt als eine Maßnahme, die gegen erhebliche Widerstände durchgesetzt werden muss.

Aus Akzeptabilität kann also Akzeptanz folgen, die dann wiederum Akzeptabilität herstellt bzw. verstärkt. Andersherum kann Inakzeptanz trotz Akzeptabilität entstehen, dies kann dann aber darin resultieren, dass auch die Akzeptabilität schwindet – auch wenn das nicht zwangsläufig heißt, dass die Maßnahme dann über gar keine Akzeptabilität mehr verfügt. Akzeptanz und Akzeptabilität beeinflussen sich also wechselseitig, weshalb auch die Akzeptanz ethisches Gewicht haben sollte. Ich möchte dies nun im Folgenden am Beispiel der Energiewende und des Braunkohleausstiegs veranschaulichen.

Die 2020 erschienene Studie des Fraunhofer-Instituts für Solare Energiesysteme (ISE) „Wege zu einem klimaneutralen Energiesystem" kommt zu dem Schluss, dass eine höhere Bereitschaft in der Gesellschaft, die Energiewende aktiv mitzugestalten, und eine hohe Akzeptanz von neuartigen Technologien und Flexibilitätsoptionen, die notwendigen Speicherbedarfe für erneuerbare Energien verringern und diese auch erst später notwendig machen.[365] Außerdem verringert sich durch eine höhere Akzeptanz und entsprechende Handlungsmuster der Importbedarf von synthetisch hergestellten Energieträgern.[366] Insgesamt fällt der Kostenaufwand für die Transformation des Energiesystems bei höherer Akzeptanz geringer aus.[367]

Es zeigt sich also, dass sich aus der Akzeptanz für Maßnahmen im Zuge der Energiewende Handlungen ergeben, die die Effektivität der Energiewende steigern oder für diese sogar notwendig sind.[368] Die Effektivität der Energiewende ist, wie in den vorigen Kapiteln deutlich wurde, ausschlaggebend für ihre moralische Rechtfertigungsgrundlage. Die moralische Rechtfertigungsgrundlage wiederum ist eine Bedingung für die Akzeptabilität, die Akzeptanz nach sich ziehen *sollte*. Gleichzeitig ist davon auszugehen, dass eine höhere Effektivität der Energiewende auch die faktische Akzeptanz erhöht.

---

[365] Vgl., Sterchele u. a.: „Wege zu einem klimaneutralen Energiesystem. Die deutsche Energiewende im Kontext gesellschaftlicher Verhaltensweisen", S. 29.

[366] Vgl., ebd., S. 33.

[367] Vgl., ebd., S. 52–57.

[368] Siehe auch: Grunwald, Armin: „Das Akzeptanzproblem als Folge nicht adäquater Systemgrenzen in der technischen Entwicklung und Planung", in: *Akzeptanz und politische Partizipation in der Energietransformation. Gesellschaftliche Herausforderungen jenseits von Technik und Ressourcenausstattung*, Wiesbaden: Springer VS 2019, S. 38/39.

Nun ist jedoch zu beobachten, dass viele Maßnahmen, die im Kontext
der Energiewende beschlossen werden, abgelehnt werden. Wie ist das einzuordnen? Hier muss wieder zwischen effektiven und ineffektiven Maßnahmen
unterschieden werden. Ineffektive Maßnahmen verfügen, aufgrund ihrer mangelnden ethischen Rechtfertigungsgrundlage, auch nicht über Akzeptabilität. Derart
ineffektive Maßnahmen sind also weder akzeptabel noch zu akzeptieren. Der
Widerstand gegen sie sollte somit unbedingt respektiert werden und im Idealfall dazu führen, dass die entsprechende Maßnahme verbessert wird. Allerdings
muss auch betont werden, dass in einem solchen Fall die Inakzeptabilität nicht
aus dem Protest, sondern der fehlenden ethischen Rechtfertigungsgrundlage folgt,
also von Anfang an nicht gegeben ist.

Interessanter sind also Proteste gegen Maßnahmen, die zunächst als ethisch
gerechtfertigt identifiziert wurden und dann auf mangelnde Akzeptanz stoßen.
Ich habe dafür argumentiert, dass der Braunkohleausstieg ethisch gerechtfertigt
ist, da er essenziell für einen effektiven Kampf gegen den Klimawandel ist. Trotzdem wurde, vor allem während die Kohlekommission tätig war, Widerstand gegen
einen zügigen Braunkohleausstieg geleistet.[369] Um diese Widerstände gegen den
Braunkohleausstieg besser einordnen zu können, möchte ich auf einen Aspekt
Grunwalds eingehen. Er merkt an, dass die Herangehensweise an Planungsprozesse für technische Transformationen meist dazu führt, dass technische und
gesellschaftliche Fragen getrennt voneinander gedacht werden.[370] So wird die
ideale Lösung zunächst allein aus technischer Sicht bestimmt, was wiederum
dazu führt, dass es den, für die Umsetzung Zuständigen unverständlich ist, wieso
ihre Lösungsoption auf Inakzeptanz stößt, wenn diese doch eine optimale Maßnahme darstellt. Proteste und Widerstände werden dann als Agitation gegen etwas
rational Gebotenes eingestuft.[371] Menschen, die Widerstand leisten, werden oft
als „Störenfriede" wahrgenommen, die dem technischen Fortschritt im Wege
stehen.[372]

---

[369] Vgl., DW: „RWE-Mitarbeiter demonstrieren gegen Kohleausstieg", 24.10.2018, https://
p.dw.com/p/3755F (zugegriffen am 24.02.2022); Zeit Online: „Tausende Beschäftigte
demonstrieren gegen Kohleausstieg", 24.10.2018, https://www.zeit.de/wirtschaft/2018-
10/braunkohle-demonstration-arbeitnehmer-kohlekommission-gewerkschaft-kohleausstieg
(zugegriffen am 24.02.2022).

[370] Vgl., Grunwald: „Das Akzeptanzproblem als Folge nicht adäquater Systemgrenzen in der
technischen Entwicklung und Planung", S. 35, S. 37.

[371] Vgl., ebd., S. 30–33, S. 39.

[372] Vgl., ebd., S. 39. Siehe auch: Eichenauer, Eva: „Energiekonflikte – Proteste gegen Windkraftanlagen als Spiegel demokratischer Defizite", in: Radtke, Jörg und Norbert Kersting

Dieses Narrativ einer optimalen Lösung, die auf Akzeptanzprobleme stößt, ist jedoch verfehlt. Es handelt sich in diesem Fall gerade nicht um die *optimale* Lösung.

> *„Die immanent technische Optimierung auf Basis rein technischer Systemgrenzen bedeutet: Thema verfehlt! Hier wurde sozusagen falsch im Sinne von nicht adäquat optimiert. Stattdessen geht es darum, die beste sozio-technische Konstellation für bestimmte Anforderungen der Energiewende herauszufinden.“*[373]

Diese Argumentationsstruktur lässt sich auch auf eine Herangehensweise übertragen, die keinen technischen, sondern einen moral-theoretischen Fokus hat. Ethisch optimale Lösungen, die in der Anwendung auf erheblichen Widerstand stoßen, stellen für das gegebene Problem nicht die ideale Lösung dar, weil sie nicht alle relevanten Aspekte miteinbeziehen.

Bei Planungsprozessen müssen gesellschaftliche Aspekte wie das Akzeptanzverhalten von Anfang an mitgedacht werden. Der Kohleausstieg ist also nicht nur eine Frage der technischen – oder ethischen – sondern auch der gesellschaftlichen Umsetzung.

> *„Für die Energiewende wird nicht nur neue Technik benötigt, sondern es müssen sich gesellschaftliche Regeln und Gesetze, Machtverhältnisse und Einflussmöglichkeiten, Gewohnheiten und Lebenswelten, Landschaften und lieb gewordene Annehmlichkeiten verändern. Mit anderen Worten: Es wird Zumutungen, Gewinner und Verlierer geben, und es gibt sie bereits heute. Dass die Energiewende so schwer ist (…) und in vielen Umsetzungen auf Akzeptanzprobleme stößt, liegt weniger an technischen Fragen, sondern vielmehr genau an den Zumutungen, seien es Kosten, Beeinträchtigungen im Lebensumfeld oder auch nur erwartete Verhaltensänderungen.“*[374]

Im Kontext der Energiewende und des Braunkohleausstiegs ist nun aber auch wichtig zu betonen, dass diese Maßnahmen auch auf die Garantie der oben erwähnten ethischen Minimalanforderungen abzielen. Durch diese Mitigationsmaßnahmen sollen die negativen Konsequenzen des Klimawandels verhindert bzw. abgeschwächt werden. Im zweiten Kapitel habe ich gezeigt, dass und warum

---

(Hrsg.): *Energiewende. Politikwissenschaftliche Perspektiven*, Wiesbaden: Springer VS 2018, S. 315–341, hier S. 317.

[373] Grunwald: „Das Akzeptanzproblem als Folge nicht adäquater Systemgrenzen in der technischen Entwicklung und Planung", S. 40. Siehe auch: Ebd., S. 40–42, Grunwald, Armin: „Warum die Energiewende so schwer ist. Ethische Fragen und Akzeptanzprobleme", *Denkströme. Journal der Sächsischen Akademie der Wissenschaften* 19 (2018), S. 94–102.

[374] Grunwald: „Das Akzeptanzproblem als Folge nicht adäquater Systemgrenzen in der technischen Entwicklung und Planung", S. 35.

grundlegende Rechte von Menschen durch den Klimawandel betroffen sind. Aus diesem Grund kann die Ablehnung von Maßnahmen der Energiewende, die essenziell sind für den Kampf gegen den Klimawandel, nicht zu dem Schluss führen, dass diese zu ändern oder sogar zu vermeiden sind. Dies betrifft zunächst die Projekte der Energiewende und des Kohleausstiegs an sich. Eine grundsätzliche Ablehnung dieser Maßnahmen ist nicht gerechtfertigt, da es dringend moralisch geboten ist, die globalen Energiesysteme zu dekarbonisieren. Die Beendigung der Kohleverstromung ist somit unerlässlich. Außerdem sollte die Umsetzung beider Maßnahmen auf die Ziele des Pariser Klimaabkommens ausgerichtet sein. Klimawissenschaftler:innen gehen davon aus, dass katastrophale Konsequenzen des Klimawandels mit einer 50 %igen Wahrscheinlichkeit vermieden werden können, wenn die Weltgemeinschaft es schafft, die Erderwärmung auf maximal 2 °C zu begrenzen. Diese 2 °C-Grenze wurde daher auch im Pariser Klimaabkommen vereinbart mit dem Zusatz, eine maximale Erwärmung von nur 1,5 °C anzustreben.[375] Das bedeutet auch, dass Maßnahmen zu akzeptieren sind, die sehr viel ambitionierter ausfallen als die aktuell angestrebten Maßnahmen. Auf diesen Aspekt werde ich genauer im nachfolgenden, sechsten Kapitel eingehen. Die Voraussetzung für die Akzeptabilität dieser Maßnahmen ist jedoch, dass sie nicht selbst wieder grundlegende Rechte verletzen. Ein Kohleausstieg, der mit den Pariser Zielen im Einklang ist, auf nationaler Ebene aber zu erheblichen Rechtsverletzungen führt, verfügt nicht über Akzeptabilität. Wichtig ist hier also eine ambitionierte und zielführende ganzheitliche Klimapolitik.[376]

Weiterhin sind ebenfalls Einschnitte in den persönlichen Lebensbereich, die durch Maßnahmen der Energiewende verursacht werden, aber keine grundlegenden Rechte verletzen, zu akzeptieren, wenn es keine alternativen Maßnahmen gibt, die bei gleichem Ergebnis weniger soziale Härten produzieren würden. In Bezug auf den Kohleausstieg fallen hierunter beispielsweise Einschnitte wie ein Wechsel des Berufs oder ein früherer Renteneintritt für Arbeiter:innen der Kohleindustrie oder auch notwendige strukturelle Veränderungen innerhalb der Region wie die Ansiedlung nachhaltiger Industrien oder die veränderte Nutzung der Tagebaue.

Gleichzeitig muss während Planungsprozessen aber, wie Grunwald betont, beachtet und antizipiert werden, dass in einigen Fällen Menschen Maßnahmen ablehnen, die zu akzeptieren sind. Auf erhebliche Widerstände muss zum einen aus praktischen Gesichtspunkten reagiert werden. Wie oben gezeigt wurde

---

[375] UNFCCC: „Paris Agreement", 2015, Art. 2, Abs. 1a.
[376] Siehe hierfür auch das sechste Kapitel dieser Arbeit.

machen derartige Widerstände die Umsetzung einer Maßnahme ineffektiver und schwieriger. Zum anderen muss aber auch reagiert werden, weil populistische Bestrebungen, wie im weiteren Verlauf dieses Kapitels deutlich wird, von Widerständen profitieren können. Die politischen Reaktionen auf Widerstände gegen Maßnahmen, die über Akzeptabilität verfügen, sollten aber nicht darin bestehen bzw. darin resultieren, dass die zu akzeptierenden Maßnahmen abgeschwächt werden.

Es muss auch betont werden, dass bei Prozessen wie dem Kohleausstieg nicht realistisch zu erwarten ist, dass eine Herangehensweise existiert, die komplett ohne Widerstände auskommt. Das wäre in einer Demokratie weder denkbar noch wünschenswert.[377] Das Auftreten von Widerständen heißt hier also nicht automatisch, dass Fehler gemacht wurden.

Tatsächlich hat der Versuch einer ganzheitlichen, interdisziplinären Herangehensweise an den Kohleausstieg durchaus stattgefunden. In der sogenannten Kohlekommission waren Repräsentant:innen verschiedener betroffener Akteur:innen vertreten, so dass sich der Lösungsvorschlag der Kommission nicht nur auf technische Aspekte beschränkt und einen Kompromiss zwischen verschiedenen Interessensgruppen darstellt. Zu kritisieren ist hier jedoch, dass einige Betroffene, wie Vertreter:innen mittelständischer Unternehmen, Oppositionspolitiker:innen oder auch Menschen unter 50, in der Kommission nicht vertreten waren[378] und dass die politische Umsetzung in Form der Gesetzgebung in einigen wichtigen Punkten von den Vorschlägen der Kommission abweicht.[379] Die ganzheitliche Art der Herangehensweise muss nun im Zuge der konkreten Umsetzung des Kohleausstiegs beibehalten und weiterentwickelt werden. Die gemachten Fehler müssen als solche anerkannt und es muss aus ihnen gelernt werden.

Über die Akzeptabilität des Kohleausstiegs entscheidet letztlich, ob dieser so umgesetzt wird, dass er einerseits effektiv zur Energiewende beiträgt und dass andererseits unnötige soziale Härten und Rechtsverletzungen vermieden

---

[377] Siehe in diesem Zusammenhang auch: Eichenauer: „Energiekonflikte – Proteste gegen Windkraftanlagen als Spiegel demokratischer Defizite", S. 319–321.

[378] Vgl., Kern, Verena und Friederike Meier: „Das sind die Mitglieder der Kohlekommission", *klimareporter°*, 07.06.2018, https://www.klimareporter.de/deutschland/das-sind-die-mitglieder-der-kohlekommission (zugegriffen am 23.02.2022); Bundesverband mittelständische Wirtschaft Unternehmensverband Deutschland e. V. (BVMV): „Positionspapier. Forderungen des Mittelstands an die Kohlekommission. Kernforderungen des Mittelstands", 2018; Spiegel Wirtschaft: „Mitglieder der Kohlekommission stehen fest", 04.06.2018, https://www.spiegel.de/wirtschaft/soziales/kohleausstieg-mitglieder-der-kohlekommission-stehen-fest-a-1211132.html (zugegriffen am 23.02.2022).

[379] Vgl., Praetorius, Barbara u. a.: „Stellungnahme der ehemaligen Mitglieder der Kommission Wachstum, Strukturwandel und Beschäftigung (KWSB)", 21.01.2020.

werden. Letzteres beinhaltet auch, dass demokratische Standards während der Planungs- und Umsetzungsprozesse eingehalten werden. Wenn dann immer noch erhebliche Widerstände aufkommen, muss ein Weg gefunden werden, wie mit diesen umzugehen ist, ohne den grundsätzlichen Plan des Braunkohleausstiegs aufzugeben.

Im sechsten Kapitel möchte ich noch einmal dezidierter auf die Rolle der Akzeptabilität in der politischen Gestaltung des Kohleausstiegs und des Strukturwandels eingehen. An dieser Stelle sei vorweggenommen, dass der Fokus bei der Umsetzung von Maßnahmen wie dem Kohleausstieg aktuell zu stark auf der Bildung von Akzeptanz bzw. dem Verhindern von Widerständen liegt, ohne dabei zu unterscheiden, ob es sich hierbei um berechtigte oder unberechtigte Ablehnung handelt. Dies ist daher problematisch, da dies dazu führen kann, dass die Bedürfnisse einer lauten Minderheit unverhältnismäßig stark berücksichtigt werden. Des Weiteren haben Akzeptanzbildungsmaßnahmen wie Beteiligungsprozesse oft einen kontraproduktiven Effekt, zum Beispiel wenn die Menschen das Gefühl haben, dass sie trotz dieser Angebote keinen echten Einfluss auf politische Entscheidungen haben.[380] Planungsprozesse und die politische Begleitung im Kontext des Kohleausstiegs und dem resultierenden Strukturwandel sollten sich also auf die Akzeptabilität einer Maßnahme fokussieren. Dies würde einerseits dazu führen, dass das faktische Akzeptanzverhalten berücksichtigt wird, da dieses, wie ich oben gezeigt habe, die Akzeptabilität einer Maßnahme beeinflussen kann, dass dieses andererseits aber insofern differenzierter beurteilt werden kann, als dass Widerstände nicht zwangsläufig gegen eine bestimmte Maßnahme sprechen müssen. Ungerechtfertigter Widerstand kann so erkannt und auch als solcher benannt werden. Sowohl die Umsetzenden von umstrittenen Maßnahmen als auch diejenigen, die dagegen protestieren, müssten dann viel stärker ihre Standpunkte rechtfertigen und Gründe benennen, die für bzw. gegen die Akzeptabilität sprechen. Auf diese Art und Weise kann eine konstruktive und differenzierte Debatte entstehen, die im Idealfall bestimmte Entscheidungen und Verhaltensweisen nachvollziehbarer macht und eine Basis dafür schafft, gewisse Maßnahmen auch gegen Widerstände innerhalb der Bevölkerung durchzusetzen.

Im Kontext des Kohleausstiegs scheint in Bezug auf Widerstände eine weitere Problematik relevant: Der Ausstieg aus der Braunkohleverstromung stößt nicht nur auf Widerstände, Ablehnung oder Skepsis, sondern wird von vielen auch

---

[380] Rinn, Moritz: „Etwas Besseres als Beteiligung? Kritische Partizipation und Partizipationskritik in der Stadtentwicklungspolitik", *Bundeszentrale für politische Bildung (bpb) – Dossier Stadt und Gesellschaft*, 27.08.2017, https://www.bpb.de/politik/innenpoli tik/stadt-und-gesellschaft/216888/partizipationskritik-in-der-stadtentwicklungspolitik?p=all (zugegriffen am 28.02.2022).

explizit gutgeheißen bzw. in seiner aktuellen Umsetzung noch als zu unambitioniert empfunden. Letzteres lässt sich als Widerstand in die entgegengesetzte Richtung interpretieren: Der Kohleausstieg wird nicht als solcher abgelehnt, sondern in seiner aktuellen, scheinbar zu wenig ambitionierten Form.[381] Es handelt sich hierbei also um eine Maßnahme, die die Gesellschaft polarisiert. Genauso wie die Durchführung des Kohleausstiegs bei einigen Widerstände auslöst, würde die Rücknahme bzw. Abschwächung desselben von anderen nicht akzeptiert werden.

Diese Polarisierung ist besonders problematisch, da die Reaktion auf die Wünsche des einen Lagers schnell auf die Ablehnung durch das andere Lager stößt. Dies erschwert angemessene und zielführende politische Reaktionen und stellt zudem einen Zustand dar, von dem populistische Parteien profitieren können. Für Populist:innen außerdem zuträglich ist ein Umstand, auf den u. a. Benjamin Friedman aufmerksam macht. Wenn Menschen vor Veränderungsprozessen stehen, wiegt ihre Angst, etwas zu verlieren in der Regel schwerer als die Hoffnung auf potenzielle Verbesserungen.[382] In Deutschland ist die rechts-populistische Partei AfD die Einzige, die die Notwendigkeit des Kohleausstiegs anzweifelt. Wenn also die Angst vor einem negativen Strukturwandel und dem Verlust des bisherigen Lebensstils handlungsleitender ist, als die Aussicht auf verbesserte Lebensbedingungen durch den Schutz der Umwelt und des Klimas, dann kann die AfD durch die derartige Besetzung des Themas politisch profitieren. Dies soll u. a. Thema des nächsten Teilkapitels sein.

Kohleausstieg und Populismus
Es sollte hier zunächst festgehalten werden, dass der Begriff und das Phänomen des Populismus schwierig zu definieren sind. Ein Aspekt, der eine Definition schwierig macht, ist der, dass Populismus in verschiedenen Formen auftritt – beispielsweise als Rechts- oder Linkspopulismus. Außerdem können Menschen, Institutionen – zum Beispiel Parteien oder soziale Bewegungen – oder auch nur einzelne Äußerungen oder Kommunikationsstrategien als populistisch bezeichnet werden.[383] Auch ist die Abgrenzung zwischen Formen des Populismus und

---

[381] Vgl., Berliner Morgenpost: „Kohleausstieg: Warum die Kritik an der Umsetzung wächst", 25.07.2019, https://www.morgenpost.de/politik/article226583161/Kohleausstieg-Warum-die-Kritik-an-der-Umsetzung-waechst.html (zugegriffen am 23.02.2022). Siehe in diesem Zusammenhang auch den Abschnitt „Ineffektiver Braunkohleausstieg" im Teilkapitel „Klimaschutz".

[382] Vgl., Friedman: The Moral Consequences of Economic Growth, S. 83/84.

[383] Vgl., Mudde, Cas und Cristóbal Rovira Kaltwasser: Populismus: Eine sehr kurze Einführung, Bonn: Dietz 2019, S. 20–24.

des Extremismus in einigen Fällen schwierig.[384] Trotzdem lassen sich einige Kernelemente des Populismus herausarbeiten, die für eine Definition hilfreich sind.

Ein:e populistische Akteur:in bzw. Strategie bezieht sich stets auf den „Willen des Volkes" und eine Art „common sense", der von einer Elite aus Politik, Medien, Wissenschaft und/oder Wirtschaft ignoriert wird, die aktiv gegen die vermeintlich vernünftige Mehrheitsmeinung agiert.[385] Wie Klaus Jacob, Stella Schaller und Alexander Carius in einem gemeinsamen Aufsatz zeigen, zeichnet sich Populismus auch durch einen speziellen Kommunikationsstil aus:

> *„Politik wird dramatisiert, emotionalisiert und personalisiert. Weitere typische Elemente sind Vereinfachung, Erzeugung von Feindbildern, Bedienen von Vorurteilen und Verschwörungstheorien, die Reduktion von Komplexität unter Verweis auf* gesunden Menschenverstand *und der Verzicht darauf, konstruktive Lösungen anzubieten. Stattdessen werden radikale (Schein-)Lösungen präsentiert und dabei auch Tabus gebrochen."*[386]

Vor diesem Hintergrund definieren Cas Mudde und Cristóbal Rovira Kaltwasser Populismus auf folgende Art und Weise:

> *„Wir definieren Populismus (…) als* dünne Ideologie, nach der die Gesellschaft letztlich in zwei homogene antagonistische Lager gespalten ist, »das anständige Volk« und »die korrupte Elite«, und Politik ein Ausdruck der *volonté générale* (Gemeinwillen) des Volkes sein sollte."[387]

---

[384] Vgl., Poier, Klaus, Sandra Saywald-Wedl und Hedwig Unger: „Die Themen der »Populisten«", *Zeitschrift für Literaturwissenschaft und Linguistik* 50/2 (2020), S. 185–202, hier S. 187/188.

[385] Vgl., Jacob, Klaus, Stella Schaller und Carius Alexander: „Populismus und Klimapolitik in Europa", in: Kaeding, Michael, Manuel Müller und Julia Schmälter (Hrsg.): *Die Europawahl 2019. Ringen um die Zukunft Europas*, Wiesbaden: Springer VS 2020, S. 301–311, hier S. 305/306; Miosga: „Systemtransformation in Zeiten eines zunehmenden Populismus. Soziale Innovationen als Elemente einer erfolgreichen Gestaltung der umkämpften Energiewende vor Ort", S. 114.

[386] Jacob/Schaller/Carius Alexander: „Populismus und Klimapolitik in Europa", S. 306, Betonung im Original; Siehe auch: Miosga: „Systemtransformation in Zeiten eines zunehmenden Populismus. Soziale Innovationen als Elemente einer erfolgreichen Gestaltung der umkämpften Energiewende vor Ort", S. 113; Radtke, Jörg u. a.: „Energiewende in Zeiten populistischer Bewegungen – Einleitende Bemerkungen", in: Radtke, Jörg u. a. (Hrsg.): *Energiewende in Zeiten des Populismus*, Wiesbaden: Springer VS 2019, S. 3–29, hier S. 6, https://doi.org/10.1007/978-3-658-26103-0.

[387] Mudde/Kaltwasser: Populismus: Eine sehr kurze Einführung, S. 25, Betonung im Original.

Eine ähnliche Definition nennen auch Klaus Poier et al, die jedoch sowohl auf Populismus als Ideologie als auch als Kommunikationsstrategie Bezug nehmen:

> *„Ausgehend von einem Antagonismus zwischen dem idealisierten, als homogene Gruppe dargestellten Volk und dem Establishment (...) verfolgt er [der Populismus, F.H.] das Ziel, den Willen des Volkes zur universalen Maxime staatlichen Handelns zu erklären (...) und bedient sich dazu einer spezifischen, nämlich demagogischen, agitatorischen, unzulässig verkürzenden, emotionalisierenden Kommunikationsstrategie (...).“*[388]

Die Terminologie der *dünnen Ideologie* Muddes und Kaltwassers geht auf Michael Freeden zurück und bezeichnet eine Ideologie, die unterbestimmt ist, so dass sie mit anderen Ideologien kombiniert werden kann bzw. muss.[389] So lässt sich auch erklären, warum das Phänomen Populismus in den verschiedenen politischen Ausprägungen zu beobachten ist.

> *„Radikale rechtspopulistische Parteien in Westeuropa verknüpfen beispielsweise Nativismus und Populismus, indem sie die korrupte (einheimische) Elite beschuldigen, (fremde) Einwanderer zu begünstigen und das (einheimische) Volk an den Rand zu drängen. Linkspopulisten in Südamerika wiederum verbinden Sozialismus und Populismus und werfen der korrupten Elite vor, die natürlichen Ressourcen des Landes auf Kosten des armen Volkes zu plündern.“*[390]

Es sollte an dieser Stelle betont werden, dass Freeden selbst den Populismus nicht zu den Ideologien zählt, die er als „thin-centered“ beschreibt.[391] Als solche klassifiziert Freeden Ideologien, die sich zunächst auf ein bis zwei Themen fokussieren und so keine ganzheitlichen Antworten auf sozio-politische Fragen liefern können, jedoch so angelegt sind, dass sie mit anderen Ideologien kombinierbar sind und auf diese Art und Weise verdichtet werden können. Freeden zählt zu den „thin-centered ideologies“ den Feminismus, Ökologismus und Nationalismus.[392] Von diesen Ideologien unterscheidet sich Populismus laut Freeden

---

[388] Poier/Saywald-Wedl/Unger: „Die Themen der »Populisten«“, S. 189.

[389] Vgl., Mudde/Kaltwasser: Populismus: Eine sehr kurze Einführung, S. 26/27; Poier/Saywald-Wedl/Unger: „Die Themen der »Populisten«“, S. 188/189.

[390] Mudde/Kaltwasser: Populismus: Eine sehr kurze Einführung, S. 155; Siehe auch: Lockwood, Matthew: „Right-wing populism and the climate change agenda: exploring the linkages“, *Environmental Politics* (2018), S. 1–37, hier S. 3.

[391] Vgl., Freeden, Michael: „After the Brexit referendum: revisiting populism as an ideology“, *Journal of Political Ideologies* 22/1 (2017), S. 1–11, hier S. 3.

[392] Vgl., ebd., S. 2.

insofern, als dass dieser weniger ausdifferenziert und kein Resultat reflektiven politischen Denkens sei. Außerdem ist er nicht strukturell darauf ausgelegt, mit anderen Ideologien kombiniert zu werden, sondern verharrt in seiner selektiven Besetzung ausgewählter Themen.[393]

> „A thin-centered ideology implies that there is potentially more than the centre, but the populist core is all there is; it is not a potential centre for something broader or more inclusive. It is emaciatedly thin rather than thin-centred."[394]

Dieser Analyse Freedens widerspricht, dass es einige populistische Parteien geschafft haben, ganzheitliche Parteiprogramme und einen politischen Kurs zu entwickeln, der durchaus Antworten auf sozio-politische Fragen liefert. Auch wenn viele zunächst durch die Besetzung eines einzelnen Themas und die Fokussierung auf dieses politische Macht generiert haben, haben sie ihren Populismus so weit angereichert, dass sie im politischen Betrieb handlungsfähig sind. Für die weitere Argumentation folge ich also Muddes und Kaltwassers Definition des Populismus als dünne Ideologie.

Unabhängig von der Frage, welcher Art von Ideologie der Populismus zuzuordnen ist, lässt sich aber festhalten, dass Populist:innen oder populistisch kommunizierende Personen ein bestimmtes Narrativ bedienen. Dieses besteht in der Konstruktion einer *Elite*, die gegen das gemeine *Volk* und *dessen Willen* agiert.[395] Hier lässt sich auch eine Unterscheidung zum Extremismus finden. Denn durch die Betonung des Gemeinwillens folgt das populistische Narrativ einer demokratischen Logik, während extremistische Bestrebungen jegliche Formen der Demokratie eher ablehnen bzw. bekämpfen.[396] Der Populismus steht also nicht im Widerspruch zur Demokratie an sich, sondern im Widerspruch zu bestimmten Ausprägungen der Demokratie. Wenn zum Beispiel in liberalen Demokratien Rechte von Minderheiten gegen den Willen einer Mehrheit geschützt werden, steht dies im Gegensatz zur populistischen Idee der Durchsetzung des Willens des Volkes. So schreiben Mudde und Kaltwasser:

> „Populismus ist, kurz gesagt, grundsätzlich demokratisch, steht aber im Widerspruch zur liberalen Demokratie (...). Dem Populismus zufolge sollte der »Wille des (anständigen) Volkes« durch nichts eingeschränkt werden, und er lehnt den Gedanken des

---

[393] Vgl., ebd., S. 3.

[394] Ebd., S. 3.

[395] Vgl., Mudde/Kaltwasser: Populismus: Eine sehr kurze Einführung, S. 30–34.

[396] Vgl., Poier/Saywald-Wedl/Unger: „Die Themen der »Populisten«", S. 187/188.

Pluralismus und damit auch der Minderheitenrechte ebenso ab wie die »institutionellen Garantien«, die diese schützen sollen. "[397]

Je nachdem wie sich in dieser populistischen Erzählung Volk und Elite zusammensetzen und worin genau der Wille des Volkes besteht, lassen sich dann verschiedene Ausrichtungen des Populismus unterscheiden. So definieren Rechtspopulist:innen das Volk eher über die Ethnie von Menschen, während Linkspopulist:innen hierunter Minderheiten und weniger privilegierte Bevölkerungsteile fassen.[398]

Es ist an dieser Stelle noch wichtig zu betonen, dass das Phänomen des Populismus nicht per se nachteilig für (liberale) Demokratien ist. Tritt er zum Beispiel innerhalb autoritärer Regime auf, kann der Verweis auf die Interessen der Bevölkerung eine Liberalisierung in Gang setzen.[399] Auch kann das Aufkommen von populistischen Strömungen in einer liberalen Demokratie Hinweise darauf geben, welche Thematiken und/oder Bevölkerungsgruppen im politischen Betrieb unterrepräsentiert sind und so eine korrigierende Funktion ausüben.[400]

In jüngster Zeit ist zu beobachten, dass vor allem rechtspopulistische Akteur:innen zunehmend Thematiken rund um den Klimawandel aufgreifen. Oft wird dieser angezweifelt bzw. es wird geleugnet, dass die prognostizierten und bereits zu beobachtenden Klimaveränderungen auf menschliches Handeln zurückgehen.[401] Klimaschutzbemühungen werden als ein unvernünftiges und ideologiegetriebenes Projekt der Elite dargestellt, die dem Volk schaden, beispielsweise weil Arbeitsplätze durch die Transformation der Wirtschaftssysteme bedroht sind oder Landschaftsbilder durch den Ausbau erneuerbarer Energien verändert werden.[402] Demgegenüber steht die Umweltbewegung, die vor allem

---

[397] Mudde/Kaltwasser: Populismus: Eine sehr kurze Einführung, S. 126, Betonung im Original.

[398] Vgl., Poier/Saywald-Wedl/Unger: „Die Themen der »Populisten«", S. 191/192.

[399] Vgl., Mudde/Kaltwasser: Populismus: Eine sehr kurze Einführung, S. 133.

[400] Vgl., ebd., S. 128/129.

[401] Vgl., Jylhä, Kirsti M. und Kahl Hellmer: „Right-Wing Populism and Climate Change Denial: The Roles of Exclusionary and Anti-Egalitarian Preferences, Conservative Ideology, and Antiestablishment Attitudes", *Analyses of Social Issues and Public Policy* 20/1 (2020), S. 315–335, hier S. 316–319; Kulin, Joakim, Ingemar Johansson Sevä und Riley E. Dunlap: „Nationalist ideology, rightwing populism, and public views about climate change in Europe", *Environmental Politics* 30/7 (2021), S. 1111–1134, hier S. 3–5; Lockwood: „Right-wing populism and the climate change agenda: exploring the linkages", S. 4–9.

[402] Vgl., Jacob/Schaller/Carius Alexander: „Populismus und Klimapolitik in Europa", S. 307/308; Lockwood: „Right-wing populism and the climate change agenda: exploring the linkages", S. 16–19.

dem linken politischen Spektrum zuzuordnen ist, und die ebenfalls in der Kritik steht, populistische Tendenzen aufzuweisen. Auf diesen Punkt werde ich später noch einmal eingehen.

Nach diesen einleitenden und definitorischen Bemerkungen zum Phänomen des Populismus möchte ich mich im restlichen Kapitel spezieller mit den in Deutschland zu beobachtenden populistischen Phänomenen auseinandersetzen. Dies ist im Kontext dieser Arbeit deshalb relevant, da vor allem die rechtspopulistische Partei Alternative für Deutschland (AfD) die Notwendigkeit der Energiewende und des Kohleausstiegs bestreitet.[403] Wie sich zeigen wird, sind aber auch weitere populistische Bestrebungen zu beobachten, die sich kontraproduktiv in Bezug auf Klimaschutzbemühungen auswirken können.

Alternative für Deutschland (AfD)
Die AfD wurde 2013 zunächst als eurokritische liberal-konservative Partei gegründet. Im Laufe der Zeit und vor dem Hintergrund der 2015 beginnenden sogenannten Flüchtlingskrise entwickelte sie zunehmend rechtspopulistische Tendenzen.[404] Seit 2017 ist sie im Bundestag vertreten[405] und seit 2018 auch in allen Landesparlamenten.[406]

Die AfD bedient das oben definierte populistische Narrativ und reichert es mit nationalistischen, fremdenfeindlichen und konservativen bis reaktionären Ideen an. So heißt es in der Präambel des Grundsatzprogramms unter dem Titel „Mut zu Deutschland. Freie Bürger, keine Untertanen" beispielsweise:

> *„Wir kamen zusammen in der festen Überzeugung, dass die Bürger ein Recht auf eine echte politische Alternative haben, eine Alternative zu dem, was die politische Klasse glaubt, uns als ‚alternativlos' zumuten zu können. Dem Bruch von Recht und Gesetz, der Zerstörung des Rechtsstaats und verantwortungslosem politischen Handeln gegen die Prinzipien wirtschaftlicher Vernunft konnten und wollten wir nicht länger tatenlos zusehen. (…) Wir wollen die Würde des Menschen, die Familie mit*

---

[403] Vgl., Alternative für Deutschland (AfD): „Deutschland. Aber normal. Programm der Alternative für Deutschland für die Wahl zum 20. Deutschen Bundestag", 2021, S. 176–178.

[404] Vgl., Decker, Frank: „Etappen der Parteigeschichte der AfD", *Bundeszentrale für politische Bildung (bpb)*, 26.10.2020, https://www.bpb.de/politik/grundfragen/parteien-in-deutschland/afd/273130/geschichte (zugegriffen am 23.02.2022).

[405] Vgl., Bundeszentrale für politische Bildung (bpb): „Parteiensystem im Wandel", *kurz&knapp*, 21.11.2017, https://www.bpb.de/politik/hintergrund-aktuell/259880/nachlese-bundestagswahl-2017 (zugegriffen am 24.02.2022).

[406] Vgl., Bauer, David: „Wie die AfD die deutschen Landtage erobert hat", *Neue Züricher Zeitung*, 29.10.2018, https://www.nzz.ch/international/5-fakten-wie-die-afd-die-deutschen-landtage-erobert-hat-ld.117460 (zugegriffen am 23.02.2022).

Kindern, unsere abendländische christliche Kultur, unsere Sprache und Tradition in einem friedlichen, demokratischen und souveränen Nationalstaat des deutschen Volkes dauerhaft erhalten. "[407]

Hier wird bereits das Bild einer „politischen Klasse" gezeichnet, die den einfachen Büger:innen bestimmte, nicht hinnehmbare Maßnahmen aufzwingt, die sowohl dem common sense als auch dem Mehrheitswillen entgegenstehen. Die hier implizierte relevante Bezugsgruppe ist das „deutsche Volk". *„Denn Demokratie und Freiheit stehen auf dem Fundament gemeinsamer kultureller Werte und historischer Erinnerungen.* "[408]

Die AfD ist die einzige Partei im deutschen Parteienspektrum, die offen den menschlichen Einfluss auf die globale Erderwärmung anzweifelt. In ihrem Wahlprogramm für die Bundestagswahl 2021 wird behauptet, dass *„(…) bis heute nicht nachgewiesen [ist], dass der Mensch, insbesondere die Industrie, für den Wandel des Klimas maßgeblich verantwortlich ist. Die jüngste Erwärmung liegt im Bereich natürlicher Schwankungen, wie wir sie auch aus der vorindustriellen Vergangenheit kennen.* "[409] Es wird außerdem auf vermeintlich positive Effekte des Klimawandels (*„Ergrünen der Erde"*, *„Warmzeiten [führen] immer zu einer Blüte des Lebens und der Kulturen"*[410]) und auf die Aussichtslosigkeit des Kampfes gegen denselben verwiesen.[411]

Auch wenn wie oben dargestellt populistische Phänomene auch in liberalen Demokratien einen positiven Effekt haben können, da sie zum Beispiel auf wichtige und unterrepräsentierte Belange aufmerksam machen, möchte ich im Folgenden dafür argumentieren, dass das Agieren der AfD in Deutschland gerade keinen derartigen Effekt hat, sondern im Gegenteil eher eine Gefahr für die liberale Demokratie und ihre bisherigen Errungenschaften darstellt. Als ausschlaggebend erweist sich hier nicht primär, dass die AfD als populistisch einzuordnen ist, sondern die Ansichten und Ideologien mit denen sie ihren Populismus ergänzt.

---

[407] Alternative für Deutschland (AfD): „Programm für Deutschland. Das Grundsatzprogramm der Alternative für Deutschland", S. 6, Betonungen F.H.

[408] Ebd., S. 6.

[409] Alternative für Deutschland (AfD): „Deutschland. Aber normal. Programm der Alternative für Deutschland für die Wahl zum 20. Deutschen Bundestag", S. 175; Siehe auch: Alternative für Deutschland (AfD): „Programm für Deutschland. Das Grundsatzprogramm der Alternative für Deutschland", S. 79.

[410] Alternative für Deutschland (AfD): „Deutschland. Aber normal. Programm der Alternative für Deutschland für die Wahl zum 20. Deutschen Bundestag", S. 174/175.

[411] Vgl., ebd., S. 174. Wie ich im zweiten Kapitel dieser Arbeit zeige, entsprechen diese Aussagen nicht dem aktuellen Stand der Wissenschaft.

Im Grundsatzprogramm der AfD finden sich xenophobe, frauenfeindliche und anderweitige diskriminierende Äußerungen und Absichten.[412] Es ist wahrscheinlich, dass die Umsetzung dieser Forderungen zu Rechtsverletzungen zum Beispiel von Frauen, People of Color, Asylsuchenden, homosexuellen oder transgeschlechtlichen Menschen führen würde. Dies wäre ein Rückschritt für die Errungenschaften der liberalen Demokratie in Deutschland.

Einige Mitglieder der AfD pflegen zudem enge Kontakte in die rechtextreme Szene und treten offen als Faschist:innen auf.[413] Hervorzuheben ist hier der sogenannte Flügel der AfD, der bis 2020 eine Gruppierung innerhalb der Partei darstellte, die dem rechtsextremen Spektrum zuzuordnen ist. Schätzungen zufolge zählten ca. 20 % der AfD-Mitglieder zum Flügel. 2020 wurde er vom Verfassungsschutz als Beobachtungsfall eingestuft und löste sich daraufhin offiziell auf. Beobachter:innen gehen jedoch davon aus, dass der Einfluss dieser Personengruppe in der AfD nach wie vor stark ist.[414] Seit März 2021 wird ebenfalls der thüringische Landesverband der AfD vom Verfassungsschutz als rechtsextremistisch eingestuft.[415] Zudem hat das Kölner Verwaltungsgericht im März 2022 entschieden, dass die gesamte Partei vom Verfassungsschutz

---

[412] Zum Beispiel wird dezidiert herausgestellt, dass der Islam nicht zu Deutschland gehöre. Vgl., Alternative für Deutschland (AfD): „Programm für Deutschland. Das Grundsatzprogramm der Alternative für Deutschland", S. 49. Würde es der AfD hier tatsächlich darum gehen, dass bestimmte Aspekte oder Auslegungen einer Religion nicht mit demokratischen Werten übereinstimmen, müsste sie andere Weltreligionen und anschauungen ebenfalls benennen. Ein weiteres Beispiel stellen die Befürwortung und Unterstützung eines traditionellen Familienbilds mit entsprechender Rollenverteilung und die Forderung nach erschwerten Bedingungen für Abtreibungen dar. (Vgl., ebd., S. 40–44.)

[413] Vgl., Thieme, Tom: „Dialog oder Ausgrenzung – Ist die AfD eine rechtsextreme Partei?", *Bundeszentrale für politische Bildung (bpb)*, 30.01.2019, https://www.bpb.de/politik/extremismus/rechtspopulismus/284482/dialog-oder-ausgrenzung-ist-die-afd-eine-rechtsextreme-partei (zugegriffen am 24.02.2022).

[414] Vgl., Pfeffer, Kilian: „Der AfD-„Flügel" – stärker denn je?", *Tagesschau*, 30.04.2020, https://www.tagesschau.de/inland/innenpolitik/afd-fluegel-129.html (zugegriffen am 24.02.2022); Pfeifer, Hans: „AfD: Extrem rechts", 25.03.2020, https://www.dw.com/de/afd-extrem-rechts/a-52914272 (zugegriffen am 31.05.2021); Spiegel Politik: „Das ist der AfD-"Flügel"", 12.03.2020, https://www.spiegel.de/politik/deutschland/afd-das-ist-der-flugel-a-084fac0e-30cc-48e4-a859-034d78fb8ba3 (zugegriffen am 23.02.2022); tagesschau: „Verfassungsschutz zu AfD-"Flügel": Erwiesen rechtsextrem", 01.04.2020, https://www.tagesschau.de/inland/afd-fluegel-verfassungsschutz-101.html (zugegriffen am 24.02.2022).

[415] Vgl., Hemmerling, Axel, Bastian Wierzioch und Ludwig Kendzia: „‚Erwiesen extremistisch': Thüringens Verfassungsschutz beobachtet AfD", *MDR*, 12.05.2021, https://www.mdr.de/nachrichten/thueringen/verfassungsschutz-afd-beobachtung-100.html (zugegriffen am 23.02.2022).

als Verdachtsfall beobachtet werden darf.[416] Die AfD ist also nicht nur als rechtspopulistisch, sondern einige ihrer Teile und Personengruppen bereits als rechtsextremistisch einzustufen. Jegliche Form von Extremismus stellt eine Gefahr für Demokratien dar.[417] Demnach ist auch ein weiteres Erstarken der AfD als demokratieschädigend einzuordnen.[418]

Weitere populistische Akteur:innen
Wie bereits angedeutet möchte ich noch auf weitere populistische Phänomene innerhalb Deutschlands eingehen, die relevant für die Umsetzung der Energiewende und des Kohleausstiegs sind.

An dieser Stelle sei zunächst betont, dass auch die Partei „Die Linke" als populistisch eingestuft werden kann. Auch hier lassen sich entsprechende Narrative finden:

> *„Die herrschende Politik hat sich den Interessen der Konzernchefs und Vermögensbesitzer untergeordnet. Diese Agenda ist gegen die Interessen der Mehrheit der Menschen gerichtet. Wir setzen auf globale Kooperation und Solidarität statt auf das Recht des Stärkeren. Eine Welt unter dem Diktat eines allmächtigen globalen Kapitalismus ist keine erstrebenswerte Welt. Im Mittelpunkt von Wirtschaft und Politik müssen die Lebensbedürfnisse und Interessen der Mehrheit der Menschen stehen."*[419]

Die Linke besetzt das Thema des Klimawandels vor allem in Form von Kapitalismuskritik.[420] Sie zweifelt also die Relevanz des Themas nicht an, sondern kombiniert es mit linker Ideologie. Wie im dritten Kapitel dieser Arbeit deutlich wurde, ist die Kritik an bestimmten Ausprägungen des Kapitalismus durchaus gerechtfertigt. Trotzdem sollte er aus ethischen Gründen nicht grundsätzlich abgelehnt werden.[421] Ein Narrativ, wie es Die Linke etabliert, ist nicht hinreichend zielführend, da es lediglich eine bestimmte Weltanschauung repräsentiert und den Kampf gegen den Klimawandel gleichsetzt mit einer Abkehr von einer kapitalistisch geprägten Wirtschaftsform. Der Kampf gegen den Klimawandel sollte aber

---

[416] Vgl., tagesschau: „Verfassungsschutz darf AfD als Verdachtsfall führen", 08.03.2022, https://www.tagesschau.de/inland/afd-gerichtsentscheid-101.html (zugegriffen am 11.03.2022).

[417] Vgl., Pfahl-Traughber, Armin: „Die AfD ist (mittlerweile) eine rechtsextremistische Partei", *Sozial Extra* 44/2 (2020), S. 87–91.

[418] Vgl., Funke, Hajo: Die Höcke-AfD. Eine rechtsextreme Partei in der Zerreißprobe, Hamburg: VSA: 2021, siehe insbesondere S. 98–125.

[419] Die Linke: „Programm der Partei DIE LINKE", 2011, S. 4/5, Betonungen F.H.

[420] Vgl., ebd., S. 24/25.

[421] Siehe in diesem Zusammenhang auch Abschnitt 6.4 dieser Arbeit.

nicht ideologisch motiviert sein, sondern faktenbasiert. Die Notwendigkeit, den Klimawandel zu bekämpfen, ergibt sich daraus, dass er eine Bedrohung für basale Rechte von allen Menschen darstellt und nicht, weil er eine bestimmte Programmatik bedient. Indem Die Linke ein derartiges Narrativ etabliert, degradiert sie Themen rund um den Klimawandel tatsächlich zu einer Frage der Meinung und persönlichen Haltung. Dies steht im Widerspruch zur Notwendigkeit kollektiver Handlungen auf gesamtgesellschaftlicher Ebene.

Es ist umstritten, ob Die Linke als demokratiegefährdend und extremistisch einzuordnen ist.[422] Ich möchte an dieser Stelle die These vertreten, dass sie aktuell im Vergleich zur AfD zumindest die weniger problematische populistische Partei darstellt. Sie bringt sich konstruktiver in die politischen Prozesse ein. So wird sie von anderen Parteien auch als Koalitionspartnerin akzeptiert. Trotzdem scheint ihr klimapolitischer Ansatz kontraproduktiv und verfehlt.

Als weiteres Phänomen möchte ich mich an dieser Stelle mit den in letzter Zeit wieder stärker werdenden Umweltbewegungen auseinandersetzen und mich dabei auf die in Deutschland sehr präsente Bewegung „Fridays for Future" konzentrieren. Ausgehend von der seit 2018 durch Greta Thunberg initiierten Protestaktion, bei der sie jeden Freitag dem Schulunterricht fernblieb, um für einen ambitionierten Klimaschutz zu demonstrieren, hat sich eine weltweite Bewegung etabliert, die sich in Bezugnahme auf den freitäglichen Schulstreik „Fridays for Future" (FFF) nennt. In Anlehnung an diesen Protest von zumeist Schüler:innen und Student:innen haben sich weitere „for Future"-Gruppierungen zusammengeschlossen – so zum Beispiel die Scientists for Future (S4F),[423] Artists for Future (Artists 4 Future)[424] oder Parents for Future (P4F)[425].

Insbesondere der Ursprungsbewegung FFF wird immer wieder auch ein populistisches Agieren vorgeworfen.[426] Tatsächlich lässt sich in der Kommunikation von Vertreter:innen von FFF ein populistisches Narrativ erkennen. Es wird das

---

[422] Vgl., Decker, Frank: „Die Programmatik der LINKEN", *Bundeszentrale für politische Bildung (bpb)*, 05.01.2021, https://www.bpb.de/politik/grundfragen/parteien-in-deutschland/die-linke/42133/programmatik (zugegriffen am 23.02.2022).

[423] Scientists for Future International: „About", ohne Datum, https://scientists4future.org/ (zugegriffen am 22.02.2022).

[424] Artists For Future: „Artists 4 Future", ohne Datum, https://artistsforfuture.org/de/ (zugegriffen am 23.02.2022).

[425] Parents for Future Germany: „Willkommen bei Parents For Future", ohne Datum, https://www.parentsforfuture.de/de/ (zugegriffen am 22.02.2022).

[426] Siehe beispielhaft: Görmann, Marcel: „Klimaforscher rechnet mit ‚Fridays for Future' ab: ‚Schnauze voll von Übertreibungen'", *Merkur.de*, 16.12.2019, https://www.merkur.de/politik/klima-klimaschutz-von-storch-forscher-hart-aber-fair-ard-zr-13279031.html (zugegriffen am 23.02.2022); Kaste, Michael: „‚Fridays for Future' und die Kipp-Punkte der

Bild einer bösartigen und profitorientierten Elite aus Politik und Wirtschaft gezeichnet, die durch ihr kurzsichtiges und egoistisches Handeln die Lebensgrundlage und Zukunft der jungen Generation, zukünftiger Menschen und armer Bevölkerungsteile zerstören. Die Elite besteht hier also aus Menschen in Macht- und Verantwortungspositionen, die dieses wiederum zum Nachteil einer breiten Masse, bestehend aus jungen und unterprivilegierten Menschen, für ihre persönlichen Zwecke ausnutzt.

In einem Kommentar des Online Magazins „Project Syndicate" schreiben zum Beispiel drei prominente Vertreterinnen von FFF, Greta Thunberg, Luisa Neubauer und Angela Valenzuela:

> *„Politicians and fossil-fuel companies have known about climate change for decades. And yet the politicians let the profiteers continue to exploit our planet's resources and destroy its ecosystems in a quest for quick cash that threatens our very existence. (…) Young people like us bear the brunt of our leaders' failures. (…) The science is crying out for urgent action, and still our leaders dare to ignore it. So we continue to fight. (…) And to the leaders who are headed to Madrid, our message is simple: the eyes of all future generations are upon you. Act accordingly."*[427]

Die Etablierung eines solchen Narratives ist insofern zu kritisieren, als dass es verkürzt und teilweise irreführend bzw. spekulativ ist. Die Behauptung, Klimaschutzbemühungen scheiterten hauptsächlich am bösen Willen einzelner Entscheidungsträger:innen und einflussreicher Personengruppen, wird der Komplexität des Problems des Klimawandels nicht gerecht. Wie ich im zweiten Kapitel dargestellt habe, besteht eines der Hauptprobleme darin, dass es nach wie vor große Wissenslücken in Bezug auf die Frage, wie dem Klimawandel begegnet werden kann, gibt. Ein großer Teil der heute aktiven Klimaaktivist:innen scheinen jedoch die Meinung zu vertreten, dass dieses Wissen vorhanden sei und dass es nur noch umgesetzt werden müsse.

Die Frage, die sich hier stellt, ist, wie ausgewogen und differenziert politischer Protest sein muss. Aktivismus lebt auch von Übertreibungen, prägnanten Verkürzungen, Provokation und einer einseitigen Fokussierung auf das jeweilige politische Anliegen. Insofern lässt sich argumentieren, dass eine gewisse Form von Populismus in der Logik von politischem Protest verankert ist.

Demokratie", *mdr*, 19.03.2021, https://www.mdr.de/nachrichten/deutschland/politik/kommentar-fridays-future-klima-streik-100.html (zugegriffen am 23.02.2022).

[427] Neubauer, Luisa, Greta Thunberg und Angela Valenzuela: „Why We Strike Again", *Project Syndicate*, 29.11.2019, https://www.project-syndicate.org/commentary/climate-strikes-un-conference-madrid-by-greta-thunberg-et-al-2019-11 (zugegriffen am 24.02.2022), Betonungen F.H..

Ich möchte an dieser Stelle dafür argumentieren, dass anders als in Bezug auf die AfD, die ihren Populismus mit rechtsextremen Tendenzen anreichert, der Populismus, der sich in der Umweltbewegung abzeichnet, keine Gefahr für die liberale Demokratie darstellt. Die Forderungen der Aktivist:innen von FFF sind mit liberalen Werten vereinbar.[428] Es zeichnet sich aktuell nicht ab, dass diese Gruppierung ihren Populismus mit extremistischen oder anderweitig demokratiegefährdenden Inhalten ergänzt. Protestbewegungen, die sich innerhalb dieses Rahmens bewegen, sind innerhalb einer liberalen Demokratie also zu akzeptieren.[429] Es könnte sogar argumentiert werden, dass das politische Engagement junger Menschen in Form friedlicher Protestbewegungen, demokratiefördernd und -stabilisierend ist. Jedoch ist die erzählerische Spaltung der Gesellschaft in zwei homogene Personengruppen – einerseits die junge Generation, die unter den Folgen des Klimawandels leiden wird und andererseits gierige und egoistische Politiker:innen, die absichtlich zu wenig gegen den Klimawandel unternehmen – nicht zielführend um einen konstruktiven politischen Prozess zu bestreiten. Nichtsdestotrotz hat es FFF erfolgreich geschafft, das Thema Klimawandel als dringendes Thema auf die politische Agenda zu setzen. Es ist fraglich, ob dies auch ohne populistische Stilmittel gelungen wäre.

Unter Rückverweis auf die Unterscheidung zwischen gerechtfertigtem und ungerechtfertigtem Protest aus dem vorherigen Teilkapitel lässt sich an dieser Stelle außerdem argumentieren, dass die Anliegen der Klimaschutzbewegung insofern gerechtfertigt sind, als dass zurecht beanstandet wird, dass sich der aktuelle klimapolitische Kurs nachteilig auf zukünftige Generationen auswirken wird und damit auch zahlreiche Rechtsverletzungen einhergehen werden.[430] Die Anliegen der AfD hingegen stellen, aufgrund ihres rechtsverletzenden und demokratiefeindlichen Charakters, mehrheitlich keinen gerechtfertigten Protest dar.[431]

Auch wenn einige Tendenzen und spezielle Persönlichkeiten aus der aktuellen Klimaschutzbewegung zu kritisieren sind, scheint die größte Herausforderung

---

[428] Vgl., Fridays For Future: „Our Demands", ohne Datum, https://fridaysforfuture.org/what-we-do/our-demands/ (zugegriffen am 22.02.2022).

[429] Siehe hierzu auch das Teilkapitel zum Thema Akzeptanz und Akzeptabilität in diesem Kapitel.

[430] Vgl., Kapitel 2 und Bundesverfassungsgericht: „Verfassungsbeschwerden gegen das Klimaschutzgesetz teilweise erfolgreich", 29.04.2021, https://www.bundesverfassungsgericht.de/SharedDocs/Pressemitteilungen/DE/2021/bvg21-031.html (zugegriffen am 24.02.2022).

[431] Vgl., Hillje, Johannes: Propaganda 4.0. Wie rechte Populisten unsere Demokratie angreifen, Bonn: Dietz 2021, S. 29–37.

für den Schutz der liberalen Demokratie einerseits und ambitionierte Klimaschutzbemühungen andererseits in Deutschland aktuell bei der Vermischung von
Populismus und Rechtextremismus zu liegen. Die AfD, die eben diese spezielle Form des Populismus in Deutschland repräsentiert, soll daher im Folgenden
vor allem im Hinblick auf ihre Einstellungen zur Energiewende noch dezidierter
untersucht werden.

Rechtspopulismus und die Energiewende
Der Themenkomplex rund um die Energiewende eignet sich ideal für die politische Agenda der AfD als rechtspopulistische Partei: Sie wurde ohne die Einbe-
ziehung der Bevölkerung durch die Bundesregierung beschlossen.[432] Hier lassen
sich Parallelen zur Migrationsentscheidung 2015 ziehen.[433] Die Debatten im
Kontext der Energiewende sind außerdem bereits ideologisch aufgeladen. Zustimmung erfährt sie meist durch eher wohlhabende und linkseingestellte Menschen,
während sie von Konservativen eher kritisch gesehen wird[434] und die negativen
Konsequenzen meist ärmere Bevölkerungsschichten betreffen. Es bestehen zudem
Zweifel an der Sinnhaftigkeit und Effektivität der Energiewende.[435]

Matthew Lockwood verweist darauf, dass insbesondere Rechtspopulist:innen
klimaskeptische Positionen vertreten, da dies besonders in ihre Ideologie passt,
mit der sie ihren Populismus anreichern. So werden im Rechtspopulismus Eliten
meist als liberal und kosmopolitisch definiert. Personen, die derartige Einstellungen vertreten, plädieren meist für einen sehr ambitionierten Klimaschutz.

---

[432] Siehe in diesem Zusammenhang auch: Chemnitz, Christine: „Der Mythos vom Energiewendekonsens. Ein Erklärungsansatz zu den bisherigen Koordinations- und Steuerungsproblemen bei der Umsetzung der Energiewende im Föderalismus", in: *Energiewende. Politikwissenschaftliche Perspektiven*, Wiesbaden: Springer VS 2018, S. 155–203, hier S. 163–166.

[433] Radtke et al verweisen hier auf die Parallelen zwischen dem Beschluss zum Atomausstieg
2011 und der Entscheidung, Deutschlands Grenzen während der sogenannten Flüchtlingskrise 2015 nicht zu schließen. Vgl., Radtke u. a.: „Energiewende in Zeiten populistischer
Bewegungen – Einleitende Bemerkungen", S. 5. Siehe auch: Hirschl, Bernd und Thomas
Vogelpohl: „Energiepolitik in Deutschland und Europa", in: Radtke, Jörg und Weert Canzler
(Hrsg.): *Energiewende. Eine sozialwissenschaftliche Einführung*, Wiesbaden: Springer VS
2019, S. 69–95, hier S. 73.

[434] Siehe in diesem Zusammenhang auch: Selk, Veith, Jörg Kemmerzell und Jörg Radtke:
„In der Demokratiefalle? Probleme der Energiewende zwischen Expertokratie, partizipativer
Governance und populistischer Reaktion", in: Radtke, Jörg u. a. (Hrsg.): *Energiewende in
Zeiten des Populismus*, Wiesbaden: Springer VS 2019, S. 31–66, hier S. 34.

[435] Vgl., Radtke u. a.: „Energiewende in Zeiten populistischer Bewegungen – Einleitende
Bemerkungen", S. 5.

Der Klimaskeptizismus von Rechtspopulist:innen drückt also in erster Linie eine Ablehnung liberaler und kosmopolitischer Werte aus.

> „(...) *[R]ight wing populism constructs elites as 'liberal' and cosmopolitan, and frequently as captured by immigrants. Cosmopolitanism is thus (...) 'anathema' to RWP [right wing populist, F.H.] movements and supporters. On this view, the climate scepticism expressed by supporters of RWP movements and parties can be seen as an expression of hostility to liberal, cosmopolitan elites, rather than an engagement with the issue of climate change itself. Although it is not the primary target of current populist concern in most cases, climate change is the cosmopolitan issue* par excellence. "[436]

Somit verfügen die bereits existierenden gesellschaftlichen Debatten bezüglich der Umsetzung der Energiewende über Eigenschaften, die sich für die oben skizzierten populistischen Strategien nutzen lassen.

Inhaltlich anschlussfähig ist die Thematik, da sowohl die Energiewende als auch der Klimawandel, der diese notwendig macht, eine Veränderung des bisherigen Lebensmodells bedeuten.[437] Die klimatischen Veränderungen werden daher angezweifelt[438] und Maßnahmen zur entsprechend Dekarbonisierung abgelehnt. Auch die Veränderung des Landschaftsbilds durch neuartige Kraftwerke und Netzinfrastrukturen wird aus einer konservativen Motivation heraus kritisch gesehen.[439] Dabei scheint die Beendigung der alten Verhältnisse schlimmer zu sein als der Beginn des Neuen.

Veith Selk, Jörg Kemmerzell und Jörg Radtke schreiben diesbezüglich:

> „*Mehr noch als der Ausbau Erneuerbarer Energien berührt der geplante Ausstieg aus dem fossil-nuklearen Energieregime das ‚produktionistische'*[440] *Selbstverständnis.*

---

[436] Lockwood: „Right-wing populism and the climate change agenda: exploring the linkages", S. 17, Betonung im Original; Siehe auch: Jylhä/Hellmer: „Right-Wing Populism and Climate Change Denial: The Roles of Exclusionary and Anti-Egalitarian Preferences, Conservative Ideology, and Antiestablishment Attitudes".

[437] Vgl., Selk/Kemmerzell/Radtke: „In der Demokratiefalle? Probleme der Energiewende zwischen Expertokratie, partizipativer Governance und populistischer Reaktion", S. 34.

[438] In diesem Zusammenhang verweisen Selk et al auf ein interessantes Paradox. Der Versuch, Themen, wie den Klimawandel, von der politischen Agenda zu nehmen und sie rein rational zu bewerten, führt meist zu einer umso stärkeren Politisierung des Themas. Vgl., ebd., S., 47.

[439] Vgl., ebd., S. 34.

[440] Als „Produktionismus" bezeichnen Selk et al „(...) eine Denkhaltung, die zwischen produktiven und unproduktiven Gesellschaftsmitgliedern unterscheidet und sich gegen vermeintlich unproduktive Schichten und Gruppen richtet (...)." Ebd., S. 56.

Der Verzicht auf ‚bewährte' Quellen der Energieversorgung wird als ideologiegetriebenes Elitenprojekt gedeutet, welches nicht nur die Sicherheit der Energieversorgung gefährdet, sondern auch gut bezahlte Beschäftigungsverhältnisse in wirtschaftlich sowieso benachteiligten Regionen infrage stellt. "[441]

Die Energiewende wird von Populist:innen also als ein Projekt interpretiert, das ineffektiv und damit sinnlos ist, lediglich einer Elite mit einem bestimmten Weltbild nutzt und dem Rest der Bevölkerung schadet, indem es Arbeitsplätze zunichtemacht, Landschaftsbilder negativ verändert und Deutschlands Stellung in der Welt als Industrienation gefährdet.[442] Mithilfe der Besetzung des Themas der Energiewende, können Populist:innen also – ähnlich wie im Kontext der Migrationspolitik – ihre Strategie der gezielten Polarisierung und prinzipiellen Abgrenzung zum Kurs der Regierung und der EU verfolgen.[443] Dabei konzentrieren sie sich vor allem auf die *„Hotspots der Energiewende"*[444] und nutzen gezielt Enttäuschungen im Zusammenhang mit Beteiligungsverfahren aus.[445] Dies deutet darauf hin, dass insbesondere die Bewohner:innen der Braunkohlereviere Adressat:innen für populistische Parteien darstellen.

Dies ist aus mehreren Gründen problematisch. Zum einen stellt, wie oben dargestellt, ein Erstarken der AfD eine Gefahr für die (liberale) Demokratie dar. Dies wiederum beinhaltet die Gefahr erheblicher Rechtsverletzungen. Zudem leugnet die AfD die Dringlichkeit des Klimawandels bzw. den menschlichen Einfluss auf diesen, was ambitionierte Klimaschutzmaßnahmen schwieriger gestaltet, je mächtiger der Einfluss der AfD auf politische Entscheidungen ist.

---

[441] Ebd., S., 56, Betonungen im Original. Siehe auch: Ebd., S. 40/41.

[442] Siehe auch: Miosga: „Systemtransformation in Zeiten eines zunehmenden Populismus. Soziale Innovationen als Elemente einer erfolgreichen Gestaltung der umkämpften Energiewende vor Ort", S. 118.

[443] Vgl., Radtke, Jörg und Miranda A. Schreurs: „Klimaskeptizismus und populistische Bewegungen in Europa und den USA", in: *Energiewende in Zeiten des Populismus*, Wiesbaden: Springer VS 2019, S. 145–179, hier S. 163/164; Siehe auch: Neuerer, Dietmar: „Partei der Zweifler: Wie die AfD gegen den Klimaschutz Front macht", *Handelsblatt*, 18.09.2019, https://www.handelsblatt.com/politik/deutschland/klimapolitik-partei-der-zweifler-wie-die-afd-gegen-den-klimaschutz-front-macht-/25025444.html?ticket=ST-2557670-ZAHvQRddp7zXPMR2kcyN-ap5 (zugegriffen am 24.02.2022).

[444] Radtke/Schreurs: „Klimaskeptizismus und populistische Bewegungen in Europa und den USA", S. 165.

[445] Vgl., ebd., S. 167; Selk/Kemmerzell/Radtke: „In der Demokratiefalle? Probleme der Energiewende zwischen Expertokratie, partizipativer Governance und populistischer Reaktion", S. 51.

Selbst wenn die AfD nicht so mächtig wird, dass sie Einfluss auf Regierungshandlungen nehmen kann, stellt ihre Art zu agieren ein Problem dar: Ideologisch aufgeladene Konflikte rund um die Energiewende könnten die allgemeine Zustimmung zu dieser senken. Ähnliches ist auch in Bezug auf die deutsche Migrationspolitik geschehen.[446] Ich habe oben bereits gezeigt, dass Akzeptanz, Effektivität und Akzeptabilität in Bezug auf die Energiewende eng zusammenhängen und sich gegenseitig verstärken. Durch die Kommunikationsstrategien der AfD könnte dies aufgebrochen werden, so dass ein sich selbst verstärkender Prozess in die gegenteilige Richtung einsetzt: Aus Nicht-Akzeptanz folgt Ineffektivität, die sich negativ auf die Akzeptabilität auswirkt, was wiederum Auswirkungen auf die Akzeptanz hätte. Problematisch ist in diesem Zusammenhang auch der Umstand, dass gerade sehr ambitionierte Maßnahmen umso heftigere Widerstände nach sich ziehen können,[447] von denen dann wiederum Populist:innen profitieren können. So kann eine Maßnahme, die zunächst auf sehr hohe Effektivität abgezielt hat, darin resultieren, dass letztlich kontraproduktive Prozesse einsetzen.

Hier stellt sich also die Frage, ob das Ambitionslevel bestimmter Maßnahmen gesenkt werden sollte, um Populist:innen geringere Chancen zu bieten, die Situation zu ihren Gunsten zu beeinflussen. Gleichzeitig zeichnet sich hier ein weiterer Zielkonflikt ab: Um den Klimawandel zeitnah auf ein akzeptables Maß zu begrenzen, sind sehr ambitionierte Maßnahmen notwendig, die vermutlich die Lebensrealitäten vieler Menschen nachhaltig verändern werden. Um die Demokratie nicht durch das Erstarken (rechts)populistischer Strömungen zu gefährden, ist aber möglicherweise ein ausgewogenerer, auf die Wünsche bestimmter Bevölkerungsgruppen abgestimmter Politikstil angebrachter.

Wie ist mit diesem Zielkonflikt umzugehen? Ich möchte direkt festhalten, dass es auf diese Frage keine abschließende Antwort geben wird. Trotzdem möchte ich zum Abschluss dieses Teilkapitels eine erste Lösungsskizze darstellen.

Der Umgang mit Populist:innen ist im Allgemeinen und nicht nur in Bezug auf die Energiewende äußerst kompliziert. Besonders problematisch ist der Umstand, dass Populist:innen selbst und auch Teile ihrer Anhängerschaft mit rationalen Argumenten nicht mehr erreichbar sind und Fakten so uminterpretieren, dass sie in ihr jeweiliges Weltbild passen. Das macht den öffentlichen Diskurs mit

---

[446] Vgl., Radtke u. a.: „Energiewende in Zeiten populistischer Bewegungen – Einleitende Bemerkungen", S. 16/17.
[447] Vgl., Radtke/Schreurs: „Klimaskeptizismus und populistische Bewegungen in Europa und den USA", S. 161.

Populist:innen un- und zum Teil auch kontraproduktiv.[448] Hinzukommt die oben bereits dargestellte Kommunikationsstrategie populistischer Parteien, die einen sachlichen Diskurs meist unmöglich macht. Die Motivation von Populist:innen, sich in eine öffentliche Debatte einzubringen, scheint auch nicht darin zu liegen, einer Lösung für ein bestimmtes Problem näherzukommen, sondern vielmehr darin, sich selbst in einer bestimmten Rolle zu präsentieren, Fronten weiter zu verhärten und so ihre Einflussmöglichkeiten weiter auszubauen.

Dies zeigt sich auch in der Debatte bezüglich der deutschen Migrationspolitik. Es hat sich herausgestellt, dass die anfänglich Devise, die „Sorgen der Bürger:innen ernst zu nehmen" und den ständigen Austausch mit Vertreter:innen der AfD zu suchen, mit dazu beigetragen hat, dass die AfD maßgeblichen Einfluss auf die Debatte genommen hat. Die Stimmung innerhalb Deutschlands kippte durch die Kommunikationsstrategien der Populist:innen von der sogenannten „Willkommenskultur" hin zu einer polarisierten, in vielen Bereichen eher ablehnenden Haltung Geflüchteten gegenüber. Insgesamt führte dies zu einem Rechtsruck der deutschen Bevölkerung.[449] Aus diesen Erfahrungen sollte in Bezug auf die Klimawandeldebatte gelernt werden. Auch hier zeichnet sich ab, dass die AfD versucht, den aktuell noch herrschenden Konsens in Bezug auf die Frage nach der Dringlichkeit des Problems aufzubrechen. Sie zweifelt als einzige Partei offen an, dass der Klimawandel durch menschliches Verhalten verursacht wurde bzw. beeinflussbar ist.[450] Ihre Klimapolitik basiert auf den scheinbaren Erkenntnissen eines klimawandelskeptischen Vereins, dessen Arbeit den Standards guter Wissenschaft widerspricht. Ihr Ziel scheint zu sein, wissenschaftliche Erkenntnisse als Frage der Haltung und persönlichen Meinung zu konstruieren.[451]

Im Umgang mit der AfD muss eine Antwort auf diese Kommunikationsstrategie gefunden werden. Dabei sollte beachtet werden, dass eine liberale Demokratie das Recht hat, sich gegen Angriffe zu wehren. Die Meinungsfreiheit kann nur so lange uneingeschränkt gelten, wie sich alle Beteiligten eines Diskurses auf grundlegende liberale Werte einigen. Ansonsten würde sie sich ad absurdum führen.

---

[448] Vgl., Hillje: Propaganda 4.0. Wie rechte Populisten unsere Demokratie angreifen, S. 122–133.

[449] Vgl., ebd., S. 38–62, S. 69–76.

[450] Vgl., klimafakten.de: „Was sagt die AfD zum Klimawandel? Was sagen andere Parteien? Und was ist der Stand der Wissenschaft?", ohne Datum, https://www.klimafakten.de/mel dung/was-sagt-die-afd-zum-klimawandel-was-sagen-andere-parteien-und-was-ist-der-sta nd-der (zugegriffen am 24.02.2022).

[451] Vgl., Fiedler, Maria: „Das Netzwerk der Klimaleugner", *Der Tagesspiegel*, 26.02.2019, https://www.tagesspiegel.de/themen/agenda/rechtspopulisten-das-netzwerk-der-klimaleug ner/24038640.html (zugegriffen am 26.02.2019).

Die AfD bewegt sich – teilweise – „(...) *außerhalb der demokratischen Mei-nungsspektrums (...). Solange die Gesamtpartei keine eindeutige Distanzierung von derartigen Positionen und ihren Vertretern vornimmt, ist sie als ,weiche' rechtsex-treme Partei zu charakterisieren.* "[452] Daher ist es auch gerechtfertigt, die AfD anders zu behandeln als andere gewählte Parteien.

Um dem oben dargestellten Zielkonflikt zwischen dem Schutz des Klimas und der Demokratie zu begegnen sind drei verschiedene Ansätze denkbar: Zunächst könnte durch eine kluge politische Vorbereitung bestimmter Klimaschutzmaß-nahmen erreicht werden, dass Widerstände gar nicht aufkommen und sich für Populist:innen so keine Gelegenheit ergibt, den entsprechenden Diskurs mitzuge-stalten. Das Zeitfenster für diese Strategie ist in Bezug auf die Energiewende und auch den anstehenden Kohleausstieg bereits verstrichen.

Ein zweiter Ansatz könnte darin bestehen, sehr schnell sehr wirksame Poli-tiken zu implementieren, so dass die Betroffenen schnell merken, dass diese funktionieren und sich ein selbstverstärkender Prozess im Sinne der Energie-wende und des Klimaschutzes in Gang setzt. Das Problem an diesem Ansatz ist, dass es kaum realistisch ist, dass es nur Profiteur:innen bestimmter Maßnahmen gibt. Bei so grundlegenden Veränderungsprozessen wie dem Kohleausstieg wird es in einer Übergangsphase immer Menschen geben, die negative Konsequen-zen in Kauf nehmen müssen und die sich gegen die entsprechenden Maßnahmen wehren.[453] Hinzukommt, dass sich aktuell nicht abzeichnet, dass der politische Wille und Mut zu derart riskanten Entscheidungen vorhanden sind. Auch fehlt, wie in den vorigen Kapiteln deutlich wurde, die technische Grundausstattung, um derart effektive Maßnahmen zum jetzigen Zeitpunkt zu implementieren.

Eine dritte Strategie könnte darin bestehen, dass der Politikstil anderer Parteien als der AfD zunächst darauf ausgelegt wird, den Populist:innen Macht zu entzie-hen. Wenn dies erreicht ist, kann effektive Klimaschutzpolitik betrieben werden. Hier stellt sich die Frage, wie genau ein solcher Politikstil aussehen sollte. Wie oben dargestellt, ist der Umgang mit Populist:innen sehr schwierig und bishe-rige Versuche, auf sie zu reagieren, waren unwirksam oder haben der AfD sogar eher genutzt.[454] Hinzukommt, dass in Bezug auf den Klimawandel nicht mehr

---

[452] Thieme: „Dialog oder Ausgrenzung – Ist die AfD eine rechtsextreme Partei?"

[453] Vgl., Grunwald: „Das Akzeptanzproblem als Folge nicht adäquater Systemgrenzen in der technischen Entwicklung und Planung", S. 31/32; Wehnert, Timon: „Zwischen Innovation und Exnovation", *politische ökologie *Kohleausstieg* 149 (18.05.2017), S. 30–36, hier S. 32.

[454] Als Beispiel kann hier die Reaktion der CSU auf die Erfolge der AfD genannt werden, die zunächst darin bestand, bestimmte Narrative und Argumentationsstrukturen der AfD zu über-nehmen. Siehe zum Beispiel: Hillje: Propaganda 4.0. Wie rechte Populisten unsere Demo-kratie angreifen, S. 62–68; Otto, Ferdinand: „Kann man der AfD Wähler abnehmen, indem

ausreichend viel Zeit verbleibt, um zuerst den Populismus zu bekämpfen und anschließend den Klimawandel.

Sinnvoller scheint also eine Strategie zu sein, die ambitionierten Klimaschutz betreibt und gleichzeitig darauf abzielt, die politische Macht von Parteien wie der AfD zu minimieren. Wie im vorherigen Teilkapitel bereits dargelegt, ist dabei vor allem wichtig, dass sich die politische Reaktion auf die Ablehnung von Maßnahmen wie den Kohleausstieg stets daran orientiert, ob es sich um gerechtfertigten oder ungerechtfertigten Widerstand handelt. Um allen ethisch relevanten Aspekten innerhalb einer gesellschaftlichen Debatte gerecht zu werden, wäre es sinnvoller, bei aufkommendem Widerstand, zunächst die Akzeptabilität der betroffenen Maßnahmen zu prüfen. Sollte diese – trotz Widerständen – gegeben sein, muss die politische Reaktion anders ausfallen als in Bezug auf Maßnahmen, die nicht über Akzeptabilität verfügen. So lässt sich auch differenzierter auf verschieden Formen von Populismus reagieren. Während die AfD ihren Populismus mit demokratiefeindlichen Ideologien ergänzt und gegen Maßnahmen protestiert, die über Akzeptabilität verfügen, scheint der Populismus von Umweltaktivist:innen häufiger mit liberal-demokratischen Werten vereinbar und ihre Forderungen stellen größtenteils gerechtfertigten Protest dar. Die politischen Reaktionen auf diese beiden populistischen Phänomene muss also verschieden ausfallen.

Schlussbemerkungen

Zusammenfassend lässt sich festhalten, dass es eine große Diskrepanz zwischen der allgemeinen Zustimmung zur Energiewende und dem Braunkohleausstieg und der Ablehnung konkreter Maßnahmen durch direkt Betroffene gibt. So sind es im Kontext des Kohleausstiegs auch vor allem die Beschäftigten der Kohleindustrie, die sich gegen eine zügige Beendigung der Kohleverstromung wehren. Ein Erklärungsansatz für dieses Phänomen ist der, dass der Begriff „Energiewende" nicht ausreichend definiert und offen für individuelle Assoziationen ist. Dies lässt auf eine verfehlte politische Kommunikationsstrategie schließen.

In diesem Teilkapitel wurde deutlich, dass das tatsächliche Akzeptanzverhalten die Akzeptabilität einer Maßnahme beeinflusst und somit auch die ethische Beurteilung dieser. Die Akzeptabilität erweist sich hier als eine Art Bindeglied zwischen Theorie und Praxis. Auch aus praktischer Sicht ist die Akzeptanz der

---

man ihren Sound kopiert?", *Zeit Online*, 26.10.2016, https://www.zeit.de/politik/deutsc hland/2016-10/csu-grundsatzprogramm-markus-blume-afd-waehler/komplettansicht (zugegriffen am 24.02.2022); Pausch, Robert: „Seehofer ist an allem schuld. Oder?", *Zeit Online*, 19.07.2018, https://www.zeit.de/politik/deutschland/2018-07/csu-horst-seehofer-bay ern-umfragewerte-spaetphase/komplettansicht (zugegriffen am 24.02.2022).

Energiewende und ihrer Maßnahmen wichtig. Akzeptanz führt zu Handlungen, die die Energiewende effektiver und ihre Umsetzung kostengünstiger gestalten. Das Antizipieren von Akzeptanz und Widerständen sollte daher ein Teil der Planungsprozesse von Maßnahmen der Energiewende darstellen. Wichtig ist aber auch, dass es unmöglich und auch nicht notwendig ist, dass diese Maßnahmen ausnahmslos gutgeheißen werden. Der Fokus sollte hier auf gerechten und akzeptablen Prozessen sowie einer angemessenen Begleitung der nachteilig Betroffenen liegen.

Als problematischer im Kontext der Energiewende und insbesondere des Kohleausstiegs erweist sich, dass die Widerstände gegen dieselben nicht bloß Ausdruck unterschiedlicher Betroffenheiten und Meinungen sind, sondern dass die Einstellungen zu diesen Aspekten immer mehr zu ideologischen Fragen werden. Bemerkenswert in diesem Zusammenhang ist, dass eine grundsätzliche Ablehnung der Energiewende hauptsächlich unter Wähler:innen der rechtspopulistischen Partei AfD zu finden ist. Dies ist damit zu erklären, dass die AfD eine Strategie verfolgt, die auch darauf basiert, Debatten zu verschärfen und Wähler:innen dadurch an sich zu binden, indem ihnen suggeriert wird, dass eine Elite gegen ihre Interessen agiert, die wiederum nur durch die AfD selbst repräsentiert und verteidigt werden.

Da sich die Energiewende als ein solches Elitenprojekt darstellen lässt, das der einfachen Bevölkerung schadet, eignet sie sich thematisch, ähnlich wie Entscheidungen im Kontext der Migrationspolitik, für das strategische Vorgehen der AfD. Vor allem im Kontext des Kohleausstiegs lässt sich die Situation so darstellen, dass Altes, Bewährtes, Sicherheit- und Wohlstandversprechendes gegen etwas Neues, Unbekanntes, vermeintlich Sinnloses ausgetauscht werden soll. Dadurch wird die AfD für Menschen interessant, die negativ von Maßnahmen der Energiewende betroffen sind und diese daher eher ablehnen. Erneut zeigt sich, wie viel Einfluss die Kommunikation auf Prozesse im Kontext der Energiewende haben kann: Der Kommunikationsstrategie der AfD muss durch einen geeigneten Ansatz begegnet werden. Da es jedoch unvermeidbar ist, dass einige durch die Transformation des Energiesystems negativ betroffen sind und somit immer eine Möglichkeit für Populist:innen entsteht, dies für ihre Zwecke auszunutzen, ergibt sich hier ein Zielkonflikt zwischen dem Klimaschutz und dem Schutz der Demokratie.

5.4 Fazit des fünften Kapitels

In diesem Kapitel habe ich Zielkonflikte dargestellt, die sich auf verschiedenen Ebenen im Kontext der Energiewende ergeben. Der Fokus lag dabei auf dem Braunkohleausstieg, der eine Maßnahme der deutschen Energiewende darstellt. Zunächst wurden Konflikte beschrieben, die sich zwischen Aspekten des Klimaschutzes, der Versorgungssicherheit und der Wirtschaftlichkeit ergeben. Hierbei handelt es sich also um Konflikte, die auf einer gesamtgesellschaftlichen, nationalen Ebene auftreten. Das Spannungsverhältnis der drei Ziele wird bereits im Energiewirtschaftsgesetz adressiert und auch als „energiepolitisches Zieldreieck" bezeichnet. Da die Energiewende unter anderem auf die Dekarbonisierung des Energiesystems abzielt, ist sie primär der Säule „Klimaschutz" zuzuordnen. Es entstehen somit Zielkonflikte mit Aspekten der anderen beiden Säulen. Zusätzlich kann kritisiert werden, dass die Gefahr besteht, dass die Energiewende auch ihrer Rolle als Klimaschutzmaßnahme nicht gerecht wird. Dieser Argumentationsstrang stellt jedoch keine Benennung von Zielkonflikten dar. Wenn die Energiewende nicht effektiv zur Reduzierung eines gefährlichen Klimawandels beiträgt, dann fehlt ihr die Rechtfertigungsgrundlage. Da eine ineffektive Energiewende kein erstrebenswertes Ziel darstellt, ist sie in dieser Form abzulehnen. Die sich ergebenden Risiken müssen nicht in einem Abwägungsprozess mit konfligierenden Maßnahmen abgewogen werden, da sie an sich nicht zumutbar sind. Auch wenn es sich hier also nicht um Zielkonflikte handelt, ist diese Kritik sehr ernst zu nehmen. Dass die Energiewende effektiv gestaltet wird, stellt eine Grundvoraussetzung für ihre moralische Rechtfertigung dar. Erst im Kontext dieser Effektivität entstehen zu diskutierende Zielkonflikte mit den Aspekten der Versorgungssicherheit und der Wirtschaftlichkeit.

Im Kontext beider Aspekte fällt auf, dass sich verschiedene Expert:innen uneins darüber sind, wie stark diese Konflikte zu werten sind bzw. ob sie tatsächlich existieren. Ob eine sichere Energieversorgung auch auf Basis erneuerbarer Energien zu gewährleisten ist, hängt in erster Linie davon ab, ob geeignete Konzepte und Technologien, wie Speichermöglichkeiten und die Sektorenkopplung, entwickelt und implementiert werden, die die geringere Leistungsdichte der neuen Quellen und deren Volatilität ausgleichen können. Die Debatte, die hier aktuell noch geführt wird, ist auch auf den von einigen angestrebten Paradigmenwechsel der Energieversorgung zurückzuführen. Das bisherige System orientiert sich an der Nachfrage nach Energie, es funktioniert nach der Logik, dass jederzeit so viel Energie zur Verfügung stehen muss wie nachgefragt wird. Das neue System soll aber angebotsorientiert funktionieren, hier soll also die Nachfrage nach Energie an das Angebot angepasst werden, zum Beispiel durch Preissignale.

Eine zuverlässige, regenerative Stromversorgung nach der Logik des bisherigen Stromsystems wird höchst wahrscheinlich nicht funktionieren. Dafür müsste zum Beispiel eine Grundlast zur Verfügung gestellt werden. Dies ist mit den aktuell vorhandenen und gesellschaftlich akzeptierten Technologien nicht machbar. Ob es gelingt gleichzeitig auf erneuerbare Energien umzustellen, Technologien zum Demand-Management und zur Sektorenkopplung zu installieren sowie Stromnetze zu digitalisieren und die Logik des neuen Systems im alltäglichen Handeln der Verbraucher:innen zu etablieren bleibt fraglich.

Als besonders problematisch erweist sich dieser Paradigmenwechsel für energieintensive Industrien, deren Prozesse exakt auf das bisherige System abgestimmt sind und für die eine derartige Transformation wie die Energiewende ein nicht zu unterschätzendes Risiko darstellt. So heißt es in einem Positionspapier der Energieintensiven Industrien in Deutschland (EDI):

> *„Neben der Wirtschaftlichkeit der Stromversorgung sind die Versorgungssicherheit und die Systemstabilität von entscheidender Bedeutung für die energieintensive Industrie. Strom muss rund um die Uhr sicher und zuverlässig zur Verfügung stehen. Selbst kleinste Abweichungen – im Millisekunden-Bereich – können dramatische negative Konsequenzen nach sich ziehen."*[455]

Letztlich hängen von einer sicheren und zuverlässigen Energieversorgung unsere Wirtschaftssysteme, Verkehrsinfrastrukturen, das Gesundheitssystem oder auch die Nahrungsmittelversorgung ab. Auch in Bezug auf den gesellschaftlichen Frieden, die Akzeptanz und die Wahrung der Demokratie ist eine gesicherte Energieversorgung essenziell. Die Versorgungssicherheit zugunsten des Klimaschutzes zu vernachlässigen kann nicht geboten sein, denn mit einer sicheren Energieversorgung sind ebenso grundlegende moralische Rechte verknüpft wie mit einem effektiven Klimaschutz. Da der Klimawandel ein derart drängendes Problem ist, kann von Menschen verlangt werden, veränderte Logiken der Energienutzung zu akzeptieren, allerdings muss sichergestellt werden, dass die nötigen Technologien für diesen Wechsel zur Verfügung stehen und funktionieren. Hier muss dringend ein konsensfähiges, ganzheitliches Konzept erarbeitet werden.[456]

Einige Zielkonflikte in Bezug auf die Säule der Wirtschaftlichkeit ergeben sich nun daraus, dass eine sichere Energieversorgung trotz des Umstiegs auf erneuerbare Energien erhalten bleiben soll. Diese Konflikte könnten also auch

---

[455] EID Die Energieintensiven Industrien in Deutschland: „Kernforderungen der Energieintensiven Industrien in Deutschland (EID) zur Kommission Wachstum, Struktur und Beschäftigung (WSB)", 2018, S. 3.
[456] Siehe in diesem Zusammenhang auch Kapitel 6 dieser Arbeit.

als Zielkonflikte zwischen den Säulen Versorgungssicherheit und Wirtschaftlichkeit dargestellt werden. Kritisiert wird in diesem Kontext vor allem, dass durch
die Transformation des Energiesystems Backup-Kapazitäten und Stromimporte
notwendig sind, die beide zusätzliche Kosten produzieren.

Weiterhin werden vor allem die Mechanismen des Erneuerbare Energien
Gesetzes (EEG) kritisiert, die zwar im Sinne des Klimaschutzes dafür sorgen,
dass erneuerbare Energien vorrangig abgenommen und eingespeist werden, die
dadurch entstehenden Kosten müssen jedoch von den Verbraucher:innen getragen
werden. Zur Kostenintensivität der Energiewende tragen außerdem nötige Investitionen bei, die sich erst auf lange Sicht rechnen werden. Im speziellen Fall des
Kohleausstiegs kommen außerdem Gelder zur Bewältigung des Strukturwandels
sowie Entschädigungszahlungen für die Kraftwerksbetreibenden hinzu.

Steigende Kosten und damit steigende Strompreise werden dann problematisch, wenn sie zur Folge haben, dass energieintensive Industrien ihre Standorte
aus Deutschland weg verlagern, da dies die Wettbewerbsfähigkeit schädigt.
Außerdem treffen steigende Strompreise vor allem von Energiearmut betroffene
Verbraucher:innen, was problematische Gerechtigkeitsfragen aufwirft. Auch wenn
die langfristigen und gesamtgesellschaftlichen positiven Effekte einer *erfolgreichen* Energiewende die negativen Effekte der Transformation aufwiegen können,
sind diese keineswegs zu vernachlässigen.

Zum einen müssen lokale negative Auswirkungen so gering wie möglich
gehalten werden, da vermeidbares Leid nicht zu rechtfertigen ist, auch wenn das
Gesamtergebnis als positiv zu bewerten ist. Zum anderen können Unzufriedenheiten auf lokaler Ebene zu Widerständen führen, die den gesamten Prozess der
Energiewende ineffektiver werden lassen. Im schlimmsten Fall sind sie demokratieschädigend, da rechtspopulistische Parteien sie für ihre politischen Ziele nutzen
können.

Da lokale Auswirkungen also ebenfalls eine zentrale Rolle für die ethische
Beurteilung der Energiewende spielen, wurden im Anschluss an diese übergeordnete Betrachtung Zielkonflikte diskutiert, die sich auf lokaler Ebene ergeben.
Hier stand der Braunkohleausstieg im Rheinischen Revier im Fokus. Aus ethischer Sicht ist in diesem Zusammenhang vor allem problematisch, dass die vom
Braunkohleausstieg betroffenen Menschen durch Arbeitsplatzverluste, Strukturwandel und psychische Belastungen in ihren konstitutiven Rechten, insbesondere
in Bezug auf Nichtverminderungs- und Zuwachsgüter, verletzt werden können.
Der Braunkohleausstieg ist ein sehr drastischer Einschnitt in die Lebensrealitäten von Menschen, die in den betroffenen Regionen leben und arbeiten. Bei
unzureichender politischer Begleitung drohen hier Rechtsverletzungen, die im
Zusammenhang mit Arbeitslosigkeit und relativer Armut entstehen.

Wichtig zu betonen ist, dass sich nicht alle sozialen Härten vermeiden lassen und dass diese auch durch die Notwendigkeit der Bekämpfung des Klimawandels gerechtfertigt sein können. Ein Orientierungspunkt sollte hier die Effektivität der entsprechenden Maßnahme sein, die zu sozialen Härten führt. Außerdem müssen Klima- und Sozialpolitik aufeinander abgestimmt werden.

Auch das tatsächliche Akzeptanz- bzw. Ablehnungsverhalten von Menschen sollte eine Rolle spielen und nicht einfach im Nachhinein als moralisch falsch (oder richtig) bewertet werden. Es hat sich gezeigt, dass das Konzept der Akzeptabilität hier entscheidend ist. Es beeinflusst sowohl das tatsächliche Akzeptanzverhalten als auch die ethische Beurteilung und kann so als Bindeglied zwischen Theorie und Praxis gewertet werden. Gerade in der angewandten Ethik sollte dies eine besondere Rolle spielen.

Wenn ablehnende Reaktionen von betroffenen Menschen nicht ernst genommen werden, z. B. indem in Anbetracht der drohenden Arbeitsplatzverluste lediglich auf die zu vernachlässigende Anzahl dieser Arbeitsplätze verwiesen wird, dann drohen Entwicklungen, die letztlich zu einem Erstarken populistischer Parteien führen können. Die Energiewende und gerade Ausstiegsprozesse wie der Kohleausstieg eignen sich ideal für die Kommunikationsstrategie von Populist:innen, da sich hier das Bild einer Elite kreieren lässt, die gegen den gesunden Menschenverstand ineffektive Vorhaben zum Schaden der Bevölkerung durchsetzt. Da Populist:innen gezielt Thematiken rund um den Klimawandel und die Energiewende für ihre Zwecke ausnutzen, entsteht ein weiterer Zielkonflikt zwischen dem Schutz der Demokratie und dem Klimaschutz. Hier zeigt sich auch, dass die Zielkonflikte auf lokaler Ebene wieder Auswirkungen auf die nationale Ebene haben.

Wichtig ist, dass die entstehenden Zielkonflikte nicht bedeuten, dass der Klimaschutz oder die Energiewende weniger ambitioniert angegangen werden soll, aber sie dürfen auch nicht ignoriert werden im Glauben, dass ein Ansprechen und Diskutieren dieser Konflikte, dem Projekt der Energiewende schaden würde. Das Gegenteil ist der Fall: Ein solch ambitioniertes Transformationsvorhaben wie die Energiewende kann nur gelingen, wenn alle Fakten, Risiken, Möglichkeiten und Schwierigkeiten beachtet und sachlich diskutiert werden

Hier muss ein weitsichtiges, nachvollziehbares, transparentes und schlüssiges politisches Konzept entwickelt werden. Es muss deutlich werden, auf welche Art und Weise Klimaziele erreicht werden sollen, welche Schwierigkeiten und Forschungsbedarfe bestehen und wie diese Probleme behoben werden sollen. Das bedeutet nicht, dass ein Plan entwickelt werden muss, der dann im Detail genau umgesetzt wird und nicht mehr veränderbar ist. Vielmehr muss eine Struktur und eine Richtung vorgegeben werden, damit es für Betroffene des Kohleausstiegs beispielsweise nachvollziehbar ist, warum diese Maßnahme ergriffen wird, warum sie zum gegebenen Zeitpunkt umgesetzt wird und dass den Entscheider:innen die damit entstehenden Risiken und Schwierigkeiten bewusst sind. Um das allgemein anerkannte Ziel der Energiewende zu erreichen, ist es wichtig, Fakten und Hindernisse wertneutral zu evaluieren und entsprechende Schlüsse daraus zu ziehen. Insbesondere dürfen bei allen Vorteilen des angestrebten Ziels nicht die Nachteile des Prozesses der Zielerreichung vernachlässigt werden.

Vor dem Hintergrund dieser Problematiken und Zielkonflikte ist abschließend zu sagen, dass der Braunkohleausstieg einerseits zu früh kommt, da zunächst eine nachvollziehbare und realistisch zu erreichende Vision der Transformation des Energiesektors hätte entwickelt werden müssen. Die kontroversen Debatten, die nach wie vor in wissenschaftlichen, technischen und wirtschaftlichen Kreisen geführt werden, zeigen, dass auch unter Expert:innen noch kein Konsens herrscht, wie die Energiewende konkret umgesetzt werden kann. Gesteckte politische Ziele wurden verfehlt bzw. der Fortschritt der Umsetzung lässt darauf schließen, dass sie nicht erfüllt werden. Zu diesem jetzigen Stand eine so weitreichende Entscheidung wie den Braunkohleausstieg zu treffen ist riskant in Bezug auf die Versorgungssicherheit, die Wirtschaftlichkeit und auch die Stabilität der Demokratie – insbesondere in Kombination mit dem ebenfalls beschlossenen Atomausstieg. Hier hätte im Vorfeld der Entscheidung zum Braunkohleausstieg ein Konzept entwickelt werden müssen, das konsensfähig[457] ist und somit auch nachvollziehbarer an die Betroffenen hätte kommuniziert werden können. Aus dieser Perspektive wäre es eine bessere Strategie auf Basis des bisherigen sicheren und gewohnten Strommixes Transformationen wie die Sektorenkopplung und die Digitalisierung des Stromsystems voranzubringen. So ließen sich Fragen nach der Art und Weise, wie ein solches System funktionieren kann, und dem tatsächlichen Energiebedarf im Vorfeld besser beantworten. Gleichzeitig müssten enorme Anstrengungen in Bezug auf die Forschung und Entwicklung von insbesondere Speichertechnologien unternommen werden. Auf Basis dessen könnte dann in einem zweiten Schritt die tatsächliche Umstellung auf erneuerbare Energien politisch forciert werden.

Dem widerspricht, dass der Braunkohleausstieg andererseits zu spät kommt. Die Nutzung fossiler Brennstoffe, vor allem derart klima- und gesundheitsschädliche wie die Braunkohle, muss zum Schutz der Rechte von zahlreichen Menschen viel schneller und konsequenter beendet werden, als dies aktuell der Fall ist. Es ist vor diesem Hintergrund also als positiv zu bewerten, dass mit dem Beschluss

---

[457] Ich gehe an dieser Stelle davon aus, dass nur ein effektives und funktionierendes Konzept konsensfähig ist. Somit wäre dies auch ethisch gerechtfertigt.

zum Braunkohleausstieg Fakten geschaffen wurden, an denen sich die begleitenden Prozesse nun orientieren müssen. Auch wenn sich herausstellt, dass hier nicht
die ideale Strategie verfolgt wird, kann der Prozess trotzdem so gestaltet werden, dass er zumindest vorteilhafter als ein Business-As-Usual-Szenario ist.[458]
Dafür müssen nun die oben dargestellten Versäumnisse konsequent nachgebessert, Lösungsstrategien für die entstehenden Problematiken und Risiken erarbeitet
und ein Umgang mit Zielkonflikten gefunden werden.

Besonders kritisch ist die Übergangsphase zwischen dem jetzigen und einem
zukünftigen dekarbonisierten Energiesystem. Beiden liegt eine eigene Logik
zugrunde und beide können auf ihre Art funktionsfähig sein, fraglich ist jedoch,
wie ein Transformationsprozess von einem System in das andere gelingen kann,
ohne dabei Rechte von Menschen zu verletzen. Einige Lösungsstrategien in diesem Zusammenhang möchte ich im nachfolgenden, sechsten und letzten Kapitel
skizzieren.

---

[458] Vgl., Helm: The Carbon Crunch. Revised and updated, S. 41.

Gestaltung effektiver Klimapolitiken: Einzelmaßnahmen in komplexe Strategien einbetten

6

Wie bereits im vorigen, fünften Kapitel deutlich wurde, sind nationale Maßnahmen dann sinnvoll, wenn sie effektiv etwas zur Reduzierung der globalen Treibhausgaskonzentration beitragen. Da es eine der Problematiken des Klimawandels ist, dass Einzelmaßnahmen für sich genommen meist keinen erheblichen Unterschied leisten, müssen nationale Klimaschutzbemühungen in eine übergeordnete internationale Strategie eingebettet sein, um die obige Bedingung zu erfüllen. Diese Einbettung von konkreten Maßnahmen in eine übergeordnete, allgemeinere Strategie ist nicht nur für die nationale in Bezug auf die internationale Ebene geboten, sondern bereits auf verschiedenen Ebenen innerhalb eines Staates: Der Kohleausstieg im Rheinischen Revier muss ein sinnvoller Teil eines gesamtdeutschen Kohleausstiegs sein, der wiederum ein Beitrag zur Energiewende leisten muss, die dazu beitragen sollte, dass Deutschland die Klimaneutralität erreicht, was wiederum Teil einer globalen Strategie zur vollständigen Dekarbonisierung sein muss.

Ohne die Orientierung an übergeordneten Strategien ist der Nutzen und somit unter Umständen auch die ethische Rechtfertigung bestimmter Einzelmaßnahmen nicht gewährleistet. Wenn ein schlüssiges Gesamtkonzept fehlt, ist es außerdem einfacher, den Fokus zu stark auf individuelles Verhalten und Detailfragen zu legen und so Verantwortlichkeiten hin und her zu schieben.[1]

Auf allen Ebenen sollten ethische Überlegungen eine Rolle spielen – allerdings mit jeweils verändertem Fokus. Auf der internationalen Ebene ist der Verweis auf das Leid räumlich und zeitlich distanzierter Menschen sehr richtig und wichtig. Im zweiten Kapitel habe ich die erheblichen Rechtsverletzungen, die hier drohen, vor allem mit Hilfe von Shues Theorie zu basalen Rechten

---

[1] Vgl., Mann, Michael E.: The New Climate War. The fight to take back our planet, London und Victoria: Scribe Publications 2021, S. 63–97.

© Der/die Autor(en), exklusiv lizenziert an Springer Fachmedien Wiesbaden GmbH, ein Teil von Springer Nature 2022
F. Henke, *Die Rolle Deutschlands im Kontext der Energiewende*,
https://doi.org/10.1007/978-3-658-39696-1_6

dargelegt. Diese argumentative Herangehensweise ist auf lokaler Ebene allein jedoch nicht mehr hilfreich, um konkret gebotene Handlungen zu identifizieren. Hier wird es zunehmend relevanter, dass bestimmte Bevölkerungsgruppen durch Klimaschutzmaßnahmen negativ betroffen sind. Auf dieser Ebene können Ungerechtigkeiten im Vergleich zu unmittelbaren Bezugsgruppen entstehen (z. B. wenn Arbeiter:innen aus der Kohleindustrie anders behandelt werden als Arbeiter:innen der Automobilindustrie oder wenn die Menschen vor allem in den ostdeutschen Kohlerevieren beobachten, dass im Nachbarstaat Polen die Kohleverstromung beibehalten wird) sowie Verletzungen von Rechten identifiziert werden, die über Shues Klassifikation hinaus gehen. Wie im fünften Kapitel deutlich wurde, ist für diese Abwägung vor allem die Theorie von Gewirth[2] ergebnisreich, da er überzeugend herausstellt, dass zur Bewahrung der Handlungsfähigkeit neben elementaren Gütern weitere notwendig sind, die er als notwendige Nichtverminderungs- und Zuwachsgüter klassifiziert.

Um sowohl der Bewahrung basaler Rechte auf globaler Ebene als auch der Gewährleistung weiterer grundlegender Rechte auf nationaler und lokaler Ebene gerecht zu werden, sollte auf globaler bzw. internationaler Ebene ein Rahmen entwickelt werden, der darauf ausgelegt ist, dass die grundlegenden Rechte aller Menschen berücksichtigt werden. Innerhalb dieses Rahmens müssen dann immer konkretere Umsetzungsformen gefunden werden, die die Interessen der jeweils direkt Betroffenen ausreichend berücksichtigen. Wenn Maßnahmen wie der Kohleausstieg nicht im Rahmen einer internationalen Strategie umgesetzt werden, besteht die erhebliche Gefahr, dass diese Maßnahmen wirkungslos bleiben oder sogar schädlich sind, wenn die Treibhausgasproduktion, Umwelt- und Gesundheitsbelastungen lediglich ins Ausland verlagert werden.

An dieser Stelle sollte noch betont werden, dass ich nicht für einen reinen Top-Down-Ansatz argumentieren möchte. Vielmehr müssen Anstrengungen im Kampf gegen den Klimawandel aus einer wechselseitigen Beeinflussung von lokalen, konkreten Umsetzungen und internationalen, allgemeineren Strategien resultieren. So kann weder von oben herab konkret beschlossen werden, welche Maßnahmen wann sinnvoll sind, noch ist es der Komplexität des Problems angemessen davon auszugehen, dass sich viele kleine unabhängige Maßnahmen zu einer Lösung des Problems aufsummieren.

Hier entsteht ein Spannungsverhältnis. Einerseits ist eine möglichst konkrete Planung notwendig, um die Effektivität der einzelnen Maßnahmen sicherzustellen

---

[2] Siehe auch Abschnitt 1.1.

und diese so rechtfertigen zu können. Andererseits kann eine zu verbindliche Planung auch kontraproduktiv sein, weil sie unflexibel ist und somit wenig Offenheit für Innovationen oder dem Lernen aus Fehlern zulässt.[3]

In diesem Kapitel möchte ich zunächst darauf eingehen, welche Gesamtstrategie in der bisherigen deutschen Klimapolitik in Bezug auf den Braunkohleausstieg erkennbar ist. Ich werde argumentieren, dass die zu beobachtende Herangehensweise nicht ausreichend ist (Abschn. 6.1 und 6.2). Anschließend werde ich zwei unterschiedliche Wege skizzieren, wie eine Gesamtstrategie konzipiert werden kann, ohne zu dogmatische und deterministische Vorgaben zu machen (Abschn. 6.3 und 6.4). Schließen möchte ich mit daraus abgeleiteten Handlungsempfehlungen (Abschn. 6.5).

6.1 Aktueller Kurs

Zunächst werde ich auf den aktuell zu beobachtenden politischen Umgang mit dem deutschen Braunkohleausstieg eingehen. Die deutsche Klimapolitik zeichnet sich oft dadurch aus, dass Einzelentscheidungen getroffen werden, ohne dass eine ausreichend konkrete Gesamtstrategie definiert ist.

Dies wurde jüngst auch in einem Beschluss des Bundesverfassungsgerichts festgestellt. Darin wird u. a. bemängelt, dass Minderungsziele, die die Bundesregierung im Klimaschutzgesetz festgehalten hat, lediglich bis 2030 definiert sind. Darüber hinaus sind diese Ziele nicht ambitioniert genug, was sich darin zeigt, dass absehbar ist, dass ein Großteil der für die Einhaltung der Verpflichtungen Deutschlands im Rahmen des Pariser Klimaabkommens zu erbringenden Minderungen erst nach 2030 zu leisten sind.

„Die zum Teil noch sehr jungen Beschwerdeführenden sind durch die angegriffenen Bestimmungen aber in ihren Freiheitsrechten verletzt. Die Vorschriften verschieben hohe Emissionsminderungslasten unumkehrbar auf Zeiträume nach 2030. Dass Treibhausgasemissionen gemindert werden müssen, folgt auch aus dem Grundgesetz. Das verfassungsrechtliche Klimaschutzziel des Art. 20a GG ist dahingehend konkretisiert, den Anstieg der globalen Durchschnittstemperatur dem sogenannten ‚Paris-Ziel' entsprechend auf deutlich unter 2 °C und möglichst auf 1,5 °C gegenüber dem vorindustriellen Niveau zu begrenzen. Um das zu erreichen, müssen die nach 2030 noch erforderlichen Minderungen dann immer dringender und kurzfristiger erbracht werden. (…) Der Gesetzgeber hätte daher zur Wahrung grundrechtlich gesicherter Freiheit Vorkehrungen treffen müssen, um diese hohen Lasten abzumildern. Zu dem danach

---

[3] Vgl., Steigleder/Heeger: „Climate change and energy ethics", S. 13.

gebotenen rechtzeitigen Übergang zu Klimaneutralität reichen die gesetzlichen Maß-
gaben für die Fortschreibung des Reduktionspfads der Treibhausgasemissionen ab
dem Jahr 2031 nicht aus."[4]

Der Braunkohleausstieg stellt hier keine Ausnahme dar. Wie sich in diesem Teilkapitel zeigen wird, ist eine nachvollziehbare und sinnvolle Einbettung der deutschen Klimaschutzmaßnahme in eine übergeordnete Strategie auf internationaler
Ebene nicht ausreichend erkennbar.

Erschwerend kommt hinzu, dass noch ein erheblicher Forschungsbedarf in
verschiedenen Disziplinen besteht, um überhaupt ganzheitliche Strategien zu entwickeln. Wie Klaus Steigleder und Robert Heeger darlegen, ist es eine zentrale
Aufgabe der heutigen klimabezogenen Energieethik, Szenarien für ein Energiesystem zu entwickeln, die alle Bereiche der Energienutzung berücksichtigen,
eine *vollständige* Dekarbonisierung herbeiführen, Energiearmut überwinden und
Energiesicherheit erreichen können. Außerdem müssen die entstehenden Risiken
akzeptabel sein und die Umsetzung schnell genug und ohne Widerstände machbar
sein.[5]

Zunächst sei angemerkt, dass auf internationaler Ebene durchaus Bemühungen
erkennbar sind, den globalen Kohleausstieg zu koordinieren. Auch Deutschland
beteiligt sich an diesen Bestrebungen. Im Folgenden werde ich auf diese internationalen Ansätze eingehen. Dabei möchte ich zum einen zeigen, dass diese selbst
noch verbesserungswürdig sind und zum anderen, dass das konkrete Agieren
Deutschlands im Kontext dieser Koordinierungen zu kritisieren ist.

Auf globaler Ebene ist zunächst die **Powering Past Coal Alliance (PPCA)**
zu nennen. Sie wurde 2017 auf der 23. Klimakonferenz in Bonn durch die
Regierungen Kanadas und Großbritanniens gegründet. Die PPCA stellt einen
Zusammenschluss aus Regierungen, Regionen und Unternehmen dar, die sich zu
einem Stopp der Errichtung neuer Kohlekraftwerke, zur Beendigung der interna-
tionalen Kohlefinanzierung, zu einem Datum für den Kohleausstieg sowie zu der
Abstimmung nationaler Klimaschutzmaßnahmen auf die Pariser Ziele bekennen.
Seit 2019 ist auch Deutschland Teil der Allianz.[6]

---

[4] Bundesverfassungsgericht: „Verfassungsbeschwerden gegen das Klimaschutzgesetz teilweise erfolgreich".

[5] Vgl., Steigleder/Heeger: „Climate change and energy ethics", S. 5–11.

[6] Vgl., Bundesministerium für Umwelt, Naturschutz, nukleare Sicherheit und Verbraucherschutz (BMUV): „Deutschland tritt Allianz der Kohleausstiegsländer bei", 22.09.2019,
https://www.bmuv.de/pressemitteilung/deutschland-tritt-allianz-der-kohleausstiegslaender-
bei/ (zugegriffen am 23.02.2022); DW: „Deutschland tritt Allianz der Kohleausstiegsländer
bei", 22.09.2019, https://p.dw.com/p/3Q1rO (zugegriffen am 23.02.2022).

Dies ist jedoch nur möglich, da im selben Jahr beschlossen wurde, dass auch diejenigen Akteure Mitglied der PPCA werden können, die sich lediglich *in einem Prozess* hin zu einem ambitionierten Kohleausstieg befinden. Ursprünglich sah die PPCA vor, dass in den OECD und den EU-Staaten der Kohleausstieg bis 2030 erfolgt sein muss, um die Ziele des Pariser Klimaabkommens einhalten zu können. Deutschland erfüllt diese Bedingung mit einem für das Jahr 2038 beschlossenen Kohleausstieg nicht.[7] An dieser Stelle muss, wie bereits im vierten Kapitel, darauf hingewiesen werden, dass die seit Dezember 2021 neu vereidigte Bundesregierung aus der SPD, den Grünen und der FDP laut Koalitionsvertrag einen Kohleausstieg *„[i]dealerweise (…) bis 2030 (…)"*[8] plant. Allerdings ist, während diese Arbeit verfasst wird, noch nicht absehbar, ob dieses Ziel erreicht wird. Daher orientiere ich mich im Folgenden an dem geltenden Kohleausstiegsgesetz, das durch die Vorgängerregierung verabschiedet wurde.

Im Rahmen der Ausarbeitung des *European Green Deal* 2019, der unter anderem die Treibhausgasneutralität der EU bis 2050 anvisiert, wurden zudem der **Just Transition Mechanism** sowie die **Just Transition Platform** gegründet. Ersterer soll die sozialen und ökonomischen Effekte der anstehenden Transformationen adressieren und zu einer gerechten Gestaltung derselben beitragen. Dafür stehen mindesten 150 Mrd. € an finanzieller Unterstützung zur Verfügung. Die Plattform soll damit zusammenhängend den Zugang zu Unterstützung und Wissen in Bezug auf gerechte Transformationen ermöglichen. Dies beinhaltet die technische und beratende Unterstützung von Stakeholdern, die Erstellung von *„Territorial Just Transition Plans"*, um soziale, ökonomische und ökologische Herausforderungen bei der Dekarbonisierung zu erkennen, die Identifizierung von notwendigen Prozessen und die Erstellung von Zeitplänen.[9]

Zunächst sollte die Existenz dieser Initiativen als positiv hervorgehoben werden. Ohne eine derartige Koordination auf internationaler Ebene, werden lokal umgesetzte Ausstiegspläne vermutlich nicht dazu führen, dass eine Reduktion der

---

[7] Vgl., Schwarz, Susanne: „Schulze will Beitritt zur globalen Allianz für Kohleausstieg", *klimareporter°*, 19.03.2019, https://www.klimareporter.de/deutschland/deutschland-will-glo baler-kohleausstiegs-allianz-beitreten (zugegriffen am 24.02.2022); Powering Past Coal Alliance (PPCA): „Declaration", ohne Datum, https://www.poweringpastcoal.org/about/dec laration (zugegriffen am 23.02.2022).

[8] SPD, Bündnis90/ Die Grüne, FDP: „Mehr Fortschritt wagen. Bündnis für Freiheit, Gerechtigkeit und Nachhaltigkeit. Koalitionsvertrag zwischen SPD, Bündnis90/ Die Grünen und FDP", S. 58.

[9] Vgl., European Commission: „The Just Transition Mechanism: making sure no one is left behind", ohne Datum, https://ec.europa.eu/info/strategy/priorities-2019-2024/eur open-green-deal/actions-being-taken-eu/just-transition-mechanism_en (zugegriffen am 24.02.2022).

globalen Treibhausgasproduktion erreicht wird. Trotzdem möchte ich an dieser Stelle einige Kritikpunkte vorbringen.

Die PPCA hebt auf ihrer Internetseite hervor:

> *„Since its launch by the UK and Canadian governments at COP23 in 2017, the PPCA has been increasing its reach and influence. It currently has over 100 members who are playing a pivotal role in driving global coal phase-out efforts.“*[10]

Es muss jedoch angemerkt werden, dass viele Staaten, die in der PPCA vertreten sind, sowieso keine großen Mengen Kohle fördern. Von den 10 größten stein- bzw. braunkohlefördernden Staaten[11] sind nur Deutschland und Griechenland Teil der PPCA. Hinzukommen zwei taiwanische Städte sowie Sydney in Australien.[12] Zeitgleich wird in anderen Staaten, die nicht in der PPCA vertreten sind, der Bau weiterer Kohlekraftwerke geplant – vor allem in China.[13] Wenn nur wenige kohlefördernde Staaten Selbstverpflichtungen eingehen, während eine Mehrheit den Ausbau der Kohleproduktion plant, steigt die Gefahr, dass sich die vermeintlich eingesparten Emissionen lediglich verlagern, anstatt einen tatsächlichen Klimaschutzbeitrag zu leisten.

Es kann hier argumentiert werden, dass es vor diesem Hintergrund besonders wichtig ist, dass einige Staaten wie eben Deutschland vorangehen und demonstrieren, dass der Kohleausstieg praktikabel und vielleicht sogar vorteilhaft ist. Jedoch muss, damit diese Argumentationsstrategie greift, zum einen zunächst einmal gezeigt werden, dass der deutsche Kohleausstieg *tatsächlich* praktikabel und vorteilhaft ist. Andernfalls wirkt er wohl eher als abschreckendes Beispiel. Zum anderen kann das reine Eintreten in derartige Initiativen noch nicht als „Vorangehen" bezeichnet werden. Wenn sich ein Staat wie Deutschland dem Klimaschutz verpflichtet fühlt und hier eine wegweisende Rolle in Bezug auf den Kohleausstieg einnehmen möchte, dann muss dieser Staat auch Mittel und Wege finden, andere kohlefördernde Staaten zum Mitmachen zu bewegen. Er sollte sich nicht auf rein symbolische Akte verlassen. Ein „Vorangehen" muss auch bestimmte Kriterien der Effektivität erfüllen.

---

[10] Powering Past Coal Alliance (PPCA): „Who we are", ohne Datum, https://www.poweri ngpastcoal.org/about/who-we-are (zugegriffen am 24.02.2022).

[11] Vgl., Chemie.de: „Kohle/Tabellen und Grafiken", ohne Datum, https://www.chemie.de/lex ikon/Kohle/Tabellen_und_Grafiken.html (zugegriffen am 21.02.2022).

[12] Vgl., Powering Past Coal Alliance (PPCA): „PPCA Members", ohne Datum, https://www. poweringpastcoal.org/members (zugegriffen am 22.02.2022).

[13] Vgl., Urgewald: „Global Coal Exit List 2021", ohne Datum, https://coalexit.org/ (zuge-griffen am 21.02.2022).

Gegen die These, dass Deutschland durch den Beitritt zur PPCA eine Vorbildfunktion im Kontext des Kohleausstiegs einnehmen kann, spricht auch, dass es die Vorgabe der Allianz, dass EU-Staaten den Kohleausstieg bis spätestens 2030 vollzogen haben sollen, nicht erfüllt. Dieser Umstand stellt gleichzeitig einen weiteren Kritikpunkt an der PPCA dar. Die anfänglichen recht konkreten Bedingungen für die Aufnahme in die Allianz wurden bereits 2019 dadurch aufgeweicht, dass ab diesem Zeitpunkt auch Staaten aufgenommen wurden, die sich in einem Prozess hin zu einem ambitionierten Kohleausstieg befinden. Deutschland hat gesetzlich festgeschrieben, frühestens 2035 höchstwahrscheinlich aber erst 2038 die Förderung von Kohle auf dem eigenen Territorium zu beenden. Dieser Beschluss war zum Zeitpunkt des Beitritts Deutschlands in die Allianz bereits absehbar, dass die neue Bundesregierung ein früheres Ausstiegsdatum anstrebt, hingegen nicht. Das Ausstiegsdatum auf 2038 respektive 2035 zu legen, kann schwerlich als ein Prozess hin zu einem ambitionierten Kohleausstieg gewertet werden, wenn 2030 als spätmöglichster Zeitpunkt, die Kohleverstromung zu beenden, definiert wird. Dadurch wirken die Ziele und Ambitionen der PPCA insgesamt unpräzise, inkonsequent und wenig authentisch.

Konkrete und bindende Vereinbarungen zwischen Staaten sind schwierig, da keine Instanz existiert, die diese durchsetzen und überprüfen kann. Aus demselben Grund können Staaten auch nicht direkt gezwungen werden, Abkommen einzugehen, die ihren Interessen zuwiderlaufen. Daher kann es durchaus sinnvoll sein, Verpflichtungen vage zu halten, um eine größere Anzahl an staatlichen Akteuren in die jeweilige Initiative zu integrieren. Dies sollte aber nicht dazu führen, dass Staaten den Beitritt nutzen, um Bereitschaft und Engagement zu demonstrieren, ohne entsprechende konkrete Handlungen folgen zu lassen.

Staaten, die in Initiativen wie der PPCA vertreten sind, müssen sich so organisieren, dass die Kohleverstromung insgesamt unattraktiv wird. Dazu gehört auch, dass an Anwärter wie Deutschland, die auch aus Gründen des Prestiges[14] Teil der PPCA werden wollen, klar kommuniziert wird, dass ihre Bemühungen nicht ausreichend sind, um Teil der Allianz zu werden. Gleichzeitig ist es wichtig, möglichst viele der stark kohlefördernden Staaten in derartige Initiativen zu integrieren. Die Verpflichtung, bis 2030 aus der Kohleverstromung auszusteigen, ist vor diesem Hintergrund möglicherweise zu abschreckend. Die PPCA sollte

---

[14] In Deutschland ist eine Mehrheit der Menschen an Klimaschutzbemühungen interessiert und befürwortet den Kohleausstieg. Deutschland stellt sich auch nach innen hin immer wieder als Vorreiter in Sachen Klimaschutz dar. Die Aufnahme in die PPCA fügt sich in dieses Narrativ ein und kann genutzt werden, um dieses Selbstbild aufrechtzuerhalten und zu stärken.

hier deutlicher machen, wo ihre Prioritäten liegen und mit welcher Strategie sie welches Ziel erreichen kann.

Im Gegensatz zur PPCA gibt der Just Transition Mechanism keine konkreten Ziele vor, sondern dient vor allem zur Bereitstellung verschiedener Unterstützungsleistungen. Derartige Institutionen sind wichtig, damit sich verschiedene betroffene kollektive Akteure vernetzen können und von ihren jeweiligen Erfahrungen profitieren können. Auch die Bereitstellung von finanzieller Hilfe ist wichtig. Trotzdem reichen unverbindliche Abkommen, die allein auf der Freiwilligkeit ihrer Mitglieder basieren, nicht aus, um den starken Anreizen zur Beibehaltung der Kohleförderung etwas Wirkungsvolles entgegenzusetzen.

Die Etablierung von Allianzen wie der PPCA oder dem Just Transition Mechanism ist nicht ausreichend, um eine globale Strategie im Kampf gegen den Klimawandel zu verwirklichen. Sie können aber einen wichtigen Beitrag leisten, zum Beispiel indem sie den internationalen Druck erhöhen, Klimaschutzmaßnahmen umzusetzen. Auch diese internationalen Institutionen müssen also in eine übergeordnete Strategie eingebettet werden. Vor diesem Hintergrund kann auch der Beitritt in diese Initiativen für Staaten nur ein erster Schritt sein. Das Engagement innerhalb der Abkommen sollte im nationalen Kontext genutzt werden, um die eigenen Ambitionen zu erhöhen, mit anderen Staaten zu kooperieren, zu lernen und die eigenen Bemühungen zu verbessern. Der Beitritt markiert also nicht das Erreichen eines Ziels, sondern muss als Beginn ambitionierterer Anstrengungen angesehen werden.

Zudem muss dann die konkrete nationale Umsetzung auch Im Einklang mit den entsprechenden nationalen Abkommen stattfinden. In Deutschland wurde der Beitritt zur PPCA von der damals amtierenden Umweltministerin Svenja Schulze als Erfolg und Beitrag zum internationalen Kampf gegen den Klimawandel kommuniziert:

> *„,Der Kohleausstieg ist ein zentraler Baustein für den weltweiten Klimaschutz. In Deutschland haben wir einen gesellschaftlichen Kompromiss erarbeitet, der den schrittweisen Kohleausstieg mit dem Aufbau neuer, zukunftsfähiger Jobs für die betroffenen Regionen verbindet. Mit den Beschlüssen des Klimakabinetts bekennt sich die Bundesregierung offiziell zum Kohleausstieg. Damit können wir endlich auch der Allianz der Kohleausstiegsländer beitreten. Diese Allianz zeigt, dass die Kohleverstromung in den verschiedensten Teilen der Welt zum Auslaufmodell wird. Wenn ein großes Industrieland wie Deutschland sich von Atom und Kohle verabschiedet und seine Energieversorgung schrittweise vollständig auf erneuerbare Energien umstellt, ist das auch ein starkes Signal für andere Teile der Welt.'* [15]

---

[15] Bundesministerium für Umwelt, Naturschutz, nukleare Sicherheit und Verbraucherschutz (BMUV): „Deutschland tritt Allianz der Kohleausstiegsländer bei".

Diese Art der Kommunikation deckt sich nicht mit der Tatsache, dass Deutschland möglicherweise hinter den Vorgaben der PPCA zurückbleibt. Es zeigt sich also, dass es durchaus Bemühungen gibt, den globalen Kohleausstieg mit Hilfe internationaler Institutionen zu koordinieren. In Bezug auf diese Institutionen besteht jedoch Verbesserungsbedarf. So sollten zunächst einmal die Absichten des jeweiligen Abkommens deutlicher definiert werden. Wenn es verbindliche Ziele vorgibt, müssen Mechanismen gefunden werden, wie sich diese Vorgaben umsetzen lassen und wie sich der Druck auf andere Staaten und Trittbrettfahrer erhöhen lässt. Wenn es auf Freiwilligkeit und Unterstützung setzt, sollte diese Hilfe zum einen möglichst unbürokratisch und effizient bei den entsprechenden Akteuren ankommen. Zum anderen müssen sich vor allem diese Institutionen wieder sinnvoll in eine übergeordnete Strategie zur tatsächlichen Dekarbonisierung einfügen. Zum Beispiel könnten sie mit Institutionen, die strenge Regeln vorgeben, zusammenarbeiten und Staaten im Hinblick auf den Eintritt in diese bindenden Abkommen unterstützen.

In Bezug auf den deutschen Kohleausstieg zeigt sich, dass ein politisches Handeln auch auf internationaler Ebene zwar erkennbar ist, die Motivation dahinter scheint jedoch verfehlt zu sein. Der Beitritt zur PPCA wird als Bestätigung der deutschen Klimapolitik und insbesondere der Umsetzung des Kohleausstiegs verstanden und kommuniziert, obwohl dieser nur möglich war, da die konkreten Vorgaben der Allianz aufgeweicht wurden. Somit genügt die Art der Umsetzung des Kohleausstiegs gerade noch nicht, den Ansprüchen internationaler Abkommen wie der PPCA und des Pariser Klimaabkommens gerecht zu werden. Anstatt dies zu benennen und die internationale Kooperation als Chance zu verstehen, hier nachzubessern, stilisierte die damals amtierende Umweltministerin Schulze Deutschland zu einem Vorbild in Sachen Klimaschutz und Kohleausstieg. Während diese Arbeit verfasst wird, ist unklar, ob es der neuen Bundesregierung gelingen wird, hier nachzubessern.

Zusammengenommen bestehen also zwei Probleme im Kontext der Einbettung des Kohleausstiegs in eine internationale Strategie. Erstens sind die entsprechenden Institutionen auf internationaler Ebene an sich zu kritisieren, da auch in Bezug auf diese teilweise unklar ist, wie sie sich in ein globales Gesamtkonzept einfügen, da ihre definierten Ziele nicht durchgesetzt werden und da sie ineffizient arbeiten. Zweitens ist der deutsche Braunkohleausstieg nicht auf zielführende Art und Weise in diese Institutionen integriert. Die Zusammenhänge zwischen diesen Ebenen müssen stärker aufeinander abgestimmt sein und auch verständlicher an verschiedene Akteur:innen kommuniziert werden. Folgende Fragen bleiben unter anderem offen:

- An welchen Stellen muss die Umsetzung des deutschen Kohleausstiegs durch internationale Kooperation verbessert werden und von welchen Aspekten der deutschen Strategie können andere lernen?
- Wie kann der Zeitplan des Kohleausstiegs auf die Erreichung der Pariser Ziele abgestimmt werden bzw. aus welchen Gründen liegt das Ausstiegsdatum weiter hinten und wie können die Pariser Ziele trotzdem erreicht werden?
- Aus welchen Gründen ist Deutschland Teil der PPCA, obwohl es hinter deren Zielen zurückbleibt? Bestehen hier Pläne nachzubessern und wenn nein, warum nicht?

Dass die aktuelle Strategie in Bezug auf den Kohleausstieg nicht ausreichend ausdifferenziert ist, zeigt sich auch darin, dass sich verschiedene Expert:innen immer noch uneinig darüber sind, ob und wie eine bezahlbare und sichere Energieversorgung nach dem Ausstieg aus der Kohleverstromung aufrecht erhalten werden kann. Eine solche ist aber essenziell, um grundlegende moralische Rechte von Menschen gewährleisten zu können.[16] Das Risiko, das eingegangen wird, wenn die Kohleverstromung beendet wird, ohne dass ein verlässlicher und in verschiedenen Fachkreisen anerkannter und mitgetragener Plan bezüglich eines alternativen Energiesystems besteht, ist demnach sehr hoch und sollte nicht ohne weiteres eingegangen werden. Gleichzeitig muss die Kohleförderung weltweit möglichst schnell beendet werden, um grundlegende Rechte, die durch den Klimawandel bedroht bzw. bereits verletzt sind, zu bewahren oder wiederherzustellen. Die hier diskutierte deutsche Strategie lässt sich also so umschreiben, dass langfristige Ziele zwar definiert werden und auch einzelne Maßnahmen beschlossen werden, wie genau die definierten Ziele erreicht werden sollen und welche Rolle die beschlossenen Maßnahmen darin spielen, bleibt jedoch eher vage.

Es kann nun argumentiert werden, dass eine solche Herangehensweise, wie sie durch den aktuellen politischen Kurs verfolgt wird, die oben erwähnten Aspekte der Flexibilität und Ergebnisoffenheit fokussiert. Diese Argumentation würde sich auf die These beziehen, dass sich zukünftige Entwicklungen nicht voraussagen lassen und zukünftig mit großer Wahrscheinlichkeit Forschungsfortschritte gemacht werden, die heutzutage schwer vorstellbar sind. Aus diesen Gründen ist eine langfristige Planung nicht ratsam. Durch bestimmte Entscheidungen kann aber in einigen Bereichen ein Weg vorgegeben werden – beispielsweise dass Kohleverstromung in Zukunft nicht Teil des Energiesystems sein soll. Auf

---

[16] Siehe in diesem Zusammenhang Kapitel 3 und Abschnitt 5.1.

Basis dieser Einzelentscheidungen werden sich dann entsprechend wünschenswerte Prozesse entwickeln. Diese zu antizipieren kann jedoch im schlimmsten Fall kontraproduktiv sein. Wenn dies tatsächlich die Argumentationsstruktur ist, die die aktuelle Klimapolitik motiviert, dann müsste dies zumindest auch so kommuniziert werden. Dies ist aktuell jedoch nicht der Fall. In einem solchen unkonkreten Szenario kommt außerdem der zweite oben angesprochene Aspekt der Effektivität des Vorhabens zu kurz. Dieser ist nur durch eine glaubhafte langfristige Planung zu gewährleisten. Ohne eine solche werden höchstwahrscheinlich auch Akzeptanzprobleme verstärkt auftreten, was wiederum günstige Bedingungen für demokratiegefährdenden Populismus herstellen kann. Aus diesen Gründen müssen Maßnahmen getroffen werden, die hier korrigierend wirken.

6.2 Absicherung des Kohleausstiegs

Der Kohleausstieg sollte in einem Szenario ohne verlässliche Zukunftsperspektive durch eine sogenannte Brückentechnologie abgesichert werden, da andernfalls unklar bleibt, wie und ob das angestrebte Ziel realistisch erreichbar ist. Dadurch ließen sich Risiken, die mit einer grundlegenden Veränderung des Energiesystems einhergehen und die ohne langfristig Planung nicht ausreichend berücksichtigt werden, minimieren, es würde Zeit gewonnen, um die aktuelle Debatte zu schlichten, Forschungslücken zu schließen und die Technologieentwicklung voranzubringen. Ein verlässlicher und nachvollziehbarer Plan, wie der Kohleausstieg abgesichert werden kann, könnte zudem die Akzeptanz für den Kohleausstieg erhöhen, den Betroffenen Zukunftsängste nehmen und so den Gefahren, die durch das Erstarken populistischer Parteien entstehen, entgegenwirken.

Eine solche Strategie hätte zudem den Vorteil, dass andere kohlefördernde Staaten einfacher überzeugt werden könnten, einen ähnlichen Pfad einzuschlagen, da die Beendigung der Kohleverstromung so zunächst keinen allumfassenden Paradigmenwechsel des Stromsystems bedeuten muss. Die Logik der Bereitstellung einer Grundlast kann zunächst aufrecht erhalten bleiben und die Gewöhnung an ein System, das angebotsorientiert funktioniert, kann schrittweise erfolgen.

Ich möchte abschließend kurz auf einige Optionen eingehen, die aktuell stark debattiert werden. Eine zur Debatte stehende Option wäre die Nutzung von Erdgas.

Dieter Helm plädiert dafür, Erdgas als Brückentechnologie hin zu einem treibhausgasneutralen Energiesystem zu nutzen. Insbesondere da Gas laut Helm im direkten Vergleich zu Kohle weniger treibhausgasintensiv sei, sei es vernünftig so schnell wie möglich Kohle durch Gas zu ersetzen.[17]

„(...) [A]s an immediate alternative to coal and oil, gas provides an opportunity for a major step reduction in emissions from business-as-usual; it can be achieved quickly; and what makes it particularly attractive is that it would almost certainly be a lot cheaper and on a much bigger scale than the other options. It may also be reasonably secure."[18]

In Bezug auf die deutsche Energiewende kritisiert er, dass vor dem Hintergrund des Atomausstiegs auf die Kohlenutzung statt der Implementierung einer Gasinfrastruktur gesetzt wurde.[19]

Allerdings wird auch in Deutschland Erdgas als Brückentechnologie hin zu einem auf erneuerbaren Energien basierenden Energiesystem gesehen. So heißt es auf der Internetseite des Bundesministeriums für Wirtschaft und Klimaschutz (BMWK):

„Insbesondere als Brücke von fossilen zu erneuerbaren Energien im Strombereich gewinnt Erdgas aktuell an Bedeutung. Erdgas ist im Vergleich zu anderen fossilen Energieträgern klimafreundlicher, da der Einsatz mit geringeren CO_2-Emissionen einhergeht. Dementsprechend nimmt die relative Bedeutung bei der Stromerzeugung zu, zumal als Ersatz für Stein- und Braunkohle."[20]

Es ist jedoch darauf hinzuweisen, dass die Ergebnisse, zu denen Helm gelangt, davon abhängen, welche Arten von Kohle- und Gaskraftwerken miteinander verglichen werden. Beide können jeweils verschiedene Effizienzgrade aufweisen. In einer bereits 2014 erschienenen Studie weisen Zhang et al auf folgendes hin.

„High-efficiency natural gas plants with low methane leakage rates can, in principle, produce half the century-integrated warming as today's typical coal plant. Thus, there is potential climate benefit in replacing low-efficiency coal plants with high-efficiency, low-methane leakage natural gas plants."[21]

---

[17] Vgl., Helm: The Carbon Crunch. Revised and updated, S. 199–216.

[18] Ebd., S. 200.

[19] Vgl., ebd., S. 212.

[20] Bundesministerium für Wirtschaft und Klimaschutz (BMWK): „Derzeit unverzichtbar für eine verlässliche Energieversorgung", ohne Datum, https://www.bmwi.de/Redaktion/DE/Dossier/konventionelle-energietraeger.html (zugegriffen am 23.02.2022).

[21] Zhang, Xiaochun, Nathan P. Myhrvold und Ken Caldeira: „Key factors for assessing climate benefits of natural gas versus coal electricity generation", *Environmental Research Letters* 9/11 (2014), S. 1–8, hier S. 7.

Da bei der Gewinnung und Verarbeitung von Erdgas Methan freigesetzt wird und außerdem beim Transport die Gefahr von Gaslecks besteht, sind Kohle und Gas hinsichtlich ihrer Treibhausgasintensität schwer miteinander vergleichbar. Lediglich in Bezug auf die Freisetzung von CO_2 ist Gas eindeutig als allgemein vorteilhafter einzustufen.[22] CO_2 ist zwar das relevanteste Treibhausgas, da es am längsten in der Atmosphäre verweilt, jedoch ist Methan kurzfristig sehr viel wirksamer als CO_2. Obwohl Gas also als sinnvolle Übergangslösung dargestellt wird, ist es tatsächlich fraglich, ob es gerade vor dem Hintergrund dieser Kurzfristperspektive, die eine Übergangslösung per Definition innehat, weniger schädlich ist als Kohle.[23] Aus diesen Gründen ist die Eignung von Erdgas als Brückentechnologie bzw. Back-Up für wegfallende Kohlekapazitäten eher kritisch zu betrachten.[24] Darüber hinaus muss weiterhin kritisch hinterfragt werden, ob das Vorhaben, Gas lediglich als Übergangslösung zu gebrauchen, überhaupt erfolgreich sein kann. Durch die heutige Schaffung der entsprechenden Infrastrukturen und Institutionen, werden Pfadabhängigkeiten etabliert, die unter Umständen nicht so schnell wieder aufgebrochen werden können. Selbst wenn es also gelänge, durch die Nutzung von Erdgas, die Treibhausgasemissionen kurzfristig zu senken, könnte so ein Pfad eingeschlagen werden, der langfristig nicht zur notwendigen Treibhausgasneutralität führt.[25]

Die neue Bundesregierung weist in diesem Zusammenhang in ihrem Koalitionsvertrag darauf hin, dass

---

[22] Vgl., ebd., S. 2.

[23] Vgl., ebd., S. 7.

[24] Vgl., Brauers, Hanna u. a.: „Ausbau der Erdgas-Infrastruktur: Brückentechnologie oder Risiko für die Energiewende?", Diskussionsbeiträge der Scientists for Future 6, 2021; Gilbert, Alexander Q. und Benjamin K. Sovacool: „US liquefied natural gas (LNG) exports: Boom or bust for the global climate?", *Energy* 141 (2017), S. 1671–1680; Hausfather, Zeke: „Bounding the climate viability of natural gas as a bridge fuel to displace coal", *Energy Policy* 86 (2015), S. 286–294; Howarth, Robert W.: „A bridge to nowhere: methane emissions and the greenhouse gas footprint of natural gas", *Energy Science & Engineering* 2/2 (2014), S. 47–60; Zhang, Xiaochun u. a.: „Climate benefits of natural gas as a bridge fuel and potential delay of near-zero energy systems", *Applied Energy* 167 (2016), S. 317–322.

[25] Vgl., Brauers u. a.: „Ausbau der Erdgas-Infrastruktur: Brückentechnologie oder Risiko für die Energiewende?", S. 5–7.

„[d]ie bis zur Versorgungssicherheit durch Erneuerbare Energien notwendigen Gaskraftwerke (…) so gebaut werden [müssen], dass sie auf klimaneutrale Gase (H2-ready) umgestellt werden können."[26]

Dies verweist bereits auf eine weitere Option, die hier Erwähnung finden soll. Dies ist die Implementierung einer Wasserstoffwirtschaft.

Wasserstoff (H) ist ein chemisches Element, das auf der Erde als molekulare Verbindung (H_2) meist gasförmig vorzufinden ist.[27] Als solche kommt es nur in gebundener Form vor, beispielsweise in Wasser (H_2O) oder Methan (CH_4). Um reinen Wasserstoff zu gewinnen und gebrauchen zu können, muss dieser also zunächst aus diesen Bindungen gelöst werden.[28] Es existieren verschiedene Arten, Wasserstoff zu extrahieren. Vor dem Hintergrund der Nationalen Wasserstoffstrategie (NWS) der Bundesregierung wird aktuell das Verfahren der Wasserelektrolyse am prominentesten diskutiert. Bei dieser wird mit Hilfe elektrischer Energie Wasser in Wasserstoff und Sauerstoff aufgespaltet.[29] Die Fokussierung auf diese Art, Wasserstoff zu generieren, hat zwei Gründe. Erstens fallen bei der Elektrolyse anders als bei anderen technisch relativ weit ausgereiften Prozessen der Wasserstoffgewinnung keine klimaschädlichen Abfall- oder Nebenprodukte wie Kohlendioxid oder -monoxid an, wenn der genutzte Strom aus erneuerbaren Quellen stammt. Der so generierte Wasserstoff wird auch als grüner Wasserstoff bezeichnet. Zweitens ist die Elektrolyse im Vergleich zu anderen klimafreundlichen Techniken am ehesten einsatzbereit.[30]

Ergänzend wird außerdem diskutiert, eine Wasserstoffgewinnung, bei der klimaschädliche Gase anfallen, die dann aber mit Hilfe von CCS-Technologien

---

[26] SPD, Bündnis90/ Die Grüne, FDP: „Mehr Fortschritt wagen. Bündnis für Freiheit, Gerechtigkeit und Nachhaltigkeit. Koalitionsvertrag zwischen SPD, Bündnis90/ Die Grünen und FDP", S. 59.

[27] Vgl., Chemie.de: „Wasserstoff", ohne Datum, https://www.chemie.de/lexikon/Wasser stoff.html (zugegriffen am 23.02.2022).

[28] Vgl., bdew Energie.Wasser.Leben: „Flexible Herstellung: Wie wird Wasserstoff erzeugt?", ohne Datum, https://www.bdew.de/energie/wasserstoff/flexible-herstellung-was-ist-wasser stoff-und-wie-wird-er-erzeugt/ (zugegriffen am 23.02.2022).

[29] Vgl., ebd.

[30] Vgl., Horng, Pauline und Michael Kalis: „Wasserstoff – Farbenlehre. Rechtswissenschaftliche und rechtspolitische Kurzstudie", Berlin, Greifswald, Stuttgart: Institut für Klimaschutz, Energie und Mobilität e. V. (IKEM), 2020.

abgeschieden und gespeichert werden, als Übergangslösung zu implementieren.
Diese Art Wasserstoff wird als blauer Wasserstoff bezeichnet.[31]
   Da bei der Nutzung von Wasserstoff keine klimaschädlichen Gase anfallen,
bietet er den Vorteil, dass er als Energieträger und als Grundstoff in denjenigen
Industrien zum Einsatz kommen kann, die auf andere Art und Weise nur schwer
zu dekarbonisieren sind, beispielsweise in der Chemie- oder Stahlindustrie oder
auch im Luft- und Seeverkehr.[32] Da zur Generierung von Wasserstoff elektrische
Energie zum Einsatz kommt, leistet er so auch einen Beitrag zur Sektorenkopplung.[33] Außerdem kann er als Speichermedium fungieren, wenn überschüssige
Energie genutzt wird, um Wasserstoff per Elektrolyse herzustellen.[34] Er lässt sich
zudem gut transportieren.[35]
   Mit der im Juni 2020 beschlossenen Nationalen Wasserstoffstrategie (NWS)
hat die Bundesregierung entschieden, dass „Wasserstoff (…) eine zentrale Rolle
bei der Weiterentwicklung und Vollendung der Energiewende [bekommt]."[36] Die
NWS wird ergänzt durch einen Aktionsplan[37] und die Einrichtung eines Wasserstoffrats „(…) aus 26 hochrangigen Expertinnen und Experten der Wirtschaft,
Wissenschaft und Zivilgesellschaft, die nicht Teil der öffentlichen Verwaltung sind.
(…) Aufgabe des Nationalen Wasserstoffrats ist es, den Staatssekretärsausschuss
durch Vorschläge und Handlungsempfehlungen bei der Umsetzung und Weiterentwicklung der Wasserstoffstrategie zu beraten und zu unterstützen."[38] Letzterer

---

[31] Vgl., Bundesministerium für Wirtschaft und Energie (BMWi): „Die Nationale Wasserstoffstrategie", 2020, S. 3, S. 29; Hebling, C. u. a.: „Eine Wasserstoff-Roadmap für Deutschland", Karlsruhe, Freiburg: Fraunhofer-Institut für System- und Innovationsforschung (ISI),
Fraunhofer-Institut für Solare Energiesysteme (ISE), 2019; Horng/Kalis: „Wasserstoff – Farbenlehre. Rechtswissenschaftliche und rechtspolitische Kurzstudie", S. 8.

[32] Vgl., Bundesministerium für Wirtschaft und Energie (BMWi): „Die Nationale Wasserstoffstrategie", S. 2, S. 10/11; Hebling u. a.: „Eine Wasserstoff-Roadmap für Deutschland",
S. 6, S. 18–23, S. 27.

[33] Vgl., Bundesministerium für Wirtschaft und Energie (BMWi): „Die Nationale Wasserstoffstrategie", S. 2; Hebling u. a.: „Eine Wasserstoff-Roadmap für Deutschland", S. 6.

[34] Vgl., Bundesministerium für Wirtschaft und Energie (BMWi): „Die Nationale Wasserstoffstrategie", S. 2; Hebling u. a.: „Eine Wasserstoff-Roadmap für Deutschland", S. 6.

[35] Vgl., Hebling u. a.: „Eine Wasserstoff-Roadmap für Deutschland", S. 1/2.

[36] Bundesministerium für Wirtschaft und Energie (BMWi): „Die Nationale Wasserstoffstrategie", S. 2.

[37] Vgl., ebd., S. 17–28.

[38] Ebd., S. 15.

hielt seine konstituierende Sitzung im Juli 2020 ab. Des Weiteren wurde ein Forschungsnetzwerk Wasserstoff etabliert.[39]

Als Kernziele der NWS sind Folgende definiert:

- *„Wasserstofftechnologien als Kernelemente der Energiewende etablieren, um mit Hilfe erneuerbarer Energien Produktionsprozesse zu dekarbonisieren*
- *Die regulativen Voraussetzungen für den Markthochlauf der Wasserstofftechnologien zu schaffen*
- *Deutsche Unternehmen und ihre Wettbewerbsfähigkeit stärken, indem Forschung und Entwicklung und der der [sic] Technologieexport rund um innovative Wasserstofftechnologien forciert werden*
- *Die zukünftige nationale Versorgung mit CO2-freiem Wasserstoff und dessen Folgeprodukte sichern und gestalten".*[40]

Die NWS ist, trotz der oben genannten zunächst vielversprechend klingenden Vorteile von Wasserstoff, kritisch zu sehen. Zunächst ist zu betonen, dass die Nutzung von Wasserstoff mit hohen Verlusten an Energie verbunden ist, was sie im Vergleich zur direkten Nutzung von elektrischem Strom teurer und ineffizienter macht.[41] Des Weiteren basiert die Strategie darauf, dass die Elektrolyse zur Wasserstoffgewinnung mit Hilfe von erneuerbaren Energien vollzogen wird. Der Bedarf an Strom aus nachhaltigen Quellen steigt somit weiter. Die Notwendigkeit, den Ausbau der erneuerbaren Energien ambitioniert fortzuführen, wird mit der NWS weiter verschärft.[42] Auch eine Übergangslösung, die auf CCS-Technologien basiert, ist nur schwer realisierbar, da auch diese Technologie noch nicht einsatzbereit ist[43] und zudem in Deutschland auf ein Akzeptanzproblem stößt.[44] Außerdem ist zu betonen, dass mit Hilfe von CCS nicht der gesamte

---

[39] Vgl., Bundesministerium für Wirtschaft und Klimaschutz (BMWK): „Wasserstoff: Schlüsselelement für die Energiewende", ohne Datum, https://www.bmwi.de/Redaktion/ DE/Dossier/wasserstoff.html (zugegriffen am 29.06.2021).

[40] Bundesministerium für Wirtschaft und Klimaschutz (BMWK): „Die Nationale Wasserstoffstrategie", 10.06.2020, https://www.bmwi.de/Redaktion/DE/Publikationen/Energie/die-nationale-wasserstoffstrategie.html (zugegriffen am 01.03.2022).

[41] Vgl., Bossel, Ulf: „Wasserstoff löst keine Energieprobleme", *Technikfolgenabschätzung – Theorie und Praxis* 1/15 (2006), S. 27–33, hier S. 29–31.

[42] Vgl., Horng/Kalis: „Wasserstoff – Farbenlehre. Rechtswissenschaftliche und rechtspolitische Kurzstudie", S. 12/13; BUND: „Kurzinfo Power-to-X-Technologien. BUND-Leitlinien für die nachhaltige und klimaschützende Wasserstoffnutzung", ohne Datum.

[43] Vgl., Hebling u. a.: „Eine Wasserstoff-Roadmap für Deutschland", S. 2.

[44] Vgl., Glanz, Sabrina und Anna-Lena Schönauer: „H2/CCS chains in Germany – Social Perception and Acceptance", *SINTEF*, 05.12.2019, https://blog.sintef.com/sintefenergy/h2-ccs-chains-germany-social-perception-acceptance/ (zugegriffen am 23.02.2022); Hebling u. a.: „Eine Wasserstoff-Roadmap für Deutschland", S. 18.

Anteil klimaschädlicher Gase abgeschieden und gespeichert werden kann. Die Technologie ist daher nicht als klimaneutral einzustufen.[45]

Aus den oben genannten Gründen ist Wasserstoff außerdem aktuell nicht wirtschaftsfähig.[46] Zudem ist für einen sinnvollen und großflächigen Einsatz von Wasserstoff das Schließen von Forschungslücken, ein Ausbau der Leitungs- sowie der Betankungsinfrastruktur notwendig.[47] Auch ist fraglich, ob im Kontext eines sich erwärmenden Planeten und der damit zusammenhängenden zunehmenden Wasserknappheit in Zukunft ausreichend Wasser für die Elektrolyse bereitstehen wird oder ob es hier zu Konkurrenzen mit der Trinkwassergewinnung kommen wird.[48]

In jüngster Zeit wird außerdem zunehmend über eine Neubewertung des Einsatzes von Kernenergie diskutiert. Laut einigen Autor:innen sind vor allem neuartige Technologien der Kernenergie zum einen weniger treibhausgasintensiv als herkömmliche fossile Energiequellen und zum anderen eignen sie sich aufgrund einer höheren Energiedichte und weniger Fluktuation besser als erneuerbare Energien, eine zuverlässige Energieversorgung zu garantieren, die den absehbar hohen zukünftigen Bedarfen gerecht wird.[49] Vor diesem Hintergrund wäre es im deutschen Kontext überlegenswert, den Atomausstieg weiter in die Zukunft zu verlegen, um dadurch den Kohleausstieg schneller und weniger risikoreich umsetzen zu können. Im direkten Vergleich zur Kohleverstromung ist die Stromgewinnung aus Kernenergie weitaus weniger treibhausgasintensiv und weniger gesundheitsgefährdend.[50]

---

[45] Vgl., Steigleder: „The Tasks of Climate Related Energy Ethics – The Example of Carbon Capture and Storage", S. 134–143; BUND: „Kurzinfo Power-to-X-Technologien. BUND-Leitlinien für die nachhaltige und klimaschützende Wasserstoffnutzung", S. 2.

[46] Vgl., Horng/Kalis: „Wasserstoff – Farbenlehre. Rechtswissenschaftliche und rechtspolitische Kurzstudie", S. 12/13.

[47] Vgl., Hebling u. a.: „Eine Wasserstoff-Roadmap für Deutschland", S. 2/3, S. 13/14.

[48] Vgl., Horng/Kalis: „Wasserstoff – Farbenlehre. Rechtswissenschaftliche und rechtspolitische Kurzstudie", S. 2; Stratmann, Klaus: „Schattenseite des Hoffnungsträgers: Produktion von Wasserstoff könnte Ressourcen gefährden", *Handelsblatt*, 05.04.2021, https://www. handelsblatt.com/politik/deutschland/klimaneutralitaet-schattenseite-des-hoffnungstraegers-produktion-von-wasserstoff-koennte-ressourcen-gefaehrden/27063644.html?ticket=ST-322 4400-PBCoh5nBlmLBt06yCj9F-ap6 (zugegriffen am 24.02.2022).

[49] Siehe beispielhaft: Gates: Wie wir die Klimakatastrophe verhindern. Welche Lösungen es gibt und welche Fortschritte nötig sind, S. 108/109; Shellenberger: Apocalypse Never. Why Environmental Alarmism Hurts Us All, S. 147–155; Sinn: Das Grüne Paradoxon. Plädoyer für eine illusionsfreie Klimapolitik, S. 294–364.

[50] Vgl., Jarvis, Stephen, Olivier Deschenes und Akshaya Jha: „The Private and External Costs of Germany's Nuclear Phase-Out", National Bureau of Economic Research (NBER),

Das wohl schwerwiegendste Problem an diesem Ansatz ist, dass ein solches Vorhaben in Deutschland nicht durchsetzbar ist. Der Atomausstieg ist gesellschaftlicher Konsens und ließe sich nur gegen erhebliche Widerstände verschieben. Ich möchte an dieser Stelle nicht die Vor- und Nachteile der Kernenergie bzw. eines frühen Atomausstiegs diskutieren. Für letzteren sprechen gute Gründe[51], trotzdem ist es bemerkenswert, dass diese Technologie in Deutschland auf so viel Abneigung stößt, während die Braunkohleverstromung, die in vielerlei Hinsicht gefährlicher und gesundheitsschädigender ist, vergleichsweise akzeptiert zu sein scheint.

Wie sich also bereits an dieser kurzen Diskussion der zur Debatte stehenden Technologien zeigt, stellt aus unterschiedlichen Gründen keine eine vollständig überzeugende und praktikable Option zur Absicherung der Kohleverstromung dar. Betont werden sollte auch, dass es darüber hinaus fraglich ist, ob eine solche Absicherung tatsächlich notwendig sein wird.[52] Wie sich in den nächsten Teilkapiteln zeigen wird, existieren Konzepte, die durch die Bereitstellung einer Langfristperspektive verdeutlichen können, wie die Risiken, die zum Beispiel mit Engpässen in der Energieversorgung einhergehen, minimiert werden. Der aktuelle Kurs der Regierung bietet eine solche Langfristperspektive nur unzureichend. Wenn Schwierigkeiten und Probleme bestimmter Entscheidungen jedoch nicht im Vorfeld adressiert und antizipiert werden, steigen die Risiken, die damit einhergehen. Außerdem sinkt die Akzeptanz, was wiederum die Umsetzung schwieriger macht und sich so negativ auf die Akzeptabilität auswirkt. Alles in allem kann so eine Art Teufelskreis einsetzen, der zu Ineffektivität, sozialen Härten und unzumutbaren Risiken führt, die hätten verhindert werden können, wenn im Vorfeld eindeutiger definiert und kommuniziert worden wäre, wie Einzelmaßnahmen in komplexere Zusammenhänge wirken und welche Entwicklungsschritte sich in kurz- bis mittelfristiger Perspektive anschließen.

2019; Smil, Vaclav: Energy. A Beginner's Guide, 2. Aufl., London, Minneapolis: Oneworld Publications 2017, S. 190–192.

[51] Die neuartigsten und damit sichersten Technologien der Kernkraft sind noch nicht im großen Maßstab einsatzfähig. Daher bleiben als Hauptkritikpunkte die Frage nach der Endlagerung des Atommülls und die Risikobedenken bestehen. Zudem kann selbst die sicherste Technologie menschliches Versagen, böswilligen Missbrauch oder auch Naturkatastrophen nicht verhindern. (Vgl., Mann: The New Climate War. The fight to take back our planet, S. 169–173.)

[52] Siehe auch Abschnitt 5.1, in dem ich dargelegt habe, dass nach wie vor eine Debatte unter Expert:innen herrscht, wie der zukünftige Energiebedarf einzuschätzen ist und ob dieser mithilfe erneuerbarer Energien vollständig gedeckt werden kann.

In den folgenden Teilkapiteln (6.3 und 6.4) möchte ich Wege diskutieren, den Kohleausstieg in eine geeignete Langfriststrategie einzubetten.

6.3 Marktwirtschaftliche Instrumente

Ein klimapolitisches Instrument, das immer wieder als eines diskutiert wird, das ganzheitliche und möglichst effiziente Emissionsminderungen erzeugen kann, ist die Bepreisung klimaschädlicher Treibhausgase.

Durch eine CO_2-Bepreisung[53] sollen Anreize gesetzt werden, treibhausgasintensive Technologien und Prozesse zu reduzieren. Gleichzeitig sollen nachhaltige Innovationen begünstigt werden. Diese sollen durch die veränderten Preisdynamiken wettbewerbsfähig werden und sich so gegen klimaschädlichere Technologien am Markt durchsetzen. Dadurch, dass für diese Entwicklungen mithilfe der Preissignale lediglich geeignete Rahmenbedingungen gesetzt werden, muss nicht im Vorfeld die schwierige Entscheidung getroffen werden, welche Technologien und Verhaltensweisen in Zukunft adaptiert werden können und sollen. Stattdessen wird dies durch den Markt geregelt. Das macht die Herangehensweise nicht nur ergebnisoffen und effizient,[54] sondern auch nachvollziehbar, insbesondere für

---

[53] Ich werde im Folgenden die Begriffe „CO_2-Bepreisung" und „Bepreisung von Treibhausgasen" synonym verwenden, auch wenn diese nicht vollständig deckungsgleich sind.

[54] Siehe beispielsweise: Agora Verkehrswende, Agora Energiewende: „Klimaschutz auf Kurs bringen. Wie eine CO2-Bepreisung sozial ausgewogen wirkt", 2019; Bach, Stefan u. a.: „Für eine sozialverträgliche CO2-Bepreisung", Berlin: Deutsches Institut für Wirtschaftsforschung (DIW), 2019, S. 3, S. 28–34; Bals, Christoph u. a.: „Stärkere CO2-Bepreisung: neuer Schwung für die Klimapolitik. Deutschlands ökonomischer Rahmen zur Erreichung der Klimaziele", Working Paper, Bonn, 2017; Baranzini, Andrea u. a.: „Carbon pricing in climate policy: seven reasons, complementary instruments, and political economy considerations", *WIREs Climate Change* 8/4 (2017), S. 1–17; Burger, Andreas, Benjamin Lünenbürger und Christoph Kühles: „CO2-Bepreisung in Deutschland. Ein Überblick über die Handlungsoptionen und ihre Vor- und Nachteile", Umweltbundesamt, 2019; Carbon Pricing Leadership Coalition (CPLC): „Report of the High-Level Commission on Carbon Prices", World Bank Group, 2017, S. 9/10; Eichenberger, Reiner und David Stadelmann: „Die politische Ökonomik der Klimapolitik. So wird ein Land mit Kostenwahrheit zum Vorbild beim Klimaschutz", *Gaia – Ecological Perspectives for Science and Society* 29/3 (2020), S. 148–153; Helm: The Carbon Crunch. Revised and updated, S. 181–184; Mann: The New Climate War. The fight to take back our planet, S. 99–122; Sinn: Das Grüne Paradoxon. Plädoyer für eine illusionsfreie Klimapolitik, S. 95–129; The Wall Street Journal: „Economists' Statement on Carbon Dividends", 17.01.2019, https://clcouncil.org/economists-statement/ (zugegriffen am 23.02.2022).

Menschen, die im Kapitalismus sozialisiert sind. Das Reduzieren klimaschädlicher Emissionen wird zu einem ökonomischen Eigeninteresse.[55] Da mithilfe dieser Strategie Kosten, die durch das Emittieren von Treibhausgasen entstehen, internalisiert werden, folgen Marktmechanismen der Logik des Verursacherprinzips,[56] das ich in Abschnitt 2.2 diskutiert und verteidigt habe. Sie sind also auch aus moralischer Sicht insofern wünschenswert, als dass die Verursacher:innen schädlicher Treibhausgasemissionen für die Kosten aufkommen und diese nicht mehr ausschließlich auf die Allgemeinheit umlegen. Wenn der Preis klimaschädlicher Emissionen adäquat die verursachten bzw. erwartbaren Kosten widerspiegeln kann, mindert dies auch die in Kapitel 2 erwähnten Gerechtigkeitsaspekte, da nun sowohl der Nutzen als auch ein Teil der Kosten[57] bei den Emittierenden liegen.

Preissignale können mithilfe zweier verschiedener Mechanismen gesetzt werden. Erstens kann ein fester CO_2-Preis meist in Form einer CO_2-Steuer implementiert werden. Dies bedeutet, dass die Nutzung fossiler Energie um einen fixen Wert teurer wird.[58] Der zweite Mechanismus besteht in der Gestaltung eines Emissionshandelssystems (ETS). Hier wird eine Obergrenze für emittierbare Emissionen festgesetzt. So wird das Angebot begrenzt. Gleichzeitig werden Emissionszertifikate und damit Rechte, eine bestimmte Menge an Treibhausgasen zu emittieren, vergeben bzw. verkauft. Akteur:innen, die Teil des ETS sind, können mit ihren Zertifikaten handeln. Durch die festgelegte Obergrenze wird garantiert, dass ein bestimmtes Emissionsbudget nicht überschritten wird.

---

[55] Die moralische Notwendigkeit, Treibhausgasemissionen zu reduzieren bleibt bestehen. Jedoch lassen sich mithilfe von Preissignalen auch Menschen zum Handeln bewegen, die durch eine moralische Argumentation nicht motiviert werden können. Siehe auch: Mann: The New Climate War. The fight to take back our planet. In diesem Zusammenhang ist auch die These Van der Ploegs und Rezais interessant, dass sogar klimaskeptische Menschen aus Gründen der Rationalität eine CO_2-Bepreisung befürworten sollten. Vgl., Ploeg, Frederick van der und Armon Rezai: „The agnostic's response to climate deniers: Price carbon!", *European Economic Review* 111 (2019), S. 70–84.

[56] Vgl., Baranzini u. a.: „Carbon pricing in climate policy: seven reasons, complementary instruments, and political economy considerations", S. 3; Helm: The Carbon Crunch. Revised and updated, S. 193; Kemfert, Claudia: Das fossile Imperium schlägt zurück. Warum wir die Energiewende jetzt verteidigen müssen, Hamburg: Murmann Publishers 2017, S. 92/93; Mann: The New Climate War. The fight to take back our planet, S. 99.

[57] Solange weiterhin Treibhausgase emittiert werden und so der Klimawandel weiter voranschreitet, liegen auch weiterhin hohe Kosten bei Menschen, die wenig zu der Situation beitragen. Ungerechtigkeiten bleiben also bestehen, können aber abgemildert werden, zum Beispiel indem das Geld, das durch eine CO_2-Bepreisung generiert wird, zur Unterstützung der benachteiligten Menschen genutzt wird.

[58] Vgl., Green, Jessica F.: „Does carbon pricing reduce emissions? A review of ex-post analyses", *Environmental Research Letters* 16/4 (03.2021), S. 1–17, hier S. 1.

Aufgrund der Möglichkeit, Zertifikate zu erwerben bzw. zu verkaufen wird die Emissionsreduktion möglichst effizient gestaltet, denn diejenigen Akteur:innen, die leicht Emissionen einsparen können, können einen größeren Anteil der Einsparungen auf sich nehmen und so finanzielle Vorteile generieren, während andere Akteur:innen Emissionsrechte erwerben können, wenn es für sie sinnvoller ist, den finanziellen Aufwand zu erbringen, statt der direkten Emissionseinsparung.[59]

Beide Systeme haben Vor- und Nachteile. Die Implementierung einer CO_2-Steuer ist für Staaten einfacher als die Gestaltung eines ETS.[60] Sie bewirkt jedoch lediglich, dass das Emittieren von Treibhausgasen unattraktiver wird und garantiert keine konkrete Emissionsminderung. Ein ETS ist sehr komplex, hat aber den Vorteil, dass durch die Definition einer Obergrenze, die Einhaltung eines bestimmten Emissionsbudgets garantiert werden kann. Der Preis eines Emissionsrechts ist jedoch nicht festgelegt und ergibt sich aus der Wirkung von Angebot und Nachfrage. Wenn die Obergrenze also zu großzügig gesetzt wird, können durch sehr günstige Emissionszertifikate ungewollte positive Anreize gesetzt werden.[61]

Eine CO_2-Steuer sollte also idealerweise auf konkrete Ziele, wie das Pariser 2-Grad-Ziel, abgestimmt sein und sich außerdem kontinuierlich erhöhen, um geeignete Ergebnisse zu erzeugen.[62] Innerhalb eines ETS sollte die Obergrenze regelmäßig angepasst werden, außerdem kann es sinnvoll sein, einen Mindestpreis für die Zertifikate einzuführen, damit diese nicht durch unvorhersehbare Wirkungen bezüglich des Marktgeschehens zu stark an Wert verlieren und so falsche Anreize gesetzt werden.[63]

---

[59] Vgl., ebd., S. 1/2. Zur Erklärung des Europäischen Emissionshandelssystems siehe den Abschnitt „Emissionsverlagerungen ins Ausland" im Teilkapitel „Klimaschutz" in Abschnitt 5.1. Zur Unterscheidung CO_2-Steuer und Emissionshandelssystem siehe auch: Baranzini u. a.: „Carbon pricing in climate policy: seven reasons, complementary instruments, and political economy considerations", S. 10–12; Boyce, James K.: „Carbon Pricing: Effectiveness and Equity", *Ecological Economics* 150 (2018), S. 52–61, hier S. 56/57; Stiglitz, Joseph E.: „Addressing Climate Change through Price and Non-price Interventions", Cambridge, MA: National Bureau of Economic Research (NBER), 2019, S. 33–36; Tvinnereim, Endre und Michael Mehling: „Carbon pricing and deep decarbonisation", *Energy Policy* 121 (2018), S. 185–189, hier S. 186.

[60] Vgl., Green: „Does carbon pricing reduce emissions? A review of ex-post analyses", S. 1.

[61] Vgl., ebd., S. 1/2. Siehe auch Abschnitt 5.1.

[62] Vgl., Boyce: „Carbon Pricing: Effectiveness and Equity", S. 53, S. 55/56.

[63] Vgl., Cullenward, Danny und David G. Victor: Making Climate Policy Work, Cambridge, Medford: polity 2021, S. 120; Green: „Does carbon pricing reduce emissions? A review of ex-post analyses", S. 1.

Für beide Mechanismen gilt außerdem, dass der Fokus stets darauf liegen sollte, einen internationalen Markt bzw. eine internationale Besteuerung einzuführen, um beispielsweise Emissionsverlagerungen oder Trittbrettfahren zu vermeiden.[64] William Nordhaus schlägt in diesem Zusammenhang beispielsweise vor, dass Staaten sogenannte *„Climate Clubs"* gründen sollen, die gemeinsame Anstrengungen unternehmen, ein effektives CO_2-Bepreisungssystem einzuführen, sowie Staaten, die nicht kooperieren, mit CO_2-Zöllen dazu zu motivieren, Teil des Clubs zu werden.[65]

Neben diesen technischen und gestalterischen Herausforderungen existieren auch Argumente gegen die Einführung einer CO_2-Bepreisung, die grundsätzlicherer Natur sind. Auf zwei möchte ich im Folgenden eingehen.

Ein Einwand besteht darin, dass vor allem ärmere Menschen unter der Einführung einer CO_2-Bepreisung leiden, während sich reichere Menschen, die Möglichkeit zum Emittieren und die damit verbundenen Annehmlichkeiten erkaufen können.[66] Diese Kritik ist dann legitim, wenn durch eine CO_2-Bepreisung lediglich eine Verteuerung der aktuell zur Verfügung stehenden Güter und Dienstleistungen erreicht wird, sich an der Art und Weise und den Möglichkeiten

---

[64] Vgl., Baranzini u. a.: „Carbon pricing in climate policy: seven reasons, complementary instruments, and political economy considerations", S. 5; Carbon Pricing Leadership Coalition (CPLC): „Report of the High-Level Commission on Carbon Prices", S. 23/24; Green: „Does carbon pricing reduce emissions? A review of ex-post analyses", S. 2; Kemfert: Das fossile Imperium schlägt zurück. Warum wir die Energiewende jetzt verteidigen müssen, S. 100; Nordhaus, William: „Climate Change: The Ultimate Challenge for Economics", *American Economic Review* 109/6 (2019), S. 1991–2014, hier S. 2005–2013; Sinn: Das Grüne Paradoxon. Plädoyer für eine illusionsfreie Klimapolitik, S. 498–520.

[65] Vgl., Nordhaus, William: „The Climate Club. How to Fix a Failing Global Effort", *Foreign Affairs* 99/3 (2020), S. 10–17.

[66] Siehe beispielsweise Boyce: „Carbon Pricing: Effectiveness and Equity", S. 58; Göbel, Phil: „Sorry, Fridays for Future, aber: eine CO2-Steuer würde die Falschen treffen", *Spiegel Panorama*, 16.04.2019, https://www.spiegel.de/panorama/klimaschutz-warum-eine-co2-ste uer-doch-nur-die-kleinen-leute-treffen-wuerde-a-649a90d2-b405-45d9-95c4-cfdff1dd9434 (zugegriffen am 23.02.2022); Lehming, Malte: „Wie unsozial ist die Klimapolitik?", *Der Tagesspiegel*, 26.09.2019, https://www.tagesspiegel.de/politik/co2-abgabe-flugpreise-par kgebuehren-wie-unsozial-ist-die-klimapolitik/25054726.html (zugegriffen am 16.04.2020). Es handelt sich hierbei auch um ein beliebtes Argument von Politiker:innen der AfD. Siehe beispielsweise: Alternative für Deutschland (AfD): „Bernhard: CO2-Steuer ist nutzlos und schadet den Bürgern", *AfD-Fraktion im deutschen Bundestag*, ohne Datum, https://afd bundestag.de/bernhard-co2-steuer-ist-nutzlos-und-schadet-den-buergern/ (zugegriffen am 23.02.2022); Alternative für Deutschland (AfD): „Mit der Klima-CO2-Steuer werden wir in Deutschland kräftig abgemolken", *AfD Kompakt*, 16.12.2019, https://afdkompakt.de/2019/ 12/16/mit-der-klima-co2-steuer-werden-wir-deutschen-kraeftig-abgemolken/ (zugegriffen am 23.02.2022).

unseres Konsums jedoch nichts ändert. Dann greifen ähnliche Einwände, wie in Bezug auf steigende Strompreise, die ich in Abschnitt 5.1 diskutiert habe: Es müsste als ungerecht kritisiert werden, dass reichere Menschen (noch) leichter am gesellschaftlichen Leben teilhaben können als arme Menschen.

Die Idee hinter der CO_2-Bepreisung ist aber eine andere: Mithilfe eines solchen Systems soll gerade erreicht werden, dass ein weniger treibhausgasintensiver Lebensstil vereinfacht wird – beispielsweise dadurch, dass sich Infrastrukturen stärker an eine autofreie Mobilität anpassen. Das Ziel ist also, dass treibhausgasintensive Tätigkeiten keinen Luxus darstellen, sondern schlicht überflüssig, teuer und wenig erstrebenswert werden. Somit würde dann die gesellschaftliche Teilhabe auch nicht mehr an einen hohen CO_2-Verbrauch geknüpft sein.

In diesem Zusammenhang sollte weiterhin darauf hingewiesen werden, dass arme Menschen meist weniger Pro-Kopf-Emissionen vorzuweisen haben als reiche Menschen. Es ist also bereits heute so, dass sehr emissionsintensive Tätigkeiten, wie Fernreisen unternehmen, große Wohnflächen beheizen und schwere Autos fahren, eher von wohlhabenderen Menschen praktiziert werden.[67] Vor diesem Hintergrund betrifft also eine CO_2-Bepreisung vor allem diejenigen Menschen, die sich bereits jetzt mehr Luxus als andere leisten können. Der Mehrverbrauch an Emissionen steigt aber nicht proportional zum Einkommen, da bestimmte Grundbedürfnisse einkommensunabhängig befriedigt werden.

Die Mitglieder des Sachverständigenrats zur Begutachtung der gesamtwirtschaftlichen Entwicklung Malte Preuss, Wolf Heinrich Reuter und Christoph M. Schmidt stellen diesbezüglich folgendes fest:

> *„Während ein Haushalt im untersten Einkommenszehntel durchschnittlich 7,0 Tonnen CO_2 emittierte, verursachte ein Haushalt des fünften Einkommenszehntels rund 90 % mehr an CO_2. Sein Einkommen lag jedoch mehr als doppelt so hoch. Im obersten Zehntel wird der Effekt noch deutlicher. Zwar emittierte ein Haushalt dort durchschnittlich knapp dreimal so viel CO_2 wie ein Haushalt im untersten Zehntel. Sein Einkommen liegt im Durchschnitt jedoch fast sechsmal höher."*[68]

Die Frage, ob und wie stark arme Menschen unter einer CO_2-Bepreisung leiden, hängt letztlich davon ab, wie genau diese umgesetzt wird.[69] Beispielsweise

---

[67] Vgl., Nielsen, Kristian S. u. a.: „The role of high-socioeconomic-status people in locking in or rapidly reducing energy-driven greenhouse gas emissions", *Nature Energy* (2021).

[68] Preuß, Malte, Wolf Heinrich Reuter und Christoph M. Schmidt: „Verteilungswirkung einer CO2-Bepreisung in Deutschland", Wiesbaden: Sachverständigenrat zur Begutachtung der Gesamtwirtschaftlichen Entwicklung, 2019, S. 7.

[69] Vgl., Mann: The New Climate War. The fight to take back our planet, S. 108; Stiglitz: „Addressing Climate Change through Price and Non-price Interventions", S. 7.

könnten im Zuge der Einführung einer CO_2-Steuer andere Steuern gesenkt werden oder es könnte ein System eingeführt werden, das dafür Sorge trägt, dass die benachteiligten Menschen finanziell nicht schlechter gestellt werden – beispielsweise durch die Ausschüttung einer Klimaprämie.

So schlägt etwa das Deutsche Institut für Wirtschaftsforschung (DIW) vor, dass das durch den CO_2-Preis generierte *„(…) Mehraufkommen (…) zunächst den privaten Haushalten in Form eines ‚Klimabonus' zurückgegeben werden [soll], der als einheitlicher Pro-Kopf-Transfer an jeden Einwohner in Höhe von 80 Euro im Jahr ausgestaltet wird. Dieser Betrag soll bis 2030 real konstant bleiben.“*[70] Ab 2021 sollen die Einnahmen zusätzlich dafür verwendet werden, die Stromsteuer und die EEG-Umlage zu senken.[71] Auf diese Art und Weise soll der zunächst regressiven Wirkung, das heißt, dass arme Haushalte stärker belastet werden als reiche Haushalte, einer CO_2-Bepreisung entgegengewirkt werden.[72]

Um eine CO_2-Bepreisung möglichst sozialverträglich zu gestalten, schlägt das Umweltbundesamt (UBA) weitere Maßnahmen vor, die zusätzlich zu einer Klimaprämie implementiert werden sollten:

„(…) [E]twa spezielle Fonds, die Härtefälle abfedern, Förderprogramme und de[n] Aufbau nachhaltiger Infrastrukturen (…). Dabei geht es im Kern darum, die Anpassung an steigende Energiepreise für einkommensschwache Haushalte und besonders belastete Gruppen wie Pendler zu erleichtern (z.B. forcierter Ausbau des ÖPNV und Verpflichtung, die ÖPNV-Mittel auch dafür zu verwenden etc.).“[73]

Ein zweiter Einwand bezieht sich darauf, dass die Einführung von Marktmechanismen möglicherweise nicht ausreichend ist, um die nötigen Emissionsreduktionen zu erreichen. Bisher haben selbst sehr ambitionierte Systeme nicht zu einer

---

[70] Bach u. a.: „Für eine sozialverträgliche CO2-Bepreisung“, S. 5.

[71] Vgl., ebd., S. 5.

[72] Vgl., ebd. S. 9–17. Siehe auch: Burger/Lünenbürger/Kühleis: „CO2-Bepreisung in Deutschland. Ein Überblick über die Handlungsoptionen und ihre Vor- und Nachteile“, S. 7.

[73] Burger/Lünenbürger/Kühleis: „CO2-Bepreisung in Deutschland. Ein Überblick über die Handlungsoptionen und ihre Vor- und Nachteile“, S. 7. Siehe auch: Ebd., S. 8/9. Für Möglichkeiten zur sozialverträglichen Gestaltung einer CO_2-Bepreisung siehe auch: Agora Verkehrswende, Agora Energiewende: „Klimaschutz auf Kurs bringen. Wie eine CO2-Bepreisung sozial ausgewogen wirkt“, S. 7–17; Baranzini u. a.: „Carbon pricing in climate policy: seven reasons, complementary instruments, and political economy considerations“, S. 7/8; Carbon Pricing Leadership Coalition (CPLC): „Report of the High-Level Commission on Carbon Prices“, S. 39–45; Preuß/Reuter/Schmidt: „Verteilungswirkung einer CO2-Bepreisung in Deutschland“.

umfangreichen Dekarbonisierung geführt.[74] Daniel Rosenbloom u. a. fassen die Gründe dafür folgendermaßen zusammen :

> *„Carbon pricing faces five major issues that limit its use for accelerating deep decarbonization. First, carbon pricing frames climate change as a market failure rather than as a fundamental system problem. Second, it places particular weight on efficiency as opposed to effectiveness. Third, it tends to stimulate the optimization of existing systems rather than transformation. Fourth, it suggests a universal instead of context-sensitive policy approach. Fifth, it fails to reflect political realities."*[75]

Dies spricht jedoch nicht grundsätzlich gegen die Implementierung einer CO_2-Bepreisung, sondern zeigt, dass diese durch weitere Maßnahmen ergänzt werden sollte. Das Preissystem kann dann einen Rahmen vorgeben, innerhalb dessen weitere ordnungspolitische Maßnahmen und finanzielle Anreize (Investitionen in nachhaltige Technologien, Beendigung aller Subventionen für fossile Technologien) wirken. Insbesondere durch konkrete Regelungen, wie beispielsweise den Kohleausstieg, kann Planungssicherheit erreicht werden. Außerdem können so Pfadabhängigkeiten besser aufgebrochen und sichergestellt werden, dass bestimmte essenziell notwendige Entwicklungen auch tatsächlich eintreten.[76]

Victor Cullenward und David G. Victor argumentieren in ihrem Buch „Making Climate Policy Work" sogar dafür, dass ordnungspolitische Maßnahmen der effektivste Weg sind, dem Klimawandel zu begegnen. *„(...) [T]he real work of*

---

[74] Vgl., Mann: The New Climate War. The fight to take back our planet, S. 110; Tvinnereim/Mehling: „Carbon pricing and deep decarbonisation".

[75] Rosenbloom, Daniel u. a.: „Why carbon pricing is not sufficient to mitigate climate change – and how "sustainability transition policy" can help", *Proceedings of the National Academy of Sciences* 117/16 (2020), S. 8664–8668, hier S. 8664.

[76] Vgl., Baranzini u. a.: „Carbon pricing in climate policy: seven reasons, complementary instruments, and political economy considerations", S. 6/7; Boyce: „Carbon Pricing: Effectiveness and Equity", S. 53; Carbon Pricing Leadership Coalition (CPLC): „Report of the High-Level Commission on Carbon Prices", S. 46–49; Green: „Does carbon pricing reduce emissions? A review of ex-post analyses", S. 14; Göpel: Unsere Welt neu denken. Eine Einladung, S. 136–155; Heyen, Dirk, Lukas Hermwille und Timon Wehnert: „Out of the Comfort Zone! Governing the Exnovation of Unsustainable Technologies and Practices", *Gaia – Ecological Perspectives on Science and Society* 26/4 (2017), S. 326–331, hier S. 328; Kemfert: Das fossile Imperium schlägt zurück. Warum wir die Energiewende jetzt verteidigen müssen, S. 100/101; Mann: The New Climate War. The fight to take back our planet, S. 121; Rosenbloom u. a.: „Why carbon pricing is not sufficient to mitigate climate change – and how "sustainability transition policy" can help", S. 8665, S. 8667; Stiglitz: „Addressing Climate Change through Price and Non-price Interventions"; Tvinnereim/Mehling: „Carbon pricing and deep decarbonisation", S. 188.

emission control is done through regulatory instruments. "[77] Sie plädieren dafür, Marktmechanismen lediglich als Ergänzung zu konkreten Regulierungen und gezielten industriepolitischen Vorgaben einzuführen.[78] Außerdem seien sie lediglich in einer speziellen Phase der Dekarbonisierung wirksam, nämlich dann, wenn zu implementierende Ansätze und Technologien bereits bekannt sind, die relevanten Akteur:innen aber noch nicht ausreichend motiviert sind, dieses auch umzusetzen.[79] Diese Phase sei in den meisten Sektoren noch nicht erreicht, weshalb stärkere Anreize als Marktmechanismen notwendig seien, um Veränderungen anzuregen.[80]

Nichtsdestotrotz sind aktuell weltweit 30 CO_2-Steuermodelle und 31 Emissionshandelssysteme implementiert, dadurch sind 22 % der globalen Emissionen mit Marktmechanismen gedeckt.[81] Deutschland ist in das Emissionshandelssystem der EU (EU-ETS) integriert und hat zusätzlich eine nationale CO_2-Steuer implementiert. Die Funktionsweise des EU-ETS habe ich bereits im fünften Kapitel näher erläutert. Eine Motivation dafür, eine zusätzliche nationale CO_2-Bepreisung einzuführen, stellt der Umstand dar, dass unter das EU-ETS nur die Sektoren Energiewirtschaft, Industrie und innereuropäischer Luftverkehr fallen.[82] Um auch die Sektoren Verkehr und Gebäude abzudecken wurde im Rahmen des Klimaschutzprogramms ab 2021 ein nationales Emissionshandelssystem (nEHS) eingeführt. Dieses sieht für die ersten fünf Jahre (2021–2025) einen kontinuierlich ansteigenden Festpreis in Höhe von 25€ bis 55€ vor. Ab 2026 soll dann das tatsächliche Handeln der Zertifikate beginnen. Der Preis wird jedoch auch dann noch nicht komplett dem Markt überlassen. Stattdessen ist die Festlegung eines Mindestpreises in Höhe von 55€ und ein Maximalpreis von 65€ vorgesehen.[83] Die Verwaltung der Zertifikate des sowohl EU-ETS als auch des

---

[77] Cullenward/Victor: Making Climate Policy Work, S. 10.

[78] Vgl., ebd., S. 151.

[79] Vgl., ebd., S. 156, S. 166/167.

[80] Vgl., ebd., S. 8/7, S. 158/159.

[81] Vgl., Green: „Does carbon pricing reduce emissions? A review of ex-post analyses", S. 1; World Bank Group: „State and Trends of Carbon Pricing 2020", Washington DC, 2020, S. 7, S. 9, S. 11.

[82] Vgl., Burger/Lünenbürger/Kühleis: „CO2-Bepreisung in Deutschland. Ein Überblick über die Handlungsoptionen und ihre Vor- und Nachteile", S. 1.

[83] Vgl., Bundesregierung: „CO2-Bepreisung", ohne Datum, https://www.bundesregierung. de/breg-de/themen/klimaschutz/co2-bepreisung-1673008 (zugegriffen am 23.02.2022); Bundesministerium für Umwelt, Naturschutz, nukleare Sicherheit und Verbraucherschutz (BMUV): „CO2-Preis: Anreiz für einen Umstieg auf klimafreundliche Alternative", ohne Datum, https://www.bmuv.de/themen/klimaschutz-anpassung/klimaschutz/nationale-klimap olitik/co2-preis-anreiz-fuer-einen-umstieg-auf-klimafreundliche-alternativen (zugegriffen

nEHS erfolgt über ein nationales Emissionshandelsregister durch die Deutsche Emissionshandelsstelle des Umweltbundesamts.[84]

Um das nEHS sozialverträglich zu gestalten, sollen die Einnahmen, die durch die CO_2-Bepreisung generiert werden, zu 75 % in Klimaschutz-Projekte investiert werden, die restlichen 25 % sollen genutzt werden, um die EEG-Umlage zu senken, die Pendlerpauschale zu erhöhen und das Wohngeld anzuheben.[85]

Auffällig ist, dass der im nEHS festgelegte Preis von 25€ bis nach 2025 max. 65€ unterhalb der Vorschläge verschiedener Expert:innen bleibt. So schlagen Joseph Stiglitz und Nicholas Stern im „Report of the High-Level Commission on Carbon Pricing" vor, dass der CO_2-Preis bereits 2020 bei 40 bis 80 USD starten sollte und bis 2030 auf 50 bis 100 USD ansteigen soll.[86] Auch im deutschen Kontext werden höhere CO_2-Preise als notwendig erachtet. Das Deutsche Institut für Wirtschaftsforschung (DIW) plädiert für einen CO_2-Preis der 2020 bei 35€ beginnt und bis 2030 auf 180€ ansteigt.[87] Das Mercator Institute on Global Commons and Climate Change (MCC) und das Potsdam Institut für Klimafolgenforschung (PIK) gehen davon aus, dass im selben Zeitraum ein CO_2-Preis zwischen 50€ und 130€ notwendig ist.[88] Auch die Denkfabrik Agora Energiewende engagierte sich für eine bereits 2020 beginnende Bepreisung von 50€ pro Tonne CO_2[89] und der Bundesverband Erneuerbare Energien setzt sich für einen

---

am 23.02.2022); Deutsche Emissionshandelsstelle (DEHSt), Umweltbundesamt: „Zertifikate: Verkauf und Handel", ohne Datum, https://www.dehst.de/DE/Nationaler-Emissionshandel/Zertifikate-Verkauf-Handel/zertifikate-verkauf-handel_node.html (zugegriffen am 21.02.2022).

[84] Vgl., Deutsche Emissionshandelsstelle (DEHSt), Umweltbundesamt: „DEHSt", ohne Datum, https://www.dehst.de/DE/startseite/startseite-node.html (zugegriffen am 21.02.2022).

[85] Vgl., Döschner, Jürgen: „Was die CO2-Steuer wirklich kostet", *tagesschau*, 07.05.2021, https://www.tagesschau.de/faktenfinder/inland/co2-abgabe-101.html (zugegriffen am 23.02.2022).

[86] Vgl., Carbon Pricing Leadership Coalition (CPLC): „Report of the High-Level Commission on Carbon Prices", S. 50.

[87] Vgl., Bach u. a.: „Für eine sozialverträgliche CO2-Bepreisung", S. 1, S. 4.

[88] Vgl., Edenhofer, Ottmar u. a.: „Optionen für eine CO2-Preisreform. MCC-PIK-Expertise für den Sachverständigenrat zur Begutachtung der gesamtwirtschaftlichen Entwicklung", Berlin: MCC und PIK, 2019, S. 74, https://www.mcc-berlin.net/fileadmin/data/B2.3_Publications/Working%20Paper/2019_MCC_Optionen_f%C3%BCr_eine_CO2-Preisreform_final.pdf.

[89] Vgl., Agora Verkehrswende, Agora Energiewende: „Klimaschutz auf Kurs bringen. Wie eine CO2-Bepreisung sozial ausgewogen wirkt", S. 7.

Preis ein, der bei 60€ je Tonne liegt.[90] Außerdem wurde darauf verzichtet, einen Mechanismus für eine umfassende Rückerstattung der Einnahmen etwa in Form einer Klimaprämie zu integrieren, obwohl dies als das wirksamste Instrument identifiziert wurde, um Sozialverträglichkeit herzustellen.[91]

Eine detaillierte Diskussion der Unzulänglichkeiten der nEHS würde an dieser Stelle zu weit führen. Ich möchte stattdessen darauf eingehen, warum eine wirksame CO_2-Bepreisung auch in Bezug auf den Kohleausstieg sinnvoll ist.

Die Kohleindustrie ist hauptsächlich durch das EU-ETS betroffen. Ich habe an anderer Stelle bereits argumentiert, warum ein konkretes Ausstiegsdatum für den Kohleausstieg trotzdem sinnvoll sein kann: Durch die Novellierung des EU-ETS durch die sogenannte Marktstabilitätsreserve (MSR) können nationale Maßnahmen mithilfe des Mittels der Löschung von Zertifikaten in das internationale Instrument integriert werden und dort ihre Wirkung entfalten.[92] Auch in diesem Teilkapitel hat sich gezeigt, dass Marktmechanismen durch weitere Maßnahmen ergänzt werden sollten. Es bestätigt sich also, dass ordnungspolitische Maßnahmen kein Widerspruch zu marktwirtschaftlichen Instrumenten darstellen. Vielmehr können erstere letztere in Bezug auf Planungssicherheit und Verlässlichkeit ergänzen.[93]

Warum ist es aber für den bereits beschlossenen und durch das EU-ETS gedeckten Kohleausstieg wichtig und sinnvoll, dass Marktmechanismen in Deutschland verbessert und ausgeweitet werden?

Wie ich bereits im vorherigen und auch in diesem Kapitel argumentiert habe, hängt der Erfolg und die ethische Bewertung des Kohleausstiegs auch davon ab, wie sich die Klimapolitik insgesamt in Deutschland entwickelt. Bleibt der Kohleausstieg eine isolierte Einzelmaßnahme, dann wird er weitestgehend wirkungslos in Bezug auf die Reduktion der globalen Treibhausgaskonzentration in der Atmosphäre bleiben. Es ist also wichtig, dass parallel zum Kohleausstieg

---

[90] Vgl., Bundesverband Erneuerbarer Energien e. V. (BEE): „BEE-Konzeptpapier zur CO2-Bepreisung", 2019, S. 2.

[91] Vgl., Frondel, Manuel: „CO2-Bepreisung in den Sektoren Verkehr und Wärme: Optionen für eine sozial ausgewogene Ausgestaltung", *Zeitschrift für Energiewirtschaft* 44/1 (2020), S. 1–14, hier S. 12.

[92] Vgl., Abschn. 5.1.

[93] Vgl., Burger/Lünenbürger/Kühleis: „CO2-Bepreisung in Deutschland. Ein Überblick über die Handlungsoptionen und ihre Vor- und Nachteile", S. 19.

weitere sinnvolle Prozesse der Dekarbonisierung und der Entwicklung nachhaltiger Alternativen einsetzen.[94] Marktmechanismen können hier die richtigen Entwicklungen anstoßen. Auch für das Akzeptanzverhalten der vom Kohleausstieg betroffenen Menschen ist es wichtig, dass absehbar ist, für welches höhere Ziel sie die Einschnitte in ihre Lebensrealität hinnehmen und dass dieses auch tatsächlich erreichbar ist.[95] Außerdem sollten ähnlich treibhausgasintensive Industrien auf vergleichbare Art und Weise gefordert werden wie die Kohleindustrie. Alles andere könnte sonst schnell ungerecht wirken. Vor diesem Hintergrund ist es als positiv zu bewerten, dass nun auch Industrien aus dem Verkehrs- und Wärmesektor mit einer CO_2-Bepreisung konfrontiert sind. Außerdem sollen durch Mechanismen zur CO_2-Bepreisung auch positive finanzielle Anreize, wie etwa Investitionen in klimafreundliche Branchen, motiviert werden. Wenn so neue Wertschöpfungs- und Beschäftigungsmöglichkeiten entstehen, fallen die in Abschnitt 5.2 diskutierten sozialen Härten, die durch den Kohleausstieg verursacht werden, möglicherweise geringer aus.

Fraglich ist jedoch, ob ein Ansatz, der hauptsächlich auf externe Anreize in Form von Marktmechanismen begleitet durch ordnungspolitische Regelungen setzt, tatsächlich ausreichend motivationale Kraft entfalten kann, grundlegende Veränderungen, die für den Kampf gegen den Klimawandel auf allen Ebenen notwendig sind, zu praktizieren und zu akzeptieren. Das nächste Teilkapitel wird sich daher mit einem Ansatz beschäftigen, der den Fokus auf die Gestaltung positiver Zukunftsbilder legt.

6.4 Langfristperspektiven entwickeln

In diesem Teilkapitel möchte ich also auf eine weitere Strategie der ganzheitlichen Herangehensweise an den Klimawandel eingehen. Dieser Ansatz besteht darin, mehr oder weniger konkrete Zukunftsvisionen zu entwickeln, auf die Maßnahmen, die heute implementiert werden, abgestimmt sein müssen. Die Entwicklung einer Idee, wie Menschen zukünftig in nachhaltigen Gesellschaften leben, soll dazu motivieren, Verhaltensänderungen zu vollziehen und bestimmte ordnungspolitische Maßnahmen mitzutragen. Denn die gezeichneten Utopien stellen mutmaßlich erstrebenswertere Umstände dar als der Status Quo. So werden

---

[94] Siehe in diesem Zusammenhang auch: Edenhofer u. a.: „Optionen für eine CO2-Preisreform. MCC-PIK-Expertise für den Sachverständigenrat zur Begutachtung der gesamtwirtschaftlichen Entwicklung", S. 20.

[95] Vgl., Abschn. 5.3.

positive Begleiterscheinungen von Klimaschutzmaßnahmen, wie zum Beispiel die verbesserte Luftqualität in Städten,[96] und weitere Annehmlichkeiten einer veränderten Wirtschaftsweise – weniger Arbeit, mehr freie Zeit und Entschleunigung[97] – betont.

Hier wird bereits deutlich, dass diese Zukunftsvisionen auf normativen Annahmen und Ideen des guten Lebens basieren, die, um die intendierte motivationale Kraft zu entfalten, zunächst einmal von den Adressat:innen geteilt werden müssen. Dies stellt in einer pluralistischen Gesellschaft bereits die erste Hürde dar. Trotzdem weist dieser Ansatz einige Vorteile auf.[98] Zunächst ist die Entwicklung einer Zukunftsvision sinnvoll, da so deutlich wird, worauf heutige Klimaschutzmaßnahmen abzielen. Ein gemeinsames Ziel kann zu stärkerer und nachhaltigerer Motivation führen als von außen auferlegte Anreizstrukturen. Wenn eine Zukunftsvision Motivation erzeugt, dann handelt es sich um intrinsische Motivation, die nicht davon abhängig ist, dass äußere Anreize, wie Marktmechanismen, ausreichend Lenkungswirkung entfalten. Wenn Einzelmaßnahmen auf ein nachvollziehbares und erstrebenswertes Ziel abgestimmt sind, wissen Betroffene, wozu bestimmte Einschnitte notwendig sind, und akzeptieren diese daher möglicherweise stärker, um ein späteres und höheres Gut zu erreichen.

Durch die Entwicklung einer Zukunftsvision kann also stärkere und nachhaltigere Motivation erzeugt werden und außerdem die Akzeptanz erhöht werden, was wiederum weitere positive Effekte entfaltet, wie ich in Abschnitt 5.3 gezeigt habe. So beugt diese Strategie vor allem auch den dortigen Zielkonflikten vor. Eine Gesellschaft, die auf ein gemeinsames Ziel hinarbeitet und sich einig ist, dass dieses erstrebenswert ist, lässt sich weniger leicht von demokratiefeindlichen populistischen Agitationen beeinflussen.

Bevor ich auf zwei Beispiele näher eingehe, sollte an dieser Stelle noch betont werden, dass der in diesem Teilkapitel skizzierte Ansatz die Verwendung von

---

[96] Vgl., Schneidewind: Die große Transformation. Eine Einführung in die Kunst gesellschaftlichen Wandels, S. 227; Welzer: Alles könnte anders sein. Eine Gesellschaftsutopie für freie Menschen, S. 48.

[97] Vgl., Göpel: Unsere Welt neu denken. Eine Einladung, S. 118–135; Welzer: Alles könnte anders sein. Eine Gesellschaftsutopie für freie Menschen, S. 265–268.

[98] Im fünften Kapitel habe ich argumentiert, dass diese positiven Begleiterscheinungen von Klimaschutzmaßnahmen nicht ausreichen, um diese zu rechtfertigen, wenn sie keinen effektiven Beitrag auf globaler Ebene leisten. Diese These bleibt in Bezug auf die moralische Rechtfertigung bestehen. Im Folgenden wird der Fokus jedoch auf der motivationalen Kraft liegen. In diesem Zusammenhang können diese zusätzlichen Phänomene durchaus entscheidend sein, da sie unmittelbarer wahrnehmbar sind.

Marktmechanismen nicht ausschließt. Beide Ansätze sind miteinander kombinierbar, lediglich der Fokus ist hier ein anderer: Während einige Befürworter:innen
marktwirtschaftlicher Anreize diese als Schlüsselelement sehen und dafür plädieren, den Markt möglichst unbeeinflusst wirken zu lassen, liegt der Fokus der
im Folgenden diskutierten Ansätze eher darauf, ein wünschens- und erstrebenswertes Ziel zu definieren, für dessen Erreichung dann geeignete Maßnahmen
definiert werden – diese können auch marktwirtschaftliche Anreize beinhalten.[99] Bei einem marktwirtschaftlichen Ansatz hingegen bleibt offen, zu welchen
Ergebnissen die Implementierung einer solchen Maßnahme genau führt. Dies
wird, wie im vorherigen Teilkapitel gezeigt, gerade als Vorteil dieser Maßnahme
hervorgehoben.

Zwei Beispiele
Ich möchte nun beispielhaft auf zwei – auch in dieser Arbeit bereits zitierte –
Werke eingehen, in denen der Ansatz des Gestaltens einer Zukunftsvision verfolgt
wird. Beginnen möchte ich mit Harald Welzers Buch „Alles könnte anders sein.
Eine Gesellschaftsutopie für freie Menschen", anschließend werde ich auf Uwe
Schneidewinds Werk „Die Große Transformation. Eine Einführung in die Kunst
gesellschaftlichen Wandels" eingehen.
   In „Alles könnte anders sein. Eine Gesellschaftsutopie für freie Menschen"
verfolgt Harald Welzer das Ziel, ein Narrativ in Bezug auf die Zukunft zu kreieren, um nötige Verhaltensänderungen zu motivieren und gleichzeitig aufzuzeigen,
dass durch die bisherigen Entwicklungen auch viel Positives, wie Demokratie,
Rechtsstaatlichkeit und Wohlstand, erreicht wurde. Diese Errungenschaften gilt es
gegen die Konsequenzen des Klimawandels und einen ausartenden Kapitalismus
und Konsumismus zu schützen.[100]

*„Man kann das zivilisatorische Projekt der Moderne (…) nicht fortsetzen, ohne die
Idee von einer Zukunft zu haben, die ein besseres Leben vorsieht als das, das heute
zu haben ist. Ja, eigentlich ist der Traum vom guten Leben die Voraussetzung, dafür
einzutreten, dass die Ungerechtigkeit und die Destruktivität der menschlichen Lebens-
form erfolgreich weiter zivilisiert und eben nicht weiter vertieft werden. (…) Zukunft
lässt sich negatorisch nicht entwerfen, das geht nur mit positiven Bestimmungen. Und*

---

[99] Vgl., Göpel: Unsere Welt neu denken. Eine Einladung, S. 155.
[100] Vgl., Welzer: Alles könnte anders sein. Eine Gesellschaftsutopie für freie Menschen,
S. 17–40.

warum nicht? Eine Stadt ohne Autos ist auch ohne Klimawandel gut. Eine nachhaltige Almwirtschaft auch. Wälder zu pflanzen auch. "[101]

Welzer vertritt die These, dass es, um Menschen zu nötigen Verhaltensweisen zu motivieren, nicht ausreichend ist, ihnen auf einer rationalen Ebene zu begegnen und sie mit ausreichend Wissen in Bezug auf den Klimawandel auszustatten. Wichtiger ist es, aufzuzeigen, warum es für sie persönlich wichtig, relevant und erstrebenswert ist, in einer nachhaltigen Gesellschaft zu leben. Daher braucht es positive Visionen der Zukunft.[102]

Dabei wendet er sich jedoch explizit gegen die Erzählung einer „großen Transformation". Der Fokus sollte auf dem liegen, was in einem gegebenen Rahmen verändert werden *kann* und nicht darauf, was im großen Maßstab verändert werden *sollte*.[103]

„Das Weiterbauen am zivilisatorischen Projekt ist eine kombinatorische Arbeit, keine Revolution – schließlich bauen wir ja auf vielen Elementen, die – wie Gewaltenteilung, das Wahlrecht oder die Rechtsstaatlichkeit usf. – bewahrt und gerade nicht verändert oder gar aufgegeben werden sollen. Deshalb geht es auch um keine »große Transformation«, sondern um ein modulares Projekt aus sehr vielen kleinen Transformationen, die im Idealfall zusammenwirken und konkrete Utopien bilden."[104]

Die konkrete Umsetzung dieser *„modularen Revolutionen"*[105] beschreibt Welzer beispielhaft. Er entwirft ein Gedankenexperiment, in dem der Berliner Senat entscheidet, *„(...) dass Kinder nicht mehr mit privaten Autos zur Schule gebracht werden sollen"*[106] und stattdessen Busservices anbietet, *„(...) die alle Berliner Schülerinnen und Schüler zuverlässig, sicher und komfortabel transportieren."*[107] Der Erfolg dieses Projektes inspiriert die Stadt Kopenhagen, einen ähnlichen Busservice in ihr Mobilitätskonzept zu integrieren,[108] was wiederum die Stadt Hannover dazu bewegt, *„(...) Hannover als erste autofreie Stadt weltweit zu*

---

[101] Ebd., S. 47/48.
[102] Vgl., ebd., S. 49.
[103] Vgl., ebd., S. 77/78.
[104] Ebd., S. 186, Betonung im Original.
[105] Ebd., S. 188.
[106] Ebd., S. 189.
[107] Ebd., S. 189.
[108] Vgl., ebd., S. 190.

profilieren."[109] Dieses Projekt funktioniert und etabliert sich als „*(...) zukunfts-*
weisendes Konzept (...): die »autofreie Stadt« ist mehr und mehr auch die »analoge
Stadt«, also die Stadt, in der für Demokratien immens wichtige bürgerliche Öffent-
lichkeit zurückkehrt."[110] Auf diese Art und Weise eröffnen sich laut Welzer neue
Möglichkeitsräume und andere wünschenswerte Pfadabhängigkeiten. Menschen
entwickeln einen veränderten Blick auf, in diesem Fall, die Art, wie Mobilität in
Städten funktioniert und können so weitere Ideen entwickeln und verwirklichen,
die vom Status Quo abweichen.[111]

Da sich Welzer explizit gegen den Begriff der „großen Transformation"
ausspricht, soll hier Uwe Schneidewinds Buch „Die Große Transformation.
Eine Einführung in die Kunst gesellschaftlichen Wandels" als vermeintlicher
Widerspruch zu Welzers Zukunftsvision ebenfalls Erwähnung finden.

Wie der Titel bereits aussagt, beschreibt Schneidewind, wie mithilfe einer
Technik, die er „*Zukunftskunst*" nennt, die „*Große Transformation*" umgesetzt
werden kann.

> „*Die Große Transformation beschreibt einen massiven ökologischen, technologischen,*
> *ökonomischen, institutionellen und kulturellen Umbruchsprozess zu Beginn des 21.*
> *Jahrhunderts. Dieser Prozess ist keine gesichtslose systemische Dynamik, sondern*
> *von Menschen initiiert und geprägt und damit grundsätzlich auch gestaltbar. Den*
> *Kompass und die Ansatzpunkte für diese Gestaltung zu verstehen und zu nutzen, bedarf*
> *es vieler Akteurinnen und Akteure und einer besonderen (transformativen) »Literacy«,*
> *d. h. einer Kompetenz, diese Dimensionen in ihrem Zusammenspiel zu verstehen, und*
> *der Kunstfertigkeit, dieses Verständnis in Beiträge zu einer Nachhaltigen Entwicklung*
> *umzusetzen. Diese »Zukunftskunst« in ihrer Mehrdimensionalität wird im Zentrum des*
> *Buches stehen.*"[112]

Später definiert er den Begriff der „*Zukunftskunst*" näher:

> „*Zukunftskunst bezeichnet die Fähigkeit von Politik, Zivilgesellschaft, Unternehmen,*
> *Wissenschaft und allen Pionieren des Wandels, grundlegende Transformationsprozesse*
> *von der kulturellen Vision der Nachhaltigkeit her zu denken und von dort institutionelle,*
> *ökonomische und technologische Perspektiven zu entwickeln. Getragen ist ein solcher*
> *Ansatz von der Zuversicht, dass Zukunft mitgestaltbar und nicht lediglich das Ergebnis*
> *technologischer und ökonomischer Dynamiken ist.*"[113]

---

[109] Ebd., S. 190.

[110] Ebd., S. 191, Betonungen im Original.

[111] Vgl., ebd., S. 191/192.

[112] Schneidewind: Die große Transformation. Eine Einführung in die Kunst gesellschaftlichen Wandels, S. 11, Betonungen im Original.

[113] Ebd., S. 21. Siehe auch: Ebd., S. 32–43.

Anders als Welzer, stellt Schneidewind den Begriff der großen Transformation in den Mittelpunkt seiner Theorie. Vergleichbar sind beide Ansätze aber trotzdem, denn auch Schneidewind betont, dass für eine erfolgreiche Umsetzung dieser Transformation, kleinteiligere Veränderungsprozesse von unterschiedlichen Akteur:innen ausgehend einsetzen müssen. Daher unterscheidet er verschiedene *„Arenen"* oder *„Wenden"*, die zwar eng miteinander verknüpft sind, aber trotzdem individuell ausgestaltet werden müssen, um die *„Große Transformation"* umzusetzen.[114]

Weiterhin betont Schneidewind, dass nachhaltige Entwicklung als eine kulturelle bzw. moralische Revolution zu verstehen ist. Damit plädiert er für einen Wertewandel als zentrales und gebotenes Element einer Großen Transformation.

> *„Bei den aktuellen Veränderungen geht es nicht einfach nur um einen Erkenntnisprozess, sondern um eine fundamentale Erweiterung und institutionelle Verankerung eines neuen Wertegefüges in der Weltgemeinschaft und darauf basierend um eine Veränderung des moralischen Verhaltens."*[115]

Nachhaltige Entwicklung wird in den Kontext anderer moralischer Revolutionen gestellt, die auf das Buch Kwame Anthony Appiahs „The Honor Code. How Moral Revolutions Happen" zurückgehen. Dabei handelt es sich z. B. um die Beendigung des Duellierens und die Abschaffung der Sklaverei.[116]

Da die Forderung nach einem gesellschaftlichen Wertewandel in Schneidewinds Buch zentral ist und auch in den Theorien von Welzer und anderen vergleichbaren Zukunftsvisionen mehr oder weniger implizit mitschwingen, möchte ich hier in einem Exkurs auf die Frage eingehen, ob Schneidewinds Analyse zutrifft, nachhaltige Entwicklung stelle eine moralische Revolution im Sinne Apphias dar.

Exkurs: Ist der Kampf gegen den Klimawandel eine moralische Revolution im Sinne Appiahs?

In seinem Buch „The Honor Code. How Moral Revolutions Happen" analysiert Kwame Anthony Appiah tiefgreifende gesamtgesellschaftliche Veränderungsprozesse wie die Aufgabe des traditionellen Duellierens, die Beendigung der Praxis

---

[114] Vgl., ebd., S. 169–294.

[115] Ebd., S. 25.

[116] Vgl., Appiah, Kwame Anthony: The Honor Code. How Moral Revolutions Happen, New York, London: W. W. Norton 2010, S. xii, S. 26–31.

des Füßebindens[117] in China und die Abschaffung der Sklaverei. Diese Prozesse definiert Appiah als moralische Revolutionen, die stattfinden, da sich gesellschaftliche Werte und insbesondere der Ehrbegriff der Menschen verändert.[118] Uwe Schneidewind greift diesen Gedanken auf und argumentiert, dass der Kampf gegen den Klimawandel eine solche moralische Revolution darstellt.[119]

> *„Nimmt man das Phasenschema Appiahs, so befindet sich die globale Diskussion über den Klimawandel derzeit in Phase III: Nach langer Ignoranz und Unkenntnis (Phase I), die durch Berichte des Club of Rome und dann insbesondere der Klimaforschung überwunden wurden, gab es eine Phase, in der viele Nationen zwar das naturwissenschaftliche Phänomen erkannten, nicht aber dessen Verursachung durch den Menschen bzw. durch ihre konkrete Wirtschaftsweise (Phase II). Inzwischen ist das Problem als solches und die Verursachung durch die Art der aktuellen globalen Wirtschaftstätigkeiten anerkannt. Die UN-Konferenz in Rio de Janeiro, aber auch die Pariser Klimakonferenz im Jahr 2015 haben das eindrucksvoll belegt (Phase III): Die meisten Länder haben sich zu konkreten Reduktionszielen (NDCs – National Determined Contribution) und daraus abgeleiteten Aktionsplänen verpflichtet. Dennoch gibt es in den meisten Ländern intensive Diskussionen darüber, warum ein konsequenter und engagierter Klimaschutz aufgrund anderer Prioritäten nicht möglich ist. (…) In dieser Phase moralischer Revolutionen geht es darum, durch Übersetzung der moralischen Intuitionen in ein ethisches Regelsystem, durch innovative Lösungen und Institutionalisierungen den zivilisatorischen Sprung zu stabilisieren und ihm zum endgültigen Durchbruch zu verhelfen.“*[120]

Wenn der Kampf gegen den Klimawandel tatsächlich eine derartige moralische Revolution darstellt, wie Appiah sie beschreibt, dann muss dieser beinhalten, dass Menschen ihre Werte und Überzeugungen verändern – dass sich ihr Ehrenkodex,

---

[117] *„Das Füßebinden war ein bis ins 20. Jahrhundert in China verbreiteter Brauch der Körpermodifikation, bei dem die Füße von kleinen Mädchen durch Knochenbrechen und anschließendes extremes Abbinden irreparabel deformiert wurden. Hintergrund war ein vermutlich bereits seit dem 10. Jahrhundert existierendes Schönheitsideal für den Frauenfuß, das Lotos- oder Lilienfuß genannt wurde. Ziel waren kleine Füße von etwa 10 Zentimetern, die, in individuell gefertigte und geschmückte Seidenschuhe gebunden, für die Schönheit und Häuslichkeit der Frau stehen und gleichzeitig ihren Gang verändern sollten.“* Wikipedia: „Füßebinden", ohne Datum, https://de.wikipedia.org/wiki/F%C3%BC%C3%9Febinden (zugegriffen am 23.02.2022).

[118] Vgl., Appiah: The Honor Code. How Moral Revolutions Happen, S. xi–xix, S. 175–179.

[119] Vgl., Schneidewind: Die große Transformation. Eine Einführung in die Kunst gesellschaftlichen Wandels, S. 26–31.

[120] Ebd., S. 29/30.

wie Appiah schreibt, verändert.[121] Doch sind die gesellschaftlichen Veränderungen, die Appiah diskutiert, tatsächlich mit den Prozessen vergleichbar, die für eine Bekämpfung des Klimawandels notwendig sind?

In den Beispielen, die Appiah diskutiert, sind die Ursachen des moralisch problematischen Zustands klar zu erkennen. Außerdem sind diese an sich bereits moralisch problematisch. Frauen wurden die Füße abgebunden, weil die Menschen aufgrund sexistischer und patriarchalischer Werte davon überzeugt waren, dass dies richtig ist. Menschen wurden versklavt, weil andere Menschen aufgrund rassistischer Denkweisen überzeugt waren, dass dies gerechtfertigt sei. Duelle wurden durchgeführt, weil die klassistische und patriarchale Idee vorherrschte, dass dies in bestimmten Situationen für bestimmte Männer geboten sei.

In Bezug auf den Klimawandel verhält es sich jedoch anders. Unbestritten ist der Klimawandel aufgrund seiner Folgen für die Menschen ein moralisch hoch problematischer Prozess, auf den es zu reagieren gilt. Dies habe ich im zweiten Kapitel dieser Arbeit dargelegt. Seine Ursachen beruhen jedoch nicht auf eindeutig moralisch falschen Werten. Treibhausgase werden nicht emittiert, weil der Klimawandel von den entsprechenden Akteur:innen für richtig, gerechtfertigt oder moralisch geboten gehalten wird, sondern weil beispielsweise wirtschaftliche Aspekte für erstrebenswert erachtet werden. Nun könnte argumentiert werden, dass dann diese anderweitigen Interessen moralisch problematisch sind. Es ist aber abwegig zu behaupten, dass wirtschaftliche Interessen ähnlich verurteilungswürdig sind wie rassistische oder sexistische Überzeugungen. Wie ich im dritten Kapitel gezeigt habe, können wirtschaftliche Interessen sogar grundlegenden moralischen Rechten entsprechen, während rassistische, sexistische oder klassistische Überzeugungen grundsätzlich abzulehnen sind.[122]

Durch die Verursachung des Klimawandels wird also nicht deutlich, dass die Menschen, die diese Handlungen durchführen, moralisch zu verurteilende Werte

---

[121] Vgl., Appiah: The Honor Code. How Moral Revolutions Happen, S. 175–178, S. 183–187.

[122] Auch das Emittieren von Treibhausgasen ist nicht grundsätzlich falsch. Wenn zum Beispiel eine Technologie existieren würde, mit der tatsächlich Treibhausgase abgefangen werden könnten, und der Klimawandel so verhindert würde (diese Technologien sind bisher sehr unzureichend erforscht, weshalb es unvernünftig wäre, darauf zu vertrauen, dass diese in der nahen Zukunft flächendeckend zur Verfügung stehen), ohne dass dabei anderweitige Schäden entstehen, dann wäre das Emittieren von THG unproblematisch. Wohingegen die Sklaverei auch dann abzulehnen ist, wenn dabei faktisch keinem Menschen Leid zugefügt wird – beispielsweise im Falle eines bzw. einer gutmütigen Sklavenhalter:in, der „seine bzw. ihre" Sklaven respektvoll behandelt. Allein die Tatsache, dass es sich um ein Sklave-Sklavenhalter:in-Verhältnis handelt, ist zu verurteilen.

vertreten.[123] Im Gegensatz zu Menschen, die andere Menschen versklaven oder sie aufgrund einer vermeintlichen Respektlosigkeit im Duell erschießen, sind zum Beispiel Menschen, die SUV fahren, weil sie schnell und sicher zur Arbeit kommen wollen, für diesen Wert nicht zu verurteilen.[124]

Wenn nun aber Werte, die Menschen vertreten, moralisch nicht zu verurteilen sind, dann ist es gerade nicht geboten, zu verlangen, dass diese Werte verändert werden. Natürlich wäre es vorteilhaft für die Bekämpfung des Klimawandels, wenn alle Menschen plötzlich ökologische Werte priorisierten und deshalb aufhörten, Auto zu fahren oder Fleisch zu essen. Diese Veränderung des persönlichen Wertesystems kann und sollte aber nicht forciert werden.

An dieser Stelle soll nicht dafür argumentiert werden, dass moralische Werturteile grundsätzlich in den Bereich der persönlichen Meinung fallen. Es sollte aber im Sinne einer offenen und liberalen Gesellschaft jedem und jeder Einzelnen überlassen sein, welche Werte er oder sie verfolgt, solange diese nicht mit den Rechten anderer Menschen konfligieren.[125]

Trotzdem ist es unumstritten, dass in Bezug auf den Ausstoß von Treibhausgasen Verhaltensänderungen bewirkt werden müssen. Wenn die Werte, die Menschen vertreten, moralisch gerechtfertigt sind, also zum Beispiel nicht Ausdruck eines rassistischen oder sexistischen Weltbilds[126] sind, dann ist es, wie eben argumentiert, nicht angebracht, diese zugrundeliegenden Werte zu ändern, damit Menschen ihr Verhalten ändern. Dies würde zurecht als paternalistisch, überheblich und moralistisch empfunden werden. Vielmehr muss dafür gesorgt werden, dass Menschen ihr Verhalten im Einklang mit ihren persönlichen Werten ändern *können*. Im obigen Beispiel des SUV-Fahrenden müssen also Alternativen bereitgestellt werden, mit denen der oder die Betroffene entsprechend den

---

[123] An dieser Stelle soll die These vertreten werden, dass dies zumindest in den meisten Fällen so ist. Dafür spricht auch, dass die meisten Menschen den Klimawandel als große Bedrohung wahrnehmen und Klimaschutzmaßnahmen grundsätzlich begrüßen (siehe Abschnitt 5.3).

[124] Ich habe an dieser Stelle bewusst ein Beispiel gewählt, das viele Menschen als ein Paradebeispiel für klimaschädliches Verhalten ansehen. Meine Intention ist, selbst für derartige Verhaltensweisen zu zeigen, dass die dahinterstehenden Werte nicht das eigentliche Problem sind. Wen dies nicht überzeugt, der möge meine Argumentation mit anderen aktuell noch klimaschädlichen Verhaltensweisen wie beispielsweise Heizen, elektrische Beleuchtung oder Kochen durchdenken.

[125] Vgl., Kapitel 1.

[126] An dieser Stelle wird außer Betracht gelassen, dass die meisten Menschen durch strukturellen Rassismus und Sexismus geprägt sind. Dies ist unumstritten ein erhebliches gesamtgesellschaftliches Problem, das es zu lösen gilt. Ich beziehe mich hier jedoch auf Menschen, die offen und reflektiert rassistische und/oder sexistische Werte vertreten.

zugrundeliegenden Werten sicher und schnell zur Arbeit kommt.[127] Außerdem muss aufgezeigt werden, dass bestimmte Verhaltensänderungen auch aus den bestehenden Werten der Menschen direkt folgen. Beispielsweise ist Klima- und Umweltschutz sehr gut aus konservativen Werten heraus begründbar.[128]

Gesellschaftliche Veränderungsprozesse, die im Kontext des Klimawandels stattfinden müssen, sind also keine moralischen Revolutionen im Sinne Appiahs, da die individuellen Werte der Gesellschaftsmitglieder zum größten Teil nicht veränderungswürdig sind. Der Umstand, dass durch die Folgen des Klimawandels moralische Rechte von Menschen verletzt werden, führt nicht zu der Schlussfolgerung, dass die Menschen ihr Wertesystem verändern müssen, sondern lediglich dazu, dass bestimmte Verhaltensänderungen sowohl auf individueller, aber vor allem auch auf kollektiver und institutioneller Ebene stattfinden müssen. In einigen Fällen kann das auch zu veränderten Werten führen bzw. können diese Veränderungen aus revidierten Wertvorstellungen folgen, es kann aber keine Verpflichtung abgeleitet werden, einen solchen Wertewandel vorzunehmen oder zu initiieren.

Die oben vorgestellten Theorien sind dahingehend zu kritisieren, dass sie ein bestimmtes Weltbild, das mit bestimmten Werten einhergeht, als moralisch überlegen darstellen. Das ist aus moral-theoretischer Sicht nicht nur unzutreffend, damit wird vermutlich auch das intendierte Ziel, Menschen zu Verhaltensänderungen zu bewegen, verfehlt, da hier Kritik auf einer individuellen und persönlichen Ebene geübt wird, was schnell zu Abwehrreaktionen führen kann.

Nun lässt sich noch anführen, dass sich die oben dargestellten Ausführungen zu einem Wertewandel nicht auf die individuelle, sondern auf die gesellschaftliche Ebene beziehen. Somit sollen Menschen nicht auf individueller Ebene kritisiert werden, sondern es sollen gesellschaftlich vorherrschende Narrative, Strukturen, Denk- und Verhaltensweisen in den Blick genommen und verändert werden. Da sich jedoch gesellschaftliche Wertvorstellungen aus der Mehrheit der individuellen Wertvorstellungen ergeben, kann trotzdem geschlussfolgert werden, dass auch

---

[127] An dieser Stelle lässt sich nun argumentieren, dass diese Alternativen zum SUV-fahren existieren. Ich würde dem zustimmen und dafür plädieren, dass es in der Regel nicht gerechtfertigt ist derart große und schwere Autos zu fahren. Trotzdem muss ein:e SUV-Fahrer:in nicht ihre bzw. seine moralischen Werte ändern, sondern lediglich einsehen, dass es vernünftig und machbar wäre, Alternativen im Einklang mit den entsprechenden Werten zu nutzen.

[128] Siehe in diesem Zusammenhang zum Beispiel die Arbeit des Netzwerks Climate Outreach: Climate Outreach: „About Climate Outreach", ohne Datum, https://climateoutreach.org/about-us/ (zugegriffen am 23.02.2022).

eine solche Kritik am gesellschaftlichen Wertekanon eine Kritik in individuellen Werten beinhaltet.

Des Weiteren ließe sich argumentieren, dass Theorien, die einen Wertewandel fokussieren, diesen nicht einfordern, weil sie die Werte der Menschen als moralisch falsch identifiziert haben, sondern weil ein solcher schlicht notwendig ist, um moralisch geforderte gesellschaftliche Veränderungsprozesse zu bewirken. Wie ich in Abschnitt 5.3 gezeigt habe, heißen aber die meisten Menschen Klimaschutzmaßnahmen grundsätzlich gut. Dies lässt vermuten, dass den notwendigen Veränderungen nicht die grundsätzlichen Wertvorstellungen der Menschen im Wege stehen. Darüber hinaus würde ein solcher Prozess des Wertewandels schlicht zu viel Zeit in Anspruch nehmen, um den katastrophalen Konsequenzen des Klimawandels entgegenzuwirken. Die Entwicklungen, die Appiah fokussiert, haben teilweise über mehrere Jahrhunderte hinweg gedauert und sind teilweise noch heute nicht vollständig überwunden. Wie im zweiten Kapitel deutlich wurde, stehen uns solche Zeitspannen in Bezug auf den Klimawandel nicht mehr zur Verfügung. Selbst wenn es, wie Schneidewind darstellt, zutrifft, dass der Prozess der moralischen Revolution hin zu ökologischeren Werten bereits in Gang gesetzt wurde, reicht dies nicht aus, um die notwendigen systematischen Veränderungsprozesse schnellstmöglich anzustoßen.[129]

Ich möchte den impliziten und expliziten Forderungen nach einem Wertewandel an dieser Stelle die These entgegensetzen, dass die Verursachung des Klimawandels nicht auf den Wertekanon von Menschen in Industriestaaten zurückzuführen ist und daher auch kein diesbezüglicher Wandel notwendig ist. Das Problem ist vielmehr, dass es durch strukturelle und systemische Begebenheiten für Individuen sehr schwer bis unmöglich ist, im Kontext des Klimawandels humanistische Werte mit tatsächlichen Handlungen bzw. deren Konsequenzen in Einklang zu bringen.[130] Unbestritten finden durch die Verursachung des Klimawandels und so auch durch aggregierte individuelle Handlungen Rechtsverletzungen statt. Diese sind aber nicht auf verfehlte Wertvorstellungen zurückzuführen, da nur die wenigstens Menschen gutheißen würden, dass durch

---

[129] Ich möchte Julia Weinheimer danken, die mich auf den Punkt der zeitlichen Aspekte aufmerksam gemacht hat.

[130] Schneidewind scheint zu argumentieren, dass die Problematik genau andersherum gelagert ist. Er schreibt: „Auch wenn Technologien, Geschäftsmodelle und Politik wichtig sind – am Ende verändern Ideen und neue Wertvorstellungen die Welt. Jede große Transformation ist letztlich eine moralische Revolution. Erst in ihrem Windschatten verändern sich Politik, Wirtschaftssysteme, Technologien und Infrastrukturen." Schneidewind: Die große Transformation. Eine Einführung in die Kunst gesellschaftlichen Wandels, S. 42. Vgl. auch ebd., S. 23–31.

ihren Lebensstil der Klimawandel verursacht wird. Solange Menschen in einem solchen System agieren, würde eine Veränderung ihrer Wertvorstellungen wenig bewirken, da sie ihre Handlungen nicht entsprechend anpassen könnten. Änderungen müssen also nicht auf Ebene der Werte von Menschen stattfinden, sondern auf institutioneller und systemischer Ebene. Das schließt nicht aus, dass auch individuelles Handeln notwendig ist. Ob und wie das mit veränderten Werteinstellungen von verschiedenen Akteur:innen einhergeht, ist aber eine persönliche Frage und keine moral-theoretische. Wenn auf kollektiver Ebene entsprechende Strukturen vorhanden sind, lassen sich auch auf individueller Ebene bestimmte Verhaltensänderungen ethisch einfordern – wenn es, um bei obigem Beispiel zu bleiben, machbar ist, schnell und sicher per öffentlichem Nahverkehr zur Arbeit zu gelangen, kann dies von Individuen auch verlangt werden. Werteänderungen können hingegen nicht verlangt werden. Eine Person, die einen SUV besitzt, darf weiterhin die Leidenschaft des Autofahrens haben, sie muss aber – je nach Gegebenheiten – ihr Verhalten sinnvoll anpassen, beispielsweise indem sie Kompensationszahlungen vornimmt, ein E-Fahrzeug anschafft und/oder, ihre Fahrten auf ein Minimum begrenzt oder sogar aus moralischen Gründen Abstand von der Ausübung dieser Leidenschaft nimmt.

Wenn im Nachhinein festgestellt wird, dass sich in einer Gesellschaft, in der effektive Strukturen zur Mitigation des Klimawandels implementiert wurden, auch ein Wertewandel vollzogen hat, dann ist dies eine interessante psychologische und sozialwissenschaftliche Beobachtung. Da die meisten Menschen jedoch bereits Werte vertreten, die Klimaschutzmaßnahmen gutheißen, möchte ich an dieser Stelle die These vertreten, dass ein Wertewandel keinen entscheidenden Beitrag im Kampf gegen den Klimawandel leisten wird, insbesondere lässt er sich nicht im Vorfeld ethisch einfordern.

Politische Umsetzung

Abgesehen von der nicht haltbaren Forderung nach einem Wertewandel, ließe sich im Kontext der Etablierung von Zukunftsvisionen noch einwenden, dass das Kreieren von positiven Zukunftsbildern gerade keine politische Aufgabe ist, sondern eine Aufgabe, die Menschen zufällt, die außerhalb der Politik agieren – Künstler:innen oder Intellektuelle beispielsweise. Politiker:innen sollen die Mehrheit der Gesellschaft repräsentieren. In dieser Rolle ein dezidiertes Narrativ des guten Lebens zu vertreten wäre in unserer heutigen Gesellschaft schwierig und unangebracht.

Trotz dieses Einwands bleiben die anfangs erwähnten Vorteile der Entwicklung von positiven Zukunftsszenarien in Bezug auf die Motivation und die Akzeptanz bestehen. Es kann daher hilfreich sein, derartige Narrative auch im politischen Kontext zu entwickeln. Dabei sollte aber beachtet werden, dass diese so ausgestaltet werden, dass verschiedene Menschen mit verschiedenen Wertvorstellungen adressiert werden können. Dafür sollten diese Szenarien auch von einer grundsätzlichen Kapitalismuskritik getrennt werden.

Wie sollte nun ein politischer Ansatz konzipiert sein, der darauf setzt, eine ganzheitliche Strategie mithilfe von positiven Zukunftsbildern zu entwickeln? Um den Ansprüchen einer pluralistischen Gesellschaft gerecht zu werden, ist es vermutlich sinnvoll, nicht nur eine Vision zu entwickeln, sondern verschiedene Aspekte einer nachhaltigen Gesellschaft in den Fokus zu rücken. So kann weniger Autoverkehr nicht nur autofreie Innenstädte mit sauberer Luft bedeuten, sondern auch weniger Staus und mehr Sicherheit für diejenigen, die trotzdem noch fahren (müssen). Die Dekarbonisierung verschiedener Bereiche kann entweder mit Entschleunigung und (als positiv empfundenem) Verzicht einhergehen oder aber auch mit Innovationen und technischem Fortschritt. Die Betonung der Notwendigkeit der Beendigung der Nutzung fossiler Energien kann mit der Wertschätzung des bisher durch diese Energieformen Erreichten und dem Zollen von Respekt und Dankbarkeit an die Menschen, die dort beschäftigt sind und waren, verknüpft werden.

Wichtig ist, dass Zukunftsszenarien auf Basis des gegebenen Wissensstands realistisch sind. Außerdem sollten sie so konkret wie möglich sein, ohne dabei bestimmte Entwicklungen im Vorfeld zu determinieren. Dafür sollten in Ergänzung zu einer langfristigen Vision, Zwischenschritte eingeplant werden, an denen neu evaluiert und bestimmte Aspekte der Zukunftsvision gegebenenfalls an neue Entwicklungen angepasst werden kann. Dies dient der Ergebnisoffenheit und Fehlerfreundlichkeit.[131]

Um eine derartige Zukunftsvision möglichst authentisch zu gestalten, sollte die Planung, wie das Ziel erreicht werden kann, möglichst transparent kommuniziert werden. Dazu gehören zum Beispiel:

* Ein Zeitplan: Welche Technologie ist wann im großen Maßstab einsatzbereit, wie lassen sich gegebenenfalls Lücken überbrücken?
* Ein auf den Zeitplan abgestimmter Überblick über vorhandene und zukünftige Kapazitäten: Welche Kapazitäten werden abgeschaltet und durch welche ersetzt?
* Eine realistische Berechnung des zukünftigen Strombedarfs unter Berücksichtigung einer möglichen Wasserstoffstrategie und der Sektorenkopplung; die

---

[131] Vgl., Steigleder/Heeger: „Climate change and energy ethics", S. 13/14.

Einplanung eines Puffers wäre hier sinnvoll, falls Flexibilisierungsoptionen nicht die volle Wirkung entfalten.

• Die Benennung von Forschungslücken und die Bereitstellung von Ressourcen zum Schließen dieser; wichtig: Die Wissenschaft selbst muss hier ebenfalls verantwortungsvoll agieren, Forschung muss immer im Hinblick auf den effektiven und großflächigen Einsatz der Technologie zur Bekämpfung des Klimawandels geschehen; möglicherweise braucht es hier bestimmte unabhängige Kontrollmechanismen.

• Globale Perspektive: Nationale Zukunftsvisionen sollten mit einer Idee kombiniert werden, wie es gelingen kann, globale Klimaschutzmaßnahmen zu initiieren.

Je präziser lang- und kurzfristige Ziele definiert sind, desto verlässlicher und nachvollziehbarer wird eine solche Herangehensweise. Jedoch wird sie damit auch immer aufwändiger und produziert vermutlich auch zunehmend gesellschaftlichen Diskurs und Streit.

6.5   Schlussfolgerungen und Handlungsempfehlungen

Die oben dargestellten Ansätze einer ganzheitlicheren Klimapolitik stehen wie bereits erwähnt in keinem Widerspruch zueinander. Vielmehr repräsentieren sie unterschiedliche Logiken der Herangehensweise. Während eine Strategie, die auf marktwirtschaftliche Anreizstrukturen setzt, einen sehr rationalen Ansatz darstellt, zielt die Entwicklung von (positiven) Zukunftsvisionen eher auf die Emotionalität der Menschen ab. Der marktwirtschaftliche Ansatz nutzt aus, dass Menschen nach ihren persönlichen Vorteilen streben und sich in kapitalistischen Gesellschaften von Preissignalen beeinflussen lassen. Im Gegensatz dazu soll der auf Zukunftsbildern basierende Ansatz motivieren, indem er Ideen des guten Lebens entwickelt und an die Wertvorstellungen der Menschen appelliert. Da beide Ansätze sich nicht komplett ausschließen, ist letztlich vermutlich eine Kombination beider Strategien zielführend.

Die Erzählung einer besseren und erstrebenswerteren Zukunft kann intrinsische Motivation verursachen. Sowohl William F. Lamb und Kollegen als auch Michael Mann argumentieren, dass negative Zukunftsszenarien, die implizieren, dass kaum oder nichts mehr gegen einen katastrophalen Klimawandel unternommen werden kann, ähnlich kontraproduktiv sind wie die Leugnung des

Klimawandels.[132] Stattdessen sind Ansätze, die auf die Emotionen Sorge (im Gegensatz zu Angst), Interesse und Hoffnung abzielen, im Kontext des Klimawandels handlungsmotivierender.[133] Ein positiver Ausblick auf die Zukunft, der Gründe zur Sorge zwar in den Blick nimmt, diese aber mit Optionen zum wirkungsvollen Handeln flankiert, löst also stärkere Motivation aus als die Erstellung von Worst-Case-Szenarien und Warnungen vor unausweichlichen Katastrophen. Hier muss vor allem auch die Kommunikationsstrategie einiger Klimawissenschaftler:innen und -aktivist:innen kritisiert werden.

Es muss an dieser Stelle betont werden, dass dies nicht dazu führen sollte, dass Stimmen, die sich durch den Hinweis auf Hindernisse und Problematiken im Kontext der Bekämpfung des Klimawandels konstruktiv in die Debatte einzubringen versuchen, als klimaskeptisch und kontraproduktiv diffamiert werden sollten. Wie ich insbesondere im zweiten Kapitel gezeigt habe, sind die bereits eintretenden und in Zukunft absehbaren Entwicklungen im Kontext des Klimawandels überaus besorgniserregend. Die politische Reaktion auf diese Herausforderungen bietet darüber hinaus kaum Grund zu Optimismus. Trotzdem ist es wichtig, auf noch bestehende Handlungsspielräume hinzuweisen und die handlungshemmenden psychologischen Konsequenzen, die eine auf die drohenden katastrophalen Entwicklungen fokussierte Kommunikationsstrategie mit sich bringt, zu berücksichtigen.

Um lähmende Debatten und zu starke gesellschaftliche Dispute zu vermeiden, sollten sich die im politischen Kontext entwickelten Zukunftsvisionen nicht zu stark auf konkrete Ideen des guten Lebens berufen, sondern den gesellschaftlichen Wertepluralismus respektieren. Statt einen, wie ich oben argumentiert habe, nicht notwendigen und nicht geforderten Wertewandel zu forcieren, sollte mithilfe von Zukunftsvisionen gezeigt werden, dass und wie individuelle Werte mit der Etablierung einer nachhaltigen Gesellschaft in Einklang stehen. Auch sollte eine Langfriststrategie zwar eine konkrete und nachvollziehbare Richtung vorgeben, jedoch muss eine zu detaillierte Planung der Einzelschritte aufgrund der fehlenden Praktikabilität und Flexibilität ausgeschlossen werden. Da noch einige Wissenslücken bezüglich geeigneter Maßnahmen bestehen, muss vor allem Raum für Anpassung an potenzielle neue Forschungsergebnisse und neue oder veränderte Erkenntnisse geschaffen werden. Statt einer detaillierten Planung, wie der Weg hin zu einer nachhaltigen Gesellschaft gestaltet werden kann und soll, sollte

---

[132] Vgl., Lamb, William F. u. a.: „Discourses of climate delay", *Global Sustainability* 3 (2020), S. 1–5; Mann: The New Climate War. The fight to take back our planet, S. 181–205.
[133] Vgl., Smith, Nicholas und Anthony Leiserowitz: „The Role of Emotion in Global Warming Policy Support and Opposition", *Risk Analysis* 34/5 (2014), S. 937–948.

an dieser Stelle vor allem der marktwirtschaftliche Ansatz ergänzt durch gezielte ordnungspolitische Maßnahmen seine Wirkung entfalten. In diesem Zusammenhang sollte zweierlei im Auge behalten werden. Zum einen müssen ordnungspolitische Maßnahmen, die konkrete negative Auswirkungen für bestimmte Gruppierungen nach sich ziehen, sehr gezielt politisch begleitet werden. Was dies konkreter bedeutet, werde ich weiter unten in Bezug auf den Kohleausstieg verdeutlichen. Zum anderen müssen sowohl Marktmechanismen als auch ordnungspolitische Maßnahmen so ausgelegt sein, dass sie auch auf globaler Ebene eine Wirkung entfalten. Während eine Zukunftsvision in diesem kombinatorischen Ansatz durchaus dezidiert für eine bestimmte Gesellschaft zugeschnitten sein kann und aus motivationalen und psychologischen Gründen vermutlich auch sein sollte, müssen konkrete Entscheidungen und Maßnahmen so konzipiert sein, dass sie dazu beitragen, die globale Treibhausgaskonzentration zu reduzieren. Andernfalls sind resultierende Einschnitte und soziale Härten nicht zu rechtfertigen und auch die kommunizierte Zukunftsvision ist, ohne eine globale Perspektive, nicht zu erreichen, was diese dann wiederum unrealistisch erscheinen lässt, wodurch sie ihre motivationale Kraft verlieren könnte.

Ich möchte an dieser Stelle noch einmal betonen, dass auch nationale Maßnahmen wie der Kohleausstieg Sinn und Berechtigung haben. Sie sollten jedoch stets im Hinblick auf globale Ziele und Anstrengungen beschlossen und umgesetzt werden und nicht bloß dazu dienen, Treibhausgasemissionen auf dem eigenen Territorium einzusparen. Nationale Maßnahmen sind notwendig und gerechtfertigt, wenn sie in internationale Strategien eingebettet sind, sie sollten diese nicht konterkarieren (wie es zum Beispiel durch den Wasserbett-Effekt passieren kann[134]). Auch sollten sie nicht dazu genutzt werden, die eigenen nationalen Ambitionen als besonders hoch darzustellen. Einzelne Staaten können den Klimawandel nicht alleine bekämpfen, daher sollten Anstrengungen zur Treibhausgasreduzierung auch keinen kompetitiven Charakter haben. Es geht nicht um die Frage, welcher Staat am wenigsten Emissionen produziert, sondern um die Frage, welche Maßnahmen in welchem Staat sinnvoll sind, um den globalen Ausstoß zu reduzieren. Nationale Maßnahmen sollten also internationale Anstrengungen begleiten und ergänzen und nicht andersherum. Das heißt auch, dass die Attitüde, dass Deutschland mit dem Beschluss, die Kohleverstromung zu beenden, mit gutem Beispiel vorangehe, verfehlt ist, vielmehr sollte kommuniziert werden, dass dies ein notwendiger Beitrag zur Erreichung der Pariser Ziele ist, für Deutschland aber vergleichsweise schwierig umzusetzen ist und dass daher internationale Kooperation überaus wichtig ist.

---

[134] Siehe hierzu Abschnitt 5.1.

Erschwerend hinzukommt, dass die nationalen Bemühungen Deutschlands nicht ausreichend sind, um besagte globale Ziele zu erreichen. Die Darstellung Deutschlands als Vorreiter in Bezug auf Klimaschutzbemühungen ist daher mittlerweile faktisch schlicht falsch.

Um die nationalen Bemühungen mit internationalen Zielen in Einklang zu bringen und so eine Rechtfertigungsgrundlage für diese zu schaffen, müssen also zunächst bereits gesetzte Ziele nachgebessert werden. Hier möchte ich vier Ansatzpunkte besonders hervorheben, die ausführlicher diskutiert werden sollten.

Um der Ausrichtung nationaler Klimapolitik an internationalen Zielen gerecht zu werden, sollte zunächst ein CO_2-Budget errechnet werden, das Deutschland zusteht, wenn es seine Verpflichtungen im internationalen Kontext einhalten will. Dieses Budget ließe sich dann dezidiert auf einzelne Sektoren mit ihren individuellen Herausforderungen herunterbrechen. So könnte sichergestellt werden, dass einerseits der internationale Fokus nicht verloren wird und andererseits lokale und sektorale Besonderheiten berücksichtigt werden.[135]

Um eine finanzielle Anreizstruktur zu schaffen, die das marktwirtschaftliche Handeln in eine Richtung lenkt, die mit der Dekarbonisierung im Einklang ist, sollte zweitens die CO_2-Bepreisung in Deutschland an die Empfehlungen von Expert:innen angepasst werden. Dazu gehört zum einen eine Anhebung des CO_2-Preises, um ausreichend Lenkungswirkungen zu entfalten, zum anderen müssen Instrumente zur Entlastung armer Bevölkerungsschichten stärker ausgereizt werden, insbesondere die Implementierung einer Klimaprämie und die gezielte Unterstützung von Menschen, die stark durch eine derartige Bepreisung benachteiligt wären, sollten hier in Erwägung gezogen werden.[136]

Drittens wurde bereits deutlich, dass Preissignale keine tiefgreifenden Transformationsprozesse anstoßen, sondern diese lediglich unterstützen können. Daher sollten auch ordnungspolitische Maßnahmen eine zentralere Rolle spielen. Aktuell werden Ver- und Gebote in der politischen Debatte oft als freiheitseinschränkend abgelehnt. Insbesondere die Partei „Die Grünen" sieht sich immer wieder

---

[135] Vgl., Sachverständigenrat für Umweltfragen (SRU): „Pariser Klimaziele erreichen mit dem CO2-Budget", 2020.

[136] Siehe hierfür das Abschnitt 6.3 dieser Arbeit.

mit dem Vorwurf der „Verbotspartei" konfrontiert.[137] Dabei wird jedoch übersehen, dass, wie Gewirth zeigt, demokratisch legitimierte staatliche Eingriffe gerade
dazu dienen, die vermeintliche Freiheit des Individuums so weit einzuschränken,
dass kollektiv betrachtet der Nutzen für den Einzelnen größer wird.[138] Auch
der oben zitierte Beschluss des Bundesverfassungsgerichts verweist auf einen
verfehlten Freiheitsbegriff, der in den heutigen Debatten rund um den Klimawandel vorzuherrschen scheint. Wie ich im ersten Kapitel thematisiert habe,
zeigen die Erkenntnisse von Gewirth, dass das Recht auf Freiheit allen Handelnden zu gleichen Anteilen zugestanden werden muss.[139] Handlungen, die die
eigene Freiheit über die Freiheit Dritter stellen, sind als moralisch falsch abzulehnen.[140] Heutzutage einen vergleichsweise hohen Anteil der noch zur Verfügung
stehenden CO_2-Emissionen zu verbrauchen, bedeutet aber genau das: Die Freiheit heutiger Profiteur:innen dieser Emissionen wird über die Freiheit junger und
zukünftiger Menschen gestellt. Aus diesem Grund muss der Staat hier korrigierend eingreifen. Dies ist in Bezug auf den Kohleausstieg geschehen. Um hier
Gerechtigkeitsansprüchen zu genügen, müssen für vergleichbare Industrien ebenfalls Ausstiegsdaten gefunden werden – so zum Beispiel für Autos, die durch
fossile Energiequellen angetrieben werden, oder Kurzstreckenflüge, die durch die
Nutzung des Bahnverkehrs kompensiert werden können.

Viertens sollte schnellstmöglich ein konkreter und realistischer Plan zur nachhaltigen Transformation der Wirtschafts- und Energiesysteme erstellt werden, der
die Frage nach der Energiesicherheit ausreichend berücksichtigt. In Abschnitt 5.1
habe ich die Spannungsverhältnisse im Kontext des energiepolitischen Ziel-
reiecks thematisiert. Um hier zu Lösungen zu gelangen, muss vor allem der
Forschungsbedarf innerhalb der einzelnen relevanten Disziplinen identifiziert und
gedeckt werden. Die nach wie vor herrschenden Debatten unter Expert:innen
sollten so schnellstmöglich befriedet werden, um darauf aufbauend politische
Handlungsoptionen zu entwickeln. Solange wir nur über unvollständige und
unsichere Sachkenntnisse bezüglich der Machbarkeit und genauen Optionen der
Ausgestaltung der Transformation verfügen, ist es schwierig, in Bezug auf die

---

[137] Siehe beispielhaft: ZDF: „Scholz kritisiert Grüne", 20.02.2021, https://www.zdf.de/nac
hrichten/politik/verbote-scholz-gruene-wahlkampf-100.html (zugegriffen am 24.02.2022);
Focus Online: „Von wegen keine Verbotspartei: Das wollen die Grünen alles verbieten",
ohne Datum, https://www.focus.de/politik/deutschland/nur-die-linke-will-mehr-verbote-
von-wegen-keine-verbotspartei-das-wollen-die-gruenen-alles-verbieten_id_11270538.html
(zugegriffen am 24.02.2022).

[138] Vgl., Gewirth: Reason and Morality, S. 259, S. 272–282, S. 344/345.

[139] Vgl., Abschnitt 1.1.

[140] Vgl., Gewirth: Reason and Morality, S. 206–210, S. 249–258.

Frage, wie genau die Energiewende aus ethischer Sicht vollzogen werden soll, konkrete Handlungsempfehlungen zu entwerfen. Wenn sich herausstellt, dass die anvisierten bzw. notwendigen Klimaziele vor dem Hintergrund des Kohle- und Atomausstiegs nicht erreichbar sind, muss sehr schnell eine sachliche Debatte einsetzen, wie mit dieser Problematik umgegangen werden kann und ob beispielsweise die Frage nach einer temporären Weiternutzung der Kernenergie neu verhandelt werden muss.

Im Allgemeinen sollte der klimapolitische Ansatz in Deutschland überdacht werden. Es braucht eine ganzheitliche, an internationalen Zielen orientierte Herangehensweise. Die Betonung der einzigartigen Anstrengungen Deutschlands sind nicht nur faktisch falsch, sie lenken auch davon ab, dass vor allem globales Handeln notwendig ist, um den einzelnen nationalen Maßnahmen eine Relevanz zu verleihen. Nur durch die Orientierung an internationalen Bemühungen bei gleichzeitiger Beachtung nationaler und lokaler Besonderheiten kann Klimapolitik erfolgreich, effektiv und vollständig moralisch gerechtfertigt sein. Das Ausbalancieren und Koordinieren dieser beiden Aspekte ist die Aufgabe von staatlichen Akteuren und kommt in Deutschland bisher zu kurz.

Welche Schlussfolgerungen lassen sich daraus konkret für den Braunkohleausstieg treffen?

Die Widerstände, die sich während des Wirkens der sogenannten Kohlekommission formiert haben, waren insofern nicht unberechtigt, als dass offen ist, inwiefern die für die Betroffenen entstehenden sozialen Härten durch die Wirksamkeit des Kohleausstiegs gerechtfertigt werden können. Die Forderungen, das Projekt der Beendigung der Kohleverstromung aufzugeben bzw. stark zu verlangsamen, sind indes nicht haltbar. Als Reaktion auf Proteste im Kontext des Kohleausstiegs muss vielmehr eine Verstärkung der Ambitionen in Bezug auf den Kohleausstieg erfolgen. Da dies zunächst paradox klingen mag, möchte ich die These noch etwas näher erläutern.

Im fünften Kapitel habe ich dafür argumentiert, dass die Phänomene der Akzeptanz und der Akzeptabilität in einer Wechselwirkung zueinander stehen und dass daher auch die Akzeptanz normatives Gewicht erhalten sollte. Wenn nun zu beobachten ist, dass der Kohleausstieg regional auf wenig Akzeptanz stößt, sollte dies also zu einer Prüfung des Vorhabens führen. Wie an verschiedenen Stellen in dieser Arbeit dargelegt wurde, ist der Kohleausstieg essenziell, um eine Dekarbonisierung zu erreichen und damit grundlegende moralische Rechte von Menschen zu schützen. Diese durch den Klimawandel bedrohten und bereits verletzten Rechte sind größtenteils als moralisch gewichtiger einzustufen als die sozialen Härten, die durch den Kohleausstieg generiert werden.[141] Der Kohleausstieg ist damit moralisch gefordert. Damit diese Argumentationslinie aufrecht erhalten werden kann, muss besagter Ausstieg jedoch auch tatsächlich dazu führen, dass Rechtsverletzungen verhindert und rückgängig gemacht werden. Dafür muss er – wie ebenfalls bereits gezeigt – effektiv etwas zur Reduktion der globalen Treibhausgaskonzentration beitragen. Eine Abschwächung der Ambitionen und damit der Effektivität in diesem Zusammenhang führt also dazu, dass dem Kohleausstieg seine moralische Rechtfertigungsgrundlage entzogen wird. Somit würde noch mehr Grund für Widerstände bestehen. Den Kohleausstieg weniger ambitioniert umzusetzen, führt also nicht dazu, dass die Interessen bestimmter Gruppierungen durch einen Kompromiss Berücksichtigung finden, sondern dazu, dass der Kohleausstieg keinerlei Rechte mehr schützen kann. Somit sollte als Reaktion auf Proteste im Kontext des Kohleausstiegs dafür Sorge getragen werden, dass dieser über eine starke Rechtfertigungsgrundlage verfügt und so gerechtfertigterweise gegen Widerstände verteidigt werden kann. Da der Kohleausstieg grundsätzlich moralisch geboten ist, muss er so gestaltet werden, dass es keinen Grund für gerechtfertigten Protest gibt. Dies bedeutet aber gerade ihn so effektiv und ambitioniert wie möglich umzusetzen.

Hier wird noch einmal deutlich, dass im Zuge der politischen Reaktion auf Proteste gegen bestimmte Maßnahmen die Akzeptabilität stärker in den Fokus rücken sollte. Dies hat zwei Vorteile: Zum einen muss, wie im fünften Kapitel (5.3) deutlich wurde, für die Gewährleistung der Akzeptabilität einer Maßnahme auch die faktische Akzeptanz berücksichtigt werden. So gerät das Empfinden der Betroffenen nicht aus dem Blick. Durch die Stärkung der Akzeptabilität kann diese faktische Akzeptanz außerdem gestärkt werden, was wiederum die Effektivität steigert und so einen sich selbstverstärkenden Prozess auslösen kann. Zum anderen stellt eine gute Begründung der Akzeptabilität einer Maßnahme eine starke Argumentationsbasis dar, die helfen kann, bestimmte Maßnahmen gegen ungerechtfertigte Widerstände und populistische Agitationen durchzusetzen.

Wenn der politische Begleitprozess von kontroversen Entscheidungen darin besteht, allein das tatsächliche Verhalten der Menschen zu berücksichtigen, kann nicht zwischen gerechtfertigtem und ungerechtfertigtem Protest unterschieden

---

[141] Diese These habe ich im fünften Kapitel detaillierter hergeleitet. Entscheidend ist vor allem, dass die durch den Kohleausstieg gefährdeten konstitutiven Rechte nicht davon abhängen, dass die Kohleverstromung beibehalten wird, sondern auch durch alternative Maßnahmen gewahrt werden können. Für die durch den Klimawandel bedrohten Rechte ist es hingegen schwer vorstellbar, dass diese geschützt werden können, wenn der Klimawandel nicht zumindest verlangsamt wird. Hierfür ist eine Dekarbonisierung und damit auch der Kohleausstieg notwendig. Siehe in diesem Zusammenhang auch Abschnitt 4.2.

werden. Dementsprechend können auch keine differenzierten Maßnahmen als Reaktion auf Widerstände unternommen werden. Wenn nicht klar ist, warum bestimmte Widerstände entstehen und wie diese moralisch einzuordnen sind, werden in Bezug auf die umstrittenen Maßnahmen unter Umständen falsche und kontraproduktive Entscheidungen getroffen, die weder dazu führen, die Situation zu befrieden, noch die ursprünglich intendierten Ziele zu erreichen. Für diesen Befund spricht auch, dass sich immer wieder zeigt, dass Akzeptanzbildungsmaßnahmen, wie Beteiligungsverfahren und ähnliches, kontraproduktiv sind und nicht dazu führen, dass die tatsächliche Akzeptanz gesteigert wird.[142] Anstatt lediglich die Symptome (Inakzeptanz) zu bekämpfen, sollten Entscheidungsträger:innen die Gründe für diese näher beleuchten (zum Beispiel Ungerechtigkeiten). Strategien zur Reaktion auf Widerstände sollten sich dann daran orientieren, wie diese Gründe zu bewerten sind.

In Bezug auf die gegebene Situation ist nun vor allem wichtig, den Strukturwandel, der sich aus dem Kohleausstieg ergibt, sozialverträglich zu gestalten. Davon abgesehen sollte aber auch weiterhin daran gearbeitet werden, dass sich die Rahmenbedingungen für den Kohleausstieg dahingehend ändern, dass eine frühere und ambitioniertere Umsetzung gerechtfertigt werden kann. Da Klimaschutzmaßnahmen auf internationale Ziele abgestimmt werden sollten, müsste der Kohleausstieg vorgezogen werden. Dafür müsste aber die deutsche Klimapolitik insgesamt ambitionierter und stringenter werden. Nur im Kontext einer ganzheitlichen und effektiven Strategie zur Bekämpfung des Klimawandels ist der Kohleausstieg mit seinen resultierenden, im fünften Kapitel (5.2) diskutierten, sozialen Härten gerechtfertigt. Da sich letztere potenziell verstärken, je schneller der Kohleausstieg vollzogen wird, muss zunächst die Gesamtstrategie verbessert werden.

Abschließend möchte ich die bereits angeklungenen und diskutierten Erkenntnisse zusammenfassen, wie den Zielkonflikten begegnet werden kann, die sich im Kontext des Kohleausstiegs ergeben. Dafür möchte ich noch einmal in Erinnerung rufen, dass normative Zielkonflikte im Kontext der Energiewende erst relevant

---

[142] Vgl., Holtkamp, Lars: „Grenzen der Bürgerbeteiligung vor Ort. Akteursinteressen und Praxisprobleme am Beispiel von Bürgerhaushalten und Standortkonflikten", in: Lorenz, Astrid, Christian Pieter Hoffmann und Uwe Hitschfeld (Hrsg.): *Partizipation für alle und alles? Fallstricke, Grenzen und Möglichkeiten*, Wiesbaden: Springer Fachmedien Wiesbaden 2020, S. 241–261; Wewer, Göttrik: „Mitregieren im Mitmachstaat? Herausforderungen und Praxisbeispiele", in: Lorenz, Astrid, Christian Pieter Hoffmann und Uwe Hitschfeld (Hrsg.): *Partizipation für alle und alles? Fallstricke, Grenzen und Möglichkeiten*, Wiesbaden: Springer Fachmedien Wiesbaden 2020, S. 203–220.

werden, wenn die entsprechenden Maßnahmen grundsätzlich moralisch zu rechtfertigen sind. Wie sich gezeigt hat, bedeutet dies, dass sie in eine schlüssige und
ganzheitliche Strategie zur globalen Bekämpfung des Klimawandels eingebettet
sein müssen.

In diesem Zusammenhang ist es wichtig, noch einmal zu rekapitulieren, dass
der Klimawandel zwar unbestritten ein erhebliches moralisches Problem darstellt – ich habe im zweiten Kapitel dieser Arbeit insbesondere mithilfe der
Theorie Shues gezeigt, mit welchen erheblichen Verletzungen grundlegender
moralischer Rechte zu rechnen ist, wenn die schlimmsten Konsequenzen des
Klimawandels nicht abgewendet werden – es lassen sich damit jedoch nicht
alle Einschnitte in die Lebensrealitäten von Menschen in Industriestaaten rechtfertigen, auch wenn die entsprechenden Staaten aus verschiedenen Gründen
eine besondere moralische Verantwortung für den Klimawandel tragen. Es muss
beachtet werden, dass sowohl Shues basale Rechte als auch die konstitutiven
Rechte nach Gewirth für alle Menschen gelten – also auch für Menschen in
Industriestaaten. Für die Gewährleistung insbesondere der konstitutiven Rechte
des Wohlergehens, ist es aber unbedingt notwendig, dass ein funktionierendes
Energiesystem in Industriestaaten aufrecht erhalten bleibt. Genauso wichtig ist
es für Menschen in sogenannten Entwicklungsstaaten, dass hier funktionierende
Energiesysteme etabliert werden, damit basale und konstitutive Rechte durch eine
wirtschaftliche Entwicklung aus der Armut heraus hergestellt werden können.
Wenn (grundlegende) moralische Rechte durch die Etablierung funktionsfähiger
Institutionen hergestellt, geschützt und gewährleistet werden sollen, dann müssen
diese überall dort, wo sie bereits etabliert sind, auch funktionsfähig gehalten werden. In Staaten wie Deutschland ist hierfür ein funktionierendes Energiesystem
essenziell. Wenn Deutschland seinen Verpflichtungen im Kontext des Klimawandels nachkommt, muss es dies mit der Verpflichtung den eigenen Büger:innen
gegenüber vereinbaren.[143]

Vor diesem Hintergrund wurden im fünften Kapitel drei Felder identifiziert,
in denen normative Zielkonflikte entstehen: Konflikte im Kontext des energiepolitischen Zieldreiecks, durch die Entstehung sozialer Härten und in Bezug auf
Widerstände und ein Erstarken des Populismus. Zum Abschluss dieses Kapitels möchte ich nun der Reihe nach auf Möglichkeiten zur Begegnung dieser
Konfliktfelder eingehen.

Ob und welche Zielkonflikte sich im energiepolitischen Zieldreieck ergeben,
ist nach wie vor Gegenstand von kontroversen Debatten. Wie oben bereits dargelegt, gilt es hier zunächst diese Kontroversen zu befrieden. Dafür braucht

---

[143] Vgl., Kapitel 3 und Kapitel 5.

es konkrete und ehrliche Berechnungen zum zukünftigen Energie- bzw. Strombedarf. Diese Berechnungen sollten in Relation gesetzt werden zu den Kapazitäten, die durch den Atom- und Kohleausstieg wegfallen und zu realistischen
Abschätzungen, wie viel davon durch alternative Energieformen kompensiert werden kann. Diese Berechnungen sollten im Idealfall durch eine unabhängige und
interdisziplinäre Gruppierung aus verschiedenen Expert:innen vorgenommen werden. Als Vorbild könnte hier die Kohlekommission dienen. Jedoch sollte die
hier vorgeschlagene Kommission über einen weitaus längeren Zeitraum arbeiten,
um Empfehlungen immer wieder überprüfen, revidieren und anpassen zu können. Erst auf Basis dieser Ergebnisse kann entschieden werden, wie gravierend
die Konflikte zwischen Klimaschutz, Versorgungssicherheit und Wirtschaftlichkeit sind. Hier sind alle relevanten Akteur:innen in der Pflicht, gemeinsam und
konstruktiv an einem Konsens zu arbeiten.

Des Weiteren sollten im Kontext dieses ersten Konfliktfelds Forschungslücken – beispielsweise in Bezug auf Speichertechnologien – identifiziert werden.
Diese Identifizierung hängt ihrerseits stark von den Ergebnissen der Berechnungen zum Energie- bzw. Strombedarf ab. Um Authentizität und Transparenz
herzustellen, sollten Wissenslücken in Bezug auf die Energiewende sehr offen
kommuniziert werden. Außerdem sollten Mittel zur Schließung dieser Lücken
bereitgestellt werden. Dazu gehört auch, sicherzustellen, dass die Forschungstä-
tigkeiten tatsächlich auf eine ganzheitliche Dekarbonisierung abzielen.[144]

Darüber hinaus muss von Seiten der Politik aber auch von einigen gesellschaftlichen Akteur:innen ehrlicher kommuniziert werden, dass es sich bei der
Energiewende nicht nur um eine Umstellung auf klimaneutrale Technologien
handelt, sondern, dass sich die Art und Weise, wie wir Energie generieren und
nutzen, grundsätzlich ändern muss. Ein dekarbonisiertes Energiesystem, das auf
erneuerbaren Energien basiert, kann nicht mehr nachfrageorientiert Energie zur
Verfügung stellen. Wenn diese Umstellung gelingen soll, dann muss ein ganzheitliches Umdenken sowie eine Anpassung des Lebensstils stattfinden. Es scheint
außerdem sehr wichtig, dass Gesellschaften, die von einer solchen Transformation
betroffen sind, sich ihrer Prioritäten bewusst werden. Versorgungssicherheit, Wirtschaftlichkeit und auch der Klimaschutz sind keine absoluten Parameter, sondern
lassen sich auch graduell verwirklichen. Dafür müssen wir uns als Gesellschaft
die Fragen stellen, wie sicher unsere Energiesysteme sein sollen und welche
Kosten wir bereit sind zu tragen, um bestimmte Klimaziele zu erreichen. Erst
wenn auch diese grundsätzlichen Fragen gestellt und geklärt sind, kann ein
transformiertes und dekarbonisiertes Energiesystem ausgestaltet werden.

---

[144] Vgl., Steigleder/Heeger: „Climate change and energy ethics", S. 9, S. 14.

Da diese Debatte in Deutschland nur unzureichend stattfindet, kann kritisiert werden, dass der Kohleausstieg zu einem falschen, verfrühten Zeitpunkt stattfindet. Diese Kritik ist jedoch nicht haltbar, da die Kohleverstromung so schnell wie möglich beendet werden muss, um die Pariser Ziele einhalten zu können. Konsensfindung, Prioritätensetzung und konkrete Umsetzungen müssen nun parallel stattfinden, um sowohl auf nationaler Ebene Sicherheit und Akzeptanz herzustellen als auch auf globaler Ebene Effektivität zu gewährleisten und völkerrechtlichen Vereinbarungen nachzukommen.

Die zweite Art von Zielkonflikten, die im Kontext des Braunkohleausstiegs entstehen, entstehen in Bezug auf soziale Härten für Menschen, die in der Kohleindustrie arbeiten bzw. in den Kohleregionen leben. In diesem Kontext ist es vor allem wichtig, einem negativen Strukturwandel, der durch den Kohleausstieg verursacht werden kann, entgegenzuwirken. Wichtig ist vor allem, diejenigen Güter, die Gewirth als notwendige Nichtverminderungs- und Zuwachsgüter klassifiziert, nicht zu vernachlässigen – beispielsweise Formen der Partizipation oder die psychische Gesundheit der Betroffenen. Dies macht die gezielte politische Unterstützung der Menschen in der Region notwendig. Neben Maßnahmen, die langfristig angelegt sind, wie zum Beispiel der Aufbau neuer Wertschöpfungsketten und die Umgestaltung der Tagebaue zu Seenlandschaften oder Konzepte, die eher experimentellen Charakter haben, zum Beispiel die Gestaltung des Rheinischen Reviers als „Innovation Valley Rheinland",[145] müssen auch konkretere und schneller wirkende Maßnahmen umgesetzt werden – sinnvoll wären Umschulungs- und Weiterbildungsangebote, die Vermittlung der Angestellten in andere Industrien oder auch der schnelle Ausbau der Infrastruktur und andere Partizipationsmöglichkeiten.

Neben den Anstrengungen, die unternommen werden müssen, um den Strukturwandel so gewinnbringend wie möglich zu gestalten, sollte gleichzeitig auch kommuniziert werden, dass bestimmte Einschränkungen, Veränderungen und soziale Härten nicht vermeidbar sind. Auch hier gilt, dass eine ehrliche Kommunikationsstrategie die Grundvoraussetzung für Authentizität, Vertrauen und damit auch Akzeptanz ist. Damit zusammenhängend sollten auch symbolische Akte etabliert werden, die Respekt und Dankbarkeit für die geleistete Arbeit der Kohlearbeiter:innen zum Ausdruck bringen.

Der Erfolg bzw. Misserfolg bei der Begegnung dieser beiden Konfliktfelder wird Auswirkungen auf den Bereich der Konflikte im Kontext von Widerständen

---

[145] Vgl., Zukunftsagentur Rheinisches Revier: „Durch Wissen Innovationen schaffen", ohne Datum, https://www.rheinisches-revier.de/themen/revierknoten-innovation-und-bildung (zugegriffen am 23.02.2022).

und populistischen Strömungen haben. Zum einen ist auch der Umgang mit Ziel-konflikten entscheidend dafür, ob es sich bei Widerständen um gerechtfertigten oder ungerechtfertigten Protest handelt, was wiederum Rückwirkungen auf die Beurteilung der jeweiligen, zur Diskussion stehenden Maßnahme hat. Gerecht-fertigter Protest muss dazu führen, dass eine Maßnahme verändert wird, während ungerechtfertigter Protest eher zur Folge haben sollte, die Maßnahme zu vertei-digen und Wege zu finden, diese trotzdem durchzusetzen. Zum anderen beugt ein angemessener Umgang mit Zielkonflikten Widerständen und damit auch dem populistischen Einfluss vor. Im Allgemeinen scheint es, wie oben bereits disku-tiert, innerhalb dieses Konfliktfelds geboten, den Fokus auf die Akzeptabilität und nicht allein auf die faktische Akzeptanz einer Maßnahme zu legen.

Wie bereits angeklungen ist, möchte ich abschließend noch betonen, dass die Zielkonflikte selbst und damit auch ihre Lösung in einer Wechselwirkung zuein-ander stehen. Die transparentere Bearbeitung der Zielkonflikte im Kontext des energiepolitischen Zieldreiecks kann zu mehr Authentizität und Nachvollziehbar-keit führen. Das steigert die Akzeptanz, damit auch die Effektivität. So lassen sich im Idealfall auch soziale Härten mildern. Die Rücksichtnahme auf soziale Härten wiederum kann ebenfalls die Akzeptanz und die Effektivität erhöhen und so Zielkonflikte in Bezug auf die Versorgungssicherheit und Wirtschaftlichkeit abfedern.

Fazit

„(...) [E]in gerechter, nachhaltiger, aber vor allem schneller Kohleausstieg. Das ist, was jetzt schnell gemacht werden kann, ohne große Kosten und mit großartigen Wirkungen."[1]

Mit diesem Zitat von Luisa Neubauer habe ich meine Arbeit mit der Absicht begonnen, eine gründliche und differenzierte Untersuchung des Kohleausstiegs vorzunehmen. Es hat sich gezeigt, dass die Umsetzung des Kohleausstiegs nicht so leicht ist, wie mit der zitierten Aussage suggeriert wird. Trotzdem muss auch deutlich betont werden, dass es richtig ist, dass es sich hierbei um eine Maßnahme handelt, die in Deutschland zeitnah umgesetzt werden *muss*. Wenn das gesamte Vorhaben vollständig moralisch gerechtfertigt sein soll, dann muss es außerdem effektiv und damit ambitioniert sein. *„(...) [E]in gerechter, nachhaltiger, aber vor allem schneller Kohleausstieg (...)"* ist also das *„(...), was jetzt gemacht werden (...)"*[2] sollte. Die Machbarkeit, Kosten und Wirkung hängen dabei jedoch stark davon ab, wie genau die Umsetzung realisiert wird.

Wie ich insbesondere im letzten Kapitel der Arbeit gezeigt habe, bedeutet dies auch, dass die den Kohleausstieg ergänzenden Maßnahmen im Kontext der deutschen Klimapolitik ein stimmiges Gesamtkonzept mit globaler Perspektive ergeben müssen. Nur wenn Einzelmaßnahmen dazu beitragen, dass der Klimawandel effektiv bekämpft wird – das heißt, dass die Treibhausgaskonzentration in der Atmosphäre reduziert wird – verfügen sie über eine ausreichende ethische Rechtfertigungsgrundlage. Nationale Bemühungen sollten dabei keinen kompetitiven Charakter haben, da die Bekämpfung des Klimawandels nur erfolgreich sein

---

[1] „Umweltaktivistin Luisa Neubauer/ ‚Der Kohleausstieg bis 2030 muss jetzt eingeleitet werden'".

[2] Ebd.

kann, wenn sie durch Kooperation auf globaler Ebene geprägt ist. Das Narrativ des Klimaschutzvorreiters, das nach wie vor in Deutschland verbreitet ist, stellt somit eine verfehlte Kommunikationsstrategie dar.

Dieses Gebot der globalen Einbettung kann aber nicht den weitestgehenden Verzicht auf nationale ordnungspolitische Maßnahmen rechtfertigen. Wie im Laufe der Arbeit und primär im fünften (Abschn. 5.1) und sechsten Kapitel (Abschn. 6.3) deutlich wurde, sind diese notwendig, um für Planungssicherheit, eine sinnvolle Anreizsystematik und das Durchbrechen von etablierten Strukturen zu sorgen. Auf diese Weise können sie ganzheitlichere Ansätze wie die CO_2-Bepreisung wirkungsvoll ergänzen und begleiten.

Ich habe argumentiert, dass die Rede von Zielkonflikten erst Sinn in Bezug auf derartig *effektive* Klimaschutzmaßnahmen ergibt, da sie andernfalls nicht ausreichend ethisch gerechtfertigt sind. Die negativen Begleiterscheinungen ineffektiver Maßnahmen können in der Regel nicht mit dem Verweis auf den Kampf gegen den Klimawandel aufgewogen werden. Trotzdem ist Effektivität allein nicht ausreichend, um eine Maßnahme umzusetzen, die vollständig den ethischen Ansprüchen einer rechtebasierten Moraltheorie genügt. Sie stellt somit eine notwendige aber keine hinreichende Bedingung dar.

Für den anschließenden Analyseschritt hat sich insbesondere die Theorie von Alan Gewirth als hilfreich erwiesen. Er zeigt überzeugend, dass neben grundlegenden Rechten, die er als elementare und Henry Shue als basale Rechte bezeichnet, ebenfalls konstitutive Rechte auf Zuwachs- und Nichtverminderungsgüter bestehen.

Zunächst sei noch einmal betont, dass das Gebot, grundlegende moralische Rechte von Menschen zu schützen, eindeutig zu der Konklusion führt, dass der Klimawandel ein moralisches Problem mit dringendem Handlungsbedarf darstellt – dies habe ich im zweiten Kapitel verdeutlicht. Aus der Argumentation Henry Shues folgt, dass die Bekämpfung des Klimawandels vor allem verlangt, dass geeignete Institutionen etabliert werden. Der Fokus – auch von individuellen Handlungen – sollte also auf dem kollektiv Machbaren liegen. Dies wirkt einerseits dem Überforderungseinwand in Bezug auf individuelle Pflichten entgegen, entlässt einzelne Personen aber andererseits auch nicht aus der Verantwortlichkeit, Lösungsstrategien zu entwickeln.

Wie ich anhand des Beispiels des Braunkohleausstiegs gezeigt habe, resultiert ein eindeutiges Handlungsgebot im Kontext des Klimawandels, jedoch noch nicht darin, dass die Frage, nach den konkreten Handlungs*inhalten* einfach zu beantworten ist. Hier ergeben sich nämlich Zielkonflikte mit anderen ethisch relevanten Aspekten.

In Bezug auf den Braunkohleausstieg, auf den ich mich in dieser Arbeit fokussiert habe, entstehen Zielkonflikte in drei Bereichen: im Kontext des energiepolitischen Zieldreiecks (Abschn. 5.1), durch die Verursachung sozialer Härten (Abschn. 5.2) und bedingt durch rechts-populistische Strömungen, die Maßnahmen wie den Kohleausstieg für ihre Zwecke nutzen (Abschn. 5.3).

In Bezug auf den ersten Bereich ist wichtig, dass alle drei Säulen des energiepolitischen Zieldreiecks ausreichend berücksichtigt werden, insbesondere darf es nicht zu Engpässen in der Energieversorgung kommen, die das Gesundheitssystem oder die Nahrungsmittelversorgung tangieren würden. Außerdem dürfen eventuelle Preissteigerungen nicht in erster Linie ärmere Bevölkerungsteile treffen. Als essenziell habe ich in diesem Zusammenhang die Schlichtung der wissenschaftlichen Debatte rund um die Möglichkeit einer Vollversorgung mit erneuerbaren Energien herausgestellt. Um den verschiedenen Anforderungen des Zieldreiecks gerecht zu werden, zeichnen sich aktuell noch verschiedene Wege ab. Hier sind ein gesellschaftlicher Konsens und die anschließende Konzentration auf eine dieser möglichen Herangehensweisen geboten. Wenn das Ziel ein Energiesystem ist, das vollständig auf erneuerbaren Energien basiert, dann ist es zentral, dass der Ausbau der erneuerbaren Energien sowie der zugehörigen Infrastrukturen ambitioniert vorangetrieben wird. Außerdem bestehen nach wie vor zu schließende Forschungslücken insbesondere in Bezug auf Speichertechnologien.

Nationale Einzelmaßnahmen wie der Kohleausstieg dürfen, zweitens, nicht zu verhinderbaren sozialen Härten führen. Dies macht eine intensive und zielgerichtete politische Begleitung des resultierenden Strukturwandels unabdingbar. Meine Analyse zeigt, dass hier vor allem beachtet werden muss, dass die betroffenen Menschen nicht in ihrem Recht auf soziale Teilhabe verletzt werden. Die Notwendigkeit aus der Kohle auszusteigen kann hier durchaus sehr harte Einschnitte in die Lebensrealitäten der Menschen, wie Verlust oder einen Wechsel der Arbeitsstelle, rechtfertigen. Trotzdem werden durch die, aus der Theorie Gewirths folgenden, konstitutiven Rechte Grenzen gesetzt. Wichtig ist auch, dass die Kosten des Ausstiegs so verteilt werden, dass – im Sinne des Leistungsfähigkeitsprinzips – nicht primär weniger privilegierte Menschen Nachteile erleben müssen. Dies habe ich auch in Kapitel 4 mit Hilfe eines Aufsatzes von Kartha et al. gezeigt.

Maßnahmen wie der Kohleausstieg sind des Weiteren prädestiniert dafür, von populistischen Parteien für ihre politischen Zwecke genutzt zu werden. Da dies tendenziell demokratiegefährdend ist, stellt dies den dritten Bereich der entstehenden Zielkonflikte dar. Der Umgang mit Populist:innen gestaltet sich äußerst schwierig, konkrete Handlungsempfehlungen können also nicht getroffen werden. Trotzdem sollte aus den Fehlern vor allem in Bezug auf die Kommunikation mit populistischen Politiker:innen im Kontext der sogenannten Flüchtlingskrise gelernt werden. Des Weiteren scheint es sinnvoll, den Zielkonflikten der anderen beiden Bereiche auf kluge Art und Weise zu begegnen, um Unzufriedenheiten in der Bevölkerung möglichst gering zu halten und die Strategie der Populist:innen somit von vornherein zu torpedieren. In der Kommunikation zwischen Politik und Gesellschaft ist es wichtig, den Fokus vor allem auf die Akzeptabilität bestimmter Maßnahmen zu legen und nicht allein die faktische Akzeptanz als Bewertungsmaßstab heranzuziehen.

In Zusammenhang mit diesem Zielkonflikt möchte an dieser Stelle noch kritisch anmerken, dass es möglicherweise kontraproduktiv war bzw. ist, dass die neue Bundesregierung ein früheres Kohleausstiegsdatum ins Spiel gebracht hat als das, das durch die sogenannte Kohlekommission als gesellschaftlicher Kompromiss erarbeitet wurde. Auch wenn es notwendig ist, die Kohleverstromung bis 2030 zu beenden, um die Pariser Ziele einzuhalten, sollte nicht der Eindruck vermittelt werden, dass Prozesse wie die Konsensfindung durch die eigens dafür eingesetzte Kohlekommission wertlos und unverlässlich sind. Um den gesellschaftlichen Frieden zu wahren und trotzdem einen Pfad einzuschlagen, der mit den internationalen Zielvorgaben des Pariser Klimaabkommens kompatibel ist, wäre es eventuell sinnvoller, am gesetzlich festgeschriebenen Datum festzuhalten und ergänzend ambitionierte Maßnahmen zu implementieren, die einen früheren Ausstieg trotzdem möglich und vorteilhaft für alle Beteiligten machen.

Ich habe an einigen Stellen in dieser Arbeit angedeutet, dass die (Weiter-) Nutzung der Kernenergie in Frage kommen könnte, um einen schnellen und ambitionierten Kohleausstieg abzusichern. Diesbezüglich möchte ich an dieser Stelle noch einige abschließende Bemerkungen machen.

Die Befürwortung der Kernenergie ist vor dem Hintergrund der dramatischen Entwicklung des Klimawandels und aus der Logik des bisherigen Energiesystems heraus nachvollziehbar. Die Kernkraft ist in der Lage eine große Menge an Energie zuverlässig – das heißt ohne die Probleme der Volatilität – zur Verfügung zu stellen, ohne dabei die Mengen an Treibhausgasen in die Atmosphäre zu emittieren, wie es fossile Kraftwerke tun. Dies könnte auch eine Lösung für extrem arme Staaten darstellen, die sich auf diese Art und Weise so wenig treibhausgasintensiv wie möglich wirtschaftlich entwickeln könnten. Wenn diese Logik des bisherigen Energiesystems bei der Bewertung von Klimaschutzmaßnahmen zugrunde gelegt wird, dann sind Zweifel in Bezug auf den gleichzeitigen Atom- und Kohleausstieg durchaus berechtigt. Ohne fossile oder nukleare Kraftwerke ist ein System, das auf der Bereitstellung einer Grundlast beruht, nicht mehr aufrechtzuerhalten.

Fraglich ist aber, ob dies nicht einen Schritt zu wenig weit gedacht ist. Die Nutzung der Kernkraft birgt andersartige, aktuell nicht beherrschbare Problematiken – zu nennen sind hier vor allem die Frage nach der Endlagerung, die vor allem für zukünftige Generationen potenziell gefährlich wird, und die Gefahr der atomaren Aufrüstung, die zur gegebenen weltpolitischen Situation nicht unerheblich erscheint.

Fakt ist, dass wir unsere Energiesysteme umstellen müssen. Wir müssen unser fossil-basiertes Energiesystem zugunsten eines, das durch weniger treibhausgasintensive Quellen gekennzeichnet ist, aufgeben. Dies folgt aus der Notwendigkeit, auf den Klimawandel zu reagieren und das Überleben der menschlichen Spezies langfristig zu sichern. Wenn wir uns nun gesamtgesellschaftlich darauf einigen, Veränderungen des Energiesystems – in welcher Form auch immer – einzuleiten, ist es aufgrund der obigen Überlegungen sinniger, einen Transformationspfad einzuleiten, der einen Zustand anstrebt, der weniger risikoreich ist. Ein Energiesystem, das vollständig auf erneuerbaren Energiequellen basiert, stellt ein solches weniger risikoreiches System dar – auch wenn die *Implementierung* des Systems zahlreiche Herausforderungen birgt.

Insbesondere in Deutschland stößt die Nutzung von Kernenergie auf erhebliche Inakzeptanz. Vor diesem Hintergrund scheint hier die erfolgversprechendste Strategie zu sein, alle noch zur Verfügung stehenden Ressourcen darauf zu verwenden, Technologien zur Implementierung eines regenerativen Energiesystems zu entwickeln und großflächig zum Einsatz zu bringen. Insbesondere müssen schnellstmöglich Speichertechnologien weiter verbessert und erforscht werden.

Wie in dieser Arbeit unter anderem deutlich wurde, ist insbesondere der Wechsel zwischen den Paradigmen der Energiegenerierung und -nutzung geprägt durch Wissenslücken, normative Zielkonflikte und gesellschaftliche Differenzen. Diese Übergangsphase ist insofern auch aus ethischer Sicht kritisch, als dass es hier zu Rechtsverletzungen kommen kann, wenn Veränderungsprozesse nicht intensiv begleitet und überwacht werden. Derartige gesellschaftliche Veränderungsprozesse wie die Energiewende sind in der Regel geprägt durch harte Einschnitte für einige Beteiligte. Rechtseinschränkungen werden nicht in Gänze zu verhindern sein. Trotzdem haben wir in Deutschland mittlerweile ein Level an Wohlstand und zivilisatorischen Errungenschaften erreicht, auf dem wir bestimmte soziale Härten, die während unkontrollierter Umgestaltungsphasen entstehen, nicht einfach hinnehmen können. Deutschland ist in der finanziellen und institutionellen Lage, bestimmte Formen der drohenden Rechtsverletzungen zu verhindern – daraus ergibt sich eine Pflicht gegenüber den Betroffenen, ihre Interessen und Rechte so gut es geht zu wahren. Darüber hinaus ist es essenziell, dass wir besagte demokratische und materielle Errungenschaften nicht leichtfertig aufs Spiel setzen. Die

Strategie demokratiefeindlicher Akteur:innen kann insbesondere in Phasen der Disruption sehr erfolgreich sein. Dies gilt es, auch im Sinne einer langfristigen Strategie zur Bekämpfung des Klimawandels, zu verhindern.

Abschließen möchte ich mit einem etwas vagen, aber trotzdem, in meinen Augen, recht überzeugenden Argument: Im Laufe der Menschheitsgeschichte hat es immer wieder wissenschaftliche Durchbrüche, technische Innovationen und gesellschaftliche Veränderungen gegeben, die vorher nicht im Bereich des Vorstellbaren lagen. Derartiges ist meines Erachtens auch in Bezug auf die Transformation der Energiesysteme nicht ausgeschlossen und sollte Grund zur Zuversicht geben. Noch liegt es im Bereich des Möglichen, durch kluges und ambitioniertes individuelles sowie kollektives Handeln, den Klimawandel auf ein akzeptables Maß zu reduzieren. Wenn die in dieser Arbeit identifizierten normativen Zielkonflikte und Herausforderungen genügend Beachtung finden, dann wird der Kohleausstieg einen erheblichen Teil dazu beitragen.

Quellenverzeichnis

Abel, Guy J. u. a.: „Climate, conflict and forced migration", *Global Environmental Change* 54 (2019), S. 239–249.

Abram, N. u. a.: „Framing and Context of the Report", in: Pörtner, H. O. u. a. (Hrsg.): *IPCC Special Report on the Ocean and Cryosphere in a Changing Climate*, 2019.

Agora Energiewende: „Das deutsche Energiewende-Paradox: Ursachen und Herausforderungen. Eine Analyse des Stromsystems von 2010 bis 2030 in Bezug auf Erneuerbare Energien, Kohle, Gas, Kernkraft und CO2-Emissionen", Berlin, 2014.

Agora Energiewende: „Kohleausstieg, Stromimporte und -exporte sowie Versorgungssicherheit", 2017.

Agora Energiewende: „Stromerzeugung", ohne Datum, https://www.agora-energiewende.de/themen/stromerzeugung/ (zugegriffen am 22.02.2022).

Agora Energiewende, IDDRI: „Die Energiewende und die französische Transition énergétique bis 2030 – Fokus auf den Stromsektor. Deutsch-französische Wechselwirkungen bei den Entscheidungen zu Kernenergie und Kohleverstromung vor dem Hintergrund des Ausbaus der Erneuerbaren Energien", 2018.

Agora Energiewende, Stiftung 2°, Roland Berger: „Klimaneutralität 2050: Was die Industrie jetzt von der Politik braucht. Ergebnis eines Dialogs mit Industrieunternehmen", 2021.

Agora Energiewende und Öko-Institut: „Vom Wasserbett zur Badewanne. Die Auswirkungen der EU-Emissionshandelsreform 2018 auf CO2-Preis, Kohleausstieg und den Ausbau der Erneuerbaren", 2018.

Agora Energiewende und Wattsight: „Die Ökostromlücke, ihre Strommarkteffekte und wie sie gestopft werden kann. Effekte der Windenergiekrise auf Strompreise und CO2-Emissionen sowie Optionen, um das 65-Prozent-Erneuerbare-Ziel 2030 noch zu erreichen.", Studie im Auftrag von Agora Energiewende, 2020.

Agora Verkehrswende, Agora Energiewende: „Klimaschutz auf Kurs bringen. Wie eine CO2-Bepreisung sozial ausgewogen wirkt", 2019.

Aiginger, Karl: „Wettbewerbsfähigkeit von Firmen, Regionen und Ländern", *Die Volkswirtschaft* (01.03.2008), S. 19–22.

Alexandros, Psofogiorgos N. und Theodore Metaxas: „‚Porter vs Krugman': History, Analysis and Critique of Regional Competitiveness", *Journal of Economics and Political Economy* 3 (2016).

Allen, M.R. u. a.: „Framing and Context", in: Masson-Delmotte, V. u. a. (Hrsg.): *An IPCC Special Report on the impacts of global warming of 1.5°C above pre-industrial levels*

© Der/die Herausgeber bzw. der/die Autor(en), exklusiv lizenziert an Springer Fachmedien Wiesbaden GmbH, ein Teil von Springer Nature 2022
F. Henke, *Die Rolle Deutschlands im Kontext der Energiewende*,
https://doi.org/10.1007/978-3-658-39696-1

and related global greenhouse gas emission pathways, in the context of strengthening the global response to the threat of climate change, sustainable development, and efforts to eradicate poverty, 2018.

Allianz Umweltstiftung: „Informationen zum Thema ‚Erneuerbare Energien': Hintergründe, Fakten und Perspektiven", 2015.

Alternative für Deutschland (AfD): „Bernhard: CO2-Steuer ist nutzlos und schadet den Bürgern", *AfD-Fraktion im deutschen Bundestag*, ohne Datum, https://afdbundestag.de/ber nhard-co2-steuer-ist-nutzlos-und-schadet-den-buergern/ (zugegriffen am 23.02.2022).

Alternative für Deutschland (AfD): „Deutschland. Aber normal. Programm der Alternative für Deutschland für die Wahl zum 20. Deutschen Bundestag", 2021.

Alternative für Deutschland (AfD): „Mit der Klima-CO2-Steuer werden wir in Deutschland kräftig abgemolken", *AfD Kompakt*, 16.12.2019, https://afdkompakt.de/2019/12/16/ mit-der-klima-co2-steuer-werden-wir-deutschen-kraeftig-abgemolken/ (zugegriffen am 23.02.2022).

Alternative für Deutschland (AfD): „Programm für Deutschland. Das Grundsatzprogramm der Alternative für Deutschland", 2016.

Appiah, Kwame Anthony: The Honor Code. How Moral Revolutions Happen, New York, London: W. W. Norton 2010.

Archer, David und Victor Brovkin: „The millennial atmospheric lifetime of anthropogenic CO2", *Climatic Change* 90 (2008), S. 283–297.

Arens, Christof u. a.: „Die Debatte um den Klimaschutz. Mythen, Fakten, Argumente", Friedrich Ebert Stiftung, 2019.

Aresin, Jana u. a.: „Europa als Ziel? Die Zukunft der globalen Migration", Berlin: Berlin-Institut für Bevölkerung und Entwicklung, 2019.

Artists For Future: „Artists 4 Future", ohne Datum, https://artistsforfuture.org/de/ (zugegriffen am 23.02.2022).

Aurora Energy Research: „Auswirkungen der Schließung von Kohlekraftwerken auf den deutschen Strommarkt. Analyse im Auftrag des BDI und des DIHK", 2019.

Aye, Goodness C. und Prosper Ebruvwiyo Edoja: „Effect of economic growth on CO2 emission in developing countries: Evidence from a dynamic panel threshold model", *Cogent Economics & Finance* 5/1 (2017), (zugegriffen am 14.09.2017).

Azam, Mohd Farooq u. a.: „Review of the status and mass changes of Himalayan-Karakoram glaciers", *Journal of Glaciology* 64/243 (2018), S. 61–74.

Azzarri, Carlo und Sara Signorelli: „Climate and poverty in Africa South of the Sahara", *World Development* 125 (2020), S. 1–19.

Bach, Stefan u. a.: „Für eine sozialverträgliche CO2-Bepreisung", Berlin: Deutsches Institut für Wirtschaftsforschung (DIW), 2019.

Bäcker, Gerhard und Jennifer Neubauer: „Arbeitslosigkeit und Armut: Defizite von sozialer Sicherung und Arbeitsförderung", in: Huster, Ernst-Ulrich, Jürgen Boeckh und Hildegard Mogge-Grotjahn (Hrsg.): *Handbuch Armut und Soziale Ausgrenzung*, 2. Aufl., Wiesbaden: Springer 2008, S. 624–643.

Bals, Christoph u. a.: „Stärkere CO2-Bepreisung: neuer Schwung für die Klimapolitik. Deutschlands ökonomischer Rahmen zur Erreichung der Klimaziele", Working Paper, Bonn, 2017.

Baranzini, Andrea u. a.: „Carbon pricing in climate policy: seven reasons, complementary instruments, and political economy considerations", *WIREs Climate Change* 8/4 (2017), S. 1–17.

Bardt, Hubertus: „Klimaschutz darf nicht zu Protektionismus führen", *Handelsblatt*, 16.09.2019, https://www.handelsblatt.com/meinung/gastbeitraege/gastbeitrag-kli maschutz-darf-nicht-zu-protektionismus-fuehren/25019570.html (zugegriffen am 15.03.2022).

Bardt, Hubertus und Thilo Schaefer: „Deutschlands Rolle für den globalen Klimaschutz", *Wirtschaftsdienst. Zeitschrift für Wirtschaftspolitik* 99/3 (2019), S. 163–167.

Bauer, David: „Wie die AfD die deutschen Landtage erobert hat", *Neue Züricher Zeitung*, 29.10.2018, https://www.nzz.ch/international/5-fakten-wie-die-afd-die-deutschen-landtage-erobert-hat-ld.117460 (zugegriffen am 23.02.2022).

Baum, Carla: „Die Region braucht ein neues Leitbild", *böll thema*, ohne Datum, https://www.boell.de/de/2018/12/27/die-region-braucht-ein-neues-leitbild (zugegriffen am 23.02.2022).

Baum, Carla: „Flöze, Gruben, Schächte – Geschichte der Braunkohle in Deutschland", *böll thema*, ohne Datum, https://www.boell.de/de/2018/12/27/floeze-gruben-schaechte-geschichte-der-braunkohle-deutschland (zugegriffen am 23.02.2022).

bdew Energie.Wasser.Leben: „Flexible Herstellung: Wie wird Wasserstoff erzeugt?", ohne Datum, https://www.bdew.de/energie/wasserstoff/flexible-herstellung-was-ist-wasser stoff-und-wie-wird-er-erzeugt/ (zugegriffen am 23.02.2022).

Becker, Paul und Christiane Fröhlich: „Klimawandel und Migration am Beispiel Dürre", *Deutsches Klima Konsortium*, 2016.

Belitz, Heike u. a.: „Öffentliche Investitionen als Triebkraft privatwirtschaftlicher Investitionstätigkeit", Berlin: Deutsches Institut für Wirtschaftsforschung (DIW), 2020.

Benz, Benjamin u. a.: „Sozialpolitik und soziale Sicherung", *Informationen zur politischen Bildung/izpb. Sozialpolitik* 327/3 (2015), S. 36–53.

Berliner Morgenpost: „Kohleausstieg: Warum die Kritik an der Umsetzung wächst", 25.07.2019, https://www.morgenpost.de/politik/article226583161/Kohleausstieg-Warum-die-Kritik-an-der-Umsetzung-waechst.html (zugegriffen am 23.02.2022).

Bindoff, N.L. u. a.: „Changing Ocean, Marine Ecosystems, and Dependent Communities", in: Pörtner, H. O. u. a. (Hrsg.): *IPCC Special Report on the Ocean and Cryosphere in a Changing Climate*, 2019.

Birnbacher, Dieter: Klimaethik. Nach uns die Sintflut?, Stuttgart: Reclam 2016.

Blawat, Katrin: „Warum die Waldbrände in Australien so verheerend ausfielen", *Süddeutsche Zeitung*, 02.03.2020, https://www.sueddeutsche.de/wissen/australien-waldbraende-feuer-flammen-1.4825223 (zugegriffen am 21.04.2020).

Bossel, Ulf: „Wasserstoff löst keine Energieprobleme", *Technikfolgenabschätzung – Theorie und Praxis* 1/15 (2006), S. 27–33.

Bouzarovski, Stefan: „Geographies of energy poverty and vulnerability in the European Union", in: Großmann, Katrin, André Schaffrin und Christian Smigiel: *Energie und soziale Ungleichheit. Zur gesellschaftlichen Dimension der Energiewende in Deutschland und Europa*, Wiesbaden: Springer VS 2017, S. 29–53.

Boyce, James K.: „Carbon Pricing: Effectiveness and Equity", *Ecological Economics* 150 (2018), S. 52–61.

Brauers, Hanna u. a.: „Ausbau der Erdgas-Infrastruktur: Brückentechnologie oder Risiko für die Energiewende?", Diskussionsbeiträge der Scientists for Future 6, 2021.

Brohmann, Bettina: „Der Beitrag von Akteurskooperationen zur Akzeptanzentwicklung in der Energiewende", in: Fraune, Cornelia u. a. (Hrsg.): *Akzeptanz und politische Partizipation in der Energietransformation. Gesellschaftliche Herausforderungen jenseits von Technik und Ressourcenausstattung*, Wiesbaden: Springer VS 2019, S. 251–273.

Brüggemeier, Franz-Josef: Grubengold. Das Zeitalter der Kohle von 1750 bis heute, München: C.H.Beck 2018.

BUND: „Braunkohle und Landschaftszerstörung. Das Beispiel des Hambacher Waldes", *BUND Landesverband Nordrhein-Westfalen*, ohne Datum, https://www.bund-nrw.de/the men/braunkohle/hintergruende-und-publikationen/braunkohle-und-umwelt/braunkohle-und-landschaftszerstoerung-das-beispiel-hambacher-wald/ (zugegriffen am 21.02.2022).

BUND: „Braunkohlentagebaue und Gewässerschutz", *BUND Landesverband Nordrhein-Westfalen*, ohne Datum, https://www.bund-nrw.de/themen/braunkohle/hintergruende-und-publikationen/braunkohle-und-umwelt/braunkohle-und-wasser/ (zugegriffen am 15.02.2022).

BUND: „Kunstlandschaften statt Natur", *BUND Landesverband Nordrhein-Westfalen*, ohne Datum, https://www.bund-nrw.de/themen/braunkohle/hintergruende-und-publikationen/ braunkohle-und-umwelt/braunkohle-und-rekultivierung/ (zugegriffen am 23.02.2022).

BUND: „Kurzinfo Power-to-X-Technologien. BUND-Leitlinien für die nachhaltige und klimaschützende Wasserstoffnutzung", ohne Datum.

BUND: „Verheizte Heimat", *BUND Landesverband Nordrhein-Westfalen*, ohne Datum, https://www.bund-nrw.de/themen/braunkohle/hintergruende-und-publikationen/verhei zte-heimat/ (zugegriffen am 24.02.2022).

Bundesministerium der Justiz (BfJ): „Gesetz über Elektrizitäts- und Gasversorgung (Energiewirtschaftsgesetz – EnWG)", ohne Datum.

Bundesministerium des Innern und für Heimat (BMI): „Demografie-Radar", ohne Datum, https://www.bmi.bund.de/DE/themen/heimat-integration/demografie/demografie-radar/ demografie-radar-node.html (zugegriffen am 23.02.2022).

Bundesministerium für Arbeit und Soziales: „Soziale Sicherung im Überblick", 2021.

Bundesministerium für Umwelt, Naturschutz, nukleare Sicherheit und Verbraucherschutz (BMUV): „CO2-Preis: Anreiz für einen Umstieg auf klimafreundliche Alternativen", ohne Datum, https://www.bmuv.de/themen/klimaschutz-anpassung/klimaschutz/nation ale-klimapolitik/co2-preis-anreiz-fuer-einen-umstieg-auf-klimafreundliche-alternativen (zugegriffen am 23.02.2022).

Bundesministerium für Umwelt, Naturschutz, nukleare Sicherheit und Verbraucherschutz (BMUV): „Deutschland tritt Allianz der Kohleausstiegsländer bei", 22.09.2019, https:// www.bmuv.de/pressemitteilung/deutschland-tritt-allianz-der-kohleausstiegslaender-bei/ (zugegriffen am 23.02.2022).

Bundesministerium für Wirtschaft und Energie (BMWi): „Aktionsplan Stromnetz", 2018.

Bundesministerium für Wirtschaft und Energie (BMWi): „Der Netzausbau schreitet voran", 2020.

Bundesministerium für Wirtschaft und Energie (BMWi): „Die Nationale Wasserstoffstrategie", 2020.

Bundesministerium für Wirtschaft und Energie (BMWi): „Energieministertreffen legte Schwerpunkte auf Netzausbau und verstärkte Investitionen in Energiewende", *Bundesministerium für Wirtschaft und Klimaschutz (BMWK)*, 05.05.2020, https://www.bmwi. de/Redaktion/DE/Pressemitteilungen/2020/20200505-energieministertreffen-legte-sch werpunkte-auf-netzaubau-und-energiewende.html (zugegriffen am 23.02.2021).

Bundesministerium für Wirtschaft und Klimaschutz (BMWK): „Derzeit unverzichtbar für eine verlässliche Energieversorgung", ohne Datum, https://www.bmwi.de/Redaktion/DE/ Dossier/konventionelle-energietraeger.html (zugegriffen am 23.02.2022).

Bundesministerium für Wirtschaft und Klimaschutz (BMWK): „Die Nationale Wasserstoffstrategie", 10.06.2020, https://www.bmwi.de/Redaktion/DE/Publikationen/Energie/die-nationale-wasserstoffstrategie.html (zugegriffen am 01.03.2022).

Bundesministerium für Wirtschaft und Klimaschutz (BMWK): „Ein Stromnetz für die Energiewende", ohne Datum, https://www.bmwi.de/Redaktion/DE/Dossier/netze-und-netzausbau.html (zugegriffen am 23.02.2022).

Bundesministerium für Wirtschaft und Klimaschutz (BMWK): „EU-Klimaschutzpolitik", ohne Datum, https://www.bmwi.de/Redaktion/DE/Artikel/Industrie/klimaschutz-eu-kli maschutzpolitik.html (zugegriffen am 23.02.2022).

Bundesministerium für Wirtschaft und Klimaschutz (BMWK): „Förderung der erneuerbaren Energien (Kurzvorstellung des EEG)", *Informationsportal Erneuerbare Energien*, ohne Datum, https://www.erneuerbare-energien.de/EE/Redaktion/DE/Standardartikel/gesetze. html (zugegriffen am 23.02.2022).

Bundesministerium für Wirtschaft und Klimaschutz (BMWK): „Intelligente Netze", ohne Datum, https://www.bmwi.de/Redaktion/DE/Artikel/Energie/intelligente-netze.html (zugegriffen am 21.02.2022).

Bundesministerium für Wirtschaft und Klimaschutz (BMWK): „Solarenergie", ohne Datum, https://www.erneuerbare-energien.de/EE/Navigation/DE/Technologien/Solarenergie-Photovoltaik/solarenergie-photovoltaik.html (zugegriffen am 24.02.2022).

Bundesministerium für Wirtschaft und Klimaschutz (BMWK): „Speichertechnologien", ohne Datum, https://www.bmwi.de/Redaktion/DE/Textsammlungen/Energie/speichert echnologien.html?cms_artId=241522 (zugegriffen am 22.02.2022).

Bundesministerium für Wirtschaft und Klimaschutz (BMWK): „Technologien", *Informationsportal Erneuerbare Energien*, ohne Datum, https://www.erneuerbare-energien.de/EE/ Navigation/DE/Technologien/technologien.html (zugegriffen am 21.02.2022).

Bundesministerium für Wirtschaft und Klimaschutz (BMWK): „Was bedeutet ‚Sektorkopplung'?", ohne Datum, https://www.bmwi-energiewende.de/EWD/Redaktion/Newsletter/ 2016/14/Meldung/direkt-erklaert.html (zugegriffen am 24.02.2022).

Bundesministerium für Wirtschaft und Klimaschutz (BMWK): „Was ist eigentlich ‚Demand Side Management'?", ohne Datum, https://www.bmwi-energiewende.de/EWD/Redakt ion/Newsletter/2017/01/Meldung/direkt-erklaert.html (zugegriffen am 24.02.2022).

Bundesministerium für Wirtschaft und Klimaschutz (BMWK): „Wasserstoff: Schlüsselelement für die Energiewende", ohne Datum, https://www.bmwi.de/Redaktion/DE/Dossier/ wasserstoff.html (zugegriffen am 29.06.2021).

Bundesministerium für wirtschaftliche Zusammenarbeit und Entwicklung (BMZ): „Armut", ohne Datum, https://www.bmz.de/de/service/glossar/A/armut.html (zugegriffen am 23.02.2022).

Bundesministerium Wirtschaft und Klimaschutz (BMWK): „Das Erneuerbare-Energien-Gesetz", *Informationsportal Erneuerbare Energien*, ohne Datum, https://www.erneue rbare-energien.de/EE/Redaktion/DE/Dossier/eeg.html?cms_docId=132292 (zugegriffen am 23.02.2022).

Bundesministerium für Wirtschaft und Klimaschutz (BMWK): „Eine Zielarchitektur für die Energiewende: Von politischen Zielen bis zu Einzelmaßnahmen", ohne Datum, https://www.bmwi.de/Redaktion/DE/Artikel/Energie/zielarchitektur.html   (zugegriffen am 23.02.2022).

Bundesregierung: „CO2-Bepreisung", ohne Datum, https://www.bundesregierung.de/breg-de/themen/klimaschutz/co2-bepreisung-1673008 (zugegriffen am 23.02.2022).

Bundesregierung: „Energiewende im Überblick", ohne Datum, https://www.bundesregier ung.de/breg-de/themen/energiewende/energiewende-im-ueberblick-229564 (zugegriffen am 23.02.2022).

Bundesregierung: „Erneuerbare-Energien-Gesetz", ohne Datum, https://www.bundesregier ung.de/breg-de/themen/energiewende/erneuerbare-energien-gesetz-614668 (zugegriffen am 22.02.2022).

Bundesregierung: „Gesetz zur Reduzierung und zur Beendigung der Kohleverstromung und zur Änderung weiterer Gesetze (Kohleausstiegsgesetz)", *Dokumentations- und Informationssystem für Parlamentsmaterialien (DIP)*, 08.08.2020, http://dipbt.bundestag.de/ext rakt/ba/WP19/2587/258735.html (zugegriffen am 23.02.2022).

Bundesregierung: „Klimaschutzprogramm 2030 der Bundesregierung zur Umsetzung des Klimaschutzplans 2050", 2019.

Bundesregierung: „Neue Speicher für ein stabiles Stromnetz entwickeln", ohne Datum, https://www.bundesregierung.de/breg-de/themen/energiewende/energie-transport ieren/neue-speicher-fuer-ein-stabiles-stromnetz-entwickeln-483098   (zugegriffen   am 22.02.2022).

Bundesregierung: „Von der Kohle hin zur Zukunft", ohne Datum, https://www.bundes regierung.de/breg-de/themen/klimaschutz/kohleausstieg-1664496   (zugegriffen   am 24.02.2022).

Bundesregierung: „Was bringt, was kostet die Energiewende", ohne Datum, https://www. bundesregierung.de/breg-de/themen/energiewende/was-bringt-was-kostet-die-energiewe nde-394146 (zugegriffen am 24.02.2022).

Bundesregierung: „Was tut die Bundesregierung für den Klimaschutz?", ohne Datum, https://www.bundesregierung.de/breg-de/themen/klimaschutz/bundesregierung-klimap olitik-1637146 (zugegriffen am 05.02.2021).

Bundesverband der Deutschen Industrie (BDI): „Auf Kosten der Industrie kann die Energiewende nicht gelingen", 11.03.2019, https://bdi.eu/artikel/news/mit-einer-starken-wir tschaft-durch-die-energiewende/ (zugegriffen am 23.02.2022).

Bundesverband der Deutschen Industrie (BDI), Deutsche Energie-Agentur (dena), Energiesystem der Zukunft (ESYS): „Presseinformation. Energiewendestudien: Jetzt langfristige Rahmenbedingungen gestalten und technologieoffene Anreize setzen", 20.02.2019.

Bundesverband Erneuerbarer Energien e.V. (BEE): „BEE-Konzeptpapier zur CO2-Bepreisung", 2019.

Bundesverband Erneuerbarer Energien e.V. (BEE): „Das ‚BEE-Szenario 2030'. 65% Erneuerbare Energien bis 2030 – Ein Szenario des Bundesverbands Erneuerbare Energien

(BEE). Stromverbrauch, Stromerzeugung und jährliche Installation Erneuerbarer Energien bis 2030", Berlin, 2019.

Bundesverband mittelständische Wirtschaft Unternehmensverband Deutschland e.V. (BVMV): „Positionspapier. Forderungen des Mittelstands an die Kohlekommission. Kernforderungen des Mittelstands", 2018.

Bundesverfassungsgericht: „Verfassungsbeschwerden gegen das Klimaschutzgesetz teilweise erfolgreich", 29.04.2021, https://www.bundesverfassungsgericht.de/SharedDocs/ Pressemitteilungen/DE/2021/bvg21-031.html (zugegriffen am 24.02.2022).

Bundeszentrale für politische Bildung (bpb): „Armut", *kurz&knapp Das Lexikon der Wirtschaft*, ohne Datum, https://www.bpb.de/nachschlagen/lexika/lexikon-der-wirtschaft/ 18705/armut (zugegriffen am 23.02.2022).

Bundeszentrale für politische Bildung (bpb): „Parteiensystem im Wandel", *kurz&knapp*, 21.11.2017, https://www.bpb.de/politik/hintergrund-aktuell/259880/nachlese-bundestag swahl-2017 (zugegriffen am 24.02.2022).

Bundeszentrale für politische Bildung (bpb): „soziale Marktwirtschaft", *kurz&knapp*, ohne Datum, https://www.bpb.de/nachschlagen/lexika/lexikon-der-wirtschaft/20642/soziale-marktwirtschaft (zugegriffen am 22.02.2022).

Bundeszentrale für politische Bildung (bpb): „Wettbewerb", *kurz&knapp Das Lexikon der Wirtschaft*, ohne Datum, https://www.bpb.de/nachschlagen/lexika/lexikon-der-wirtsc haft/21127/wettbewerb (zugegriffen am 24.02.2022).

Bundeszentrale für politische Bildung (bpb): „Wirtschaftswachstum", *kurz&knapp Das Lexikon der Wirtschaft*, ohne Datum, https://www.bpb.de/nachschlagen/lexika/lexikon-der-wirtschaft/21136/wirtschaftswachstum (zugegriffen am 24.02.2022).

Bundeszentrale für politische Bildung (bpb): „Wohlstand", *kurz&knapp Das Lexikon der Wirtschaft*, ohne Datum, https://www.bpb.de/nachschlagen/lexika/lexikon-der-wirtsc haft/21170/wohlstand (zugegriffen am 24.02.2022).

Bündnis 90/Die Grünen Bundestagsfraktion: „Kohleausstieg", ohne Datum, https://www.gru ene-bundestag.de/themen/kohleausstieg (zugegriffen am 21.02.2022).

Bunge, Christiane und Antje Katzschner: „Umwelt, Gesundheit und soziale Lage. Studien zur sozialen Ungleichheit gesundheitsrelevanter Umweltbelastungen in Deutschland", Berlin: Umweltbundesamt, 2009.

Burger, Andreas, Benjamin Lünenbürger und Christoph Kühleis: „CO2-Bepreisung in Deutschland. Ein Überblick über die Handlungsoptionen und ihre Vor- und Nachteile", Umweltbundesamt, 2019.

Caney, Simon: „Cosmopolitan Justice, Responsibility, and Global Climate Change", *Leiden Journal of International Law* 18 (2005), S. 747–775.

Caney, Simon: „Cosmopolitan Justice, Rights and Global Climate Change", *Canadian Journal of Law and Jurisprudence* 19 (2006), S. 255–278.

Carbon Pricing Leadership Coalition (CPLC): „Report of the High-Level Commission on Carbon Prices", World Bank Group, 2017.

Caritas Deutschland: „Schulden", ohne Datum, https://www.caritas.de/hilfeundberatung/rat geber/schulden/schulden (zugegriffen am 22.02.2022).

Carl von Ossietzky Universität Oldenburg Fakultät V – Mathematik und Naturwissenschaften Institut für Physik: „Bodennahes Ozon", ohne Datum, https://uol.de/physik/forsch ung/ehemalige/uwa/ozon/bodennahes-ozon (zugegriffen am 23.02.2022).

Carstensen, Kai u. a.: „Wohlstand und Wachstum", *Ifo Schnelldienst* 66/15 (2013), S. 3–32.

Chemie.de: „Kohle/Tabellen und Grafiken", ohne Datum, https://www.chemie.de/lexikon/
Kohle/Tabellen_und_Grafiken.html (zugegriffen am 21.02.2022).

Chemie.de: „Wasserstoff", ohne Datum, https://www.chemie.de/lexikon/Wasserstoff.html
(zugegriffen am 23.02.2022).

Chemnitz, Christine: „Der Mythos vom Energiewendekonsens. Ein Erklärungsansatz zu
den bisherigen Koordinations- und Steuerungsproblemen bei der Umsetzung der Energiewende im Föderalismus", in: Energiewende. Politikwissenschaftliche Perspektiven,
Wiesbaden: Springer VS 2018, S. 155–203.

Cheng, Lijing u. a.: „Record-Setting Ocean Warmth Continued in 2019", Advances in Atmospheric Sciences 37/2 (2020), S. 137–142.

Ciesielski, Anna und Jana Lippelt: „Kurz zum Klima: Kohleabbau, Wachstum und Klimawandel in Europa – eine historische Betrachtung", ifo Schnelldienst 15 (2012), S. 62–66.

Climate Outreach: „About Climate Outreach", ohne Datum, https://climateoutreach.org/abo
ut-us/ (zugegriffen am 23.02.2022).

Collins, Bryony: „Sunnier times ahead for coal workers in renewables, tech", Powering Past
Coal Alliance, 11.12.2018, https://www.poweringpastcoal.org/insights/economy/sunnier-
times-ahead-for-coal-workers-in-renewables-tech (zugegriffen am 23.02.2022).

Cook, John u. a.: „Quantifying the consensus on anthropogenic global warming in the scientific literature", Environmental Research Letters 8 (2013), S. 1–7.

Cook, John u. a.: „Consensus on consensus: a synthesis of consensus estimates on human-
caused global warming", Environmental Research Letters 11 (2016), S. 1–7.

Creutzburg, Dietrich: „Rente mit 55 für Braunkohle-Beschäftigte?", Frankfurter Allgemeine
Zeitung, 16.01.2019, https://www.faz.net/aktuell/wirtschaft/kohleausstieg-rente-mit-
55-fuer-braunkohle-beschaeftigte-15991032.html?printPagedArticle=true#pageIndex_3
(zugegriffen am 23.02.2022).

Crowley, Kate und Brian W. Head: „The enduring challenge of 'wicked problems': revisiting
Rittel and Webber", Policy Sciences 50/4 (2017), S. 539–547.

Cullenward, Danny und David G. Victor: Making Climate Policy Work, Cambridge, Medford: polity 2021.

Czada, Roland und Jörg Radtke: „Governance langfristiger Transformationsprozesse. Der
Sonderfall ‚Energiewende'", in: Radtke, Jörg und Norbert Kersting (Hrsg.): Energiewende. Politikwissenschaftliche Perspektiven, Wiesbaden: Springer VS 2018, S. 45–75.

Dambeck, Holger: „Musterschüler mit schlechten Noten", Spiegel Wissenschaft, 07.08.2017,
https://www.spiegel.de/wissenschaft/natur/klima-deutsche-politik-nein-zur-atomkraft-
ja-zur-braunkohle-a-1158545.html (zugegriffen am 23.02.2022).

Decker, Frank: „Die Programmatik der LINKEN", Bundeszentrale für politische Bildung
(bpb), 05.01.2021, https://www.bpb.de/politik/grundfragen/parteien-in-deutschland/die-
linke/42133/programmatik (zugegriffen am 23.02.2022).

Decker, Frank: „Etappen der Parteigeschichte der AfD", Bundeszentrale für politische
Bildung (bpb), 26.10.2020, https://www.bpb.de/politik/grundfragen/parteien-in-deutsc
hland/afd/273130/geschichte (zugegriffen am 23.02.2022).

Der Tagesspiegel: „Tausende demonstrieren gegen Ausstieg aus der Braunkohle",
24.10.2018, https://www.tagesspiegel.de/politik/vor-tagung-der-kohlekommission-
tausende-demonstrieren-gegen-ausstieg-aus-der-braunkohle/23223200.html (zugegriffen
am 07.02.2022).

Deutsche Emissionshandelsstelle (DEHSt), Umweltbundesamt: „DEHSt", ohne Datum, https://www.dehst.de/DE/startseite/startseite-node.html (zugegriffen am 21.02.2022).

Deutsche Emissionshandelsstelle (DEHSt), Umweltbundesamt: „Zertifikate: Verkauf und Handel", ohne Datum, https://www.dehst.de/DE/Nationaler-Emissionshandel/ Zertifikate-Verkauf-Handel/zertifikate-verkauf-handel_node.html (zugegriffen am 21.02.2022).

Deutsche Energie-Agentur (dena): „Mehr Flexibilität durch Lastmanagement", ohne Datum, https://www.dena.de/themen-projekte/energiesysteme/flexibilitaet-und-speicher/dem and-side-management/ (zugegriffen am 21.02.2022).

Deutsche Energie-Agentur (dena): „Sektorkopplung: Alles mit allem verbinden", ohne Datum, https://www.dena.de/themen-projekte/energiesysteme/sektorkopplung/ (zugegriffen am 22.02.2022).

Deutscher Bauernverband e.V.: „Die Auswirkungen des Klimawandels auf die Landwirtschaft", ohne Datum, https://www.bauernverband.de/topartikel/die-auswirkungen-des-klimawandels-auf-die-landwirtschaft (zugegriffen am 23.02.2022).

Deutscher Bundestag: „Bericht des Ausschusses für Bildung, Forschung und Technikfolgenabschätzung (18. Ausschuss) gemäß § 56a der Geschäftsordnung Technikfolgenabschätzung (TA) TA-Projekt: Gefährdung und Verletzbarkeit moderner Gesellschaften – am Beispiel eines großräumigen und langandauernden Ausfalls der Stromversorgung", 27.04.2011.

Deutsches Klima Konsortium: „Auch ohne Kohle und Atom ist die Grundlast-Energieversorgung gesichert", ohne Datum, https://www.deutsches-klima-konsortium. de/de/klima-debatten/8-grundlast.html (zugegriffen am 23.02.2022).

Deutsches Klima Konsortium: „Was würde mit dem zukünftigen Klima geschehen, wenn wir heute die Emissionen stoppen würden?", ohne Datum, https://www.deutsches-klima-kon sortium.de/de/klimafaq-12-3.html (zugegriffen am 24.02.2022).

Deutsches Klima Konsortium: „Zukunft der Meeresspiegel. Fakten und Hintergründe aus der Forschung", Berlin, 2019.

Deutschländer, T. und B. Wichura: „Das Münsterländer Schneechaos am 1. Adventswochenende 2005", Deutscher Wetterdienst, 2005.

Diakonie Deutschland: „Hilfe bei Schulden", ohne Datum, https://hilfe.diakonie.de/hilfe-bei-schulden (zugegriffen am 21.02.2022).

Die Linke: „Programm der Partei DIE LINKE", 2011.

Diesendorf, Mark und Ben Elliston: „The feasibility of 100% renewable electricity systems: A response to critics", *Renewable and Sustainable Energy Reviews* 93 (2018), S. 318–330.

Dietz, Alexander: „Die Armut bedroht den gesellschaftlichen Frieden", *Tagesspiegel Causa*, 10.02.2017, https://causa.tagesspiegel.de/wirtschaft/hat-deutschland-ein-armutsproblem/ die-armut-bedroht-den-gesellschaftlichen-frieden.html (zugegriffen am 23.02.2022).

DIW Berlin, Wuppertal Institut, ecologic: „Phasing Out Coal in the German Energy Sector. Interdependencies, Challenges and Potential Solutions", Berlin, Wuppertal 2019.

Dohmen, Frank u. a.: „German Failure on the Road to a Renewable Future", *Spiegel International*, 13.05.2019, https://www.spiegel.de/international/germany/german-failure-on-the-road-to-a-renewable-future-a-1266586.html (zugegriffen am 23.02.2022).

Döschner, Jürgen: „Was die CO2-Steuer wirklich kostet", *tagesschau*, 07.05.2021, https://www.tagesschau.de/faktenfinder/inland/co2-abgabe-101.html (zugegriffen am 23.02.2022).

Dossow, Patrick und Serafin von Roon: „Merit Order der konventionellen Kraftwerke in Deutschland (2018)", *Forschungsgesellschaft für Energiewirtschaft mbH (FfE)*, 18.01.2019, https://www.ffegmbh.de/aktuelles/veroeffentlichungen-und-fachvortraege/828-merit-order-der-konventionellen-kraftwerke-in-deutschland-2018 (zugegriffen am 21.02.2022).

Dreger, Christian und Hans-Eggert Reimers: „Welcher Zusammenhang besteht zwischen öffentlichen und privaten Investitionen?", *DIW Wochenbericht* 18 (2016), S. 404–411.

Dütschke, Elisabeth u. a.: „Soziale Akzeptanz als erweitertes Verständnis des Akzeptanzbegriffs – eine Bestimmung der Akteure für den Prozess der Energiewende", in: Fraune, Cornelia u. a. (Hrsg.): *Akzeptanz und politische Partizipation in der Energietransformation. Gesellschaftliche Herausforderungen jenseits von Technik und Ressourcenausstattung*, Wiesbaden: Springer VS 2019, S. 211–230.

DW: „Deutschland tritt Allianz der Kohleausstiegsländer bei", 22.09.2019, https://p.dw.com/p/3Q1rO (zugegriffen am 23.02.2022).

DW: „RWE-Mitarbeiter demonstrieren gegen Kohleausstieg", 24.10.2018, https://p.dw.com/p/3755F (zugegriffen am 24.02.2022).

DW: „Vernichtende Kritik an deutscher Energiewende", 28.09.2018, https://p.dw.com/p/35ceP (zugegriffen am 24.02.2022).

Eckert, Vera: „Gehen nach der Energiewende in Deutschland die Lichter aus?", *Reuters*, 19.07.2019, https://www.reuters.com/article/deutschland-energie-idDEKCN1UE0GU (zugegriffen am 18.02.2021).

Edenhofer, Ottmar: „Raus aus der Kohle – aber smart", *Süddeutsche Zeitung*, 03.02.2019, https://www.sueddeutsche.de/politik/aussenansicht-raus-aus-der-kohle-aber-smart-1.431 4551 (zugegriffen am 23.02.2022).

Edenhofer, Ottmar: „Optionen für eine CO2-Preisreform. MCC-PIK-Expertise für den Sachverständigenrat zur Begutachtung der gesamtwirtschaftlichen Entwicklung", Berlin: MCC und PIK, 2019, https://www.mcc-berlin.net/fileadmin/data/B2.3_Publications/Working%20Paper/2019_MCC_Optionen_f%C3%BCr_eine_CO2-Preisreform_final.pdf.

Edenhofer, Ottmar und Christoph M. Schmidt: „Eckpunkte einer CO2-Preisreform", 01.12.2018, http://www.rwi-essen.de/media/content/pages/publikationen/rwi-positionen/pos_072_eckpunkte_einer_co2-preisreform.pdf.

Egli, Florian, Bjarne Steffen und Tobias S. Schmidt: „Bias in energy system models with uniform cost of capital assumption", *Nature Communications* 10/1 (2019), S. 1–3.

Eichenauer, Eva: „Energiekonflikte – Proteste gegen Windkraftanlagen als Spiegel demokratischer Defizite", in: Radtke, Jörg und Norbert Kersting (Hrsg.): *Energiewende. Politikwissenschaftliche Perspektiven*, Wiesbaden: Springer VS 2018, S. 315–341.

Eichenberger, Reiner und David Stadelmann: „Die politische Ökonomik der Klimapolitik. So wird ein Land mit Kostenwahrheit zum Vorbild beim Klimaschutz", *Gaia – Ecological Perspectives for Science and Society* 29/3 (2020), S. 148–153.

EID Die Energieintensiven Industrien in Deutschland: „Kernforderungen der Energieintensiven Industrien in Deutschland (EID) zur Kommission Wachstum, Struktur und Beschäftigung (WSB)", 2018.

EIKE – Europäisches Institut für Klima & Energie: „Grundsatzpapier Klima", ohne Datum, https://eike-klima-energie.eu/die-mission/grundsatzpapier-klima/ (zugegriffen am 21.02.2022).

Enerdata: „Förderung von Kohle und Braunkohle", *Globales Energie- und Klimastatistik-Jahrbuch 202*, ohne Datum, https://energiestatistik.enerdata.net/kohle-braunkohle/kohle-produktion-data.html (zugegriffen am 23.02.2022).

Enerdata: „Heimischer Verbrauch von Kohle und Braunkohle", *Globales Energie- und Klimastatistik-Jahrbuch 2021*, ohne Datum, https://energiestatistik.enerdata.net/kohle-braunkohle/kohle-welt-verbrauch-data.html (zugegriffen am 21.02.2022).

Energiewirtschaftliches Institut an der Universität zu Köln (EWI): „Stromkosten der NE-Metallindustrie – Eine Sensivitätsanalyse. Im Auftrag von WirtschaftsVereinigung Metalle e.V.", Köln, 2019.

energiezukunft: „Zweifelhafte Milliarden für RWE und LEAG", 02.07.2020, https://www.energiezukunft.eu/politik/zweifelhafte-milliarden-fuer-rwe-und-leag/ (zugegriffen am 24.02.2022).

Epkes, Matthias: „Steigende Energiepreise – Haushalte zahlen Großteil der Energiewende", *Energieverbraucherportal*, 01.10.2019, https://www.energieverbraucherportal.de/ene rgie-magazin/politik/politik-detail/steigende-energiepreise-haushalte-zahlen-grossteil-der-energiewende (zugegriffen am 23.02.2022).

Erlach, Berit u. a.: „Warum sinken die CO2-Emissionen in Deutschland nur langsam, obwohl die erneuerbaren Energien stark ausgebaut werden? (Kurz erklärt!)", Akademieprojekt „Energiesysteme der Zukunft" (ESYS), 2019.

ETH Zürich: „Climate signals detected in global weather", *phys.org*, 2020, https://phys.org/news/2020-01-climate-global-weather.html (zugegriffen am 23.02.2022).

Europäische Kommission: „EU-Emissionshandelssystem (EU-EHS)", *Climate Action*, ohne Datum, https://ec.europa.eu/clima/policies/ets_de (zugegriffen am 11.01.2021).

Europäische Kommission: „Mitteilung der Kommission an das Europäische Parlament, den Europäischen Rat, den Rat, die Europäische Zentralbank, den Europäischen Wirtschafts- und Sozialausschuss und den Ausschuss der Regionen. Aktionsplan: Finanzierung nachhaltigen Wachstums", 08.03.2018.

Europäische Kommission: „Strukturelle Reform des EU-Emissionshandelssystems", *Climate Action*, ohne Datum, https://ec.europa.eu/clima/policies/ets/reform_de (zugegriffen am 24.02.2022).

Europäische Umweltagentur: „Klimawandel und Luft", ohne Datum, https://www.eea.europa.eu/de/signale/signale-2013/artikel/klimawandel-und-luft (zugegriffen am 21.02.2022).

Europäische Kommission: „Landwirtschaft und Klimawandel", ohne Datum, https://www.eea.europa.eu/de/signale/signale-2015/artikel/landwirtschaft-und-klimawandel (zugegriffen am 21.02.2022).

European Commission: „ETS Market Stability Reserve to reduce auction volume by over 330 million allowances between September 2020 and August 2021", *Climate Action*, 08.05.2020, https://ec.europa.eu/clima/news/ets-market-stability-reserve-reduce-auction-volume-over-330-million-allowances-between_en (zugegriffen am 23.02.2022).

European Commission: „Market Stability Reserve", *Climate Action*, ohne Datum, https://ec.europa.eu/clima/policies/ets/reform_en (zugegriffen am 21.02.2022).

European Commission: „The Just Transition Mechanism: making sure no one is left behind", ohne Datum, https://ec.europa.eu/info/strategy/priorities-2019-2024/european-green-deal/actions-being-taken-eu/just-transition-mechanism_en (zugegriffen am 24.02.2022).

Fabritius, Franziska: „Umweltmigration: Eine sicherheitspolitische Herausforderung", 43, Konrad Adenauer Stiftung (KAS), kurzum, 2019.

Felber, Christian: Gemeinwohl-Ökonomie, 4. Aufl., Wien: Piper 2018.

Felbermayr, Gabriel: „CO2-Klimapaket der Bundesregierung – Das wird ökonomisch sehr teuer", *Cicero*, 14.10.2019, https://www.cicero.de/wirtschaft/co2-klimapaket-bundesreg ierung-luft-energie-export-import (zugegriffen am 23.02.2022).

Feurer, Rainer und Kazem Chaharbaghi: „Defining Competitiveness: A Holistic Approach", *Management Decision* 32/2 (1994), S. 49–58.

Fiedler, Maria: „Das Netzwerk der Klimaleugner", *Der Tagesspiegel*, 26.02.2019, https://www.tagesspiegel.de/themen/agenda/rechtspopulisten-das-netzwerk-der-klimaleugner/24038640.html (zugegriffen am 26.02.2019).

Fiedler, Winfried: „Staatensukzession und Menschenrechte", in: Ziemska, Burkhardt (Hrsg.): *Staatsphilosophie und Rechtspolitik: Festschrift für Martin Kriele zum 65. Geburtstag*, München: Beck 1997, S. 1371–1391.

Fischedick, Manfred, Katja Witte und Daniel Vallentin: „Die Energiewende – Zwischen Erfordernis und Ereignis", in: Kamlage, Jan-Hendrik und Steven Engler (Hrsg.): *Dezentral, partizipativ und kommunikativ – Zukunft der Energiewende*, Nordhausen: Traugott Bautz 2019, S. 35–55.

Fischer, Konrad und Andreas Macho: „Kohleausstieg: So verschläft RWE den Strukturwandel", *WirtschaftsWoche*, 12.09.2018, https://www.wiwo.de/unternehmen/industrie/kohleausstieg-so-verschlaeft-rwe-den-strukturwandel/23009766.html (zugegriffen am 04.11.2020).

Fischer, Linda: „Das Klima wird zur Gesundheitsgefahr", *Zeit Online*, 31.10.2017, https://www.zeit.de/wissen/2017-10/klimawandel-gesundheit-folgen-menschen/komplettansicht (zugegriffen am 23.02.2022).

Flauger, Jürgen: „Das Stromnetz ist so ausfallsicher wie noch nie – trotz Energiewende", *Handelsblatt*, 22.10.2020, https://www.handelsblatt.com/unternehmen/energie/bilanz-der-bundesnetzagentur-das-stromnetz-ist-so-ausfallsicher-wie-noch-nie-trotz-energiewe nde/26297992.html?ticket=ST-6559524-WacGw7PAOJgxwUG7Q5AV-ap2 (zugegriffen am 23.02.2022).

Flauger, Jürgen: „Deutschland muss beim Klimaschutz Vorbild bleiben", *Handelsblatt*, 19.09.2019, https://www.handelsblatt.com/meinung/kommentare/kommentar-deutsc hland-muss-beim-klimaschutz-vorbild-bleiben/25027442.html?ticket=ST-4768152-EpV NVefi0HpuPDvNE15l-ap1 (zugegriffen am 23.02.2022).

Focus Online: „Von wegen keine Verbotspartei: Das wollen die Grünen alles verbieten", ohne Datum, https://www.focus.de/politik/deutschland/nur-die-linke-will-mehr-verbote-von-wegen-keine-verbotspartei-das-wollen-die-gruenen-alles-verbieten_id_11270538.html (zugegriffen am 24.02.2022).

Fraune, Cornelia u. a.: „Einleitung: Akzeptanz und politische Partizipation – Herausforderungen und Chancen für die Energiewende", in: Fraune, Cornelia u. a. (Hrsg.): *Akzeptanz und politische Partizipation in der Energietransformation. Gesellschaftliche Herausforderungen jenseits von Technik und Ressourcenausstattung*, Wiesbaden: Springer VS 2019.

Fraunhofer ISE: „Öffentliche Nettostromerzeugung in Deutschland", *Energy-Charts*, ohne Datum, https://energy-charts.info/charts/energy_pie/chart.htm?l=de&c=DE (zugegriffen am 24.02.2022).

Freeden, Michael: „After the Brexit referendum: revisiting populism as an ideology", *Journal of Political Ideologies* 22/1 (2017), S. 1–11.

Freiesleben, Hartwig: „Wie sicher ist die Stromversorgung in Deutschland?", *Energiewirtschaftliche Tagesfragen* (09.10.2020).

Freitag, Jan: „Mehr Druck, mehr Verbote!", *Zeit Online*, 30.12.2018, https://www.zeit.de/kultur/2018-12/klimawandel-umgang-konsumverhalten-regeln-einwegplastik-veganismus/komplettansicht (zugegriffen am 23.02.2022).

Frey, Andreas: „Warum brannte Australien?", *Frankfurter Allgemeine Zeitung*, 22.03.2020, https://www.faz.net/aktuell/wissen/erde-klima/klimawandel-warum-brannte-australien-16684925.html#warum-brannte-australien (zugegriffen am 23.02.2022).

Fridays For Future: „Our Demands", ohne Datum, https://fridaysforfuture.org/what-we-do/our-demands/ (zugegriffen am 22.02.2022).

Friedman, Benjamin M.: The Moral Consequences of Economic Growth, New York: Vintage Books 2005.

Frondel, Manuel: „CO2-Bepreisung in den Sektoren Verkehr und Wärme: Optionen für eine sozial ausgewogene Ausgestaltung", *Zeitschrift für Energiewirtschaft* 44/1 (2020), S. 1–14.

Frondel, Manuel: „Globales Preisabkommen für Treibhausgase: ein Weg zu effektivem Klimaschutz?", *Wirtschaftsdienst. Zeitschrift für Wirtschaftspolitik* 99/3 (2019), S. 167–171.

Fukuyama, Francis: Identität. Wie der Verlust der Würde unsere Demokratie gefährdet, 4. Aufl., Hamburg: Hoffmann und Campe 2019.

Funke, Hajo: Die Höcke-AfD. Eine rechtsextreme Partei in der Zerreißprobe, Hamburg: VSA: 2021.

Gaedicke, Christoph u. a.: „BGR Energiestudie 2019. Daten und Entwicklungen der deutschen und globalen Energieversorgung", Bundesanstalt für Geowissenschaften und Rohstoffe (BGR), 2018.

Gardiner, Stephen M.: A Perfect Moral Storm. The Ethical Tragedy of Climate Change, New York: Oxford University Press 2011.

Gates, Bill: Wie wir die Klimakatastrophe verhindern. Welche Lösungen es gibt und welche Fortschritte nötig sind, München: Piper 2021.

Gebauer, Matthias: „In der Todeszone des Klimawandels", *Spiegel Wissenschaft*, 23.04.2007, https://www.spiegel.de/wissenschaft/natur/bangladesch-in-der-todeszone-des-klimawandels-a-477669.html (zugegriffen am 23.02.2022).

Genoese, Massimo: „Merit-Order Effekt", *Gabler Wirtschaftslexikon*, ohne Datum, https://wirtschaftslexikon.gabler.de/definition/merit-order-effekt-53696/version-276766 (zugegriffen am 21.02.2022).

Gerbert, Philip u. a.: „Klimapfade für Deutschland", The Boston Consulting Group (BCG), prognos, 2018.

Gewirth, Alan: Reason and Morality, Chicago, London: The University of Chicago Press 1978.

Gibon, Thomas, Anders Arvesen und Edgar G. Hertwich: „Life cycle assessment demonstrates environmental co-benefits and trade-offs of low-carbon electricity supply options", *Renewable and Sustainable Energy Reviews* 76 (2017), S. 1283–1290.

Gierkink, Max und Tobias Sprenger: „Auswirkungen des EEG 2021 auf den Anteil erneuerbarer Energien an der Stromnachfrage 2030", Köln: Energiewirtschaftliches Institut an der Universität zu Köln (EWI), 2021.

Gilbert, Alexander Q. und Benjamin K. Sovacool: „US liquefied natural gas (LNG) exports: Boom or bust for the global climate?", *Energy* 141 (2017), S. 1671–1680.

Glanz, Sabrina und Anna-Lena Schönauer: „H2/CCS chains in Germany – Social Perception and Acceptance", *SINTEF*, 05.12.2019, https://blog.sintef.com/sintefenergy/h2-ccs-chains-germany-social-perception-acceptance/ (zugegriffen am 23.02.2022).

Göbel, Phil: „Sorry, Fridays for Future, aber: eine CO2-Steuer würde die Falschen treffen", *Spiegel Panorama*, 16.04.2019, https://www.spiegel.de/panorama/klimaschutz-warum-eine-co2-steuer-doch-nur-die-kleinen-leute-treffen-wuerde-a-649a90d2-b405-45d9-95c4-cfdff1dd9434 (zugegriffen am 23.02.2022).

Goebel, Jan und Peter Krause: „Einkommensschichtung und relative Armut", *Bundeszentrale für politische Bildung (bpb) kurz&nkapp*, 10.03.2021, https://www.bpb.de/kurz-knapp/zahlen-und-fakten/datenreport-2021/private-haushalte-einkommen-und-konsum/329945/einkommensschichtung-und-relative-armut/ (zugegriffen am 23.02.2022).

Gölz, Sebastian u. a.: „Akzeptanz und Konflikte als Zustände regionaler sozialer Prozesse. Anwendung eines transdisziplinären Analyserahmens", in: Fraune, Cornelia u. a. (Hrsg.): *Akzeptanz und politische Partizipation in der Energietransformation. Gesellschaftliche Herausforderungen jenseits von Technik und Ressourcenausstattung*, Wiesbaden: Springer VS 2019, S. 85–108.

Göpel, Maja: Unsere Welt neu denken. Eine Einladung, 6. Aufl., Berlin: Ullstein 2020.

Görmann, Marcel: „Klimaforscher rechnet mit ‚Fridays for Future‘ ab: ‚Schnauze voll von Übertreibungen‘", *Merkur.de*, 16.12.2019, https://www.merkur.de/politik/klima-klimaschutz-von-storch-forscher-hart-aber-fair-ard-zr-13279031.html (zugegriffen am 23.02.2022).

Götze, Susanne: „Der vergoldete Kohleausstieg", *Spiegel Wissenschaft*, 24.06.2020, https://www.spiegel.de/wissenschaft/mensch/milliarden-fuer-kohle-konzerne-der-vergoldete-kohle-exit-a-c25df9ad-3895-4d5d-bb96-cdf1be3d25bd (zugegriffen am 23.02.2022).

Graichen, Patrick, Philipp Litz und Nga Ngo Thuy: „Warum Deutschlands neue Klimaziele den Kohleausstieg bis 2030 besiegeln", *Agora Energiewende*, 15.06.2021, https://www.agora-energiewende.de/blog/warum-deutschlands-neue-klimaziele-den-kohleausstieg-bis-2030-besiegeln/ (zugegriffen am 23.02.2022).

Green, Jessica F.: „Does carbon pricing reduce emissions? A review of ex-post analyses", *Environmental Research Letters* 16/4 (03.2021), S. 1–17.

Grinsted, Aslak, J. Moore und S. Jevrejeva: „Reconstructing sea level from paleo and projected temperatures 200 to 2100AD", *Climate Dynamics* 34 (2009), S. 461–472.

Großmann, Katrin: „Energiearmut als multiple Deprivation vor dem Hintergrund diskriminierender Systeme", in: Großmann, Katrin, André Schaffrin und Christian Smigiel (Hrsg.): *Energie und soziale Ungleichheit. Zur gesellschaftlichen Dimension der Energiewende in Deutschland und Europa*, Wiesbaden: Springer VS 2017, S. 55–78.

Grunwald, Armin: „Das Akzeptanzproblem als Folge nicht adäquater Systemgrenzen in der technischen Entwicklung und Planung", in: *Akzeptanz und politische Partizipation in der Energietransformation. Gesellschaftliche Herausforderungen jenseits von Technik und Ressourcenausstattung*, Wiesbaden: Springer VS 2019.

Grunwald, Armin: „Warum die Energiewende so schwer ist. Ethische Fragen und Akzeptanzprobleme", *Denkströme. Journal der Sächsischen Akademie der Wissenschaften* 19 (2018), S. 94–102.

Grunwald, Armin: „Zur Rolle von Akzeptanz und Akzeptabilität von Technik bei der Bewältigung von Technikkonflikten", *Technikfolgenabschätzung – Theorie und Praxis* 14/3 (2005), S. 54–60.

Grünwald, Reinhard u. a.: „Regenerative Energieträger zur Sicherung der Grundlast in der Stromversorgung", Büro für Technikfolgen-Abschätzung beim deutschen Bundestag (TAB), 2012.

Habekuß, Fritz: „Regionale Auswirkungen des demografischen Wandels", *Bundeszentrale für politische Bildung (bpb)*, 10.07.2017, https://www.bpb.de/politik/innenpolitik/demogr afischer-wandel/195358/regionale-auswirkungen (zugegriffen am 23.02.2022).

Hallegatte, Stephane u. a.: Shock Waves. Managing the Impacts of Climate Change on Poverty, Climate Change and Development Series, Washington, DC: World Bank 2016.

Hamilton, Clive und Hal Turton: „Determinants of emissions growth in OECD countries", *Energy Policy* 30/1 (2002), S. 63–71.Hamilton, Clive und Hal Turton: „Determinants of emissions growth in OECD countries", *Energy Policy* 30/1 (2002), S. 63–71.

Handelsblatt: „Mehr als nur grüne Geldanlage", 23.01.2020, https://www.handelsblatt.com/adv/financetoday/nachhaltig-investieren-mehr-als-nur-gruene-geldanlage/25431036.html (zugegriffen am 23.02.2022).

Handelsblatt: „Tausende protestieren bei Braunkohle-Demo gegen Kohleausstieg", 24.10.2018, https://www.handelsblatt.com/politik/deutschland/kohleausstieg-tausende-protestieren-bei-braunkohle-demo-gegen-kohleausstieg/23225466.html?ticket=ST-112 03323-yvbYxbiRIpAI3N0aS9vq-ap2 (zugegriffen am 07.02.2022).

Hansen, James u. a.: „Assessing "dangerous climate change": required reduction of carbon emissions to protect young people, future generations and nature", *PLOS ONE* 8/12 (2013), S. 1–26.

Hansen, James u. a.: „Ice melt, sea level rise and superstorms: evidence from paleoclimate data, climate modeling, and modern observations that 2°C global warming could be dangerous", *Atmospheric Chemistry and Physics* 16/6 (2016), S. 3761–3812.

Hausfather, Zeke: „Bounding the climate viability of natural gas as a bridge fuel to displace coal", *Energy Policy* 86 (2015), S. 286–294.

Hay, Colin: „The ‚dangerous obsession' with cost competitiveness ... and the not so dangerous obsession with competitiveness", *Cambridge Journal of Economics* 36 (03.2012), S. 463–479.

Heard, B. P. u. a.: „Burden of proof: A comprehensive review of the feasibility of 100% renewable-electricity systems", *Renewable and Sustainable Energy Reviews* 76 (2017), S. 1122–1133.

Hebling, C. u. a.: „Eine Wasserstoff-Roadmap für Deutschland", Karlsruhe, Freiburg: Fraunhofer-Institut für System- und Innovationsforschung (ISI), Fraunhofer-Institut für Solare Energiesysteme (ISE), 2019.

Heinrich-Böll-Stiftung, Bund für Umwelt und Naturschutz Deutschland (BUND): „Kohleatlas. Daten und Fakten über einen globalen Brennstoff", 2015.

Heizmann, Sonja: „Arbeitskultur im Wandel – Wie deutsche Firmen um Mitarbeiter kämpfen", *Deutschlandfunk Kultur*, 30.10.2018, https://www.deutschlandfunkkultur.de/arb eitskultur-im-wandel-wie-deutsche-firmen-um-mitarbeiter.976.de.html?dram:article_id= 431849 (zugegriffen am 23.02.2022).

Helm, Dieter: Net Zero. How We Stop Causing Climate Change, London: William Collins 2020.

Helm, Dieter: The Carbon Crunch. Revised and updated, New Haven und London: Yale University Press 2015.

Hemmerling, Axel, Bastian Wierzioch und Ludwig Kendzia: „‚Erwiesen extremistisch‘: Thüringens Verfassungsschutz beobachtet AfD", *MDR*, 12.05.2021, https://www.mdr.de/nachrichten/thueringen/verfassungsschutz-afd-beobachtung-100.html (zugegriffen am 23.02.2022).

Henning, Hans-Martin und Andreas Pfalzer: „100% Erneuerbare Energien für Strom und Wärme in Deutschland", Freiburg: Fraunhofer-Institut für Solare Energiesysteme ISE, 2012.

Heyen, Dirk, Lukas Hermwille und Timon Wehnert: „Out of the Comfort Zone! Governing the Exnovation of Unsustainable Technologies and Practices", *Gaia – Ecological Perspectives on Science and Society* 26/4 (2017), S. 326–331.

Hillje, Johannes: Propaganda 4.0. Wie rechte Populisten unsere Demokratie angreifen, Bonn: Dietz 2021.

Hirata, Johannes: „Wirtschaftswachstum und gute Entwicklung. Was ist dran an der Wachstumskritik?", 12, München: RHI-Position, 2012.

Hirschl, Bernd und Thomas Vogelpohl: „Energiepolitik in Deutschland und Europa", in: Radtke, Jörg und Weert Canzler (Hrsg.): *Energiewende. Eine sozialwissenschaftliche Einführung*, Wiesbaden: Springer VS 2019, S. 69–95.

Hock, R. u. a.: „High Mountain Areas", in: Pörtner, H. O. u. a. (Hrsg.): *IPCC Special Report on the Ocean and Cryosphere in a Changing Climate*, 2019.

Hoferichter, Andrea: „Wie das Bröckeln der Küsten gestoppt wird", *Süddeutsche Zeitung*, 01.03.2017, https://www.sueddeutsche.de/wissen/kuestenschutz-sand-ans-meer-1.3400744-0#seite-2 (zugegriffen am 23.02.2022).

Höhne, Valerie: „Verbietet doch einfach mehr", *Spiegel*, 30.07.2019, https://www.spiegel.de/politik/deutschland/klimaschutz-wir-brauchen-mehr-verbote-a-1279540.html (zugegriffen am 23.02.2022).

Holtemöller, Oliver und Christoph Schult: „Zu den Effekten eines beschleunigten Braunkohleausstiegs auf Beschäftigung und regionale Arbeitnehmerentgelte", *Wirtschaft im Wandel* 25/1 (2019), S. 5–9.

Holtkamp, Lars: „Grenzen der Bürgerbeteiligung vor Ort. Akteursinteressen und Praxisprobleme am Beispiel von Bürgerhaushalten und Standortkonflikten", in: Lorenz, Astrid, Christian Pieter Hoffmann und Uwe Hitschfeld (Hrsg.): *Partizipation für alle und alles? Fallstricke, Grenzen und Möglichkeiten*, Wiesbaden: Springer Fachmedien Wiesbaden 2020, S. 241–261.

Homann, Karl und Christoph Lütge: Einführung in die Wirtschaftsethik, 3. Aufl., Berlin/Münster: LIT 2013.

Höning, Antje und Birgit Marschall: „NRW erhält 15 Milliarden für Kohle-Reviere", *RP ONLINE*, 23.05.2019, https://rp-online.de/nrw/landespolitik/nrw-erhaelt-15-milliarden-fuer-kohle-reviere_aid-38972525 (zugegriffen am 23.02.2022).

Horng, Pauline und Michael Kalis: „Wasserstoff – Farbenlehre. Rechtswissenschaftliche und rechtspolitische Kurzstudie", Berlin, Greifswald, Stuttgart: Institut für Klimaschutz, Energie und Mobilität e.V. (IKEM), 2020.

Howarth, Robert W.: „A bridge to nowhere: methane emissions and the greenhouse gas footprint of natural gas", *Energy Science & Engineering* 2/2 (2014), S. 47–60.

Huber, Peter: „Wirtschaftsfaktor Stromausfall: Wenn es dunkel wird", *Die Presse*, 11.05.2011, https://www.diepresse.com/660601/wirtschaftsfaktor-stromausfall-wenn-es-dunkel-wird (zugegriffen am 23.02.2022).

Huster, Ernst-Ulrich, Jürgen Boeckh und Hildegard Mogge-Grotjahn: „Armut und soziale Ausgrenzung – ein multidisziplinäres Forschungsfeld", in: Huster, Ernst-Ulrich, Jürgen Boeckh und Hildegard Mogge-Grotjahn (Hrsg.): *Handbuch Armut und Soziale Ausgrenzung*, 2. Aufl., Wiesbaden: Springer 2008, S. 13–42.

Hüther, Michael: „Die Corona-Krise lässt manche auf den Untergang des Kapitalismus hoffen", *Der Tagesspiegel*, 22.03.2020, https://www.tagesspiegel.de/kultur/wiederentdec kung-des-starken-staates-die-corona-krise-laesst-manche-auf-den-untergang-des-kapita lismus-hoffen/25666864.html (zugegriffen am 23.02.2022).

Hüther, Michael: „Marktwirtschaft + Öko", *Futurzwei* (09.09.2019), https://futurzwei.org/ article/1228 (zugegriffen am 23.02.2022).

IASS Potsdam, Plattform Energiewende TPEC: „Warum wird Regenerativstrom vorrangig abgenommen?", 2012.

Icha, Petra: „Entwicklung der spezifischen Kohlendioxid-Emissionen des deutschen Strom-mix in den Jahren 1990–2020", Dessau-Roßlau: Umweltbundesamt, 2021.

IHK Mittlerer Niederrhein: „Rheinisches Revier. Wirtschaftsstruktur und Standortqualität", 179, Krefeld, 2020.

IMD World Competitiveness Center: „World Competetiveness Rankings 2020 Results", ohne Datum.

Institut der deutschen Wirtschaft (iw Köln): „Wachstum", ohne Datum, https://www.iwk oeln.de/themen/wachstum-und-konjunktur/wirtschaftswachstum.html (zugegriffen am 24.02.2022).

Institut für transformative Nachhaltigkeitsforschung (IASS Potsdam): „Luftverschmutzung und Klimawandel", ohne Datum, https://www.iass-potsdam.de/de/ergebnisse/dossiers/luf tverschmutzung-und-klimawandel (zugegriffen am 24.02.2022).

International Energy Agency (IEA): „A rapid rise in battery innovation is playing a key role in clean energy transitions", 22.09.2020, https://www.iea.org/news/a-rapid-rise-in-battery-innovation-is-playing-a-key-role-in-clean-energy-transitions (zugegriffen am 15.01.2022).

International Energy Agency (IEA): „Net Zero by 2050. A Roadmap for the Global Energy Sector", 2021.

International Energy Agency (IEA): „The Role of Critical Minerals in Clean Energy Transi-tions", Paris, 2021.

International Energy Agency (IEA): „World Energy Outlook 2021", 2021.

IPCC: „Climate Change 2001: Impacts, Adaptation, and Vulnerability. Contribution of Wor-king Group II to the Third Assessment Report of the Intergovernmental Panel on Climate Change", in: McCarthy, James J. u. a. (Hrsg.), Cambridge, New York: Cambridge Uni-versity Press 2001.

IPCC: „Climate Change 2014: Impacts, Adaptation, and Vulnerability. Part A: Global and Sectoral Aspects. Contribution of Working Group II to the Fifth Assessment Report of the Intergovernmental Panel on Climate Change", in: Field, Christopher B. u. a. (Hrsg.), Cambridge, New York: Cambridge University Press 2014.

IPCC: „Climate Change 2014: Synthesis Report. Contribution of Working Groups I, II and III to the Fifth Assessment Report of the Intergovernmental Panel on Climate Change", in: Pachauri, R.K. und L.A. Meyer (Hrsg.), Geneva, Switzerland: IPCC 2014.

IPCC: Climate Change 2021: The Physical Science Basis. Contribution of Working Group I to the Sixth Assessment Report of the Intergovernmental Panel on Climate Change, hg. von V. Masson-Delmotte u. a., Cambridge University Press. 2021.

IPCC: „Glossary", *Data Distribution Centre*, ohne Datum, https://www.ipcc-data.org/guidel ines/pages/glossary/index.html (zugegriffen am 21.02.2022).

IPCC: Managing the Risks of Extreme Events and Disasters to Advance Climate Change Adaptation. A Special Report of Working Groups I and II of the Intergovernmental Panel on Climate Change, hg. von C.B. Field u. a., Cambridge, New York: Cambridge University Press 2012.

Jackson, Tim: Wohlstand ohne Wachstum. Leben und Wirtschaften in einer endlichen Welt, hg. von Heinrich-Böll-Stiftung, München: oekom 2011.

Jacob, Klaus, Stella Schaller und Carius Alexander: „Populismus und Klimapolitik in Europa", in: Kaeding, Michael, Manuel Müller und Julia Schmälter (Hrsg.): *Die Europawahl 2019. Ringen um die Zukunft Europas*, Wiesbaden: Springer VS 2020, S. 301–311.

Jacobson, Mark Z. u. a.: „100% Clean and Renewable Wind, Water, and Sunlight All-Sector ENergy Roadmaps for 139 Countries of the World", *Joule* 1 (2017), S. 108–121.

Jamieson, Dale: „Adaptation, Mitigation, and Justice", in: *Perspectives on Climate Change: Science, Economics, Politics, Ethics. Advances in the Economics of Environmental Resources*, Bd. 5, 2005, S. 217–248.

Jamieson, Dale: „Ethics, Public Policy, and Global Warming", *Science, Technology, & Human Values* 17/2 (1992), S. 139–153.

Jansen, Anika und Sebastian Schirner: „Die Fachkräftesituation in Deutschlands Kohleregionen", Institut der deutschen Wirtschaft – Kompetenzzentrum Fachkräftesicherung, 2020.

Jarvis, Stephen, Olivier Deschenes und Akshaya Jha: „The Private and External Costs of Germany's Nuclear Phase-Out", National Bureau of Economic Research (NBER), 2019.

Jylhä, Kirsti M. und Kahl Hellmer: „Right-Wing Populism and Climate Change Denial: The Roles of Exclusionary and Anti-Egalitarian Preferences, Conservative Ideology, and Antiestablishment Attitudes", *Analyses of Social Issues and Public Policy* 20/1 (2020), S. 315–335.

Kaiser, Lutz C.: „Poor Working: Soziale (Des-)Integration und Erwerbsarbeit", in: Huster, Ernst-Ulrich, Jürgen Boeckh und Mogge-Grotjahn (Hrsg.): *Handbuch Armut und Soziale Ausgrenzung*, 2. Aufl., Wiesbaden: Springer 2008, S. 305–318.

Kammler, Sara: „Lehren aus dem Schnee-Desaster", *Handelsblatt*, 25.11.2006, https://www. handelsblatt.com/unternehmen/industrie/ein-jahr-nach-dem-stromausfall-im-muensterl and-lehren-aus-dem-schnee-desaster/2737478.html?ticket=ST-2625498-BahI3LELAe3g JKiweCrm-ap6 (zugegriffen am 23.02.2022).

Kartha, Sivan u. a.: „Whose carbon is burnable? Equity considerations in the allocation of a "right to extract"", *Climatic Change* 150/1 (2018), S. 117–129.

Kaste, Michael: „"Fridays for Future' und die Kipp-Punkte der Demokratie", *mdr*, 19.03.2021, https://www.mdr.de/nachrichten/deutschland/politik/kommentar-fridays-future-klima-streik-100.html (zugegriffen am 23.02.2022).

Kelley, Colin u. a.: „Climate Change in the Fertile Crescent and Implications of the Recent Syrian Drought", *Proceedings of the National Academy of Sciences* 112 (2015).

Kemfert, Claudia: Das fossile Imperium schlägt zurück. Warum wir die Energiewende jetzt verteidigen müssen, Hamburg: Murmann Publishers 2017.

Kemfert, Claudia: „Warum wir Wachstum für Wohlstand brauchen", *claudiakemfert*, 27.12.2010, https://www.claudiakemfert.de/warum-wir-wachstum-fuer-wohlstand-bra uchen/ (zugegriffen am 23.02.2022).

Kemfert, Claudia und Jochen Diekmann: „Förderung erneuerbarer Energien und Emissionshandel: wir brauchen beides", *DIW Wochenbericht* 76 (2009), S. 169–174.

Kemfert, Claudia, Clemens Gerbaulet und Christian von Hirschhausen: „Stromnetze und Speichertechnologien für die Energiewende: Eine Analyse mit Bezug zur Diskussion des EEG 2016", Berlin: DIW Berlin, 2016.

Kemfert, Claudia u. a.: „Umweltwirkungen der Ökosteuer begrenzt, CO2-Bepreisung der nächste Schritt", *DIW Wochenbericht* 13 (2019), S. 215–222.

Kendziorski, Mario u. a.: „100% erneuerbare Energie für Deutschland unter besonderer Berücksichtigung von Dezentralität und räumlicher Verbrauchsnähe: Potenziale, Szenarien und Auswirkungen auf Netzinfrastrukturen", Berlin: Deutsches Institut für Wirtschaftsforschung (DIW), 2021.

Kern, Verena und Friederike Meier: „Das sind die Mitglieder der Kohlekommission", *klimareporter°*, 07.06.2018, https://www.klimareporter.de/deutschland/das-sind-die-mitgli eder-der-kohlekommission (zugegriffen am 23.02.2022).

Keyserlingk, Johannes Graf: Immigration Control in a Warming World. Realizing the Moral Challenges of Climate Migration, Exeter: Imprint Academic 2018.

Khan, Matthew E. u. a.: „Long-Term Macroeconomic Effects of Climate Change: A Cross-Country Analysis", International Monetary Fund, 2019.

Kikstra, Jarmo S. u. a.: „The social cost of carbon dioxide under climate-economy feedbacks and temperature variability", *Environmental Research Letters* 16/9 (2021), S. 1–33.

Kleidon, Axel: „Sonne statt Flaute", *Physik in unserer Zeit* 50/3 (2019), S. 120–127.

Klein, Naomi: Warum nur ein Green New Deal unseren Planeten retten kann, Hamburg: Hoffmann und Campe 2020.

Kleinebeckel, Arno: Unternehmen Braunkohle. Geschichte eines Rohstoffs, eines Reviers, einer Industrie im Rheinland, hg. von Rheinische Braunkohlenwerke AG, Köln: Greven Verlag 1986.

Klima Allianz Deutschland: „Umweltausschuss – Umfassende Kritik an Klimapaket und Klimaschutzgesetz", 06.11.2019, https://www.klima-allianz.de/presse/meldung/umwelt ausschuss-umfassende-kritik-an-klimapaket-und-klimaschutzgesetz/ (zugegriffen am 24.02.2022).

klimafakten.de: „Klimawandel – eine Faktenliste", ohne Datum, https://www.klimafakten. de/meldung/klimawandel-eine-faktenliste (zugegriffen am 21.02.2022).

klimafakten.de: „‚Klimawandel' oder ‚Klimakrise' – was sind angemessene Begriffe bei der Klima-Berichterstattung?", 17.09.2019, https://www.klimafakten.de/meldung/klimaw andel-oder-klimakrise-was-sind-angemessene-begriffe-bei-der-klima-berichterstattung (zugegriffen am 07.02.2022).

klimafakten.de: „Was sagt die AfD zum Klimawandel? Was sagen andere Parteien? Und was ist der Stand der Wissenschaft?", ohne Datum, https://www.klimafakten.de/mel dung/was-sagt-die-afd-zum-klimawandel-was-sagen-andere-parteien-und-was-ist-der-stand-der (zugegriffen am 24.02.2022).

Koenig, Hanns u. a.: „Modernising the European lignite triangle. Towards a safe, cost-effective and sustainable energy transition", Forum Energii, Agora Energiewende, 2020.

Kohler, Brian: „Sustainable development: a labor view", *San Diego Earth Times*, 05.12.1996, https://www.sdearthtimes.com/et0597/et0597s4.html (zugegriffen am 23.02.2022).

Kohler, Stephan, Stella Matsoukas und Ralph Diermann: „Die Energiewende – das neue System gestalten. Das deutsche Energiesystem im Jahr 2050: klimafreundlich, sicher und wirtschaftlich. Die Deutsche Energie-Agentur GmbH (dena) skizziert den Weg.", Deutsche Energie-Agentur (dena), 2013.

Kolmar, Martin: „Immer mehr Wachstum wird unser Leben zerstören", *Zeit Online*, 14.06.2019, https://www.zeit.de/wirtschaft/2019-04/industriepolitik-umstieg-klimap olitik-digitalisierung-globalisierung-nachhaltigkeit/komplettansicht (zugegriffen am 23.02.2022).

Kommission „Wachstum, Strukturwandel und Beschäftigung" (Kohlekommission): „Kommission 'Wachstum, Strukturwandel und Beschäftigung' Abschlussbericht", 2019.

Kopatz, Michael: Energiewende. Aber fair! Wie sich die Energiezukunft sozial tragfähig gestalten lässt, München: oekom 2013.

Köster, Jakob u. a.: „Nach der Braunkohle. Konflikte um Energie und regionale Entwicklung in der Lausitz", in: Dörre, Klaus u. a. (Hrsg.): *Abschied von Kohle und Auto? Sozial-ökologische Transformationskonflikte um Energie und Mobilität*, Frankfurt: Campus Verlag 2020, S. 71–127.

Kraemer, Klaus: „Umwelt und soziale Ungleichheit", *Leviathan* 3 (2007).

Kreienkamp, Frank u. a.: „Rapid attribution of heavy rainfall events leading to the severe flooding in Western Europe during July 2021", World Weather Attribution, 2021.

Kreuter-Kirchhof, Charlotte: „Klimaschutz und Kohleausstieg", *Energiewirtschaftliche Tagesfragen* 69/7/8 (2019), S. 25–29.

Kriener, Manfred: „Teutschlands neue Goldgrube", *klimareporter°*, 02.01.2019, https://www.klimareporter.de/deutschland/teutschlands-neue-goldgrube (zugegriffen am 23.02.2022).

Krugman, Paul: „Competitiveness: A Dangerous Obsession", *Foreign Affairs* 73/2 (1994), S. 28–44.

Kulenovic, Dino: „Das Rheinische Braunkohlerevier", in: Reinkemeier, Peter und Ansgar Schanbacher (Hrsg.): *Schauplätze der Umweltgeschichte in Nordrhein-Westfalen*, Göttingen: Universitätsverlag Göttingen 2016.

Kulin, Joakim, Ingemar Johansson Sevä und Riley E. Dunlap: „Nationalist ideology, right-wing populism, and public views about climate change in Europe", *Environmental Politics* 30/7 (2021), S. 1111–1134.

Kumari Rigaud, Kanta u. a.: „Groundswell: Preparing for Internal Climate Migration", Washington DC: The World Bank, 2018.

Küpper, Moritz: „Versorgungssicherheit/Firmen fürchten die Energiewende", *Deutschlandfunk*, 24.04.2019, https://www.deutschlandfunk.de/versorgungssicherheit-firmen-fuerchten-die-energiewende.1773.de.html?dram:article_id=447012 (zugegriffen am 23.02.2022).

Lamarche-Gagnon, Guillaume u. a.: „Greenland melt drives continuous export of methane from the ice-sheet bed", *Nature* 565/7737 (2019), S. 73–77.

Lamb, William F. u. a.: „Discourses of climate delay", *Global Sustainability* 3 (2020), S. 1–5.

Landesregierung Nordrhein-Westfalen: „Nordrhein-Westfalen begrüßt Beschluss der Gesetze zum Kohleausstieg", 03.07.2020, https://www.land.nrw/de/pressemitteilung/nordrhein-westfalen-begruesst-beschluss-der-gesetze-zum-kohleausstieg (zugegriffen am 24.02.2022).

Lang, Joachim: „Unternehmen bewerben sich um Mitarbeiter", *Linked in,* ohne Datum, https://de.linkedin.com/pulse/unternehmen-bewerben-sich-um-mitarbeiter-joachim-lang (zugegriffen am 24.02.2022).

Lehming, Malte: „Wie unsozial ist die Klimapolitik?", *Der Tagesspiegel,* 26.09.2019, https://www.tagesspiegel.de/politik/co2-abgabe-flugpreise-parkgebuehren-wie-unsozial-ist-die-klimapolitik/25054726.html (zugegriffen am 16.04.2020).

Lenton, Timothy M. u. a.: „Climate tipping points – too risky to bet against", *Nature* 575 (2019), S. 592–595.

Lessenich, Stephan: Neben uns die Sintflut. Wie wir auf Kosten anderer leben, 3. Aufl., München: Piper 2018.

Leue, Vivien: „Tagebau Hambach/Kohle statt Kirche", *Deutschlandfunk,* 23.05.2019, https://www.deutschlandfunk.de/tagebau-hambach-kohle-statt-kirche.886.de.html?dram:article_id=449414 (zugegriffen am 23.02.2022).

Levin, Kelly u. a.: „Overcoming the tragedy of super wicked problems: constraining our future selves to ameliorate global climate change", *Policy Sciences* 45/2 (2012), S. 123–152.

Levy, Barry S., Victor W. Sidel und Jonathan A. Patz: „Climate Change and Collective Violence", *Annual Review of Public Health* 38/1 (2017), S. 241–257.

Lewicki, Pawel: „Energie aus Wasserkraft", *Umweltbundesamt,* 27.11.2014, https://www.umweltbundesamt.de/themen/klima-energie/erneuerbare-energien/energie-aus-wasserkraft (zugegriffen am 23.02.2022).

Lindner, Christian: „Die Empfehlungen der Kohlekommission sind pure Ideologie", *Handelsblatt,* 04.02.2019, https://www.handelsblatt.com/meinung/gastbeitraege/gastkommentar-die-empfehlungen-der-kohlekommission-sind-pure-ideologie/23943464.html (zugegriffen am 23.02.2022).

Lippold, Anna Luisa: Climate Change and Individual Moral Duties. A Plea for the Promotion of a Collective Solution, Paderborn: mentis 2020.

List, Christian und Philip Pettit: Group agency. the possibility, design, and status of corporate agents, Oxford: Oxford University Press 2011.

Lockwood, Matthew: „Right-wing populism and the climate change agenda: exploring the linkages", *Environmental Politics* (2018), S. 1–37.

Löffler, Konstantin u. a.: „Designing a Model for the Global Energy System—GENeSYS-MOD: An Application of the Open-Source Energy Modeling System (OSeMOSYS)", *Energies* 10/10 (2017), S. 1–28.

Löhr, Meike: „Grüne Umstellung, Energiewandel und Energiewende – Akteure in den Energiesystemtransformationsprozessen in Dänemark, Frankreich und Deutschland", in: *Energiewende. Politikwissenschaftliche Perspektiven,* Wiesbaden: Springer VS 2018, S. 79–129.

Lottje, Christine: „Wasserkrisen durch Klimawandel. Wie der Klimawandel weltweit die Versorgung mit Wasser gefährdet", Oxfam, 2016.

Loy, Johannes: „Als die spröden Masten brachen: Die große Chronik", *Westfälische Nachrichten*, 23.11.2015, https://www.wn.de/specials/schneechaos-2005/als-die-sproden-mas ten-brachen-die-grosse-chronik-1765742 (zugegriffen am 13.01.2022).

Ludewig, Damian: „Wirtschaft, Wohlstand und Wachstum", *Heinrich-Böll-Stiftung*, 15.07.2010, https://www.boell.de/de/navigation/oekologische-marktwirtschaft-wirtsc haft-wohlstand-wachstum-ludewig-9731.html (zugegriffen am 23.02.2022).

Lutz, Christian u. a.: „Wettbewerbsfähigkeit und Energiekosten der Industrie im internationalen Vergleich", GWS, Ecofys, Fraunhofer-ISI, 2015.

Lutz, Christian u. a.: „Vorteile der Energiewende über die gesamtwirtschaftlichen Effekte hinaus – eine literaturbasierte Übersicht. Studie im Auftrag des Bundesministeriums für Wirtschaft und Energie", GWS, Fraunhofer ISI, 2018.

Lynas, Mark: 6 Grad mehr. Die verheerenden Folgen der Erderwärmung, Hamburg: Rowohlt 2021.

Maaßen, Uwe und Hans-Wilhelm Schiffer: „Die deutsche Braunkohleindustrie im Jahr 2020", *World of Mining – Surface & Underground* 73/3 (2021), S. 141–153.

Mach, Katharine J. u. a.: „Climate as a risk factor for armed conflict", *Nature* 571/7764 (2019), S. 193–197.

Mankiw, N. Gregory und Mark P. Taylor: Grundzüge der Volkswirtschaftslehre, 5. Aufl., Stuttgart: Schäffer-Poeschel 2012.

Mann, Michael E.: The New Climate War. The fight to take back our planet, London und Victoria: Scribe Publications 2021.

Matek, Benjamin und Karl Gawell: „The Benefits of Baseload Renewables: A Misunderstood Energy Technology", *The Electricity Journal* 28/2 (2015), S. 101–112.

Matthes, Felix Chr., Hauke Hermann und Vanessa Cook: „Strompreis- und Stromkosteneffekte eines geordneten Ausstiegs aus der Kohleverstromung", Öko-Institut, 2019.

Mauer, Eva-Maria, Samuel J Okullo und Michael Pahle: „Evaluating the performance of the EU ETS MSR", Potsdam Institut für Klimafolgenforschung (PIK), 2019.

May, Larry: Sharing Responsibility, Chicago, London: The University of Chicago Press 1992.

May, Roel u. a.: „Paint it black: Efficacy of increased wind turbine rotor blade visibility to reduce avian fatalities", *Ecology and Evolution* 10/16 (2020), S. 8927–8935.

McKinsey & Company: „Energiewende-Index", ohne Datum, https://www.mckinsey.de/bra nchen/chemie-energie-rohstoffe/energiewende-index (zugegriffen am 23.02.2022).

McMahon, Jeff: „‚Baseload Is Poison' And 5 Other Lessons From Germany's Energy Transition", *Forbes*, 10.06.2018, https://www.forbes.com/sites/jeffmcmahon/2018/06/ 10/baseload-is-poison-and-5-other-lessons-from-germanys-energy-transition/?sh=63e e556a6f88 (zugegriffen am 23.02.2022).

mdr Wissen: „Wind und Sonne können Europa zu 100 Prozent versorgen", 21.10.2019, https://www.mdr.de/wissen/umwelt/studie-iass-erneuerbare-energien-koennen-europa-versorgen-100.html (zugegriffen am 24.02.2022).

Mecke, Ingo: „internationale Wettbewerbsfähigkeit", *Gabler Wirtschaftslexikon*, ohne Datum, https://wirtschaftslexikon.gabler.de/definition/internationale-wettbewerbsfaeh igkeit-39671/version-263073 (zugegriffen am 23.02.2022).

Mecke, Ingo, Nick Lin-Hi und Andreas Suchanek: „Wettbewerb", *Gabler Wirtschaftslexikon*, ohne Datum, https://wirtschaftslexikon.gabler.de/definition/wettbewerb-48719/version-271969 (zugegriffen am 21.02.2022).

Meier, Friederike: „Klimawandel ist jetzt auch Wetterwandel – klimareporter°", ohne Datum, https://www.klimareporter.de/erdsystem/klimawandel-ist-jetzt-auch-wetterwandel (zugegriffen am 21.02.2022).

Mercator Research Institute on Global Commons and Climate Change (MCC): „Verbleibendes CO2-Budget. So schnell tickt die CO2-Uhr", ohne Datum, https://www.mcc-berlin.net/forschung/co2-budget.html (zugegriffen am 24.02.2022).

Meredith, M. u. a.: „Polar Regions", in: Pörtner, H. O. u. a. (Hrsg.): *IPCC Special Report on the Ocean and Cryosphere in a Changing Climate*, 2019.

Meyer, Thomas: „Zur ethischen Relevanz von Akzeptanz und Akzeptabilität für eine nachhaltige Energiewende", in: Fraune, Cornelia u. a. (Hrsg.): *Akzeptanz und politische Partizipation in der Energietransformation. Gesellschaftliche Herausforderungen jenseits von Technik und Ressourcenausstattung*, Wiesbaden: Springer VS 2019, S. 45–60.

Miller, Lee M. und Axel Kleidon: „Wind speed reductions by large-scale wind turbine deployments lower turbine efficiencies and set low generation limits", *Proceedings of the National Academy of Sciences* 113/48 (2016), S. 13570.

Ministerium für Umwelt, Klima und Energiewirtschaft Baden-Württemberg: „Lastmanagement: intelligent verbrauchen, flexibel produzieren", ohne Datum, https://energiewende.baden-wuerttemberg.de/themen/netze/lastmanagement-intelligent-verbrauchen-flexibel-produzieren (zugegriffen am 21.02.2022).

Miosga, Manfred: „Systemtransformation in Zeiten eines zunehmenden Populismus. Soziale Innovationen als Elemente einer erfolgreichen Gestaltung der umkämpften Energiewende vor Ort", in: Radtke, Jörg u. a. (Hrsg.): *Energiewende in Zeiten des Populismus*, Wiesbaden: Springer VS 2019, S. 101–141.

Missirian, Anouch und Wolfram Schlenker: „Asylum applications respond to temperature fluctuations", *Science* 358/6370 (2017), S. 1610–1614.

Monyei, Chukwuka G. u. a.: „Justice, poverty, and electricity decarbonization", *The Electricity Journal* 32 (2019), S. 47–51.

Morton, Tom und Katja Müller: „Lusatia and the coal conundrum: The lived experience of the German Energiewende", *Energy Policy* 99 (2016), S. 277–287.

Möst, Dominik u. a.: „Märkte und Regulierung der Elektrizitätswirtschaft", in: Radtke, Jörg und Weert Canzler (Hrsg.): *Energiewende. Eine sozialwissenschaftliche Einführung*, Wiesbaden: Springer VS 2019, S. 125–170.

Mrasek, Volker: „Klimawandel/ ,Waldbrand-Risiko steigt mit jedem Grad Celsius'", *Deutschlandfunk*, 15.01.2020, https://www.deutschlandfunk.de/klimawandel-waldbrandrisiko-steigt-mit-jedem-grad-celsius.676.de.html?dram:article_id=467969 (zugegriffen am 23.02.2022).

Mudde, Cas und Cristóbal Rovira Kaltwasser: Populismus: Eine sehr kurze Einführung, Bonn: Dietz 2019.

Müller, Valérie: „Baden in der Braunkohlegrube", *Süddeutsche Zeitung*, 07.07.2014, https://www.sueddeutsche.de/wirtschaft/renaturierung-baden-in-der-braunkohlegrube-1.2004029 (zugegriffen am 23.02.2022).

Nature Climate Change: „In the line of fire" 10/169 (2020), (zugegriffen am 23.02.2022).

Neubauer, Luisa, Greta Thunberg und Angela Valenzuela: „Why We Strike Again", *Project Syndicate*, 29.11.2019, https://www.project-syndicate.org/commentary/climate-strikes-un-conference-madrid-by-greta-thunberg-et-al-2019-11 (zugegriffen am 24.02.2022).

Neuerer, Dietmar: „Partei der Zweifler: Wie die AfD gegen den Klimaschutz Front macht", *Handelsblatt*, 18.09.2019, https://www.handelsblatt.com/politik/deutschland/klimapolitik-partei-der-zweifler-wie-die-afd-gegen-den-klimaschutz-front-macht-/250 25444.html?ticket=ST-2557670-ZAHvQRddp7zXPMR2kcyN-ap5 (zugegriffen am 24.02.2022).

Neukom, Raphael u. a.: „No evidence for globally coherent warm and cold periods over the preindustrial Common Era", *Nature* 571/7766 (2019), S. 550–554.

Neumayer, Eric: „In defense of historical accountability for greenhouse gas emissions", *Ecological Economics* 33/2 (2000), S. 185–192.

next: „Direktvermarktung von Strom aus Erneuerbaren Energien", ohne Datum, https://www.next-kraftwerke.de/wissen/direktvermarktung (zugegriffen am 23.02.2022).

next: „Was bedeutet Merit-Order?", ohne Datum, https://www.next-kraftwerke.de/wissen/merit-order (zugegriffen am 24.02.2022).

next: „Was ist der Anzulegende Wert?", ohne Datum, https://www.next-kraftwerke.de/wissen/anzulegender-wert (zugegriffen am 24.02.2022).

next: „Was ist die EEG-Umlage?", ohne Datum, https://www.next-kraftwerke.de/wissen/eeg-umlage (zugegriffen am 24.02.2022).

next: „Was ist die Marktprämie?", ohne Datum, https://www.next-kraftwerke.de/wissen/marktpraemie (zugegriffen am 24.02.2022).

Nielsen, Kristian S. u. a.: „The role of high-socioeconomic-status people in locking in or rapidly reducing energy-driven greenhouse gas emissions", *Nature Energy* (2021).

Nordhaus, William: „Climate Change: The Ultimate Challenge for Economics", *American Economic Review* 109/6 (2019), S. 1991–2014.

Nordhaus, William: „The Climate Club. How to Fix a Failing Global Effort", *Foreign Affairs* 99/3 (2020), S. 10–17.

Oei, Pao-Yu u. a.: „Klimaschutz statt Kohleschmutz: Woran es beim Kohleausstieg hakt und was zu tun ist", Berlin: DIW, 2020.

Ohlhorst, Dörte: „Biographie der Energiewende im Stromsektor", in: Radtke, Jörg und Weert Canzler (Hrsg.): *Energiewende. Eine sozialwissenschaftliche Einführung*, Wiesbaden: Springer VS 2019, S. 97–122.

Öko-Institut: „Die deutsche Braunkohlenwirtschaft. Historische Entwicklungen, Ressourcen, Technik, wirtschaftliche Strukturen und Umweltauswirkungen.", Studie im Auftrag von Agora Energiewende und der European Climate Foundation, 2017.

Oppenheimer, M. u. a.: „Sea Level Rise and Implications for Low-Lying Islands, Coasts and Communities", in: Pörtner, H. O. u. a. (Hrsg.): *IPCC Special Report on the Ocean and Cryosphere in a Changing Climate*, 2019.

Otto, Ferdinand: „Kann man der AfD Wähler abnehmen, indem man ihren Sound kopiert?", *Zeit Online*, 26.10.2016, https://www.zeit.de/politik/deutschland/2016-10/csu-grundsatzprogramm-markus-blume-afd-waehler/komplettansicht (zugegriffen am 24.02.2022).

Pahle, Michael u. a.: „Die unterschätzten Risiken des Kohleausstiegs", *Energiewirtschaftliche Tagesfragen*, 2019.

Pallinger, Jakob: „‚Klimawandel', ‚Klimakrise', ‚Klimakatastrophe': Wie es heißen sollte", *Der Standard*, 19.05.2021, https://www.derstandard.de/story/2000126601766/klimaw andel-klimakrise-klimakatastrophe-wie-es-heissen-sollte (zugegriffen am 07.02.2022).

Parents for Future Germany: „Willkommen bei Parents For Future", ohne Datum, https://www.parentsforfuture.de/de/ (zugegriffen am 22.02.2022).

Paul, Karsten, Andrea Zechmann und Klaus Moser: „Psychische Folgen von Arbeitsplatzverlust und Arbeitslosigkeit", WSI-Mitteilungen, Wirtschafts- und Sozialwissenschaftliches Institut, 2016.

Pausch, Robert: „Seehofer ist an allem schuld. Oder?", *Zeit Online*, 19.07.2018, https://www.zeit.de/politik/deutschland/2018-07/csu-horst-seehofer-bayern-umfragewerte-spa etphase/komplettansicht (zugegriffen am 24.02.2022).

Perino, Grischa: „Kohleausstieg: Teuer und mit ungewisser Klimawirkung", *Centrum für Erdsystemforschung und Nachhaltigkeit (CEN)*, 18.03.2020.

Perino, Grischa: „New EU ETS Phase 4 rules temporarily puncture waterbed", *Nature Climate Change* 8 (04.2018), S. 260–271.

Perino, Grischa, Robert A. Ritz und Arthur A. van Benthem: „Understanding overlapping policies: Internal carbon leakage and the punctured waterbed", University of Cambridge I Energy Policy Research Group, 2019.

Petersdorff, Winand von: „Der große Stromausfall kommt", *Frankfurter Allgemeine Zeitung*, 28.02.2011, https://www.faz.net/aktuell/wirtschaft/wirtschaftspolitik/netzueberlas tung-der-grosse-stromausfall-kommt-1592887.html (zugegriffen am 24.02.2022).

Pfahl-Traughber, Armin: „Die AfD ist (mittlerweile) eine rechtsextremistische Partei", *Sozial Extra* 44/2 (2020), S. 87–91.

Pfeffer, Kilian: „Der AfD-„Flügel" – stärker denn je?", *Tagesschau*, 30.04.2020, https://www.tagesschau.de/inland/innenpolitik/afd-fluegel-129.html (zugegriffen am 24.02.2022).

Pfeifer, Hans: „AfD: Extrem rechts", 25.03.2020, https://www.dw.com/de/afd-extrem-rec hts/a-52914272 (zugegriffen am 31.05.2021).

Planergemeinschaft Kohlbrenner eG: „Umweltgerechtigkeit in der Sozialen Stadt. An Schnittstelle von Umwelt, Gesundheit und Sozialer Lage. Endbericht", Berlin: Bundesinstitut für Bau-, Stadt- und Raumforschung (BBSR) im Bundesamt für Bauwesen und Raumordnung (BBR), 2016.

Ploeg, Frederick van der und Armon Rezai: „The agnostic's response to climate deniers: Price carbon!", *European Economic Review* 111 (2019), S. 70–84.

Poier, Klaus, Sandra Saywald-Wedl und Hedwig Unger: „Die Themen der »Populisten«", *Zeitschrift für Literaturwissenschaft und Linguistik* 50/2 (2020), S. 185–202.

Porter, Michael E.: „The Competitive Advantage of Nations", *Harvard Business Review* 68/2 (1990), S. 73–93.

Powering Past Coal Alliance (PPCA): „Declaration", ohne Datum, https://www.poweringp astcoal.org/about/declaration (zugegriffen am 23.02.2022).

Powering Past Coal Alliance (PPCA): „PPCA Members", ohne Datum, https://www.poweri ngpastcoal.org/members (zugegriffen am 22.02.2022).

Powering Past Coal Alliance (PPCA): „Who we are", ohne Datum, https://www.poweringp astcoal.org/about/who-we-are (zugegriffen am 24.02.2022).

Praetorius, Barbara: „Grundlagen der Energiepolitik", in: Radtke, Jörg und Weert Canzler (Hrsg.): *Energiewende. Eine sozialwissenschaftliche Einführung*, Wiesbaden: Springer VS 2019, S. 29–68.

Praetorius, Barbara: „Stellungnahme der ehemaligen Mitglieder der Kommission Wachstum, Strukturwandel und Beschäftigung (KWSB)", 21.01.2020.

Presse- und Informationsamt der Bundesregierung (BPA): „Bund-/Länder-Einigung zum Kohleausstieg", *Die Bundesregierung*, 16.01.2020, https://www.bundesregierung.de/breg-de/themen/buerokratieabbau/bund-laender-einigung-zum-kohleausstieg-1712774 (zugegriffen am 23.02.2022).

Preuß, Malte, Wolf Heinrich Reuter und Christoph M. Schmidt: „Verteilungswirkung einer CO_2-Bepreisung in Deutschland", Wiesbaden: Sachverständigenrat zur Begutachtung der Gesamtwirtschaftlichen Entwicklung, 2019.

Prognos, Öko-Institut, Wuppertal-Institut: „Klimaneutrales Deutschland. Zusammenfassung im Auftrag von Agora Energiewende, Agora Verkehrswende und Stiftung Klimaneutralität", 2020.

Putz, Ulrike: „Eine Metropole versinkt im Meer", *Spiegel Wissenschaft*, 20.10.2018, https://www.spiegel.de/wissenschaft/natur/jakarta-in-indonesien-eine-millionen-metropole-versinkt-im-meer-a-1232208.html (zugegriffen am 24.02.2022).

Quaschning, Volker: Erneuerbare Energien und Klimaschutz. Hintergründe – Techniken und Planung – Ökonomie und Ökologie – Energiewende, 6. Aufl., München: Hanser 2021.

Quaschning, Volker: „Grundlastkraftwerke: Krücke oder Brücke?", *Sonne Wind & Wärme* (05.2010), S. 10–15.

Radtke, Jörg u. a.: „Die Energiewende in Deutschland – zwischen Partizipationschance und Verflechtungsfalle", in: Radtke, Jörg und Norbert Kersting (Hrsg.): *Energiewende. Politikwissenschaftliche Perspektiven*, Wiesbaden: Springer VS 2018, S. 17–43.

Radtke, Jörg u. a.: „Energiewende in Zeiten populistischer Bewegungen – Einleitende Bemerkungen", in: Radtke, Jörg u. a. (Hrsg.): *Energiewende in Zeiten des Populismus*, Wiesbaden: Springer VS 2019, S. 3–29, https://doi.org/10.1007/978-3-658-26103-0.

Radtke, Jörg und Norbert Kersting: „Energiewende in Deutschland. Lokale, regionale und bundespolitische Perspektiven", in: Radtke, Jörg und Norbert Kersting (Hrsg.): *Energiewende. Politikwissenschaftliche Perspektiven*, Wiesbaden: Springer VS 2018, S. 3–16.

Radtke, Jörg und Miranda A. Schreurs: „Klimaskeptizismus und populistische Bewegungen in Europa und den USA", in: *Energiewende in Zeiten des Populismus*, Wiesbaden: Springer VS 2019, S. 145–179.

Rahmstorf, Stefan: „Verwirrspiel um die absolute globale Mitteltemperatur", *Spektrum.de Scilogs*, 12.02.2018, https://scilogs.spektrum.de/klimalounge/verwirrspiel-um-die-absolute-globale-mitteltemperatur/ (zugegriffen am 24.02.2022).

Raschke, Ehrhard: „Der Treibhauseffekt in der Erdatmosphäre", *Welt der Physik*, 22.11.2008, https://www.weltderphysik.de/gebiet/erde/atmosphaere/klimaforschung/treibhauseffekt/ (zugegriffen am 24.02.2022).

Raworth, Kate: Die Donut-Ökonomie. Endlich ein Wirtschaftsmodell, das den Planeten nicht zerstört, 3. Aufl., London/München: Hanser 2020.

Regenerative Zukunft: „Konzentrierte Solarthermie", ohne Datum, http://www.regenerative-zukunft.de/joomla/erneuerbare-energien-menu/solarthermie-csp (zugegriffen am 25.02.2022).

Reuveny, Rafael: „Climate change-induced migration and violent conflict", *Political Geography* 26/6 (2007), S. 656–673.

Rinn, Moritz: „Etwas Besseres als Beteiligung? Kritische Partizipation und Partizipationskritik in der Stadtentwicklungspolitik", *Bundeszentrale für politische Bildung (bpb) – Dossier Stadt und Gesellschaft*, 27.08.2017, https://www.bpb.de/politik/innenp olitik/stadt-und-gesellschaft/216888/partizipationskritik-in-der-stadtentwicklungspoli tik?p=all (zugegriffen am 28.02.2022).

Ritchie, Hannah und Max Roser: „CO2 and Greenhouse Emissions", *OurWorldInData.org*, 2020, https://ourworldindata.org/co2-and-other-greenhouse-gas-emissions (zugegriffen am 24.02.2022).

Rittel, Horst W. J. und Melvin M. Webber: „Dilemmas in a General Theory of Planning", *Policy Sciences* 4/2 (1973), S. 155–169.

Ritthoff, Michael und Otto Schallaböck: „Ökobilanzierung der Elektromobilität. Themen und Stand der Forschung", Wuppertal: Wuppertal Institut, Modellregionen Elektromobilität, 2012.

Rogelj, Joeri u. a.: „Estimating and tracking the remaining carbon budget for stringent climate targets", *Nature* 571/7765 (2019), S. 335–342.

Rogelj, Joeri u. a.: „Mitigation pathways compatible with 1.5°C in the context of sustainable development", in: V. Masson-Delmotte u. a. (Hrsg.): *Global warming of 1.5°C. An IPCC Special Report on the Impacts of global warming of 1.5°C above pre-industrial levels and related global greenhouse gas emission pathways, in the context of strengthening the global response to the threat of climate change, sustainable development, and efforts to eradicate poverty*, 2018.

Rosemberg, Anabella: „Building a Just Transition. The linkages between climate change and employment", *Climate change and labour: The need for a „just transition"* 2/2 (2010), S. 125–161.

Rosenbloom, Daniel u. a.: „Why carbon pricing is not sufficient to mitigate climate change – and how "sustainability transition policy" can help", *Proceedings of the National Academy of Sciences* 117/16 (2020), S. 8664–8668.

Roser, Dominic und Christian Seidel: Ethik des Klimawandels. Eine Einführung, Darmstadt: WBG 2013.

Roser, Max und Esteban Ortiz-Ospina: „Global Extreme Poverty", *OurWorldInData.org*, 2013, 'https://ourworldindata.org/extreme-poverty' (zugegriffen am 02.03.2022).

RP-Energie-Lexikon: „Grundlast", ohne Datum, https://www.energie-lexikon.info/grundlast. html (zugegriffen am 21.02.2022).

RP-Energie-Lexikon: „Lastmanagement", ohne Datum, https://www.energie-lexikon.info/ lastmanagement.html (zugegriffen am 21.02.2022).

RP-Energie-Lexikon: „Leistungsdichte", ohne Datum, https://www.energie-lexikon.info/lei stungsdichte.html (zugegriffen am 21.02.2022).

RP-Energie-Lexikon: „Mittellast", ohne Datum, https://www.energie-lexikon.info/mittellast. html (zugegriffen am 21.02.2022).

RP-Energie-Lexikon: „Spitzenlast", ohne Datum, https://www.energie-lexikon.info/spitze nlast.html (zugegriffen am 22.02.2022).

Rueter, Gero: „Deutschlands Stromexporte sind für Klimaziele ein Problem", *DW*, 01.02.2018, https://p.dw.com/p/2qr4r (zugegriffen am 24.02.2022).

Rueter, Gero: „Kohle wird unrentabel, Solar und Wind gewinnen", *DW*, 13.08.2020, https://p.dw.com/p/3eBK9 (zugegriffen am 24.02.2022).

Rueter, Gero: „Täuschen Industrieverbände Kohlekommission und Öffentlichkeit?", *DW*, 25.01.2019, https://p.dw.com/p/3CBZY (zugegriffen am 24.02.2022).

Rueter, Gero: „Warum verfehlt Deutschland seine Klimaziele?", *DW*, 06.07.2018, https://p.dw.com/p/30l74 (zugegriffen am 24.02.2022).

RWE: „Braunkohle. Gewinnung", ohne Datum, https://www.rwe.com/unser-portfolio-lei stungen/rohstoffe-energietraeger/braunkohle/braunkohle-gewinnung (zugegriffen am 15.02.2022).

RWE: „Tagebau Hambach. Rückgrat einer sicheren Stromversorgung", ohne Datum.

RWE: „Umsiedlungen im Rheinland. Partnerschaft sichert Sozialverträglichkeit", Essen/Köln, ohne Datum.

Sachverständigenrat für Umweltfragen (SRU): „Pariser Klimaziele erreichen mit dem CO2-Budget", 2020.

Sandau, Fabian u. a.: „Daten und Fakten zu Braun- und Steinkohlen. Stand und Perspektiven 2021", Dessau-Roßlau: Umweltbundesamt, 2021.

Schäfer, Andreas: „Wachstum", *Gabler Wirtschaftslexikon*, ohne Datum, https://wirtsc haftslexikon.gabler.de/definition/wachstum-48617/version-271868 (zugegriffen am 22.02.2022).

Schaffrin, André, Christian Smigiel und Katrin Großmann: „Energie und soziale Ungleichheit in Deutschland und Europa – eine Einführung", in: Großmann, Katrin, André Schaffrin und Christian Smigiel (Hrsg.): *Energie und soziale Ungleichheit. Zur gesellschaftlichen Dimension der Energiewende in Deutschland und Europa*, Wiesbaden: Springer VS 2017, S. 1–26.

Schauenberg, Tim: „Waldbrände weltweit: Klimawandel und Rodungen erhöhen das Risiko", *DW*, 08.01.2020, https://p.dw.com/p/3Vslw (zugegriffen am 24.02.2022).

Schill, Wolf-Peter u. a.: „Die Energiewende wird nicht an Stromspeichern scheitern", 11, DIW aktuell, Berlin: Deutsches Institut für Wirtschaftsforschung (DIW), 2018.

Schlösser, Hans-Jürgen: „Staatliche Handlungsfelder in einer Marktwirtschaft", *Informationen zur politischen Bildung/izpb. Staat und Wirtschaft* 294 (2007).

Schneidewind, Uwe: Die große Transformation. Eine Einführung in die Kunst gesellschaftlichen Wandels, Frankfurt am Main: S. Fischer Verlag 2018.

Schrader, Christoph: „Klimanationalisten im Wasserbett. Ist forcierter Klimaschutz – zum Beispiel ein deutscher Kohleausstieg – sinnlos? Eine Analyse", *Riff Reporter*, 30.10.2018, https://www.riffreporter.de/klimasocial/schrader-klimanationalisten/ (zugegriffen am 24.02.2022).

Schrems, Isabel und Swantje Fiedler: „Wozu so viel Entschädigung für die Braunkohle?", *klimareporter°*, 06.02.2020, https://www.klimareporter.de/deutschland/wozu-so-viel-ent schaedigung-fuer-die-braunkohle (zugegriffen am 24.02.2022).

Schuldnerberatung.de: „Schuldnerberatung – Hilfe aus der Schuldenfalle", ohne Datum, https://www.schuldnerberatung.de/ (zugegriffen am 22.02.2022).

Schultz, Stefan: „New Coal Fired Plants Could Be Key to German Energy Revolution", *Spiegel International* (07.09.2012), https://www.spiegel.de/international/germany/new-coal-fired-plants-could-be-key-to-german-energy-revolution-a-854335.html (zugegriffen am 24.02.2022).

Schultz, Stefan: „Weniger Kohlemeiler könnten Stromversorgung sicherer machen", *Spiegel Wirtschaft*, 15.11.2017, https://www.spiegel.de/wirtschaft/soziales/kohleausstieg-wen iger-kohlmeiler-machen-laut-bmwi-stromnetz-stabiler-a-1178178.html (zugegriffen am 24.02.2022).

Schwab, Klaus: „The Global Competitiveness Report 2019", World Economic Forum, 2019.

Schwarz, Susanne: „Schulze will Beitritt zur globalen Allianz für Kohleausstieg", *klimareporter°*, 19.03.2019, https://www.klimareporter.de/deutschland/deutschland-will-glo baler-kohleausstiegs-allianz-beitreten (zugegriffen am 24.02.2022).

Scientists for Future International: „About", ohne Datum, https://scientists4future.org/ (zugegriffen am 22.02.2022).

Selby, Jan u. a.: „Climate change and the Syrian civil war revisited", *Political Geography* 60 (2017), S. 232–244.

Selk, Veith, Jörg Kemmerzell und Jörg Radtke: „In der Demokratiefalle? Probleme der Energiewende zwischen Expertokratie, partizipativer Governance und populistischer Reaktion", in: Radtke, Jörg u. a. (Hrsg.): *Energiewende in Zeiten des Populismus*, Wiesbaden: Springer VS 2019, S. 31–66.

Seneviratne, S.I. u. a.: „Weather and Climate Extreme Events in a Changing Climate", in: Masson-Delmotte, V. u. a. (Hrsg.): *Climate Change 2021: The Physical Science Basis. Contribution of Working Group I to the Sixth Assessment Report of the Intergovernmental Panel on Climate Change*, Cambridge University Press 2021.

Sepulveda, Nestor A. u. a.: „The Role of Firm Low-Carbon Electricity Resources in Deep Decarbonization of Power Generation", *Joule* 2/11 (2018), S. 2403–2420.

Shellenberger, Michael: Apocalypse Never. Why Environmental Alarmism Hurts Us All, 1. Aufl., New York: HarperCollins 2020.

Shindell, Drew u. a.: „Temporal and spatial distribution of health, labor, and crop benefits of climate change mitigation in the United States", *Proceedings of the National Academy of Sciences (PNAS)* 118/46 (2021), S. 1–8.

Shue, Henry: Basic Rights. Subsistence, Affluence, and U.S. Foreign Policy, 2. Aufl., Princeton: Princeton University Press 1996.

Shue, Henry: „Bequeathing hazards: security rights and property rights of future humans", in: *Climate Justice. Vulnerability and Protection*, Oxford: Oxford University Press 2014, S. 162–179.

Shue, Henry: „Climate", in: *Climate Justice. Vulnerability and Protection*, Oxford: Oxford University Press 2014, S. 195–207.

Shue, Henry: „Deadly delays, saving opportunities: creating a more dangerous world?", in: *Climate Justice. Vulnerability and Protection*, Oxford: Oxford University Press 2014, S. 263–286.

Shue, Henry: „Global environment and international inequality", in: *Climate Justice. Vulnerability and Protection*, Oxford: Oxford University Press 2014, S. 180–194.

Shue, Henry: „Historical Responsibility, Harm Prohibition, and Preservation Requirement: Core Practical Convergence on Climate Change", *Moral Philosophy and Politics* 2/1 (2015), S. 7–31.

Shue, Henry: „Human rights, climate change, and the trillionth ton", in: *Climate Justice. Vulnerability and Protection*, Oxford: Oxford University Press 2014, S. 297–318.

Shue, Henry: „Responsibility to future generations and the technological transition", in: *Climate Justice. Vulnerability and Protection*, Oxford: Oxford University Press 2014, S. 225–243.

Sinn, Hans-Werner: „Buffering volatility: A study on the limits of Germany's energy revolution", *European Economic Review* 99 (2017), S. 130–150.

Sinn, Hans-Werner: Das Grüne Paradoxon. Plädoyer für eine illusionsfreie Klimapolitik, Sargans, Schweiz: Weltbuch 2020.

Sinn, Hans-Werner: „Leserbrief von Prof. Hans-Werner Sinn an das DIW zum Thema Stromspeicher", ohne Datum, https://www.hanswernersinn.de/de/Brief_DIW_08062018 (zugegriffen am 24.02.2022).

Sinnott-Armstrong, Walter: „It's not my fault: global warming and individual moral obligations", in: *Perspectives on Climate Change: Science, Economics, Politics, Ethics. Advances in the Economicy of Environmental Research*, Bd. 5, 2005, S. 293–315.

Smil, Vaclav: Energy. A Beginner's Guide, 2. Aufl., London, Minneapolis: Oneworld Publications 2017.

Smith, Nicholas und Anthony Leiserowitz: „The Role of Emotion in Global Warming Policy Support and Opposition", *Risk Analysis* 34/5 (2014), S. 937–948.

SPD, Bündnis90/Die Grüne, FDP: „Mehr Fortschritt wagen. Bündnis für Freiheit, Gerechtigkeit und Nachhaltigkeit. Koalitionsvertrag zwischen SPD, Bündnis90/Die Grünen und FDP", 2021.

Spiegel Panorama: „25.000 Menschen droht vierte Nacht ohne Strom", 28.11.2005, https://www.spiegel.de/panorama/stromchaos-im-muensterland-25-000-menschen-droht-vierte-nacht-ohne-strom-a-387234.html (zugegriffen am 23.02.2022).

Spiegel Politik: „Das ist der AfD-„Flügel"", 12.03.2020, https://www.spiegel.de/politik/deutschland/afd-das-ist-der-fluegel-a-084fac0e-30cc-48e4-a859-034d78fb8ba3 (zugegriffen am 23.02.2022).

Spiegel Wirtschaft: „Mitglieder der Kohlekommission stehen fest", 04.06.2018, https://www.spiegel.de/wirtschaft/soziales/kohleausstieg-mitglieder-der-kohlekommission-stehen-fest-a-1211132.html (zugegriffen am 23.02.2022).

Spiegel Wirtschaft: „Sachsens Ministerpräsident ermuntert Gewerkschaften zu Protesten", 01.12.2021, https://www.spiegel.de/wirtschaft/kohleausstieg-michael-kretschmer-ermuntert-gewerkschaften-zu-protesten-a-d956b525-8d41-4d20-9d9c-2e0e3a3152a0 (zugegriffen am 07.02.2022).

Spiegel Wissenschaft: „Forscher weisen ‚Brandwetter' in Australien nach", 14.01.2020, https://www.spiegel.de/wissenschaft/natur/australien-was-der-klimawandel-mit-den-braenden-zu-tun-hat-a-03acb3d9-5a54-4791-b54a-281dce931592 (zugegriffen am 23.02.2022).

Spiegel Wissenschaft: „Klimawandel bedroht Trinkwasser-Reserven", ohne Datum, https://www.spiegel.de/wissenschaft/natur/ueberflutete-kuesten-klimawandel-bedroht-trinkwasser-reserven-a-515878.html (zugegriffen am 24.02.2022).

Stäglich, Jörg und Thomas Fritz: „Auswirkungen des Kohleausstiegs auf den deutschen Erzeugungsmarkt", Oliver Wyman, 2019.

Steffen, Will u. a.: „Trajectories of the Earth System in the Anthropocene", *Proceedings of the National Academy of Sciences* 115/33 (2018), S. 8252–8259.

Steigleder, Klaus: „Deontologische Theorien der Verantwortung", in: Heidbrink, L., C. Langbehn und J. Loh (Hrsg.): *Handbuch Verantwortung*, Springer Reference Sozialwissenschaften, Wiesbaden: Springer 2017.

Steigleder, Klaus: Grundlegung der normativen Ethik: Der Ansatz von Alan Gewirth, Freiburg, München: Alber 1999.

Steigleder, Klaus: „The Tasks of Climate Related Energy Ethics – The Example of Carbon Capture and Storage", *Jahrbuch für Wissenschaft und Ethik* 21/1 (2017), S. 121–146.

Steigleder, Klaus: „Weltwirtschaft und Finanzmärkte", in: Mieth, C., A. Goppel und C. Neuhäuser (Hrsg.): *Handbuch Gerechtigkeit*, Stuttgart/Weimar: Metzler 2016, S. 472–477.

Steigleder, Klaus und Robert Heeger: „Climate change and energy ethics", Ms., Bochum/Utrecht, 2021.

Steinberger, Petra: „Nah am Wasser gebaut", *Süddeutsche Zeitung*, 03.08.2013, https://www. sueddeutsche.de/wissen/die-niederlande-und-der-klimawandel-nah-am-wasser-gebaut-1. 1737270-0 (zugegriffen am 24.02.2022).

Sterchele, Philip u. a.: „Wege zu einem klimaneutralen Energiesystem. Die deutsche Energiewende im Kontext gesellschaftlicher Verhaltensweisen", Freiburg: Fraunhofer-Institut für Solare Energiesysteme ISE, 2020.

Stierstadt, Klaus: „Genug Platz an der Sonne", *Physik in unserer Zeit* 50/3 (2019), S. 128–131.

Stiglitz, Joseph E.: „Addressing Climate Change through Price and Non-price Interventions", Cambridge, MA: National Bureau of Economic Research (NBER), 2019.

Stott, Peter: „How climate change affects extreme weather events", *Science* 352 (2016), S. 1517–1518.

Stratenschulte, Eckart D.: „Gründung der Europäischen Gemeinschaften", *Bundeszentrale für politische Bildung (bpb)*, 01.04.2014, https://www.bpb.de/internationales/europa/eur opaeische-union/42989/europaeische-gemeinschaften?p=0 (zugegriffen am 24.02.2022).

Stratmann, Klaus: „Schattenseite des Hoffnungsträgers: Produktion von Wasserstoff könnte Ressourcen gefährden", *Handelsblatt*, 05.04.2021, https://www.handelsblatt.com/pol itik/deutschland/klimaneutralitaet-schattenseite-des-hoffnungstraegers-produktion-von-wasserstoff-koennte-ressourcen-gefaehrden/27063644.html?ticket=ST-3224400-PBC oh5nBlmLBt06yCj9F-ap6 (zugegriffen am 24.02.2022).

Straubhaar, Thomas: „Internationale Wettbewerbsfähigkeit einer Volkswirtschaft: Was ist das?", *Wirtschaftsdienst* 74/10 (1994), S. 534–540.

Suchanek, Andreas, Nick Lin-Hi und Dirk Sauerland: „Soziale Marktwirtschaft", *Gabler Wirtschaftslexikon*, ohne Datum, https://wirtschaftslexikon.gabler.de/definition/soziale-marktwirtschaft-42184/version-265538 (zugegriffen am 22.02.2022).

Swiaczny, Frank: „Regionale Muster des demografischen Wandels", *Bundeszentrale für politische Bildung (bpb)*, 28.01.2014, https://www.bpb.de/gesellschaft/migration/kurzdossi ers/176234/regionale-muster (zugegriffen am 24.02.2022).

tagesschau: „EuGH verurteilt Polen zu 500.000 € täglich", 20.09.2021, https://www.tag esschau.de/ausland/europa/polen-tagebau-turow-schliessung-101.html (zugegriffen am 03.02.2022).

tagesschau: „Massiver Widerstand in der Union", 30.05.2019, https://www.tagesschau.de/inl and/kohleausstieg-113.html (zugegriffen am 07.02.2022).

tagesschau: „Unsicherheit bei den Kumpeln", 27.08.2020, https://www.tagesschau.de/kohlea usstieg-sachsen-lausitz-101.html (zugegriffen am 24.02.2022).

tagesschau: „Verfassungsschutz darf AfD als Verdachtsfall führen", 08.03.2022, https://www.tagesschau.de/inland/afd-gerichtsentscheid-101.html (zugegriffen am 11.03.2022).

tagesschau: „Verfassungsschutz zu AfD-„Flügel": Erwiesen rechtsextrem", 01.04.2020, https://www.tagesschau.de/inland/afd-fluegel-verfassungsschutz-101.html (zugegriffen am 24.02.2022).

Tesla Deutschland: „Gigafactory Berlin-Brandenburg", ohne Datum, https://www.tesla.com/de_de/giga-berlin (zugegriffen am 22.02.2022).

The Wall Street Journal: „Economists' Statement on Carbon Dividends", 17.01.2019, https://clcouncil.org/economists-statement/ (zugegriffen am 23.02.2022).

Thieme, Tom: „Dialog oder Ausgrenzung – Ist die AfD eine rechtsextreme Partei?", *Bundeszentrale für politische Bildung (bpb)*, 30.01.2019, https://www.bpb.de/politik/extremismus/rechtspopulismus/284482/dialog-oder-ausgrenzung-ist-die-afd-eine-rechtsextreme-partei (zugegriffen am 24.02.2022).

Tietjen, Oliver u. a.: „Warum sich die Energiewende rechnet. Eine Analyse von Kosten und Nutzen der erneuerbaren Energien in Deutschland", Germanwatch, 2011.

Tolksdorf, Michael: Dynamischer Wettbewerb. Einführung in die Grundlagen der deutschen und internationalen Wettbewerbspolitik, 1. Aufl., Wiesbaden: Gabler 1994.

Trofimova, Arina: „Ohne Kohle und Gas keine Energiewende", *Energieratgeber. WIe man effizient Kosten und Ressourcen sparen kann* (18.06.2015).

Tröndle, Tim, Stefan Pfenninger und Johan Lilliestam: „Home-made or imported: On the possibility for renewable electricity autarky on all scales in Europe", *Energy Strategy Reviews* 26 (2019), S. 1–13.

Tvinnereim, Endre und Michael Mehling: „Carbon pricing and deep decarbonisation", *Energy Policy* 121 (2018), S. 185–189.

Ueckerdt, Falko und Ruud Kempener: „From Baseload to Peak: Renewables Provide a Reliable Solution", International Renewable Energy Agency (IRENA), 2015.

Umweltbundesamt: „Atmosphärische Treibhausgas-Konzentrationen", ohne Datum, https://www.umweltbundesamt.de/daten/klima/atmosphaerische-treibhausgas-konzentrationen#kohlendioxid- (zugegriffen am 23.02.2022).

Umweltbundesamt: „Beobachtete und künftig zu erwartende globale Klimaänderungen", 22.03.2021, https://www.umweltbundesamt.de/daten/klima/beobachtete-kuenftig-zu-erwartende-globale#-ergebnisse-der-klimaforschung- (zugegriffen am 23.02.2022).

Umweltbundesamt: „Bioenergie", 26.06.2020, https://www.umweltbundesamt.de/themen/klima-energie/erneuerbare-energien/bioenergie#bioenergie-ein-weites-und-komplexes-feld- (zugegriffen am 23.02.2022).

Umweltbundesamt: „Der Europäische Emissionshandel", 12.07.2021, https://www.umweltbundesamt.de/daten/klima/der-europaeische-emissionshandel#teilnehmer-prinzip-und-umsetzung-des-europaischen-emissionshandels (zugegriffen am 23.02.2022).

Umweltbundesamt: „Energiebedingte Emissionen", 02.06.2021, https://www.umweltbundesamt.de/daten/energie/energiebedingte-emissionen#energiebedingte-emissionen-durch-stromerzeugung (zugegriffen am 23.02.2022).

Umweltbundesamt: „Erneuerbare und konventionelle Stromerzeugung", 17.01.2022, https://www.umweltbundesamt.de/daten/energie/erneuerbare-konventionelle-stromerzeugung#zeitliche-entwicklung-der-bruttostromerzeugung (zugegriffen am 01.03.2022).

Umweltbundesamt: „Kraftwerke: konventionelle und erneuerbare Energieträger", 17.01.2022, https://www.umweltbundesamt.de/daten/energie/kraftwerke-konventio nelle-erneuerbare#kraftwerkstandorte-in-deutschland (zugegriffen am 23.02.2022).

Umweltbundesamt: „Netzausbau", 22.12.2020, https://www.umweltbundesamt.de/themen/ klima-energie/energieversorgung/netzausbau#notwendigkeit-des-netzausbaus (zugegrif fen am 24.02.2022).

Umweltbundesamt: „Rebound-Effekte", 17.09.2019, https://www.umweltbundesamt. de/themen/abfall-ressourcen/oekonomische-rechtliche-aspekte-der/rebound-effekte (zugegriffen am 24.02.2022).

Umweltbundesamt: „Treibhausgas-Emissionen in Deutschland", 24.01.2022, https://www. umweltbundesamt.de/daten/klima/treibhausgas-emissionen-in-deutschland#emissions entwicklung (zugegriffen am 02.02.2022).

Umweltbundesamt: „Waldbrände", 03.08.2021, https://www.umweltbundesamt.de/daten/ land-forstwirtschaft/waldbraende#textpart-1 (zugegriffen am 24.02.2022).

Umweltbundesamt: „Was ist ein ‚Smart-Grid'?", 03.08.2013, https://www.umweltbundes amt.de/service/uba-fragen/was-ist-ein-smart-grid (zugegriffen am 24.02.2022).

Umweltbundesamt: „Wie funktioniert der Treibhauseffekt?", 11.08.2021, https://www. umweltbundesamt.de/service/uba-fragen/wie-funktioniert-der-treibhauseffekt (zugegrif fen am 24.02.2022).

UNFCCC: „Paris Agreement", 2015.

UNFCCC: „What is the Kyoto Protocol?", ohne Datum, https://unfccc.int/kyoto_protocol (zugegriffen am 01.03.2022).

UNHCR: „Global Trends. Forced Displacement in 2018", 2019.

Universität Ulm (uulm): „IV. Die Hauptsätze der Thermodynamik – 1. Hauptsatz = Ener gieerhaltungssatz der Thermodynamik", ohne Datum, https://www.uni-ulm.de/filead min/website_uni_ulm/nawi.inst.251/Didactics/thermodynamik/INHALT/HS1.HTM (zugegriffen am 21.02.2022).

Urgewald: „Global Coal Exit List 2021", ohne Datum, https://coalexit.org/ (zugegriffen am 21.02.2022).

Vahlenkamp, Thomas u. a.: „Energiewende am Scheideweg", *Energiewirtschaftliche Tages fragen* (04.09.2019), S. 17–22.

VDE Verband der Elektrotechnik Elektronik Informationstechnik e.V.: „VDE Position. Gefährdet der Kohleausstieg die Stromversorgung in Deutschland?", 2019.

Verband der Industriellen Energie- & Kraftwirtschaft: „VIK-Position zur Abschaffung der EEG-Umlage", Berlin, 2022.

Verband der Landwirtschaftskammern: „Klimawandel und Landwirtschaft. Anpassungsstra tegien im Ackerbau", 2019.

Vermeer, Martin und Stefan Rahmstorf: „Global Sea Level Linked to Global Temperature", *Proceedings of the National Academy of Sciences of the United States of America* 106 (2009), S. 21527–32.

Vogel, Tobias: Grundlegung einer Kritischen Theorie des Wirtschaftswachstums. Normative Maßstäbe und kausale Zurechenbarkeit von Wachstumsproblemen, Marburg: Metropolis-Verlag 2020.

Wacket, Markus u. a.: „Kohleausstieg kostet Steuerzahler Milliardensummen", *Reuters*, 16.01.2020, https://www.reuters.com/article/deutschland-energie-kohlekommission-idD EKBN1ZF0JA (zugegriffen am 24.02.2022).

Watts, Nick u. a.: „The 2019 report of The Lancet Countdown on health and climate change: ensuring that the health of a child born today is not defined by a changing climate", *The Lancet* 394/10211 (2019), S. 1836–1878.

Weart, Spencer: „History of Climate Science", *OSS Open Source Systems, Science, Solutions*, ohne Datum, http://ossfoundation.us/projects/environment/global-warming/climate-science-history (zugegriffen am 22.02.2022).

Wehnert, Timon: „Zwischen Innovation und Exnovation", *politische ökologie *Kohleausstieg* 149 (18.05.2017), S. 30–36.

Wehnert, Timon: „Strategische Ansätze für die Gestaltung des Strukturwandels in der Lausitz. Was lässt sich aus den Erfahrungen in Nordrhein-Westfalen und dem Rheinischen Revier lernen?", Wuppertal Institut, 10.02.2016.

Welt: „RWE lehnt Kohleausstieg bis 2038 ab", 15.09.2018, https://www.welt.de/region ales/nrw/article181546684/RWE-lehnt-Kohleausstieg-bis-2038-ab.html (zugegriffen am 24.02.2022).

Weltagrarbericht: „Bäuerliche und industrielle Landwirtschaft", ohne Datum, https://www. weltagrarbericht.de/themen-des-weltagrarberichts/baeuerliche-und-industrielle-landwi rtschaft.html (zugegriffen am 23.02.2022).

Welzer, Harald: Alles könnte anders sein. Eine Gesellschaftsutopie für freie Menschen, Frankfurt am Main: Fischer 2019.

Wewer, Göttrik: „Mitregieren im Mitmachstaat? Herausforderungen und Praxisbeispiele", in: Lorenz, Astrid, Christian Pieter Hoffmann und Uwe Hitschfeld (Hrsg.): *Partizipation für alle und alles? Fallstricke, Grenzen und Möglichkeiten*, Wiesbaden: Springer Fachmedien Wiesbaden 2020, S. 203–220.

Wikipedia: „Füßebinden", ohne Datum, https://de.wikipedia.org/wiki/F%C3%BC%C3% 9Febinden (zugegriffen am 23.02.2022).

Wille, Joachim: „Klimaschutz-Gesetz: Umweltexpertin übt scharfe Kritik an Regularien für Windkraft", *Frankfurter Rundschau*, 15.11.2019, https://www.fr.de/wirtschaft/kli maschutz-energie-umweltexpertin-kritisiert-gesetz-13220858.html (zugegriffen am 24.02.2022).

Wille, Joachim: „Wo es 2019 brannte – klimareporter°", 29.12.2019, https://www.klimarepo rter.de/erdsystem/wo-es-2019-brannte (zugegriffen am 24.02.2022).

WirtschaftsWoche: „Stromnetz-Ausbau kommt voran – aber nicht schnell genug", 14.08.2019, https://www.wiwo.de/technologie/umwelt/verzoegerungen-beim-net zausbau-stromnetz-ausbau-kommt-voran-aber-nicht-schnell-genug/24901444.html (zugegriffen am 24.02.2022).

Witsch, Kathrin: „Energiespeicher stehen kurz vor dem Durchbruch", *Handelsblatt*, 30.07.2019, https://www.handelsblatt.com/unternehmen/energie/gruener-strom-ene rgiespeicher-stehen-kurz-vor-dem-durchbruch/24849232.html?ticket=ST-66128-n5h EyUozvcvRGjQlxfJl-ap5 (zugegriffen am 24.02.2022).

Wolf, Ingo: „Soziales Nachhaltigkeitsbarometer der Energiewende 2019", Potsdam: Institut für transformative Nachhaltigkeitsforschung (IASS), 2020.

Wolkenstein, Andreas F.X.: „Akzeptanz und Akzeptabilität im Kontext der Angewandten Ethik", in: Quinn, Regina Ammicht (Hrsg.): *Sicherheitsethik*, Wiesbaden: Springer VS 2014, S. 225–239.

Wolsink, Maarten: „Planning of renewables schemes: Deliberative and fair decision-making on landscape issues instead of reproachful accusations of non-cooperation", *Energy Policy* 35/5 (2007), S. 2692–2704.

World Bank Group: „State and Trends of Carbon Pricing 2020", Washington DC, 2020.

World Economic Forum: „What is competitiveness?", ohne Datum, https://www.weforum.org/agenda/2016/09/what-is-competitiveness/ (zugegriffen am 24.02.2022).

world ocean review: „Klimasystem", ohne Datum, https://worldoceanreview.com/de/wor-1/klimasystem/klimasystem-der-erde/ (zugegriffen am 21.02.2022).

World Population Review: „Poverty Rate by Country 2022", 2022, https://worldpopulationreview.com/country-rankings/poverty-rate-by-country (zugegriffen am 02.03.2022).

Wörlen, Christine, Lisa Keppler und Gisa Holzhausen: „Arbeitsplätze in Braunkohleregionen – Entwicklungen in der Lausitz, dem Mitteldeutschen und Rheinischen Revier", Berlin: Arepo Consult, 2017.

Wüllenweber, Walter: „Warum wir ohne Verbote nicht mehr auskommen werden", *Stern*, 27.07.2019, https://www.stern.de/politik/deutschland/klimawandel---warum-wir-ohne-verbote-nicht-mehr-auskommen-werden-8814376.html (zugegriffen am 24.02.2022).

Wüstenhagen, Rolf, Maarten Wolsink und Mary Jean Bürer: „Social acceptance of renewable energy innovation: An introduction to the concept", *Energy Policy* 35 (2007), S. 2683–2691.

van Zalk, John und Paul Behrens: „The spatial extent of renewable and non-renewable power generation: A review and meta-analysis of power densities and their application in the U.S.", *Energy Policy* 123 (2018), S. 83–91.

Zaremba, Nora Marie und Jakob Schlandt: „Was kostet der Kohleausstieg?", *Der Tagesspiegel*, 29.01.2019, https://www.tagesspiegel.de/wirtschaft/energiewende-was-kostet-der-kohleausstieg/23920412.html (zugegriffen am 24.02.2022).

ZDF: „Scholz kritisiert Grüne", 20.02.2021, https://www.zdf.de/nachrichten/politik/verbote-scholz-gruene-wahlkampf-100.html (zugegriffen am 24.02.2022).

Zeit Online: „Bundestag beschließt Kohleausstieg bis spätestens 2038", 03.07.2020, https://www.zeit.de/wirtschaft/2020-07/bundestag-kohle-ausstieg-bis-spaetestens-2038 (zugegriffen am 23.02.2022).

Zeit Online: „Buschbrände setzen 830 Millionen Tonnen Kohlendioxid frei", 22.04.2020, https://www.zeit.de/wissen/umwelt/2020-04/australien-buschbraende-kohlendioxid-treibhausgas-ausstoss (zugegriffen am 23.02.2022).

Zeit Online: „Das ist nicht unser Klimapaket", 23.09.2019, https://www.zeit.de/politik/deutschland/2019-09/klimapolitik-klimaschutz-klimapaket-bundesregierung-kritik (zugegriffen am 23.02.2022).

Zeit Online: „Klimaflüchtlinge können Anspruch auf Asyl haben", 21.01.2020, https://www.zeit.de/gesellschaft/zeitgeschehen/2020-01/un-menschenrechtsausschuss-klimafluechtlinge-asylrecht (zugegriffen am 23.02.2022).

Zeit Online: „Tausende Beschäftigte demonstrieren gegen Kohleausstieg", 24.10.2018, https://www.zeit.de/wirtschaft/2018-10/braunkohle-demonstration-arbeitnehmer-kohlekommission-gewerkschaft-kohleausstieg (zugegriffen am 24.02.2022).

Zeit Online: „Wirtschaft fordert Milliardenzuschüsse wegen steigender Strompreise", ohne Datum, https://www.zeit.de/wirtschaft/2019-01/kohleausstieg-steigende-strompreise-haushalte-unternehmen-bdi-energiewende (zugegriffen am 24.02.2022).

Zenke, Ines: „Carbon Leakage", *Gabler Wirtschaftslexikon*, ohne Datum, https://wirtschaftsl exikon.gabler.de/definition/carbon-leakage-54393 (zugegriffen am 22.02.2022).

Zerrahn, Alexander, Wolf-Peter Schill und Claudia Kemfert: „On the economics of electrical storage for variable renewable energy sources", *European Economic Review* 108 (2018), S. 259–279.

Zhang, Xiaochun, Nathan P. Myhrvold und Ken Caldeira: „Key factors for assessing climate benefits of natural gas versus coal electricity generation", *Environmental Research Letters* 9/11 (2014), S. 1–8.

Zhang, Xiaochun u. a.: „Climate benefits of natural gas as a bridge fuel and potential delay of near-zero energy systems", *Applied Energy* 167 (2016), S. 317–322.

Zukunftsagentur Rheinisches Revier: „Durch Wissen Innovationen schaffen", ohne Datum, https://www.rheinisches-revier.de/themen/revierknoten-innovation-und-bildung (zugegriffen am 23.02.2022).

Zukunftsagentur Rheinisches Revier: „Infrastruktur und Mobilität der Zukunft", ohne Datum, https://www.rheinisches-revier.de/themen/revierknoten-infrastruktur-und-mobili taet (zugegriffen am 21.02.2022).

Zukunftsagentur Rheinisches Revier: „Wirtschafts- und Strukturprogramm für das Rheinische Zukunftsrevier 1.0", Jülich, 2020.

Zukunftsagentur Rheinisches Revier: „Zukunft ist unser Revier!", ohne Datum, https://www. rheinisches-revier.de/ (zugegriffen am 24.02.2022).

„Positionspapier der Tagebauanrainer und Kraftwerksstandorte. Das Kernrevier sind wir!", Eschweiler, 13.05.2019.

„SDG 4 – Hochwertige Bildung", *SDG-Portal*, ohne Datum, https://sdg-portal.de/de/ueberdas-projekt/17-ziele/hochwertige-bildung (zugegriffen am 22.02.2022).

„Umweltaktivistin Luisa Neubauer/ ‚Der Kohleausstieg bis 2030 muss jetzt eingeleitet werden'", 07.07.2019, https://www.deutschlandfunk.de/umweltaktivistin-luisa-neu bauer-der-kohleausstieg-bis-100.html (zugegriffen am 07.02.2022).

The manufacturer's authorised representative in the EU is Springer
Nature Customer Service Centre GmbH, Europaplatz 3, 69115 Heidelberg,
Germany. If you have any concerns regarding our products, please
contact ProductSafety@springernature.com

Printed and bound by CPI Group (UK) Ltd, Croydon, CR0 4YY
24/04/2026
02096347-0003